市政工程丛书

Municipal Engineering Series

市政工程潜水作业技术指南

陈水开　安关峰　主编　　宋家慧　主审

中国建筑工业出版社

图书在版编目（CIP）数据

市政工程潜水作业技术指南 / 陈水开，安关峰主编 . — 北京：中国建筑工业出版社，2020.6
（市政工程丛书）
ISBN 978-7-112-25041-7

Ⅰ . ①市…　Ⅱ . ①陈…②安…　Ⅲ . ①市政工程—水中作业（潜水运动）—指南　Ⅳ . ① TU99-62 ② G861.5-62

中国版本图书馆 CIP 数据核字（2020）第 067521 号

责任编辑：李玲洁　田启铭
责任校对：姜小莲

市政工程丛书
市政工程潜水作业技术指南
陈水开　安关峰　主编
宋家慧　主审
*
中国建筑工业出版社出版、发行（北京海淀三里河路 9 号）
各地新华书店、建筑书店经销
北京雅盈中佳图文设计公司制版
临西县阅读时光印刷有限公司印刷
*
开本：787 × 1092 毫米　1/16　印张：27　字数：635 千字
2020 年 8 月第一版　2020 年 8 月第一次印刷
定价：169.00 元
ISBN 978-7-112-25041-7
（35796）

编委会

主　　编：陈水开　安关峰

副 主 编：姜　平　荆岩林

主　　审：宋家慧

编　　委：张代吉　张　辉　李海滨　田坤文　王　谭
蓝智勇　王信贤　张　蓉　华文生　卢宝光

主编单位：广州潜水学校
广州市市政集团有限公司

参编单位：中国潜水打捞行业协会
广州市市政工程协会
交通运输部广州打捞局
江西省管道疏浚行业协会
广州市城市排水有限公司
江苏巨龙潜水工程有限公司

序　言

市政工程的范畴涵盖城市大多数的公共基础设施建设，包括城市道路、桥涵隧道、给水排水、燃气、电力、污水处理等基础设施项目，是城市生存发展必不可少的物质基础，是提高人民生活水平的基本保障。随着我国城市建设和城镇化快速发展，城市供水和排水设施、市政污水管道工程和水下管道工程、大型涵箱、取排水工程、沉管隧道水下工程规模和体量迅猛发展，有限空间作业、潜水作业频次及从业人员数量也急剧增加。不同于海洋和内河水域开阔的潜水作业环境，市政工程潜水人员通常在排水管道、泵站、污水处理厂、污水井、沉井、盾构隧道、沉管隧道等狭小有限空间、有毒有害气体等环境条件下作业，危险性更大，由于从业人员缺乏专业培训、科学的操作规范和安全预防措施，市政工程水下作业安全生产面临着巨大的挑战。

针对市政工程水下作业的安全生产现状，2017 年开始，中国潜水打捞行业协会（China Diving & Salvage Contractors Association，CDSA，以下简称“中潜协会”）在全面调查和深入研究分析基础上，决定利用本行业协会最丰富的潜水及水下安全作业自律管理经验及水下作业人员培训资源，协助政府主管部门开展市政工程潜水及水下安全作业自律管理，促进和提高市政工程潜水及水下安全作业水平，填补国家和行业在市政工程领域潜水和水下安全作业的管理空白，助力国家城镇化建设安全发展。

——2017 年 9 月 26 日，在上海市政府和水务局的支持下，“中潜协会”携手上海市排水行业协会，召开了“合作推进市政工程安全自律建设工作会议”。

——2018 年 3 月“中潜协会”组织上海交通大学海洋水下工程科学研究院培训中心举办了首期市政工程潜水员培训班。

——2018 年 6 月 15 日，在上海市政府、上海市水务局和排水管理处的高度关注和支持下，“中潜协会”联合中国城镇供水排水协会排水专业委员会和上海、江苏、浙江三省市的排水协会，在上海正式举行了“市政工程潜水及水下安全作业行业自律管理体系建设启动仪式”，由此拉开我国市政工程潜水及水下安全作业行业自律管理体系建设帷幕，同时颁布了“中潜协会”《潜水自律管理办法》《潜水服务能力与信用评估自律管理办法》《市政工程潜水及水下安全作业自律管理体系建设五年规划》三个自律管理体系文件和《市政工程潜水人员培训要求》《市政工程潜水员培训机构评估要求》两项团体标准文件，奠定了市政工程潜水及水下安全作业自律管理体系基本架构。

为加快市政工程潜水安全作业自律管理体系建设步伐，满足我国市政工程潜水市场对潜水作业人员的迫切需求，“中潜协会”鼓励广州潜水学校于今年 9 月份与江西省管道疏浚协会合作在江西省瑞昌市成功举办了一期市政工程潜水员培训班，取得了“中潜协会”在上海试点以外省份开展市政工程潜水员培训的宝贵经验。同时“中潜协会”在组织编写《市政工程潜水员培训手册》基础上，支持广州潜水学校与广州市市政集团有限公司及江西省管道疏浚行业协会联合编写了《市政工程潜水作业技术指南》(以下简称《指南》)。广州潜水学校是国内唯一的一所全日制潜水中专学历学校，是“中潜协会”评估通过的潜水培训机构，长期致力于工程潜水员培养及专项潜水技术和水下作业技术培训，为我国水上救捞、海洋工程、交通建设、港航建筑及市政工程等行业培养了数千名优秀的工程潜水员、水下焊工及水下无损检测人员，为公安特警、消防、水利三防、油田、煤矿等单位培养了大量公共安全与应急救援潜水员，积累了丰富的潜水技术及水下专项作业技术培训经验；广州市市政集团有限公司是市政公用工程施工总承包特级资质企业和市政行业工程设计专业甲级企业。目前已经发展成为集工程总承包、房地产开发、工程设计、材料销售、科技研发和技术咨询于一体的大型综合企业集团，其在道路、桥梁、隧道、给水排水等市政工程年产值近 200 亿元。江西省管道疏浚行业协会设立于中国管道疏通之乡——瑞昌，旗下 400 家会员企业活跃在全国各大中小城市，专业从事市政排水管道检测、清淤、疏通、修复、潜水、养护工作。这几家单位的跨行业合作，优势互补，对市政工程潜水及水下安全作业能力建设做了进一步的探讨，合作编写的《指南》，有很强的实用性、科学性和安全性。

《指南》涵盖了潜水基础理论知识、潜水装具与技术、有限空间潜水作业安全知识、城市地下管道潜水安全技术要求与法规及市政工程水下作业技术等内容。《指南》可供市政工程设计、施工单位和建设单位的相关人员、质量监督人员使用，适合作为大、中专院校工程潜水专业的教材、教学科研参考书及培训用书。同时，也可以作为“中潜协会”推进市政工程潜水及水下安全作业管理体系中的重要技术文件，将有利于规范和提升市政工程潜水及水下作业技术和安全水平。

宋家慧

中国潜水打捞行业协会理事长

2019 年 11 月 10 日

前　言

市政工程潜水是指在市政地下设施建设及维护工程中，进入水下或高气压环境，呼吸与环境压力相等的压缩空气或人工混合气，最后返回水面或常压环境的过程。不同于海洋与内河水面开阔的潜水环境，市政工程潜水通常是在排水管道、泵站、污水处理厂、大型涵箱、污水检查井、暗沟、涵洞、地坑、废井、沼气池、盾构高气压工程、沉管隧道、顶管工程、沉井工程等狭小有限空间及有毒有害气体等环境条件下进行，危险性更大，对作业人员资质和操作安全要求更高。

市政工程潜水作为工程潜水的一个类别，业务涉及城市建设和运行维护的多个方面，在中国城市现代化建设方兴未艾的历史阶段，将不断显现出它的重要性。

随着国家城镇化建设快速发展，城市供水及排水设施、顶管工程、沉管隧道工程、地铁隧道工程、沉井工程等市政工程迅猛增长，市政设施的新建、改建、迁移、日常维护、紧急抢险等任务日益繁重，需要大量市政工程潜水作业人员。但是值得注意的是市政工程潜水涉水涉及有限空间作业，危险性大大增加，由于从业人员缺乏专业培训和从业教育，近几年来，由于涉水涉及有限空间作业，因此生产安全事故易发多发，造成人员伤亡，给人民群众造成了生命和财产损失、给社会造成了不良影响。为贯彻中共中央、国务院《中共中央国务院关于推进安全生产领域改革发展的意见》（中发〔2016〕32号）文件精神，落实习近平总书记做出“人命关天，发展决不能以牺牲人的生命为代价。这必须作为一条不可逾越的红线”的指示和以人民为中心的发展思想与“安全为人民”的鲜明价值导向，加强从业人员的技能培训，广州潜水学校和广州市市政集团有限公司共同主编了《市政工程潜水作业技术指南》（以下简称《指南》）。《指南》涵盖了潜水基础理论知识、潜水装具与技术、有限空间潜水作业安全知识、城市地下管道潜水安全技术要求与法规及市政工程水下作业技术要求，推动市政工程潜水作业安全、规范执行。

《指南》共分为 11 章，主要内容及编者：第 1 章绪论，由陈水开编写；第 2 章潜水物理学基础，由田坤文编写；第 3 章潜水生理学基本知识，由荆岩林编写；第 4 章自携式潜水装具与操作技术，由姜平、张代吉编写；第 5 章水面需供式潜水装具与操作技术，由姜平、陈水开编写；第 6 章潜水设备，由李海滨编写；第 7 章市政工程有限空间作业安全知识，由安关峰、陈水开、卢宝光编写；第 8 章市政工程潜水作业安全要求，由陈水开、张辉、王信贤编写；第 9 章市政工程水下作业技术，由安关峰、陈水开、王谭、王信贤、蓝智勇编写；第 10 章市政工程潜水法规，由陈水开、安关峰、张代吉、张蓉编写；第 11 章常见潜水疾病防治和潜水事故应急处理与预防，由荆岩林编写。全书由陈水开、安关峰统稿、校核。

本书内容丰富、图文并茂，可以作为建设单位、管养单位、施工单位、质监单位实施市政工程潜水作业的依据，同时方便潜水作业人员、工程技术人员、管理人员的理解与使用。

本书可供市政工程设计、施工单位和建设单位的相关人员、质量监督人员使用，适合作为大中专院校潜水专业的教材、教学科研参考书及培训用书。

《指南》在编写过程中得到了中国潜水打捞行业协会、广州市市政工程协会、交通运输部广州打捞局、江西省管道疏浚行业协会、广州市城市排水有限公司、江苏巨龙潜水工程有限公司等单位在人员组织、调研、资料收集以及出版工作的大力支持，在此表示衷心感谢。

《指南》在使用过程中，敬请各单位总结和积累资料，随时将发现的问题和意见寄交广州潜水学校，供今后修订时参考。通信地址：广州市南洲路 2354 号，邮编 510260，E-mail：chenshuikai123@163.com。

目 录

第1章　绪论

1.1　潜水的作用

1.1.1　潜水的定义及基本要求

1. 潜水的定义

人类由水面潜入水下，在某一深度活动一段时间后，按一定程序上升出水的全过程，称为潜水。潜水时，潜水员处在水下、低温、呼吸高压气体、能见度差、水流、浪涌等异常的环境中，与正常的大气环境迥然不同，生存条件发生了根本变化。为了克服水下环境对机体的影响，潜水员常使用不同的潜水装具或其他装备，以解决潜水员在水下遇到的呼吸气体持续供给与更新、安全防护、御寒保暖、通信联络、体内外压力平衡及浮力调节等问题。

2. 工程潜水的基本要求

潜水及水下作业是国际公认的高危险活动。因此，凡与潜水及水下作业安全相关的人员、装备、环境条件及潜水程序等要素，都必须严格控制，以保证潜水员的生命安全和身体健康。职业潜水员身体条件应符合现行国家标准《职业潜水员体格检查要求》GB 20827—2007 规定的要求，高中或相当文化程度，经过正规培训并持有有效证书。潜水作业前，应根据作业深度和任务选择不同的潜水方式，组成潜水作业队。潜水设备、装具应经具有法定资质的检验机构认证，并定期维修、检测合格。潜水作业机构应遵循潜水相关的法规及标准等开展潜水作业，并根据本单位潜水作业的实际情况和特点，建立细化安全操作规程或潜水作业指导手册，供潜水人员随时查阅和遵循。

3. 市政工程潜水的基本要求

市政工程潜水指在市政地下设施建设及维护工程中，进入水下或高气压环境，呼吸与环境压力相等的压缩空气或人工混合气，最后返回水面或常压环境的过程。不同于海洋与内河水面开阔的潜水环境，市政工程潜水通常是在排水管道、泵站、污水处理厂、大型涵箱、污水检查井、暗沟、涵洞、地坑、废井、沼气池、盾构高气压工程、沉管隧道等狭小有限空间及有毒有害气体等环境条件下进行，危险性更大，对作业人员资质和操作安全要求更高。市政工程潜水员的基本要求：①身体条件符合《职业潜水员体格检查要求》GB 20827—2007 的规定；②完成市政工程潜水员培训，并考评合格；③实习半年。

1.1.2 潜水在经济社会发展中的作用

潜水拓展了人类活动的空间，使我们得以从陆地进入海洋、进入江河湖泊，去从事各种水下活动。潜水技术在各行各业得到广泛应用，在国民经济建设、海洋强国建设、公共安全及休闲运动等方面发挥着重要的作用。

1. 国民经济建设方面

21 世纪是海洋世纪，海洋技术和海洋运输事业在国民经济中的地位越来越重要。随着海洋经济的不断发展，海洋经济对国家的贡献将越来越大，据《2017 年中国海洋经济统计公报》显示，2017 年我国海洋生产总值占国内生产总值的 9.4%，涉海就业人员 3657 万人，海洋经济已经成为拉动国民经济发展的有力引擎。海洋经济已经高度渗透国民经济体系，涉及 20 多个门类，海洋产业群已基本成型，其中海洋交通运输业、滨海旅游业、海洋渔业、海洋资源开发等占有较大比重。海洋开发活动与航海运输活动日益频繁，对涉海工程的需求增加，潜水及水下作业在港口航运、海洋开发活动中不可或缺，对潜水人员的需求也呈增加趋势。

我国大型交通基础设施建设仍处在发展阶段，公路、桥梁、港口、码头等基础设施建设快速发展。大型、超大型的跨江跨海通道工程、离岸深水港航工程、特大桥梁与超长隧道、特殊地质条件下的公路工程的施工、监理及验收，需要大量的潜水作业，有些甚至是需要深潜水作业。内地江河湖泊、水库设施建设与维修，也需要大量的潜水作业。我国大部分海底国际电缆，特别是跨洋海底电缆的铺设和维修，要确保通信安全，必须由我国自己的深水作业施工队伍进行施工和维护。

2. 水上交通安全保障和海洋强国建设方面

我国是航运大国，国内近一半的货物周转量和对外国际贸易中 90%以上的货运量是依靠航运来完成，保障航运安全和水上人命救助十分重要。潜水人才、潜水救援能力在我国水上交通安全保障和人命救助中发挥着关键的作用。如韩国“岁月号”沉船打捞、巴拿马籍“桑吉”轮碰撞引起油爆燃事故处置及泰国普吉岛游船倾覆救援等，潜水员在关键时刻发挥了重要作用。随着国家大力实施“海洋强国”战略和推进“一带一路”倡议，我国深远海开发活动日益频繁，海上救捞行动和海洋工程将由近海、浅海走向远洋、深海，对大深度海洋潜水作业工程的需求随之增加，对潜水人才也要求更高。

3. 公共安全及应急救援方面

水域突发事件的预防与应急救援、水上安保、水下犯罪调查等任务，需要消防员、警察或军队人员进入水中执行任务，潜水是先决条件。2018 年国家开始应急管理体制改革，整合优化应急力量和资源，提高国家应急管理水平、提高防灾减灾救灾能力，其中，提升国家消防救援队伍在水域事故应急救援方面的专业化、职业化水平，加快水上专业潜水救援队伍建设，发挥水域应急救援作用，也是其亟待解决的重要方面。

4. 休闲潜水运动方面

休闲潜水是在水面以下进行的水中旅游、水中狩猎、水中摄影、水下曲棍球、水下射击和具有探险性的岩洞潜水、冰下潜水等形式的一类体育娱乐活动。从事休闲潜水培训的国际组织有世界潜水运动联合会（CMAS）、国际专业潜水教练协会（PADI）、国际潜水教练协会

（NAUI）、国际水肺潜水学校（SSI）、英国潜水协会（BASC）等。根据中国潜水运动协会的统计显示，目前国际主要潜水组织历年在全球累积颁发潜水证书已达 1.4 亿张。我国有 1.8 万 km 长的海岸线，面积在 $1km^2$ 以上的岛屿有 5000 多个，如此广阔的水域和良好的自然地理条件，既是开展潜水健身活动的有利条件，又是开发潜水产业的雄厚资源。休闲潜水运动作为海洋休闲旅游的重要部分，是目前国际运动的时尚潮流，具有广阔的发展前景，也符合我国的产业发展需求。随着人民群众生活水平的不断提高，喜爱潜水运动的人将会越来越多，近年来我国潜水俱乐部的发展迅速，已形成了一定规模；我国每年有超过 150 万人次的游客参与体验式潜水，其中海南三亚已经发展成为全球最大的体验式潜水基地。

5. 市政工程水下作业方面

随着国家城镇化建设快速发展，城市供水及排水设施、市政集污水管道及排水管道、大型涵箱取排水、沉管隧道等市政工程迅猛增长，市政管网的新建、改建、迁移、日常维护、紧急抢险等任务日益繁重，需要大量市政工程潜水作业。市政工程潜水作业作为工程潜水作业的一个类别，业务涉及城市建设和运行维护的多个方面，在中国城市现代化建设方兴未艾的历史阶段，将不断显现出它的重要性。

不同于海洋与内河水面开阔的潜水环境，市政工程潜水作业通常是在排水管道、泵站、污水处理厂、污水井等狭小有限空间及有毒污染气体空间进行的，危险性更大，对操作安全和规范管理的要求更高，对市政工程潜水员的职业培训和职业能力的要求更高。

1.2 潜水技术发展简史

潜水作为人类进入水下环境的一种手段，在人类原始时代即已开始。潜水技术是指以不同方式潜水所采用的技术。潜水技术发展的历史，就是围绕着解决人在水下高气压环境中受到各种因素的影响和发生的医学 - 生理学问题，从而发明、创造和改进了不同的潜水装备，在不同时期形成不同的潜水方式，使潜水的深度 - 时程不断延伸的历史，因此也可以说，潜水技术发展史就是潜水装具发展史。

1.2.1 屏气潜水

人类最早潜水的确切年代已无法考证，但可以推断是远在有历史记载之前。据《向下半英里》（Half Mile Down）一书中介绍，在一次考古发掘中发现，早在公元前 4500 年，在美索不达米亚（Mesopotamia）就有人佩戴镶嵌珍珠母的珍宝。在中国，关于需经潜水采拾的珍珠，在记载我国上古历史的古书《尚书》（即《尚书》）的“禹贡”篇有文字记载，可以追溯到公元前 21 世纪，夏朝皇帝禹曾接收了由部落进贡的牡蛎珍珠贡品，证明当时已有人通过屏气潜水采拾珠贝。这是人类在海中屏气潜水作业的最早例证。

至于直接记载潜水的文字，最早见于我国的《诗经》（约公元前 1065 ~前 570 年，其中《周南 · 汉书》及《国风 · 邶风 · 谷风》）篇内都明确记载了“泳”（指潜水）。在古希腊，有关潜水的记载也有很多，如公元前 460 年就有人曾采用潜水方式探摸沉物、破坏敌船锚链等。

潜水者先吸足一口气，停住呼吸，然后潜入水下，在耐受极限时间之内再急速上升出水，这种潜水方式成为屏气潜水，也称为裸潜（skin diving）（图 1.2-1）。在与大自然的斗争中，我们的祖先也创造了不少涉泅水的方法，如流传于民间的“狗刨式”“寒鸭浮水”“扎猛子”等，“扎猛子”实际上就是今天的屏气潜水。由于潜水时人的身体直接承受水下的环境水压，因此，屏气潜水是一种最原始的承压潜水方式。屏气潜水不需要任何器具，简便易行、水下可动性好，所以，在一定条件下仍不失为一种有用的潜水方式。在西班牙的战舰上，很长时间都设有不使用潜水装具的潜水 - 游泳专职人员。日本等地的潜水采珠女（海女，ama），现在仍采用屏气潜水入海采拾珠贝，可以达到 40m 深。屏气潜水目前大体分为三类：娱乐、作业、竞技。

图 1.2-1 屏气潜水

1.2.2 呼吸管潜水

屏气潜水有一定的危险性，而且因为屏气时间很短，在产业潜水方面价值有限，所以为了延长水下时间，必须解决水下呼吸问题。最简易的水下呼吸器是一根潜水呼吸管。采用潜水呼吸管进行水下呼吸的方法，在我国明朝史料中就有记载。采集珍珠的潜水者用锡制的弯管在水下进行呼吸，如图 1.2-2 所示。这种潜水技术因潜水者肺内气体是常压，故吸气比较费力，只能下潜很浅的深度。如今，经过改进的潜水呼吸管，在娱乐潜水场所仍在广泛使用。

图 1.2-2 呼吸管潜水

为了减小水下的呼吸阻力，人们设想出了由潜水者自携气囊进行潜水的方法。气囊潜水是呼吸气体来自潜水者自携气囊的一种潜水技术。它是现代自携式水下呼吸器的前驱。潜水者在水下，肺内外压力基本平衡，潜水深度可以不受限制，但是皮质气囊容积有限，可用的气体太少，所以，潜水深度和时间的增加都很有限。

1.2.3 潜水钟潜水（含沉箱潜水）

有关潜水钟的最早记载，见于公元前 300 多年的希腊。真正应用则在 16 世纪 30 年代。原始的潜水钟为一只倒扣的木质桶状容器，钟内气体供潜水者呼吸。随着潜水深度增加，气体容积变小，使潜水者动作范围受限，而且钟内气体不能更新，最终因缺氧和二氧化碳增高而发生呼吸困难。直到 18 世纪末，鼓风箱与钟的配合使用，使潜水钟潜水有了新的突破，即可迫使钟内气量增加至与钟口齐平，钟内气体又可得到有效更新，解决了对水下不能连续供气的问题（图 1.2-3）。用潜水钟潜水比用呼吸管或气囊潜水有较多

图 1.2-3 原始的潜水钟潜水

的优点，但钟的本身庞大、笨重，移动操作很不方便，潜水作业效率低下，因此，早期的钟式潜水在 19 世纪初叶就宣告结束。

1.2.4 通风式潜水

潜水装具，是潜水员潜水时为适应水下环境所穿戴的器具、服装及压重物等全部器材的总称。1837 年，英国人赛布首次试制成功具有现代通风式特征的潜水装具，开创了采用装具潜水技术的新纪元。该装具的金属头盔与潜水服连为一体，新鲜的压缩空气从水面通过供气软管进入头盔，头盔上的排气阀把混有呼出气的多余气体排入水中，类似于给头盔通风，故称为通风式潜水装具（图 1.2-4）。该装具因重量较大，故又称为重装潜水装具，简称重装。后来又经过改进，增加了语音通信等功能，在水下工程和军事领域应用较多；在技术条件和保障措施都具备时，可以潜至 60m 深进行水下作业。这种装具的特点是呼吸省力、保暖性好、水下抗流能力强，潜水员在水下可完成许多难度较大的作业。

图 1.2-4　通风式潜水装具

所以，通风式重装的诞生，为产业潜水的发展创造了条件。

一个多世纪以来，各国对重装进行了不少改进，其中主要是两点：头盔上的自动排气阀取代了人工操作的排气阀；增加了一套应急供气装置。这些功能对于防止潜水员“放漂”和窒息事故的发生都具有重要的意义。

目前，国内仍有不少小型潜水单位在使用通风式潜水装具，但在潜水技术较发达的国家，传统的通风式重装潜水装具已逐步被较轻便、灵活的水面供气需供式潜水装具所取代。

1.2.5 需供式潜水

需供式潜水装具与通风式重装潜水装具不同，它的水下呼吸器与潜水服在结构上是分开的。需供式潜水装具的潜水服内没有气垫（如湿式潜水服），或者气垫容量很小（如干式潜水服），在水下接近零浮力，所以，潜水员在水下机动性较好。另外，需供式潜水装具的供气方式也与重装不同，它以按需供气为主，即吸气时供气，呼气时停止供气。所以，可节省约 60% 的气体消耗。

需供式调节器是 1866 年由法国工程师伯努瓦·鲁凯罗尔（Benoit Rouquayrol）发明的。需供式调节器能根据潜水员呼吸量和环境压力的不同，调节容器释放空气速度，满足潜水员呼吸的需求。然而，人类当时尚无法制造高压空气瓶，鲁凯罗尔只能将调节器用于水面供气潜水设备，他还对供需调节器进行适合闭合式呼吸装具的改进。60 年以后，鲁凯罗尔供需调节器的理念才成功在开放自携式水下呼吸装具上实现。

需供式潜水按呼吸气源不同，可分为自携式潜水和水面需供式潜水（也称管供式潜水）两种。

1. 自携式潜水

潜水者自己携带呼吸气源进入水下开展潜水活动，称为自携式潜水（图 1.2-5）。在 1878 年，英国希比戈尔曼（Siebe Gorman）公司的潜水工程师亨利·费勒斯（Henry Fleuss）设计并生产了第一款实用的自携式闭式循环呼吸装置，1902 他又与别人合作改进了这套装具。它是现代闭式循环呼吸装置的前驱。1943 年，法国人库斯托（J.Y. Cousteau）和加尼昂（E.Gagnan）对需供式调节器进行改造，结合高压空气瓶创造了第一个真正安全可行的自携式开式需供式调节器——可根据潜水者吸气的需要和深度的改变而自动调节供气量和压力，不吸则不供，并被命名为“水肺”。开式自携式潜水装具的气源由潜水员自身携带，通常由气瓶、减压器及中压连接管组成，称为自携式水下呼吸器（self-contained underwater breathing apparatus，SCUBA），也有按英文名称缩写的音译为“斯库巴”。自携式水下呼吸器使潜水员摆脱了脐带的牵制，在水下获得了更大的自由、灵活。这种装具从 20 世纪 40 年代以来，在潜水工程、军事和科教潜水中得到了广泛的应用。近年来推出的无线水下通话器，较好地解决了自携式潜水员的通话联系问题。随着该装具的改进和潜水知识的普及，参加潜水的人数愈来愈多，使得休闲运动潜水得以迅速开展。但自携式潜水存在着潜水深度受限、气源有限、受水流影响大等不足，在工程潜水领域的应用受到限制。

图 1.2-5　自携式潜水装具着装后

2. 水面需供式潜水

在工程潜水中使用的轻装潜水装具主要是水面需供式潜水装具（图 1.2-6）。该类装具结合了通风式和自携式潜水装具的优点，所需的呼吸气体由水面通过脐带供给，自身携带应急供气系统。该类装具与自携式装具相比，供气充足，通信联络方便，更加安全可靠。该类装具在空气潜水、混合气潜水及饱和潜水中广泛使用，潜水员所需的呼吸气体除了可直接从水面供给之外，还可从水面通过潜水钟脐带、潜水钟配气盘和潜水员脐带供给，后者主要用于大深度潜水的场合。

图 1.2-6　水面需供式潜水装具着装后

1.2.6　混合气潜水

20 世纪 20 年代起，随着军事和工程潜水对大深度潜水的需要与日俱增，人们研究和发展了混合气潜水技术。这种采用非空气类呼吸介质进行的潜水方式即为混合气潜水。混合气体中，最常用的是氦氧气体。氦气作为呼吸气体中的稀释介质，是一种理想的惰性气体。这种技术以氦气替代空气中的氮气，解决了空气潜水氮麻醉的问题，使潜水深度冲破了 60m 的限制。但是，它也带来了一些新的问题。①寒冷问题。氦气的导热系数是空气的 6 倍多，潜水员着湿式或干式潜水服，因深度增大，衣服受压变薄，绝热保暖性能急剧下降，已难以抵挡水下的寒冷。于是，在 1937 年出现了加热潜水服。加热方法有气、水、电、化学材料等多种，目前国际上通用的是热水潜水服。它可使潜水员在很冷的水中保持舒适状态，进行较长时间的水下作业。当潜水深度超过 150m 左右时，潜水员的大量体热将会从呼吸道排出，所以，为了维持体热平衡，降低呼吸散热损失，还必须用呼吸气体加热装置。②氦语音失真问题。氦氧潜水电话的使用较好地解决了这个问题。③潜水深度增大，氦气消耗量很多。为了减少昂贵的氦气损失，先后研制成功呼吸气体少量排出或者完全不排出呼吸器的半闭式和闭式潜水装具。

1.2.7 饱和潜水

随着混合气潜水深度的继续增加，人们发现用于减压的时间远远大于水下作业的时间，潜水效率极低。针对这一矛盾，1957 年，美国人庞德提出了“饱和潜水”新概念。如果在某一深度（压强）下持续停留一定时间后，溶解入体内的惰性气体达到完全饱和，继续停留其减压时间也不会延长，这种潜水方式称为饱和潜水。1962 年开始了第一次海上实验，并于 1965 年首次把饱和潜水技术用于商业潜水，解决了常规潜水（即非饱和潜水）无法克服的潜得深、呆得久、确保潜水员安全等一系列难题。大量的实践表明，饱和潜水技术是当今进行大深度和（或）长时间承压潜水作业的最佳方法，是解决长时间 - 大深度水下作业的关键技术手段。但饱和潜水需要庞大而复杂的设备作支持，而且潜水深度愈大，对设备的性能要求也愈高（图 1.2-7）。迄今为止，海上饱和潜水的深度纪录 534m，是由法国 Comex 公司于 1988 年在地中海的一次科研潜水中建立的。科研实验潜水的最深纪录 701m，是由希腊籍潜水员塞奥佐罗斯（Theodoros Mavrostomos）1992 年在法国 Comex 公司的陆上高压舱内创建的。目前，饱和潜水工程作业的适用深度在 450m 以内，实践中的大部分水下工作集中在水深 200 ～ 300m 之间。

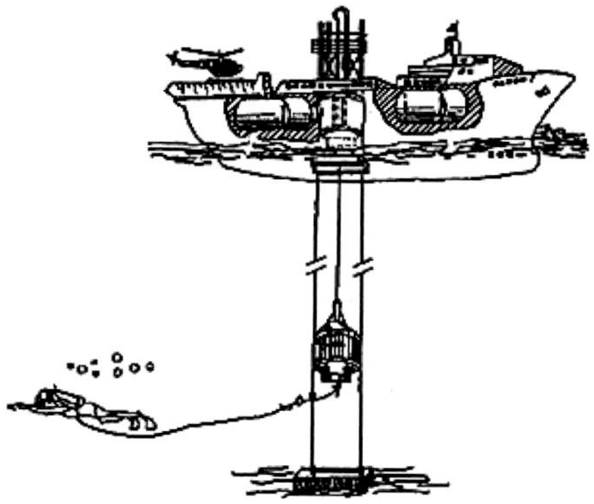
图 1.2-7　饱和潜水系统

1.2.8 常压潜水

常压潜水是指人利用可抵抗水压的坚硬装具在潜水过程中始终处于常压环境下的一种潜水方式，这种装具称为常压潜水服（英文简称 ADS）。潜水时，装具内保持正常大气压，潜水员呼吸常压空气，不受静水压的作用。盔甲式常压潜水服，主要由坚固耐压的轻质合金躯壳、机械手和生命支持系统等部分组成，潜水作业深度一般为 300 ～ 600m 以内。操作者呼吸常压空气，因而没有氦语音及保暖问题，潜水作业后也无须减压。20 世纪 70 年代初的产品型号有“吉姆”和“山姆”，外形拟人，四肢有活动关节，水下活动不够灵活。后来的“黄蜂”“蜘蛛”和“螳螂”型，下肢改为桶形，设 6 ～ 8 个小型推进器，可上下、左右、前后移动，也可悬停作业，潜水深度达 610m。目前海兰信有 600m 和 350m 两款常压潜水服（图 1.2-8），是我国最新一代水下载人潜水器，配有独立的生命支持智能系统，可以保证潜水员 48h 的极限生存时间，同时具有脐带缆供电通信系统以及潜水服独立应急电源，作业精度远优于普通的遥控无人潜水器。

图 1.2-8 常压潜水服

1.2.9 潜水器潜水

潜水器是各种水下运行器的统称。通常分为载人潜水器和无人潜水器两大类。载人潜水器是在水下有人操纵，并可携带乘员的一种潜水器。根据舱室压力的不同，可分为常压载人潜水器、闸式潜水器和湿式潜水器三种。湿式潜水器，其舱室是非耐压的，驾驶员和乘员需戴水下呼吸器，主要用于潜水观光和运送潜水员。闸式潜水器是一种组合式（常压 / 高压）载人潜水器，可在水面及水下航行（图 1.2-9）。最早的一艘闸式潜水器于 1895 年根据“沉箱”的气闸原理制成的。闸式潜水器首部的驾驶舱内为常压，驾驶员可利用仪器设备对舷外目标物进行水下观察和录像，可监视舷外潜水员的活动，并能及时营救。潜水器中部为一可调压的潜水舱。当舱室内外压力平衡时，打开底门，潜水员可出潜作业。作业结束，返回舱室。潜水员可在高压下与母船上的甲板减压舱对接后，进入甲板减压舱再实施减压。闸式潜水器在水下有很大的灵活性，是一种新型的多功能的潜水器，但它的投资和使用费用均较高，其最大潜水深度为 300m。

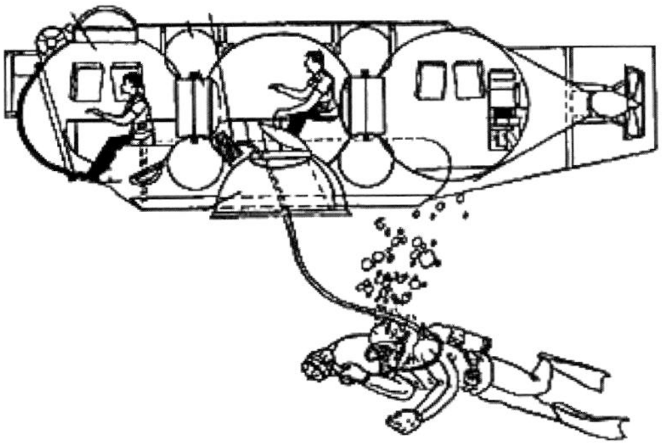
图 1.2-9 闸式潜水器

遥控潜水器（ROV）和无人操作水下机器人（AUV）是两种典型的无人潜水器。遥控潜水器常按英文名缩写称其为 ROV，是一种依靠水面遥控而运行的潜水器。按遥控方式不同，ROV 可分为系缆和无缆两种类型。前者通过电缆可把水下获得的水深、水温、航向、航速等各种参数传回水面控制台上。操纵人员可监视 ROV 的活动，并进行遥控指挥，完成一定的任务。后者（AUV）由水面通过声波指令对 ROV 实现遥控。目前，ROV 的最大深度已达 10913m，即太平洋马里亚纳海沟。ROV 由于不需要人员下海而无生命危险和可以不必自行携带动力源等，因而尺寸小、重量轻、造价低，近年来国内外发展迅速。我国 ROV 研制开发工作始于 20 世纪 70 年代末。第一台 HR-I 型 ROV 属水下观察型 ROV，其最大工作深度为 300m，水下巡航半径 120m，航速 2.5kn。之后，国内又研制出 YQ2 型等几种作业型的 ROV，具有水下搜索、水下观察和水下作业等功能。2014 年我国第六次北极科考中，由中科院沈阳自动化所研制的“北极 arv”水下机器人一显身手，先后三次自主完成长期冰站指定海冰区的海冰厚度、冰底形态、海洋环境等参数测量工作。2018 年，我国又研究制造出 6000m 遥控潜水器并实验成功。

潜水技术发展多元化的今天，有统计资料表明，ROV、ADS 和饱和潜水系统的初始投资费之比约为 1：1：10，营运费约为 0.5：1：10，重量约为 1：1：12。所以，当今人们普遍认为：在潜水作业深度超过 150m 之后，尽管可采用饱和潜水进行作业，但是由于它的投资和营运费用昂贵及医务保障的复杂性，因此都倾向于选用 ROV 或 ADS 以取代潜水员直接潜水。在水深 150m 以浅的水下作业，由于潜水员的手比机械手作业效率高，可完成许多复杂的任务，因此，仍基本采用承压潜水技术。具体地说，60m 以浅，水下作业时间短，主要采用水面供气式轻装空气潜水；水下作业时间及整个作业周期较长，宜采用空气饱和潜水或氮氧饱和－空气巡回潜水；60 ~ 120m 范围，水下作业时间较短，可采用氦氧常规潜水；60 ~ 150m 范围，水下时间较长，则应采用氦氧饱和潜水。当然如果需要，150 ~ 300m 范围，也可采用饱和潜水技术。

1.3 潜水分类

潜水经过几个世纪的发展，技术上取得了巨大的进步，并产生了多种类型的潜水方法。了解潜水的分类方法，不仅是为了正确地描述潜水的类型，更重要的是可根据潜水作业的环境条件、任务要求以及拥有的潜水资源选择适宜的潜水类型，以保证潜水作业的安全，提高潜水作业的效率。

1.3.1 潜水分类方法

1. 按照呼吸气体分类

按照潜水员呼吸的潜水气体分类，潜水可分为呼吸空气的潜水和呼吸人工配制的混合气潜水（当然空气也是一种混合气，但不是人工配制的）。前者称为空气潜水，后者称为混合气潜水。混合气潜水必须表述呼吸气体的名称。从理论上讲，氮、氦、氖、甚至氢都可以作为中性气体与氧混合来配制潜水呼吸用的混合气，但实际用于产业潜水的只有氦氧混合气。使用氦氧混合气作为潜水员的呼吸气体的潜水，称为氦氧混合气潜水。

2. 根据供气方式分类

目前潜水采用的供气方式有两种，一种是由水面通过脐带向潜水员供气，另一种是由潜水员自身携带的气瓶供气。前者称为水面供气式潜水（俗称管供），后者称为自携式潜水。

工程潜水通常采用水面供气式潜水方式。

3. 根据气体更新方式分类

按气体更新采用通风或按需供应的方式，将潜水分为通风式潜水和需供式潜水，潜水装具也相应分为通风式潜水装具和需供式潜水装具。因通风式潜水装具的总重量较重（约 65kg），又称重装潜水装具，简称重装，而采用这种装具的通风式潜水也简称重潜；需供式潜水装具的总重量较轻，又称轻装潜水装具，简称轻装，而采用这种装具的需供式潜水也简称轻潜。

需供式潜水装具按供气方式不同，又分为自携式潜水装具和水面供气式需供式潜水装具（也称管供式潜水装具）两种。其中，水面供气式需供式潜水装具在工程潜水中应用最广泛，简称水面需供式潜水装具。

4. 根据体内惰性气体是否饱和分类

按潜水员机体组织内的惰性气体是否达到饱和，将潜水分为常规潜水和饱和潜水两种方式。

常规潜水是潜水员从水面入水，完成潜水（包括减压）后直接返回水面。

饱和潜水是从采用闭式潜水钟与甲板居住舱对接，潜水员从一定深度（饱和居住深度）出发，进入潜水钟，吊放入水作业，完成潜水后再返回到这个深度称为饱和潜水。

空气潜水一般都采用常规潜水方式。深度较浅、作业时间较短的氦氧混合气潜水也可采用常规潜水方式。特别要指出的是氦氧混合气潜水不等于饱和潜水，氦氧混合气潜水分为常规氦氧混合气潜水和氦氧饱和潜水两种方式。

5. 按入出水方式分类

按潜水员入出水方式，将潜水分为与水面需供式潜水、开式潜水钟潜水和闭式潜水钟潜水。

水面需供式潜水是指潜水员直接由水面入水，呼吸气体由水面通过潜水员脐带直接供给的需供式潜水方式（包括采用潜水吊笼入水的方式）。

开式潜水钟是底部敞开、上部形成气相空间的钟罩。开式潜水钟潜水时，潜水员从水面进入潜水钟内，开式潜水钟吊放入水，完成潜水作业后经过水下减压或减压舱水面减压后再返回水面。开式潜水钟潜水所需的呼吸气体从水面通过潜水钟脐带输送至潜水钟，再由潜水钟内供气接口连接潜水员脐带供给。

闭式潜水钟潜水时，潜水员可以从水面直接进入潜水钟内；也可以是潜水员先在甲板居住舱内饱和到一定深度（饱和居住深度），由闭式潜水钟与甲板居住舱对接后，进入潜水钟内。然后，闭式潜水钟吊放入水，完成潜水作业后回到甲板居住舱内减压或继续居住。闭式潜水钟潜水简称钟潜水。

6. 根据潜水目的分类

根据潜水目的的不同，潜水又可分为工程潜水、军事潜水、休闲潜水及竞技潜水。工程潜水，也称产业潜水，以完成不同工程任务为目的，如水下建筑、航道疏通、救助打捞、海底养殖等；军事潜水，为完成一定军事任务为目的的潜水活动，如下水攻击、水下侦察、水下清障、水下爆破等；休闲潜水以运动、娱乐观光为目的，包括水下探险、水下观光、水下摄影等；竞技潜水以挑战人类生理极限为目的，目前最大深度纪录是 214m（下潜时借助了压重，上升时借助了浮囊）。

1.3.2 潜水类别的表述

为了准确反映所从事的潜水类别，应正确、全面表述潜水活动的特征。所谓正确、全面的表述应该包括采用的呼吸气体、供气方式、气体更新方式和潜水方式，如水面需供式氦氧混合气潜水。不过这样的表述十分复杂和烦琐，而且重装潜水逐步趋向淘汰，因此采用水面供气的需供式潜水可能渐渐趋向不再表述气体更新方式。由于空气潜水基本上都是常规潜水，因此空气潜水通常不表述潜水方式；通风式潜水一定是采用水面供气，因此通风式潜水通常不表述供气方式。这样，空气潜水可分为三类，分别表述为自携式潜水、水面需供式潜水和通风式潜水。

饱和潜水都是由水面供给呼吸气体，因此饱和潜水通常不表述供气方式，如氦氧饱和潜水，或氮氧饱和潜水。混合气潜水除饱和潜水外都是常规混合气潜水，因此混合气潜水通常不表述潜水方式。

虽然在日常使用中，习惯采用更为简洁方式来表述潜水类别，但在容易混淆的时候还是要全面正确表述。对某些特殊的潜水类别更要正确指明，如采用 SDC-DDC（闭式钟）方式的氦氧混合气潜水，以表示与水面需供式氦氧混合气潜水的区别。如采用开式钟方式的空气潜水，以表示与水面需供式空气潜水的区别。

1.4 我国潜水行业现状和发展展望

1.4.1 我国潜水行业现状

改革开放以来，我国潜水、打捞、海洋工程服务、水下施工等企事业单位和从业人员队伍得到了空前的发展与壮大，潜水、打捞技术和应用已不再局限于水上抢险救助和沉船沉物打捞活动，已经延伸并应用于诸如海上石油天然气开发、桥梁隧道建设、水库大坝及水利设施建设与维护、海产品的养殖捕捞、市政建设、滨海休闲旅游、科学试验、国防建设等领域。根据不完全统计，我国现有从事潜水作业的企事业单位近 1000 余家，从业人员达 10 万多人，其中各类职业潜水人员 1000 余人，非职业潜水员约有 3 万～ 5 万人。潜水打捞行业在服务于发展海洋经济的同时，在应对水上突发应急事件等公共服务中，也是一支不可替代的重要队伍。

中国潜水打捞行业协会 2008 年 5 月 5 日在北京正式成立。该协会是我国潜水、打捞史上第一个全国性行业组织，是全国从事潜水、打捞、救助、水下施工、海洋工程服务等具有从业资质的企事业单位及相关医学保障、装备装具制造、科研、教学培训等机构自愿组成的非营利性的社团组织，其成立标志着我国潜水、打捞、海洋工程服务及水下施工队伍的管理和建设进入更加规范、更加符合国际通用规则、更加适应市场化运作的新阶段。该协会将发挥行业与政府之间的桥梁作用，创建行业建设的自律条件，反映行业及会员的诉求，提供对外交流合作及参与国际事务的平台，凝聚行业力量，促进我国潜水、打捞行业可持续发展。

潜水员是潜水打捞行业发展的关键人员。我国唯一的全日制中等专业潜水学校——广州潜水学校在 1985 年成立，30 多年来已为我国培养了 4000 多名各类工程潜水技术人才。2003 年后全国先后又有 5 家培训机构取得了潜水培训资质，为全国各地培训了一大批职业潜水员。经过多年的培养和实践，潜水、打捞行业拥有一支理论扎实、人数众多、年龄结构合理的专家队伍和管理人才队伍，他们熟悉国内外潜水、打捞法律、法规和安全操作规程，在组织潜水、打捞作业、海洋工程服务、实施安全操作与潜水医疗保障等方面具有丰富的实践经验。

从我国潜水行业总体潜水作业能力来看，空气潜水作业应用最广泛，大部分使用水面需供式潜水装具，较少采用通风式重潜水装具（TF-12 型）、潜水吊笼或开式潜水钟潜水。深度基本达到规定深度 60m 。国内能进行氦氧混合气潜水作业的单位有七八家，实际作业深度达 120m。我国饱和潜水虽然起步较晚，但近年来发展很快，2014 年 1 月 9 日，交通运输部上海打捞局完成我国首次 300m 饱和潜水海底出潜作业，巡回潜水深度达 313.5m；海军医学研究所于 2010 年通过大深度潜水研究项目“潜龙”将国内模拟饱和潜水深度延伸至 493m，随后海军防险救生支队于 2015 年创造了海上 330m 国内实潜深度纪录。

1.4.2 我国潜水行业发展趋势

我国是海洋大国，国家制定和实施了海洋强国战略，大力发展海洋经济。“走向深蓝”已成举国共识，大力发展海洋经济，对于保障国家安全、切实维护海洋权益、拓展国民经济和社会发展空间、缓解资源和环境的瓶颈制约、促进沿海地区经济合理布局和产业结构调整都具有十分重要的战略意义。随着我国“海洋强国”和“一带一路”建设不断推进，庞大的航运、海洋工程作业、海洋资源勘探与开采、渔业等活动带动潜水打捞行业、各类海洋工程公司、潜水打捞装备设计及制造研究所（设计院或企业）、救助打捞培训教育机构的创立与发展，在我国沿海主要城市已经形成一定规模，对潜水工程服务的需求日益明显。另外，随着人们生活水平的提高，海洋休闲产业在我国得到了长足的发展，游艇休闲、潜水等海上休闲活动也越来越多。尤其是随着我国海上油气田开采、海上风电大力发展、滨海休闲旅游潜水蓬勃发展，以及内陆加强水利水电设施（特别是水库大坝等）检修，我国沿海海区及内陆水域的工程潜水、考古潜水、旅游休闲潜水活动也越来越多，也需要大量的潜水作业服务，以支撑港口航道工程、救助打捞、海油开采及水利水电设施维修等行业活动。另外，潜水技术也需要先进的潜水装备，国家在“十三五”规划编制过程中更是把海洋经济建设和发展海洋工程装备高端制造业作为我国未来经济发展的重要支柱性产业之一，作为海洋工程装备的重要组成部分，潜水装备工程技术行业也越来越受到重视。

1.4.3 我国市政工程潜水发展趋势

中共中央、国务院印发的《中共中央国务院关于进一步加强城市规划建设管理工作的若干意见》提出，要加快推进海绵城市和地下管廊建设，全面提升城市功能，实现国家新型城镇化建设的发展目标。城市管线是城市建设的基础设施之一，随着城市规模的急剧扩大，城市供水和排水设施、市政集污水管道和水下管道、大型涵箱及取排水、隧道盾构高气压、沉管隧道等工程迅猛发展，城市人脚步所及的每寸路面下都密布纵横交错的管线，对市政工程潜水的需求增大。全面推进城市市政基础设施建设时期，也是市政工程潜水大力发展的重要时期。

然而，市政工程潜水作业通常在排水管道、泵站、污水处理厂、污水井等狭小空间进行，有限空间环境复杂，水质污染，存在有毒有害、易燃易爆气体，危险性更大。一些施工单位对市政工程有限空间潜水作业的危险性认识不足或片面控制施工费用，招揽无潜水员证书的人员，潜水装具和设备不符合要求，不执行潜水安全作业规程，导致市政工程潜水作业安全事故时有发生。

近年来，政府加强市政工程潜水安全监管，相关行业协会加强安全自律管理，通过市政工程潜水从业人员专业培训、建立行业适用的潜水及水下施工作业标准、潜水作业技术装备的升级换代、逐步开展行业内能力等级评估等有力举措，提升从业机构和人员综合素质，推进市政工程潜水作业安全水平提高，不断适应和满足国家城市化建设的需要。

第 2 章　潜水物理学基础

2.1　概述

水下环境对于人体来说是一种迥异于陆地的异常环境，具有水下低温、高压、能见度低、水流、浪涌等环境特点。潜水时，潜水员不仅要直接承受相当于潜水深度的静水压，还要呼吸着相当于潜水深度环境压力的高压气体。水及气体的各种物理性质、运动及与人体的相互作用都对潜水员有着很大的影响，如压强、比重、收缩、膨胀、浮力、阻力、热散失、光和声在水中的特殊传播等，这些因素一定程度上决定了潜水过程能否安全顺利进行。因此，学习潜水所涉及的水和气体的基本物理知识，对掌握潜水原理、潜水生理，并将其应用于具体的潜水实践中都是十分重要的。

2.2　水的压强

2.2.1　水的物理性质

1. 纯净水的物理性质

水的分子是由两个氢原子和一个氧原子组成的。其分子式为 H_2O。

纯净的水是一种无色、无臭、无味、透明的液体。纯净的水不易导电，在常压下，水的凝固点（冰点）是 0℃，沸点是 100℃，在 4℃时，1cm^3 的水的质量为 1g，此时密度最大。将水冷却到 0℃，可以结成冰而体积增加，它的体积为原来的 1.09 倍；如果加热到 100℃，使水变成水蒸气，体积增加 1600 多倍。水对很多物质的溶解能力很强。水中含有溶解的空气，水中生物就是依靠溶解在水中的氧气存活。

由于水的压缩性很小，故可忽略不计。因此，我们通常称水是不可压缩的。但是一定量的水，当加压至 20MPa 时，它的体积会减少 1%。

水与其他液体一样，具有易流动性，因此它是一种流体。这是因为水在压力作用下，可达到平衡状态；而在拉力或切力的作用下，会产生变形。

2. 海水的物理性质

一般情况下，非纯净水的密度较纯净水的大。海水的密度为 1.025g/cm^3，它随温度、盐度和气压而变化。海水含盐量为 30 ~ 35g/L。

海水的盐度一般都在 35‰左右，海洋中发生的许多现象都与盐度的分布和变化有密切关系，所以盐度是海水的基本特性。

海水的颜色又称为海色。海水的颜色决定于海水对太阳光线的吸收和反射状况，由于海水中包含有一些悬浮物质和溶解的物质，当阳光照射时，表层进行散射而造成了海水的颜色，由蓝到黄绿及褐色。一般大洋的海水是深蓝色，近岸的海水为蓝绿色和黄褐色。

海洋水是含有多种溶解固体和气体的水溶液，其中水约占 96.5%，其他物质占 3.5%。

3. 其他水质的物理性质

泥浆水含有大量泥沙固体小颗粒，多出现于钻井、打桩、隧道开挖及其他工程作业中，泥浆密度大于纯净水的密度，一般用相对密度的方式来表示：即相对于水的密度，水的密度为 1.0g/cm^3，泥浆密度可用专门的泥浆密度计来测量。如果在泥浆水中潜水作业，必须测量泥浆的相对密度，在实际下水深度的基础上算出理论深度，制订减压方案，才能进行正确减压，防止减压病的发生。

污染水域的形成原因有很多，最主要的是超标排污，造成水体富营养化、破坏生态；原油、液体化工品泄漏也会对水域造成极大的污染和破坏。在污染水域进行潜水作业时，必须做好相应的防护措施，选用适合的潜水装具，保证潜水员身体健康。

2.2.2 水的压强

1. 压强的相关概念

（1）压强

单位面积上受到的压力叫作压强（P）。如果垂直作用于面积 S 上的重量为 F，那么面积 S 上所受的压强为：

$$P = \frac{F}{S} \tag{2.2-1}$$

压强既可以由物体的重量产生，例如大气的重量和水的重量可分别产生大气的压强和水的压强；又可以由物体间的作用力产生，例如空气压缩机的活塞对气缸内空气的作用所产生的压缩力。

压强的基本单位为帕（Pa），1Pa=1N/m^2。因帕的单位很小，故在计算水和气体的压强时，常用千帕（kPa）、兆帕（MPa）。

（2）相对压强与绝对压强

潜水员在水中所承受的压强包括由水的重量所产生的静水压强，以及由水面大气的重量所产生的大气压强。

水面大气压强随海拔高度和天气的变化而变化，但一般情况下，我们认为地球表面的气压近似等于 0.1MPa（一个大气压）。对于气体的压强，一般使用压力表即可测出，当我们把压力表置于水面大气中时，压力表的指针指到刻度盘上“0”的位置。这并非说大气的压强为零，实际上大气的压强是 0.1MPa，也就是说压力表所显示的压强值不包含大气压强。为了研究方便，我们经常使用绝对压强和相对压强的概念。

所谓相对压强（relative pressure），也叫作表压或附加压，表示气体实际承受的压强与大气压之间的压差。压力表所显示的压强是相对压强。

所谓绝对压强（absolute pressure），表示物体实际承受的压强，也就是施加的总压强。

绝对压强 = 相对压强 +0.1MPa（1 个大气压）。

在气体定律的计算，以及研究高压环境对人体的生理效应时，应使用绝对压强。

2. 静水压强

潜水时，水下环境诸因素中，静水压（hydrostatic pressure）改变是引起潜水员发生生理或病理变化的主要因素，也是向深海进军的重要障碍。

由于水的重量而产生的压力叫作静水压力。单位面积上承受的静水压力就是静水压强。

在中学的物理课程中，我们学习过：液体内部同一点各个方向的压强都相等，而且深度增加，压强也增加。在同一深度，各点的压强都相等。若 ρ 为某种液体的密度，则深度为 h 处的静水压强 $P_{静}$ 为：

$$P_{静} = g\rho h \tag{2.2-2}$$

式中　$P_{静}$——静水压强（MPa）；

g——重力加速度（m/s^2）；

ρ——液体的密度，纯净水为 $1g/cm^3$，海水约为 $1.025g/cm^3$；

h——水的深度（m）。

在潜水中，我们经常近似认为江河湖海的水密度都是 $1g/cm^3$。重力加速度取 $10m/s^2$。这样可简化为：

$$P_{静} = 0.01h \tag{2.2-3}$$

当 h=10m 时，$P_{静}$ = 0.1MPa（相当于一个大气压）；同理当 h=20m 时，$P_{静}$ = 0.2MPa（2 个大气压）……也就是说当水深每增加 10m 时，静水压强即增加 0.1MPa（1 个大气压）。

【例 2–1】某潜水员潜入 36m 水深处，问其承受多大的压强?

解：潜水员在水下受的压强由静水压强和水面上的大气压强叠加而成。

$P_{静}=0.01h=0.01\times36=0.36MPa$

$P_{绝}=P_{静}+0.1MPa=0.36+0.1=0.46MPa$

3. 帕斯卡定律

潜水员工作环境是具有自由液面的水下，在这种具有自由液面的水中，不同深度压强是不同的。

如果把水或其他液体放入一个没有自由液面的密闭容器内，并向容器内某点施加一个压力，情况会怎样呢？

实验证明：在密闭容器内的液体，能把它在一处受到的压强，大小不变地向液体各部分、各方向传递。这就是说，在密闭容器内，施加于静止液体上的压强将以等值同时传到各点。这就是帕斯卡定律，或称静压传递原理。

人们利用这个定律设计并制造了水压机、液压驱动装置等流体机械。

4. 水流动时压强与流速的关系

水的压强除了因自重产生的静水压强外，若水是流动的，因水的流动亦会产生压强的变化。

在稳定流动的水中，截面面积小的地方，流速大，压强小；截面大的地方，流速小，压强大。当然，流速和压强并非成简单的反比关系（图 2.2-1）。

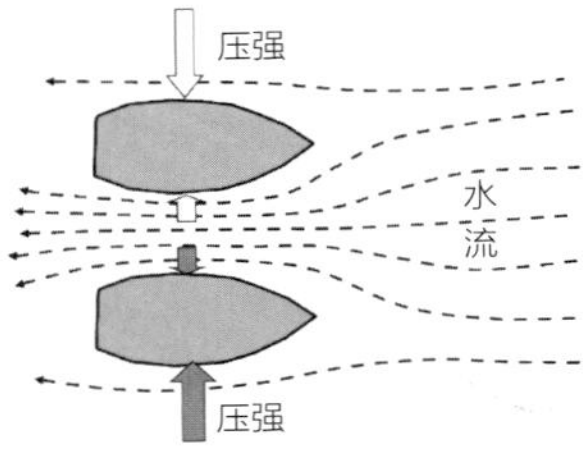

图 2.2-1　压强与水流关系示意图

2.3　水的浮力和阻力

2.3.1　水的浮力

1. 浮力的概念

把一块木板放入水中，它会浮在水面，用弹簧秤称一个浸在水里的物体，其重量比在空气中称的重量轻（图 2.3-1）。这些事实说明浸在液体中的物体会受到一个向上的力。这种水作用于浸入其中物体的垂直向上的力，称为浮力（buoyancy）。

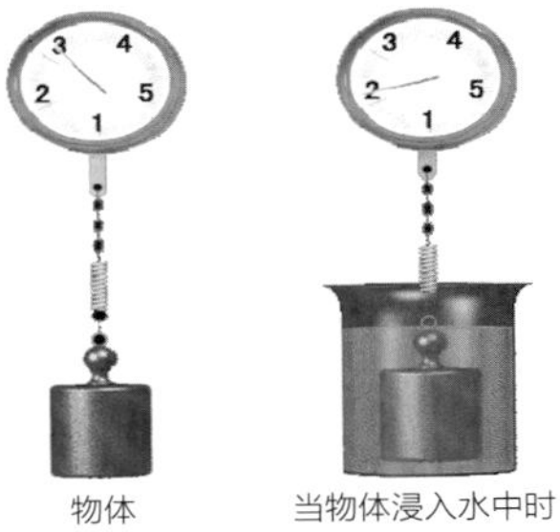

图 2.3-1　水的浮力示意图

2. 阿基米德定律

实验证明，浮力的大小与浸入物体的体积及液体的密度有关。在同一种液体里，浸入物体的体积越大，浮力也越大；液体的密度越大，浮力亦越大。由压强$P=\frac{F}{S}$得 $F=PS$，见图 2.3-2，若一个正方体状物体浸入水中，上表面水深为 h_2，下表面水深为 h_1，表面积为 S，则作用在上表面的静水压力 $F_2=\rho gh_2$，作用在下表面的静水压力 $F_1=\rho gh_1$，显然 $F_1>F_2$，物体受到一个向上的托举力，即浮力。物体在水中受到的浮力为：

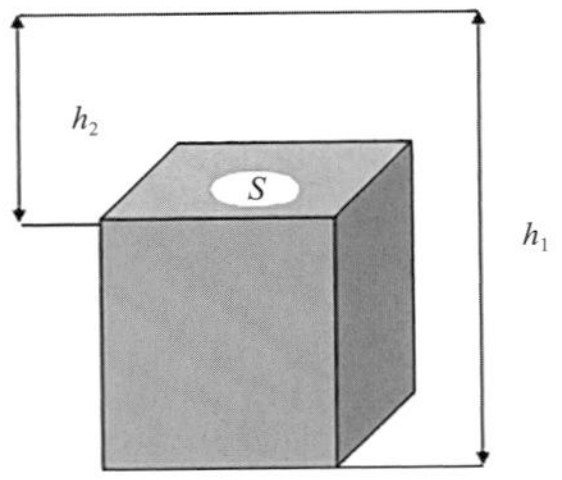

图 2.3-2　浮力大小示意图

$$\begin{aligned}D&=F_1-F_2\\&=\rho gh_1\cdot S-\rho gh_2\cdot S\\&=\rho gS(h_1-h_2)\\&=\rho gV\end{aligned}$$

浮力的大小等于浸没物体排开液体的重量，这就是阿基米德定律。用公式表达为：

$$D=g\rho V \tag{2.3-1}$$

式中　D——物体受到的浮力，kN；

g——重力加速度；

ρ——液体的密度；

V——物体排开液体的体积。

对于纯水，如果 V 的单位用 m^3，g 取 $9.8m/s^2$，则式（2.3-1）可简化为：

$$D=9.8V \tag{2.3-2}$$

3. 物体的沉浮原理

一块钢板放入水中会沉到水底，但是用钢板制造的船却可漂浮在水面。为什么会有这种现象呢？原来，浸在水中的物体除受到向上的浮力 D 外，还受到向下的重力 W（图 2.3-3）。

物体的沉浮是由浮力 D 和重力 W 共同作用的结果。

当 $W=D$ 时，合力 $D-W=0$，此时物体可以在液体内部任何位置平衡。我们把物体的这种状态叫作中性浮力（neutral buoyancy），也叫作悬浮状态。

当 $D > W$ 时，合力 $D-W > 0$，方向向上，物体会漂浮在水面，我们把物体的这种状态叫作正浮力（positive buoyancy），也叫作漂浮状态。

当 $D < W$ 时，合力 $W-D > 0$，方向向下，物体会沉到水底，我们把物体的这种状态叫作负浮力状态（negative buoyancy），也叫作下沉状态。

图 2.3-3　物体在水中的受力示意图

显然，在水中的物体只能处于这三种状态中的一种。我们调节 D 和 W 的大小，即可以改变物体的沉浮状态（简称为浮态）。

对物体的浮态进一步分析，实际上决定物体沉浮的因素是物体和液体各自的平均密度。当物体的平均密度等于液体的密度时，为中性浮力；当物体的平均密度小于液体的密度时，为正浮力；反之，则为负浮力。

【例 2-2】欲把一个边长为 15cm 的方形钢块（密度 $\rho=7.8\text{g/cm}^3$）从水底打捞出水，至少需多大的力？

解：钢块在水中分别受到向上的浮力 D 和向下的重力 W，打捞所需的力是它们间的合力。

$D=9.8V=9.8\times0.15^3=0.033\text{kN}=33\text{N}$

$W=g\rho V=9.8\times7.8\times0.15^3=0.258\text{kN}=258\text{N}$

$W-D=258-33=225\text{N}$

所以，至少需要 225N 的力才能将铁块打捞出水面。

4. 潜水员的沉浮原理

潜水员在水中的沉浮和一般物体在水中单纯的沉浮有所不同。一般物体在水中的浮态完全取决于物体所受到的浮力和自重的差值，这个差值是固定不变的，故只能处于三种浮态中的一种。一般物体的沉浮可以称作重力沉浮。潜水员和鱼类在水中的沉浮相类似。我们知道鱼类在水中的沉浮，一方面通过腹内的鳔，改变自身的排水体积，从而改变浮力和自重的差值，达到沉浮目的，这属于重力沉浮；另一方面，运用尾和鳍的推力达到潜游和浮游的目的，这种沉浮称作动力沉浮。

潜水员在水中的沉浮，一种是重力沉浮，一种是动力沉浮。通风式潜水属于重力沉浮，运用了压重物（如压铅），结合调节重潜潜水服内的空气垫，使重力和浮力的差值可以在较大范围内任意调整，达到沉浮目的。

轻潜的大部分情况属于动力沉浮，主要依靠脚蹼的推力达到沉浮目的。轻潜时穿戴浮力背心或变容式干式潜水服，也可通过充排气调节浮力，动力沉浮和重力沉浮相结合。

2.3.2　潜水员的稳度

潜水员在水下行走或作业时，要采取各种不同的体位，如站立位、跪位、侧卧位等，不论采取何种体位，须力求使自身保持最稳定、舒适和便于操作的姿势。潜水员能够自如地保持身体处于平衡稳定的程度，称为潜水员的稳度（stability）。它取决于重心和浮心的相对位置以及潜水员本身的平衡感。

1. 重心和浮心的概念

所谓潜水员的重心（centre of gravity），是指潜水员自身的重力和潜水装具的重力共同作用形成的合力的作用点。对于潜水员来说，重心一般在腰带部位。

潜水员的浮心（centre of buoyancy），是指潜水员（含装具）在水中所受到的浮力的作用点。

2. 潜水员在水下的稳度

潜水员的平衡分为稳定平衡、不稳定平衡和中性平衡三种情况。

稳定平衡的基本条件是保持浮心在上，重心在下，并且在同一条铅垂线上。但潜水员在水下作业过程中，需经常变换体位，因此，也就不可能永远保持在一种平衡状态。由于不断变换动作，潜水员的重心和浮心随之不断发生位移，因而原有的平衡不断被打破，而产生新的平衡。造成重心和浮心位移的原因很多，主要为身体长度的改变、重量的增减，潜水服内空气垫的位移等。潜水员在水下应保持稳定平衡。

潜水员水下不稳定平衡的条件是：重心在浮心的上方，或浮心与重心不在同一条铅垂线上。造成潜水员不稳定平衡的原因主要有：①压铅位置挂得过高，潜水员进入水后，重心位置在浮心之上，潜水员感到头重脚轻，极易倾倒；②当潜水员的压铅位置偏移，集中到某一侧时，会造成浮心与重心不在同一铅垂线上，重力和浮力形成的倾覆力矩使潜水员倒转；③使用重装潜水装具或者穿着干式潜水服下水作业，当潜水员在水下身体出现倾斜，空气垫偏向一侧时，或空气垫发生变化时，也可能造成潜水员失去平衡。潜水员应避免不稳定平衡。

中性平衡是指潜水员在水下浮力和重力相等，且浮心与重心重合的情况，此时，潜水员可悬浮于任何位置，并可绕重心与浮心的重合点作任意转动，这将不利于潜水员水下工作的正常进行。

2.3.3 潜水员重心和浮心变化规律

潜水员稳性取决于重心和浮心的相对位置。为了更好掌握水下稳性，我们有必要对重心和浮心的变化规律进行分析和概括。

1. 重心的变化规律

在潜水运动中，一般认为在正确着装基础上，不施力于物体，潜水员的重心位移很小。在直立的静态状态下，重心不变，而徒手运动时，虽因体位的变化造成重心的位移，但这种位移仍然是小范围的。由于重心在小范围发生偏离，潜水员可轻易控制稳性，保持平衡。

重心的变化只有在潜水装具各部分配重不当，着装时佩挂物的位置偏差，运动时发生压铅，重装潜水鞋脱落，搬运重物时用力不当时才会出现较大幅度的位移。如果重心位移后仍在浮心的下方，则仍属稳定平衡范围。如果重心位移后处于浮心上方，则为不稳定平衡。这时如果潜水员有准备，可以迅速将重心和浮心调整在同一铅垂线上，仍可保持一个暂时的平衡当然这是不易掌握的，一旦重心和浮心偏离同一条铅垂线时，倾覆力矩将使潜水员失去平衡，这是很危险的。

氩、氪、氙和氡，它们化学性质相当稳定，在空气中含量非常稀少。除此之外，空气中还含有少量化学性质活泼的氢和一氧化碳等。空气中几种成分含量见表 2.4-2。

空气中几种成分含量及密度表 表2.4-2

气体名称	分子式	体积百分比（%）	密度（g/cm^3）
氮	N_2	78	1.25×10^{-3}
氧	O_2	21	1.43×10^{-3}
二氧化碳	CO_2	0.033	1.97×10^{-3}
氦	He	0.0005	1.8×10^{-4}

2. 氧气

氧气在空气中含量居第二位，但它是空气中对人类最重要的气体。氧气在空气中约占体积 21%。无色、无臭、无味，密度为 1.43g/L，化学性质活泼，易与其他元素结合。氧不能燃烧，但能助燃。

我们在呼吸空气时，人体所必需的其实只有氧气，它是人类及其他生物赖以生存的气体。

3. 氮气

氮气是空气中含量最多的气体，约占空气体积中 78%。氮气无色、无臭、无味，密度为 1.25g/L。它是所有生命的组成部分。但它与氧气不同，不能支持生命，也不能助燃。氮气化学性质较稳定，在高压下易溶解于人体。空气中的氮对空气潜水来说，可视作氧气的稀释剂。

当然，氮气并非是可用做稀释氧气的唯一气体。在高压环境下，呼吸含有高比例氮气的混合气体（比如空气）时因氮的分压过高，氮气会引发氮麻醉，使潜水员定向和判断能力减弱。

4. 氦气

氦气是无色、无味、无臭的惰性气体，不能溶于水，密度为 0.18g/L。氦气在空气中含量极少，在高压环境下不会对人体产生氮麻醉。故在潜水中，经常用氦气和氧气按一定比例配制成氦氧混合气，用于深潜水作业。

氦与氮比较，虽有不会发生氮麻醉的优点，但其也有语言失真和散热性强等缺点。

5. 二氧化碳

当空气中二氧化碳含量较小时，它是一种无色、无臭、无味的气体、但当二氧化碳含量较大时，它具有酸味和臭味。二氧化碳比较重，密度为 1.97g/L，不支持燃烧，故常作泡沫灭火器中的灭火剂。二氧化碳极易溶于水，是机体呼吸和燃烧的产物。如果通风不良，人体排出的二氧化碳会在潜水员头盔或减压舱内积聚，当其浓度过高时，会发生二氧化碳中毒。

6. 水蒸气

水蒸气是空气中所含的水，它以气态形式出现。水蒸气在空气中的含量与温度和湿度以及气体压强等因素有关。水蒸气含量过大，会使潜水面窗模糊、供气软管结冰或身体寒冷。水蒸气含量过低，会使呼吸道干燥难受。

2.4.3 混合气

所谓混合气，是指两种或两种以上单一气体按一定比例混合所组成的均匀混合的气体。

潜水中呼吸的混合气一般采用人工配制而成，常用的配制方法有：分压配气法、容积配气法、流量配气法及称量配气法等。

空气是最常见的天然混合气。他含有氧、氮、二氧化碳、水蒸气等成分。空气是最常用的潜水呼吸气源。因空气中含有大量的氮，在深潜水时，会使潜水员发生氮麻醉。故在深潜水中常用氧气和其他一些惰性气体配成潜水混合气体。现今最常用的是用氧气和氦气按一定比例配制成氦氧混合气，用于氦氧混合气潜水和饱和潜水。

混合气的压强是混合气中各个成分共同作用的结果，如果我们把混合气体中某一成分气体单独留在气瓶内，这时所留下的单一气体将单独占据整个气瓶的空间，混合气中各组成气体的作用和对人体的影响，与它单独存在并占据整个容器时相同。

2.4.4 气体的湿度

空气中含有水蒸气，潜水混合气中也会有一定量的水蒸气。水蒸气是水的气态形式，它也遵循气体定律。

大气中水蒸气的含量叫作湿度。湿度大则表明空气中所含水分多。潜水员呼吸气体中应含适量的水蒸气，这样可以滋润人体组织。但是如果湿度过大，潜水员会感觉不适，且当水蒸气冷凝为水时，可引起供气软管和装具中的气路结冰堵塞，使潜水员面窗模糊。

如果我们将一定量的水装入一个广口瓶，然后将瓶密封，这时由于水分子的运动，一部分水将蒸发到液体上方的气体中，同时气体中一部分水蒸气将回到瓶内水中。水将持续蒸发，最终将会出现离开液体表面的水蒸气分子数与返回水中的分子数相等的平衡状态，此时称之为瓶内上空空气已被水蒸气饱和。

湿度与水蒸气的分压有关，而水蒸气的分压与液态水的温度有关。当水温和水面气温上升时，更多的水分子将蒸发到气体中，直至达到更高的水蒸气分压的平衡状态。如果水和气体温度降低，那么气体中的水蒸气将凝结为液态水，直至出现较低的水蒸气分压的平衡状态。所以一种气体中水蒸气所能达到的最大分压取决于这种气体的温度。水蒸气饱和时的温度叫作露点。

气体中水蒸气的含量通常用绝对湿度和相对湿度表示。

绝对湿度是指单位体积的混合气体中水蒸气的质量。

相对湿度是指混合气体中水蒸气的质量与同一温度下该混合气被水蒸气饱和时的水蒸气质量之比，用百分数表示。显然，相对湿度的值在 0 ～ 100% 之间。

在研究湿度时，还常用到湿球温度和干球温度的概念。干球温度为气体的实际温度。湿球温度是气体冷却到饱和（露点）的温度。只有在相对湿度为 100% 时，两种温度才相等，否则，湿球温度总是低于干球温度。

2.5 气体的基本定律

2.5.1 道尔顿定律及应用

1. 气体的总压和分压

混合气具有一定的压强，一瓶装有某种混合气的气瓶，我们用压力表可测出这瓶混合气的压强。这个压强是由混合气中各个成分共同作用的结果，我们把它称作混合气的总压。如果我们把混合气体中某一成分气体单独留在气瓶内，其他成分全部排出气瓶，这时所留下的单一气体将单独占据整个气瓶的空间，我们用压力表能够测出这种单一成分气体的压强。

混合气体中，某种单一成分的气体的压强叫作混合气体中这种单一成分气体的分压。显然，在混合气体中，每一种成分的单一气体都具有各自的分压。

2. 道尔顿定律

混合气的总压用压力表可轻易测得，但混合气中某种成分气体的分压几乎不可能用压力表测出。因为我们无法在容器中仅保留某种气体，而把其他成分气体排出。

英国科学家道尔顿（图 2.5-1）通过实验证明：

混合气体的总压强，等于各组成成分气体的分压之和（图 2.5-2），即：

图 2.5-1　约翰·道尔顿（John Dalton，1766—1844）

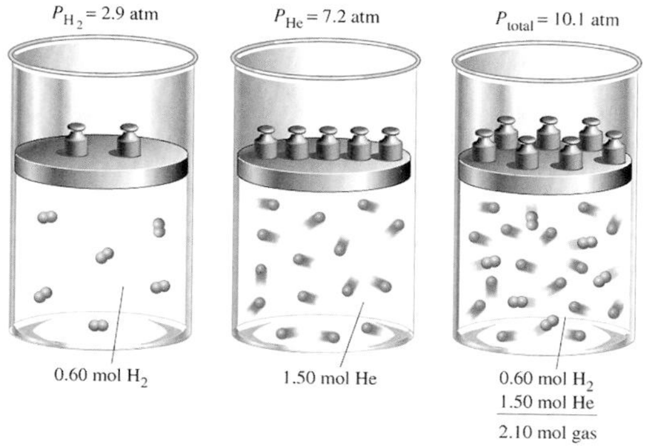

图 2.5-2　道尔顿定律示意图

$$P=P_1+P_2+P_3+\cdots P_n \qquad (2.5\text{-}1)$$

式中　　P——混合气的总压强；

P_1、P_2……P_n——各组成成分气体的分压。

我们把式（2.5-1）称作道尔顿定律，也叫作分压定律。

道尔顿指出混合气中任何一种气体的分压与这种气体在整个容器中的分子百分数（体积百分比）成正比。

道尔顿定律可用于计算混合气中某种成分气体的分压，即：

$$P_x = P \cdot C \qquad (2.5\text{-}2)$$

式中　P_x——某种气体的分压；

P——混合气总压；

C——某种气体在混合气中所占的体积百分比。

【例 2-3】已知空气中 O_2、N_2 和 CO_2 的体积分别占空气总体积的 21%、78% 和 0.03%。求在常压及水下 50m 时，它们各自的分压。

解：常压下，空气的总压强为 0.1MPa，水下 50m 时，空气的压强变为 0.6MPa。在空气的压缩过程中，各种成分的百分比不变。

式（2.5-2），在常压时，

P_{O_2}=0.1 × 21%=0.021MPa

P_{N_2}=0.1 × 78%=0.078MPa

P_{CO_2}=0.1 × 0.03%=0.00003MPa

在水下 50m 时，

P_{O_2}=0.6 × 21%=0.126MPa

P_{N_2}=0.6 × 78%=0.468MPa

P_{CO_2}=0.6 × 0.03%=0.00018MPa

混合气体中各成分气体对人体生理有不同的反应。气体对人体生理的作用取决于气体的分压。

3. 水面等值

从上面例题中，可以看出，潜水员在 50m 水深时，从空气中吸入的氧分子的数量，比在常压（0.1MPa）下从纯氧中吸入的氧分子数量还多得多。同样吸入的二氧化碳分子数也为在水面正常空气中的六倍。为了比较气体在高压环境和常压环境对人体生理作用的影响，我们引入水面等值的概念。

所谓水面等值，指在某一深度的水中，一定分压的某种气体的浓度和生理效应，与在水面常压（0.1MPa）时呼吸的混合气体中含 x% 的这种气体相同。即：

$$SE = \frac{P}{0.1} \times 100\% \qquad (2.5\text{-}3)$$

式中　SE——水面等值；

P——气体在某深度水中的分压。

【例 2-4】某种混合气体中，CO_2 分压为 0.003MPa（绝对压）。问其水面等值为多少？

解：已知：P_{CO_2}=0.003MPa，求 SE。

根据式（2.5-3），可得：

$$SE = \frac{P}{0.1} \times 100\% = \frac{0.003}{0.1} \times 100\% = 3\%$$

所以，其水面等值为 3%。

上例中，说明潜水员在水下所吸入的二氧化碳的数量，相当于在水面常压下呼吸的气体中含有 3% 的二氧化碳，这对潜水员来说是相当危险的，即可能引起二氧化碳中毒症状。为了避免这种现象的出现，通风式潜水时应严格控制呼吸气源中二氧化碳的含量，并经常对潜水头盔进行通风，防止头盔内二氧化碳大量积聚引起分压过高。

4. 气体的弥散

气体的弥散，是指某种气体的分子，通过自身的运动而进入另一种物质分子间隙内部的现象。它是气体分子在分压作用下运动的结果。

把两种气体放在同一容器内，尽管两种气体的密度不同，但到最后，这两种将完全均匀混合。

气体的弥散遵循从高分压向低分压区扩散的规律。分压的差值越大，弥散的速度也越快。

2.5.2 亨利定律及应用

1. 溶解的概念

一种气体与一种液体相接触，气体分子便借助自身的运动而进入到液体内。这就是气体在液体中的溶解。某些气体比其他气体容易溶解在同一种液中，同一种气体在不同的液体中溶解的数量不相同。

在一定的温度下，0.1MPa 压力下，溶解于 1ml 某液体中的一种气体毫升数，称为该气体在这种液体内的溶解系数。溶解系数大，表明气体在液体中的溶解量多，反之则少。

2. 影响气体在液体中溶解的因素

影响气体在液体中的溶解量的因素很多。最主要的因素有：①气体本身的特性；②液体的特性；③气体和液体的温度；④气体的分压。

由于温度越高，分子的运动速度越大，故通常情况下，温度越高，气体的溶解系数越小。在相同的温度下，不同气体在同一种液体内的溶解系数不同；在温度和压强相同的情况下，一种气体在不同液体中的溶解系数不同，见表 2.5-1。某一种气体在脂类和水中的溶解系数之比，称为该气体的“脂水溶比”。

气体的溶解系数和脂水溶比 表2.5-1

气体名称	在水中溶解系数（37℃）	在油中溶解系数（37℃）	脂水溶比
氢	0.17	0.036	2.1
氦	0.0087	0.015	1.7
氮	0.013	0.067	5.2
氧	0.024	0.12	5.0
二氧化碳	0.56	0.876	1.6
氩	0.0264	0.14	5.3
氪	0.0447	0.43	9.6
氙	0.15	19.0	126.6

3. 亨利定律

实验证明：在一定温度下，气体在液体中的溶解量与这种气体的分压成正比（图 2.5-3）。我们把这个结论叫作亨利定律。

按照亨利定律，如果气体的分压为 0.1MPa 时在某种液体中溶解量为 1 个单位气体，那么在 0.2MPa 时，将溶解 2 个单位的气体。

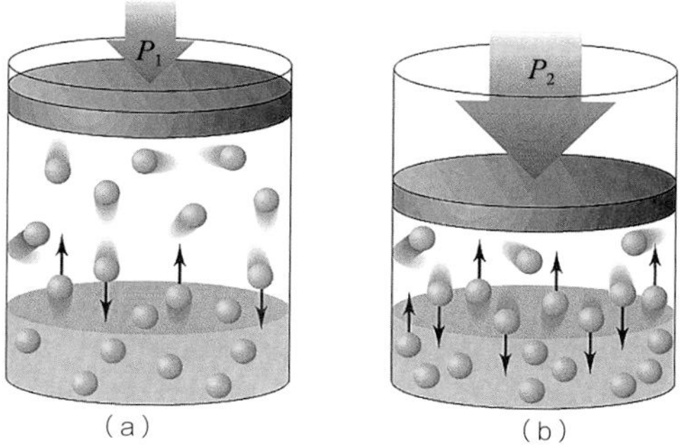

图 2.5-3 亨利定律示意图

4. 气体的溶解对潜水员的影响

当一种不含气体的液体首次暴露于气体中时，这种气体的分子在分压的作用下，会迅速进入液体中。当气体进入液体后，增加了气体的张力（即气体在液体中的分压）。液体内气体张力与液体外这种气体分压之间的差值，叫作压差梯度。压差梯度大，气体溶解在液体中的速度就快。随着时间的推移，溶解在液体内气体分子数量不断增加，气体的张力随之增加，与此同时，液体外的气体因部分溶解在液体内，它的分压降低，溶解在液体中的气体又有一些分子从液体中逸出，增加气体的分压。这样，气体分子不断溶解和逸出，当压差梯度为零时，逸出和溶解的气体分子数量相等，液体中溶解的气体分子数量保持恒定，我们称之为液体被气体饱和了。

气体的溶解度（即液体被气体饱和时，单位体积液体内溶解的气体质量）除与气体的分压有关外，还与温度有关，温度越高，溶解温度越小，反之温度越低，溶解度越大。

气体在液体中的溶解规律，对保障潜水员安全作业具有重要的指导意义。潜水员吸入的混合气中各种气体，将按照各自的分压成比例地溶于体内。由于不同气体的溶解度不同，因此某种气体的溶解量与潜水员在高压下呼吸这种气体的时间有关，如果时间较长，这种气体将会在潜水员体内达到饱和，当然这种饱和过程较慢。不同的气体在体内达到饱和需 8 ~ 24h。

只要潜水员所处环境的压强不变，已溶解在体内的各种气体的量就会保持原有的溶解状态。当潜水员从水下上升出水时，随着水深变浅，静水压强越来越小，溶解在潜水员体内的混合气的总压也越来越小，各种气体的分压亦随之减少，溶解在潜水员体内的各种气体因分压减少，不断地逸出体外。如果按照减压表控制上升速度，那么已溶解在体内的气体将会被顺利输送到肺部并呼出体外。如果对上升速度和幅度控制不当，压力的降低超出了身体所能调节的速度，则会形成气泡并积聚在小血管内，引发减压病。

2.5.3 理想气体的气态方程

1. 理想气体

（1）理想气体的概念

根据分子运动论的观点，物体分子间存在着吸引力，这将使物体分子不断聚集，同时当分子间距离靠得很近时，分子间又会产生排斥力，使分子间距离拉开。一般来说气体分子间的距离较大，且分子的质量很小，按照万有引力定律可知，气体分子间的作用力是很小的。

为了研究方便，我们通常忽略气体分子间的作用力。这种分子间没有相互作用力的气体称为理想气体。

由于理想气体分子间没有作用力，气体分子可以自由运动，造成气体没有一定的形状，体积在没有外力的情况下，具有无限扩散的性质。

因为气体分子间的距离很大，气体在外力作用下具有易压缩性的特点。

自然界的气体虽然非完全意义上的理想气体，但我们把它看作理想气体来研究，按理想气体理论推导出的有关气体定律进行计算，所得的结论误差很小。故我们在有关气体定律的计算中，都把实际的气体看作是理想气体。这样处理可大大简化研究过程。

（2）气体的状态参量

对于一定质量的气体，我们常用气体的体积 V（Volume）、压强 P（Pressure）和温度 T（Temperature）来描述其状态，这三个量称为气体的状态参量。

由于气体可以自由移动，所以具有充满整个容器的性质。因此气体的体积由容器的体积来决定。气体体积的法定单位为立方米（m^3）和升（L）。

温度是用来表示物体冷热程度的物理量。我们常用的温度是摄氏温度。在气体定律的计算时不能再使用摄氏温度，而应使用热力学温度（或叫绝对温度）。其单位是开尔文，简称开（K）。

绝对温度（T）和摄氏温度（t）之间的关系为：

$$T=t+273 \tag{2.5-4}$$

从上式可看出，$t=-273$℃时，绝对温度 T=0K。我们把这时的温度叫作绝对零度。

压强在气体定律的计算中用的是绝对压强。相对压强不能直接代入气体定律公式中计算。

2. 理想气体的气态方程

对于一定质量的气体，如果三个状态参量 P、V 和 T 都不改变，我们说气体处于某一状态。如果这三个量或任意两个量同时变化，我们说气体的状态改变了。

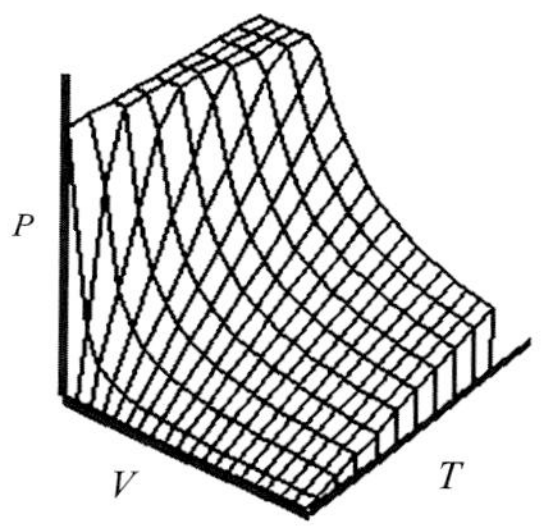

图 2.5-4　理想气体的气态方程

实验证明：一定质量的理想气体，它的压强和体积的乘积与绝对温度的比，在状态变化时始终保持不变（图 2.5-4），即：

$$\frac{PV}{T}=\text{恒量或}\ \frac{P_1V_1}{T_1}=\frac{P_2V_2}{T_2} \tag{2.5-5}$$

把式（2.5-5）称为理想气体的气态方程。

式中　P_1、V_1、T_1——第一种状态的压强、体积和绝对温度；

P_2、V_2、T_2——第二种状态的压强、体积和绝对温度。

气态方程描述了气体压强、体积和绝对温度之间的变化规律。

【例 2-5】 将常压下 31m^3 的空气（温度 23℃），压入容积为 8m^3 的减压舱内，这时舱上压力表指到 0.3MPa。问舱内空气的温度为多少？

解： 常压空气的绝对压强为 0.1MPa，舱内空气的压强，0.3MPa 是相对压强。在空气的压缩过程中，质量保持不变，可运用式（2.5-5）。

已知：P_1=0.1MPa，V_1=31m^3，T_1=23+273=296K，P_2=0.3+0.1=0.4MPa，V_2=8m^3

求：T_2

根据式（2.5-5）：

$$T_2=\frac{P_2\cdot V_2}{P_1\cdot V_1}\cdot T_1=\frac{0\cdot 4\times 8}{0\cdot 1\times 31}\times 296=305\cdot 5\text{K}$$

$$t_2=T_2-273=32.5℃$$

所以，舱内空气温度升到 32.5℃。

通过上例，可以解释为何潜水气瓶刚刚充满高压气体时，气瓶温度会比较高。同理，在减压舱进行模拟加压训练或者潜水减压时，充入压缩空气使舱内压力升高则舱内温度也会随之升高，反之减压时舱内温度会降低，所以潜水员进舱时要适当准备衣物，及时增减，避免中暑或感冒。

对于一定质量的气体，如果压强、体积和绝对温度三个量中一个量保持不变，那么根据式（2.5-5）可以分别得出，其余两个量之间的关系，则有下面三种特殊情况：

（1）波义耳－马略特定律

1）定律

气体状态变化时，温度保持不变的过程叫作等温过程。根据式（2.5-5），当 $T_1=T_2$ 时，

$$P_1V_1=P_2V_2=\text{恒量} \tag{2.5-6}$$

即：一定质量的气体，在温度保持不变时，气体的压强与体积成反比（图 2.5-5）。

这个规律是 17 世纪，由英国科学家波义耳和法国科学家马略特（图 2.5-6）分别发现的。我们把式（2.5-6）称为波义耳－马略特定律。

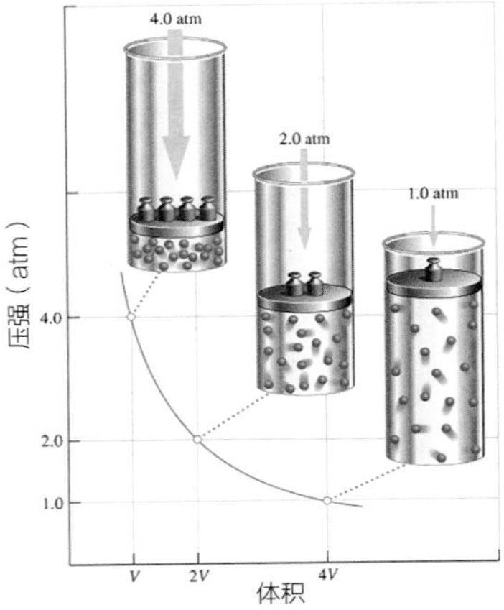

图 2.5-5　气体体积与压力的关系示意图

波义耳（Robert Boyle，1627—1691）　马略特（Moriotte，1602—1684）

图 2.5-6　英国科学家波义耳和法国科学家马略特

2）应用

【例 2-6】自携式潜水员，在水下 20m 水深处，深呼吸吸足压缩空气，然后取下呼吸器，屏气上升出水，问到达水面时，其肺部体积为水下 20m 时的多少倍？

解：潜水员在 20m 水深时，其肺部承受到压强与静水压强及水面大气压强之和相等。出水后，与大气压强相等。因是屏气出水，肺部内空气的质量保持不变。如果我们不考虑水温和气温的差异，则可运用式（2.5-6）计算。

已知：$P_1=P_{静}+0.1=0.01\times20+0.1=0.3\text{MPa}$，$P_2=0.1\text{MPa}$，$T_1=T_2$

求：$\dfrac{V_2}{V_1}$

根据式（2.5-6）：$P_1\cdot V_1=P_2\cdot V_2$

得：$\dfrac{V_2}{V_1}=\dfrac{P_1}{P_2}=\dfrac{0.3}{0.1}=3$

即：$V_2=3V_1$

所以，潜水员屏气出水后肺部的体积是水下 20m 时的 3 倍。

从这个例题可以知道：这种屏气出水是相当危险的，肺部过度膨胀会引起肺气压伤，而且相同的上升距离，在深度浅的水中比深度大的水中肺部体积膨胀的程度更大，更容易引发肺气压伤。正确的出水方法是出水过程不断呼出肺部气体，随深度的减少，肺部内存量气体的质量不断减少，这样到达水面时，肺部体积不会出现明显膨胀。

【例 2–7】在常压下，人中耳腔含有空气量为 2cm³，设在温度不变和咽鼓管阻塞的情况下，加压至 150kPa 时，中耳腔的空气体积将是多少？

已知：P_1=0.1MPa，P_2=0.1+0.15=0.25MPa，V_1=2cm³，T_1=T_2

求：V_2

根据式（2.5–6）：$P_1 \cdot V_1 = P_2 \cdot V_2$

得：$V_2 = \dfrac{P_1}{P_2} \cdot V_1 = \dfrac{0.1}{0.25} \times 2 = 0.8\text{cm}^3$

所以，中耳腔的空气体积将由原来的 2cm³ 变为 0.8cm³。

由上例可以看出，舱内加压或下潜过程中务必采取鼓鼻或吞咽等动作进行耳压平衡，避免耳膜压伤，若因为感冒或休息不好造成下潜过程中无法平衡耳压，严禁继续下潜。

（2）盖 · 吕萨克定律

1）定律

气体状态变化时，压强保持不变的过程叫作等压过程。根据式（2.5–5），当 P_1=P_2 时，

$$\frac{V_1}{T_1} = \frac{V_2}{T_2} = 恒量 \qquad (2.5\text{–}7)$$

即：一定质量的气体，在压强保持不变时，气体的体积与绝对温度成正比（图 2.5–7）。

这个规律由法国科学家盖 · 吕萨克（图 2.5–8）最早发现。我们把式（图 2.5–7）称为盖 · 吕萨克定律。

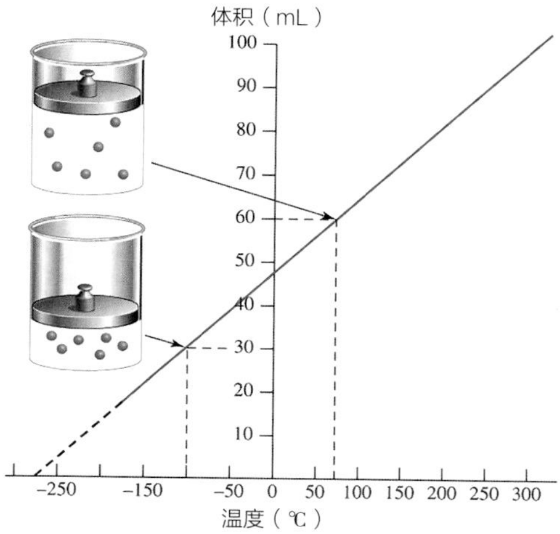

图 2.5–7　气体的体积与温度的关系示意图

图 2.5–8　盖 · 吕萨克
（Joseph Gay-Lussac，1778—1850）

2）应用

【例 2-8】一定质量的气体在 2℃时，体积为 10L，如压强保持不变，在 57℃的体积等于多少?

已知：$T_1=2+273=275K$，$T_2=57+273=330K$，$V_1=10L$

求：V_2

根据式（2.5-7）：$\frac{V_1}{T_1}=\frac{V_2}{T_2}$

得：$V_2=\frac{T_2}{T_1}\cdot V_1=\frac{330}{275}\times10=12L$

因此，将温度从 2℃升至 57℃时，气体体积将膨胀为 12L。相反的，如果温度降低，则体积会相应缩小。

上例告诉我们，在温度较高或者太阳暴晒等环境中进行潜水作业时，要注意保护高压气瓶及管路等压力容器，注意遮挡阳光和采取必要的保护措施，避免阳光直射造成压力容器温度升高而引起气瓶爆炸或管路爆裂而引发安全事故。

（3）查理定律

1）定律

气体状态变化时，体积保持不变的过程叫作等容过程。根据式（2.5-5），当 $V_1=V_2$ 时，

$$\frac{P_1}{T_1}=\frac{P_2}{T_2}=\text{恒量} \tag{2.5-8}$$

即：一定质量的气体，在体积保持不变时，气体的压强和绝对温度成正比（图 2.5-9）。这个规律由法国科学家查理（图 2.5-10）首次发现。我们把式（2.5-8）称为查理定律。

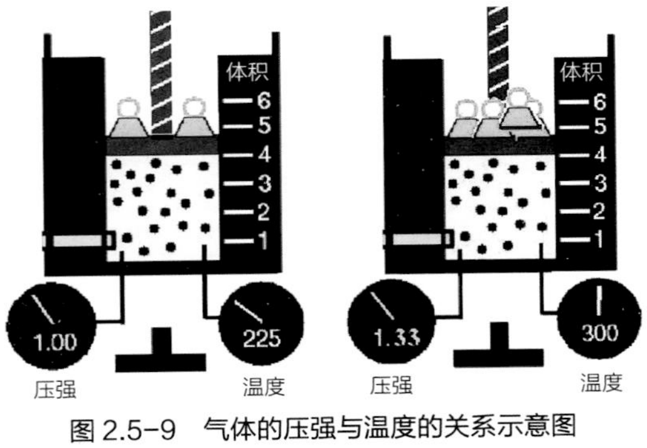

图 2.5-9　气体的压强与温度的关系示意图

图 2.5-10　查尔斯
（Jacques Charles，1746—1823）

2）应用

【例 2-9】自携式潜水员，下水前用压力表测得气瓶压强为 12MPa，瓶内空气为 50℃，现潜入 20m 水深处，水温为 10℃。问潜水员到达水底时气瓶内空气的相对压强为多少？

解：潜水员从水面到达水底的过程中，需不断呼吸，消耗瓶内压缩空气，也就是说瓶内空气的质量非恒定，式（2.5-8）已不适用。但如果潜水员快速到达水底，可以忽略瓶内空气

质量的减少，即近似认为恒定，这样式（2.5-8）仍可近似使用。同时，因潜水员快速到达水底，瓶内空气的温度也不可能同步降至水温，但为了计算方便，我们近似认为潜水员到达水底，其瓶内气温亦降至水温。

已知：$P_1=12+0.1=12.1\text{MPa}$，$T_1=50+273=323\text{K}$，$T_2=10+273=283\text{K}$，$V_1=V_2$

求：P_2

根据式（2.5-8）：$\dfrac{P_1}{T_1}=\dfrac{P_2}{T_2}$

可得：$P_2=\dfrac{P_1}{T_1}\cdot T_2=\dfrac{12.1}{323}\times 283=10.6\text{MPa}$

所以，相对压强 $=P_2-0.1=10.5$（MPa）

受温度的影响，气瓶的储气量虽然不变，但是有效使用时间会有偏差，所以当水面和水下温差较大时，潜水员下水作业时尤其应留意所携带气瓶内气体的使用时间。

【例 2-10】用空气压缩机向一瓶内充气，充至气瓶内压强为 20MPa（200kgf/cm^3）时，温度为 40℃，存放 24h 后，气瓶温度下降到 17℃，问此时瓶内气体的压强是多少?

已知：$P_1=20+0.1=20.1\text{MPa}$，$T_1=40+273=313\text{K}$，$T_2=17+273=290\text{K}$，$V_1=V_2$

求：P_2

根据式（2.5-8）：$\dfrac{P_1}{T_1}=\dfrac{P_2}{T_2}$

可得：$P_2=\dfrac{P_1}{T_1}\cdot T_2=\dfrac{20.1}{313}\times 290=18.6\text{MPa}$

所以，瓶内气体的压强降至绝对压 18.6MPa（表压为 18.5MPa）。

所以刚刚充好气的气瓶压力高，但是放置一段时间之后会出现一定的压力下降，这是属于正常现象，并非气瓶漏气造成。

2.6 水温对潜水员的影响

2.6.1 热传递的概念

物质的分子运动所产生的能量，叫热能，简称热。热与温度密切相关，但是具有相同温度的物质所含的热能并不一定相等。所以热和温度是不同的概念。热的单位是焦耳。

质量为 1kg 的物质，温度升高 1℃所需要的热量，叫该物质的比热。比热的单位是 J/（kg·℃）。

气体与固体和液体不同，由于它的分子间距离较大，所以吸热时，体积和压强都会明显增大。因此对气体比热影响较大，在研究气体的比热时，必须分别从压强和体积中，取其一个为恒量，另一个为变量来研究。压强不变时叫等压比热，体积不变时叫等容比热。等压比热大于等容比热。例如：空气的等压比热为 1005J/（kg · ℃），等容比热为 712J/（kg · ℃）。各种气体的比热见表 2.6-1。

热能可以从一个物体传递到另一个物体上，这个过程就叫作热传递。

常用气体的比热[单位：J/（kg·℃）]　　表2.6-1

气体名称	等压比热	等容比热
空气	1005	712
氧气	921	670
氮气	1047	754
氢气	14277	10090
氦气	5234	3140
二氧化碳	837	628
一氧化碳	1047	754
水蒸气	1842	1382

2.6.2 热传递的方式

热传递有三种方式：传导、对流和辐射。

通过物体直接接触来传递热量的方式叫传导。潜水员入水后，身体直接与水接触，身体的热量将按温差梯度，从体温高的人体传到温度低的水中，以传导方式散失。

通过被加热流体（气体、液体）的运动来传递热量的方式叫对流。潜水员在水中游动或有水流影响时，与皮肤最接近的水分子层受皮肤加热后很快离去，冷的水分子层又流来替换，如此往复，以对流方式不断带走身体的热量。

物体以电磁波形式传递能量的过程称为辐射，被传递的能量称为辐射能。

物质的热传导性能通常用导热系数来表示。导热系数小，则热传导性能差，保温性能好；导热系数大，则热传导性能好，保温性能好。气体的导热系数见表2.6-2。

物质的热传递性能与其密度成正比，密度越大，单位时间内传递的热量越多。

常用气体的导热系数与密度　　表2.6-2

气体名称	0℃时的导热系数[W/（m·℃）]	与空气导热系数之比	密度（g/L）
空气	0.0223	1	1.3
氧气	0.0233	1.04	1.43
氮气	0.0228	1.02	1.26
氢气	0.1579	7.12	0.09
氦气	0.1321	6.23	0.18
氖气	0.0619	0.71	0.90
二氧化碳	0.0137	0.61	1.97

2.6.3 水下低温对潜水员的影响

江河湖海中的水，因吸收了太阳辐射而具有一定的温度。由于水的比热比空气约大3倍，太阳的辐射热通过水的热传导也只能达到一定的深度，水温的升高或降低也较空气缓慢。

一般，海水温度随水深的增加而降低。表层水温较高、较稳定，故称等温层；向下是中间层，温度比表层低，往往深度增加很小而温降很大，故称跃变层；中间层以下直至海底为下层，这层温度渐降，比较恒定，故称渐变层。以我国北方海域 5 月份的水温为例，表层温度为 10m 左右，水温约 14℃；中间层厚度也有 10m 左右，水温为 13 ~ 6℃；下层厚度最大，终年保持 6℃以下，如图 2.6-1 所示。

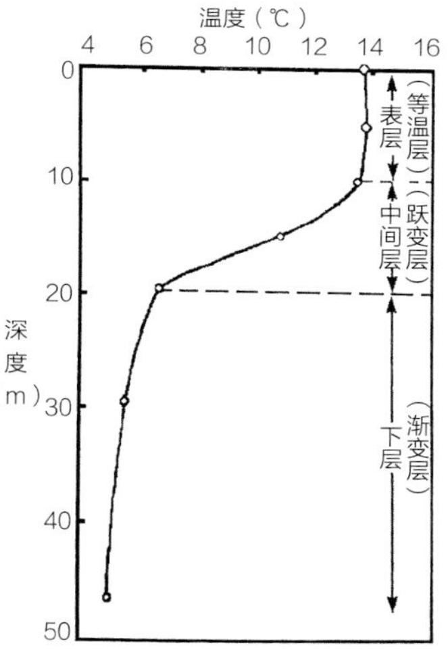

图 2.6-1　我国北方海域 5 月份水温示意图

潜水员在寒冷的水中作业时，将通过传导和对流的方式散失大量的热量。由于水的导热系数比空气大得多，故潜水员主要通过传导方式散失热量。潜水员感到舒适的水温下限约为 21℃，低于这个温时，潜水员会感到寒冷，此时，仅穿游泳衣的潜水员向水中的散热超过自身体内的热代偿。鉴于海水温度一般都低于人的体温，且潜水多在一定的深度下进行，故潜水时遇到的实际问题之一是水下低温。

机体在水下受寒冷刺激后，可发生一系列增加产热和减少散热的反应，最初出现外周血管收缩，使皮温下降，缩小与外界之间的温差，以形成“隔热层”保持深部体温，不过这种机制最多起到 0.1~0.8 个隔热单位的作用，当所接触的水温很低时，随即导致寒冷性血管扩张，这可能因为人体外周组织冷却到一定程度时，交感神经失去对血管的调节功能；寒冷也可反射地引起肌肉紧张增加、颤抖等。水下颤抖往往使外周血管扩张，从而增加人体散热。

但是，当上述生理代偿过程不足以弥补散失的热量时，将出现体温降低和功能障碍。通常认为，直肠温度低于 35℃以下，开始出现精神错乱、嗜睡、语言不清、感觉和运动功能障碍等体征，直肠温度低于 32℃以下，可失去知觉，疼痛反应消失，心跳缓慢，可能还有心律不齐；降至 30℃以下，则陷于昏迷，皮肤苍白或呈灰色，脉搏、呼吸微弱；血压降低，瞳孔对光反射消失，并出现代谢性酸中毒，生命垂危。由于人在水下失热发展快，易使潜水员失去自控而招致严重的潜水事故。如穿保暖性差的潜水服潜入 5℃以下的低温水中，几分钟后就可发生低温溺水。

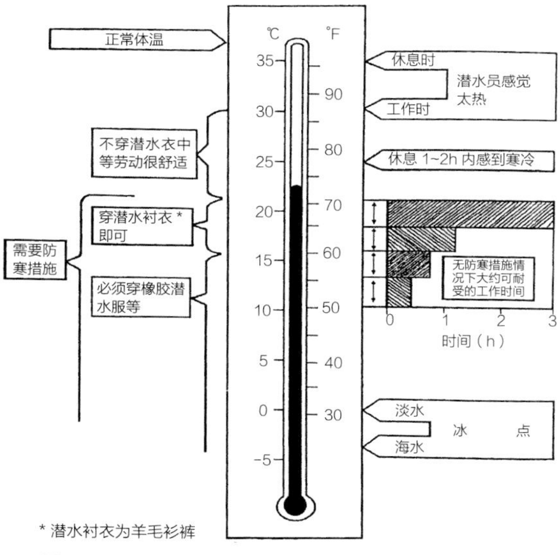

图 2.6-2　不同水温对潜水员的影响及防寒要求

潜水服所用材料为导热系数低的热的不良导体，穿着潜水衣可保持潜水员的体温。在寒冷的水中长时间作业时常需要使用较厚的潜水服、干式潜水服或热水服，不同水温对潜水的影响和防寒要求如图 2.6-2 所示。

因为气体的热传递性能与它的密度成正比，所以随着水深的增加，水压力增大，通过气体绝热屏障的散热和通过呼吸向四周环境的散热会明显增加，如果呼吸的是高导热系数的氦氧混合气（导热系数为空气的 6 倍），散热将更多。呼吸氦氧混合气时，在 0.1MPa 时，仅呼吸散热一项就占身体产热量的 10%，0.7MPa 时，增加至 28%，2.1MPa 时，达到 50%。同时随着水深的增加，水压力将潜水服压缩，潜水服密度变大，其绝热保暖功能大幅下降。例如一件普通的湿式潜水服在 50m 水深时，其绝热保温能力仅相当于 10m 水深时的 40%。在上述情况下，仅依靠普通潜水服不能保持体温，必须向身体表面和呼吸气体补充一定的热量，比如可以穿着热水服和对呼吸气体加热等。

发生体温降低的潜水员出水后，其体温降低情况仍要持续 2 ~ 4h，让后经过高于正常体温 0.5 ~ 1.5℃的波动才能复原。对体温过低的复温处理，通常采用热水浴、喝热饮料和进行适当的活动等。在体温未复原之前，不能进行反复潜水。

2.6.4 高温对潜水员的影响

虽然体温过低是潜水员潜水时常见的体温相关问题，但是在某些情况下也出现体温过高，威胁潜水作业安全和潜水员的健康。当体核温度比正常温度高 1℃时，即可诊断为体温过高。

潜水员体温过高多是因为暴露于过热环境，体内大量的热积蓄，超过了机体的散热能力所导致。在炎热的天气下或阳光直射区域作业时，如果穿着防护潜水服，就特别容易发生体温过高。在采用高压逃生舱进行逃生时，如暴露于较高的环境温度或者烈日下，很可能导致严重的体温过高。在采用热水加热潜水服潜水时，如温度设定过高，一定时间后也会导致潜水员体温过高。在饱和潜水等长时间居住舱内停留时，若因各种原因导致舱温长时间过高，也会导致潜水员体温过高。

体温过高的发生有个体差异。身体健康、体脂肪较少的潜水员发生体温过高的可能性小，充分补充液体的潜水员比有脱水的潜水员发生体温过高的可能性小，潜水员下水作业前应尽可能避免饮用乙醇或咖啡等易脱水性饮料。如必须在炎热环境潜水作业，可提前进行热适应训练。从短时间、轻体力作业的热暴露开始，身体耐热力的增加需要至少连续 5d 的温水潜水适应性训练。

另外，在炎热环境潜水作业时，应避免减压舱受阳光直射；减压舱内及热水加热潜水服内温度应随时微调，确保符合要求。

2.7 声音水下传播特点及其对潜水员的影响

2.7.1 声波的概念

声音是怎样产生的？观察各种发声物体，可以发现它们只有振动时才能发出声音，振动停止时，声音也消失了。这说明声音是由物体的振动产生的。

振动着的发声物体就叫作声源。

声源振动发出的声音，怎么能传到人耳呢？原来在声源和人耳中存在着能够传播振动的物质，比如空气等，这种能够传播声音的物质叫作声音的媒质。声源的振动，使周围的媒质产生疏密的变化，形成疏密相间的纵波，这就是声波。不仅空气能够传播声波，其他气体、固体和液体也能传播声波。因为真空中没有传播声音的媒质，故声波不能在真空中传播。人耳能够听到的振动频率，是有一定范围的，即在 20 ~ 20000Hz 之间。频率在 10^{-4} ~ 20Hz 的机械波，人耳是听不到的，称为次声波。频率在 2×10^{4} ~ 2×10^{8}Hz 的机械波，人耳也感觉不到，称为超声波。

当然，是否引起人的听觉，不完全由机械波的频率决定，还与声强有关，对每一频率的声波，声强都有一个上限值，一个下限值，低于下限值或高于上限值都不能引起人耳听觉。

声源完成一次全振动所需的时间，叫作声源振动周期，用 T 表示。单位时间内声源完成的全振动的次数，叫作声源振动的频率，用 f 表示。

$$f=\frac{1}{T} \tag{2.7-1}$$

在声波的传播过程中，振动传播的速度叫波速，用 V 表示。它的大小取决于媒质的性质。例如：声波在 0℃的空气中速度为 332m/s，20℃时是 344m/s，30℃时是 349m/s。声波在几种媒质中的传播速度见表 2.7-1。

0℃时几种媒质中的声速（单位：m/s） 表2.7-1

媒质	空气	水	铜	铁	玻璃	松木	橡胶
声速	332	1425	3800	4900	5000 ~ 6000	3320	30 ~ 50

在一周期的时间 T 内，振动在媒质中传播的距离，叫波长，用 λ 表示。

波长 λ 与频率 f 和波速 V 有着密切的关系。在均匀媒质中，振动是匀速传播的，也就是说波速是恒量。这时，波长等于波速与周期的乘积，即：

$$\lambda=VT \text{ 或 } V=\lambda f \tag{2.7-2}$$

声源振动发出的声音，差别很大。有的声音，比如各种乐器发出的声音，悦耳动听，我们把这种声音叫乐音。有的声音，比如混凝土搅拌机、空气压缩机等发出的声音，嘈杂刺耳，我们把这种声音叫作噪声。

噪声对人体的健康有严重危害，长期处在较高噪声环境里工作，会使人的神经紧张，心率加快，严重危害人的身心健康。

2.7.2 声音在水中传播的特点

声音在水中传播与在空气中比，有所不同。声音的传播速度与媒质的密度有关，密度越大，传播的速度越大。由于真空里没有物质故声音不能在真空中传播。水中声音传播速度为空气中的 4 倍多，约 1425m/s。在水中传播时声能衰减比在空气中少，而水对声波振动的阻尼作用却比空气大。声音在水中传播的这些主要特点，以及人在水下接受声音的传导途径的改变，使在水下的听力和听觉辨别力发生一系列的变化。

2.7.3 声音在水下传播对潜水员的影响

1. 听力改变

潜水作业时，潜水员的水下听力可能出现三种情况，即：听力减退、听力不变、听力增强。

听力减退是主要改变，只是在相应的特定情况下，才有听力不变或增高。

在水下，头部直接浸水或戴防水面罩时，外耳道仅残留少量的空气，传音主要靠骨传导。水下的声阻抗与人体组织近似，当声波振动从水下传到头颅骨、肢体与躯干等部位时，其声能在界面上因反射消耗的少，故对传音有利。这与声波从空气传到骨头大不相同，因为两者声阻抗相差大，反射量多，声能消耗大，传到内耳的声量很小。传音由气传导改为骨传导后，对声音的听觉阈提高很多，对语音范围内的频率尤其如此。例如，1000Hz 的声音，在气传导时听觉阈为 10^{-10}μW（0dB），但在骨传导时却为 10^{-4}μW（dB），阈强度提高了 100 万倍。尽管声在水中传播有些有利因素，但抵消不了不利因素造成的影响，结果还是发生听力减退。

戴头盔潜水，头部不直接浸水，入耳的传导途径仍为气传导，但传音的过程中，大部分声能在水－金属和金属－空气的界面上被反射，因此听力还是减退，同理，声音从头盔向外传入水中也减退很多。两个戴头盔的潜水员，即使距离很近，也难直接交流，只有头盔直接接触才能交谈。

2. 听觉辨别能力的改变

人在水中对音源、声源的距离、方向、音色等辨别能力都降低。但经过训练后都可有不同程度的改善。

音色改变：声音在水中传播，其音色与在空气中不同，如在水中敲击氧气瓶的声音，只是短促、高调的敲击声，而无在空气中敲击时特有的持续的低音调的“余音”。又如水下爆炸声，听起来好像用木棒击碎陶土罐所发出的声音。音色的改变，可能由于水对低频率的声音吸收量大，以及对发音物体振动的阻尼作用所致。

声源距离改变：因为声音在水中传播的速度为空气中的 4 倍，故水中判断音源的距离只及实际距离的 1/4。

声源定向能力改变：人在水中，若传音完全依靠骨传导，对音源的方向的辨别能力极度降低以至于丧失，潜水员在水下寻找音源方向，要走弯路，有时朝相反方向走去。其原因是多方面的。主要是传音途径由气传导改为骨传导。在空气中，人接受声音主要靠气传导，当声源发出声音到达两耳时，是由强度和次序不同来辨别音源方向。但在水中，人接受声音是由头颅骨甚至整个身体，同时水中传播速度快，到达两耳的相距时间很近，不易分先后，辨别音源方向就发生困难。经过训练后，辨音能力会有一定的改善。

潜水员在水下如果不借助电话是无法与水下同伴或水面人员对话的。这是因为人的声带结构只适应于空气环境工作。

2.8 光水下传播特点及其对潜水员的影响

2.8.1 光在水中传播的特点

水和空气对光的传播来说，是不同的媒质，光在水中传播比在空气中差很多，可以说水是光的“不良导体”，所以人在水下的视觉不同。当光线由空气向水中传播时，在空气与水的交界面上，可发生光的反射及折射。经过折射进入水中的光，在传播过程中，又因水中混有微粒而发生散射或被不同程度的吸收。从而使潜水员的水下视觉受到显著影响。此外，由于水的混浊、透明度差，能见度也会呈不同程度的降低。所有这些都会造成潜水员的水下视觉困难。

2.8.2 光在水中传播对潜水员的影响

水下视觉与正常视觉相比，其特点是能见度低，视力差，视野小，空间视觉和色觉改变等。

1. 能见度低

这主要是由于水对光的反射和吸收，消耗大量光能所致。光线从空气射入水面时有一部分光会被反射回空气里，反射的程度与光线的入射角有关，入射角愈小，反射光的量愈小，反之则愈大。对于白天来说，中午时太阳光的入射角为零，反射光的量极少，此时水下照度最好。当入射角小于 30° 时，反射光约为入射光的 2%；当入射角为 75° 时，反射光可达 21.8%。当夕阳光线照在水面时，入射角几乎为 90° ，反射光几乎达 100%，此时水下照度很差，潜水员在水质良好的浅水中也不能看清水下物体。

光是具有一定速度的光子流，当光线在水中传播时，因与水分子及悬浮颗粒的摩擦作用，使其部分能量转变为提高水温的热能，我们把这种能量的转变称为水对光线的吸收。水对光线的吸收量比空气大千倍以上。水越混浊对光的吸收量越大。在清澈的浅水中，经散射和吸收后的自然光可以使潜水员看到几十米外的物体，但是在混浊严重的水域，潜水员会像盲人一样什么也看不到。此外，水面的自然光进入水中后，随着水深的增加，光的吸收量随之剧增，达到一定水深后，所有光都会被水吸收掉，此时水下漆黑一团，不带照明工具的情况下，潜水员什么也看不见，全靠手摸索作业。

同时，水中含有大量的悬浮颗粒，当光照射到这些外表凹凸不平的颗粒时，光线将向各个方向反射，我们把这种现象叫作光在水中的散射。水的透明度越差，其散射的程度越严重。散射的结果使原为直线传播的光变为杂乱无章的背景光，潜水员观察到的物体变得模糊不清。这也直接导致水下能见度低。

2. 视力差

视力降低有多种不同的情况和原因。若角膜与水直接接触，由于水对光的折射率与角膜的折射率相差不多，光线从水入眼，屈光度比由空气入眼减少约 40D（正常眼在空气中约 59D），就会变成“远视”。此时，来自水下物体的光，经眼折射后在视网膜上形成的将是模糊不清的像，视力显著降低。光线在水中散射也是视力降低的一个原因，因散射使物体轮廓变得模糊，物体与其背景的对比不明显。

戴潜水头盔或者面罩入水，在水与角膜之间存在空气层，光虽是由空气入眼，眼的屈光度得以保持，但由于光在水中散射和水中照度低所致的视力降低依然存在。

3. 视野缩小

人角膜接触水时，视野约为空气中的 3/4，这是由于光线从水中射入眼内，屈光度减小，原来视野边缘上的光不能被折射到视网膜的边缘。水下使用潜水装具时，虽然避免了角膜与水的直接接触，但头盔或面罩遮住一部分光，使视野仍限制在较小的范围内。

4. 水下空间视觉的改变

借以感知物体大小、形状、位置、距离等的视觉，称为空间视觉。戴头盔或面罩的潜水员在水下视物时，空间视觉改变的特点是放大、位移和失真。

这是因为光从水中进入空气时发生折射现象（图 2.8-1）以及人们习惯于感觉直线光所致。水下物体看上去显得大些，其比例为 4（看到的）: 3（实际的），距离显得近些，约为实际距离的 3/4。失真是由于来自水下物体的光线，在水和空气界面上的入射角不同，因而折射角也不同所致。离眼近的光线入射角小，折射角也小，以致同一物体的各个部位的放大比例不同，于是造成失真。

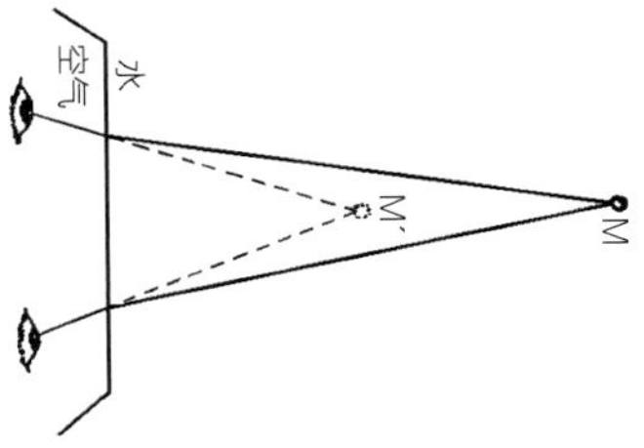

图 2.8-1　水下视觉变化示意图

5. 水下色觉的改变

由于阳光射入水后，按光的波长顺序，随着水深的增加逐渐被吸收。所以在水中，物体的颜色随深度而异。长波光先被吸收，短波光后被吸收。例如：红色光在 1m 水深左右就被吸收掉，橙色光和黄色光则分别在 5m 和 10m 水深被吸收掉。而水深达 20m 时，仅存蓝绿色光，其他颜色的光都被水吸收掉了，这时，潜水员看到的多数物体变成蓝色。例如在水深 10m 处，从伤口流出来的血，看起来不是红色而是蓝绿色；在水低看起来阴暗的鹅卵石，取到水面上可能是鲜红色的。当水深再增加到一定程度时，所有颜色的光都将被水吸收掉，这时，水下没有任何光线，潜水员也就不能看到物体了。

水中的悬浮颗粒易吸收波长短的光。因此在清澈的海水中蓝色和绿色最明显可见；在较浑浊的近岸海水中绿色和黄色最明显可见；而在浑浊的江水和港湾水中，黄色、橙色和红色最明显可见。

改善潜水员的水下视觉，一般采用以下补救措施：①采用人工照明。人工照明有水上照明和水下照明两种。前者多用于浅水作业，后者常用于深水作业。但由于水对光线的吸收，即使光源强度成百倍地增加，水下能见度的增加也很有限。例如照度增加 119 倍，水下能见度距离仅增加了 0.6 倍。使用耐压、水密的水下照明设备，效果也不够理想。②增加角膜与水之间的空气层。在角膜与水之间用空气层隔开，让光线由空气入眼，以保持眼的正常屈光度。目前应用于潜水的头盔、面罩、潜水帽等都具备这样的条件。③使用钢化玻璃透明头盔，使用借助转动眼球或头顶来扩大视野范围。

水下空间视觉的改变对潜水作业的影响不大，通过实践锻炼可以适应，无须专门予以修正。

2.9 法定计量单位

2.9.1 常用法定计量单位的作用

法定计量单位（Legal Unit of Measurement）是强制性使用，各行业、各组织都必须遵照执行，以确保单位的一致。我国的法定计量单位是以国际单位制（SI）为基础并选用少数其他单位制的计量单位来组成的。在潜水界，以往经常使用公制单位和英制单位。我国颁布法定计量单位以后，英制单位和公制中的许多单位已被剔除在法定计量单位以外。

我国潜水行业目前使用的潜水装具、工具及仪器中，有相当部分为进口设备；且随着我国“海洋强国”和“一带一路”建设的推进，有更多的潜水机构走出国门参与海外潜水市场竞争。因此，有必要加强对潜水常用计量单位的认识，并了解常用法定计量单位与英制单位之间的换算关系。

2.9.2 法定计量单位与英制单位的转换关系

为了便于学习，我们需要了解潜水中常用到的一些法定和非法定计量单位的换算关系（表 2.9-1）。

常用法定和非法定计量单位的换算　表2.9-1

物理量	法定单位	非法定单位	换算关系
长度	米 厘米（cm） 毫米（mm）	英尺（ft） 英寸（in）	1m=100cm=1000mm 1ft=12in=0.3048m 1in=25.4000mm
体积	立方米（m^3） 升（L）	立方英尺（ft^3） 立方英寸（in^3）	$1m^3$=1000L $1ft^3$=0.0283m^3 $1in^3$=0.0164L
质量	克（g） 千克（kg） 吨（t）	磅（lb）	1kg=1000g 1lb=0.4536kg 1t=1000kg
力	牛顿（N） 千牛（kN）	磅力（lbf） 公斤力（kgf） 吨力（tf）	1kN=1000N 1lbf=4.4453N 1kgf=9.8N 1tf=9.8kN
压强	帕（Pa） 兆帕（MPa）	大气压 公斤力 / 平方厘米（kgf/cm^2） 毫米汞柱（mmHg） 磅力 / 平方英寸（lbf/in^2） 巴（bar）	1MPa=10^6Pa 1 大气压 =1kgf/cm^2 =760mmHg =14.7lbf/in^2=0.1MPa 1bar=100kPa
热量	焦耳（J）	卡（cal） 大卡（kcal）	1cal=4.1868J

在潜水作业中最常用的计量单位是压强单位，由于进口设备的压强单位和压强传统用法较多，所以压强类的非法定单位使用频率较高，常用的压力表、脐带等都能随处可见不同的压强单位，需要大家学会将不同的单位进行转换。图 2.9-1 所示即是常用的压力表和供气管的不同计量单位的压强标示。

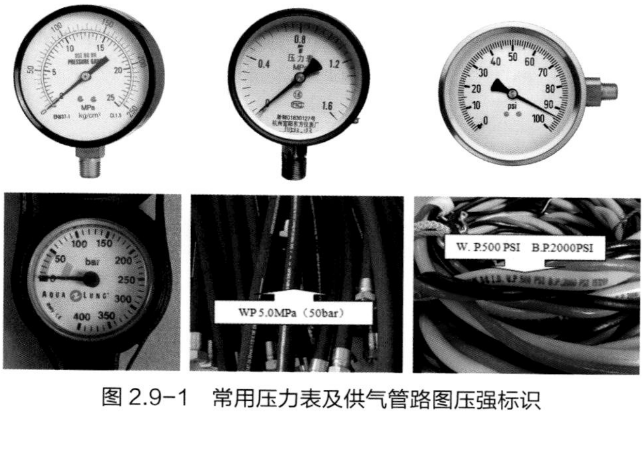

图 2.9-1　常用压力表及供气管路图压强标识

第 3 章　潜水生理学基本知识

3.1　人体的基本结构和基本生理常识

3.1.1　人体的基本结构

1. 人体是一个统一的整体

人体是一个统一的整体，由许多相互依存的系统组成。一系列在结构和功能上具有密切联系的器官，如人的脑、心脏、肺、肠等结合在一起，共同行使某种特定的生理活动，构成了人体的系统。各个系统都具有某些特定的功能。对潜水员特别重要的系统是：运动系统、神经系统、循环系统、呼吸系统、消化系统和内分泌系统。人体各个系统的结构和功能各不相同，但是它们在进行各种生命活动的时候，并不是孤立的，而是互相密切配合的。人体之所以成为一个统一的整体，各个器官系统能够协调活动，是由于神经系统和体液（指人体里细胞内和细胞外的液体）的调节作用，特别是神经系统的调节作用。

2. 人体各系统的功能

人体主要由 8 个系统构成，它们是：运动系统、循环系统、消化系统、呼吸系统、泌尿系统、神经系统、内分泌系统、生殖系统。人体各系统的组成部分如图 3.1-1 所示。

（1）运动系统

运动系统是人体从事生产劳动的器官，由骨、骨连接和骨骼肌三部分组成。成人的骨共有 206 块，以其分布部位不同分为躯干骨、颅骨和四肢骨。各骨之间借骨连接构成骨骼。骨骼构成人体基本轮廓，支持体重，保护体内重要器官（如颅骨保护脑，胸廓保护心、肺等）。骨骼肌跨过一个或多个关节，附着在两块或两块以上的骨面上，在神经系统支配下，骨骼肌收缩，牵拉骨骼，产生各种运动。

（2）循环系统

循环系统包括心血管系统和淋巴系统。心血管系统由心脏、动脉、毛细血管和静脉组成。心脏是血液循环的动力器官，依

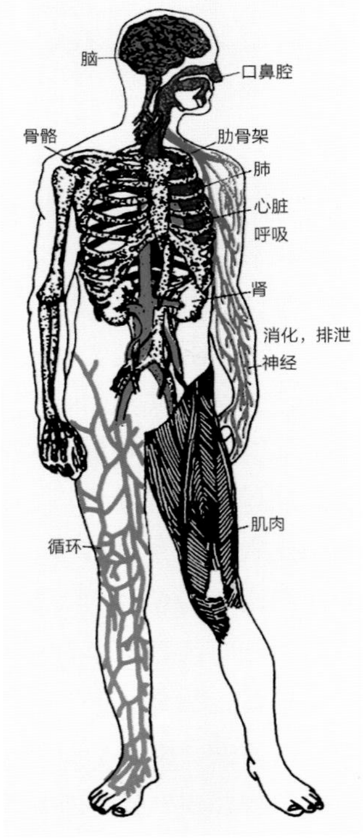

图 3.1-1　人体各系统的组成部分

靠它节律性搏动，推动血液不断流动，动脉将心脏输出的血液运送到全身各器官组织；静脉汇集从各器官组织的血液回流到心脏；毛细血管是连接动脉和静脉末梢之间的微血管。微血管管壁很薄，在体内分布很广，是与细胞和组织进行物质交换和气体交换的场所。血液在心脏的推动作用下，在心血管系统内周而复始的流动（即血液循环），不断地将营养物质，氧和激素等运送到全身各器官、组织，并将各器官、组织内的代谢产物和二氧化碳带到排泄器官，以保证机体的物质代谢和生理机能的正常进行。淋巴系统包括淋巴管，淋巴结和淋巴器官。淋巴循环实际上是血液循环的支流，辅助静脉血管将组织间隙中的液体回收，并经静脉血管回流到心脏。

（3）消化系统

人体在生命活动过程中，必须不断地从外界摄取营养物质，以供新陈代谢的需要。消化系统的功能就是通过消化管的蠕动和消化液的作用，将从外界摄影取的营养物质消化分解，然后吸收其营养成分并将残渣排出体外。消化系统由消化管和消化腺两部分组成。消化管包括口腔、咽、食管、胃、小肠、大肠。它具有运动功能，可接纳、磨碎和搅拌食物，并与消化液充分混合且不断向肛门方向推送，以排泄其糟粕。消化腺包括唾液腺、胃腺、肠腺、肝、胰等。它们所分泌的消化液能将食物中的糖、脂肪、蛋白质分解，变成能为体内直接利用的物质。

（4）呼吸系统

人体在新陈代谢过程中，不断地消耗氧和产生二氧化碳。呼吸系统的功能就是不断地从外界吸入氧，并将体内氧化过程中产生的二氧化碳排出体外，以保证人体正常生命活动的进行。呼吸系统由呼吸道和肺组成，前者传送气体，后者进行气体交换。呼吸道包括鼻、咽、喉、气管和支气管。气管以上的部分称为上呼吸道，气管部分为下呼吸道。

（5）泌尿系统

人体在新陈代谢过程中，不断产生各种代谢产物，分别以一定形式、通过一定途径排出体外。其中以尿的形式排出体外的一套器官叫泌尿系统。泌尿系统包括肾、输尿管、膀胱和尿道。肾是生尿的器官。肾生的尿，经输尿管送到膀胱暂时贮存，当膀胱内的尿液达到一定量时，便经尿道排出体外。

（6）神经系统

系人体内最高级、最重要、功能最复杂的一个系统，是人体的调节装置。神经系统能感受体内、体外的各种刺激，调节全身各器官的功能活动，使器官、系统之间活动互相配合而形成统一的整体，并和外界环境不断地保持平衡。神经系统包括中枢神经和周围神经两部分。中枢神经包括脑和脊髓，分别位于颅腔和椎管内。周围神经广泛分布于全身，包括脑神经、脊神经和植物神经三部分。

（7）内分泌系统

没有排泄管的腺体称为内分泌腺。它们所分泌的物质（称为激素）直接进入周围的血管和淋巴管中，由血液和淋巴液将激素输送到全身。人体内有许多内分泌腺分散在各处。有些内分泌腺单独组成一个器官，如脑垂体、甲状腺、甲状旁腺、胸腺、松果体和肾上腺等。另一些内分泌腺存在于其他器官内，如胰腺内的胰岛、卵巢内的黄体和睾丸内的间质细胞等。

内分泌腺所分泌的各种激素对机体各器官的生长发育、机能活动、新陈代谢起着十分复杂而又十分重要的调节作用。

（8）生殖系统

生殖系统的功能是产生生殖细胞，繁殖新个体，分泌性激素和维持副性征。生殖系统有男性和女性两类。按生殖器所在部位，又分为内生殖器和外生殖器两部分。

3. 耳、眼

耳、眼同属人体感觉器，对潜水员特别重要。

耳分外耳、中耳、内耳三部分。外耳由耳郭和外耳道组成；中耳由鼓膜、鼓室、咽鼓管和乳突组成；内耳由骨迷路和膜迷路组成。

眼球由球壁和屈光装置组成。球壁可分三层，即外、中、内膜。外膜的前 1/6 为角膜，曲度较大，透明无血管，但富有神经末梢，感觉敏锐。后 5/6 为折色不透明坚韧的巩膜。角膜与巩膜接连处的深面。有巩膜静脉窦。中膜分三部，前部为虹膜，中部为睫状体，后部为脉络膜。内膜为视网膜，接受和传导光的刺激。屈光装置有房水、晶状体和玻璃体。房水为充满眼房的透明液体。晶状体呈双凸透镜状，透明具有弹性，借晶状悬器与睫状体相连，睫状肌舒缩，可调节晶状体的曲度，以适应远近视力的需要。老人晶状体的弹性减退，调节能力降低，俗称老花眼。玻璃体为无色透明胶状物质，充满于晶状体视网膜之间。

3.1.2 人体的基本生理常识

1. 基础生理指标

（1）体温

人体正常体温有一个较稳定的范围，但并不是恒定不变的。正常人口腔温度（又称口温）为 36.3 ~ 37.2℃，腋窝温度较口腔温度低 0.3 ~ 0.6℃，直肠温度（也称肛温）较口腔温度高 0.3 ~ 0.5℃。一天之中，清晨 2 ~ 5 时体温最低，下午 5 ~ 7 时最高，但一天之内温差应小于 1℃。女子体温一般较男子高 0.3℃左右。体表温度易受环境因素影响，人体各部位有较大温差；体核温度相对稳定，如图 3.1-2 所示。

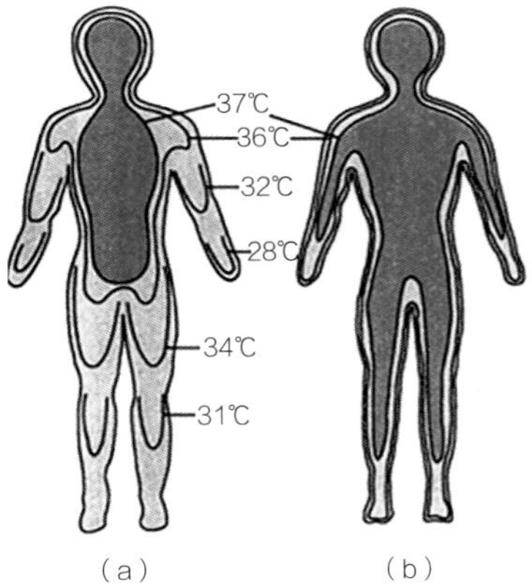

图 3.1-2 在不同环境温度下人体体温分布图
（a）环境温度 20℃；（b）环境温度 35℃

（2）脉搏

正常人的脉搏和心跳是一致的。脉搏的频率受年龄和性别的影响，成年人每分钟 70 ~ 80 次。另外，运动和情绪激动时可使脉搏增快，而休息和睡眠则使脉搏减慢。成人脉率每分钟超过 100 次，称为心动过速，每分钟低于 60 次，称为心动过缓。临床上有许多疾病，特别是心脏病可使脉搏发生变化。

（3）呼吸频率

呼吸运动是由肋骨架和膈肌的联合运动引起的，这种联合运动可使胸腔的容积增大或减小。在吸气时，肋骨上升和膈肌下降，使胸腔的容积增大和胸腔内压力降低，体外气体压力高于体内，空气被吸入肺脏。当肋骨下降和膈肌升高时，胸腔的容积减小，空气就被迫从肺脏排出。一吸一呼为 1 个呼吸周期。呼吸频率指每分钟内呼吸周期的数量，正常成人安静时的呼吸频率为每分钟 16 ~ 20 次，运动时呼吸频率增加。

（4）血压

血压是血液在血管内流动时对血管壁的侧压力。血压分为动脉血压和静脉血压。我们平常所说的血压就是指动脉血压。动脉血压分收缩压和舒张压。当心脏收缩向动脉射血时，血压升高，其最高值称收缩压（最高压）；心室舒张时，血压降低，心肌舒张末期血压最低，称为舒张压（最低压）。收缩期血压减去舒张期血压称为“脉压”。动脉血压常以上肢肱动脉测得的血压为代表。正常成年人以肱动脉的收缩压为 90 ~ 140mmHg，舒张压为 60 ~ 90mmHg，脉压为 30 ~ 40mmHg。一般来说，老年高于少年，男性高于女性。血压过低或过高都是疾病的征象，血压过低可引起组织血液灌注不足，导致细胞缺氧；血压过高可引起心力衰竭，或微血管破裂。

2. 通气量和氧耗量

（1）通气量

每一个呼吸周期内进出肺脏的空气量称潮气量。正常成人的潮气量安静时约为 500mL，运动时增加到 2000mL 以上。每分钟的通气量是指 1min 内进出肺脏的空气总量，它等于潮气量与呼吸频率的乘积。正常成人的每分钟的通气量波动范围为 6L/min 左右到 100L/min 以上。

（2）氧耗量

氧耗量指机体在 1min 内所消耗的氧量。正常成人氧耗量安静状态下为 250 ~ 350ml。运动或代谢率增高的情况下，氧耗量增加。

二氧化碳是氧利用后的产物。二氧化碳的产生量与氧耗量之间的关系可用 1 个比值来表示，这个比值称为呼吸商。呼吸商的范围为 0.7 ~ 1.0，取决于人的饮食和工作强度。

3. 新陈代谢和营养

通常将细胞利用食物的过程称为代谢。新陈代谢是生物体内全部有序化学变化的总称。代谢过程中所需要的氧气通过血液来输送。氧气由呼吸系统带入体内，当肺脏充入空气时氧气弥散到血液中。血液流经需要氧气的细胞时，一些氧气就从血液中弥散出去，通过细胞周围的组织液，穿过细胞膜进入细胞内。

代谢过程中产生的一些废物必须从细胞排出。当血液经过细胞时，固体和液体的废物溶解在血液中而被带到肾脏，并由肾脏将废物滤出。二氧化碳和其他气体废物，则经由血液带到肺脏，并通过呼吸排出体外。

代谢率受身体对能量需要的影响，睡眠时代谢率很低，呼吸和循环也保持在一个相应的低水平。身体活动增加时，呼吸和循环的水平必须增加，才能供给细胞更多的营养和氧气，并排除大量废物。

营养素是维持正常生命活动所必需摄入生物体的食物成分。营养素分蛋白质、脂质、碳水化合物、维生素和矿物质五大类。合理的膳食结构中来自蛋白质、脂质、碳水化合物所提供的热量应各占总热量的 10%～15%、25%～30%、55%～60%。

3.2 高气压对机体的影响

潜水环境对潜水员的影响包括水下环境和高气压环境。水下环境对潜水员的影响在潜水物理章节内已讲述，本节主要讲述高气压环境对潜水员的影响。高气压对潜水员的作用可分为两方面，即压力本身的机械作用和高气压对潜水员各器官、系统的生理作用。

3.2.1 压力对人体的机械作用

1. 均匀受压

在常压下，一个成人按体表面积（平均 1.5 ~ 1.6m^2）和每平方厘米面积上所受的大气压力换算总合可达到 15 ~ 16t。但由于是均匀受压，人体并不感觉到身上承受了压力。人体之所以能够承受如此巨大的压力，主要是由于水的相对不可压缩性和压力的均匀作用。

人体体重的约 70%是水，水是相对不可压缩的。潜水时，潜水员呼吸与环境静水压压力相等的高压气体，只要增高的压力从各个方向均匀地作用于人体，机体的组织是能够抗住的。同时，来自各个方向的压力都相等而互相抵消，故不会引起组织的移位和变形。而对于含气腔室如肺脏、中耳鼓室、副鼻窦等，由于潜水员呼吸气体的压力与静水压压力相等，这样含气腔室内外压力相等，同机体各部分无压力差，因此含气腔室也不会被压缩或移位、变形。当压力均匀地作用于机体时，就目前的潜水深度来说，高气压压力本身不会对机体产生明显的机械损伤性作用。进一步的研究表明，如潜水深度达到 2000m，即人体承受的压力达到海平大气压的 200 倍以上时，水可被压缩 1%，此时机体的细胞膜受压会变形、蛋白质的合成会受到影响、神经传导的速度也会降低，高气压压力本身对机体的机械损伤性作用就会显现。

2. 不均匀受压

机体不均匀受压时，即使压差不大，如相当于海平大气压的 1/16（大约 47mmHg），也会使受压组织充血、水肿、变形，甚至造成损伤。

通常，机体的不均匀受压发生在下述两种情况：机体本身的含气腔室如肺脏、中耳鼓室、副鼻窦等在外界压力变化时，不能够或来不及通过相应的管孔与外界压力相互平衡；潜水员使用装具时，装具内供气不足或供气中断，因排气而造成挤压。

（1）肺脏

潜水过程中，由于种种原因，造成肺内压比外界环境压过高或过低，就会引起肺组织的位移、变形、损伤，表现为肺组织撕裂，以致气体进入肺血管及与肺相邻的部位，引起一系列复杂的病理变化。

（2）中耳鼓室

潜水员在下潜（加压）或上升出水（减压）过程中，因某种原因，使耳的腔道内的压力不能与变化着的外界气压相平衡可导致外耳道、鼓膜、卵圆窗等组织的损伤。

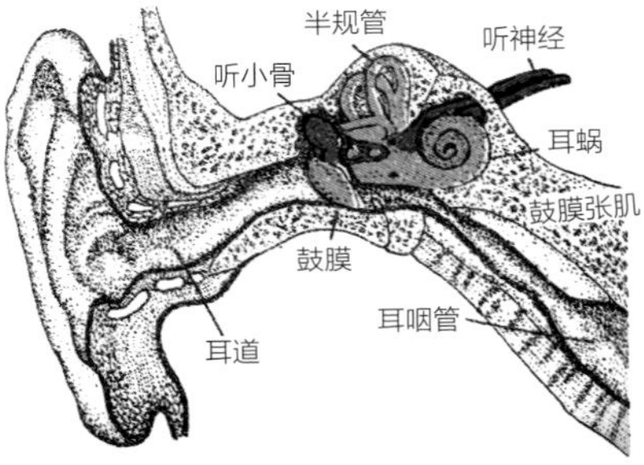

图 3.2-1 内耳的剖视图

中耳鼓室受压与咽鼓管的功能有密切关系。如图 3.2-1 所示，中耳鼓室是 1 个充满气体的腔室，它以鼓膜和外耳道相隔，借咽鼓管通向鼻咽部而与外界相通以平衡气压。在正常静息状态下，咽鼓管口是关闭的。只有在张口、吞咽、打呵欠时，才使其开放。这时空气即可进入鼓室（如果外界气压略高），使鼓室内外气压平衡。在潜水过程中，当外界压力改变时，如因某种原因使咽鼓管通道阻塞，而失去调节作用，就会造成鼓室内外的压差。达到一定程度后，即可导致中耳耳鼓室受压。

（3）鼻窦

鼻窦包括上颌窦、额窦、筛窦和蝶窦。两侧对称，借狭窄的通道与鼻腔相通。在正常情况下，借助窦腔通道而使鼻窦内外压力保持一致。但在鼻黏膜发炎肿胀、鼻息肉、鼻甲肥大等情况下，由于通道被阻塞，故在潜水过程中，当外界压力不断变化时，窦内压力就不能与外界压力保持平衡，产生了窦内、外压差，这种压差达到一定程度，就可导致鼻窦受气压。

（4）潜水员受挤压

潜水员受挤压是指在潜水过程中，因某种原因使机体某一部位的压力低于外界环境压力，造成该部位不均匀受压。潜水员受挤压可分为全身受挤压和局部受挤压。

3.2.2 高气压对机体的生理作用

潜水员呼吸高压气体时，高气压会引起机体的一系列复杂的生理功能改变。就高气压对机体的影响来说，各种气体的高分压（如氧、氮、二氧化碳等）起着主要作用。一般来说，高气压对机体的生理作用及其对机体的影响是一过性的、可逆的。但如作用时间持久，程度严重或恢复不当，也可能产生持久的、不可逆的病理改变。

1. 高气压对心血管系统的影响

（1）心率

高气压下潜水员心率减慢，其机理多认为与高压下机体血氧张力增加有关。血氧张力增加降低了对血管化学感受器的刺激，因而使血管的兴奋性降低，这与缺氧的刺激恰恰相反。也有认为，除了高分压氧的作用外，还与高分压氮有关。心跳频率减慢的程度与压力的大小有关，一般压力愈高，心跳减慢愈明显。大多数潜水员的心率减慢，在离开高气压环境后数小时内即可恢复到原有水平。

（2）血压

高气压对血压的影响在大多数情况下表现为收缩压下降而舒张压升高。大多数潜水员的心率和血压方面的这些变化，在出水后 1 ~ 2h 可恢复至原有水平。上述变化的机制多数人认为是高分压氧引起的心血管系统的适应性反应。

（3）心电图

高气压下较易发现的心电图变化是窦性心律不齐和窦性心动过缓。离开高气压环境后数小时即可恢复。

2. 高气压对呼吸系统的影响

（1）呼吸频率减低

潜水员暴露于高气压下，通常呼吸频率减低，且与周围气压升高之间几乎呈线性关系。

增加吸入气中的氧分压，频率减少更明显。

呼吸频率减低的原因，一般认为是血液中氧含量增高直接或通过外周化学感受器反射性地抑制呼吸中枢的结果。但也有人认为主要是由于高压气体密度增大，导致呼吸阻力增强的结果。

（2）呼吸运动的幅度和阻力加大

在高气压下，呼吸加深，呼吸阻力加大，且呼气阻力比吸气阻力显著。呼吸阻力增加的原因，主要是高气压下气体密度相应增加。而密度增加的程度又决定于气体相对分子质量。相对分子质量小的气体，呼吸阻力也较小。例如纯氦的密度仅是空气密度的 1/7，因此呼吸氦氧混合气比呼吸空气阻力小。至于高气压下呼气阻力大于吸气阻力的原因，很可能是由于吸气后胸腹膈等肌肉及肺脏的弹性回位力不能克服高密度气体的阻力，以致呼气不得不由常压下的被动式转为主动式。

（3）肺容量的变化

1）潮汽量增加

这是由于高气压下气体相对密度增加，潜水员呼吸运动幅度加大的结果。

2）肺活量增加

高气压下，由于呼吸运动的幅度增大，呼吸变深，潮气量增大。肺活量的增加与潮汽量增大有直接关系。肺活量的增加主要靠吸气量增加。这是因为在高气压下，胃肠道内气体被压缩，膈肌下降，胸的上下径扩大，肺容积因而增大。

（4）肺通气功能的变化

由于高气压下呼吸阻力增大，故最大通气量在加压时降低。在高气压下，当工作负荷一定时，最大通气量的变化和呼吸气体的成分、相对密度有关。呼吸气体相对密度小者，最大通气量减小不显著；呼吸气体相对密度大者，减少就显著。

虽然高气压下潮汽量增大，但由于呼吸频率减慢，故每分钟的通气量表现为降低。对于机体的气体交换，肺泡通气量比每分钟的通气量更有意义。高气压下，由于呼吸加深、潮汽量增大，呼吸“死腔”相对减小，肺泡通气量是增加的，使得肺泡与肺毛细血管之间的气体交换更充分。

（5）呼吸功增加

呼吸功是指呼吸肌所做的机械功，可分解为两部分，一是为克服胸廓——肺脏系统弹性阻力，二是为克服气道中非弹性阻力，在潜水中，一方面由于气体密度增加加大了气道的阻力，这样就增加了克服气道阻力所做的功，如果使气流加快，阻力更大，所做功更增加；另一方面，潜水员潜入水中，涉及与胸廓—肺脏系统的弹性性质有关的静水压差的问题。当潜水员增加肺容量时，为了克服弹性阻力，也必须作额外的功。因此，在潜水中，尤其在大深度做重体力劳动时，呼吸功是增加的。而过度的呼吸功又可成为肺通气不足的原因之一。

3. 高气压对消化系统的影响

（1）胃肠道运动功能

潜水员在潜水时往往出现便意，这可能是肠道中气体受压缩而引起肠蠕动加快的结果。故潜水前，要求潜水员先排清大小便。此外，潜水员在潜水前不能吃易产气的食物，以防在高气压下气体压缩或减压过程中气体膨胀造成腹痛。

高气压下，潜水员的胃运动机能发生明显变化，表现为收缩期延长，收缩次数减少。空胃运动受抑制，对食物的排空时间延长。潜水作业时，规定潜水员餐后 1h、饱餐后 2h 方可进行潜水，对保护潜水员的健康是很有必要的。

（2）消化系统分泌功能

潜水员暴露于高气压下，常常有口渴的感觉，这是因唾液腺分泌受抑制之故。高气压对消化腺分泌的影响，与暴露的压力成正比，压力愈高影响愈明显，作用的时间也愈长。

4. 高气压对神经系统的影响

高气压作用下，呼吸气体中的氧气、氮气、二氧化碳的分压达到一定程度后，都将对潜水员产生毒副作用，尤其表现在对神经系统的影响。呼吸气中氮分压超过 480 ~ 560kPa 时，潜水员可发生类似酒精中毒一样的麻醉，表现为欣快、共济失调、嗜睡、神经反射迟钝等。呼吸气中氧分压超过 300kPa 时，潜水员可出现氧中毒的症状和体征。

5. 高气压对语音的影响

高气压下语音有很大变化。潜水员潜水到 20m 后就会发现吹口哨有困难，更大深度时吹口哨完全不可能。发音时带有浓厚的鼻音，说话变得不太容易被人听清楚。潜水训练时，常要求潜水员讲话简明、吐词清楚，并要求学会专用的潜水技术词语，这对保证潜水作业时的通话质量是很有益的。

3.3 惰性气体在体内的运动规律

3.3.1 气体的一般特征

地球表面上大气的压力和成分是相对恒定的。气体既没有一定的形状，也没有固定的体积。在受到压力后，气体体积会缩小。气体具有明显的扩散性和可压缩性。气体受温度、压强和体积三个密切相关因素的影响。

1. 空气的成分

对潜水员来说，高压气体环境和呼吸气体中各组分的影响都非常重要。空气是无色、无味、透明的，主要由氮气、氧气、二氧化碳、水蒸气、灰尘和惰性气体组成。压缩空气是最常用的潜水呼吸气体，国家标准《潜水呼吸气体及检测方法》GB 18435—2007 规定了符合潜水员呼吸用压缩空气的纯度要求（表 3.3-1）。

压缩空气的纯度要求　　表3.3-1

项 目	指 标
氧	20% ~ 22%（体积分数）
二氧化碳	≤ 500×10^{-6}（体积分数）
一氧化碳	≤ 10×10^{-6}（体积分数）
水分（露点）	≤ -21℃
油雾与颗粒物	≤ $5mg/m^3$
气味	无异味

2. 气体的溶解量

气体与液体接触时，气体分子可借分子运动而扩散入液体内，直至达到平衡状态，这就被称为气体的溶解。一定的温度和一定的压力下，一种气体的溶解量是一定的。一种气体能够溶解于 1mL 某种液体的毫升数，被称为该气体在那种液体内的溶解系数。例如：在 37℃，氧在水中的溶解系数为 0.024，CO_2 为 0.56，氮为 0.013。溶解系数大，表示气体在液体中的溶解量多。

在不同的温度下，气体的溶解系数不同，一般来说，温度越高，气体的溶解系数越小。如 0℃时，氧气在水中的溶解系数为 0.049，在 37℃时溶解系数减小为 0.024，在 40℃时为 0.0231。在一定的温度下，气体的溶解量与气体的分压成正比。分压越高，气体的溶解量越大。混合气体中多种气体同时溶解于一种液体时，各气体的溶解量与各气体的分压成正比，而与混合气体的总压无关。例如：在 37℃时氮在水中的溶解系数为 0.013，1mL 水在常压空气中所溶解的氮量为 0.01026mL；在 500kPa 空气中，1mL 水中所溶解的氮量为 0.0513mL。

如果液体（例如水）先暴露于高压空气下，经过一定时间后气压降低，则在高压下溶解于液体内的各组成气体便逸出，直至各组成气体在液体内的张力（溶解于液体内的气体的分压通常称为“张力”）同液体外各自的分压平衡为止。张力与分压的差值（“压差梯度”）愈大，则逸出愈快（即单位时间内逸出的量多）；反之，则愈慢。

3.3.2 惰性气体在人体内的饱和与脱饱和

潜水医学中的所谓“惰性气体”（又称中性气体）是指单纯以物理状态溶解于机体组织内，化学活性低，不参与机体的新陈代谢，也不易于和其他元素结合，不引起机体发生明显的生理或病理反应的某些气体。空气中的氮，以及氢、氦、氖、氩、氙等气体都是惰性气体。潜水呼吸气体中的氮气和氦气，是最常遇到的惰性气体。

1. 惰性气体在人体内的饱和

（1）惰性气体的饱和过程

惰性气体在人体内的溶解过程是通过呼吸和血液循环完成的。当机体处于高气压环境时，惰性气体不断地溶解于体内各种组织中。随着时间的延长，溶解在组织中的惰性气体总量逐渐增加，直至达到平衡状态，即气体进入和逸出组织的量相等。这种惰性气体在一定压力下达到对组织不能再增加溶解量的状态，称为在此压力下该气体在组织内的“饱和”。当组织中氮张力与高气压环境的氮分压相等时，氮气进出机体量处于平衡。这一状态称为氮的完全饱和。若组织中氮张力达外界氮分压 50%时称为半饱和。

（2）惰性气体的饱和规律

1）高气压下停留时间与饱和度的关系：高气压下停留时间增加，血液循环周次增多。而每一血液循环周次，都使组织中氮气溶解量增多些，机体组织中氮气饱和度将不断升高，直至完全饱和。

2）高气压下停留时，血液每循环周次所完成的组织饱和度，后一次比前一次按系数关系逐次递减。即各次血液循环所完成的组织饱和度升高的幅度是不相等的，后一次总是比前一次小。饱和的程度常用百分率表示，如以 100%饱和表示完全饱和。如果只达到完全饱和的一半，则为 50%饱和。

（3）假定时间单位

20 世纪初，英国生理学家霍尔丹（J.S.Haldane）等根据机体中氮气饱和的过程，提出用假定时间单位及五类理论组织等概念，来表述机体各组织在高气压下氮气饱和的规律。

氮气在机体组织内达到半饱和所需要的时间称为“半饱和时间”。把 1 个半饱和时间作为计算时间的 1 个单位，称为假定时间单位，假定时间单位是作为计算饱和度的时间单位。

机体暴露于高压空气，停留 1 个假定时间单位，饱和度达到 50%，缺额为 50%。第 2 个假定时间单位内则饱和了第 1 个假定时间单位饱和缺额的 50%（50% ×50%）即 25%，累计饱和度是 75%，这时机体饱和度的缺额为 25%。以此类推，用假定时间单位计算饱和度时，假定时间单位个数增加，累计饱和度将不断升高。机体达到完全饱和（100%）是要经过很多个假定时间单位，即需要很长的时间。一般把氮饱和 98.437%当作完全饱和。这样，氮在体内要达到完全饱和，需要 6 个假定时间单位。

（4）五类理论组织

霍尔丹等根据机体各组织在高气压下氮达到半饱和度所需的时间不同，把整个机体组织归纳为五大类。这种分类在一定意义是假设性的。故称“理论组织”，五大类理论组织是：

1）第一类理论组织（Ⅰ类组织）：半饱和时间为 5min，包括血液，淋巴等。

2）第二类理论组织（Ⅱ类组织）：半饱和时间为 10min，包括神经系统的灰质，腺体等。

3）第三类理论组织（Ⅲ类组织）：半饱和时间为 20min，包括肌肉等。

4）第四类理论组织（Ⅳ类组织）：半饱和时间为 40min，包括脂肪组织和神经系统的白质等。

5）第五类理论组织（Ⅴ类组织）：半饱和时间为 75min，包括肌腱、韧带等。

（5）饱和过程的计算

1）五类理论组织完全饱和时间所需时间为该组织半饱和时间的 6 倍。

2）求假定时间单位：若知道了高压下停留时间，可根据各类理论组织半饱和时间，求出相应于各类理论组织的假定时间单位。

3）求五类理论组织氮饱和百分数：根据已知的假定时间单位，就可算出五类理论组织的氮饱和百分数。计算方法按公式（3.3-1）：

$$S=(1-0.5^n)\times 100\% \qquad (3.3\text{-}1)$$

式中　S——氮饱和百分数，单位为百分比（%）；

n——假定时间单位 。

2. 惰性气体在人体内的脱饱和

机体在高气压下停留一段时间，达到一定程度的氮饱和后，再回到低气压环境时，由于组织里的氮张力比外界分压高，组织内的氮便通过血液循环和呼吸弥散出体外，以使组织内的惰性气体张力与外界环境压力逐渐平衡，这个过程称为“脱饱和”。

（1）氮气在体内脱饱和的规律

1）随着在低气压下停留时间的延长，氮气的脱饱和将越彻底。

2）脱饱和的速度与饱和的速度相等，饱和快的组织，脱饱和也快；饱和慢的组织，脱饱和也慢。

3）在各假定时间单位里，脱饱和的程度，依假定时间单位的先后次序，按指数关系逐次递减。

4）完成50%的脱饱和需用1个假定时间单位，完成98.437%的脱饱和，需6个假定时间单位。但是真正完全脱饱和则需很长的时间。

5）计算脱饱和百分数的方法和求饱和百分数一样，可以利用计算氮饱和百分数的公式求得。

（2）影响机体氮脱饱和的因素

所有能够加速或减慢呼吸和循环系统功能的因素，均能影响氮对机体组织饱和与脱饱和的过程。

1）二氧化碳含量：二氧化碳能刺激呼吸，增加肺通气量，因而一般认为能加速氮在体内饱和，但二氧化碳不利于氮脱饱和。当吸入气中二氧化碳含量增加时，减压病的发生率要增加。

2）肌肉活动：肌肉活动时对静脉与淋巴管的机械压迫作用，能加速循环，加速氮在体内饱和，但不利于氮脱饱和。故减压时一般不主张有肌肉活动，以免氮气在组织中形成气泡。

3）温度：温度较高能使呼吸和循环加快，有利于氮气脱饱和。减压病发病率，寒冷季节比暖和季节要高。

4）机体及精神的状况与氮气脱饱和有密切关系。潜水员水下劳动疲劳时，机体调节机能减退，上升出水时不利于脱饱和。精神过分紧张，恐惧或消极情绪，全身将受到高级神经活动的影响而发生代谢和调节机制的失常，都不利于脱饱和。

5）吸氧：在一定压力下吸纯氧，使肺泡气氮分压迅速降低，可加速氮的脱饱和。

6）其他因素：影响呼吸循环的理化因素及药物都能促进或降低脱饱和，如投用药物及使用一些物理疗法。

3. 惰性气体在人体内的过饱和

当从高气压环境减压到低气压时，在高气压时已溶解入组织内的惰性气体量将超过在较低气压时该气体在组织内的所应溶解的最大溶解量，如超过的那部分惰性气体仍溶解在组织内，这种状态称为“过饱和”。潜水员体内氮气脱饱和过程中的过饱和状态可以导致气泡的形成，就如同打开汽水瓶或啤酒瓶的瓶盖后一样，在高压生产封瓶时溶解在瓶内的二氧化碳便向外逸出而形成许多气泡。

（1）安全过饱和

过多溶解在机体内的氮气将按减压后体内氮张力与外界氮分压的压差梯度，通过循环呼吸功能，以不同速度（单位时间内弥散量）向体外弥散。若减压速度适当，减压幅度不太大，过多溶解的氮张力超过外界总气压不太多，则氮气能从容地从组织弥散到血液再由血液弥散到肺进行脱饱和，就不致在体内形成气泡。这种脱饱和时不致形成气泡的过饱和状态叫作“安全过饱和”。

（2）过饱和安全系数

霍尔丹等调查统计了许多潜水纪录后发现，当潜水深度在 12.5m 以浅时，潜水员在水底停留时间无论多么久，减压出水的速度不管怎样快，一般都不发生减压病。而当水深超过 12.5m，工作超过一定时间，上升速度太快，则往往引起减压病。这说明氮气在体内的安全过饱和是有一个限度的。霍尔丹等通过动物实验及亲自体验证明，从两个绝对压减到常压是安全的。大量事实证明安全过饱和状态维持不是决定于高压与低压之间的差值，而是决定于高压与低压之间的比值。实际潜水和实验研究得知，高气压与低气压的比值（高气压时溶解在机体组织内氮张力与外界较低气压相比），需控制在比值不允许超过 1.8 或 1.6。在潜水医学里，这个比值被称为“过饱和安全系数”。过饱和安全系数是制订潜水减压表的主要依据。

3.3.3 惰性气体饱和、脱饱和在潜水中的应用

霍尔丹等根据机体中氮气饱和、脱饱和的一般规律，提出了假定时间单位及五类理论组织等概念，试图用物理学、数学的理论解释机体中惰性气体饱和、脱饱和的生理现象。霍尔丹等还通过计算和实践验证相结合，研制了用以指导潜水减压的“水下阶段减压表”。霍尔丹等所研制的减压表一经问世，在潜水实践中发挥了很大的作用，大大降低了潜水减压病的发病率。时至今日，科学技术的发展大大拓展了人们对潜水减压理论的认识，当初霍尔丹等提出的假定时间单位及五类理论组织等概念并未能完全客观地揭示机体中氮气饱和、脱饱和的规律，但霍尔丹等的研究思路和“过饱和安全系数”等概念仍然被现今的潜水减压理论研究工作引为参考。

1. 减压理论

20 世纪初，英国生理学家霍尔丹等通过动物实验和统计分析了许多减压病的病例后发现，如潜水深度浅于 12.5m，潜水员无论在水下停留多久后上升，无论以多块的速度上升出水，几乎都不发生减压病。他们根据所得的资料认为，这时潜水员体内没有形成气泡，而是处于一种过饱和状态。他们将这种可以快速减压脱饱和，而又不致形成气泡的过饱和的现象称为“安全过饱和”。大量的研究证明，过饱和状态的维持，不是取决于高压与低压的压力差，而是取决于高压与低压之间的压差比值。潜水医学和生理学研究时，将维持过饱和状态的高压与低压之间的压差比值称为“过饱和安全系数”，并应用于潜水减压表的制订研究中。霍尔丹等将“过饱和安全系数”应用于制订减压表时，为了保证安全，除从最后停留站 3m 减压出水选用过饱和安全系数为 1.8 外，其他减压阶段一般水选用过饱和安全系数为 1.6。之后，虽然各国研究潜水减压大都依据霍尔丹等的“过饱和安全系数”，但为保障潜水员的安全，采用的“过饱和安全系数”值多低于 1.6。

2. 潜水的减压

潜水员潜水时，需要呼吸与静水压压力相等的高压气体。当潜水员呼吸压缩空气进行潜水时，吸入的氧被机体代谢所消耗，而在空气中占大多数的氮气，机体既不能利用它，又缺乏对它的调节机能。它进入机体后，就单纯以物理状态溶解于体液中，其溶解量随吸入气中氮分压的升高及暴露时间的延长而增加。这时候潜水员不能直接上升到水面，而要上升到与其身体里面溶解的惰

性气体相适应的深度（不超过安全过饱和的限度）。以空气潜水为例，一般认为如果溶解于组织中的氮张力超过周围总压的 1.6 ~ 1.8 倍，即超过了过饱和安全系数，过多的氮就不能继续保持溶解状态而游离出来，在组织和血液中形成气泡。在呼吸空气潜水时，潜水深度愈大（压力愈高），暴露的时间愈久，机体组织内溶解的氮张力就愈高；当达到一定张力值后，又迅速而大幅度地上升（减压），超过过饱和安全系数的程度就愈大，气泡的形成也就愈快、愈多。

减压过程中，潜水员按照规定的深度和时间进行停留，减低体内的惰性气体含量。由于减压停留的深度要小于潜水深度，潜水员减压停留时体内组织里面的惰性气体分压大于在这深度呼吸气体的惰性气体分压，潜水员体内的惰性气体会随血液经呼吸而排出体外，体内的溶解惰性气体量会相应降低。当潜水员在这深度的停留时间达到了上升到下一个减压深度的时候，潜水员就可以上升到下一深度，逐步减压返回水面，在减压停留时，潜水员的机体是在排出惰性气体，而不是在吸收惰性气体。减压过程中潜水员不会经过减压就会完全排出惰性气体，即使安全到达了水面，体内的惰性气体余量要在 12h 甚至是更长的时间才会完全排除，恢复到海平面的水平。

3.4 减压方法

减压方法是指潜水员从水下环境上升出水时（或在高气压回到常压时），为控制体内过饱和的惰性气体能从容地通过呼吸道排出体外，以不致在体内形成气泡而发生减压病所采取的一种措施。

减压方法归纳起来有几种：①等速减压法；②水下阶段减压法；③水面减压法；④水面吸氧减压法；⑤潜水钟（下潜式减压舱）—甲板减压舱系统减压法；⑥不减压潜水。

本节仅介绍常规潜水中常用的几种减压方法。

3.4.1 水下阶段减压法

潜水员在水下作业结束后，不是直接上升到水面，而是上升到一定的深度，停留一定时间，有规律地逐段减压到达水面，这样的减压方法称为“水下阶段减压法”。若将这个过程各站深度和相应的停留时间绘成坐标图，则呈阶梯状，故又称“阶梯式减压法”。在水中逐次停留的水深处称“停留站”或统称“站”。

水下阶段减压法是英国生理学家霍尔丹等于 1908 年根据他创立的氮气在机体内运动规律的理论首先提出的，他用氮的过饱和安全系数来限制潜水员离底上升允许到达的深度，即上升到体内氮张力为外界绝对压的 1.6 倍的水深处，该深处称为第一停留站。必须在该站停留一定时间，让体内过饱和的氮气排出一部分，然后再上升。后续各站也都必须按此同一原则停留上升，即在前一站停留的时间内，使体内的氮张力降至等于或略低于后一站绝对压的 1.6 倍时，方可上升到后一站。霍尔丹等还根据水下阶段减压法的原理，通过计算确定了水下阶段减压法的《潜水减压表》。

随着科学技术的发展和潜水装具、设备的改进，现在采用的水下阶段减压法已较霍尔丹时代有了很大的进步。

（1）实施水下阶段减压法时应注意的要点有：

1）在潜水员咽鼓管通气性能良好和水面供气能充分满足需要的情况下，下潜速度应尽量快。下潜速度一般为 10 ~ 15m/min，有经验者可达 30m/min。

2）潜水员离底上升时，应按减压表规定的速度（一般为 6 ~ 8m/min）上升至第一停留站。

3）必须在第一停留站按规定的时间停留，让机体内饱和溶解的一部分氮得以脱饱和状态，然后再上升。自第一停留站到水面，每隔 3m 距离设一停留站，每一停留站又规定了适当的停留时间，潜水员应按减压表规定进行上升和停留。

4）自第一停留站以后，站间移动时间和从 3m 站减至常压的时间均为 1min。

（2）水下阶段减压法主要优缺点

1）优点：通过几十年来的应用充分证明，水下阶段减压法较之古老的等速减压法大大地提高了工作效率，显著地降低了减压病的发病率，并且易于较准确地掌握，从而促进了潜水事业的发展。

2）缺点：此法的水下减压时间仍很长，工作效率低，在大深度或长时间的潜水尤其突出。受水文，气象等恶劣条件影响，特别在水温低、水流速度快的情况下，潜水员体力消耗大，不利于脱饱和。因在水中减压时间长，不能有效地使用潜水技术和装备。

3.4.2 水面减压法

潜水员在水下作业结束后的减压过程，全部或大部分在出水后进入减压舱内完成，这种减压方法称为“水面减压法”。

根据霍尔丹等的理论，潜水员在水底作业后，自水底或水中某一站停留后直接出水这一做法是违反规定的。因为出水时体内一些组织的氮张力会超过过饱和安全系数，有可能在体内形成气泡，引起减压病。但大量的实验和具体潜水实践证明，只要限制在一定范围内，体内并不立即出现气泡，引起减压病。这是由于机体的组织和体液因其所含蛋白质等成分，具有一定的黏性，当从高气压减至低气压时，体液中形成气泡的速度，要比在同样条件下的水中形成气泡的速度慢得多。因此，机体组织的氮张力高于外界（常压）的氮分压时，即使其比值超过了 1.8（过饱和安全系数）的限度，也不致立即出现致病的气泡。

又有些研究人员指出：减压过程中肢体过度活动可促使体内形成气泡，而相对静止则能够防止气泡的出现。根据这些材料可以设想，只要潜水员在上升出水过程中，尽量减少不必要的肢体活动，并且出水后在尽可能短的时间内进入减压舱，重新加压到出水前最后一个停留站的深度压力，就会是安全的。即使在进舱前体内某些组织已有少量的小气泡形成，通常并不马上引起减压病的症状，加之舱内压力升高后，这些气泡的体积就立即缩小，同时氮气重新溶解入组织，使气泡很快消失，因而对机体不会造成损害。

基于上述理论和实践，各国对采用水面减压法的潜水深度及水底停留时间的极限，做了严格的规定，见表 3.4-1。国家标准《空气潜水减压技术要求》GB/T 12521—2008 对实施水面减压的潜水深度、水下工作时间和操作方法都有详尽的说明。

我国及美英苏等国有关采用水面减压法时潜水深度及停留时间的极限规定　表3.4-1

国别	深度（m）																				备注
	15	18	21	24	27	30	33	36	39	42	45	48	51	54	57	60	63	66	69	80	
	各深度停留时间（min）																				
中国	180	180	180	145	105	80	80	60	60	45	45	70	70	60	60	45	25	25			45m 以深按减压表规定执行
美国	240	200	170	150	130	120	100	100	90	80	80	70	70	60	60						
英国								50	40	40	30	30	20	20	10	10					直接出水
苏联	300	240	240	240	180	180	180	145	145	145	145	25	25	25	25	25	25	25	25	25	限于 45m，超过 45m 限制水下工作时间

水面减压法中的“间隔时间”是一个与安全直接相关的极其重要的因素，必须严格遵守并尽量争取缩短。“间隔时间”是指：从潜水员离开水中最后一个停留站到进入减压舱后加压至减压方案规定的压力所用时间，一般不超 6min。

潜水员在水文气象等不利条件下，特别是潜水员发生意外，如放漂而不能再下潜，或潜水衣破损，软管断裂等情况，导致潜水员无法在水下进行减压时，均可采用此减压方法，以保证潜水员得以安全。潜水员进入减压舱减压时，环境比水中舒适，有利于脱饱和发现问题时也可及时处理。潜水员进舱后其使用的装具，设备及与之配备的水面照料员等，可腾出给另一名潜水员使用，提高了设备使用率。采用水面减压法，减压病发病率相对也低，一旦发生减压病，也可立即在舱内进行加压治疗。

水面减压法的缺点是因水面间隔时间限制，操作技术和配合要熟练，稍有迟疑，可发生减压病。使用条件要求严格，有一定的应用范围。

采用水面减压法的注意事项有：

（1）工作现场必须有符合要求的甲板减压舱，其工作压一般在 700kPa 以上。舱型最好为双舱三门式或双舱四门式，以提高使用率，便于周转。

（2）必须配备容积和工作压能满足需要的储气瓶，管路及各种阀门的通径必须符合要求，以保证能迅速地把舱压升至所需压力。

（3）潜水员应无减压病好发史，咽鼓管通气性能良好，潜水技术熟练，经验丰富。

（4）严格遵守减压表对使用水面减压的潜水深度和水下工作时间的规定。直接上升出水速度不得超过 7 ~ 8m/min，“间隔时间”不得超过 6min。上升出水过程中尽量减少体力活动。出水时尽可能使用减压架。

（5）要加强医学保障，潜水员离底上升前或在水中停留站减压时出现不适时，应放弃此法，改用水下阶段减压法。

（6）在潜水员出水前，减压舱应做好接纳的准备工作。

（7）潜水员出水卸装时和进舱升至规定压力后，应询问其感觉，以便及时发现问题并处理。

3.4.3 不减压潜水

潜水作业时，在一定水深处停留如不超过限定的时间，可由工作水深处直接出水而不必在水中停留减压，这种潜水称为“不减压潜水”。进行不减压潜水时，由于潜水员潜水的深度和停留的时间有限制，故体内氮饱和程度不高，半饱和时间长的一些组织的饱和度则更低，在上升出水阶段，半饱和时间长的一些组织不仅没有发生脱饱和，而且还继续在进行饱和，它可能接受半饱和时间短的一些组织脱饱和时排出的部分氮，充当了氮气的储存库，起到缓冲作用。这样半饱和时间短的组织逸出的氮就不致聚积在组织内形成气泡，从而可减少减压病的发生。

近年来，由于呼吸压缩空气的轻潜水装具在潜水中的广泛使用，以及潜水运动的蓬勃发展，不减压潜水受到普遍的重视和欢迎。各国对不减压潜水的深度和停留时间做了规定（表 3.4-2）。

我国及美国、苏联有关不减压潜水的深度和停留时间限度的规定 表3.4-2

国别	深度（m）															
	15	18	21	24	27	30	33	36	39	42	45	48	51	54	57	60
	各深度停留时间（min）及上升出水所用时间（min：s）															
中国	100 2：00	45 3：00	35 3：00	25 3：00	20 4：00	15 4：00	15 5：00	10 5：00	10 6：00	10 6：00	10 6：00					
美国	92 1：40	63 2：00	48 2：20	39 2：40	33 3：00	25 3：20	20 3：40	15 4：00	10 4：20	10 4：40	8 5：00	7 5：20	6 5：40	6 6：00	5 6：20	
苏联	150 2：00	45 3：00	35 3：00	25 3：00	20 4：00	15 4：00	15 5：00	10 5：00	10 6：00	10 6：00	10 6：00	5 7：00	5 7：00	5 8：00	5 8：00	5 9：00

3.5 减压表使用

为方便潜水作业时查阅和选择减压方案，有次序地把不同的潜水深度和水下工作时间的减压方案编排成便于检索选用的表，即为潜水减压表。

3.5.1 减压表的分类

目前，几乎各种类型的潜水均有可供参照执行的减压表。因此，减压表的种类很多。

（1）根据呼吸气体的种类分：有空气潜水减压表、氦氧潜水减压表、氮氧潜水减压表等。

（2）根据潜水方式的不同分：有常规潜水减压表、饱和潜水减压表等。

（3）根据减压方法的不同分：有水下阶段减压表、水面减压表、吸氧减压表等。

（4）根据特殊用途分：有潜艇艇员水下脱险减压表、高海拔水域潜水减压表、隧道高气压作业减压表、反复潜水减压表和应急潜水减压表等。

（5）各类减压表还可根据不同情况进一步分类：例如，饱和潜水减压表还可进一步分为：空气饱和潜水减压表、氮氧饱和潜水减压表、氦氧饱和潜水减压表及饱和潜水不减压巡回潜水减压表等。

3.5.2 空气潜水减压表

1. 概述

2008 年 5 月国家标准化管理委员会发布了国家标准《空气潜水减压技术要求》GB/T 12521—2008。本标准规定了以压缩空气为呼吸介质的潜水（空气潜水）减压的技术要求，还规定了潜水深度限度、安全和合理使用氧气的方法、潜水适宜时间限度。

本标准中的空气潜水减压表适用于潜水深度 60m 以浅的空气潜水减压方案的选择，也适用于暴露于 0.6MPa 以内压缩空气后减压方案的选择。

2. 标准中术语和定义

为了正确使用空气潜水减压表（表 3.5-1），有必要理解本标准中的下列术语和定义。

（1）潜水深度 diving depth

潜水时潜水员所达到的最大深度，单位为海水水柱高度 m。潜水员在甲板减压舱内暴露于高气压环境时，舱压 0.1MPa 相当于海水水柱高度 10m。

（2）水下工作时间 bottom time

指潜水员从头部没水到水下作业完毕离底上升为止的一段时间，单位为 min。

（3）潜水适宜时间 limiting time

为了保证潜水员的安全和健康，减压表中规定的不同潜水深度一般不宜超过的水下工作时间限制。

（4）潜水减压表 diving decompression table

为方便潜水作业时查阅和选择减压方案，有次序地把不同的潜水深度和水下工作时间的减压方案编制在一起的表格。

（5）减压 decompression

潜水员潜水后按规定程序和要求逐步返回水面或常压，使体内溶解的惰性气体逐步地排出体外，不致在体内产生气泡的过程。

（6）水下阶段减压 underwater stage decompression

潜水员的减压过程在水中进行，分为上升、停留、再上升、再停留、直至返回水面即减压结束。

（7）水面减压 surface decompression

潜水员的大部分或全部减压过程于出水后在甲板减压舱内进行的减压方法。

（8）吸氧减压 oxygen decompression

实施水面减压时，潜水员从一定的深度开始吸用纯氧。

（9）减压方案 decompression schedule

按潜水深度和水下工作时间组合规定的减压步骤和时间的依据。

（10）基本减压方案 basic decompression schedule

以潜水员实际潜水深度和水下工作时间为基本参数选择的减压方案。

（11）延长减压方案 modified decompression schedule

当外界或潜水员本身有某种或某些不利于安全减压的因素时，减压方案需在基本方案的基础上延长，这时所取的减压方案称延长减压方案。

（12）停留站 decompression stop

潜水员减压过程中为逐步排出溶解于体内的高张力氮气，应在规定深度停留一定的时间，规定的停留深度称停留站。

（13）第一停留站 first stop

一个减压方案中规定的深度最大的停留站。

（14）上升到第一停留站的时间 time to first stop

潜水员从潜水完毕离底上升到抵达第一停留站的时间，单位为 min。

（15）停留时间 stop time

潜水员减压时抵达某一停留站到离开该停留站的时间，单位为 min。

（16）减压总时间 total decompression time

潜水员作业完毕，从开始上升到抵达第一停留站的时间，各停留站的时间，各停留站间的移行时间和 3m 站上升返回水面（或减压出舱）的时间总和。

（17）水面减压间隔时间 interval time of surface decompression

实施水面减压时潜水员从水下最后的停留站开始上升返回水面、卸装、进甲板减压舱加压到预定压力的时间总和。

（18）反复潜水 repetitive dive

在一次潜水后 12h 内再进行的潜水。

（19）剩余氮时间 residual nitrogen time

反复潜水减压方案选取时，需在反复潜水的水下工作时间上加上一个以分钟为单位表示的时间量，以表示上次潜水减压后潜水员体内尚遗留的一定量氮气的影响，该时间量称剩余氮时间。

（20）反复潜水间隔时间 interval time of repetitive dive

上次潜水减压结束到反复潜水开始的时间。

3. 使用方法

（1）各深度档中的横线表示该深度的潜水适宜时间的限度。遇到特殊情况需超过此限度时，应注意控制水下工作时间在表列范围内并需有一定的保留量。

（2）如果潜水深度和水下工作时间与表列数字相同，则应采用下一个潜水深度和水下工作时间；如果潜水深度和水下工作时间在表列的两个数字之间，则应采用相近的较大深度和较长时间。

（3）采用空气减压时，各停留站的停留时间均按表内数字。水面减压停留站深度小于或等于 18m 时，如果采用吸氧减压各停留站的停留时间均按表内数字减半，若表内数字为奇数，则加 1 后再取半数。吸氧减压期间连续吸氧 30min 需另加 5min 间歇呼吸空气。

（4）潜水作业结束后，从水底上升到第一停留站（或直接上升出水）的时间，应按表中规定严格执行，上升速度控制在 7 ～ 8m/min。

如果上升至第一停留站的速度过快，提前到站，因上升速度过快而剩余的时间应加入第一停留站的停留时间。

如果上升时不慎未在第一停留站停留，而直接上升到水面，应令其在 3min 内回到深于第一停留站 3m 处，在该处停留 5min。上浮和回到深于第一停留站 3m 处的时间及在该处停留的 5min 都算作水下工作时间，并据此重新选择相宜的减压方案。如果在水面超过了 5min，则应重新回到作业深度停留 5min，然后按上述原则计算水下工作时间和选择适当的减压方案。

（5）不论使用何种减压方法，各停留站间移行时间和从 3m 站上升出水（或减压出舱）的时间均为 1min，该时间不计入各停留站的停留时间，应计入减压总时间内（表 3.5–1）。

空气潜水减压表 **表 3.5–1**

潜水深度（m）	水下工作时间（min）	上升到第一停留站的时间（min）	停留站深度（m）/ 停留时间（min）												减压总时间（min）	反复潜水检索符号
			36	33	30	27	24	21	18	15	12	9	6	3		
12	360	2													2	*
15	105	2													2	L
	145	2												10	13	M
	180	2												14	17	O
	240	2											3	15	22	Z
	300	2											10	16	30	*
18	45	3													3	H
	60	2												5	8	K
	80	2												14	17	L
	105	2											3	16	23	N
	145	2											8	20	32	Z
	180	2											8	26	38	Z
	240	2										5	18	23	51	*
21	35	3													3	G
	45	3												5	9	K
	60	3												17	21	L
	80	2											8	17	29	M
	105	2										7	11	21	44	O
	145	2										8	14	29	56	Z
	180	2									3	12	19	31	71	Z
	240	2									10	18	24	36	94	*
24	25	3													3	F
	35	3												6	10	K
	45	3											6	20	31	K
	60	3											10	24	39	L
	80	2										7	10	25	47	N
	105	2										10	18	27	60	O
	145	2									9	12	23	34	84	Z
	180	2								4	13	18	28	39	109	*
	240	2								4	19	29	32	50	141	*

续表

潜水深度（m）	水下工作时间（min）	上升到第一停留站的时间（min）	停留站深度（m）												减压总时间（min）	反复潜水检索符号
			36	33	30	27	24	21	18	15	12	9	6	3		
			停留时间（min）													
27	20	4													4	F
	25	3												2	6	J
	35	3												12	16	J
	45	3											12	22	39	L
	60	3										7	12	23	48	M
	80	3										9	20	24	59	N
	105	2								2	11	15	22	29	86	Z
	145	2								9	12	21	28	43	120	*
	180	2								12	16	25	33	51	144	*
30	15	4													4	E
	20	4												1	6	I
	25	4												4	9	I
	35	3											5	15	25	K
	45	3										2	13	23	44	L
	60	3									1	10	15	25	58	N
	80	2								2	10	14	22	28	83	O
	105	2								5	14	18	28	39	111	*
	145	2							10	13	15	25	36	52	159	*
	180	2							14	19	21	30	40	61	193	*
33	15	5													5	F
	20	4												3	8	H
	25	4												10	15	J
	35	3										5	10	16	37	L
	45	3										8	14	24	52	M
	60	3									12	14	17	26	76	N
	80	3								6	12	16	25	32	99	Z
	105	2							8	12	19	20	33	41	141	*
	145	2						9	13	15	20	30	42	65	203	*
	180	2						16	19	22	24	39	60	73	262	*
36	10	5													5	D
	15	5												3	9	H
	20	5												4	10	I
	25	4										2	6	12	27	J
	35	4										10	12	17	46	L
	45	3									5	12	18	24	66	N
	60	3								4	14	16	18	30	90	O
	80	3							4	10	18	21	27	35	124	*
	105	3						7	11	14	19	24	37	47	169	*
	145	2					11	13	15	17	24	37	48	72	247	*

续表

潜水深度（m）	水下工作时间（min）	上升到第一停留站的时间（min）	停留站深度（m）36	33	30	27	24	21	18	15	12	9	6	3	减压总时间（min）	反复潜水检索符号
			停留时间（min）													
39	10	6													6	E
	15	5												6	12	F
	20	5												9	15	H
	25	4										6	10	14	37	J
	35	4									3	12	16	18	57	N
	45	4									6	16	20	27	77	O
	60	3							4	10	18	22	24	30	117	Z
	80	3						5	10	14	20	23	28	38	147	*
	105	2					6	10	14	18	21	31	47	57	214	*
	145	2				8	13	16	18	20	30	44	59	85	304	*
42	10	6													6	E
	15	6												9	16	G
	20	5											4	15	26	I
	25	5										9	14	16	47	J
	35	4									9	14	17	22	70	N
	45	4								4	10	19	22	27	91	O
	60	3						2	9	16	20	23	26	32	138	*
	80	3						12	14	17	22	25	32	42	174	*
	105	3						15	18	20	23	34	53	76	249	*
	145	2				12	14	18	19	26	39	49	75	105	368	*
45	10	6													6	C
	15	6												12	19	G
	20	6											6	16	30	H
	25	5									3	9	15	18	54	K
	35	5									11	16	20	23	79	N
	45	4								10	17	22	25	29	112	O
	60	3						11	13	17	20	24	30	37	162	*
	80	3					14	15	16	18	19	25	38	52	208	*
	105	6				12	14	16	18	21	28	39	61	79	300	*
	145	2			13	15	16	19	20	32	48	59	86	113	433	*
48	5	7													7	D
	10	6												2	9	F
	15	6											3	12	23	H
	20	6										4	7	17	37	J
	25	5									6	10	16	20	61	K
	35	5								6	15	18	22	29	100	N
	45	4						4	12	15	19	23	26	33	143	Z
	60	3				1	8	12	16	18	21	26	37	44	195	*
	80	3				11	13	16	19	21	23	38	49	66	268	*
	105	3			12	14	15	17	20	26	33	45	70	94	359	*
	145	3		12	14	16	17	19	22	40	56	72	90	136	508	*

续表

潜水深度（m）	水下工作时间（min）	上升到第一停留站的时间（min）	停留站深度（m）												减压总时间（min）	反复潜水检索符号
			36	33	30	27	24	21	18	15	12	9	6	3		
			停留时间（min）													
51	5	7													7	D
	10	7												5	13	F
	15	6											9	14	31	H
	20	6									5	8	12	18	53	J
	25	6									10	13	18	21	72	L
	35	5								12	19	20	24	31	116	O
	45	4						10	13	14	22	27	30	39	166	*
	60	3				10	12	14	17	21	24	35	39	49	233	*
	80	3			12	14	15	18	21	24	29	49	57	77	329	*
	105	3		11	13	14	15	19	22	29	38	56	80	111	422	*
54	5	8													8	D
	10	7												7	15	F
	15	7											10	17	36	I
	20	6									7	10	14	18	59	J
	25	6								4	11	13	19	22	80	L
	35	5							11	14	17	21	29	39	142	O
	45	4					8	12	17	19	22	31	37	47	205	*
	60	4			6	12	14	16	20	23	27	37	48	65	282	*
	80	3		12	13	16	17	20	24	29	35	58	64	84	386	*
	105	3	12	13	14	14	16	21	26	32	42	62	92	124	483	*
57	5	8													8	D
	10	7											1	10	20	G
	15	7										4	11	18	43	I
	20	6									10	12	16	19	67	K
	25	5								9	12	14	20	24	89	M
	35	5						8	13	15	18	24	34	43	167	O
	45	4				7	12	14	18	21	26	35	44	56	246	*
	60	4			12	14	16	18	21	27	32	45	55	72	326	*
	80	3		14	15	17	18	23	28	34	42	64	79	93	441	*
60	5	9													9	E
	10	8											3	11	24	I
	15	7										7	12	19	48	M
	20	6								4	10	13	15	20	73	N
	25	6							4	10	14	16	22	24	102	O
	35	5						12	15	16	19	28	40	52	194	*
	45	5				12	14	18	20	24	29	39	48	60	278	*
	60	4		12	14	16	18	20	24	29	36	49	69	80	380	*
	80	4	13	15	16	17	19	26	32	39	49	70	90	105	507	*

（6）使用表 3.5-1 时，应根据潜水深度，水下工作时间，外界环境条件如水温、底质、流速等，潜水员劳动强度、技术状况、有否反复潜水、健康状况和主观感觉等多方面因素，综合考虑后再确定采取何种减压方法及减压方案。

（7）潜水员在水下进行轻、中等强度的劳动如水下行走、探摸和检查沉物、简易捆扎沉物等，水下环境良好如水温在 10℃以上、流速在 0.5m/s 以内、硬质水底等，潜水员身体健康、精力充沛、经常进行加压锻炼或水下工作经验较丰富、有较长潜水工龄且无减压病史者都可按基本方案减压。

（8）遇不宜采用基本减压方案的情况，应选择比基本减压方案的水下工作时间或潜水深度下一、二档或水下工作时间及潜水深度均下一、二档的方案作为延长减压方案。

（9）潜水员在水下遇到意外情况或是潜水作业现场条件不良迫使潜水员无法继续进行水下阶段减压时，应采用水面减压。具有一定的潜水经验、熟悉水面减压法的实施步骤、无减压病史和咽鼓管通气性能良好的潜水员，水下工作结束时如果主观感觉良好，亦可考虑采用水面减压。

（10）采用水面减压时，潜水员可从 12m 或浅于 12m 的任何一站直接上升出水，转入甲板减压舱内完成减压，但出水前必须在最后所在的那一站停留完毕。如果第一停留站的深度不超过 6m，则在水下不必停留，可直接上升出水，转入甲板减压舱内完成减压。转入甲板减压舱后，舱内应立即升压至相当于水下最后停留站深度的压力。如采用水面空气减压，则在该压力下停留 10min，然后再按原选定的方案进行减压。如果采用水面氧气减压，则在该压力下呼吸氧气停留 5min，然后按吸氧减压的规定逐站减压。

（11）实施水面减压时，潜水员从最后所在的那个停留站开始上升出水、卸装、进舱加压到规定压力的这段水面减压间隔时间，应严格控制在 6min 内。

（12）潜水深度超过 45m 或水下工作时间超过潜水适宜时间限度时，不宜采用水面减压。遇到特殊情况需实施水面减压时只能采用水面吸氧减压，甲板减压舱加压到比水下最后停留站深度深 6m。

（13）除标 * 的减压方案不宜进行反复潜水外，其他减压方案可进行反复潜水。反复潜水减压方案选取时，根据上一次潜水后所选用的减压方案的一个代表字母（反复潜水检索符号）和反复潜水水面间隔时间，从表 3.5-2 查得用以检索剩余氮时间的一个代表字母（剩余氮时间检索符号），再根据表 3.5-3 查得应在反复潜水水下工作时间上加上的剩余氮时间，然后依据反复潜水的潜水深度选取反复潜水的减压方案。

（14）在高海拔地区进行潜水作业，应对实际潜水深度予以修正，按修正后的理论深度选择适宜的减压方案。理论深度计算见下式：

$$D_t = D_0 \times \frac{P_0}{P_t} \tag{3.5-1}$$

式中 D_t——理论深度，单位为海水水柱高度（m）；

D_0——高海拔地区实际潜水深度，单位为海水水柱高度（m）；

P_0——海平面大气压，单位为十分之一兆帕（0.10MPa）；

P_t——高海拔地区大气压 MPa。海拔高度与大气压的换算参见表 3.5-4。

（15）潜水员在减压过程中若感到任何不适，应及时报告。如果症状和体征轻微，可延长所在停留站的停留时间，直到症状消失为止。然后重新按减压表所规定的停留时间停留一次，结束后再令潜水员上升到较浅的停留站。如果再次出现症状和体征，潜水员应转到较深的停留站，按延长减压方案进行减压。按延长减压方案继续减压时症状和体征复发，若确诊为减压病应按照《减压病加压治疗技术要求》GB/T 17870—1999 进行加压治疗。

（16）水下阶段减压返回水面和水面减压回到常压后，潜水员应在甲板减压舱附近停留至少 2h，6h 内不得远离甲板减压舱。如果潜水员出现症状和体征，若确诊为减压病应按照《减压病加压治疗技术要求》GB/T 17870—1999 进行加压治疗。

（17）潜水员不减压潜水后 12h，减压潜水减压后 24h 不得搭乘飞行器。因特殊情况需搭乘飞行器时，应有潜水医生指导。

反复潜水水面间隔时间表（单位：min） 表3.5–2

反复潜水检索符号	剩余氮时间检索符号															
	Z	O	N	M	L	K	J	I	H	G	F	E	D	C	B	A
Z	10 22	23 34	35 48	49 62	63 78	79 96	97 115	116 137	138 162	163 190	191 225	226 269	270 327	328 416	417 605	606 720
O		10 23	24 36	37 51	52 67	68 84	85 103	104 124	125 149	150 179	180 213	214 257	258 316	317 404	405 594	595 720
N			10 24	25 39	40 54	55 71	72 90	91 113	114 138	139 167	168 202	203 244	245 303	304 392	393 583	584 720
M				10 25	26 42	43 59	60 78	79 95	96 125	126 154	155 188	189 232	233 289	290 378	379 568	569 720
L					10 26	27 45	46 64	65 85	86 109	110 139	140 173	174 216	217 275	276 362	363 552	553 720
K						10 28	29 49	50 71	72 95	96 123	124 158	159 201	202 259	260 348	349 538	539 720
J							10 31	32 54	55 79	80 107	108 140	141 184	185 242	243 340	341 530	531 720
I								10 33	34 59	60 89	90 122	123 164	165 223	224 312	313 501	502 720
H									10 36	37 66	67 101	102 143	144 200	201 289	290 479	480 720
G										10 40	41 75	76 119	120 178	179 265	266 455	456 720
F											10 45	46 89	90 148	149 237	238 425	426 720
E												10 54	55 117	118 204	205 394	395 720
D													10 69	70 158	159 348	349 720
C														10 99	100 289	290 720

续表

反复潜水检索符号	剩余氮时间检索符号															
	Z	O	N	M	L	K	J	I	H	G	F	E	D	C	B	A
B															10 200	201 720
A																10 720

剩余氮时间表（单位：min） **表3.5-3**

反复潜水深度（m）	剩余氮时间检索符号															
	Z	O	N	M	L	K	J	I	H	G	F	E	D	C	B	A
12	257	241	213	187	161	138	116	101	87	73	61	49	37	25	17	7
15	169	160	142	124	111	99	87	76	66	56	47	38	29	21	13	6
18	122	117	107	97	88	79	70	61	52	44	36	30	24	17	11	5
21	100	96	87	80	72	64	57	50	43	37	31	26	20	15	9	4
24	84	80	73	68	61	54	48	43	38	32	28	23	18	13	8	4
27	73	70	64	58	53	47	43	38	33	29	24	20	16	11	7	3
30	64	62	57	52	48	43	38	34	30	26	22	18	14	10	7	3
33	57	55	51	47	42	38	34	31	27	24	20	16	13	10	6	3
36	52	50	46	43	39	35	32	28	25	21	18	15	12	9	6	3
39	46	44	40	38	35	31	28	25	22	19	16	13	11	8	6	3
42	42	40	38	35	32	29	26	23	20	18	15	12	10	7	5	2
45	40	38	35	32	30	27	24	22	19	17	14	12	9	7	5	2
48	37	36	33	31	28	26	23	20	18	16	13	11	9	6	4	2
51	35	34	31	29	26	24	22	19	17	15	13	10	8	6	4	2
54	32	31	29	27	25	22	20	18	16	14	12	10	8	6	4	2
57	31	30	28	26	24	21	19	17	15	13	11	10	8	6	4	2

海拔高度与大气压换算表 **表3.5-4**

海拔高度（m）	大气压（MPa）	海拔高度（m）	大气压（MPa）
400	0.0966	3000	0.0701
600	0.0942	3500	0.0658
800	0.0921	4000	0.0616
1000	0.0899	4500	0.0577
1500	0.0846	5000	0.0540
2000	0.0795	5500	0.0505
2500	0.0747	6000	0.0472

第 4 章　自携式潜水装具与操作技术

4.1　概述

潜水装具，是潜水员潜水时为适应水下环境所穿戴的器具、服装及压重物等全部器材的总称。自携式潜水时，潜水员佩戴水下呼吸器，呼吸自身携带的气瓶供给的气体，潜水员使用的这种装具称为自携式潜水装具。自携式潜水，有别于屏气潜水、水面供气式潜水等其他方式，与水面供气式潜水相比，它拥有更大的独立性和行动自由度；而与屏气潜水相比，它的水下停留时间更长。

自携式潜水应用范围广泛，既可以应用于休闲潜水，也可以应用于专业潜水，包括科研（如水下生物学、地质学、水文学、海洋学以及水下考古学等勘察活动）、军事、公共安全、媒体以及简单的工程潜水等。

自携式潜水的优点包括：

（1）轻便、灵活；

（2）作业现场部署快；

（3）水面支持团队小；

（4）水下垂直方向和水平方向上的活动范围大；

（5）最低的水底扰动。

但是，相对于水面供气式潜水而言，自携式潜水具有明显的局限性，包括：

（1）潜水深度受限；

（2）水中停留时间较短；

（3）身体防护有限、容易受水下低温影响；

（4）受水流影响大；

（5）通常没有语音通信系统（除使用全面罩时可配置水下无线通信系统外）。

以上自携式潜水的局限性，限制了自携式潜水在工程潜水领域的使用，不推荐优先使用，不应在有限空间水下作业中使用。在工程潜水领域中，主要应用于浅深度水下搜索、水下检查以及简单的水下维修和打捞等。

自携式潜水的基本准则：

（1）在整个潜水作业期间，潜水员和水面应保持双向语音通信，或者由水面使用信号绳进行联络及照料，或者同时在水中有另外一名能持续进行目力观察的潜水员进行陪伴。

（2）自携式潜水作业的计划时间不得超过不减压潜水限度，也不能超过除去备用应急气体的气瓶供气时间。在每次潜水前先测量气瓶气压。

（3）自携式潜水不能在流速超过 1 节的水流中进行。

（4）不应在封闭的或身体受限的空间进行自携式潜水作业。

（5）在自携式潜水时，当一名潜水员入水时，应有一名待命潜水员待命。

（6）自携式潜水只能在白天进行。

（7）自携式潜水潜水员应该佩戴一个浮力补偿装置以及口哨或其他音频信号装置。

（8）当水面能见度较低或很差时，潜水员应携带一个灯标。

（9）自携式潜水应有应急气体或备用气体。

（10）自携式潜水潜水员应该配备一个潜水压力表。

自携式潜水技术是其他潜水技术（如水面需供式潜水等）的基础，必须首先掌握好。工程潜水员不仅要掌握自携式潜水程序和水下操作技能，还要掌握应对水下环境中出现紧急情况的应急程序，能在紧急情况下自救和对处于困境中的自携式潜水员进行应急救护，以达到安全潜水。

4.2 自携式潜水装具组成与分类

4.2.1 组成

自携式潜水装具通常由水下呼吸器、配套器材和辅助器材三大部分组成，如图 4.2-1 所示。其中，自携式水下呼吸器是自携式潜水装具的核心装置，由气瓶和供气调节器（包括一级减压器、中压软管和二级减压器）组成；配套器材是自携式潜水装具必需配备的附属器材，包括面罩、脚蹼、潜水服、压重带、潜水刀、浮力背心、测压表、信号绳索、潜水手表及深度表等；辅助器材是自携式潜水时根据潜水任务和性质的需要选用的附属用品，主要有潜水绳索、潜水电脑、潜水计时表、水下指北针、气压表及呼吸管等器材。

图 4.2-1　自携式潜水装具的组件

4.2.2 分类

自携式潜水装具的种类很多，区别主要在于其水下呼吸器（SCUBA），其他附属器材等大同小异。自携式水下呼吸器由气瓶和供气调节器（包括一级减压器、中压软管和二级减压器）组成。在各类自携式水下呼吸器中，供给的呼吸气体每次吸用后，全部排出呼吸器外的称为开式；可在呼吸器内部，对呼出气体中二氧化碳和水分进行吸收，以及补充氧气后，再供潜水员吸用的称为闭式；两者皆有之，称为半闭式。自携式水下呼吸器一般根据其气体流程的不同，分为开式自携式水下呼吸器和闭式或半闭式循环呼吸装置两大类。

1. 开式自携式水下呼吸器

开式自携式水下呼吸器通常采用压缩空气作为气源，气瓶中的高压气体经需供式供气调节器调节后供潜水员吸用，呼出气体则直接排到环境中。使用开式需供式调节器，一般不会发生二氧化碳中毒、缺氧等情况。

开式自携式水下呼吸器结构简单，由气瓶和供气调节器（包括一级减压器、中压软管管和二级减压器）组成。开式自携式水下呼吸器主要分为两类，即双管需供式和单管需供式两种，区别在于其供气调节器。

（1）双管需供式供气调节器

如图 4.2-2 所示，这类调节器的一级和二级减压器都安装在一个组合阀里，直接连接到潜水员颈后的气瓶阀或歧管上。由两条波纹呼吸管连接调节器和咬嘴，一条用于供气，而另一条用于排气。排气管将排出气体导向调节器，这避免了由于排气阀和末级隔膜的深度变化而产生的压力差（依据潜水员在水中的不同体位，这一压力差会导致通风或者呼吸阻力过大）。在现代单管式供气调节器中，通过把二级减压器直接与咬嘴组合，避免了这一问题。配置咬嘴的双管调节器是标准配置，但也可以与潜水全面罩同时使用。

图 4.2-2　双管需供式自携式装具

（2）单管需供式供气调节器

现代开式自携式潜水装具多数配置单管需供式供气调节器，用一条低压管将一级减压器和配置咬嘴的二级减压器（需供阀）连接在一起，如图 4.2-3 所示。一级减压器连接到气瓶或气瓶歧管上，它的作用是将气瓶里的高压气体（压力可能高达 30MPa），降为中压气体，通常在高出环境压力 0.8 ~ 1.0MPa 之间；二级减压器将减压后通过中压软管供给的气体调节成为压力和流量均适合于潜水员吸用的气体，呼出气体则通过需供阀气室的一个橡胶单向阀，直接排到潜水员嘴部周围的水里。早期的单管需供式供气调节器配置的是全面罩而不是咬嘴，存在着呼吸阻力大等缺点。

图 4.2-3　单管需供式调节器

现代单管需供式供气调节器通常设有用于潜水电脑压力传感器和浸入式压力表的高压端口，以及用于连接干式潜水服和浮力控制装置充气软管的低压端口。

2. 闭式水下呼吸器

闭式水下呼吸器是一套循环呼吸装置，潜水员呼吸气体在呼吸环路中循环，循环呼吸装置能将呼出气体中的二氧化碳和水蒸气清除，并补充氧气，让呼出气体供潜水员继续吸用，循环使用。在每一次呼吸周期损失的气量取决于循环呼吸装置的设计和呼吸周期中深度上的变化。呼吸环路中的气体压力与外界环境压力一致，通过供气调节器或者喷气嘴为呼吸环路供气补给气体。

循环呼吸装置应用于休闲、军事及科研潜水等领域里，它在某些方面比开式自携式潜水装具更有优势。由于在正常的呼出气体内，会余留 80% 或者更多的氧气，如果不能循环利用，这些气体会被浪费掉。循环呼吸装置用气经济，水下停留时间更长，可以使用更便宜的混合气体，但是其构造和技术更复杂、故障点更多。循环呼吸装置对气体的耗量少，通常每分钟 1.6L 氧气，让潜水员的水下停留时间比开式自携式潜水装具要长得多，因为在同等的环境下，使用开式自携式潜水装具的耗气量可能要高出 10 倍。

循环呼吸装置有两种主要的结构：半闭式循环呼吸装置和闭式循环呼吸装置，相应的装具称为半闭式或闭式自携式潜水装具。

（1）半闭式循环呼吸装置

半闭式循环装置的特点是潜水员呼出的气体中，部分排入水中，部分净化后再供吸气用。半闭式循环装置的耗气量比闭式装具大，但比开式装具的耗气量要小得多。它的构造相对于闭式较简单、价格较便宜，潜水深度也比较大，所以它主要是被用于军事和休闲潜水作业中。如图 4.2-4 所示，半闭式循环装置的气体流程是：气瓶中的气体按照一个恒定的流速注入呼吸环路中，供潜水员吸用，潜水员呼出的气体流入呼气袋，多余的气体由安全阀排出，呼气袋的气体再经二氧化碳吸收罐净化后流入呼吸环路中。潜水员消耗的气体由气瓶供气给予定量补给。因自携气量和二氧化碳吸收剂有限，所以潜水深度和时间都会受到限制。

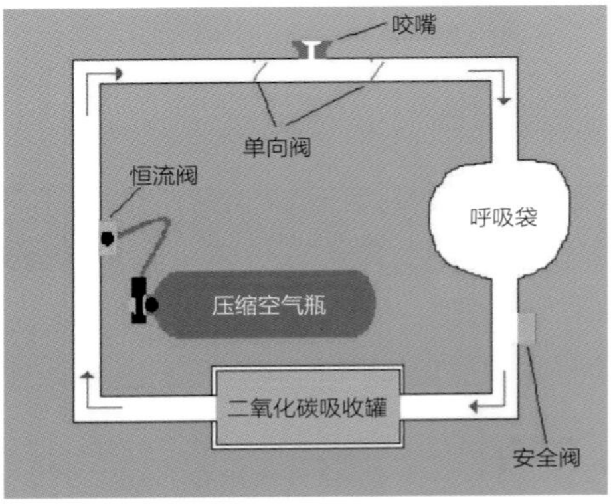

图 4.2-4　半闭式循环呼吸装置原理图

气瓶中所充入的气体成分对于计划中的潜水深度必须是安全的。

随着潜水员的工作强度的增加，潜水员所需要的氧气量也在增加，气体的注入速率要仔细地选择和控制，以避免氧气不足而导致潜水员失去知觉。提高气体注入速率虽会降低上述的危险，但也会导致气体消耗量和氧气的浪费。

（2）闭式循环装置

闭式循环装置省气、隐蔽性好，主要应用于军事方面。如图 4.2-5 所示，闭式循环装置主要由气瓶、呼吸袋、安全排气阀、二氧化碳吸收罐等组成，其气体的流程是：氦氧气瓶（或压缩空气瓶）中的气体经供气调节装置调节后进入呼吸袋，在呼吸环路中循环，供潜水员吸用；潜水员的呼出气体进入呼吸袋后，流过二氧化碳吸收罐，二氧化碳吸收剂吸收了呼出气体中的二氧化碳和水蒸气。氧分压可由电子自控装置根据潜水员耗氧量的变化，自动控制在设定值范围。

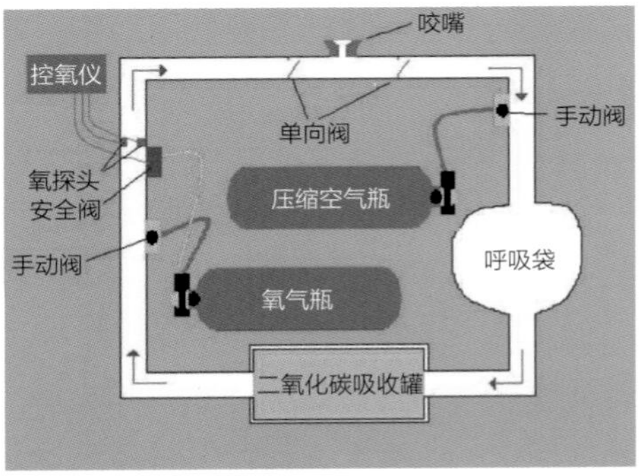

图 4.2-5　闭式循环呼吸装置原理图

4.3 自携式水下呼吸器

自携式水下呼吸器是自携式潜水装具的核心装置，由气瓶和供气调节器（包括一级减压器、中压管和二级减压器）组成。工程潜水中通常使用单管、开式、需供式水下呼吸器。本节介绍这类自携式水下呼吸器各主要部件的原理及基本结构。

4.3.1 气瓶总成

自携式潜水用的气瓶是用来为自携式潜水装具储存高压呼吸气体的容器，通过供气调节器调节后为自携式潜水员提供呼吸气体。

气瓶通常由铝或者合金钢制成，在气瓶颈部配有用于充气和连接供气调节器的气瓶阀。气瓶的附件包括气瓶卡箍、保护网、底座以及搬运提手等。根据不同的应用，在潜水的过程中，会使用到不同结构的背负装置。气瓶配置可能采用单瓶、双瓶或者一个主气瓶配置一个小型的备用气瓶等形式。采用双气瓶配置时，可用歧管连接在一起，或者是独立配置。采用主气瓶配小气瓶形式时，备用气瓶可固定在潜水员的背上，或侧挂在潜水员的背负装置上。在某些情况下，自携式潜水可能使用到两个以上的气瓶。

如何为水下作业选择合适的气瓶配置取决于安全完成潜水作业所需要的气量。常规的自携式潜水用的气体是空气。但是，由于潜水员在较大的环境压力下呼吸空气，空气中的主要成分会导致生理问题的产生，潜水员需要选择空气以外的混合气呼吸气体。

气瓶总成由气瓶本体、气瓶阀（含信号阀）及气瓶附件等组成，如图 4.3-1 所示。

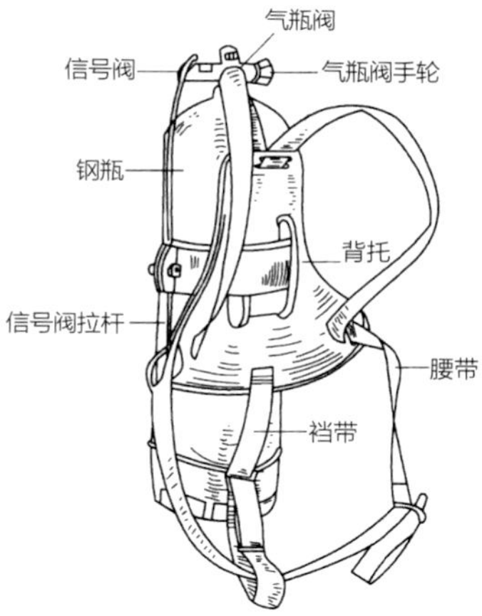

图 4.3-1　气瓶总成

1. 气瓶本体

气瓶本体指单独的气瓶，它用来储存气体的壳体。气瓶的颈部有内螺纹，用于固定气瓶阀。气瓶颈螺纹有多个标准，包括：锥形螺纹，平行螺纹等。气瓶的肩部有钢印识别标记，提供型号、制造年月、容量、重量、工作压力、试验压力等必要信息。

气瓶的头部装有气瓶阀、信号阀，腰部装有背负装置，底部装有底座。

2. 气瓶阀

气瓶阀的作用是连接充气管和供气调节器，使高压气体从气瓶流至一级减压器，并可以控制进出气瓶气流的大小。借助阀体上的氯丁橡胶 O 形垫圈，气瓶阀的螺栓接头与气瓶紧密连接。在气瓶阀的底部固定了一条金属或者塑料通气管延伸到气瓶内，其目的是为了在反转气瓶时，降低气瓶内的液体或者颗粒污染物进入气路，阻塞供气调节器的风险。有些通气管有一个平坦的开口，而有的则是完整的过滤器。

（1）气瓶阀分类

气瓶阀的分类主要考虑四个方面：螺纹规格、与供气调节器的连接、额定压力以及区别性特征。在空气自携式潜水装具中，与供气调节器连接的气瓶阀基本上有 DIN 式和轭式（A 形夹式）两种：

1）DIN 式（图 4.3-2）

供气调节器通过螺纹拧入气瓶阀内，将 O 形圈牢固地夹在气瓶阀密封面和调节器 O 形圈槽之间，形成密封。DIN 阀的设计压力在 20 ～ 30MPa 之间，但这主要取决于它的螺纹数量和具体的结构设计。

图 4.3-2　DIN 式气瓶阀与供气调节器的连接

2）轭式（或称 A 形夹式，图 4.3-3）

气瓶阀的出气口内装有 O 形圈，在与供气调节器连接时，供气调节器的 A 形夹环绕在气瓶阀上，并将 O 形圈压在调节器进气口的密封面上，通过将 O 形圈夹紧在调节器和气瓶阀的密封面之间形成密封。

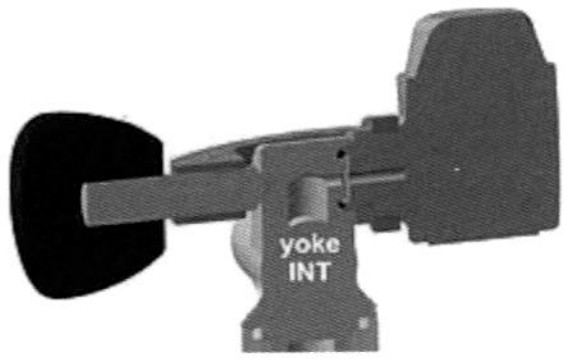

图 4.3-3　夹式气瓶阀与呼吸调节的连接

可以通过使用螺栓式适配器（图 4.3-4）将 DIN 式气瓶阀转换成 A 形夹式气瓶阀，只要将适配器旋转到 DIN 式气瓶阀开口内即可。

图 4.3-4　螺栓式（DIN）适配器

（2）气瓶阀结构

目前，国内使用的气瓶阀主要由气瓶阀阀体、开关阀、安全阀、信号阀等组成。

1）开关阀

气瓶开关阀是气瓶内高压气体的开关，开关阀的手轮逆时针转动是开，反之是关。同时应注意开、关时，不能用力过猛。关时，要关足；开时，开足后应旋回少许，使他人知道气瓶阀所处的状态，防止进一步开阀而使之损坏。气瓶用毕，气瓶开关阀要关好。

2）安全阀

安全阀是一个泄压装置，安全阀中装有铜制的安全膜片，当气瓶内压力超过规定时，膜片会被击穿使高压气泄出而防止不测。国产钢瓶的安全膜工作压力为 24.5 ～ 27.4MPa。

在潜水的过程中，如果安全膜破裂，气瓶内的气体会在一个极短的时间内丢失。如果安全膜片的额定压力是正确的并处于完好的状态，发生这种风险的概率是非常低的。

3）信号阀

在 20 世纪，供气调节器上的浸入式压力表还没有得到广泛的使用，潜水气瓶阀上通常会配置一个机械储备结构，在气瓶压力接近一定值的时候向潜水员发出提示。这时潜水员感觉吸气阻力大，于是向下拉动信号阀拉杆使之处于解除状态，如图 4.3-6 所示。随着信号阀的阻碍作用解除，气瓶内气体顺畅流出，潜水员可用气瓶内的剩余气体上升出水。所以，潜水前一定要使信号阀置于工作位置，即使在潜水过程中也要随时检查，防止其他原因造成信号阀位置的改变而不能报警。

在能见度为零的水域进行潜水作业时，将无法读取浸入式压力表上的读数，最好使用带有信号阀的潜水气瓶。

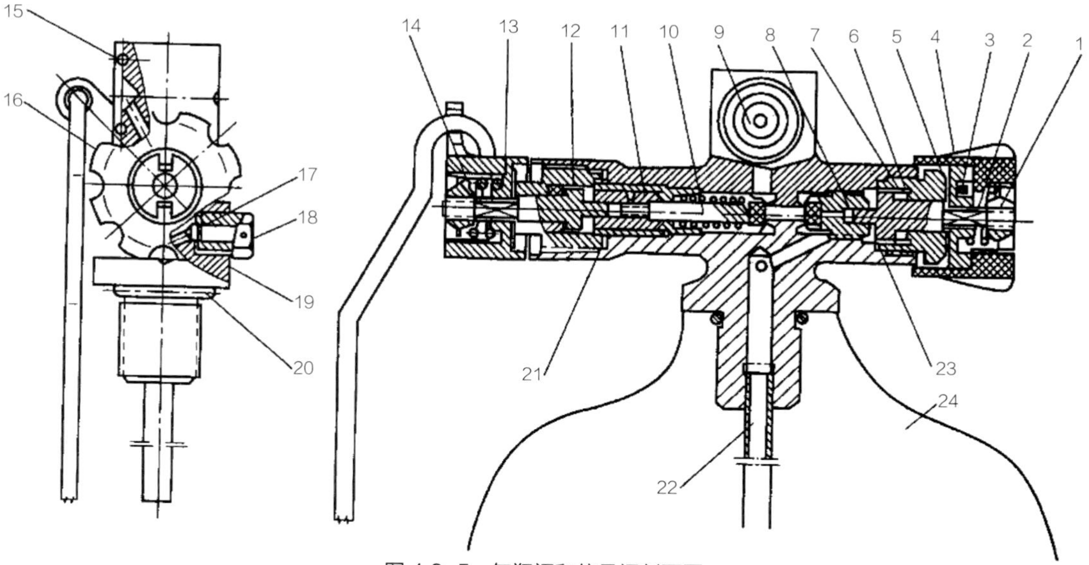

图 4.3-5 气瓶阀和信号阀剖面图

1—槽螺母；2—弹簧罩；3—弹簧；4—手轮；5—垫片；6—螺母盖；7—垫圈；8—高压阀头；9—阀体；10—开启装置（凹凸栓、传动阀、阀座、传动弹簧）；11—压紧套；12—螺盖；13—拉手；14—旋手螺杆；15—O 形圈；16—拉杆；17—安全膜；18—安全螺塞；19—垫圈；20—O 形圈；21—垫圈；22—通气管；23—垫圈；24—气瓶

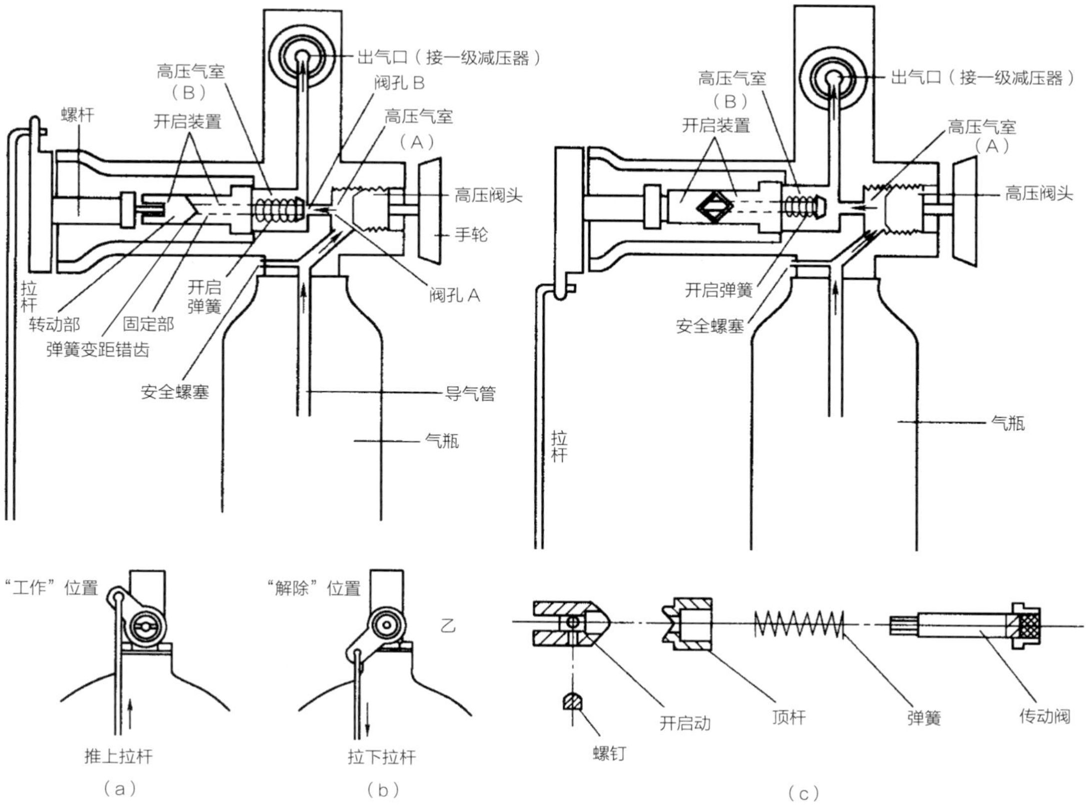

图 4.3-6 气瓶阀中的信号阀的两种位置及工作原理

（a）工作位置；（b）解除位置；（c）凸栓构造

信号阀与气瓶阀连为一体。整个信号阀装置主要由气瓶阀中的信号阀阀体及信号阀拉杆等部件构成，其剖视图见图 4.3-5。

信号阀的工作原理是：当气瓶关闭，信号阀处于工作位置时，凹凸栓吻合，传动阀在传动弹簧力的作用下压着阀座。打开气瓶时，由于气瓶内气压对传动阀产生的推力大于传动阀弹簧力，使传动阀离开阀座，气路畅通，如图 4.3-6（a）所示。

当气瓶内气压降至 3.45MPa±0.49MPa 时，传动弹簧逐渐伸展，迫使传动阀逐渐与阀座密合，供气减少，吸气阻力逐渐增大。此时将信号阀拉至解除位置，凹凸栓在拉杆、拉臂、传动杆连续动作下，使之相错，传动阀弹簧被压缩，传动阀被推离阀座，空气仍能正常供给潜水员吸用一段时间，如图 4.3-6（b）所示。凹凸栓的构造原理如图 4.3-6（c）所示。

在向瓶内充气时，信号阀要处于解除状态，否则充不进气。

水下呼吸器还可装配一种潜水式声光报警压力表，在潜水气瓶使用过程中当气瓶达到报警压力时（气瓶内剩余压力不大于 3.5MPa），潜水式声光报警压力表会自动发出声光报警，以警示潜水员安全返回水面。

3. 气瓶附件

（1）背负装置

背负装置（图 4.3-7）主要是用来把自携式呼吸装置固定在潜水员的背部。背负装置由背架、肩带、腰带、裆带及气瓶箍等组成。肩带、腰带、裆带串在背架上，背架由气瓶箍固定在气瓶的腰部，固定位置的高低及肩带、腰带、裆带的松紧度可按实际需要作适当的调节。

所有的背带和腰带必须具有快速解脱的功能，可以用任何一只手轻松操作，以方便在紧急情况下丢下气瓶逃生。

图 4.3-7　气瓶背架

（2）气瓶底座

气瓶底座由橡胶或塑胶制成，装在气瓶底部，保护气瓶涂料免受磨损和冲击，特别是在气瓶的底部呈半球状时，可以让气瓶直立在某一平面上。

（3）气瓶保护网

气瓶保护网是一管状网套，可以固定在气瓶上，保护气瓶涂料免受磨损，见图 4.2-3。

（4）气瓶提手

气瓶提手（图 4.3-8）通常安装在气瓶颈部，方便携带气瓶。但是，在受限环境下有可能增加钩挂的风险。

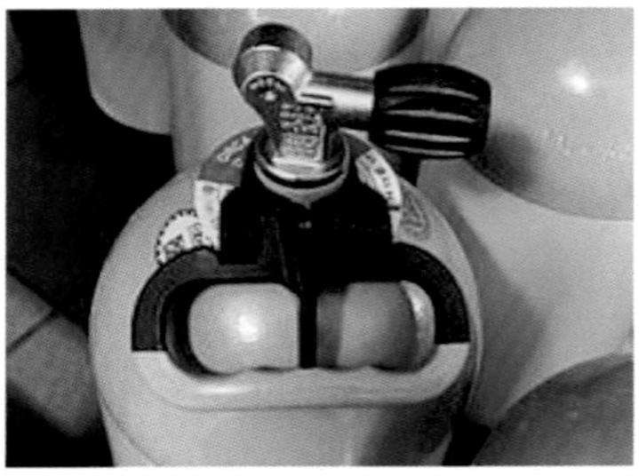

图 4.3-8　塑胶气瓶提手

（5）防尘罩

当气瓶不使用时，可以使用气瓶防尘罩罩住气瓶的进出气口，以防止灰尘、水或者其他物质污染进出气口。同时他也可以保护。

2）顺流式二级减压器

大多数现代二级减压器几乎都是采用顺流式结构。在顺流式二级减压器内，开关阀的活动件开启方向与气流方向一致，通过弹簧保持关闭。通常使用的顺流式二级减压器是一个配置有硬合成橡胶阀座的弹簧负载提升阀，提升阀座与进气口一可调金属“冠”状阀头形成密封。通过由膜片操控的杠杆将提升阀座从金属“冠”状阀头上提起。常用的顺流式二级减压器有两种模式。一种是经典的推拉式设置，启动杠杆与阀杆的尾部连接并用螺母固定。杠杆上的任何挠度都会转化成作用在阀杆上的轴向拉力，将阀座从“冠”状阀头上提起，让呼吸气体进入供气室。另外一种是桶式设置，提升阀被封闭在横跨减压器两侧的一条管子中，杠杆通过管侧的狭槽操作提升阀。可以在减压器外壳的侧面，管子的远端安装弹簧张力调节螺杆，以有限地控制开启压力。这种设置也使得二级减压器的压力平衡相对简单。

当级间压力升高到足以克服弹簧的预设负荷时，顺流阀将发挥过压阀的功能。如果一级减压器漏气，级间压力过高，二级减压器的顺流阀会自动打开。如果一级减压器漏气严重，可能导致二级减压器通风，但是缓慢的漏气会导致二级减压器间歇性的漏气，这是一个压力释放和再次累积的过程。

3）伺服控制阀

在一些二级减压器的需供阀内会使用一个小型的敏感导流阀来控制主开关阀。对于小压差，特别是对于相对较小的启动压差，它可以产生很高的流量。但这是一种比较复杂的结构。

4）咬嘴

咬嘴是二级减压器的组成部件，使用者将咬嘴含在嘴里形成水密。它是一个扁平的椭圆形短管，配有弧形的凸缘，在凸缘的内侧有两个尾部加大的突片，便于潜水员咬在上下牙齿之间。

咬嘴是由低致敏复合橡胶（如硅胶等）制成。咬嘴的大小和设计因制造商不同而不同。但是每一个咬嘴都能够提供相应的水密通道，可以将呼吸气体输送到潜水员的口腔内。

5）排气阀

排气阀是预防潜水员吸入水的必要设置，并能够在弹性模上形成负压差从而控制二级减压器的需供阀。排气阀应该在非常小的压差下工作，并能够在不造成任何麻烦的情况下尽可能减小气流阻力。虽然鸭嘴形阀片在双管式供气调节器内很常见，但合成橡胶蘑菇阀片能够充分发挥这一作用。避免水倒流入呼吸调节器是非常重要的，比如在污染水域里的潜水作业，可使用一套串联的双阀片式系统降低污染的风险。

6）排气导流套

排气导流套（须形排气套）的作用是保护排气阀，并将潜水员的呼出气体导向面部的两侧，从而不会在潜水员的面前形成气泡遮蔽潜水员的视线。由于双管式供气调节器的排出气体在潜水员的肩后，所以没有必要配置这一设置。

7）手动按钮（排水按钮）

不管是咬嘴式还是全面罩式单管二级减压器，手动按钮都是一种标准的配置，潜水员可以手动操作手动按钮，按压弹性膜，启动开关阀，让气体进入到供气室内。如果潜水员在水下不慎发生二级减压器脱落或者潜水员从口中取出二级减压器，就会导致二级减压器进水。

通常当二级减压器或者全面罩进水可以使用手动按钮排水。手动按钮可能是一个单独安装在防护壳上的部件，也可能是由弹性材料制成的，可发挥手动按钮作用的防护壳。按下手动按钮，就会直接按压需供阀杠杆上的弹性膜，杠杆的移动就会启动开关阀让气体进入到供气室内。在按压手动按钮时，潜水员可以充分利用自己的舌头堵住咬嘴，以防止二级减压器内的水或者其他物质随着喷气流进入气道内。在不慎发生呕吐后净化二级减压器时，这一点尤为重要。

8）微调旋钮

多数的二级减压器的侧面会配置一个手动调节旋钮，调节弹簧在顺流阀上的压力，这一弹簧压力控制着开启压力。潜水员可以通过调整这一微调旋钮调节呼吸阻力。

呼吸阻力越小（低开启压力以及低呼吸功）的自携式二级减压器相对来讲通风的倾向越大，特别是如果供气室内的气体流量被设计成通过降低内部压力来帮助保持开关阀开启的二级减压器。在咬嘴向上时，灵敏二级减压器（需供阀）的开启压力通常是要低于供气室压力和弹性膜外部水压的净水压差。在二级减压器从潜水员嘴里取出时，为了避免由于无意识中开启二级减压器导致过量气体的损耗，有的二级减压器会设置一种脱敏机制，通过阻止气流或者将气流直接引导到弹性膜的内侧，在供气室内产生背压。

4. 特殊配件及功能

（1）结冰预防

当气体离开气瓶时，进入到一级减压器后压力会降低，由于绝热膨胀会变得非常冷。在外界水压低于 5°C 的时候，与一级减压器接触的水可能发生结冰。如果结冰就可能阻塞一级减压器的膜片或者活塞弹簧，阻止开关阀关闭，出现通风继而导致气瓶内气体在一两分钟内损耗殆尽。一般来说，环境压力室内弹簧（弹簧让开关阀保持开启状态）周围的水有结冰的可能，而不是来自气瓶内呼吸气体中的水分，但是，如果充气时空气没有经过充分的过滤，气瓶内呼吸气体中的水分也有可能结冰。当下在供气调节器内使用塑料部件代替金属部件的趋势促进了结冰的发生，因为它让寒冷的减压器内部和外界较温暖的环境水隔绝开来。在一些由于空气膨胀导致结冰问题的区域，有的呼吸调节器（如二级减压器等）阀座周围配置了热交换片（图 4.3-19），来降低结冰的概率。

图 4.3-19　二级减压器需供阀座外壳上的热交换片

冷水包的使用可以降低供气调节器内部结冰的风险。在膜片式一级减压器上使用一个环境密封膜片对环境压力弹簧室进行密封（图 4.3-20），并在密封的弹簧室内使用硅油，乙醇，或者二醇和水的混合物等防冻剂。弹簧室内的硅油同样可以被用在活塞式一级减压器上，并在一级减压器的环境压力弹簧室外壳上留有较大的槽口，这样弹簧就会受到较高水温的影响，从而避免由于空气膨胀导致的弹簧结冰问题。

图 4.3-20　一级减压器的环境密封膜片

（2）备用二级减压器（Octopus）

作为现代自携式潜水一种几乎普遍的标准做法，是在单管供气调节器的一级减压器上配置一条备用二级减压器（图 4.3-21），以便于紧急情况下供结伴潜水员的使用。这种设计的理念是在紧急情况下，使用备用二级减压器要比共生呼吸更加安全和实用。备用二级减压器的中压软管通常要比主供二级减压器的中压软管长，而且备用二级减压器和中压软管可能都是黄色的，易于在紧急情况下定位。备用二级减压器通常被固定在潜水员和结伴潜水员都容易看到和接触到的位置。较长的中压软管更加方便使用同一个气源，这样潜水员在使用同一个气源时，相互之间无须采用一个比较尴尬的体位。技术潜水员可能用到 150mm 或者 210mm 的加长中压软管，这让潜水员在沉船或者洞穴等受限空间内使用同一气源时，能排成单行游动。

图 4.3-21　备用二级减压器

备用二级减压器还可以是一个二级减压器和浮力背心充气阀的结合体（图 4.3-22）。这两种形式的备用二级减压器都会被称为备用气源。在备用二级减压器与浮力背心充气阀组合在一起时，由于浮力背心的充排气管比较短，一旦结伴潜水员供气中断，潜水员需要把自己的主供二级减压器给供气中断的结伴潜水员，而自己改用充排气管上的备用二级减压器。

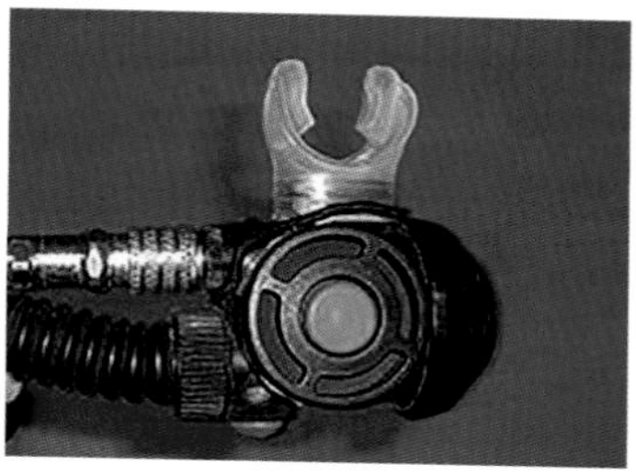

图 4.3-22　与浮力背心充气阀组合在一起的备用二级减压器

连接在独立潜水气瓶上的供气调节器也称为备用气源，但同样也是一个冗余气源，因为它完全独立于主供气源。

（3）自动关闭装置

自动关闭装置是一个机械装置，在供气调节器的一级减压器从气瓶上卸下时，能够关闭一级减压器的进气口。在把一级减压器组装到气瓶上的时候，进气口内的弹簧柱塞与气瓶阀接触而被机械地压下，这样就会打开气道让气体进入供气调节器内。在没有组装到气瓶上的时候，它处于正常的关闭状态，从而防止水或者其他的污染物质进入到一级减压器内部。这将会延长供气调节器的使用寿命，降低因内部污染而发生故障的风险。然而，在潜水的过程中，安装不当的自动关闭装置有可能切断气瓶的供气。

4.4　自携式潜水装具的配套器材

本节介绍自携式潜水装具必需配备的、不可或缺的配套器材，包括面罩、脚蹼、潜水服、压铅、潜水刀、浮力背心、信号绳索、测压表、潜水手表及深度表等部件。

4.4.1　面罩

面罩可以避免潜水员的眼睛和鼻子直接与水接触。而且，它在潜水员的眼睛和水之间提供一层空气，能有效提高潜水员的水下视野。

有的面罩配有单向排水阀，有助于清除面罩里的水。有的面罩配有鼻夹，下潜时可供潜水员堵塞鼻孔，以平衡中耳内内压力。对需要佩戴眼镜的潜水员，有专门可安装镜片的面罩，但必须使用特殊的防爆玻璃镜片，不能使用普通玻璃和塑料制作的镜片，因为玻璃碎后容易伤害潜水员，而塑料容易雾化和出现划痕。

面罩有多种形状和不同的号码，但基本上可分为半面罩和全面罩两种：

1. 半面罩

半面罩（图 4.4-1）也称眼鼻面罩或简易面罩，它只罩住眼部和鼻部，嘴部露在面罩外，以便嘴可用来含住供气调节器或简易呼吸管的咬嘴。潜水过程中，必要时用鼻孔向面罩内呼气，以调节面罩的气体压力与外界平衡，避免产生面罩覆盖部分的面部挤压损伤。

2. 全面罩

将眼部、鼻部、嘴部全罩住的面罩称为全面罩，也称口鼻面罩（图 4.4-2）。有一种用作简易潜水的全面罩还装有简易呼吸管。正式潜水用的全面罩装有连接供气调节器的各种部件和有关装置，全面罩构成一个微小的供气环境，潜水员直接呼吸其中。有的全面罩还根据需要装有内咬嘴或口鼻罩等装置。

有的全面罩可以配置无线通信装备，让潜水员与水面进行无线语音通信。

潜水员应根据个人的情况选择佩戴舒适的面罩。检验面罩时，可用一只手把面罩固定于佩戴位置，然后轻轻用鼻子吸气，合格的面罩能吸附在佩戴位置上，这样的面罩水密性能良好。

图 4.4-1　半面罩

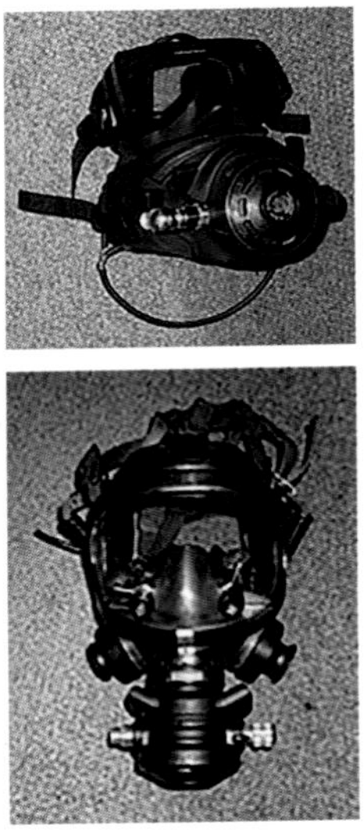

图 4.4-2　全面罩

4.4.2　脚蹼

脚蹼（图 4.4-3）可增加潜水员的水下工作效率，可节省体能，提高水下游泳速度，扩大作业范围。脚蹼材料多种多样，类型也很多。

弹性、叶片的尺寸和构造都会影响脚蹼的功效，大的叶片能够将更多的能量从腿部传递到水中，如果腿部的力量允许，应尽量选用大叶片的脚蹼，叶片大有利于脚蹼功效的发挥。

有的脚蹼是为了水面游泳或者自由潜水而设计的，有的脚蹼叶片会又小又软，有的脚蹼叶片是开叉式的，由于这些类型脚蹼的设计不足以传递足够的力量来推动使用自携式潜水装

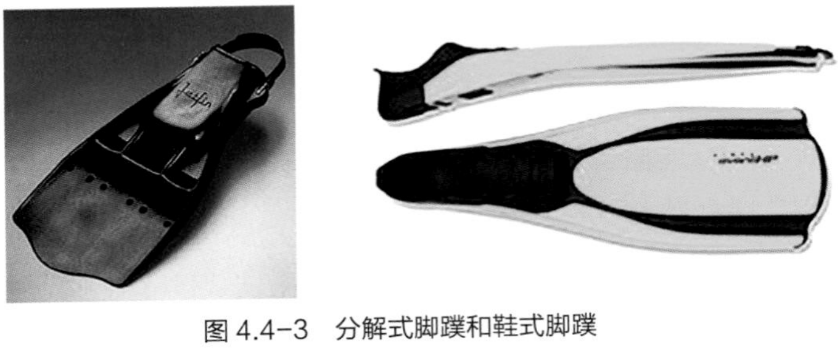

图 4.4-3　分解式脚蹼和鞋式脚蹼

具的潜水员，所以，在进行自携式潜水的同时，尽量不要使用小或软叶片的脚蹼。脚蹼必须穿着舒适，大小适宜，以防止夹脚或磨脚。脚蹼的选择可根据作业环境及个人的体能和经验，必须符合潜水员个人的身体状况和潜水的性质。

在长有大型海藻的水底、浮草或池塘杂草处潜水前进，应系好脚蹼固定带。配有可调后跟带的脚蹼，可将带子折回，使带子的头朝里。或者系上脚蹼带后，带子的头朝下。如果不这样做，水中植物会缠住带子，并使潜水员不能前进。

4.4.3 潜水服

作业潜水员需要某种形式的服装保护，以免长时间暴露在冷水中造成的体温损失，以及水生物和水下障碍物可能造成的伤害。这类潜水保护服装，简称潜水服，通常包括湿式潜水服、干式潜水服、热水潜水服，以及潜水背心、手套、头罩、潜水袜、潜水靴等，可根据潜水环境进行选配。

1. 湿式潜水服

湿式潜水服（图 4.4-4）是一种贴身的潜水服，通常用泡沫氯丁橡胶制成，从剖面看有无数不相通的独立气泡，起隔绝与保温作用。湿式潜水服可在较大的水温范围内为潜水员提供保暖，还可使潜水员免受珊瑚、有刺的腔肠动物的损伤以及海洋中的其他伤害。湿式潜水服有分体和连体二种，同时还配有帽子、潜水背心、手套、潜水靴、潜水鞋等，可根据潜水需要来选用。

图 4.4-4　湿式潜水服

湿式潜水服不水密，但良好的弹性使它紧贴人体，因而他吸收的水不再流动，经人体加温后与潜水服形成一个保温层，起到一定的保暖作用。较紧的潜水服虽然保暖效果较高，但束缚身体，不但不舒适且对血液循环有碍；太宽则大量进水易造成水在潜水服与皮肤间的流动，而失去保温作用。但一般要求以合身无压迫感为佳。

湿式潜水服通常用厚度为 3 ~ 6mm，薄型潜水服可使潜水员水下活动自由，较厚可获得更好的保暖。大多数潜水服在氯丁橡胶的内表面贴有一层尼龙里衬，有些内外表面均贴有尼龙布，以减少潜水服被撕破和损坏，也便于穿脱。但是，增加的尼龙层进一步限制了潜水员的活动，如在肘和膝部加衬垫时，会使潜水员的活动受限。尽管贴有尼龙里衬的湿式潜水服比较容易穿脱，但是，它们也易于进水。因此，在冷水中潜水时，会引起寒冷。外表面的尼龙层虽可减少潜水服的磨损，但会存留更多的水，结果起了表面蒸发层的作用，在有风的水面会引起寒冷。表面反射率高的潜水服（橘红色），不宜选用，因为与其他较暗的颜色相比，这些颜色易招引鲨鱼。

湿式潜水服应适合使用环境，一般适合在水温处于 15℃以上，水比较干净，水下工作时间不是太长的水下作业。使用湿式潜水服时，潜水员需要额外的压重带以代偿湿式潜水服的浮力。当潜水服因深度增加而被压缩时，其浮力也随之降低。

2. 干式潜水服

干式潜水服为一件式潜水服，可以将人体与水完全隔绝，极其有效地为潜水员保暖。干式潜水服用3mm或6mm厚的泡沫氯丁橡胶、耐磨布、乳胶等材料制作，有面密封和颈密封两种形式。面密封干式潜水服由帽、颈箍、衣、裤、鞋组成连体服；颈密封干式潜水服除颈上部的帽子与衣服分开外，其余和面密封干式服相同。前胸装有手动供气阀和手动排气阀。在后背或两袖之间装有水密拉链，供潜水员穿脱之用。干式潜水服的潜水靴与一件式潜水服连在一起，面罩、三指手套与潜水服分开。由于膝部是活动最多的部位，因此，在干式潜水服的膝部牢牢地贴上膝垫，以减少漏水的可能。干式潜水服一般分为大、中、小三个号码，分别适应身高180 ~ 176cm、175 ~ 171cm及170cm以下的人，另设有特大号，以满足身高180cm以上的潜水员使用，干式潜水服可将人体与水完全隔开，保暖性能使用较好，可在极冷的水中长时间有效地保持体温。当水温低于15℃之间时，有必要使用干式潜水服。

变容式干式潜水服是通过装在其上的进、排气阀来控制充气量，以改变潜水服的容积（图4.4-5）。潜水服内气体可由主气瓶、应急气瓶或辅助气瓶来提供，经过一级减压器降压后充入。潜水员下潜时，不断地手按阀杆向干式潜水服中充气（图4.4-6），以防止挤压；当干式潜水服中气体过多时，气体可从排气阀中排出。当干式潜水服中的气体造成浮力过大时，可以用手按动排气阀按钮，这时阀座下滑，阀片离开阀座开始排气（图4.4-7）；如果干式潜水服充气过多，超出了排气阀的排气能力，潜水员可将一臂举起，使过多的气体从潜水服的袖口排出，防止过度膨胀和放漂。因此，通过操纵这两个阀，负重合理的潜水员可在任何深度控制浮力。一般来说，干式潜水服内正常充气体积约0.2立方英尺（5.66L），由于这种充气给潜水员带来一定的正浮力，潜水员穿干式潜水服需要的压重带要重些。一般在干式潜水服里面可穿保暖内衬衣。

图4.4-5 变容性干式潜水服

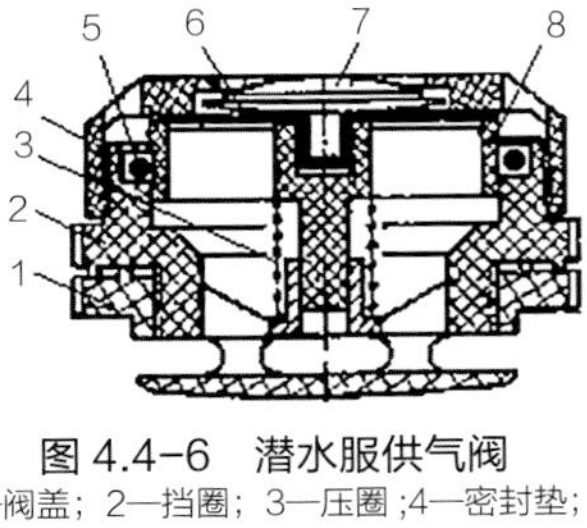

图4.4-6 潜水服供气阀

1—阀盖；2—挡圈；3—压圈；4—密封垫；5—O形圈；6—阀杆；7—阀体；8—弹簧

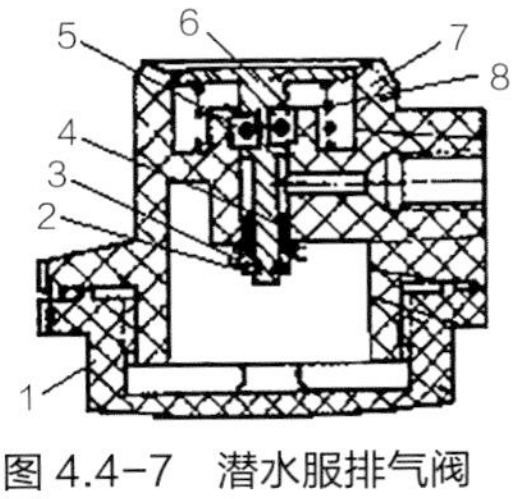

图4.4-7 潜水服排气阀

1—内盖；2—阀体；3—排气阀弹簧；4—阀盖；5—O形圈；6—阀片；7—排气按钮；8—阀座

依据不同的潜水作业条件，湿式或干式潜水服可以与潜水头罩、潜水靴同时使用。如果作业环境非常容易导致潜水服撕裂或穿孔，潜水员应该穿戴额外的保护服装，如连体工作服或厚帆布防擦装置。

干式潜水服可提供良好的热防护，而且还可起防风外衣的作用；因此，与穿着其他潜水服相比，穿着该潜水服的潜水员在水面时要舒服得多了。

3. 潜水靴和潜水袜

当水温接近 16℃时，潜水员的手、脚和头部的散热率很大。如果不使用靴子、手套和头罩，潜水员就不宜潜水。即使在热带气候条件下，潜水员也可以选用某种形式的靴子和手套，以防擦伤皮肉。

（1）潜水靴和潜水袜

潜水靴（图 4.4-8）和潜水袜（图 4.4-9）不仅为潜水员提供热保护，同时也能够有效地防护潜水员的脚部免受擦伤。潜水靴和潜水袜既可以同时使用，也可以分开使用，并依据环境条件选择适当的脚蹼同时使用。

（2）潜水手套

潜水时，手的保暖特别重要，因为手操作不灵活，会大大减低潜水员的工作效率。大多数潜水员喜欢戴棉织手套，因为这种手套不会严重影响手指的活动和触觉。五指泡沫氯丁橡胶手套（图 4.4-10）的厚度有两种：2mm 或 3mm。这两种手套虽限制了潜水员的触觉，但手指的活动程度仍较理想。在极冷的水中，采用二指手套，这种手套很长，接近肘部。选用合适的手套是很重要的，因为手套太紧，会限制血液循环，增加散热率。

图 4.4-8　潜水靴

图 4.4-9　潜水袜

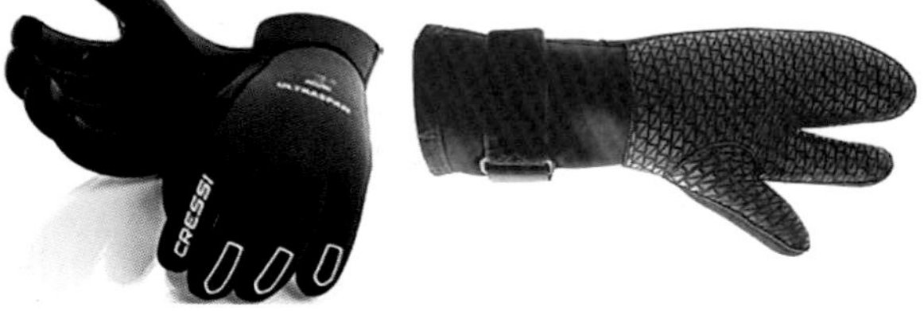

图 4.4-10　潜水手套

（3）潜水头罩

在冷水中不戴头罩（图 4.4-11），不仅会引起面部麻木，而且在入水后很快会感到前额剧痛，直至头部完全适应为止。潜水头罩的制作材料主要有泡沫氯丁橡胶、乳胶等，依据不同的潜水作业水温可以选择不同规格的潜水头罩，如果水温较低，可以选择带有裙罩的头罩，以防冷水沿脊部进入服内。在极冷的水中，最好采用带有背心的头罩或者

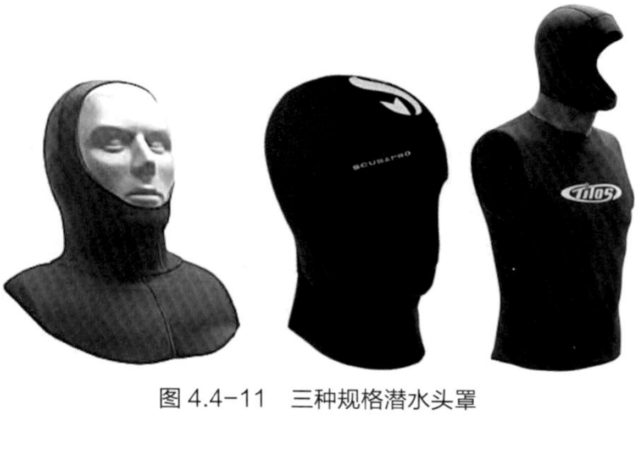
图 4.4-11　三种规格潜水头罩

装有头罩的一件式潜水服。选择头罩时，尺码要合适，这是非常重要的。太紧会引起颚部疲劳、气哽、头痛、眩晕并降低保暖效果。

使用湿式潜水服时，潜水员需要额外的压重带以代偿湿式潜水服的浮力。湿式潜水服浮力的准确值各不相同，这主要取决于以下因素：潜水服厚度、大小、使用时间和水下条件。当潜水服因深度增加而被压缩时，其浮力也随之降低。

4.4.4 压重带

压重带（图 4.4-12）是用于抵消潜水装具，如潜水服、潜水铝瓶等所产生的浮力，同时它也可以提高潜水员在水下的稳性。

图 4.4-12 压重带

自携式潜水装具设计水下浮力接近于中性。装满气瓶时，可能倾向于负浮力，随着压缩空气的消耗，压缩空气的重量逐渐减少，可能会有很小的正浮力。大多数的潜水员身体有正浮力，需要额外增加重量，才能达到零浮力或者轻微负浮力。这些额外重量就由压重带提供。佩戴压重带的时候，要将其佩戴在所有装具外面，以易于紧急情况下快速解脱。潜水员可根据自身特点选择合适的压铅带类型、尺寸和压铅重量，以适合使用。

压重带是由重量不一的压铅块（10 ~ 20N）、尼龙带及快速解脱扣组成。带扣必须能快速解脱，易于双手操作，压铅块必须边缘光滑，以免损伤潜水员皮肤或潜水服，腰带必须使用防腐防霉材料，如尼龙等。

4.4.5 潜水刀具

潜水刀，可用在水中进行切、割、锯等。用以水下切割的工具，还有渔网切割器等。

1. 潜水刀

潜水员随身携带潜水刀（图 4.4-13），可用在水中进行切、割、锯等，也可用来自卫。潜水刀有单刃和双刃两种，但双刃潜水刀较好。最常用的潜水刀的刀刃是一侧为锋利的刀刃，而另一侧为锯齿形。潜水刀必须放在合适的刀鞘里，系在潜水员的大腿或小腿上，便于潜水员取放而又不影响其工作。潜水刀不应系在压重带上，因为在紧急情况下丢掉压重带时，潜水刀也会脱掉。

图 4.4-13 潜水刀

2. 渔网切割器

渔网或线切割器（图 4.4-14）是一款由自携式潜水员携带的小型的手持工具，在发生渔网绞缠的时候可以解脱自己。它有一面锋利的小刀片，另一端有一小孔，用于穿绳，便于潜水员携带。

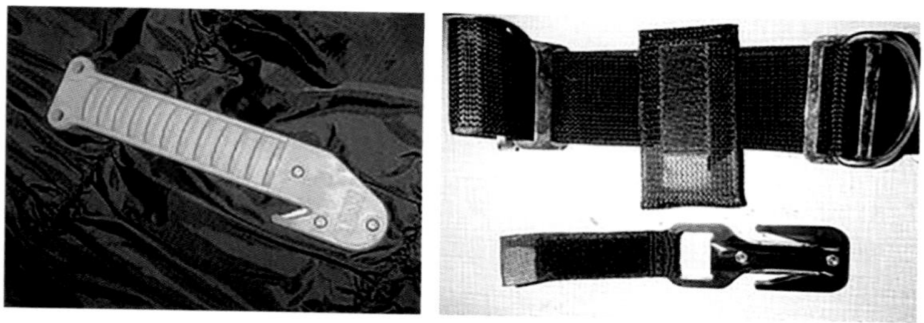

图 4.4-14　渔网或鱼线切割器

4.4.6　浮力背心

浮力背心是一种配有气囊，由潜水员穿戴，可在水中通过调整气囊内的气体量来调整潜水员浮力的装置。浮力背心也称浮力补偿器，按其英文名称（Buoyancy Compensator）的缩写，简称 BC。

1. 结构

浮力背心从结构设计上可分为两大类：双气囊设计的双层式浮力背心和单气囊设计的单层浮力背心。双气囊设计的双层式浮力背心外层是强韧的外气囊，作用是保护内气囊，内层是内气囊，作用是容纳气体；单层浮力背心由单层防水材料制成，兼具内外气囊的作用。

浮力背心上有支撑背负式气瓶的背架和固定带，还有压铅块袋和用于调整潜水员的重心位置的平衡配重袋。图 4.4-15 为夹克式浮力背心。

图 4.4-15　夹克式浮力背心

2. 进、排气阀

现代的浮力背心都具备高性能的充气和排气装置。排气阀，以一种可控的方式将气体排出浮力背心的气囊。多数的浮力背心至少有两个排气阀：一个在浮力背心的最顶端，一个在浮力背心的最低端，空气会移动到浮力背心的最顶端位置，在潜水员处于头上脚下的垂直状态时，可以使用肩部的排气阀，如果潜水员反转身体就要使用腰部附近的排气阀。通常也可以通过口吹式充气阀进行排气。

为气囊充气的充气阀，既可以是通过连接在供气调节器上的中压软管直接由潜水气瓶供气，也可以通过一个辅助气瓶直接供气，通过控制充气阀进行充气，而充气阀通常也是一个口吹式充气阀。充气阀通常是在充排气波纹管的末端。

过压泄压阀，在潜水员上升的过程中过度充气或者不慎充气过量，过压泄压阀会自动将气囊内的气体排出，以防止压力过高造成的损坏。

浮力背心还配有口吹充气管，当空气用完或万一低压充气阀卡住而必须拔掉低压充气管的时候，可使用口吹充气管为浮力背心充气。

比较高级的浮力背心都设有快速排气阀。只要拉 1 根拉绳或充气 / 排气管，即可开启。这项功能非常实用，因为不需要拿起排气管就能排除空气。快速排气管通常与安全阀整合在一起。

3. 工作原理

穿着浮力背心的潜水员要保持在一个比较恒定的深度上，达到既不下沉又不漂升的这样一种状态，就要通过调节浮力背心的体积，也就是调节它的浮力来保持自己浮力的中性，处于零浮力状态。然而，要保持自携式潜水员浮力的中性却是一个连续不断的程序，任何深度上的变化都会对它产生影响，需要再一次进行调整。

潜水员在下潜时需将浮力背心中的气体放出。然而，潜水员在下潜的过程中，浮力背心会受外界压力的挤压，体积变小，从而浮力变小，潜水员的下潜速度会越来越大，这时就应该及时地往浮力背心中充一点气，增加一点浮力。

同样，潜水员在上升的时候会往浮力背心内充气以便增加浮力，但随着深度的减小，外界压力也在降低，浮力背心中的气体会膨胀，增加浮力背心的体积，也增加了它的浮力，潜水员的上升速度会越来越快。为了降低上升速度，潜水员要适当地把浮力背心中的气体排放一些，增加一点负浮力。

另外，潜水员可以通过调节浮力背心中的气量，让自己很舒服地仰躺在水面休息。

4.4.7 信号绳索

自携式潜水时，信号绳索主要用于水面与潜水员之间及水下两位潜水员之间传递信号等。对于没有电话通信的自携式潜水员来讲，信号绳、拉绳及手势信号组成了信号体系。

1. 信号绳

信号绳宜选用直径 8 ~ 10mm 的尼龙绳，其长度应达到使用水域处水深的 2 倍以上。

水面与潜水员之间借助信号绳建立了联系，用于传递信号、工具，必要时用于救援。其主要作用有：

（1）潜水员与照料员之间通过拉绳信号进行沟通；

（2）可为潜水员提供返回水面的导向缆；

（3）协助潜水员在水流中固定自己的位置；

（4）可用以传递工具或小件物品；

（5）待命潜水员可以沿着信号绳找到潜水员；

（6）在紧急情况下协助把潜水员回收到水面；

（7）在某些紧急情况下，可以将潜水员拉出水面。

2. 联系绳

联系绳是用于水下两位潜水员之间联系的短绳，其作用有：

（1）防止低能见度下两位潜水员分离；

（2）潜水员之间通过拉绳信号进行沟通。

4.4.8 测压表

测压表（图 4.4-16）用来测量气瓶内气体压力，以便为潜水员合理安排潜水时间提供依据。使用时，应装到气瓶阀的出气口上。使用方法是：先将其排气阀关闭，再旋开气瓶阀，这时压力表面便会显示出压力数字。要注意，在旋开气瓶阀时，眼睛不可以正对测压表的玻璃表面，可用手遮挡一下，以免玻璃意外爆裂伤到眼睛。使用完毕，应先关闭气阀，继而旋开测压表的排气阀放掉表内气体，再旋开固定螺丝取下测压表。

如果供气调节器的一级减压器上高压输出端口，接入浸入式压力表，也可用以监测潜水气瓶内的气体压力。浸入式压力表可以是单独的（图 4.4-17），也可以与潜水深度表及指北针结合在一起，组成双联表或三联表。

图 4.4-16　测压表

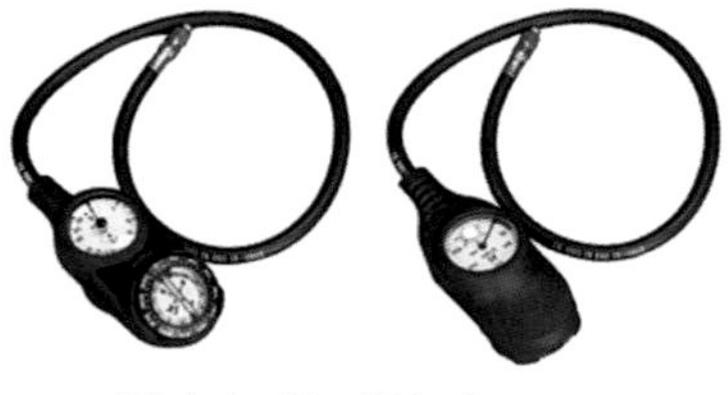

图 4.4-17　浸入式压力表

4.4.9　深度表

深度表能测量作用于潜水员的静水压，经校准可提供海水深度的直接读数，让潜水员监测潜水深度，特别是最大的潜水深度，深度表必须适用于低可见度条件。精确的水深测定对潜水员的安全非常重要，因此对深度表的灵敏度要求很高，需要小心操作，按照计划保养体系的要求检查深度表的准确性，任何时候如果怀疑深度表有故障，必须随时进行检查。

深度表在与潜水手表、减压表同时使用时，可以让潜水员监测减压深度。有的数字深度表（图 4.4-18）可以显示潜水员的上升速度，这一点是避免减压病的重要因素。

图 4.4-18　数字深度表

4.4.10　潜水手表

潜水手表（图 4.4-19）必须防水防压，而且表盘外应装有一个可旋转的计时圈，用来记录潜水时间。夜光表盘和大数字非常必要。有些还具备自动、无磁性和秒表的作用。

在使用减压表的时候，潜水手表可与深度表结合使用进行减压监测。今天，潜水手表几乎已经被潜水电脑取代，因为潜水电脑不仅可以显示经过的时间，同样也可以显示一天中的时间。

图 4.4-19　潜水手表

4.5　自携式潜水装具的辅助器材

除必备器材外，自携式潜水时根据潜水作业的需要，还需要佩戴一些辅助器材，主要有潜水绳索、潜水电脑、潜水计时表、水下指北针、气压表、呼吸管等。另外，为了更好监护潜水员安全，还可配备一些水面辅助器材，如水面标记浮标、求援浮标、潜水旗及哨子等。

4.5.1 潜水绳索

自携式潜水时，使用的潜水绳索，除信号绳索外，还有导向线、行动绳及距离线等。

1. 导向缆

导向缆是将水面浮标与水下重物连接在一起的绳索，其作用有：

（1）确定潜水点；

（2）提供垂直下潜和上升的参照物。

2. 行动绳

行动绳是一条连接潜水员与导向缆的绳索，其作用有：

（1）帮助潜水员确定水下的活动范围；

（2）帮助潜水员返回导向缆。

3. 距离线

距离线也称为“回家线”，它是卷在线轴上的小尼龙缆（图 4.5-1），长度依据潜水计划而定，其作用是在低能见度、水流或者定向比较困难的水域，能够帮助潜水员安全地返回到出发点。

图 4.5-1　50m 距离线

4.5.2 潜水电脑

潜水电脑（图 4.5-2）在优化和管理潜水时间、减压等方面的有效性已经得到证明。潜水电脑通过显示潜水所需要的减压站能够帮助潜水员避免减压病。多数的潜水电脑可以显示深度、潜水时间以及上升速度。有的潜水电脑还可以显示氧中毒暴露极限和水温等其他的功能。

图 4.5-2　腕式潜水电脑

4.5.3 潜水计时器

潜水计时器是一件能够在潜水的过程中显示和记录潜水深度和时间消耗的仪器。通常在潜水后可以提取信息。

4.5.4 水下指北针

水下指北针（图 4.5-3）通常被用于水下导向。这种指北针不一定很精确，但是在视觉很差的水下很有价值。

图 4.5-3　潜水指南针

4.5.5 浸入式压力表

潜水员通过浸入式压力表可随时了解气瓶内剩余气体的压力。大部分浸入式压力表配有 60 ~ 90cm 长的标准配置高压橡胶软管，能直接连接到供气调节器的一级减压器上。当打开气瓶时，不能够将压力表的表面对准自己或者其他人，以免一旦爆裂可能对自己及他人造成伤害。使用浸入式压力表时，潜水员应把压力表和高压管塞进肩带或使用其他方法对其进行固定，以避免其与水下杂物或其他装具发生绞缠。

4.5.6 简易呼吸管

简易呼吸管（图 4.5-4）主要用于休闲潜水的浮潜和屏气潜水活动中，可使潜水员脸浸在水中进行一段距离的水面潜泳，在不需要复杂装具的前提下进行水下生物观察。

自携式潜水员也会使用简易呼吸管，潜水员不需要自携式水下呼吸器供气，就可在水面上进行较浅深度的水下搜索。通常会使用小绳或橡胶带将呼吸管连接到面罩上，但应该安装在供气调节器的另一侧。

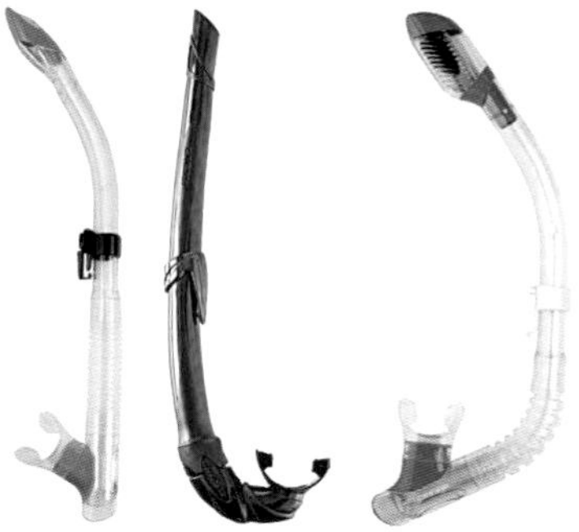

图 4.5-4 简易呼吸管

4.5.7 水面监视辅助器材

自携式潜水可视现场情况需要增加一些水面辅助器材，如水面标记浮标、求援浮标、潜水旗、哨子及潜水电筒等。

这些水面监视辅助器材工具的作用有：

（1）有助于水面支持船舶和人员监视水下潜水员，以及找到出水后的潜水员；

（2）预防潜水员被船只撞击；

（3）标记减压潜水员的位置；

（4）协助水面救援船只或者直升机确定潜水员的位置。

下面简要介绍这些水面监视辅助器材。

图 4.5-5 水面标记浮标

1. 水面标记浮标

在漂移潜水、夜潜或者雾天潜水的过程中，漂浮在水面的标记浮标（图 4.5-5）能够显示潜水员的位置，以便于水面支持船舶和人员跟踪，并警示其他水面航行的船舶。

还有一些类似于水面标记浮标的浮标，包括了减压浮标（图 4.5-6），延迟水面标记浮标（图 4.5-7）。

图 4.5-6 减压浮标

图 4.5-7 延迟水面标记浮标

2. 求援浮标

求援浮标（图 4.5-8）是一个可以充气的浮标，潜水员到达水面时，当水面能见度降低，海况变差，求援浮标可以向水面支持船舶显示潜水员的位置，降低失去联系的风险。求援浮标是一个塑胶管，潜水员可以把求援浮标卷起来放入浮力背心的口袋内，需要时可用二级减压器为其充气，充气后的求援浮标长度通常在 2m 左右。工程潜水作业时，特别是在近海珊瑚礁，或者涌浪、水流较大的水域，或者天气多变的海域，可能需要潜水员携带求援浮标。求援浮标不能够成为水面标记浮标或者潜水旗的替代品。

3. 潜水旗

潜水旗有两种：阿尔法旗（图 4.5-9）和红白旗（图 4.5-10），阿尔法旗是国际通用潜水旗，而红白旗主要用于北美地区的休闲潜水。两者的含义都是“有潜水员在水下，其他船只应该低速远离”。

图 4.5-8　求援浮标

图 4.5-9　阿尔法旗

图 4.5-10　红白旗

4. 哨子

在水面上搭船潜水，潜水员上升水面发现船离很远，可以吹哨子让船只发现。

5. 潜水电筒

潜水电筒（图 4.5-11）由潜水员携带，是用于照亮水下环境的人造光源。

通常在没有光线或者微弱自然光的夜晚使用潜水电筒，但在白天也可以使用潜水电筒，因为随着深度的增加，水会先后吸收红色、黄色、绿色光波，在较大的深度上，通过使用人造光可以观看全色物体。

在夜间潜水的过程中，潜水电筒还可以帮助水面人员发现到达水面的潜水员。

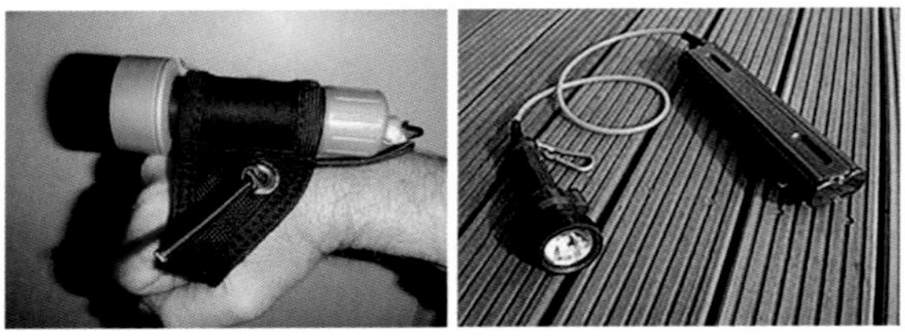
图 4.5-11　潜水电筒

4.6 自携式潜水前准备

自携式工程潜水前，应按空气潜水的程序要求，做好潜水作业前的准备工作，包括：潜水作业风险评估、潜水作业计划、潜水作业队组成与分工、设备装具配备与检查、现场文件、应急计划与紧急援助及潜水工前会等，以确保潜水作业安全。

4.6.1 潜水作业风险评估

潜水作业风险评估是指潜水作业前对每一个可预见的潜水及水下作业风险进行评估的过程，结果要记录在案。潜水作业风险评估由潜水作业单位组织，项目经理、潜水监督、项目安全员及业主代表等均应参加，对本次潜水作业从调遣到作业的全过程进行分解，逐项进行风险评估，对风险程度高的项目提出应对措施，使风险等级下降到可以接受的程度。

潜水作业风险评估内容包括采用本单位潜水作业手册中所包含的常规的潜水程序的风险评估以及潜水作业地点和潜水作业任务的特殊风险评估。

4.6.2 潜水作业计划

潜水作业计划的目的是确保潜水行动不会超出潜水员的可承受范围或者技能水平，以及装具的安全能力，还包括自携式潜水的供气计算，以确保所携带的呼吸气体量足以应对任何合理可预见的意外情况。

潜水作业计划的内容包括任务描述、作业地点的环境条件、潜水队组成、设备组成、潜水母船、潜水作业程序和应急程序、潜水作业文件、气体配置、基地支持、医疗急救等内容。

潜水作业计划应由潜水监督编写，交潜水作业单位批准。每个潜水监督都应有潜水作业计划副本，并应提交业主和潜水支持船的船长。潜水作业计划应向潜水作业队全体人员传达。

4.6.3 潜水作业队组成与分工

工程潜水作业时，根据潜水任务组成潜水作业队，明确分工，是保证潜水作业安全、顺利完成的最根本要素。一般是根据潜水工作任务的规模、要求完成任务的时间及作业区的环境条件来确定参加作业人员数量。由于自携式潜水携带轻便、机动灵活，大大减少了对水面支援的要求，因此水面保障人员可适当减少。自携式潜水最低人员配备要求见表 4.6-1。

自携式潜水作业最低人员配备表 **表4.6-1**

作业分工	1 名作业潜水员	2 名作业潜水员
潜水监督	1	1
作业潜水员	1	2
照料员	1	1
待命潜水员（兼照料员）	1	1
潜水队人数	4	5

注：如果待命潜水员下水，潜水监督可以作为待命潜水员的照料员。

潜水作业队人员的主要职责分工如下：

（1）潜水监督：负责潜水作业现场的全过程管理与安全监督工作。潜水监督应持有有效证书，并经潜水公司书面任命。潜水监督应该保证潜水作业安全有效地进行，如果潜水条件不允许潜水时有权决定终止潜水作业。潜水监督负责了解并遵循相关的规则、限制和程序。潜水监督要为每一个潜水日进行作业风险评估并形成文件。如果潜水监督不在作业现场，不得进行潜水作业。

（2）潜水员：负责完成潜水监督指派的水下特定任务。潜水员应经过正规培训并取得证书，掌握潜水装具操作和水下作业技术，熟悉潜水程序。

（3）待命潜水员：待命潜水员必须是合格的、经验丰富的潜水员，在任何潜水作业中，都需要指派能提供紧急救援的待命潜水员及其照料员。

待命潜水员在着装完毕并系上信号绳后，潜水监督要对其进行检查。检查后待命潜水员可以除去面罩和脚蹼，但必须做好随时穿着下水的准备。

（4）照料员：负责持续照料潜水员，协助潜水员穿戴、脱卸潜水装具以及潜水员出入水。

（5）结伴潜水员：自携式工程潜水时，水面通过信号绳进行潜水员照料，也可同时采用结伴潜水员持续目力观察进行陪伴。结伴潜水员要掌握共生呼吸方法，结伴潜水时始终要保持联系，对分配的任务和彼此的安全共同负责。

表 4.6-1 是根据一个潜水小队来配备的，其中不包括其他辅助人员在内。在实际工作中，可根据作业现场实际情况增加所需人员。

潜水前，潜水监督应该评估每名潜水员和照料员的身体状况（如有必要可接受医学人员的协助）。潜水员出现任何症状如：咳嗽、鼻塞、明显的疲劳、精神紧张、皮肤或耳朵感染等，都应该取消潜水轮换。

潜水监督应该确认是否有潜水员或者照料员服用任何可能妨碍潜水作业的药物。一般来说，局部用药、抗生素、节育药物，以及不会引起嗜睡的减充血药物等不会限制潜水。

潜水监督应该核实潜水员完成指定任务的意愿和能力。不得强逼任何潜水员进行潜水。经常拒绝潜水作业的潜水员将被取消潜水员资格。

潜水人员确定以后，潜水监督应向全体人员介绍本次潜水任务、作业区条件、潜水计划、安全措施及人员分配等事宜。

4.6.4 气瓶供气时间计算

潜水前自携式潜水员必须知道一个给定气瓶能够维持他在一个特定深度上的大致停留时间，从而确保水下作业的安全性。自携式潜水气瓶供气时间的计算，主要涉及计算用于计划潜水的气体量，这对于潜水的安全至关重要。

计算气瓶的气量可供潜水员水下呼吸的时间，需先用测压表测知气瓶内的储气压力，再根据气瓶的容量、信号阀指示压力、该次潜水深度及潜水员每分钟的耗气量来进行计算。公式如下：

$$T = \frac{(P_1 - P_2)V}{(0.1 + 0.01h)Q} \tag{4.6-1}$$

式中 T——潜水时的使用时间，min；

P_1——气瓶储气压力，MPa；

P_2——信号阀指示压力或备用压力，MPa，通常为 5MPa 左右；

V——气瓶容量，L；

h——潜水深度，m；

Q——潜水员每分钟的耗气量，L/min。

例题：一位耗气率为每分钟 30L 的潜水员，在水下 15m 的深度上作业，他携带的是一个压力为 20MPa 的 12L 气瓶，水的平均密度为 1020kg/m^3。请问当气瓶压力降低到妨碍潜水员呼吸的时候，潜水员在水下已经停留了多长时间？

将已知条件代入公式（4.6-1）中可得：

$$T = \frac{(20-5)\times 12}{30\times 0.25} = 24\text{min}$$

在计算供气的持续时间的时候，必须充分考虑到安全裕度。潜水深度越大，在发生事故时确保潜水员有足够的气体返回水面就显得越重要。潜水监督应该考虑为潜水员配备独立的备用气源，这样，一旦潜水员发生装具故障或者不得不放弃主供气源时还能为潜水员提供支持。完全依靠气瓶的储备可能使潜水员没有足够的气体返回水面。

从公式（4.6-1）可以看出，任何给定潜水气瓶或者气瓶组的供气持续时间取决于：

1. 潜水员的耗气率

潜水员耗气率指潜水员在常压下从事给定劳动强度作业时每分钟消耗气体的体积。在正常情况下，一位工作强度适中的潜水员每分钟消耗的气体量在 30 ~ 40L 之间。在极高劳动强度下，呼吸速率将达到每分钟 95L。潜水员的耗气率视其水下作业强度的不同而变化。

水下作业强度会受到下列因素的影响：

（1）水温；

（2）潜水服的厚度；

（3）水流和能见度；

（4）水下作业的性质、环境及潜水员对这种作业的经验；

（5）潜水员的健康状况；

（6）潜水员在使用自携式潜水装具的经验。

国家标准《潜水员供气量》GB 18985—2003 规定，自携式潜水轻劳动强度时耗气率为 30L/min，中劳动强度时为 40L/min，重劳动强度时为 65L/min，通常采用 40L/min 的耗气率。可见潜水员耗气率的范围很大，这导致气瓶供气时间的极大不确定性，在无配备可即刻获得备用呼吸气源的情况下，为了安全考量，应该采用保守的计算方法。

2. 环境压力（潜水深度）

潜水深度决定了潜水员所处水环境的静压力。海平面上的环境压力是 0.1MPa，海水里潜水员每下潜 10m，环境压力就增加 0.1MPa。随着潜水员深度的增加，由于供给潜水员的呼吸气体压力与环境压力相等，气体的消耗量与环境压力成正比地升高。因此，潜水员在水下 10m 的耗气率是水面的 2 倍，而在 20m 的深度上耗气率就达到了水面的 3 倍。潜水员对呼吸气体的消耗量也受到类似的影响。

3. 气瓶的容量（气瓶的容积和压力）

气瓶的容量与气瓶的容积和压力有关。气瓶的内部容积，一般使用 12L 的气瓶；气瓶内气体压力通常在 20 ~ 30MPa 之间，但由于充气时没有充满，使用前应该测量气瓶的实际压力值。

在计算可用气体的供气持续时间时，通常不进行温度校正，除非水面温度与水底温度之间有显著差异。

在可能存在明显温差的情况下，应根据理想气体定律针对水面和水底的温度差进行校正。

4. 备用气体

在自携式潜水时，一般要考虑到气体的备用因素，在潜水气瓶内留有一部分可用气体作为安全储备。该储备旨在应对计划外的减压站停留，或应对水下紧急情况。储备气体的多少取决于潜水过程中可能涉及的风险，储备气体压力可以是气瓶压力的三分之一或者四分之一，或者一个固定的压力值，通常取 5MPa。自携式潜水员在潜水的过程中，应该经常测试剩余的气体压力，清醒地知道气体的余量有多少。

4.6.5 装具准备与检查

潜水前的准备工作必须标准化，列出装具准备清单。自携式潜水装具准备时，应配备至少 2 套以上潜水装具，装具的性能应适合计划中的潜水作业。

潜水前，所有的潜水员都要仔细检查自己的装具是否有损坏、锈蚀或者老化的迹象，并对其性能进行测试。

1. 气瓶

检查有无铁锈、裂缝、凹痕或其他缺陷或故障的任何迹象，要特别注意气瓶阀是否松动或弯曲。核对气瓶标记，确认是否适合使用，核对水压试验日期是否过期，检查 O 形圈是否还在。检查信号阀是否处于工作位置，测试气瓶压力是否满足潜水需要。

按下列程序测试气瓶压力：

（1）将测压表连接到气瓶阀 O 形密封圈面上，将表面对准侧面。

（2）关闭测压表排气阀，确保表面没有对准自己或他人（或者用布遮住表面），缓慢打开气瓶开关阀。

（3）读取压力数。如果压力值不足以完成计划中的潜水，则不得使用该气瓶。

（4）关闭气瓶开关阀，打开测压表泄压阀。

（5）当压力表读数为零时，从气瓶上卸除压力表。

（6）如果气瓶压力超出负荷，应该打开气瓶阀放气后再测量。

2. 背带和背架

（1）检查有无腐烂和过度磨损的迹象。

（2）调整背带便与个人使用，并测试快速解脱机械装置。

（3）检查背架有无裂痕或其他不安全情况存在。

3. 供气调节器

（1）检查中压软管有无裂痕和穿孔。

（2）检查软管与调节器连接部位是否松动。

（3）检查调节器的金属件有无锈蚀、损坏等迹象，检查塑胶件有无老化、碎裂等迹象。

（4）确保已经设定一级减压器的高出海底压力。

（5）如有必要，可以把调节器连接到气瓶上，通过检查气流声检查一级减压器有无漏气，如果怀疑漏气，将调节器浸入水内，通过观察气泡的位置确定准确的漏气点。

（6）按压中心按钮，检查是否正常供气。通过咬嘴连续呼吸几次，检查二级减压器和排气阀是否功能正常。

4. 浮力背心（BC）

（1）检查气囊有无破裂的痕迹。

（2）把供气调节器连接到气瓶上，将充气中压软管连接到浮力背心的充排气管上。

（3）缓慢打开气瓶阀，按进气钮充气，检查有无泄漏，然后将空气压出。

（4）可以直接用口吹式充气阀为浮力背心充气，检查浮力背心的气密性。

（5）对有加装二氧化碳紧急充气装置的 BC，应检查二氧化碳气瓶，确保气瓶未使用过（封口完好），而且气瓶的规格应与使用的背心匹配。撞针应活动自如，无磨损。撞针拉绳子和救生背心系带应无损坏的痕迹。

（6）当背心检查结束时，应把它放在践踏不到的地方，也不要和可能将其损坏的器材放在一起。决不可将救生背心用作其他装置的缓冲材料、托架或垫子。

5. 面罩

（1）检查面罩裙边、头带、头带卡扣是否有老化、损坏的迹象。

（2）检查面罩封口和面窗有无裂纹。

（3）验证面罩的密封性能。

6. 脚蹼

（1）检查脚蹼带卡扣有无损坏。

（2）检查脚蹼带、脚蹼跟、蹼片有无大的裂纹或损坏、老化。

7. 压重带

（1）检查压重带的状态。

（2）确保压铅块数量适当且固定布局恰当。

（3）验证快速解脱扣功能正常。

8. 潜水刀

（1）确保潜水刀刃锋利。

（2）确保潜水刀在刀鞘内的固定牢固。

（3）确认潜水刀不会脱落，又会毫不费力地从刀鞘内取出。

9. 深度表和指北针

（1）检查表带及固定表带的销子。

（2）如果可能，用两个指北针做对比检查。

（3）对深度表进行比较检查，确保深度表的水面读数为零。

（4）如果使用最大深度显示器，将其读书设置为零。

10. 潜水表

（1）检查手表有无损坏，性能是否良好。

（2）确认潜水表上的时间设置正确。

（3）检查表带、固定销是否处于良好的状态。

11. 简易呼吸管

如果潜水监督要求使用简易呼吸管，应该确保：

（1）简易呼吸管内没有异物。

（2）咬嘴处于完好状态。

12. 其他

潜水时将要使用的其他装具组件，以及可能要用到的备用装具，包括备用供气调节器、气瓶和仪表等，同样要认真检查。也要检查所有的潜水服、缆绳、工具以及其他选用的器材。最后，把所有的装具摆放好，以备使用。

4.6.6 现场文件

潜水现场文件至少应包括：潜水作业计划、潜水作业手册、设备清单、人员证书、报告和记录等。

4.6.7 潜水队工前会

潜水队员完成装具检查和测试后，应向潜水监督汇报。接着，潜水队召开首次工前会，潜水监督将潜水作业计划向潜水员传达，介绍潜水任务以及安全防范措施。这种工前会关注即将开展的潜水作业活动，对于潜水作业的成功和安全至关重要，所有潜水作业人员都应参加。工前会确保了所有作业人员能够理解潜水计划，并解决任何问题和疑问。

之后，每天潜水作业前，潜水监督应组织召开工前会，布置当天即将开展的作业任务，对作业任务所涉及安全风险及防控措施进行分析。

每一次潜水工前会应包括以下内容：准备进行的作业任务；该次潜水作业的安全程序；该次潜水作业水面和水下环境可能存在的危险因素；紧急情况及协助。

4.7 自携式潜水程序

自携式潜水的程序，包括装具组装与着装、入水与下潜、水下停留、上升、潜水员照料、出水及潜水后操作等。

4.7.1 装具组装与着装

在潜水监督确认潜水前的准备工作完毕后，对自携式潜水装具进行组装，然后开始着装，着装后进行潜水前最后检查。

1. 装具组装

通常自携式潜水装具是以单独的主要组件分别进行储存和运输的，使用前才对其进行组装。自携式潜水装具是生命支持装备，正确的组装和正常的功能对于成功的潜水作业至关重要，在某些情况下甚至关系到潜水员的性命。自携式潜水装具组装要牢固可靠，并正确测试其功能。自携式潜水装具的组装步骤如下：

（1）把气瓶垂直地安放在地面上，但要预防气瓶倾倒。

（2）确保气瓶阀出气口中的 O 形圈处于适当的位置上。

（3）如果使用浮力背心，把浮力背心固定在气瓶上。

（4）把一级减压器上的防尘罩取下。

（5）把供气调节器连接到气瓶上，用手指将固定螺杆顺时针地拧紧，不可过紧，确保 O 形圈完全密封，确保二级减压器漫过潜水员的右肩上方。

（6）把充气软管连接到浮力调节器的充气阀上，要确保连接牢固。

（7）逆时针缓慢地打开气瓶阀，会听到来自气瓶的气流声，等待软管和仪表内充气并达到平衡。

（8）完全打开气瓶阀，然后倒旋 1/4 转。

（9）用手指按动需供阀上的手动按钮，检查供气效果。有必要把咬嘴放到嘴里试呼吸一下，检查呼吸的舒适性。

（10）如果在呼吸调节器上有备用二级减压器，一定要检查备用二级气流的舒适性。

（11）通过操作浮力背心充排气阀检查充排气阀的性能以及气囊的气密性。

对供气调节器和充气阀的功能验证通常被认为是自携式潜水装具组装的一部分，但同样可以被认为是潜水前检查的一部分，如果组装和使用之间有一个较大的间隔，通常会进行两次的功能性检查。

2. 着装

潜水员应选择适合计划中潜水环境的潜水服，能够在没有其他人帮助的情况下正确穿着。照料员可视情况需要提供帮助。着装的顺序很重要，特别是压重带必须系在所有的系带及装具的外面，以便于在紧急情况下能够快速解脱。一般着装顺序如下：

（1）潜水服。确保选择能够提供足够保护的潜水服。潜水服外面可以穿着连体工装防止潜水服被刮擦损坏。

（2）潜水靴。如果必要可以穿戴潜水帽。

（3）信号绳。将信号绳一端用单套结系结在腰部，以潜水员感觉到腹部有承受力即可。

（4）潜水刀。以一种不可抛弃的方式佩戴。

（5）自携式水下呼吸装置。最简单的穿着方法就是在照料员把气瓶保持在适当位置上的同时，潜水员进行调整和固定肩带和腰带。气瓶应该戴在潜水员的背部中心位置，但不能太高，以免影响头部活动。所有的快速解脱扣必须处于双手都可以到达的位置。所有的系带必须松紧适度，以便于气瓶紧紧贴在潜水员身体上。带子的末端自由下垂，以便于快速解脱装置的功能发挥作用。此时，要确保气瓶开关阀已完全打开，并倒旋 1/4 ~ 1/2 转，信号阀处于工作状态，充气软管牢固地连接在浮力背心的充气阀上。

（6）压重带。佩带适当重量的压重带，用快速解脱扣系结并使之紧贴在潜水员的腰背上。

（7）附属品。手表、指南针、深度表等戴在手腕上，简单的潜水作业工具用可收口的帆布袋装上，系结在气瓶肩带的下面部位（潜水刀有时亦可在此系结）。

（8）手套。

（9）脚蹼。用手提到潜水平台附近，自己或在信号员的帮助下穿好。

（10）面罩。面罩拿在手里，面罩带绕在腕部走到潜水平台。为了防止面罩雾化，一般在面罩内镜片上涂些唾液，然后用水冲洗。戴上后调节松紧，使面罩的橡胶裙边轻贴面部。

3. 入水前检查

入水前检查的范围从个人潜水装具的着装，到潜水计划落实。

潜水员个人要负责检查自己装具的性能。在与他人进行结伴潜水时，潜水员至少要熟悉结伴潜水员所用装具的操作方法，确保在紧急情况下能够操作结伴潜水员的装具。

潜水员在着装完毕后，向潜水监督报告，潜水监督进行潜水员入水前最后的检查，检查内容和要求如下：

（1）确定潜水员在身体和精神上都已经做好了下水的准备。

（2）核实潜水员已带齐了应佩带的各种用品。

（3）核实并记录气瓶压力，确保有足够的气量满足计划的潜水时间内使用。

（4）确保所有快速解脱扣均伸手可及，而且扣接适当，便于快速解脱。

（5）核实压重带已系在其他所有系带和装具的外面，弯腰时气瓶的底缘不会压住它。

（6）核实浮力背心未被压住，可以自由膨胀，里面的空气均已排出。

（7）检查潜水刀的位置，确保任何时候潜水刀都不会被抛弃。

（8）确保气瓶阀已完全打开，并倒旋了 1/4 ～ 1/2 圈。

（9）确保供气软管越过潜水员的右肩上方。

（10）含上咬嘴，或者戴好全面罩，连续呼吸几次，确保二级减压器和排气阀工作正常。

（11）按下并松开二级减压器上的手动按钮，听有无气体泄漏的声音。

（12）检查供气软管和咬嘴，确保在穿戴装具的过程中，所有的连接没有松脱。

（13）确保信号阀处于工作状态。

（14）简单地介绍该次潜水计划的任务。

（15）核实专用潜水信号、水面配合人员已就位、可能发生的紧急情况的处理措施等已全面落实。

4.7.2 入水与下潜

潜水员必须能够以一种安全、有效的方式入到水面，不应该发生潜水员损伤、装具脱落或者装具损坏的现象。下潜程序包括了如何在正确的地点、时间以一个正确的下潜速度进行下潜。如果采用的是结伴潜水制度，还要确保潜水员之间如何始终保持联系。

1. 入水

入水的方法有多种，通常要根据潜水作业平台的特征来选择。特别是在不熟悉的水域，应尽可能从潜水梯入水为佳。

（1）入水的条件

入水的一般条件包括：

1）池边。

2）小船。

3）大型作业船。

4）海滩或岩石边。

5）码头。

（2）入水的基本规则

无论采用何种入水方法，都应该遵循下列几条基本规则：

1）从平台或潜水梯跳入或迈入水中之前，应观察一下入水环境。

2）低下头，使下颏贴到胸部，一只手抓住气瓶，以免气瓶与后脑相撞。

3）用手指托好面罩，用手掌托好咬嘴。

（3）入水的方法有以下几种：

1）前跳法或迈入法

这是一种最常用的方法。从稳定的平台或不易受潜水员行动影响的船舶上，最好采用这种方法。入水时，潜水员不应跳入水中，只需从平台跨出一大步，使双腿分开。潜水员入水时，应使上身向前倾一点，这样，入水的作用力不会使气瓶上升而撞到潜水员的后脑，如图 4.7–1 所示。但应注意，此方法是在平台或船舶离水面距离 2m 之内，水中无任何障碍物的条件下才可采用。

图 4.7–1　迈入法

2）前滚法

只有作业平台面距离水面较小的时候，才适宜采用前滚式的入水方法。在作业平台面与水面之间距离超过 60cm 的时候不适宜采用前滚法入水。

潜水员面向水面，稍向前倾地坐在平台边上，以抵消气瓶的重量。两手始终抓住咬嘴、面罩和气瓶，当继续前倾到双腿蜷曲靠近身体时，顺势向前翻滚入水，如图 4.7–2 所示。

图 4.7–2　前滚法

3）后滚法

在如冲锋舟、舢板等小船上可以采用后滚式的入水方法，对于潜水员来讲，这种方法最稳定。一个全副装备的潜水员站在小船的边缘会破坏小船的稳性，并有掉进小船或水中的危险。

潜水员坐在小船的舷边上，面向船内，颏部贴胸，一只手护住面罩和咬嘴，在船舷摇到最低点时，向船舷上缘滑动并顺势后滚入水中，要避免完全的后滚翻入水，如图 4.7–3 所示。

图 4.7–3　后滚法

4）侧滚法

如同前滚法，侧滚法也只适用于作业平台面距离水面较小的时候。在开放水域小船会左右摇摆，潜水员极易受到这一不稳定力量的影响，在没有足够照料员协助的时候，不适宜采用这种方法。

在照料员的协助下，潜水员侧坐在潜水作业平台的边缘，一手护住面罩和供气调节器，一手护住气瓶，侧滚入水，如图 4.7–4 所示。

图 4.7–4　侧滚法

5）退入法

在作业平台距离水面比较小的时候，全副装备的潜水员无法向前行走，可以采用退入法入水。潜水员向后退，在到达平台边缘时，用脚把自己推入水中，如图 4.7-5 所示。

图 4.7-5　退入法

6）从海滩入水

如果从海滩上入水作业，要根据海底的坡度以及海面的浪涌情况选择入水方法。如果海面平静，坡度平缓，潜水员可以步入水中，直到可以游泳的深度再穿上脚蹼。如果海面波浪中等或较大（但不至于妨碍作业），潜水员先穿好脚蹼，背向海退入浪中，直到水深可以游泳时为止。当浪打来时，他应慢慢地进入浪中。潜水员在浪涌下游动时，如果游动方向与浪涌的冲击方向相反，应该充分利用海底的物体或砂石固定自己，待到浪涌退却的时候，再打动脚蹼快速进入水下。

2. 下潜前水面检查

潜水员入水后，在下潜前必须进行最后的装具检查（也称没顶检查）：

（1）检查呼吸情况是否正常，阻力小，不会有水进入呼吸器里的迹象。

（2）检查装具有无漏气（可与水面人员配合观察情况），特别注意气瓶阀上的一级减压器、二级减压器与中压软管的接头部位。

（3）检查所有的系带有无松开或绞缠。

（4）检查面罩的密封性，入水时可能有少量的水进入面罩，可采用正常的面罩排水法排干。确保面罩带的松紧程度适中。

（5）如果使用的是浮力背心，校正浮力，潜水员应尽可能把浮力调节为中性状态。应尽可能将额外的装具或较重的工具用递物绳输送，避免对潜水员的浮力产生不利的影响。

（6）如果穿着的是干式服，检查干式服是否漏水。通过充排气调节干式服的浮力。

（7）用指北针或者其他的参照点确定下潜的方向；潜水员在做好了下潜的准备后，应该向潜水监督汇报。水面人员准确记录下潜时刻，并可通过信号绳或手势信号通知潜水员开始下潜。

3. 水面浮游

如果潜水平台是船舶，可以让潜水作业船系泊在离潜水点尽可能近的地方。但有时潜水员要从岸边入水，或者船舶无法靠近作业点，此时就需要潜水员在水面浮游一段距离。浮游时，潜水员必须要适应周围的环境，避免偏离航向。如果是结伴潜水，潜水员之间必须要相互保持在视野之内。对于佩戴全幅自携式潜水装备的潜水员来讲，在水面上浮游最重要的要素是放松，舒缓地打动脚蹼以保持体力。潜水员可以戴好面罩，通过简易呼吸管呼吸。佩戴单管式供气调节器的潜水员，应该把调节器置放于右肩，由胸前自由下垂，但要避免二级减压器的手动按钮向前，由于水流的冲击出现通风现象，导致大量呼吸气体损失。

浮游时，潜水员只能够使用双腿推进，由髋关节发力，大腿带动小腿，小腿带动脚蹼，轻松自然地踢水或打水，脚蹼尽可能不要露出水面。潜水员可以在采用仰泳姿势休息的同时，仍然可以通过踢水前进。可以通过为浮力背心部分充气协助浮游。然而，在潜水开始前必须为浮力背心排气。

4. 下潜

潜水员可以游泳下潜，也可以用一条入水绳，拉住入水绳下潜，或者通过预先确定的现场提供的自然参照物的走向来下潜。下潜速率通常以潜水员能够顺利地平衡耳、窦压力为准，但一般不得超过 23m/min。只要潜水员感到难以平衡耳、窦压力，则应停止下潜，稍稍上升到耳、窦压力可以平衡的位置。如果几经上升，仍不能平衡，应停止潜水，发出上升的拉绳信号（成对潜水时，使用手势信号告知同伴），信号员回收信号绳，潜水员返回水面。如果水下能见度较差，可以把一只手臂伸出头顶，避免撞击水下障碍物。

下潜气压伤通常是由增加的环境压力和潜水员机体气腔内压力之间的压力差导致的。平衡这一压力差的技能非常简单，但对于避免气压伤却很重要。但是，比较复杂，在实践中也更加明确的是浮力控制和相关的下潜速率控制。潜水员必须要有能力通过调整浮力背心，或者干式服来控制下潜速度。潜水员必须能够限制下潜速度来平衡耳压，并能够在发生问题或者到达预定深度时快速停下来，避免不受控制的上升发生。在大多数的情况下，水底提供了一个继续下潜的物理限制，但水下的情况不是永远如此，通常快速地撞击水底被认为是一个非常糟糕的形式。有能力的潜水员会在他想要停留的深度上停止，通过调节中性浮力保持在这个深度上，并进行水下作业。必须通过大量的实践才能够掌握这一技能。

在到达作业深度后，潜水员必须熟悉水下环境，核实工作位置，检查水下条件。如果水下条件与预测的明显不同，或者有可能造成危害，必须终止潜水并向潜水监督回报有关的水下情况。如果观察到的情况需要对潜水计划作出重大的修改，也应该终止潜水。潜水员应该返回水面，与潜水监督讨论水下的状况并修改潜水计划。

4.7.3 水下停留作业

到达潜水作业深度时，潜水员必须确定自己对周围景物的方位，核实工作位置，并对水下条件进行一次检查（能见度差时，可通过摸索来检查），然后开始潜水作业。如果检查情况与预料的完全不同、可能发生危险或水下观察（摸索）到的条件需要对潜水计划作重大修改时，都应中断潜水，返回水面，将情况反映出来，由潜水监督商定修改潜水计划。

潜水作业过程中，潜水监督应保持与潜水员通信，倾听潜水员呼吸声，或由照料员通过信号绳与潜水员保持联系，持续观察潜水员排气气泡。水面工作人员应持续对其测深，记录最大深度并照顾好潜水员脐带和信号绳。潜水员应保持与水面通信联系，报告作业进度以及水下环境情况。

4.7.4 上升

出现下面任何一种情况，此时，潜水员应整理装具，清理好信号绳，确保没有任何缠绕，发出上升的信号，在信号被确认后开始上升。

（1）完成了潜水任务。

（2）在使用气瓶的备用气体（信号阀已拉下）。

（3）潜水式声光报警压力表自动发出声光报警。

（4）到了潜水手表所指示的潜水前估算的出水时刻。

（5）收到水面信号员发出的上升信号。

（6）成对伙伴发出了结束潜水的信号。

1. 正常上升

在不减压潜水的正常上升时，潜水员应平稳而自然地呼吸，以 9m/min 的速度即不超过气泡的上升速度上升出水；也可通过水面信号员所回收信号绳的速度来帮助掌握上升，又或者通过参考水中的固定的有形物来帮助。上升过程中潜水员不得屏气，以免肺气压伤。

上升时，注意上方的物体，特别是可以浮在水面上那些物体；为了能够作 360° 的观察，可以采用缓慢的螺旋式的方法上升；潜水员的一只手臂应伸过他的头部，防止头部撞到看不见的物体上。

2. 从船体下方上升

如果选用自携式潜水在漂浮的船体下作业，必须使用信号绳保持潜水员与水面的联系。如果潜水员受伤并无法立即得到其他潜水员帮助，受伤潜水员可沿着信号绳出水。船只通常停泊在闭式码头或重型浮筒旁边，作业时必须小心仔细照管信号绳，确保没有障碍的上升路径，允许潜水员沿着信号绳紧急上升出水。

在吃水很深的船下进行自携式潜水作业时，作业范围应限制在 1/4 船体内。这样既可避免潜水员对交错排列的龙骨产生错觉，又可避免船头与船尾混淆导致迷失方向。

发现有潜水员失踪时，应派救护潜水员至最后发现失踪潜水员的区域搜寻。

下潜前布置任务时，一定要强调浮力背心的使用要点，不可在船体下给浮力背心过度充气，因为这样容易出现潜水员撞击船底导致伤害潜水员的后果，因此应避免因惊慌失措给浮力背心过度充气。

4.7.5 潜水员照料

照料员负责在水面照管水下潜水员，结伴潜水员水下相互照管。使用信号绳时，应注意：

（1）始终拉紧信号绳。

（2）拉绳信号必须按表 4.8-1 中的规定程序发出。

（3）收到信号绳信号后，应立即用同一信号回答。

（4）每隔 2 ~ 3min 应向潜水员发出一次“拉一下”拉绳信号，以确定潜水员是否一切顺利；潜水员的回答信号也是“拉一下”拉绳信号，表示一切顺利。

（5）如果几次发送拉绳信号潜水员都没有回应，救助潜水员应立即潜水查看。

（6）潜水员必须特别小心，防止信号绳被缠绕或牵拉。

如果不使用水面信号绳，照料员应该根据气泡的痕迹、指示浮标或其他定位装置（声波发生器等）确定潜水员的水下大概位置。只有一个潜水员潜水时，照料员必须不停地使用信号绳，观察定位指示浮标了解潜水员的水下位置。

4.7.6 水下减压

正常情况下，使用自携式潜水装具，是不提倡进行减压潜水的。特殊原因，不得不进行水下减压时，应根据相应的减压方案进行减压。潜水监督安排潜水作业时，应确定潜水所需的水底停留时间，根据该次潜水的水底停留时间和深度，来选择减压方案。但是，因潜水员所携带气瓶的储气量有限，进行减压时，可能不能提供足够的气体供潜水员在减压时呼吸用。这时，需预先在标明了各减压停留站的减压架上或入水绳上，放置一套有足够气量可供潜水员减压用的水下呼吸器（已打开气瓶阀）。当潜水员完成了分配给他的任务，或者停留时间达到了潜水计划规定的最长的水底停留时间（没到信号阀指示压力），上升到第一减压停留站后，用信号通知水面，水面准确计时，由水面人员控制各减压站间的移行和减压停留时间，完成整个减压过程。

确定减压停留站的深度时，必须考虑海面情况。如果浪大，减压架或带有标记的入水绳将随着水面船舶的波动而不断升降。因此，每一停留减压站的深度必须这样计算：潜水员的胸部不高于减压表的各停留站的深度。

如果意外地上升出水或紧急上升出水，潜水监督必须决定是否重新在水中减压或者是否需要用减压舱。在安排各阶段潜水作业时，都应考虑到必须进行这一选择的可能性。

4.7.7 出水和卸装

潜水员接近水面，不得到达船舶或水面上任何其他物体的下面，在确保不会直接发生危险的时候，才可以上升到水面。到达水面时，潜水员应立即向四周观察，确定他的潜水船舶、平台和附近水面其他船只的位置，然后向信号员拉扯信号绳，或者大声呼唤自己的名字，表示已到达水面。必要时，潜水员可引燃发光信号，向信号员发出警报。

潜水员浮在水面时，水面人员必须不断地注视潜水员，特别要警惕有无事故的信号和征兆。只有所有潜水员安全地登上船后，潜水才告结束。

潜水员在到达潜水梯或船旁、登船前，为了降低潜水员登船的负荷，卸装程序已经开始了。水面信绳员要收紧信号绳，协助潜水员卸装。潜水员可先解除自己的压重带，然后卸下连有供气调节器的气瓶，把它们递给水面的照料人员，这样上船或上潜水平台是比较容易的。在这过程中，潜水员不可把自己的面罩拉到自己的前额上，应把它递给水面或拉下挂在自己的颈部上，避免浪涌把面罩冲走。如果船上（平台上）有一个可以伸入水中的梯子，潜水员应先脱下脚蹼才登上梯子；如果没有梯子，用脚蹼踏水，可产生一个极大的推力，有助于潜水员上船（平台）。如果船很小，可根据船型和水面的气候条件从船舷或船首上船。当潜水员登上小艇或筏子时，艇（筏）上其他人员必须坐下，降低艇（筏）的重心，使其更稳定，有利于潜水员出水。

潜水员在登上船或平台后，应该根据自己所用的辅助装具及穿用的潜水服，由外到里进行卸装。

4.7.8 潜水后操作

潜水员在卸装后应检查装具有无损坏，并将装具放到甲板上不影响活动的地方。如果气瓶内气体压力过低不再适宜使用，潜水员应该拉下信号阀，并按下列程序从气瓶上卸除供气调节器：

（1）关闭气瓶阀。

（2）按压二级减压器的手动按钮排气。

（3）从浮力背心上卸除充气软管。

（4）在确保压力已经泄除后，小心地把供气调节器上拆下。

（5）缓慢打开气瓶阀，让气流吹干防尘罩上的水。防止水进入一级减压器。

（6）关闭气瓶阀，将防尘罩固定在一级减压器上。

（7）把浮力背心固定带松开，把浮力背心从气瓶上卸下。

（8）排出浮力背心内的水。

（9）如果是在海水或者污染水域里作业，必须使用淡水冲洗供气调节器和浮力背心。在冲洗的过程中，不能够按压手动按钮，也不能够拆除防尘罩，否则水会进入供气调节器内部。

（10）把供气调节器和浮力背心挂起来晾干。

潜水员应向潜水监督报告他所完成的水下潜水作业情况，以及对下一班潜水的建议或是否有问题发生而影响原计划等。

在潜水后的一段时间内，潜水员必须时刻警惕发生减压病和肺气压伤等问题的可能性。由于休克或冷水的麻痹作用，最初不易察觉潜水时受的伤，如割伤或动物咬伤，为此，潜水后应对潜水员进行较长一段时间的观察。

4.8 自携式潜水水下操作技术

自携式潜水时，空气供给有限，水下停留时间短，因此潜水员掌握好自携式潜水的水下操作方法和技能，对安全潜水和完成水下作业任务，至关重要。这些水下操作方法和技能，主要包括水下呼吸技术、呼吸器排水和寻回、面镜排水、浮力控制、身体平衡及稳性、水下游泳技术、水下环境适应、压力平衡、结伴潜水、潜水通信、深度时间控制、水下导航、呼吸气体管理等。

潜水员必须掌握自己的工作进度、保存体力、独立完成各项任务和解决问题，同时也应灵活反应，当他感到气力难以支配或判断水下条件危及安全时，应随时准备中断潜水，安全返回水面。遇到较难平衡耳压、窦腔疼痛、轻度眩晕、注意力难以集中、呼吸阻力略有增加、呼吸浅促以及周围环境的微小变化等情况，这些比较微妙的、不很明显的现象极可能是发生水下事故的前兆，任何时候潜水员都必须随时警惕这些可能导致事故发生的预兆。结伴潜水员还应不断关注潜伴的情况。

4.8.1 水下呼吸技术

使用供气调节器呼吸是自携式潜水的一项基本的技能，呼吸方法必须正确，才能够充分有效地利用有限的呼吸供气，并避免溺水。自携式潜水，特别是休闲潜水，使用的大多是半面罩，牙齿咬住二级减压器的咬嘴，利用上下嘴唇形成密封。气体是通过口腔呼吸的，潜水员必须能够将鼻腔和咽喉隔离开来，这样在面罩进水或者面罩脱落的情况下能继续呼吸。

刚开始使用自携式装具的潜水员，特别是技术不太熟练的潜水员会有焦虑的感觉，呼吸可能比水面正常呼吸快而深。而呼吸气体因湿度降低，潜水员的咽喉显得特别的干燥，因此，潜水员必须习惯于这种呼吸，学会以平稳的速度及轻松、缓慢的节奏呼吸的技术。潜水员应该调整工作速度来适应呼吸周期，而不应改变呼吸去适应工作速率。如果潜水员发现其呼吸过于吃力，应停止工作，直至呼吸恢复正常，如果潜水员一段短时间后不能恢复正常呼吸，必须将此视作有可能发生危险的征兆。如果是结伴潜水，必须向结伴潜水员发出信号，中断水下工作，返回水面。

有些潜水员认为维持潜水作业用的供气量有限，试图采用屏气的方法节省气体。一种常见的呼吸技巧是跳跃式呼吸，即在每一次呼吸之间插入一个不自然的、长时间的停顿。屏气和跳跃呼吸均十分危险，常常会引起高碳酸血症，潜水员不应采用这种方法去增加水底停留时间。

正常潜水时，在气瓶的可用气量未完全用尽之前，即未到信号阀指示压力之前，呼吸阻力不会改变（除非供气调节器突然失灵）。如果呼吸阻力明显增加，则提醒潜水员应利用备用气体立即上升。潜水员作一次急促的深呼吸，可以检查气瓶的储气情况，如果明显地感到空气不够用，则表明气瓶内的空气已快用完，应用备用气了。值得潜水员注意的是，水下工作期间，信号阀拉杆有时比较容易被碰撞至处于解除（下位）位置，当呼吸阻力明显增加时，已不能用备用气来上升了。因此，为预防出现如此危急情况，作业时应随时警惕，经常检查，保证信号阀拉杆是处于工作状态。

在使用浸入式压力表时，潜水员可以通过检查压力表上的读数监控供气压力，在单气瓶压力降低到 3.5MPa，双瓶降低到 17.5MPa 的任何时候，潜水员必须终止潜水返回水面。

在某些情况下，自携式潜水员在水下屏气可能导致肺内气体膨胀，造成肺气压伤。实际上，只有在上升的过程中，才可能发生这种风险，因为只有在这一时间内，固定数量的气体才会在肺里膨胀，如果屏气，气道阻塞，就有可能导致肺气压伤。一个放松无阻塞的气道将会让肺内膨胀的气体自由流出。

4.8.2 呼吸器排水和寻回

1. 呼吸器排水

使用单管式供气调节器潜水，有多个原因可以解释为什么在水下二级减压器会从潜水员的嘴里脱离，无论是有意还是无意的。在任何情况下，二级减压器内都可能充满水，在潜水员再次安全呼吸之前必须将水排除。有两种方法可以将二级减压器内的水排除：

（1）将二级减压器的咬嘴含在嘴里，排气阀处于下方，通过二级减压器呼气。呼出的气体会把水从排气阀排出。

（2）将二级减压器的咬嘴含在嘴里，排气阀处于下方，用舌头顶住咬嘴，按动手动按钮，来自气瓶内的气体会把水从排气阀排出。

而使用双管式供气调节器，当潜水员想缓解嘴部疲劳或清洗咬嘴，同样，用手抓住阀箱将咬嘴从嘴里松脱出来时，咬嘴和呼气波纹管内会进水。此时，潜水员作平卧位游泳的同时，应向左侧身，然后抓住咬嘴，压挤吸气软管（右侧的管），并向咬嘴内吹气，这样可迫使积水经调节器的排水孔排出。然后，潜水员放松吸气软管，并浅呼吸。这时，如果咬嘴内还有积水，应再次将其吹出，才开始正常呼吸。

2. 呼吸器寻回

如果二级减压器在无意间从潜水员的嘴里脱落，它最终有可能处于潜水员看不见的位置，而潜水员又非常迫切地想寻回它，至少有三种方法可以寻回呼吸器：

（1）软管追踪法：这是一种最可靠的方法，在二级减压器没有被卡到水下的某一个位置时，几乎所有的情况下这种方法都可以奏效。潜水员从右肩上方向后找到连接二级减压器的软管，拇指与其他手指在软管上形成圆环，然后沿着软管滑动并向前拉，直到找到二级减压器，调整好方向后用嘴含住。

（2）扫描搜索法：在大多数的情况下，这种方法既快又有效。由于二级减压器通常都会跌落在潜水员的右侧，潜水员面朝下直立，右手从左到右扫过腰部，并绕到腰后，摸到气瓶，沿着气瓶尽可能地向后上方绕，将手臂向后伸直，然后以弧线向外和前摆动直到手臂指向前方为止。这样做通常会将连接软管拨到手臂的前方，此时用左手从右手扫向颈部即可找到连接软管。但是，如果二级减压器到了气瓶的左侧，这一方法将会无效。

（3）倒立法：在二级减压器到了气瓶的左侧时这种方法的效果最好。潜水员只需向前翻滚成接近垂直的倒立体位，利用重力将二级减压器带到可以找到的位置。

如果潜水员用这三种方法很难找到二级减压器，可以使用备用二级或者应急供气系统。在某些偶然的情况下，二级减压器可能被卡住而不易找到。在某些情况下，终止潜水返回水面是比较慎重的做法，但有时这是不可行的，这就需要部分或者完全地解除气瓶背带，脱下气瓶，寻回呼吸器，然后再重新整理气瓶背带。

4.8.3 面镜排水

面罩内进水是正常现象，面罩内适当的水有助于给玻璃面窗除雾。当面罩内水增加到一定程度时，就容易引起潜水员烦躁，并影响潜水员的视觉，潜水员必须能够快速有效地将水排出。

1. 面罩漏水的原因包括

（1）面罩不合适。

（2）面罩与面部之间夹有头发。

（3）面部肌肉的运动造成暂时性的进水。

（4）外部物体撞击，导致面罩移位而进水。

（5）极端情况下面罩完全脱落。

2. 面罩排水方法

半面罩与全面罩的排水方法不同。

（1）半面罩排水

半面罩没有与气源相连，排水的唯一气源来自潜水员的鼻子。对于安装有清洗阀的面罩来说，潜水员只需将头倾斜，使积水盖住清洗阀，将面罩压向面部，然后用鼻子稳定的吹气。此时面罩内压力增加，水经清洗阀排出。有时，需要反复几次吹气才能完全清除积水。对未安装清洗阀的面罩来说，要清除面罩中的进水，潜水员要侧身或仰头，使水集中在一侧或面罩的下部，然后潜水员用一只手紧紧地直接按压面罩的对侧或顶部，用鼻子缓慢吹气，水会从面罩边缘下面排出，如图 4.8-1 所示。

在排水的过程中，要避免面罩内的气体从面罩顶部排出，否则无法把水从面罩内排出。

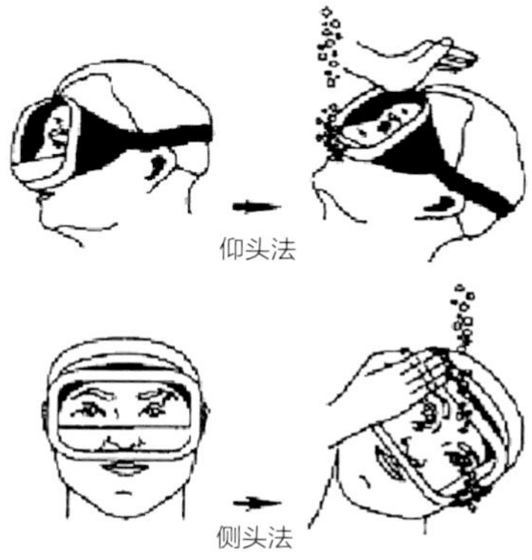

图 4.8-1　面罩排水方法

（2）全面罩排水

全面罩有几种类型，全面罩的排水与其结构有关。大多数的情况下，一旦进水达到一定量的时候，它会从排气阀内自动排出，然而也会有例外，特别是使用内部咬嘴的类型，其排水方法就要与半面罩的排水方法类似。如果配置内部口鼻罩的全面罩少量进水，通常在潜水员的面部处于大致直立或朝下时，通过正常的呼吸就可以排水，而如果大量进水，就需要按动二级减压器上的手动按钮，通过大量进气排水。

4.8.4　浮力控制、身体平衡及稳性

1. 浮力控制

在不同的潜水阶段，潜水员能够建立三种不同的浮力状态：

（1）负浮力：在潜水员想要下潜或者在海床上停留时。

（2）中性浮力：在潜水员想要通过最小的努力停留在某一恒定深度时。

（3）正浮力：在潜水员想要漂浮于水面，或者紧急情况下上升时。

要获得负浮力，穿戴浮力背心的潜水员必须要佩戴压重带，以抵消潜水员和潜水装具产生的浮力。

在水下，潜水员经常需要中性浮力，这样潜水员既不下沉也不上升。在潜水员排开水的重量与潜水员及装备的总重量达到平衡时，就会达到一个中性浮力的状态。为了保持这种中性浮力状态，潜水员使用浮力背心，通过调整浮力背心的体积，从而调整浮力背心的浮力，以应对改变潜水员身体体积或重量的各种影响。采取的措施主要有：

（1）如果潜水员穿着的是由如泡沫氯丁橡胶等可压缩的充气材料制成的潜水服，在潜水员下潜和上升的过程中，随着外界压力的变化潜水衣材料的体积将会发生变化，此时就需要调整浮力背心内的气体体积来弥补这一变化。

（2）潜水员身体和潜水装备柔性气腔内的气体（包括浮力背心内的气体）在下潜时受到压缩，在上升时发生膨胀。通常潜水员通过为气腔或者干式服充气就可以抵消，从而避免挤压伤。但是，如果这些修正不足以弥补浮力变化，就需要调整浮力背心内的气体量。

（3）随着潜水作业的延续，潜水气瓶内的气体将被消耗。这意味着潜水员及装具的总体质量在逐渐降低的同时，使其浮力在逐渐增大，这就需要将浮力背心内部分气体排出，减小

潜水员的整体浮力。由于这一原因，潜水员需要在潜水的开始时把自己的装备配置得超重一点，这样随着呼吸气体重量的降低而达到中性浮力。常压空气的重量为 1.3g/L，潜水过程中一个容积 15L、瓶内气体压力 23MPa 的钢瓶，因为呼吸气体的消耗而引起的重量变化幅度大约是 43N。

在实际应用中，潜水员在潜水过程中不会考虑所有这些理论。在潜水员处于负浮力状态下，为保持中性浮力潜水员就要为浮力背心充气；相反，如果浮力太大，就要为浮力背心排气。自携式潜水员是靠穿着浮力背心来控制浮力平衡。在中性浮力位置上的任何深度变化，即使体积的微小变化，包括简单的呼吸行为，都会导致一个指向不中性深度的力产生。因此，在自携式潜水中，中性浮力的维持必须是一个持续主动的过程。经验丰富的潜水员可以轻松弥补如由于呼吸引起的微小摄动。

自携式潜水对于初学者而言通常不直观的一个特点是：潜水员在一个受控方式下潜时，通常需要为浮力背心充气，而在潜水员以受控的方式上升时，需要为浮力背心排气。在深度发生变化的过程中，充入或排出的气体维持着浮力背心内的气体体积，这个气泡的体积需要保持在接近恒定的体积，以便于潜水员保持一个相对一致的中性浮力。如果在下潜的过程中没有为浮力背心充气，浮力背心内的气体体积随着外界压力的增加而减小，导致浮力减小，随着深度的增加，下潜速度加快直到潜水员到达水底。在上升的过程中也会发生同样的失控现象，导致上升失控，直到潜水员在没有任何安全措施（水下减压）的情况下快速到达水面。在体积变化与深度变化成最大比例的水面附近，这种效果最为明显。

潜水员从降低浮力背心内所需要的气体体积开始，让这一问题最小化。这就要求在潜水员的装具中使用尽可能小的配重。这样在潜水的开始阶段，尽可能减少浮力背心内的气体体积，只在浮力背心内留下足够的气体，以便在潜水过程中弥补预期的缓慢的重量损失，比如气体的消耗导致的重量降低。但这会因潜水的具体情况不同而变化，且受到气瓶的容量限制。

经验丰富的潜水员可以做出一些复杂的训练反射行为，包括呼吸控制以及深度变化过程中浮力背心内的气体管理，这使得他们在潜水期间可以在未加过度思考的情况下随时保持中性浮力。熟练的自携式潜水员通常能够在不使用脚蹼的情况下保持在一个恒定的深度上。

2. 平衡及稳性

水下潜水员在垂直 - 水平上的定位，或者是水下平衡，受到浮力背心以及其他包括潜水员的身体、服装及装具等的浮力和重力的影响。潜水过程中，自携式潜水员的稳定性和静态平衡将影响到潜水员在水面和水下的舒适性和安全性。水下平衡时浮力接近中性，但要达到水面平衡的浮力却是正浮力。休闲潜水员在潜水的同时通常希望处于水平（俯卧）状态，以便于观察和提高游泳效率，而在水面上更倾向于接近于垂直或者部分仰卧状态，以便于呼吸环境空气。

浮力和平衡可以严重影响潜水员的水动力阻力及游泳所需的努力。水下静态稳定的潜水员的定位是由其浮心和质心决定的。在平衡状态下，潜水员将会在重力的作用下，其浮心和质心垂直成一线。通常可以通过改变浮力背心、肺部以及潜水服内的气体体积调节潜水员的整体浮力和浮心。当自携式潜水员的浮力背心在水面上充气以获得正浮力时，潜水员的浮心和重心位置通常是不同的。这些重心与浮心的垂直和水平距离将决定潜水员在水面上的静态平衡。潜水员通常能够克服浮力的平衡力矩，但这需要持续的定向努力，尽管通常不需要很大的努力。这让有意识的潜水员能够调整平衡以适应不同的环境，如选择面部朝下或朝上游泳，或者保持垂直以获得最佳的视野或能见度。潜水员的重心位置是由配重的分布来决定的，浮心位置是由所使用的装具来决定的，特别是浮力背心，它可以通过充气或排气影响浮心位置的变化。稳定的平衡意味着浮心直接位于重心之上。任何水平上的偏移都会产生一个力矩，使潜水员旋转，直到恢复平衡状态。

几乎在所有情况下，使用浮力背心潜水员的浮心要比其重心更靠近其头部，所有的浮力背心的设计都旨在提供这一默认条件，因为漂浮在水面倒立的潜水员有溺水的风险。前 / 后轴向上的偏移相当频繁，通常是决定静态平衡姿态的主要因素。在水面上，通常不希望一个面部朝下的固定平衡状态，但是能够随意地保持面部朝下的平衡状态却是必要的。垂直平衡可以接受，但是前提是在游泳时能够克服垂直平衡。

就平衡和运动方向的一致性而言，水平平衡是水中潜水员的一种姿态。自由游动的潜水员有时可能需要直立或倒立，但一般来说，水平平衡对于水平游动的阻力降低和水底观察都有益处。头部微低的水平平衡可以使潜水员将来自脚蹼的推力直接向后，从而能够最低限度地搅动底部的沉积物，并且能够降低击打脆弱底栖生物的风险。稳定的水平平衡需要潜水员的重心直接位于浮心之下。微小的偏差可以相当容易地得到补偿，但是较大的偏差可能使得潜水员不断地付出巨大的努力以维持期望的姿态。浮心的位置在很大程度上超出了潜水员的控制范围，虽然可以稍微移动气瓶，并且浮力背心的体积分布在充气时影响会很大。潜水员可用的对平衡的大部分控制是压重带的定位。可以通过在潜水员的身体上佩戴较小的压铅块来对平衡进行微调，从而获得一个理想的重心位置。

4.8.5 水下游泳技术

自携式潜水员通常是在水层中移动，但有时也会根据任务或其他情况的需要在水底行走。在水下游泳时，手只起协助作用，通常仅限于水流中抓住水下的固定物体，而所有推进力都是来自腿的动作。脚蹼有一个比较大的叶面，通过使用更强大的腿部肌肉，提供比手臂运动更有效的推力和更大的机动性，但这需要技巧，蹬水或打水动作主要由髋关节发力，蹬水或打水时，膝关节和踝关节要放松，动作幅度要大，节奏要保持在不至于使腿疲劳与肌肉痉挛的程度。下面是几种使用脚蹼进行有效推进的技术：

（1）浅打水法：浅打水法是最常用的打水方法。在基本形式上，它类似于水面游泳者的扑水式踢腿，但速度较慢，而且击水幅度较大，以有效地利用脚蹼大面积的表面。

（2）蛙式踢水法：蛙式踢水法与蛙泳的姿势基本相似。双腿同时踢水，产生的推力比浅打水法更持续地向后，由于这种方法不易搅动淤泥，降低能见度，所以适宜在软质淤泥的底部使用。

（3）海豚打水法：这是一种强有力的打水方法，双脚并拢，同时上下打水。这是单脚蹼的唯一打水方法，对于熟练的使用者来讲会非常有效，但机动性较差。

（4）后移踢水法：沿着身体的轴向向后游。这可能是最困难的脚蹼使用技巧，并且不适合某些类型的脚蹼。开始打水时，双腿向后完全伸展，双脚绷直且脚后跟并拢。划水时弯曲脚部向侧面伸展脚蹼，脚部尽可能向外张开，与小腿成直角，通过弯曲膝盖和臀部，让腿部向身体拉动脚蹼，潜水员向后移动。然后脚蹼指向后方以减小阻力，脚跟一起移动，双腿伸展到起始位置。硬度较大，叶面较宽的脚蹼最适合这种打水方法。

（5）直升机转弯法：利用直升机转弯法实现绕垂直轴向的原点转弯。潜水员弯曲膝盖，使得脚蹼与身体轴线大致一致，但要略高于身体轴线，脚踝向侧面划水。旋转脚蹼以使阻水面积最大化，然后小腿和膝盖一起旋转，产生一个侧向的推力。

4.8.6 水下环境适应

通过细致周密的计划，潜水员应根据作业点的水下环境有所准备，并根据需要使用相应辅助器材、潜水服和工具。然而，潜水员可能采用下列技巧，应对水下某些环境条件的影响：

（1）在泥底环境水下作业时，应在离底 60 ~ 90cm 的上方处停留，打水动作要小，防止将水搅浑。潜水员应处于下游位置，这样水流能够冲走工作点附近的浑水。

（2）要避开珊瑚和岩石底，注意防止割伤和擦伤。

（3）避免深度突然改变。

（4）不可巡潜远离作业地点，除非潜水计划中已经包括这类巡潜。

（5）注意光在水中的特性。应根据 3：4 的比例来判断实际距离，如水下看到的物体在 90cm 远，实际距离应该在 70cm 左右，水中所见的物体比实际要大些。

（6）注意异常强烈的海流，特别是海岸线附近的离岸流。

（7）如果潜水员被卷入离岸流中，不要惊慌失措，应随着海流漂移，待海流减弱后游开。

（8）如果可行的话，潜水员可逆流游至工作地点，顺流返回比较容易，也可节省体力。

（9）远离受力状态的缆绳或钢缆。

4.8.7 压力平衡

在下潜和上升的过程中，压力变化将影响到潜水员和潜水装具的气体腔室。压力变化会在气腔和环境之间形成压力差，如果可能的话会导致气体的膨胀或压缩，而限制气体的膨胀或压缩以平衡压力，过度的膨胀会导致周围材料或机体组织受损（图 4.8-2）。有的气腔，如面罩，在内部气体膨胀时会自动泄放过多的气体，但是在压缩过程中就必须进行平衡，其他的，如浮力背心的气囊，将会膨胀直到泄压阀开启。耳朵是一个特殊的例子，因为它们通常会通过耳咽管自动排出过多的气体，但是耳咽管可能发生阻塞的情况。在下潜的过程中，它们通常不会自动达到平衡，必须由潜水员使用一个或多个可能的方法刻意进行平衡。只要潜水员正常呼吸，多数的生理气道会自动平衡，但是屏气会阻止下气道和肺部的平衡，这将导致气压伤。

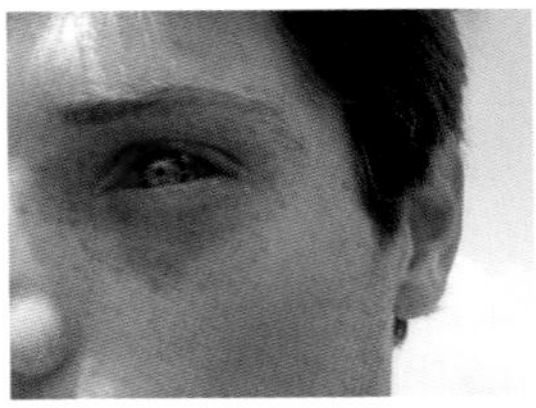

图 4.8-2　面罩挤压导致的轻微眼睛气压伤

面罩和耳压平衡是所有潜水形式的关键技能，潜水员在压力环境下呼吸，任何形式的潜水都需要进行气道的压力平衡。这就需要保持正常的呼吸，在深度发生变化时严禁屏气。

4.8.8 工具使用

自携式潜水员在水下的浮力接近于“中性”，为使用工具作业带来不少问题。潜水员缺少可依靠的支持点，例如，当试图用力转动一个扳手时，潜水员自己将被反作用力推离扳手。因此，作用到工具上的力极小。使用任何需要支持点或力的工具时（包括气动工具），潜水员应设法用脚、空闲的手或肩撑住自己。如果工作目标两端均可接触，应使用两个扳手，一个夹住螺母，一个夹住螺栓，彼此推拉产生一个反作用力，可将大部分力传递到工作目标上。必须注意的是，自携式潜水员使用外带动力（如电动）工具时，潜水员必须与潜水监督保持语音通信。

将所有使用的工具在潜水前备好，潜水时潜水员尽量少带工具，如果需要的工具较多，应用帆布工具袋将工具从水面传递给水下的潜水员。

4.8.9 结伴潜水制度

结伴潜水是自携式潜水员采用的一种潜水制度。这是一套安全程序，旨在通过让潜水员以两人或有时三人一组进行潜水，以提高在水中或水下避免意外的手段，或者意外发生时逃生的机会。在使用结伴潜水制度时，小组成员一起潜水并相互合作，这样在发生紧急情况时，能够相互帮助或者相互救援。如果结伴潜水员都具备所有的结伴潜水相关技能，能够充分认识到所面对的状况并及时做出反应，结伴潜水制度是最有效的潜水制度。

在休闲潜水中，两人一组是最好的结伴潜水组合。如果三人一组，其中一人很容易失去另外两人的注意力（三人以上潜水小组不使用结伴潜水制度）。这种制度可以有效地缓和呼吸供气中断、非潜水医疗紧急状况、水下绞缠等紧急情况。特别是在采用结伴检查时，可以避免潜水装具的遗漏、错误操作和故障。

工程潜水的某些水下作业，往往需要两名潜水员的配合，才能顺利地完成。因此，结伴进行潜水作业的潜水员，除了负责完成规定的任务，还应彼此照料对方的安全。作为一个极为独特的安全因素来考虑，结伴潜水时必须遵守以下基本原则：

（1）始终保持与成对伙伴的联系。在能见度良好时，结伴潜水员应彼此能够看到；在能见度差的情况下，应使用成对联系绳。

（2）熟悉所有手势和拉绳信号的含义。

（3）得到信号时，应立即作出回答，如果成对伙伴对信号没有反应，必须将此视作一种紧急情况。

（4）注意成对伙伴的活动和发生的情况。熟悉潜水疾病的症状。在任何时刻，只要成对伙伴发生问题和行动异常，应立即找出原因，并采取适当措施。

（5）除陷住或缠住和未经外人帮助不能脱离困境的情况下，不得离开成对伙伴。如果必须请求水面的援助，应该用带绳的浮标标出发生事故的潜水员的位置。

（6）每次潜水，均应制定处理“潜水员”的部署，如果结伴潜水员失去了联系，应按部署进行。

（7）不论由于何种原因，只要成对潜水员中的一人中断潜水，另一人也必须中断潜水，两人均应返回水面。

（8）熟悉“成对呼吸”的正确方法。

成对呼吸完全是一种应急措施，必须事先加以训练，尤其是新潜水员，熟练掌握这种方法更为重要。成对呼吸的步骤如下：

（1）保持平静，指着自己的二级减压器，向结伴潜水员发出供气中断事故和请求共生呼吸的信号。

（2）受助潜水员不得抓结伴潜水员的二级减压器，受助潜水员的一只手放到潜水伙伴抓咬嘴的手上，他们的另一只手应彼此抓住对方的带子或相互握住手。

（3）首先，潜水伙伴必须作一次呼吸，取下二级减压器，交给受助潜水员，该潜水员将二级减压器放到自己嘴上。两人始终用手直接传递二级减压器。

（4）在传递二级减压器时，切记不能反向含住供气调节器。当这种情况发生时，排气阀将处于咬嘴的上方，这会无法排出调节器内的水。吸气时会有水吸入，有可能导致溺水。

（5）交换咬嘴过程中，咬嘴可能进水。这种情况下，可以按动手动按钮排水，也可吸气前先呼气将水排出。使用双管供气调节器，应保持咬嘴高于调节器，这样，自由流出的空气有助于避免咬嘴进水。

（6）潜水员必须用咬嘴作两次充分呼吸（如果咬嘴内的水未完全排出，应小心），然后，将咬嘴交给伙伴，结伴潜水伙伴亦作两次呼吸，然后按前述程序交替进行。

（7）结伴潜水员重复上述呼吸周期，并确立一个平稳的呼吸节律。待呼吸周期平稳和交换相应的信号之后，方可出水。特别注意的是在上升过程中，潜水员，特别是未戴咬嘴的潜水员不可屏气，以避免肺过度扩张。

在成对呼吸的过程中，通过二级调节器大力呼气是排水的首选方法。两个潜水员同时使用一个气瓶内的气体，气体的消耗会很快。如果使用手动按钮充气排水将会浪费有限的供气。

如果成对呼吸时不得不潜游一段较远的水平距离，可采用多种不同的方法。但最常用的两种方法是：

（1）两名潜水员肩并肩，面对面游。

（2）两名潜水员分别上下平衡游。

以上两种方法在实际操作当中，也因人而异，不同的训练手段决定着每位潜水员掌握该技术的能力。但是，从技术的角度看，肩并肩、面对面游的成对潜水员视觉比较开阔，互相之间可侧抱或拥抱在一起，减少由于风浪、水流的影响。而上平衡游是没有气源的潜水员在有气源的潜水员上方游，这种方法，在潜水员之间很容易互相传递咬嘴。但是，由于一名潜水员在上方，另一名潜水员则在下方，提供气源的潜水员看不见他的成对潜水员，这就可能影响这一方法的顺利实施。

4.8.10 潜水通信

结伴潜水员之间、潜水员与水面之间需要交流，以协调他们的潜水，对危险发出警告。自携式潜水员通信的方法包括：无线语音通信系统、手势信号、拉绳信号、书写板以及敲击和灯光信号等。水面和自携式潜水员之间最好的通信方式为无线通信系统。

1. 无线通信系统

目前应用于自携式水下呼吸器的潜水电话通信系统有数种。电声系统是一种从甲板到潜水员的单向通信系统。多向音频信号由水下传感器发射，潜水员不需携带信号接收装置就能听到声音信号。调幅和单频潜水电话通信系统能提供潜水员与潜水员、潜水员与甲板、甲板与潜水员之间的多向通信。调幅和单频两种潜水电话通信系统均需要潜水员佩带发射和接收装置。

调幅潜水电话信号强，容易理解，但是受直线传递（不能穿越障碍）的限制。单频潜水电话在障碍物内或在障碍物周围性能更好。

2. 手势信号

在水下能见度允许的情况下，水下潜水员之间通常使用手势信号，而且手势信号的使用很广且带有变化。潜水过程中，潜水员通过交换手势信号互相发出指令，传递信息，以及表明他们的状态。为了提高潜水的效率，潜水员所使用的信号是自然信号、局部信号以及为了特殊情况而规定的信号。

自然信号就是那些在任何语境情况下都非常明了的信号，如耸肩意味着“我不知道”，点头意味着“是的”，摇头意味着“不是”，或者指向仪表意味着“读数多少？”等。

局部信号指的是那些在具体的区域可以使用的信号，如杯形手势意味着“鲍鱼”，拇指与食指和中指一张一合意味着“海鳝”等。

特殊信号是为了某些情况如发送指令而设置的，如并排的两只食指意味着“与潜伴一起”，手掌朝下平放意味着“保持水平”，在下表里的信号就属于这一类。

表 4.8-1 中信号是国际上常见的手势信号。

手势信号 表4.8-1

序号	手势	含义	序号	手势	含义	序号	手势	含义
1	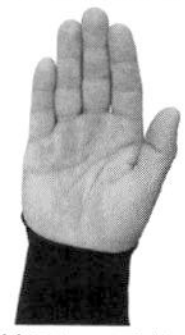 垂直举手，手指并拢，手掌朝向接受者	停止	2	 一手成拳，拇指向下，向下移动标明移动方向	下潜或我正在下潜	3	 一手成拳，拇指向上伸展，向上移动表明移动方向	上升或者我正在上升
4	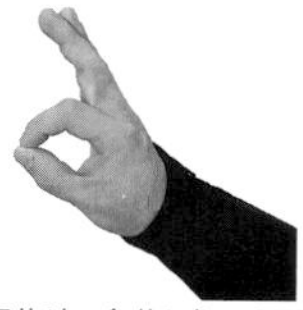 拇指与食指成一圆圈（如其他手指能伸展）	你好吗？或者很好	5	 拇指与食指成一圆圈（戴连指手套或厚手套）	你好吗？或者很好	6	 两臂展至头顶，手指互触成 O 形	你好吗或者很好（水面上远离支持人员或潜伴）

续表

序号	手势	含义	序号	手势	含义	序号	手势	含义
7	 一只手伸到头上，手指触碰头顶，成 O 形	你好吗？或者很好（在水面，一只手占住了）	8	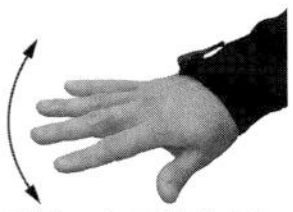 手平放，五指分开，掌心向下，在前臂轴线上来回摇摆。紧随其后可能有另外一个手势	有问题	9	 手挥动至头顶，在水平位置时击打水面	有难或者需要帮助
10	 一手握成拳，向胸部移动。动作重复多次，表明情况紧急	供气不足	11	 手平放，以切割动作划过喉部，动作重复多次，表明情况紧急	供气中断	12	 用左手手指指向呼吸调节器，或移除呼吸调节器并指向口部。动作重复多次，表明情况紧急	共生呼吸
13	 双手合拢，掌心向上形成杯状	小艇	14	 一手紧握成拳，并向危险方向伸出	危险	15	 双手成拳，双臂交叉在身前。接下来可能有指向危险源的动作	危险
16	 以召唤的动作向身体挥手	来这里	17	 食指和中指放到面镜上。可能会有其他的信号紧随其后，标明要看的方向或要观看的人	看	18	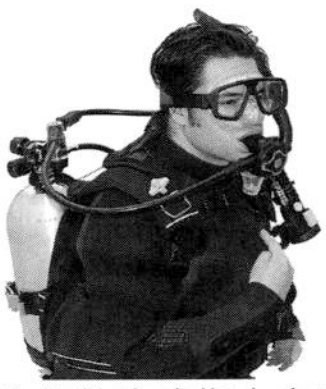 在胸部的高度指向自己	我
19	 掌心向下，用手部的动作表明想要的移动路径，是在上面、下面或者绕过一个水下结构	下面、上面或者绕过去	20	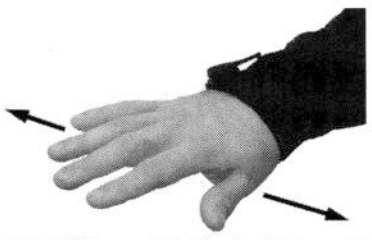 手平放，掌心向下，五指分开、水平缓慢地前后移动	保持深度	21	 一手成拳，拇指伸出并指向要移动的方向	那边走
22	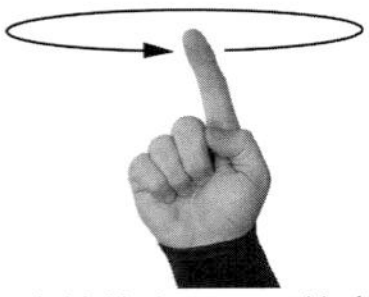 垂直地伸出一只手的食指，以圆周的动作旋转此手	转回去	23	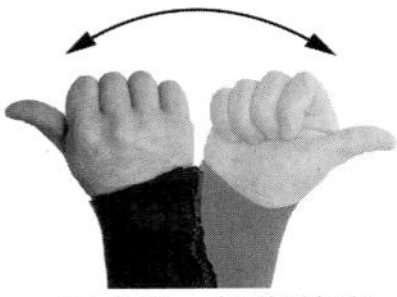 一手成拳，拇指伸出，多次 180° 旋转此手，表明对预定移动方向的混淆	那个方向	24	 用食指指向不通的耳朵	此耳不通

续表

序号	手势	含义	序号	手势	含义	序号	手势	含义
25	 胸前交叉双臂，双手抓住上臂，表明寒冷	很冷	26	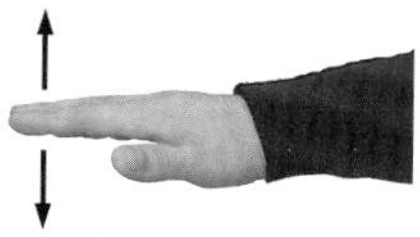 手平放，掌心向下，以手腕为轴心，反复缓慢地上下摆动	放松或放慢节奏	27	 双手紧握在一起	手拉手
28	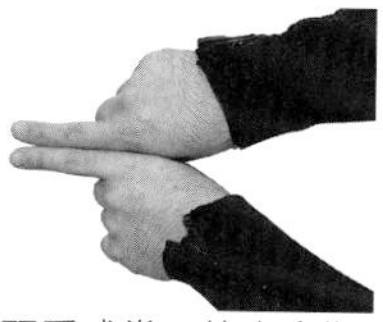 双手成拳，伸出食指，双手并拢	结伴行动	29	 手放在身前，手指带头的潜水员；另一只手指跟随的潜水员，并将手放在前一只手的后面，用双手指表明移动方	谁带头，谁跟随	30	 用食指轻轻触摸前额	想或者记住
31	 把双手放在身体的两侧，掌心向上耸肩表示困惑	我不知道						

3. 拉绳信号

潜水员与水面信号员之间的联系或结伴潜水员之间用成对联系绳联系时可用拉绳信号来表达。规定的常规拉绳信号及其含义，见表 4.8-2。

拉绳信号的含义 **表4.8-2**

信　号	信 号 含 义
(－)	你感觉如何（我感觉良好） 下潜（继续下潜）
(－)(－)	停止（停止上升、停止下潜、停止行动）
(－)(－)(－)	上升（继续上升）
(－－－－)	（拉四次以上）立即上升（紧急信号）

注：拉绳信号中，(－) 表示分拉信号，(－－) 表示连拉信号。

进行拉绳信号联系时，其操作规则如下：

（1）只要系结了信号绳，应任何时候都保持信号绳拉紧适中。

（2）水面信号员不得随意更换，避免更换过程中无法准确接收到信号。

（3）任何时候，潜水员一旦到达水下工作点，需发出一个分拉信号，表示已经到底，并确保信号绳没有绞缠。

（4）必须按上表规定的常规拉绳信号进行，如在潜水前另外再约定信号，应避免与上述信号重复。

（5）信号绳应每隔 2 ~ 3min 向潜水员发出一次分拉一下的拉绳信号，以确定潜水员是否一切顺利；潜水员的回答信号是拉一下信号绳，表示一切顺利。

（6）分拉的两个信号之间的间隔时间约为 1s，拉动幅度约 40 ~ 50cm 左右；连拉是拉一下后，约间歇 0.5s 再拉一下，拉动幅度约 20 ~ 30cm 左右。

（7）除紧急上升信号不用回答外，凡明白或同意对方信号时，均重复一次对方信号作为回答。

（8）收到对方信号后，应间歇 2 ~ 3s 再回答信号。若收到信号不明显，或不明白对方信号，又或难于判断其含意，应该回拉一下（-）进行询问。

（9）潜水员必须特别警惕，任何时候都应防止信号绳被绊住或绞缠了。

（10）如果失去信号绳，信号员应根据气泡的痕迹来确定潜水员的大概位置，并立即实施应急措施；而此时要通知潜水员某些信号（如上升），可用金属物如铁块在水中互相敲击或用金属物撞打水中可发出较大声响的固态物体的方法。否则，待命潜水员应下水抢救。

4. 记录板

在进行水下结伴潜水或者水下作业时，如果有大量的信息需要交流或者记录的话，水下记录板将会非常有用。水下记录板的设计很多。有的固定在浮力背心上，有的装在浮力背心的口袋内，有的使用橡皮筋固定在潜水员的手腕或前臂上。基本部件包含一支水下铅笔，用一条短绳固定在一块塑胶板上，然后通过合适的方式固定在潜水装具的方便点上。记录板对于必须在潜水前记录的，用于潜水过程参考的资料非常有用：潜水计划要素（潜水深度、水底时间、减压方案等）或者潜水作业点的简图等。

5. 灯光信号

在进行夜间的结伴潜水时，水下电筒的光束可用于基本的信号，但是，通常情况下，不能够用电筒直接照射另一潜水员的眼睛，而是将光束照向自己的手势（图 4.8-3）。

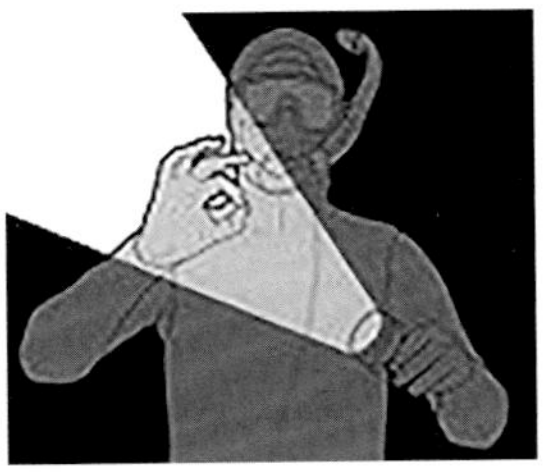

图 4.8-3　水下电筒的使用

夜间潜水灯光信号（图 4.8-4）：

（1）我很好，你好吗?

伸出手臂，用手电筒缓慢地划大圈，如图 4.8-4（a）所示。

（2）有异常情况，需要帮助。

伸出手臂，大幅度快速上下移动手电筒，如图 4.8-4（b）所示。

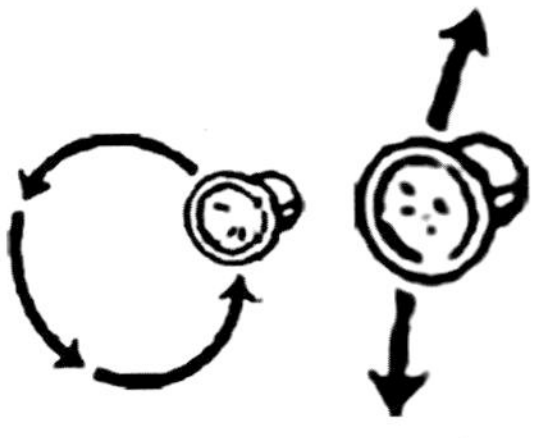

（a）　（b）

图 4.8-4　灯光信号

4.8.11　深度和时间监控及水下导航

任何时候，只要潜水员暴露在水下压力环境，就会存在着减压的可能，除非已经知道水的最大深度，而且深度相当小，否则，潜水深度和水底时间的监控对于潜水员的安全非常必要，以确保没有减压的必要，或者遵循适当的减压程序安全上升。传统上，只要使用深度表和潜水手表就可以达到目的，但是通过使用个人的潜水电脑可以让这一过程自动化，但潜水员必须能够正确读取潜水电脑的读数，以及遵循电脑显示的减压说明。潜水电脑的显示和操作并没有统一的规范，潜水前潜水员必须掌握即将使用的电脑的正确操作。在依据减压表进行减压潜水时，准确的深度和时间监控尤为重要。

如果潜水作业点和潜水计划需要潜水员导航，则可以携带指北针，而在一些如洞穴、沉船等渗透潜水过程中，返回路线至关重要，可以使用导向缆。在一些不太严重的情况下，很多潜水员只需要通过地标和记忆导航，这一过程被称为引航或自然导航。

4.8.12 呼吸气体管理

自携式潜水中的气体管理是一项关键的技能，因为就定义上来讲自携式潜水员必须携带潜水所需要的所有呼吸气体，呼吸气体的意外耗尽在最好的情况下会令人担忧，而最坏的情况可能造成致命的后果。对于最基本的开放水域不减压潜水，在发生紧急情况时潜水员可以直接上升到达水面，气体管理可能仅仅是在气瓶内留有足够的气体，让潜水员在任何时候都能够安全上升，但通常会考虑到气瓶内的应急储备，并且在可能的情况下，为结伴潜水员提供呼吸气体并协助其上升出水。而在混合气潜水、渗透潜水、减压潜水以及单人潜水中，气体管理将会更加的复杂。

潜水员会使用浸入式压力表来监控潜水气瓶内的剩余压力。可以通过气瓶内的剩余压力和气瓶容积计算出气瓶内的可用气体量能够支持潜水员在水下的作业时间（见式 4.6-1）。气瓶供气时间取决于潜水深度和作业强度，以及潜水员的健康情况，呼吸频率的差异也很大，很大程度上要依赖经验上的估计数值。

4.9 自携式潜水应急处理

尽管经过了专业的培训、详细的计划、完善的风险管理，同样可能发生潜水紧急情况。自携式潜水发生意外后，最可怕的结局是呼吸气体耗尽。在没有呼吸气体的情况下，潜水员生存的可能性很小。呼吸气体的任何中断都应被视为危及性命的紧急情况，潜水员应该准备好有效处理任何一般的、可预见的呼吸气体中断的情况。由于二级减压器进水或者脱落而导致的呼吸气体暂时中断，可以通过二级减压器寻回和排水的技能恢复供气。更长时间的供气中断需要其他的对策。在某些情况下，显而易见的反应就是上升出水。这种反应是适当而且可以接受的。当离水面近且很容易到达，或者潜水员没有因直接上升而患减压病的重大风险时，紧急自由上升可能是一个合适的反应。如果深度较大，没有快速到达水面的信心，或者减压病的风险不可接受，那么其他的反应将是可取的。这将涉及备用呼吸气源，可能来自潜水员自己携带的备用气源，抑或是其他潜水员的气源。

发生紧急情况时，潜水员应该冷静，避免恐慌，立即考虑可能的解决方案，并将问题传递到结伴潜水员或者水面。潜水监督必须保持镇定，有序地执行现计划的水面应急程序，并应该确保以常识和良好的潜水技能安全地解决紧急情况。

应急程序的有效执行给潜水员提供了获得可接受结果的最佳机会。下列程序将为潜水员和潜水监督提供某些水下紧急情况的应对措施。

4.9.1 紧急上升

自携式潜水的紧急上升通常指的是发生供气中断紧急情况，潜水员紧急上升出水的一种应急程序。

紧急上升大致可分为两种：

（1）独立紧急上升：潜水员独自一人，在没有他人的协助下自己控制上升。

（2）依赖紧急上升：由另外的潜水员协助，通常可以提供呼吸气体，但也有可能提供其他的协助。

紧急上升通常意味着遇险潜水员至少能够部分地控制上升。

在自携式潜水的过程中，在发生供气系统突然失灵，或自携式水下呼吸器被绞缠住而导致呼吸供气中断或者即将中断的情况，而潜水员又没有其他任何的选择，遇险潜水员必须采用紧急自由上升。紧急自由上升的程序如下：

（1）丢掉手中工具和物件。

（2）解下压重带。

（3）如果自携式水下呼吸器被缠无法摆脱，只得丢弃时，丢弃呼吸器的方法是拉开腰带、胸带、肩带和裆带的快速解脱扣，先从一条肩带中脱出一只胳膊，然后将呼吸器从另一只胳膊上脱下。也可采用将自携式水下呼吸器从背部拖至头部，然后从下面脱出的方法。丢弃呼吸器时应防止软管套在颈部。有些单管呼吸器配备颈带，使卸装操作更加复杂，不宜采用。

（4）如果因空气剩余不足需紧急上升，通过丢掉所有器材和压重带，充胀浮力背心可立即上升出水。上升减压的过程中，水下呼吸装置内剩余空气仍可利用，因此不到万不得已，不可轻易丢弃水下呼吸装置。

（5）如果潜水员失去知觉不能自行出水，结伴潜水员直接带他上升很困难，结伴潜水员可通过解下丢弃遇险潜水员的压重带，充胀他的浮力背心以减轻负荷。结伴潜水员无论如何不得离开遇险潜水员，应时刻牢牢抓住遇险潜水员。

（6）上升时应连续排气，使膨胀的肺内气体自由排出。

4.9.2 紧急呼吸气体共享

紧急呼吸气体共享可以是同时使用单一的二级减压器，或者来自同一套自携式潜水装具的两个二级减压器（其中一个为备用二级减压器）。两位潜水员供气共享应首选各自使用单独的二级调节器。

使用一个二级调节器的供气共享程序也被称为共生呼吸或者成对呼吸。如果一名潜水员的空气用完或呼吸器失灵，根据共同呼吸的原则，他可以呼吸潜水伙伴的空气。最有效的成对呼吸方法为：在上升过程中，两位潜水员面对面，使用同一个咬嘴交替呼吸。

成对呼吸完全是一种应急措施，应事先训练，所有潜水员应掌握这种呼吸方法。

4.9.3 供气中断

详细的计划（包括水底供气时间的计算）、潜水员呼吸的控制、作业强度的控制，以及情景意识能够有效地预防供气中断的发生。然而，装具故障、专注于工作或者被困都可能让潜水员陷入一个供气中断的境地。这就有必要使用备用气源，或者进行成对呼吸，抑或是采取紧急自由上升的措施。

如果潜水员发生供气中断的情况，他应该：

（1）引起结伴潜水员的注意。

（2）检查气瓶阀是否完全开启。

（3）拉下信号阀，使用应急储备气体。

（4）如果主二级调节器发生故障，使用备用二级调节器。如果配备了独立的备用气源可使用备用气源。

（5）终止潜水，成对呼吸或者如果有必要实施紧急游动上升措施。当不得不采用丢弃装具自由上升的时候，在上升至水面的过程中应有控制地不断呼气。

在除非绝对必要的情况下不要随意丢弃呼吸装置，因为在潜水员上升的过程中，外界环境压力降低，气瓶内可能会有足够的气体供潜水员呼吸。

4.9.4 潜水员救援

1. 救援原因

潜水员救援是在事故发生后，避免或限制进一步暴露于潜水危险中并将潜水员带到如船舶或陆地等潜水员不会溺水的地方，并且可以进行急救以及寻求专业医疗帮助的过程。

潜水员需要救援的原因有很多。这通常意味着潜水员不再有能力控制局面。需要救援的情况包括：

（1）呼吸气体中断。

（2）由于装具故障无法获得呼吸气体。

（3）意识丧失。

（4）无法监控深度表或者潜水电脑，从而无法安全上升，发生这种情况通常是由于面罩脱落，面罩淹水或损坏。

（5）恐慌。

（6）因损伤或者潜水障碍，或者其他疾病而丧失能力。

（7）水下失联或受困。

（8）无法使用浮力背心，或者在没有信号绳的情况下，无法施加充分的上升推力。

（9）潜水后无法返回岸边或潜水船舶。

（10）低体温症。

（11）氮麻醉。

（12）精疲力竭等。

潜水员可能会因为能力、健康状况或者坏运气而陷入需要救援的境地。

2. 救援技能

潜水员救援技能包括：

（1）受控浮力提升法：用于安全地将一个失去能力的潜水员从水下带到水面。这是一种救援意识丧失潜水员的基本技能。这种技巧同时也适用于丢失或损坏潜水面罩的、在没有帮助的情况下无法安全上升的潜水员。

（2）让遇险者漂浮在水面。

（3）寻求帮助。

（4）水面拖带潜水员。

（5）协助遇险潜水员登岸。

（6）水中人工呼吸。

（7）陆地或船上的 CPR。

（8）陆地或船上的用氧急救。

（9）一般急救

3. 失联潜水员救援

与自携式潜水员失去联系可能是发生严重问题的第一个征兆。每种情况依据潜水员是否得到照料、结伴潜水还是单人潜水等而有所不同。时间是关键，一旦与潜水员失去联系，必须第一时间做出采取措施的决定。

（1）在结伴潜水时，一旦与潜伴失去联系，潜水员应该：

1）从现有位置上进行一个 360° 的目视搜索。

2）注意最大深度和水底时间。

3）敲击气瓶 3 下，同时以 9m/min 的速度上升到达水面。

4）在上升的同时，继续采用 360° 的目视搜索，看是否能够找到潜水员或者气泡。

5）到达水面后，实施另外一个 360° 的目视搜索，看是否能够找到潜水员或者气泡。

6）立即为浮力背心充气，建立正浮力，并向水面支持团队发出手势信号，或者使用口哨或灯光发出警示。一旦与潜水监督取得联系，将失联潜水员、自己的最大深度、水底时间、气瓶余压等情况报告潜水监督。

7）如果在上升的过程中，发现了失联潜水员的气泡，在情况允许的前提下，可以沿着失联潜水员的气泡找到失联潜水员。

如果潜水员发生绞缠或被困，请按照被困潜水员的程序操作。

如果潜水员失去意识，请按照失去意识潜水员的程序操作。

失联潜水员往往是迷失方向和感觉混乱，有可能已经离开了作业区域。氮麻醉或者与呼吸气体相关的其他并发症，可能导致思想混乱、头晕、焦虑和恐慌等，这在失联潜水员中很常见。失联潜水员有可能无意识地伤害到救援潜水员。在确定了失联潜水员的位置后，救援潜水员应该谨慎地接近以免受到伤害，并简要分析失联潜水员的情况。

（2）潜水员失联后，潜水监督应该：

1）发出召回的声音并进行瞭望。从较高有利的位置发现气泡或者水面潜水员的机会

5. 呼吸阻力过大

高呼吸功可能由高吸气阻力、高呼气阻力，或者高呼吸阻力造成的。高吸气阻力可能由高开启压力，低级间压力，二级减压器内活动件之间的摩擦阻力，过大的弹簧载荷，或者次佳的阀门设计造成的。吸气阻力通常可以通过维修和调节加以改善，但是有的供气调节器在较大深度上，如果没有较高的呼吸功时将无法输送较大的气流。高呼气阻力通常是由于排气阀的问题造成的，排气阀片容易与阀体粘连，由于材料变质而变硬，或者没有足够大的排气通道。

6. 颤抖进气、吸气颤音以及低吟音

这种现象是由二级减压器内的一个不规则且不稳定的气流造成的，而造成这一气流的原因可能是由二级减压器内的气流与开启需供阀的隔膜挠度之间的轻微正向反馈，这一隔膜挠度不足以引起通风，但足以引起系统的颤动。有的调节器通过调节可以以最小的呼吸功获得最大的气流，这种现象在此类高性能调节器上更常见，特别是出水以后，但是在供气调节器浸入水中时，周围的水会抑制弹性膜和其他活动件的移动，这种现象会减轻后消除。通过关闭文氏管内的辅助装置或者增加需供阀弹簧的压力来降低二级减压器的灵敏度就可以解决这一问题。需供阀内活动件不规则的摩擦可能也会造成颤抖进气。

7. 外壳或组件物理损坏

诸如破裂的外壳，撕裂或脱落的咬嘴，损坏的排气导流套等损坏可能会导致气体流动问题或者漏气，或者导致供气调节器无法舒适地使用或者呼吸困难。

4.10.2 浮力背心

1. 充气失控

浮力背心充气失控的主要原因是充气阀卡住，让充气阀处于一个开启状态。虽然这不是致命的，但会导致一个失控的上升，从而造成减压的问题。为防止这类问题，潜水员应该：

（1）使用前对充气机械装置进行检查和测试。

（2）使用后要进行适当的维护。

（3）针对如何控制这种情况进行培训和训练。

（4）尽可能使用容积适当的浮力背心。

2. 不可控的排气

浮力背心的这种故障将可能让潜水员无法获得中性或者正浮力，以及潜在的困难或者无法控制上升或者完全无法上升。这是一种灾难性的泄漏，主要是由于：

（1）歧管接头损失。

（2）波纹管故障。

（3）气囊撕裂。

为了预防这种情况的发生，潜水员在使用前必须进行维护和检查，也可以使用双气囊浮力背心。在发生这种情况时，潜水员应该：

（1）使用干式服作为浮力控制装置。

（2）使用卷线器和延迟水面标记浮标的足够体积作为上升浮力的辅助。

（3）使用信号绳并让水面照料员协助。

（4）丢弃足够的压重块以便上升。

4.10.3 面罩

面罩虽然简单，但发生故障的概率较高，它所带来的主要问题是让潜水员在水下无法聚焦，增加潜水员的心理压力，无法读取仪表读数。导致这一问题的主要原因有：面罩带或卡扣故障；由于撞击导致面窗碎裂；面罩脱落。要避免面罩脱落带来的问题，潜水员应该进行无面罩的潜水训练，掌握口鼻分家的呼吸技能。由于全面罩可以更加牢固地固定在潜水员的头上，并且由供气软管连接，全面罩的使用可以降低面罩脱落的风险。潜水前潜水员应该严格按照潜水前的检查程序对面罩和面罩带进行检查，一旦发生面罩脱落的情况，潜水员应该用手按住面罩，或使用备用面罩。

4.10.4 干式潜水服

1. 干式潜水服进水

干式潜水服进水的同时，也牵涉到干式潜水服内气体流失的危险。干式潜水服进水后，热隔离保护受到破坏，加速身体热量的损失，有可能导致体温过低症；干式潜水服内的气体流失导致浮力损失，潜在的风险是无法建立中性或者正浮力，以及上升困难或者无法上升。导致干式潜水服进水的原因可能是：

（1）拉链破裂。

（2）乳胶颈部密封圈撕裂。

为了避免和预防干式潜水服进水，潜水员应该：

1）要针对这种情况进行培训和训练，并掌握相关的应急技能。

2）要选择由具有显著固有绝热性能材料制成的干式潜水服。

3）干式潜水服的日常维护保养要做到制度化和规范化，潜水前要对拉链和密封进行仔细检查。

4）使用时可以在干式潜水服的里面穿着内衬衣，万一进水，也可以保持一定的热保护。

5）使用有足够体积的浮力背心，以弥补干式潜水服浮力的损失。

6）使用由水面照料的信号绳。

7）在水下丢弃足够重的压重块，以建立中性浮力。

8）使用延迟水面标记浮标的足够体积以补偿损失的浮力。

2. 干式潜水服过度充气

干式潜水服过度充气有可能出现导致减压问题的上升失控。出现这一状况的主要原因是充气阀卡住连续充气。要避免和预防这一问题，潜水员应该：

（1）使用低流量充气软管。

（2）进行针对充气阀故障的应急程序训练并掌握相关技能。

4.10.5 压重带

压重带脱落可能造成无法建立中性浮力，从而导致上升失控。为了避免和预防发生这一状况，潜水员应该：

（1）潜水前仔细检查压重带的快速解脱扣或者压重带卡扣状态是否完好，功能是否正常。

（2）使用长度恰当的压重带。

（3）如果压重带容易滑过臀部并脱落，应考虑使用集成压重系统。

（4）采用安全、不易意外释放的方法佩戴压重带。

（5）在一可释放的系统上佩带适量的可以重新建立中性浮力的压重块，其他的则牢牢地固定在压重带上。

4.10.6 脚蹼

脚蹼固定带或者脚蹼固定带卡扣断裂或故障造成脚蹼脱落，从而造成自携式潜水员的推力、控制能力和机动性丧失，这将导致潜水员无法顶流游动。特别是在顶部障碍环境下潜水，潜水员需要在水下水平游动较大距离才能出水的情况下，有可能出现在呼吸气体耗尽之前，潜水员无法安全出水。

为力避免和预防这种情况的发生，潜水员要针对脚蹼脱落的情况进行训练，并掌握单脚蹼游动的技能；尽可能使用原厂家生产的脚蹼带和卡扣，使用前必须要仔细检查脚蹼的固定带和卡扣，如有任何疑问，用更可靠的脚蹼带进行替换；如果是团队潜水，潜水时也可以携带备用脚蹼带，便于在紧急情况下的更换。

4.10.7 潜水气瓶

1. 气瓶充气过程中的灾难性故障

如果管理不当，潜水气瓶内气体压力突然释放而引起的爆炸，将会非常危险。在充气的同时存在着发生爆炸的巨大风险，但是在过热的情况下也会发生爆炸。故障的原因从由于锈蚀导致的气瓶壁厚度减小或者深的锈蚀点，不合适的阀门螺纹导致的颈部螺纹损坏，或者疲劳裂纹，持续的高应力，或者铝瓶的过热效应等。气瓶阀上安装的安全阀可以预防潜水气瓶因超压而发生的爆炸，如果气瓶压力过大，安全阀内的爆破片就会被击穿，以一个快速可控的流速排出气体，从而防止灾难性的气瓶故障。但是，由于锈蚀性弱化或者重复加压循环导致的应力，充气的时候有可能发生爆破片的意外破裂，但是通过更换爆破片就可以解决。

发生在充气过程中的其他危险故障模式包括了瓶阀螺纹故障，这有可能导致气瓶阀从气瓶颈部爆出。

2. 气体储存时间过长

在潜水员使用气瓶之前，气瓶内的气体储存时间过长，由于气瓶内部锈蚀可能会消耗空气中的部分氧气，从而造成呼吸气体中的氧分压过低，导致低氧症。潜水员无法维持正常的活动，意识水平下降，严重可能导致昏迷或死亡。

为了避免和预防发生这种情况，要定期对气瓶进行例行检查和试验；在气瓶储存很长一段时间后，如果气瓶内是混合气体，使用前应该分析气体的氧含量，如果是空气，可以将气体排掉后重新充气。

3. 安全阀爆破片意外破裂

安全阀内的爆破片起到过压保护的作用，然而，在爆破片核准失效的时候，或者由于锈蚀性弱化或者重复加压循环导致的应力，爆破片意外破裂，从而造成呼吸供气损失，可能导致溺水，偶尔也会导致非吸水性的窒息。

避免和预防措施包括：

（1）对气瓶进行适当的维护和保养。

（2）采用隔离歧管连接独立双瓶配置，一旦一个气瓶的安全阀发生故障，可使用另外一个气瓶供气。

（3）配备小型应急气源，主供气瓶发生故障时，使用应急气源。

（4）如果是结伴潜水，可使用结伴潜水员的备用气源。

（5）可采取紧急自由上升的应急措施，紧急自由上升比溺水的幸存率更高。

4.11 自携式潜水装具的维护与检修

所有参加保养、维护及修理潜水系统和装具的人员必须接受过适当的培训，并具有相应的维修保养经验。潜水员有责任确保潜水装具处于完好、随时可用的状态。对潜水装具进行维护与检修的要求如下：

（1）正确填写潜水装具维护日志。

（2）维护记录的内容包括工作性质、维修时间、修理和测试内容、维修和测试人员的姓名及其他相关细节等。

（3）操作员单独对任何潜水设备和装具进行维护、修理、校对、测试或调整时，应该在维护记录上记录他们的姓名，并由他们签字。

（4）用于潜水作业的潜水面罩、潜水气瓶、呼吸调节器必须按照制造厂商所推荐的程序进行检查和维护。要求的检查和测试必须在设备所有者的记录簿中记录并确认。

4.11.1 潜水后的保养

1. 潜水装具潜水后保养

每个潜水员应对潜水装具进行潜水后的保养和适当处理，具体操作要求如下：

（1）关闭气瓶阀，拉下信号阀，即使气瓶内的空气只用了一部分，也应如此。这表明气瓶已被用过，必须检查并重新充气。最好将气瓶放到指定的地方，以免混淆。

（2）通过咬嘴吸气，或者按压中心供气按钮，把供气调节器内的空气放掉，然后取下供气调节器，将调节器浸入淡水中清洗，但不要让水进入供气调节器的一级减压器中。

（3）检查锥形防护罩上无污水或污物，检查 O 形圈，然后将锥形防护罩固定到供气调节器的入口上，这样可以防止异物进入供气调节器。

（4）如果供气调节器或其他任何装具已被损坏，应贴上“已损坏”的标签，并将它们与其余的装具分开。损坏的装具应尽快地维修、检查和测试。

（5）用干净淡水冲洗整套装具，除去所有的盐渍。盐渍不仅会加速材料的腐蚀，也会堵塞供气调节器和深度表的气孔。装具中所有可以随时取出的部件，如膜片和单向阀、快速解脱扣、刀鞘中的潜水刀以及救生背心中的二氧化碳气瓶，均须仔细检查是否有腐蚀、盐渍或污点。对于咬嘴，应该用淡水和口腔消毒剂冲洗几次。

（6）所有装具经洗刷冲洗后，放到干燥、通风的地点存放，不得暴晒。供气调节器应单独贮存，不得留在储气瓶上。湿式潜水服吹干后，应喷上滑石粉并仔细叠好或挂起。不得用吊钩或钢丝钩吊挂潜水服，因为这种挂法会使潜水服拉长变形或撕裂。面罩、深度表、救生背心和其他装具，如果随意堆放，将会损坏或磨损，因此，必须单独存放，不得堆在一个箱子或抽匣里。所有缆绳应晒干、理顺并妥善贮存。

2. 浮力背心潜水后保养

浮力背心的清理和存放将决定着它的使用寿命。浮力背心潜水后保养步骤如下：

（1）必须用淡水清洗用后的浮力背心。盐和氯会损坏浮力背心。

（2）按照浮力背心的最大充气压力要求，充满浮力背心。

（3）抱住浮力背心，让充排气管向下。

（4）按下排气阀排气，这会把在潜水过程中有可能进入到浮力背心中的水排出。

（5）把干净的淡水灌入到浮力背心内并加以摇动，以便于把浮力背心内的化学物质、颗粒物松动，然后把水排干净。

（6）把浮力背心挂在干燥、凉爽处，排气管朝下。绝不可以暴晒。

4.11.2 日常维护保养

1. 潜水气瓶

（1）定期检查和测试

国家相关法规要求对高压气瓶定期检验，这通常包括内部的目视检查和水压试验。在腐蚀性更强的潜水环境，自携式潜水气瓶的检查和试验要求与其他压力容器的要求不同。

1）周期检验

按《气瓶安全技术监察规程》TSG R0006—2014 的要求，潜水气瓶应每两年进行一次检验，进行 1.5 倍最大工作压力的水压试验。

在气瓶通过检验后，会把检验日期打印在气瓶的肩部。定期检查和检验的记录由检验站制作，需要存档以便于后期的检查。

气瓶在通过了检验后，如果对其状态仍然存有怀疑，可以采用进一步的检验来确定气瓶的适用程度。气瓶如果无法通过检验和检查，并且无法维修，应彻底报废。

2）内外检查

根据《空气潜水安全要求》GB 26123—2010 的规定，每年对其内部与外部的损坏和腐蚀程度进行一次检查。

①气瓶的外部检查

在对气瓶进行外部检查之前，必须清除气瓶表面的疏松涂层、锈蚀物以及其他的可能掩盖气瓶表面的材质。气瓶的外部检查包括了凹痕、裂缝、凿槽、切口、凸起、叠层和过度磨损、热损伤、电弧伤、锈蚀损伤、永久性标记损坏、色标损坏，以及未经批准的附加或修改等。

②气瓶的内部检查

除非用超声波的方法对气瓶壁进行检查，否则必须在有足够照明的前提下对气瓶内部进行目视检查，以识别任何的损坏和缺陷，特别是锈蚀情况。

在对气瓶内部进行检查之前，首先要将气瓶阀打开，排出气瓶内的气体，在确定气瓶内部与外界大气压力平衡后，把气瓶阀卸下。

将一串小灯泡（圣诞彩灯）放进气瓶内，检查气瓶内的底部及四周，看是否有任何的损伤。如果气瓶内壁表面有大量附着物而看不清楚，首先应采用准许的、不会损伤气瓶内壁的方法进行清理，清除黏贴在气瓶壁上的锈蚀物、污点以及底部的水。在目视检查过程中，如果对发现的缺陷是否符合标准不确定，可以实施额外的测试，比如点蚀壁厚的超声波测量，或者称重检查，以确定因锈蚀而损失的总重量。

③螺纹检查

检查气瓶颈部的内螺纹和气瓶阀螺纹，确定螺纹的类型和状态。气瓶和阀门的螺纹必须符合螺纹规格，清洁，完整，没有损坏，无裂纹，毛刺和其他缺陷。必须对要重复使用的气瓶阀进行检查和保养，以确保它们能够正常工作。在安装气瓶阀之前，必须检查螺纹类型，确保安装了具有匹配螺纹规格的气瓶阀。

（2）潜水气瓶日常保养

1）气瓶内部清理

有可能需要对潜水气瓶的内部进行清洁，以便于清除污染物，或者有效的目视检查。清洁方法应该在保障不伤害到气瓶内壁金属结构的前提下清除污染物和锈蚀物。根据气瓶的结构材料和气瓶内的污染物情况，可使用溶剂、洗涤剂和酸洗剂等进行化学清洗。对于严重的污染，特别是严重的锈蚀，可能需要研磨介质进行研磨除锈等。

2）气瓶的外部清理

潜水气瓶的外部清理主要包括污染物、锈蚀物、陈旧油漆或其他涂层等的清除。但要强调的是清除方法必须尽可能少地清除结构材料。通常会使用溶剂、洗涤剂和喷丸等。加热清除外表涂层有可能会影响到金属的晶体微结构，从而导致气瓶报废。对于铝合金气瓶来讲，加热处理外表涂层是绝对不被允许的，铝瓶不得暴露于超出制造商规定的温度范围。

2. 供气调节器

供气调节器的维护实际上取决于它的使用方式。如果经常在盐水中使用，则应每年至少进行一次维修。而在淡水中使用且使用频率较低的调节器可能需要在两年后进行维修。如果维护周期过长，则调节器的某些部件可能由于锈蚀而永久封住。维护包括完全拆卸和清洁调节器、润滑 O 形圈、更换磨损部件以及在组装后要进行功能测试。

长时间没有经过维护的供气调节器，由于移动部件对其他部件的磨损，在使用的过程中，可能会导致自身的失灵与故障。

在发现供气调节器有损坏的迹象，如呼吸困难或漏气、进水，必须立即按照供气调节器生产商的维修说明书进行专业检修。

4.11.3 主要部件性能的测试

1. 信号阀指示压力测试

信号阀是潜水时指示气瓶最低储气量（即由水底从容上升所需气体的最低储备量）的警报系统，起着保证潜水员安全的作用，应经常处于性能良好状态。

检查方法如下：

（1）将气瓶充气或使用到 4.9MPa 左右。

（2）推上信号阀置于工作位置，打开气瓶阀排气，掌握排气速度不宜过大或过小。

（3）等瓶口停止排气或排气受阻，声音明显改变时，关闭气瓶阀。

（4）拉下信号阀拉杆置于解除位置，测瓶压，即为信号阀指示压力。指示压力在 2.94 ~ 3.9MPa 范围内为合格。超过 3.9MPa 还可使用，但潜水后应修理调整。低于 2.94MPa 时不准使用。

2. 一级减压器输出压力测试

长时间放置库房未用或怀疑输出压力有问题时，须进行测试，方法如下：

（1）将供气调节器的一级减压器上安全阀取下，在该螺孔中装上 0 ~ 1.57MPa 刻度压力表。

（2）与空气瓶接通。开启瓶阀，观察压力表指示压力，同时另一手准备按二级减压器保护罩上的手动供气按钮或将保护罩取下，直接按阀杆（注意：此手不得离开！）。当如压力表指示不停地上升并超过 2/3 表盘刻度时，应立即按下按钮（或阀杆），排出气体以免发生意外。如升到一定压力不再上升时说明减压器阀头不漏气，可继续测试。

（3）用开瓶阀那只手，用专用六角内扳手旋转一级减压器调节弹簧螺母，使压力表指针下降或上升。

（4）按阀杆到底时压力表指针下降值不应少于 0.2MPa，阀杆抬起恢复正常位置时，压力表应回到原来指示数值。允许稍有压力缓慢上升现象。

3. 供气调节器最大流量测试

供气调节器最大流量是指在单位时间内最大限度通过的空气流量，单位是升 / 分钟（常压值下）。测定方法如下：

（1）将在瓶压 14.7MPa 调好减压器输出压力为 0.49MPa 的供气调节器（如 69-4 型）接在已测过压力的空气瓶上。

（2）将气瓶阀开到最大，取下二级减压器的保护罩。

（3）按二级减压器阀杆到底，排气 30s。

（4）关闭气瓶阀。取下供气调节器，测瓶压。

（5）最大流量（Q_{max}）计算方法：

$$Q_{max}=\frac{(P_1-P_2)V}{T\times 0.098} \quad (4.11\text{-}1)$$

式中 Q_{max}——最大空气流量，L/min；

P_1——第一次所测瓶压数，MPa；

P_2——第二次所测瓶压数，MPa；

V——空瓶容积，L；

T——排气时间，min。

（6）瓶压 11.8 ~ 14.7MPa 时，流量大于 300L 为合格。

几点说明：

（1）供气调节器流量主要是反映一级减压器的性能，此外除本身的二级减压器外，还受瓶阀影响。因此测定时须用本套空气瓶，成批比较时则选用固定一个气瓶。

（2）排气时间一般取 30s 为宜，测两次。排气时间太短误差大，太长瓶阀易结冰，影响流量。

（3）排气时气瓶温度下降，空气体积缩小，第二次测压应等 3 ~ 5min 瓶内温度基本回升后再测（完全回升需数小时后）。此种方法虽然受温度影响造成一定误差，但方法简单，不需仪器，适用于潜水人员自己测试。

4.11.4 常见的故障和排除方法

潜水装具的一般故障和排除方法见表 4.11-1。

潜水装具的一般故障和排除方法　　表4.11-1

故障	原因	排除方法
气瓶阀开启后漏气	1. 手轮轴密封圈结合不严或损坏； 2. 没开足	1. 拆下重新装配或调换密封圈； 2. 开足
气瓶阀关闭后漏气	阀头损坏	阀头换新
二级减压器不断供气	1. 弹性膜变质，下陷压迫阀杆，不能复位； 2. 阀杆弹簧失灵	1. 弹性膜老化应换新，如因低温和干燥变硬，可放在水中浸泡； 2. 弹簧换新； 3. 阀头换新
气瓶阀与气瓶连接处漏气	1. 没旋紧； 2. 密封圈损坏	1. 检查后旋紧； 2. 密封圈换新
供气调节器安全阀过早排气	1. 调节螺丝松动； 2. 弹簧失灵或弹力减退； 3. 阀头损坏	1. 重新调紧并用固紧螺母固定； 2. 弹簧换新或将调节螺丝适当调紧； 3. 阀头换新
一级减压器输出压力改变	调节螺母松动	重新调整到规定压力
一级减压器输出压力不断缓慢上升	高压阀损坏	高压阀换新
开放式呼吸器供气不足	1. 气瓶阀没开足； 2. 一级减压器输出压力低于规定； 3. 一级减压器的部件损坏； 4. 气瓶内气体不足	1. 气瓶阀开足； 2. 调整到规定压力； 3. 损坏部件换新； 4. 重新充装

•

续表

故障	原因	排除方法
开放式呼吸器呼气阻力大	1. 二级减压器橡胶阀变质； 2. 膜阀老化、变质、变形； 3. 弹性膜老化、变质	1. 阀座换新； 2. 膜阀换新； 3. 弹性膜换新
开放式呼吸器吸气阻力大	1. 一级减压器输出压力过高； 2. 一级减压器的过滤网阻塞； 3. 二级减压器弹性膜失灵	1. 调整到规定压力； 2. 拆洗过滤网； 3. 弹性膜换新
呼吸阻力大或呼不出气	呼吸阀与弹性膜粘连	分开或换新
自动供气	1. 供气弹簧失灵； 2. 一级输出压过高； 3. 一级调压部分有关部件损坏	1. 换新； 2. 一级输出压调至规定标准； 3. 换新后将输出压调至规定标准
吸气时有水	1. 弹性膜破损； 2. 呼气阀老化或破损	换新

4.11.5 潜水装具的存放

1. 气瓶的长期储存

储存于钢瓶或者铝瓶的呼吸气体通常不会变质。假设气瓶内部水含量不足以促进内部腐蚀，气瓶储存在允许的工作温度范围内（通常为低于 65°C），那么气瓶内储存的气体将保持多年不变。如果有任何怀疑，检查气体的氧气含量便可确认气体是否发生了变化（因为其他气体成分是惰性气体）。任何不正常的味道都将表明在充填气瓶的时候气瓶或者其内气体受到了污染。气瓶存放时也可以把大部分的气体放掉，以微小的正压储存气瓶。

铝质气瓶具有较差的耐热性，在储存铝瓶时，一定要远离高温环境。

2. 呼吸调节器的存放

（1）在存放呼吸调节气之前，将防尘盖装上，防止水分、污物等进入供气调节器内。双管式供气调节器的呼吸软管应定期松开，并将软管从调节器和咬嘴上取下清洗干净。清洗调节器时，要防止水进入供气调节器的一级减压器中。

（2）使用特定的润滑脂对呼吸调节器进行润滑保养，长期不用时，应将弹性膜片涂抹滑石粉进行保养。

（3）呼吸调节器要存放于干燥、通风、阴凉处，尽可能平放绝不可存放于潮湿、高温的地方。

（4）呼吸调节器绝不可固定在气瓶上与气瓶一起存放。

（5）长期不使用的呼吸调节器要定期检查，以避免橡胶部分老化变质。

3. 面罩

（1）面罩要存放于干燥、阴凉、通风的地方，要避免阳光直接照射。

（2）长期不用的面罩在清洗干净晾干后，涂抹适量的滑石粉。

（3）长期不使用的面罩，要把头带从面罩上取下，以免头带的老化。

（4）玻璃向下平放储存，避免橡胶部分受挤压，以防止接触颜面部边缘变形，影响水密性能。

（5）不可与其他物体混杂存放，避免重物挤压。

4．浮力背心

（1）把晾干的浮力背心挂在干燥、凉爽处，远离高温，更不可以暴晒。

（2）如果是长期储存，可适当为浮力背心充气，避免浮力背心内壁粘连。

（3）不可以与其他物体混杂存放，不能受到挤压。

（4）绝不可以用作其他物体的缓冲垫。

5．潜水衣、潜水袜、潜水鞋

（1）可使用适量的爽身粉对长期不使用的潜水衣、袜、鞋等进行涂抹，以免粘连。

（2）用硅脂对金属拉链、干式衣或半干湿潜水衣的气密拉链进行涂抹润滑，以免拉链氧化锈蚀或老化。

（3）要用宽大的衣架把潜水衣吊挂储存，不可折叠存放。

（4）潜水衣要存放于干燥、凉爽的地方。绝对不能够暴晒。

（5）不可以与油脂及其他杂物混杂存放，更不可以用作其他重物的缓冲垫。

6．潜水脚蹼

（1）潜水脚蹼应存放于阴凉、干燥的地方，不可置放于高温处。

（2）长期不用的可调型脚蹼存放时，要把鞋带松开存放。

（3）要远离油脂。

（4）平放储存，不可以用作其他重物的缓冲垫。

7．压重带

（1）压重带要轻放，避免压重带铅块变形。

（2）压重带要储存于干燥、阴凉的地方。

（3）压重带要平铺摆放，避免大量的压重带一起堆放，造成解脱扣变形。

第 5 章　水面需供式潜水装具与操作技术

5.1　概述

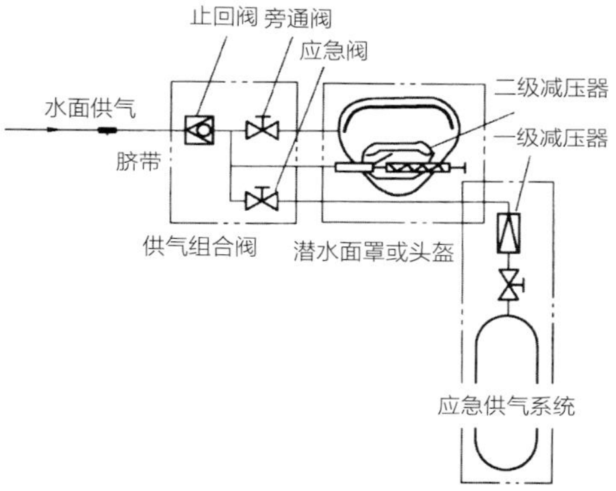

图 5.1–1　水面需供式潜水装具供气原理图

水面需供式潜水装具有两路供气系统：一路是水面供气，由水面气源通过脐带输至潜水头盔或面罩，供给潜水员水下呼吸气体；另一路是水下应急供气，由潜水员自身携带的应急供气系统，供给潜水员水下应急呼吸气体。

水面需供式潜水装具的供气原理：如图 5.1–1 所示。从水面供气系统（详见本书第 6 章）输出的呼吸气体，经脐带输至潜水头盔或面罩上的组合阀，通过单向阀后经弯管流入需供式调节器（即二级减压器），气体压力降至与潜水深度环境压力相等，供潜水员吸用，然后呼出气体，经过二级减压器的呼气单向阀直接排出水中。必要时，也可打开旁通阀让呼吸气体沿导管直接进入潜水头盔或面罩的口鼻罩内，向潜水员提供连续流量的气体，起到旁通应急供气、消除面窗雾气、清除潜水头盔或面罩意外进水等作用。当水面供气系统发生故障时，打开应急阀（平时关闭），从自身携带的应急气瓶输出的高压气体经一级减压器减压调节后，通过中压管输至潜水头盔或面罩上的组合阀，经弯管进入需供式调节器，也可打开旁通阀让气体连续流入潜水头盔或面罩内，进行应急供气。

在工程潜水中，水面需供式潜水装具的水面气源要求有两路，并且相互独立，一路作为主气源，另一路作为备用气源，可来自专门的潜水压缩机或者高压气瓶组；此外，还有自携的应急呼吸气源。因此，与自携式潜水相比，水面需供式潜水极少会发生供气中断的紧急状况。

水面需供式潜水装具综合了自携式潜水装具和通风式潜水装具的优点，具有轻便灵活、按需供气、潜水深度大、水下停留时间长、双向语音通信等的特点。需供式呼吸方式降低了潜水员充分通风所需的气体量，因为只有在潜水员吸气时才供气。需供式呼吸方式会比通风式呼吸方式更加安静，特别是在呼吸过程中的非吸气阶段，这让语音通信更加有效，水面团队可以通过通信系统听到潜水员的呼吸声，这有助于水面监控潜水员的状态。使用需供式潜水头盔或面罩要比使用咬嘴或通风式呼吸装具更加安全，如果发生潜水员意识丧失，或者发生痉挛性氧中毒，潜水员可以在面罩内继续呼吸。而同样的情况，如果使用自携式潜水装具，潜水员因无法含住咬嘴而导致溺水；如果使用通风式装具，潜水员可能因无法控制进气和排气，导致放漂。

水面需供式潜水的优点很多，主要有：

（1）佩戴轻便。

（2）连接简单，现场部署快。

（3）既可以用于空气潜水，又可以用于饱和潜水。

（4）具有无限的气体供应，水下作业时间长。

（5）潜水深度大。

（6）供气调节灵敏、呼吸阻力小。

（7）呼吸按需供给，耗气量小。

（8）双向语音通信，兼有拉绳通信。

（9）良好的横向移动。

（10）两路水面供气气源，极少会发生供气中断。

（11）自携应急供气系统。

（12）溺水风险低。

（13）潜水头盔能够提供良好的头部保护。

（14）减压更安全等。

但是，相对于自携式潜水而言，水面需供式潜水也有一些缺点，主要有：

（1）水下活动性受限。

（2）需要水面供气和应急供气，系统相对较复杂。

（3）水面照料人员增加，潜水成本增加。

水面需供式潜水装具的优点突出，安全性和工作效率高，是目前比较理想的潜水装具，被广泛应用于各种工程潜水作业，包括：

（1）水下搜索。

（2）水下打捞。

（3）水下检查。

（4）船舶的水下检修和维护。

（5）水下密闭空间作业。

（6）水下安装及建造作业等。

5.2 水面需供式潜水装具组成与分类

5.2.1 组成

水面需供式潜水装具由潜水头盔或面罩、脐带、背负式应急供气系统、通信系统及配套器材和辅助器材等组成，如图 5.2-1 所示。

（a）（b）（c）

图 5.2-1　水面需供式潜水装具

（a）头盔式组件；（b）面罩式组件；（c）着装后

潜水头盔或面罩的组合阀连接来自水面经过脐带输送来的中压气体，经弯管流入需供式调节器，调节成压力和流量适合于潜水员吸用的气体，使潜水员在水下能直接吸气与换气，这与自携式二级减压器的作用基本相同；同时，潜水头盔或面罩有保护潜水员头部的作用，其内部形成一个局部空气层，提高潜水员的视野，也为实现潜水语音通信提供了可能。

潜水员脐带连接水面潜水控制面板与潜水员头盔或面罩，由供气软管、电缆等组成，主要作用是向潜水员输送呼吸气体、通信等。

潜水员自身携带的背负式应急供气系统，在水面供气发生故障时，能提供另一路应急供气，使潜水员在主供气中断的情况下能安全返回。

水面需供式潜水装具通常采用有线双向语音式通信系统，水面与潜水员之间通信方便、可靠清晰。

配套器材是水面需供式潜水装具必须配备的附属器材，包括潜水员安全背带、压重装置及潜水服等。

辅助器材是水面需供式潜水时根据潜水任务和性质选用的附属器材，主要有潜水绳索、脚蹼、潜水电脑、潜水手表、水下指北针及气压表等器材。

5.2.2　分类

潜水头盔和面罩是水面需供式潜水装具的重要部件。水面需供式潜水装具类型不同主要区别在于其潜水头盔和面罩，有多种配置，但其基本类型可分为两种：潜水头盔和潜水面罩。

1. 潜水头盔

潜水头盔是一种刚性结构，或者与颈部密封组件连接，或者直接与干式服连接，它能够完全封闭潜水员的头部并提供需供式的供气方式。制作潜水头盔的材料可能是金属，也可能是强化塑料复合材料。

潜水头盔具有刚性外壳和头部保持干燥的优点，可保护潜水员的头部免受撞伤，可减少在污染水域中头部皮肤和耳朵受免感染的危险，保暖效果好，潜水头盔内的通信装置也得到较好的保护，因此在水下建筑物内、污染水域、水温较低或较大水深等场合潜水作业时应选用头盔式潜水装具。但潜水头盔也有重量较大、着装时需要照料人员的协助及着装速度较慢等不足之处，因此不适宜作为待命潜水员的装具。

潜水头盔分开式和回收式两种。主要区别如下：

（1）开式潜水头盔

开式潜水头盔（图 5.2-2）在环境压力下将潜水员的呼出气体直接排入水中（或者略高于环境压力以便打开排气阀）。呼出气体直接排放，在使用压缩空气作为呼吸气体的水面需供式潜水中，由于空气取之不尽，这不会造成任何问题。即使是使用氮氧混合气，由于氧气是一种容易获得和相对便宜的气体，而且氮氧混合气体的混合及分析技术简单，一般来说，使用开式潜水头盔也较为经济。

（2）回收式潜水头盔

氦基混合气潜水时，氦基混合气体昂贵，对呼出气体进行回收再利用有足够的价值。因此，这就需要使用回收式潜水头盔（图 5.2-3），通过使用回收管路，对呼出气体进行回收，可以将其再压缩、处理后再次使用。

另外，还有一种正压式超轻需供式潜水头盔，如图 5.2-4 所示，头盔上有可拆卸配重，用于氮气、有毒或无法呼吸的环境以及水下污染严重的环境。正压式头盔配有两套互相独立的单向呼吸气路，和一个用于保持观察窗清晰的独立的手动调节旁通除雾系统。紧凑型组合阀需固定在潜水员的腰带或者安全背带上。弹簧负荷式排气 / 超压阀可使头盔内部压力持续保持超出环境压力 5mB，防止任何有害气体或者有毒颗粒返回到头盔内。

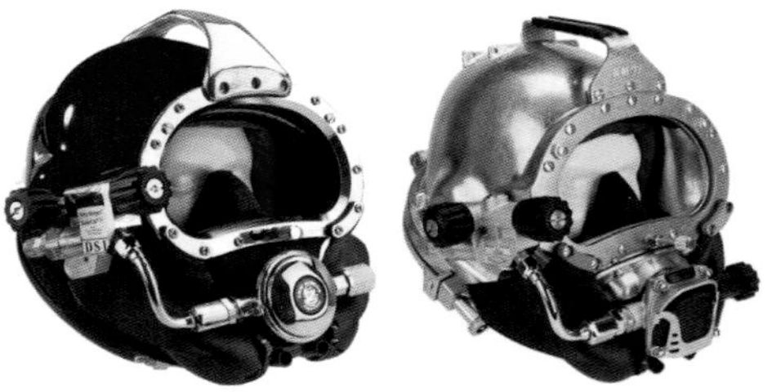

图 5.2-2　开式需供式潜水头盔

图 5.2-3　回收式潜水头盔

图 5.2-4　正压式潜水头盔

2. 潜水面罩

需供式潜水面罩是一种将潜水员的整个面部与水隔离的潜水全面罩，面罩内配置按需供气的呼吸调节器（二级减压器）。潜水面罩的功能有：能提供潜水员吸用的气体；能在潜水员的眼前提供一个空气垫便于水下观察；能给潜水员的脸部提供一定的保护，使其免受寒冷、污染水以及水母或珊瑚等叮刺的伤害；提高呼吸的安全性；提供安装通信设备的空间，使潜水员与水面之间能进行语音交流。

潜水面罩通常由透明的观察窗、与水面气源连接的阀件、清除可能进入面罩内部水的装置、平衡耳压的鼓鼻装置、面部密封边、固定这些组件的面罩本体以及将面罩固定在潜水员头上的固定带等构成。附加组件包括通信部件、照明设备、备用气源连接装置以及清除面窗内表面上雾水的装置等。

潜水面罩主要应用于工程潜水，它的优点是体积小而且轻便，便于潜水员游动，头部活动余地较大，因此在需要大量游泳、管道检查等场合作业时，可选用面罩式潜水装具。另外，由于潜水面罩佩戴迅速且无须别人帮助，因此适宜作为待命潜水员的装具。

但潜水面罩对潜水员的头部保护较差，排气噪声影响通信。由于水可以渗入头罩，因此不适宜用在污染水域里潜水作业。

用于空气潜水的需供式潜水面罩几乎都是开式的，即潜水员呼出气体被直接排入到周围的环境中。但在氦氧混合气潜水中，也会用到气体回收再利用装置，其回收装置的结构与回收式潜水头盔一样。

常用的需供式潜水面罩有两种基本结构：轻型潜水全面罩和卡箍式潜水面罩。

图 5.2-5　轻型全面罩

（1）轻型潜水全面罩

轻型潜水全面罩通常是由一个坚固的塑料框架、观察窗、需供式调节器（二级减压器）、脐带连接装置、软胶裙边以及固定在面罩裙边快速调节扣上的固定头带等组成，如图 5.2-5 所示。全面罩柔软的弹性裙边与潜水员脸部周围形成密封，提高潜水员的水下视野。有的全面罩可以接入背负式应急气瓶。有的潜水全面罩上配置的是可移除的二级减压器，一旦发生供气中断，潜水员可移除面罩上二级减压器，并使用标准的备用自携式二级减压器进行呼吸。

图 5.2-6　轻型全面罩组合阀

轻型潜水全面罩使水下呼吸装置更加牢固地固定在潜水员的面部，使潜水更加安全。但万一发生全面罩的观察窗碎裂或者从面罩裙边上脱落，将会发生灾难性的故障，因为此时潜水员将无法呼吸。因此，潜水员可以携带一个备用二级减压器，最好带多一个半面罩来降低这种故障带来的风险。

轻型潜水全面罩与卡箍式潜水面罩以及潜水头盔比起来更轻，结构更紧凑，在水下游动时也更加舒服，通常它也能提供更好的视野，但是它不能像重型且更坚固的装具那样安全，也无法为潜水员提供同样程度的保护。大多数的潜水轻型面罩适用于自携式休闲潜水。

图 5.2-7　戴轻型全面罩的潜水员

采用水面供气的轻型潜水全面罩，通常会配备连接应急气源的组合阀（也称气源转换阀），如图 5.2-6 所示，可以接入背负式应急气瓶。潜水时将组合阀固定在安全背带上，利用软管连接潜水面罩的二级减压器，潜水员可以通过控制组合阀上的阀门选择使用主供气和应急供气，如图 5.2-7 所示。固定潜水全面罩的头带通常相当安全，但与卡箍式潜水面罩或潜水头盔相比安全性较低，水下脱落的可能始终存在。然而，对于训练有素的潜水员来说，在没有协助的情况下重新戴好面罩并排水是完全可行的。

（2）卡箍式潜水面罩

图 5.2-8　卡箍式全面罩

卡箍式潜水面罩是一种重型的全面罩（图 5.2-8），面罩本体是一个刚性框架，在它上面安装组件，使用金属卡箍将面罩本体和氯丁橡胶头罩连接在一起，故称为卡箍式潜水面罩。它具有很多轻型潜水头盔的特点，在结构上从面窗的上部到下部的需供式调节器（二级减压器）和排气阀，以及侧面的组合阀和通信连接，与轻型需供式潜水头盔的前部极其相似。头罩在面罩周围边缘设有面部密封垫，通过橡胶五爪带将其紧紧地固定在潜水员脸部的周围，形成密封。五爪带在潜水员的脑后有一个护垫，潜水员戴上面罩后，五条带子钩挂在卡箍的挂柱上，利用五条带子上的多个孔洞，调整带子的张力以得到良好的密封效果。卡箍式潜水面罩要比其他的轻型全面罩重，但比潜水头盔轻，安全简便。因穿戴时比潜水头盔更快，因此也适宜作为待命潜水员的装具。

5.3 卡箍式潜水面罩的基本结构与功能

工程潜水中使用的全面罩通常为卡箍式潜水面罩（以下简称潜水面罩），主要由面罩本体、面部衬托、面窗、鼓鼻器、二级减压器、口鼻罩、排气阀、气量调节器、组合阀、耳机与麦克风、头罩及五爪带等组成，如图 5.3-1 所示。本节简要介绍其基本结构与功能。

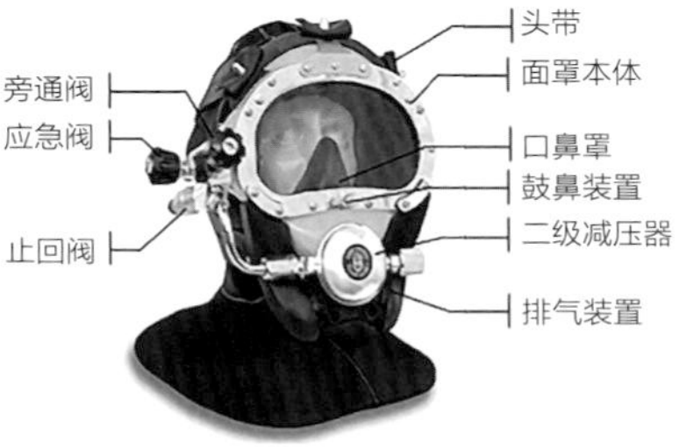

图 5.3-1 卡箍式潜水面罩

5.3.1 面罩本体

面罩本体是由防锈、不易弯曲的、不携带电荷的玻璃纤维制成。有的面罩本体是由不带电荷的热塑性塑料制成。

面罩本体是面罩用于安装其他构件以形成完整面罩的中央结构。这种设计允许在必要时能够比较容易地更换组件。

面罩会配备面部衬托，它是由玻璃纤维制成。面部衬托置于头罩的面部密封垫下面，作为面部密封垫的托架。面部衬托与面罩本体用 2 只螺钉固定。

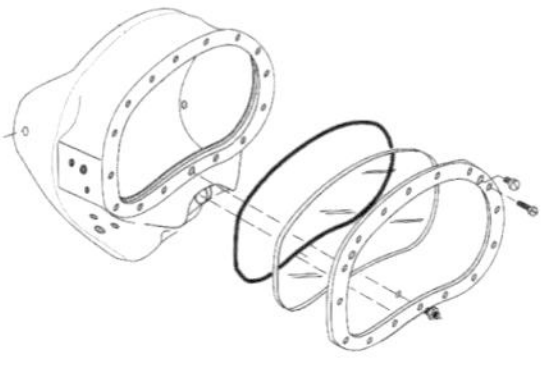
图 5.3-2 面窗组件

面窗供潜水员观察用。面窗由非常牢固、透明的聚碳酸酯塑料制成，如图 5.3-2 所示。面窗容易更换，与面罩本体之间有一个密封圈，起水密作用。用固定螺钉均匀旋紧压紧圈，使面窗玻璃固定在面罩本体上。必须严格按照生产商规定的扭力来上紧面窗的固定螺丝，千万不要过度扭紧，否则，有可能造成面窗故障以及面罩漏水，从而导致潜水员淹溺。

排水阀的作用是排除面罩内气体和积水。排水阀位于面罩本体的底部，如图 5.3-3 所示，通过排水阀的呼吸气体会自动将面罩内部的水排除。由于在正常的工作和游动状态下，这一排水阀处于面罩的最低端，所以这个排水的过程是自然进行的。只要将两个固定螺丝取出，就可以取下排水阀盖。这样就会很容易地看到橡胶蘑菇阀。有的玻璃纤维面罩上的主排水阀体是由 3 颗螺丝固定的。而在

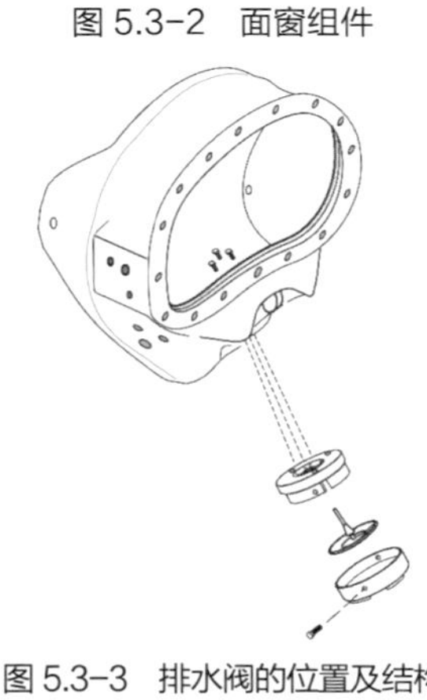
图 5.3-3 排水阀的位置及结构

部分塑胶面罩上，这一排水阀阀体与面罩本体是直接模塑成型的。橡胶蘑菇阀的设计增加了排出气体的流动阻力。这样一来，在潜水的过程中，当二级减压器的弹性膜片低于主排水阀时，这种设计有助于预防二级减压器出现通风的现象。而潜水员却不会遇到呼气阻力，这是由于他的呼出气体是通过调节器的排气阀直接排入水中。

5.3.2 组合阀

来自水面的主供气通过潜水脐带流经单向阀进入到组合阀内部。组合阀是为了确保潜水员安全潜水而设计制造的。在潜水前，每一个潜水员必须对该阀的功能了如指掌，并运用自如。大部分的组合阀位于面罩本体的右侧，它由单向阀、应急阀、旁通阀以及组合阀体组成，如图 5.3-4 所示。

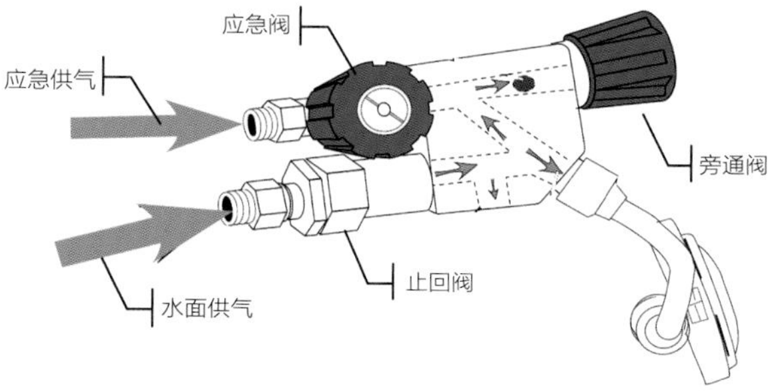

图 5.3-4 供气组合阀

每一个组合阀都有它的设计工作压力范围，而大部分的组合阀设计工作压力范围为高出环境压力 0.88 ～ 1.6MPa，使用时应严格按照生产商的技术规格要求进行。

组合阀上各主要部件的结构及功能如下：

1. 组合阀阀体

组合阀阀体内装有单向阀、应急阀和旁通阀。它有 2 路进气通道：一路是水面主供气经单向阀进入组合阀阀体；另一路是背负式应急供气系统的气体经应急阀进入组合阀阀体。两路进气通道在该阀体内交会。其输出通道也有 2 路：一路气体通过弯管组件进入到二级减压器组件，另一路气体通过旁通阀进入面罩内。

在某些面罩的组合阀体上，有一个预先设置好的，且已被螺栓封住的螺丝孔，这是一个国际标准的 3/8-24 的螺纹孔，这个接口用来连接低压充气管，这样潜水员就可以很方便地为其变容式干式潜水服充气，从而节省背负式应急气瓶内的气体。连接干式潜水服的充气软管上应配置限流器（图 5.3-5），以便在软管出现破裂或者切断时能限制气体流量。只要使用限流软管，干式潜水服正常使用时对需供式调节器的呼吸特性没有任何明显的干扰。除了为干式服充气之外，组合阀上的充气接口不能作为任何其他的用途。

图 5.3-5 限流器

2. 单向阀

单向阀（图 5.3-6）是一个非常重要的构件。单向阀的作用是在脐带内的供气压力出乎意料地降低的时候，它可以阻止面罩内的气体倒流。这种情况有可能发生在近水面处的供气软管路或接头的意外断裂。如果单向阀失灵，不仅是应急气体会失去作用，而且潜水员可能会遭遇严重的面部挤压伤，这有可能会导致损伤或者死亡。止回阀的一端与组合阀体连接，另一端与水面主供气软管连接。

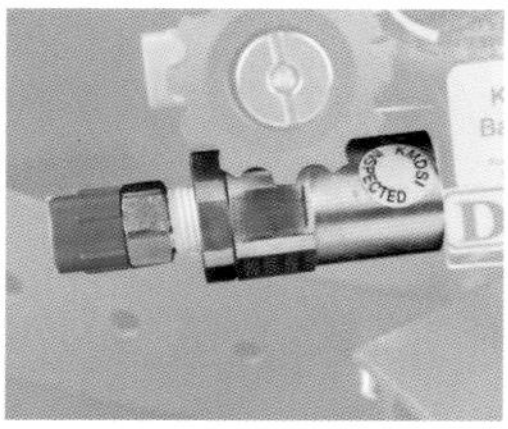
图 5.3-6 单向阀

在每一个潜水日作业之前，必须对单向阀进行测试。失灵的单向阀可能会导致严重的后果。

3. 应急阀

应急阀（图 5.3-7）通常是处于关闭状态。一旦水面主供气系统发生功能性障碍或任何原因的供气中断时，潜水员会立即打开应急阀，向潜水员提供背负式应急供气系统的气体。来自气瓶的应急呼吸气体会流经应急阀，进入到组合阀中。背负式应急气体与主供气在组合阀内流经同样的路径分别通过弯管组件进入到二级减压器，以及通过旁通阀进入潜水面罩内。

图 5.3-7　应急阀

一旦使用背负式应急气体，潜水员应停止工作上升出水。

永远不要把来自潜水站的主供气管（脐带）连接在应急阀上。在应急阀上没有配备单向阀。如果犯了这种错误，供气软管上的任何断裂都有可能造成潜水员挤压伤，这有可能导致严重的或者是死亡的结果。

4. 旁通阀

旁通阀（图 5.3-8）又被称为除雾阀、恒流阀。潜水员可以通过旁通阀旋钮来控制气体的流量。它的主要作用：

（1）除雾。当面窗起雾影响观察时，潜水员可打开旁通阀，气体进入到面罩内，通过排孔导流管把气体均匀地排放到面窗上，这样由于潜水员呼出的热气而在面窗上形成的雾水就会被清除。

（2）排水。正常情况下，经过合理维护的潜水面罩不会进水，但由于某种原因而发生面罩内进水时，潜水员可处于直立状态，打开旁通阀，让排水阀处于最低端，即可迅速排除面罩内的水。

图 5.3-8　旁通阀

（3）通风。在进行高强度的水下作业时，潜水员有可能出现过度劳累、体力不支等现象，从而导致呼吸急促，换气不充分等，此时潜水员可以打开旁通阀进行通风休息。

（4）应急供气。一旦二级减压器发生故障，潜水员可以打开旁通阀，部分气体会透过排水阀（主排水阀）排入水中，而部分气体会透过口鼻罩上进气阀的单向膜片进入到口鼻罩内，为潜水员提供通风式的呼吸气体。

（5）避免压伤。潜水员在下潜过程中，应将旁通阀打开，输出的气体使潜水头盔内压力与外界平衡，以免脸部受压。

（6）解除余压。潜水作业结束后，在水面卸装时，用于解除管路中的气体余压。

5. 弯管组件（软管组件）

在组合阀和二级减压器之间或用弯管组件，或用软管组件连接，弯管组件是由紫铜镀铬制成，软管组件是由橡胶制成，这是一个非常重要的组件，它将呼吸气体从组合阀输送到二级减压器。任何的断裂都有可能导致潜水员致命的伤害。

5.3.3　二级减压器

二级减压器又称需供式呼吸调节器，外观如图 5.3-9（a）所示。二级减压器的工作原理

（a）

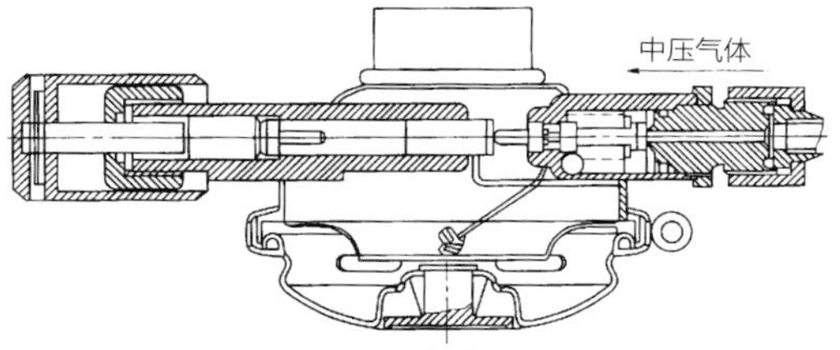

（b）

图 5.3-9　二级减压器
（a）外观图；（b）剖面图

如下：图 5.3-9（b）所示为潜水员不吸气的状态，此时由于二级减压器的调节弹簧力大于供气软管中气体的压力，从而使阀杆压紧阀座，从组合阀来的中压气体到导气管后还不能马上进入供气室。在正常呼吸的过程中，当潜水员吸气时，需供式调节器内形成负压，环境压力会向里压动弹性膜片，压下滚轮杠杆，打开进气阀，启动气流。随着潜水员的吸气，气体会持续不断地流入，直到达到峰值，然后逐渐减弱，直到潜水员呼气时它才停止。当潜水员呼气时，供气室内压逐渐增高，达到内外压平衡，弹性膜恢复原状，杠杆对阀杆失去作用，阀杆在调节弹簧的作用下压紧阀座孔，从而截断气路，使供气室内压力暂处于稳定状态。潜水员正常呼吸时，二级减压器就重复上述动作，其工作原理与自携式水下呼吸器的二级减压器基本相同。

每一个二级减压器组件都有它的设计工作压力范围，而大部分的二级减压器组件设计工作压力范围为高出环境压力 0.85 ~ 1.6MPa，使用时应严格按照生产商的技术规格要求进行。

二级减压器上其他主要部件的结构及功能如下：

1. 手动按钮（清洗按钮）

手动按钮对于单管二级减压器是一种标准配置，潜水员可以手动操作，按压弹性膜，启动开关阀，让气体进入到供气室内。通常当二级减压器或者口鼻罩进水可以使用手动按钮排水。手动按钮可能是一个单独安装在防护壳上的部件，也可能是由弹性材料制成的可发挥手动按钮作用的防护壳。按下手动按钮，就会直接按压需供阀杠杆上的弹性膜，杠杆的移动就会启动开关阀让气体进入到供气室内。

2. 微调旋钮

在二级减压器左侧配置了一个多圈的微调旋钮，这一微调旋钮允许潜水员校正以弥补各种供气压力对二级减压器的影响。

微调旋钮通过简单地增加或降低作用在二级减压器进气阀上的弹簧偏置张力来工作。微调旋钮从里到外大概有 13 圈（圈数的多少取决于生产商）。这种偏置调节装置的目的是让潜水员根据脐带内的供气压力变化进行调整。

微调旋钮是对吸气阻力进行较精细调节的装置。最小值和最大值只适用于供气压力。在任何时候，潜水员都可以通过调节这一微调旋钮以获得最合适的呼吸设置。调节的准确圈数取决于供气压力。

3. 排气阀

在二级减压器下侧配置了排气阀，排气阀可分为单阀排气装置和三阀排气装置。

早期的卡箍式面罩基本上都是单阀片排气系统，须形排气套直接安装在二级减压器排气阀上，潜水员的呼出气体主要通过此阀排入水中。

时至今日，三阀排气系统已经成为卡箍式面罩的标准配置，如图 5.3-10 所示。这种卓越的排气系统具有极低的呼气阻力，在污染水域中进行潜水作业时，这种系统并有助于保持面罩内部不受污染物的污染。

三阀排气系统的设计旨在连接调节器排气阀和面罩排水阀，并将其导入一个安装在调节器体和排水阀阀体之间的单一气腔。这样，排出气体就必须经过须形排气套（图 5.3-11）一部分的两个排气阀，或者两者之一。通过在气泡导流装置的两端各设置一个排气阀，呼吸阻力降到了最低，同时仍然有助于保持隔离排水阀和调节器排气阀。

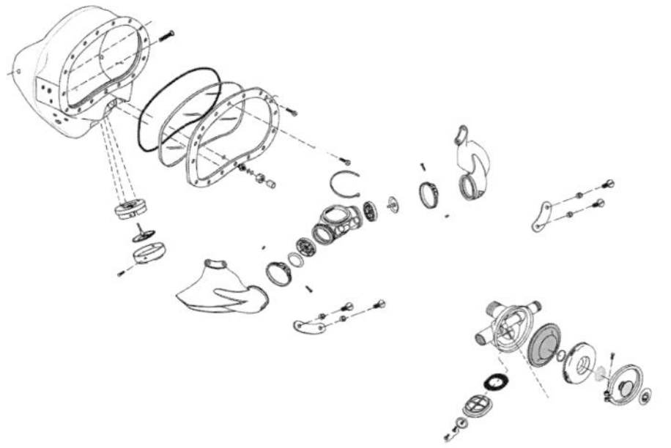

图 5.3-10　三阀排气系统

图 5.3-11　三阀须形排气套

须形排气套的作用是保护排气阀，并将潜水员的呼出气体导向面部的两侧，从而不会在潜水员的面前形成气泡遮蔽潜水员的视线。

5.3.4　头罩和面部密封垫

头罩和面部密封垫（图 5.3-12）是由泡沫氯丁橡胶和开孔泡沫制成的，开孔泡沫形成了一个非常舒适的软垫，将泡沫氯丁橡胶制成的密封垫表层紧贴在潜水员的面部。这样就会阻止水进入到面罩内部。头罩采用了内置开口式口袋设计。这些袋子是用来安放耳机。在维修保养时，会很容易地移动耳机。由于头部的尺寸有差异，出厂的标准头罩有可能与某些头型不配，可以从供货商处获得合适尺寸的头罩。用以固定面罩的卡箍是由不锈钢材料制成。上下卡箍安装在头罩和面部密封垫组件周围，利用两颗螺栓将这一组件牢牢地固定在面罩本体上，如图 5.3-13 所示。

图 5.3-12　头罩和面部密封垫

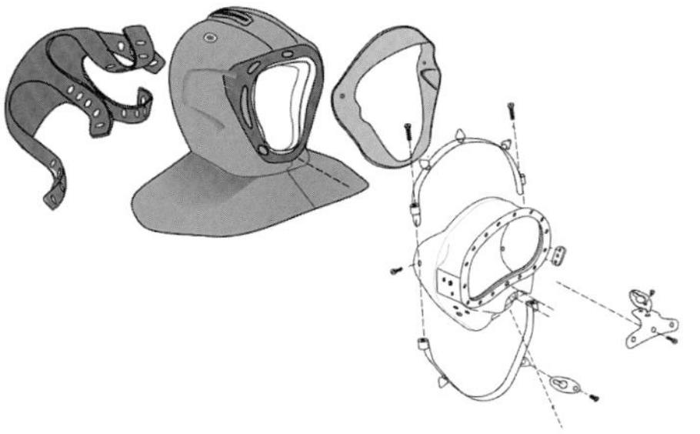

图 5.3-13　卡箍固定装置

卡箍定位器（图 5.3-14）可预防头罩与面罩之间的脱离，同时也避免了卡箍与面罩的剥离。早期面罩没有卡箍定位器，存在着面罩与头罩分离的风险。

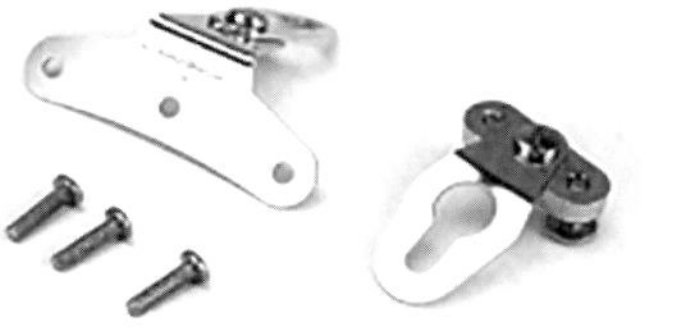

图 5.3-14　卡箍定位器

由不锈钢制成的用于固定五爪带的挂柱被焊接在上下卡箍上。上卡箍有 3 个不锈钢柱，下卡箍有 2 个不锈钢柱。

必须正确固定面罩本体和头罩，以适当的力上紧卡箍螺栓，否则，面罩本体和头罩有可能脱落。如果发生这种情况，有可能导致潜水员淹溺或者死亡。

头带又称五爪带（图 5.3-15），也被称为蜘蛛带（Spider）。它的作用是使面罩固定在潜水员的头上，这是一个非常简单的、也是非常方便的方法。五爪带有五根支带，每根支带开有五个小孔供调节松紧使用，这对于不同头型的潜水员来讲保留了调节的余地。

如果五爪带的后下部或者说颈部位置能够尽可能低地固定在潜水员的颈部，潜水员会感觉比较舒服。如果五爪带的下部太高，它会造成面部密封圈对下巴有一个上推的力，导致不适。

图 5.3-15　五爪带

5.3.5　口鼻罩和鼓鼻器

1. 口鼻罩

减小潜水员呼吸气腔的体积是非常重要的。如果呼吸气腔太大，又没有进行适当通风，二氧化碳有可能逐渐地积累。为了减小潜水员的呼吸气腔，在面罩的内部设置了一个与口鼻位置相适应的橡胶口鼻罩，口鼻罩左右两侧分别装有麦克风和进气阀，如图 5.3-16 和图 5.3-17 所示。

口鼻罩的主要作用有：

（1）降低二氧化碳积聚

口鼻罩安装在二级减压器的固定螺母上，刚好罩住潜水员的鼻子和嘴巴，这样就将呼吸气流与面罩内部较大的气腔隔离开来，从而降低了二氧化碳的积聚。

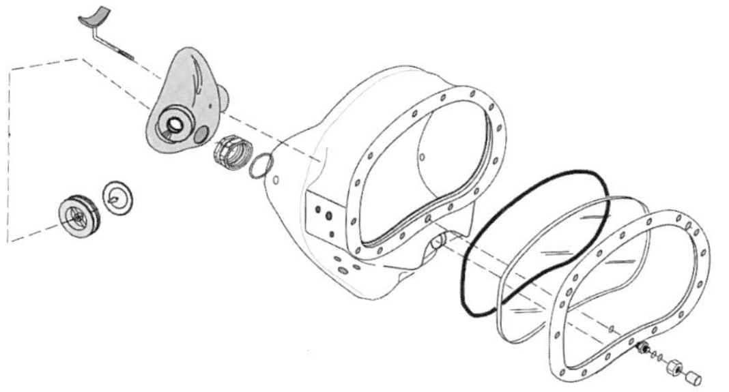

图 5.3-16　口鼻罩和鼓鼻器的位置及结构

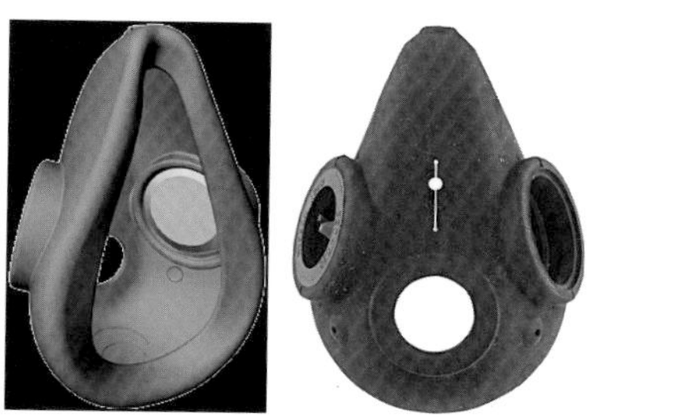

图 5.3-17　口鼻罩正反面

（2）减小吸气阻力

由于口鼻罩较小的体积，潜水员吸气的瞬间，供气室内形成负压，环境压力会向里压动弹性膜片，压下滚轮杠杆，打开进气阀，启动气流，这在一定程度上减小了吸气阻力。

（3）减小面窗气雾的机会

潜水员的呼出气体直接由二级减压器的排气阀内排入水中，呼出气体几乎与面窗没有接触，从而降低了面窗起雾的机会。

（4）紧急供气

在二级减压器发生故障，或者其他各种原因导致的二级减压器无法供气时，潜水员可以打开旁通阀，由旁通阀提供的气体经口鼻罩进气阀进入口鼻罩内，可为潜水员提供呼吸气体。

（5）应对面窗碎裂

虽然说制作面窗的材料非常结实，但由于维护不当或者其他的原因，面窗在受到撞击时，有可能发生碎裂的意外。另外，在头罩与面罩本体连接不当时，头罩有可能脱落。如果发生这种情况，潜水员可以将口鼻罩按压在口鼻上，排水呼吸逃生。

永远确保口鼻罩的进气阀安装正确。如果进气阀安装错误或者缺失。就会造成面罩内较高的二氧化碳含量，从而导致潜水员出现眩晕、恶心、头痛、气短，或者黑视。

不要混淆了口鼻罩进气阀片和排水阀阀片。这两种阀片的厚度不同。排水阀的阀片厚度要大得多。在口鼻罩进气阀上使用了排水阀的阀片，会限制流向潜水员的气流。在排水阀上安装了口鼻罩进气阀片会造成水进入到面罩内，有可能导致淹溺。

2. 鼓鼻器

鼓鼻器由滑竿、把手、鼓鼻垫、填料压盖及O形圈等组成。口鼻罩内的鼓鼻垫固定在滑竿顶端，滑竿穿过填料压盖到达面罩的外部。在滑竿的外侧顶端安装了一个把手，从而可以通过向里推动滑竿让鼓鼻垫在潜水员的鼻子下部滑动。

潜水员可以操作鼓鼻器进行鼓鼻达到平衡中耳的目的。潜水员在下潜过程中，由于内耳腔同外界之间的压力不平衡会造成耳痛感觉，用鼓鼻器堵塞鼻孔鼓气即可平衡压力、消除痛感。

在不需要的时候，可以拉动把手把鼓鼻垫拉离潜水员的鼻子，这样鼓鼻垫就不会妨碍潜水员的鼻子。另外，也可以转动滑竿将鼓鼻垫的上端转到下方，为潜水员提供更好的鼓鼻作用。

5.3.6 耳机和麦克风

面罩内与水面通信用的左、右耳机和麦克风［图 5.3-18（a）］，以并联的方式连接在接线柱上，脐带中的通信电缆也连接在接线柱上，这样就可与水面保持通信联络。另外，也可用四芯电话线水密插头［图 5.3-18（b）］和通信电缆中的水密插座相连接。耳机装在头罩

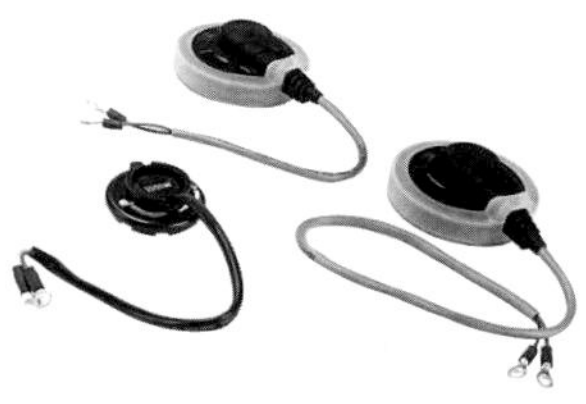

（a）

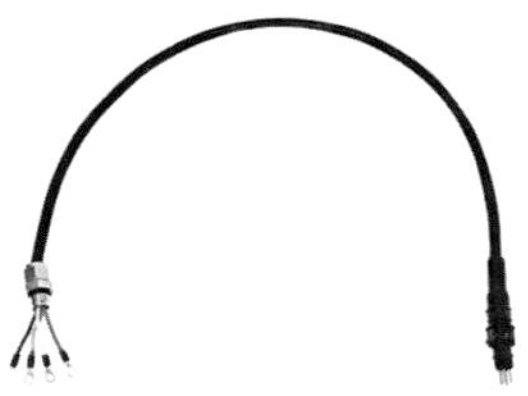

（b）

图 5.3-18　左、右耳机与麦克风

喇叭袋内，同时麦克风固定在口鼻罩的凹槽内，通过水密接头与脐带上通信电缆连接，如图 5.3-19 所示。

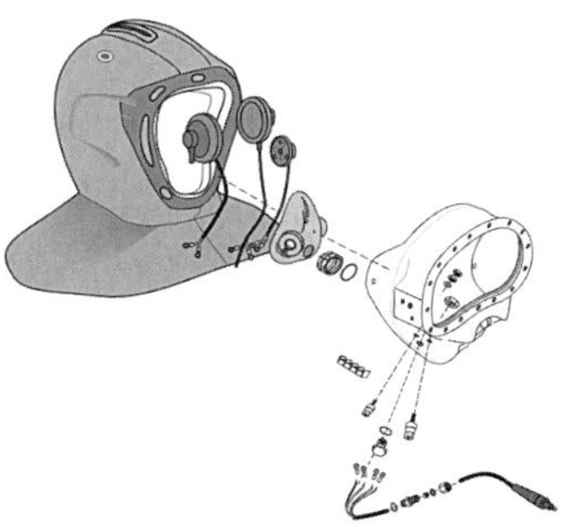

图 5.3-19　耳机与麦克风的位置

5.3.7　头部保护壳

有的卡箍式全面罩会配备一个头部保护壳（图 5.3-20），通过五爪带将头部保护壳固定在头罩的外部，它的主要作用是保护潜水员的头部，以免一些较轻的物体由上方跌落到潜水员的头上，造成伤害，或者当潜水员在狭小的空间工作时撞击到脑袋。

当重型的物体跌落到头上时，保护壳不能够起到适当的保护作用。同时，保护壳也不会保护到潜水员的颈部。

图 5.3-20　头部保护壳

5.4　潜水头盔的基本结构与功能

依据不同的颈部水密设计，潜水头盔主要有两种基本结构：一种是由头盔本体、头盔环和颈圈、轭式颈托等组件构成；另一种是由头盔本体、头盔环（头盔底部）和颈圈、颈环等组件构成。前者在早期的如 SUPERLITE17a、SUPERLITE17b、TZ-300 等头盔上比较常见，而现在的潜水头盔基本上采用后一种设计。

5.4.1　潜水头盔本体

潜水头盔本体（图 5.4-1）或者采用不带电荷、抗腐蚀、刚性玻璃钢材料制成，或者采用不锈钢材料制成，玻璃钢头盔具有重量轻、坚固、防裂、耐冲击及不导电等特点。不锈钢头盔的特点是：生产周期短；坚固耐用，易于保养；如果表面出现刮痕或者凿槽，无须修补涂料；在把面窗压紧圈安装到潜水头盔本体上的时候，不再需要螺纹嵌块。

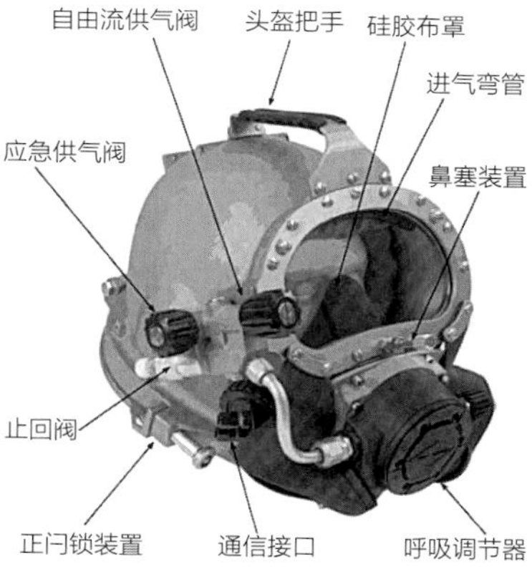

图 5.4-1　不锈钢潜水头盔

潜水头盔本体既是一个安装头盔组件的中央结构，又是一个头部保护罩，使潜水员头部免遭意外损伤。

在玻璃钢制成的潜水头盔本体上配置了压重（不锈钢材质的头盔本体上没有配置压重），压重由后压重、左压重和右压重组成，用螺栓把三块压重分别固定于潜水头盔本体的后面和左、右两侧，它们均用黄铜制成，使其本体的重量可以抵消潜水头盔的浮力。使潜水员在水中，头部有良好的平衡作用。

提手采用黄铜或者不锈钢制造。在玻璃钢制成的潜水头盔上（图 5.4-2），它的一端固定在头盔本体上，另一端固定在面窗压紧圈上。而在不锈钢潜水头盔上（图 5.4-1），提手的两端都固定在头盔本体上，这样在拆卸面窗压紧圈时，无须拆除提手。

提手除了供潜水员操作方便外，还可以安装照明灯或水下摄像头等其他装置。

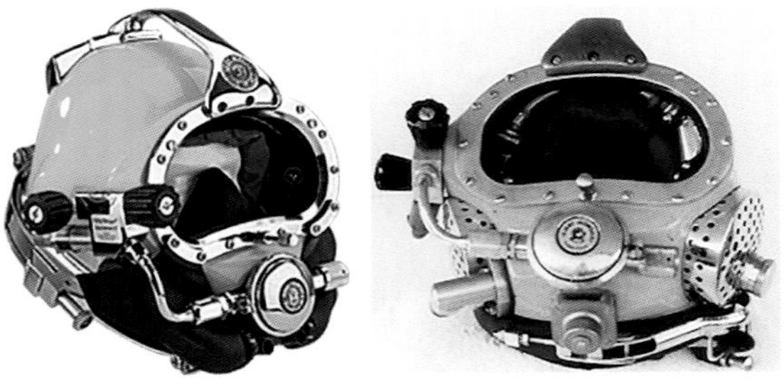

（a）　（b）

图 5.4-2　潜水头盔

5.4.2　面窗组件

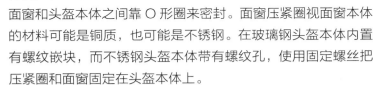

潜水面窗组件（图 5.4-3）由面窗、面窗压紧圈、O 形圈及固定螺丝构成。面窗的材料是极其结实的透明聚碳酸酯塑料。潜水面窗和头盔本体之间靠 O 形圈来密封。面窗压紧圈视面窗本体的材料可能是铜质，也可能是不锈钢。在玻璃钢头盔本体内置有螺纹嵌块，而不锈钢头盔本体带有螺纹孔，使用固定螺丝把压紧圈和面窗固定在头盔本体上。

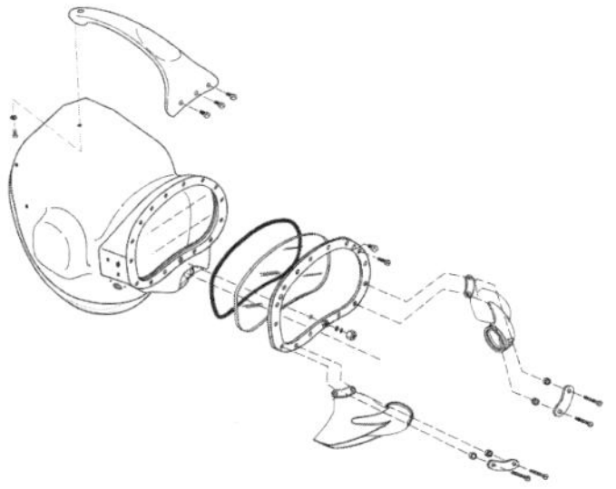

图 5.4-3　潜水头盔面窗组件

必须严格按照生产商的使用说明，按照合理的扭力规格拧紧面窗压紧圈的固定螺丝。切忌过度拧紧。过度拧紧可能造成潜水面窗故障及头盔漏水，有可能导致潜水员淹溺。

5.4.3　二级减压器

不同的生产商，或者不同系列的潜水头盔和面罩会配置不同的二级减压器，有些潜水头盔的排气系统也会有一定的区别，但其结构和功能基本一样。

5.4.4　排气系统

在早期的潜水头盔上，基本上采用的是单阀排气系统。后来使用双阀排气系统，这种双阀排气系统是用来降低水和污染物倒流进潜水头盔的可能性。随着潜水装具和技术的发展，双阀排气系统逐渐被三阀排气系统代替，时至今日，对于某些潜水头盔来讲，四阀排气系统（图 5.4-4）已经成了标配。

图 5.4-4　四阀排气系统

这种独一无二的四阀设计在维持了极好的水密完整性的同时，也确保了低呼吸阻力。在污染水域里能够帮助潜水头盔免受污染物的影响。四阀排气系统是第一个具有低呼吸阻力，能够通过四阀片把呼吸系统与周围环境隔绝起来的排气系统。

四阀式的设计是连接调节器排气阀和头盔排水阀，安装在调节器体与排水阀体之间，并将它们形成一个独立的气室。排出的气体必须经过须形排气套的两个排气阀之一或者同时经过两个排气阀。通过在须形排气套的两端都设置一个排气阀，在仍然确保潜水头盔与调节器排气阀隔绝的同时，把呼气阻力降至最低。

5.4.5 口鼻罩和鼓鼻器

口鼻罩和鼓鼻器的结构和功能与卡箍式潜水面罩上的完全一样。

但是，卡箍式全面罩是通过调整五爪带让潜水员的嘴巴和鼻子处于口鼻罩内，而潜水头盔则是通过调节头盔垫来做到这一点。

5.4.6 头盔垫

头盔垫包括了头垫、头垫衬垫以及下巴垫。

1. 头垫

头垫（图 5.4-5）由头形外罩和软垫构成。外罩采用高强度的尼龙布；软垫采用不会随气压升高而压缩的聚酯泡沫塑料。使用子母扣把头垫固定在潜水头盔里。头垫的适合度对于潜水员的舒适性和安全性都极其重要。它的主要作用有：

图 5.4-5　头垫

（1）有助于把潜水头盔固定在潜水员头上，让潜水头盔与潜水员的头部形成一个整体，便于潜水头盔与潜水员的头部同时移动。

（2）协助潜水员的嘴巴和鼻子处于口鼻罩内。

（3）当戴潜水头盔时，它能舒适地套在潜水员头上，对头部起着保护和保暖作用。

通过增加或者减少泡沫层来调整头垫的适宜度。必须正确地调整头垫以便其与潜水头盔相适宜。另外，不同的头盔密封及锁紧装置可能配置不同的头垫。

2. 头垫泡沫衬垫

头垫泡沫衬垫（图 5.4-6）就是嵌套在头垫内的一片简单的泡沫。通过在颈部下方使用一片较大的泡沫，将潜水员的头部向前顶推，让潜水员的嘴巴和鼻子处于口鼻罩内，从而有助于固定潜水员头部的顶部和后部在头盔内的位置（不是所有的头盔都配有头垫泡沫衬垫）。

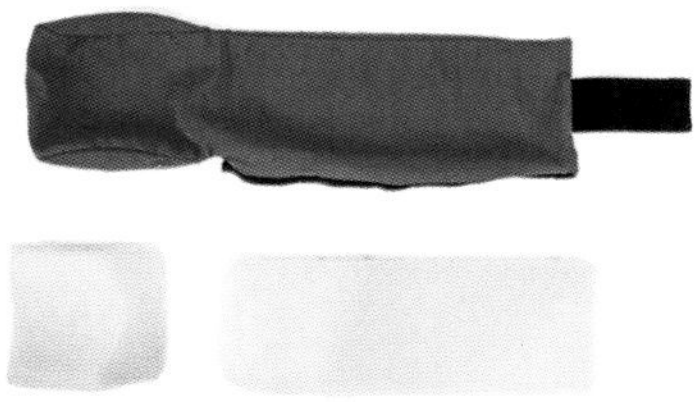

图 5.4-6　头垫泡沫衬垫及填充泡沫

使用时，把头垫泡沫衬垫上的松紧魔术贴带绕过头垫前上方边缘，并固定在挂环前部的魔术贴片上（图 5.4-7）。

图 5.4-7　安装在头垫上的头垫泡沫衬垫

3. 下巴垫

下巴垫用两颗子母扣固定在潜水头盔里，处于潜水员的下巴下方，如图 5.4-8（a）所示。在把下巴带收紧后，使下巴垫紧贴在潜水员的下巴上，如图 5.4-8（b）所示，有的头盔没有配置下巴垫。

（a）

（b）

图 5.4-8　下巴垫

5.4.7　密封及锁紧装置

密封及锁紧装置的主要作用是将潜水头盔固定在潜水员的头上，并有助于头盔的水密性。潜水头盔的密封及锁紧装置对于潜水员的安全性及舒适性都至关重要，其结构取决于头盔的设计。比较常见的结构有两种：头盔环、颈圈与轭式颈托组件配置和头盔环、颈圈与颈环组件配置。

1. 头盔环和颈圈、轭式颈托组件

常用的 Superlite17A/B、TZ300 等型号的潜水头盔，使用头盔环、颈圈与轭式颈托组件，将潜水头盔固定在潜水员的头上。

（1）头盔环

头盔环就是头盔底部开口处的结构，这种结构的头盔环比较简单，如图 5.4-9 所示，就是在头盔底部的玻璃钢边缘上安装了一个 O 形密封圈。通过一个戴在潜水员颈部上的颈部密封组件，来把潜水头盔固定在潜水员的头上，颈部密封组件与头盔底部之间形成密封。O 形圈的作用是为了使颈部密封组件与头盔本体之间连接后密封更加可靠。

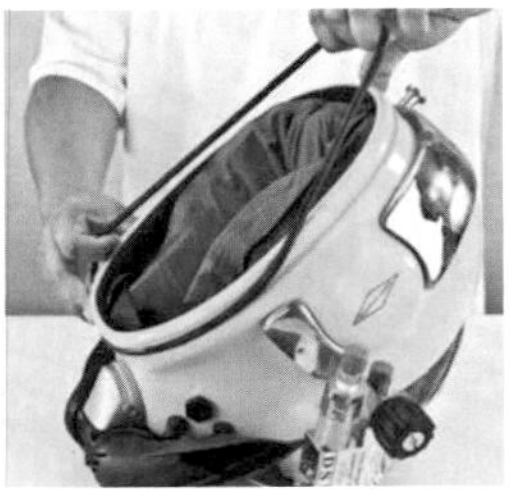

图 5.4-9　头盔环

（2）颈圈与轭式颈托组件

颈圈（图 5.4-10）、不锈钢颈箍（图 5.4-11）、玻璃钢轭式颈托（图 5.4-12）及颈托上的弹簧锁紧装置（图 5.4-13）等零件构成了颈部密封组件（图 5.4-14）。

图 5.4-10　颈圈

颈圈是由泡沫橡胶制成，圆锥形设计，生产商往往会提供多个尺寸选择。颈圈的小端套在潜水员的颈部，大端固定在不锈钢颈箍上。颈圈的适宜度必须是紧贴住潜水员的颈部。这在水面上可能会让潜水员感觉到稍微的不舒服，甚至感觉到颈部受到轻微的压迫，一旦进入水中，颈圈就会略微宽松一些。

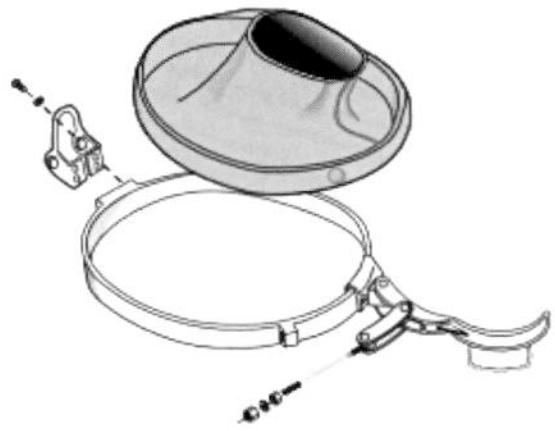

图 5.4-11　颈箍颈圈组件

在穿戴颈部密封组件的时候，如果在把头套进颈圈内比较困难。可以把颈圈拉伸开来，并将其部分放到头上，这样就会减少佩戴密封圈所需的力。必须经过合适的培训才能够比较好地把颈部密封组件戴到潜水员的颈部上。虽然受到伤害的可能性非常微小，但是，如果没有正确地操作这一程序，受伤的可能性仍然存在。如果一个潜水员不知道怎样佩戴颈圈，在使用前必须要寻求合适的指导。

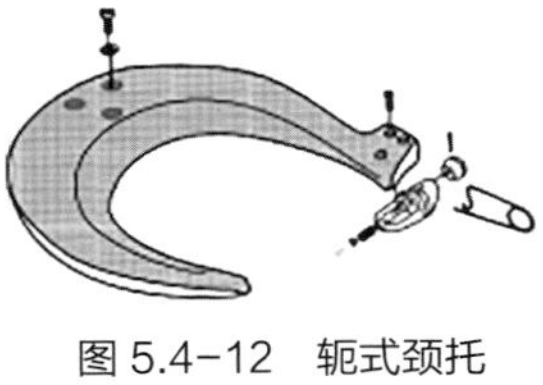

图 5.4-12　轭式颈托及锁紧装置

通过颈箍和轭式颈托上的弹簧锁紧装置，颈部密封组件与头盔本体能快速连接或快速解脱。旋转螺母可以调节颈箍口的大小。

图 5.4-13　弹簧锁紧装置

颈部密封组件的调节对于潜水头盔的安全使用具有决定性的意义。随着颈圈使用期限的延长，或者是如果转换成干式服颈圈，必须定期对颈箍做出调整。如果颈部密封组件用在不同的潜水头盔上，每一次调整后都必须进行仔细的检查。永远不要勉强或野蛮地锁紧颈部密封组件。

在正确地卡好弹簧锁紧装置之前，不准潜水。这些装置的错误使用将无法正确地把潜水头盔固定在潜水员的头上，有可能导致潜水员溺水，从而造成人员严重的损伤或者死亡。

弹簧锁紧装置包括了拉销和安全销。这一装置的目的是为了确保颈箍组件牢固地扣紧在潜水头盔的底部，这样才能够让潜水头盔保持在潜水员的头部上。

（a）

弹簧锁紧装置的设计是在出现销子被拉出的意外情况下，轭式颈托松脱后，颈箍仍然会保持锁紧状态，这就像两套分开的锁紧系统。

2. 头盔环、颈圈与颈环组件

KM27、KM37、KM77、KM97 等型号的潜水头盔，使用头盔环、颈圈与颈环组件，将潜水头盔固定在潜水员的头上。

（1）头盔环组件

第二种常见的头盔环结构比较复杂（图 5.4-15），处于头盔底部的头盔环上装有锁紧密封拉销（图 5.4-16）和颈部锁紧环（图 5.4-17），并能够为头盔底部提供保护。它上面还装配了一个外部可以调节的下巴支撑装置。这一支撑装置连同颈部锁紧环上可调的颈垫，让潜水员在头盔里有一个安全的、如同定制的舒适度。

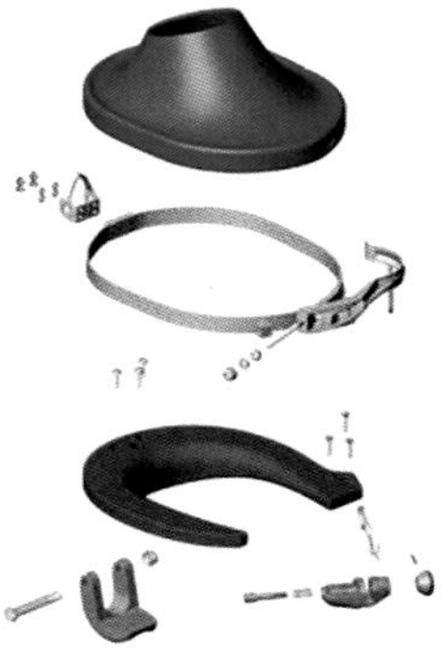

（b）

图 5.4-14　颈部密封组件分解图

（a）颈部密封组件；（b）分解图

金属头盔环与颈圈、颈环组件结合在一起，在头盔环上，有一机器加工的 O 形圈密封面。通过颈圈、颈环组件（图 5.4-18）上的 O 形圈与其形成密封。

图 5.4-15　头盔环

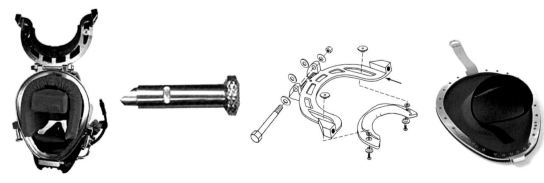

图 5.4-16　锁紧密封拉销

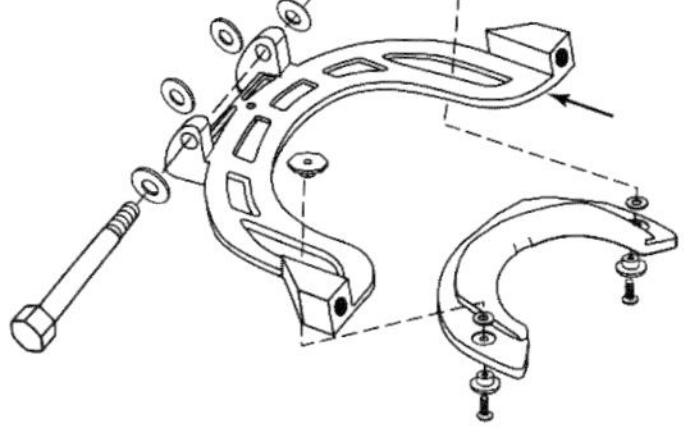

图 5.4-17　颈部锁紧环分解图

图 5.4-18　颈圈、颈环组件

在头盔环左右两侧各配置了一个拉销锁紧装置，锁紧密封拉销的弹簧和滑竿位于 O 形圈密封的主体内，主体内充满硅油，这能够防止微小沙粒或尘土进入到拉销结构内部，影响拉销的正常操作。

安装在头盔环正后方的颈部锁紧环和颈垫组件有一个比潜水员头部尺寸更小的开口，这样潜水头盔发生意外脱落的情况几乎是不可能的。颈垫挤压颈圈和头垫的下部，让头盔牢牢地固定在潜水员的头上。同时，颈垫也能够防止颈圈膨胀。每一位潜水员必须根据自己的实际情况通过调节颈垫和头垫来调整头盔的舒适度。

颈垫的调节，部分决定了潜水头盔的适合度。如果对颈垫的调节不合理，会让潜水员的颈部感觉非常不舒服。在每一次潜水之前，都应对颈垫进行合理地调节，并确保作出的调节没有发生变化。

在头盔颈部锁紧环和颈垫组件两侧各有一个锁紧块，以便于承接锁紧密封拉销。在锁紧环处于开放状态的同时，如果密封拉销处于锁紧位置，只要把锁紧环向上推入头盔环内，锁紧环就会“咔嗒”一声紧固到锁定位置。要卸除潜水头盔必须把两侧的密封拉销向前拉出来释放颈部锁紧环和颈圈、颈环组件。

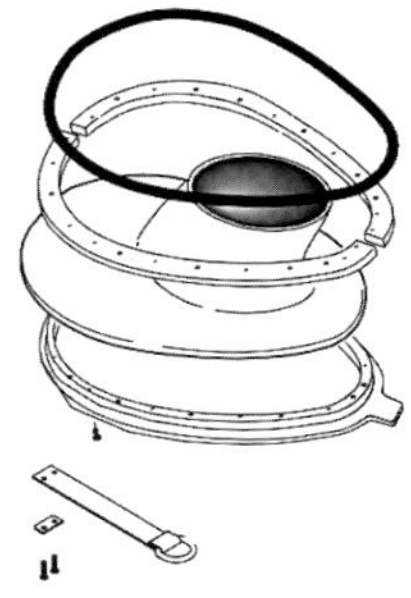

图 5.4-19　颈圈、颈环组件分解图

（2）颈圈与颈环组件

颈圈的制作材料可能是泡沫氯丁橡胶，也可能是乳胶，颈圈在潜水员的颈部形成密封。颈圈、颈环组件将头盔固定在潜水员的头上，并能够防止意外脱落。颈圈成圆锥形设计，并有不同尺寸选择。

颈圈、颈环组件（图 5.4-19）是由三部分组成的，分别是上部的开口环和下部的直切环，以及被固定在开口环和直切环之间的颈圈（图 5.4-20）。

图 5.4-20　颈圈

5.5　脐带

潜水员脐带是生命支持系统的一部分，连接水面潜水控制面板与潜水头盔或面罩，向潜水员提供呼吸气体、通信等，通常由供气软管、测深管、通信电缆及加强缆等组成。在必要的时候，还可能包含热水管、氦气回收管或者录像、照明电缆等。潜水脐带的强度要求能把潜水员从水下安全地提出水面。

5.5.1　脐带的分类

在水面需供式潜水装具中，潜水员脐带通常有：

1. 三合一脐带：供气软管、测深管以及潜水员通信电缆。通信电缆通常也会起到加强缆的作用。

2. 四合一脐带：供气软管、测深管、通信电缆以及为潜水员提供热水的热水管。

3. 五合一脐带：供气软管、测深管、通信电缆、热水管以及监控电缆。

早期的潜水员脐带（图 5.5-1）通常包含一条加强缆，是把各个组件每隔 0.2 ~ 0.3m 左右用防水布基胶布绑扎而成。这种绑扎容易扭曲并产生扭结，需要经常性的维护。

另外，早期的脐带由沉水管构成，由于这种脐带是负浮力，潜水时会沉到水底，潜水员必须时时注意水下障碍物，以免脐带与之发生钩挂或绞缠，所以这种脐带对于初学水面需供式潜水的学员来讲是比较难以操控的。

图 5.5-1　绑扎脐带

现在有多种包括聚氨酯供气软管供选择，这些供气软管非常轻，会漂浮在水面上。漂浮的脐带对于潜水初学者来讲比较容易操作，因为这种脐带在足够长的时候，会成一弧形直接漂浮在潜水员的上方。如果潜水员已经到达脐带的末端，与潜水控制面板有一定的距离，脐带将会在水中呈直角线展开。

图 5.5-2　绞扭脐带

如果有意外或者无法控制的船只通过潜水区域时，漂浮脐带可能会给潜水员造成危险，因为船上人员无法观察到水面下的漂浮脐带，螺旋桨可能会与脐带发生绞缠。

现在的潜水员脐带（图 5.5-2）是把所有的组件像搓绳子一样绞扭到一起，这样发生扭结的概率较低，不再需要单独的加强缆，也不需要胶带进行捆扎。如果需要额外的组件如监控电缆或者水下照明电缆，可以用胶带把这额外的组件绑扎在现有的脐带上即可。如果存在着潜水员脐带被岩石或者海生物划伤的风险时，可使用聚丙烯编织袋（图 5.5-3）将整个潜水员脐带套起来即可。

图 5.5-3　脐带保护套

5.5.2　脐带的选择

选择脐带最关键的因素是潜水员供气软管的种类。另外一个重要的考虑是脐带加压后长度的变化，有的脐带加压后会变长，要求长度变化尽可能地小。

潜水员脐带的供气软管通常有内经、额定工作压力以及作业温度范围的规定。内径的大小将决定输气量，输气量的大小必须能够满足脐带最大使用深度上潜水员用气的峰值要求。能够为深度上重体力劳动的潜水员提供足够的气体通常意味着必须使用 0.94cm 内径的供气软管。供气软管的额定工作压力通常至少要比最大潜水深度上供气调节器所需的最大压力高出 50%。

潜水员的脐带长度不限，视潜水作业的需要确定，主要取决于最大的潜水深度，以及潜水控制面板到作业点的距离。确定脐带长度还要考虑其他一些因素，如：在污染水域的潜水作业，有可能需要把潜水控制面板设置在远离水面的地方，可能需要数米的脐带摆在岸边上，潜水员无法使用，等等。潜水脐带越长价钱越高，占用空间越大，重量越大。一般说来，短的脐带会比较便宜，也更易管理，只要它的长度能够满足使用要求，越短越安全。

待命潜水员脐带的长度要比作业潜水员的脐带长度长 2m，以便于在发生紧急情况时待命潜水员能够较容易地接近作业潜水员。

潜水员选择脐带时还要考虑到脐带的接头，软管接头要用防腐蚀、不易意外脱落的材料制成，软管接头压力应大于或等于所接软管的压力，无论选择什么样接头的脐带，必须与潜水控制面板上的接头相匹配。

供气软管的耐油性是另外一个重要的考量，因为潜水员脐带通常都是在机械装备附近使用。在潜水脐带发生弯曲到最小弯曲半径时，供气软管不应扭结关闭。特别是任何用于呼吸的供气软管都不能含有或者排放有毒物质。

编结脐带对于生物污染水域的潜水作业是一个比较好的选择，因为这种脐带大多用的是的聚氨酯供气软管，有良好的耐化学反应功能。

5.5.3 脐带组件的作用

1. 供气软管

供气软管的水面端连接潜水控制面板，水下端连接潜水头盔或面罩的主供气接头上。

供气软管主要作用是为潜水员输送呼吸气体，但在其他组件发生损坏或断裂的情况下，供气软管的强度足可以把潜水员和他的所有装具提出水面。

供气软管连接潜水控制面板，持续不断地将呼吸气体输送给潜水员。

2. 加强缆

加强缆通常采用直径 12mm 聚丙烯缆索，这是一种不会因长期浸水受到影响的材料，通过快速解脱挂钩（图 5.5-4）或者类似的、不会意外解脱的挂钩将加强缆固定在潜水员安全背带的 D 环上。

图 5.5-4 快速解脱挂钩

加强缆的作用是作为支承供气软管、测深管、热水管及通信电缆的依附物，加强缆能够承接作用在潜水员脐带上所有的力。

3. 测深管

测深管的开口端位于在潜水员的胸部深度，另外一端连接在水面潜水控制面板的测深表上，潜水监督可以在任何时候测量潜水员在水下的深度。测深管的主要作用有：

（1）测深。

潜水员测深管供气是由调节型的阀门（针阀）控制，测深表精度基本采用 0.25% 的实尺精度，有的测深表会有双刻度显示，分别是英尺海水和米海水。

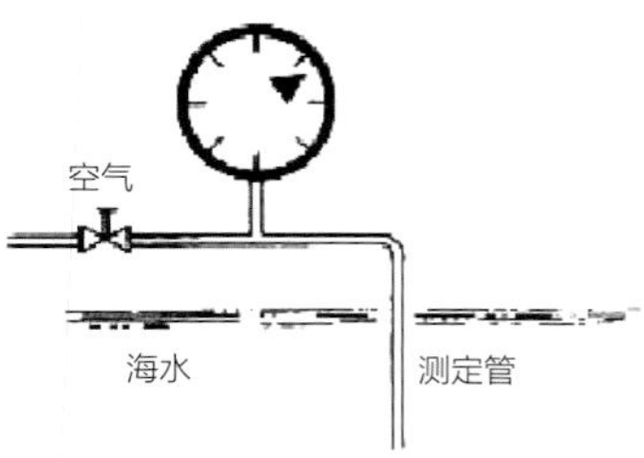

图 5.5-5 空气测深系统

测深时，打开测深供气阀，如图 5.5-5 所示，此时气压应大于水压。让气体把测深管内的水压出管外去，待到测深管的开口端排出一串气泡后，关闭测深供气阀，当压力表上的指针逐渐回落直至停止不动后，此时，压力表上的读数就是实际的深度。

（2）应急供气：当潜水员的供气软管中断供气（如爆裂等）而又不能立即上升出水时，潜水员可用测深管插到潜水头盔或面罩内，由测深管供气，供气的余压在 0.2 ~ 0.3MPa 范围内较舒畅。

4．通信电缆

通信电缆必须经久耐用，不会因脐带受力而断开；其外部的套管应防水、防油和抗磨。在浅水潜水中，宜使用装有氯丁橡胶外套管的多芯屏蔽线，常用电缆是 4 芯线。在一般情况下，仅使用其中的 2 根导线。如果在使用时其中一根导线断开，可用其余导线，以进行快速的现场维修。水下端和水面端应多出 0.2 ~ 0.3m，以便安装接头、进行维修及连接通信器材。

电缆装有与潜水头盔或面罩电缆相匹配的接头（图 5.5-6），通常使用 4 芯线防水插座式快插接头。当彼此连接时，4 个电插脚牢牢固定，并能形成水密，使电缆与周围海水隔绝。这些接头应模压在通信电缆上，以便牢牢固定和防水。在现场安装时，在橡胶绝缘带上再包上一层塑料绝缘带是很有效的，但不如特殊模压的效果好。电缆的水面端应装有与通信装置匹配的接头，通常为标准式线头接栓型插头。有些潜水员也在水下端采用简单的线头接栓或接线柱与潜水面罩或头盔接通。电缆两端备有焊料，待两端插入接线柱后即可固定。这种方法与上述专用接头相比，使用效果虽较差，但比较经济，因而也普遍使用。

图 5.5-6　脐带端水密接头

5．热水管

脐带热水管的水面端连接潜水热水机，水下端连接热水服接口处的接头上，用于向潜水员提供热水保护。热水软管的绝热层可减少向周围水中散热，软管装有能快速解脱的凹形接头，以便与安装在潜水服上的供水歧管相匹配。

5.5.4　绑扎式脐带的组装

绑扎式脐带的各个组件应用压力敏感带裹牢。裹带通常用 40 ~ 60mm 宽的聚乙烯布基胶带或粘布带。装配之前，应将各个部件展开，彼此靠近，检查有无破损或异常。所有配件和接头应预先安装好。装配脐带组件应遵循下述规定：

1. 加强缆的终端能钩住潜水员的安全背带上通常位于潜水员左手一侧的半圆环里。这样，从水面将脐带拉紧时，拉力会作用于安全背带，而不会作用于潜水头盔或面罩或接头上。

2. 如果在潜水头盔和脐带主供气软管之间采用一条轻的，比较柔软的鞭状管（很短的一段软管），也应相应地调整通信电缆和供气软管长度。

3. 潜水员安全背带连接点和潜水头盔或面罩之间的软管和电缆应保持足够的长度，使头部和身体活动既不受限制，又不会对软管接头造成过大的拉力；但是，留出的软管长度不宜过长，不得在安全背带接头和面罩之间形成大环。

4. 加强缆和其余组件水下一端还应装有 D 形圈或弹簧扣，以便系到安全背带上。其位于水面的一端也应固定到一个大的 D 形圈上，这样才可以将脐带的水面端固定在潜水站。

脐带各组件新组合后首次使用或重新组装时应以 1.5 倍的最高工作压力的水压试验。

5.5.5 脐带的维护、盘绕和贮存

将脐带软管装配完毕后，要进行外观检查和压力测试，其测试爆破压力相当于 4 倍的最大允许工作压力，脐带总成包括末端接头的破断强度不小于 4.5kN。最后采用彩色胶带对脐带按长度间隔标记。

应将供气软管和通信接头保护起来，再进行贮放和运输。供气软管两端应盖上塑料保护罩或者用带子裹住，以防止异物进入和保护螺纹接头。脐带软管可以以 8 字形缠绕到卷筒上，也可以一圈压一圈地盘绕在甲板上。如果盘绕不正确，均朝着一个方向，会引起扭绞，进而给使用带来困难。每次潜水结束后，应检查脐带，以确保不致发生扭绞。盘绕好的脐带应用绳索系牢，以防搬运时散开。为防止脐带在运输过程中损坏，可将脐带放入一个大的帆布袋中或者用防水油布包起来。

脐带使用前必须仔细地检查，平时应在规定的时间间隔内进行维护和保养。脐带每 6 个月进行一次外观检查、1.15 倍的最高工作压力气密试验以及通信电缆性能测试。

5.6 背负式应急供气系统

在潜水作业过程中，水面供气万一发生故障，潜水员可转换使用自携的应急供气系统，返回潜水站或者某一个能够重新建立供气的潜水点。因此，要求所有的水面需供式潜水装具应配备应急供气系统，以备水面供气中断等极端情况下能安全返回。

在没有携带背负式应急系统的情况下不要潜水。如果发生主供气中断，潜水员将没有呼吸气体，有可能导致溺水。

5.6.1 应急供气系统的构成

背负式应急供气系统主要由潜水员自携的气瓶、一级减压器及一根中压软管等组成。

1. 应急气瓶

应急气瓶由自携式气瓶、气瓶背架等构成（图 5.6-1）。

在决定使用应急气瓶的尺寸及工作压力时，必须要考虑几个因素：潜水深度、潜水员主供中断后可能停留的时间、耗气量等。水面需供式潜水应急气瓶的内部容积通常要在 7L 以上。不论使用什么样的气瓶，气瓶的容积必须要足够大，有足够的气体能够让潜水员以 10m/s 速率回到水面。

应急气瓶必须配备过压安全阀，至少每年进行其内部与外部损坏及腐蚀程度检查，每 2 年由有资质的检验机构按照规范进行水压试验，并打上测试日期的钢印。应急气瓶内的呼吸气体必须与潜水方式相匹配，避免使用错误的气体。

水面需供式潜水应急气瓶阀一般没有信号阀，如果有信号阀，建议将信号阀设置为解除状态，并拆除信号阀拉杆，避免钩挂。

图 5.6-1 潜水气瓶与气瓶背架

2. 中压软管

中压软管的工作压力为 1.5MPa 左右，其作用是连接一级减压器和潜水面罩或头盔应急阀，把应急气瓶的气体通过调节后引入组合阀阀体。

中压软管有快速解脱 [图 5.6-2（a）] 和普通单管 [图 5.6-2（b）] 之分，快速解脱的中压软管让潜水头盔和应急系统之间的连接更加容易。中压软管的长度在 75 ~ 100cm 不等，主要依据应急系统的设置进行选择。

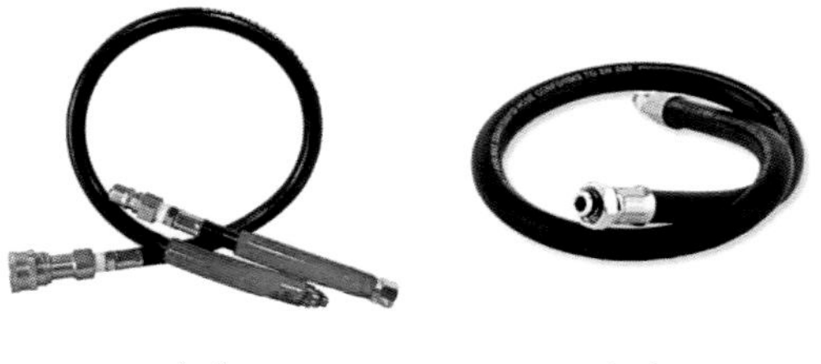

（a）　　（b）

图 5.6-2　中压软管

（a）快速解脱；（b）普通单管

3. 一级减压器

应急气瓶必须配置良好的一级减压器（图 5.6-3），把气瓶内的压力降到低于 1.5MPa，这一压力值是高出潜水员的环境压力值。调节器能够把气瓶压力调节到高于环境压力约 0.85 ~ 1.1MPa 左右。当然也可以使用其他高性能的自携式调节器。

图 5.6-3　一级减压器

一级减压器最少必须配置两个低压输出口。其中之一是用来连接应急供气软管，而另一个则是用来安装过压安全阀（图 5.6-4）。应急供气系统一级减压器上必须安装过压安全阀，否则不应进行潜水作业。因为万一一级减压器出现漏气，若没有过压安全阀会把因漏气而导致的高压泄放出去，这可能会导致低压软管爆裂，导致应急供气系统的气体损失殆尽。

图 5.6-4　过压安全阀

如果没有过压安全阀的保护，一旦在发生应急系统一级减压器内部漏气，或者失控的情况，应急供气系统气瓶的气体压力会作用在应急供气系统的低压软管和应急阀上。这有可能造成低压软管爆裂。

在潜水的过程中，要确定应急阀旋钮处于关闭状态，否则在潜水员毫无意识的情况下，应急供气将被耗尽。所以，在一级减压器的高压输出口上安装一只标准的自携式浸入式压力表（图 5.6-5）是一明智之举，这样潜水员就会随时检测到应急供气系统的状态。

图 5.6-5　浸入式压力表

5.6.2　应急供气模式的设置

依据不同的规范，应急供气模式可能有多个设置方法，但目前使用最普遍的设置方法是气瓶阀开启 - 应急阀关闭的模式。

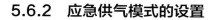

这种设置方法意味着潜水过程中，整个系统处于工作的临界状态。气瓶阀完全开启，一级减压器和中压软管内气体始终处于高于环境压力 0.85 ~ 1.1MPa 的余压。应急阀始终处于关闭状态。一旦因各种原因水面供气中断，能够瞬间打开应急阀，此时气体即被引入组合阀内，

起到与水面供气系统同样的作用。在任何情况下，潜水员一旦启用应急供气系统进行呼吸时，应第一时间通知水面，并视具体情况决定是否终止潜水作业。

这种设置方法是目前普遍采用和强烈推荐的方法，其优点为：

（1）潜水员只需要打开一个阀门来启动应急供气。

（2）一级减压器进水和损坏的风险更小。

5.7 配套器材和辅助器材

配套器材是水面需供式潜水装具必需配套、不可或缺的附属器材，包括安全背带、压重装置、潜水服、潜水刀具及测压表等；辅助器材是水面需供式潜水时根据潜水作业的需要选用的附属器材，主要有潜水绳索、入出水装置、压载物、脚蹼、深度表、潜水电脑、潜水计时表、潜水手表、水下指北针、气压表及水下照明装置等器材。

5.7.1 配套器材

1. 安全背带

潜水用安全背带（图 5.7-2）用高强度织带编织，背带上配置了多个 D 形环（图 5.7-1），这些 D 形环能满足把潜水员及其装具从水中安全地起吊的要求。潜水穿戴上安全背带，可使脐带的快速解脱挂钩直接钩挂在其侧面的一个 D 形环上，以防止脐带上的拉力直接作用在潜水头盔上。在 D 形环上可悬挂其他的小型工具或者装具。安全背带的另一个重要作用是用来从水内提拉意识丧失的潜水员，因此要求安全背带有两条裆带，如图 5.7-2（b）所示，在承受潜水员及装具的全部重量时，不会妨碍潜水员呼吸；同时，在提拉意识丧失的潜水员时，还能防止失去知觉的潜水员从背带中滑脱。安全背带可以直接作为应急气瓶的背负装置，也可以使用配有独立背负装置的应急气瓶。

图 5.7-1 D 形环

（a） （b）

图 5.7-2 安全背带

（a）无裆带；（b）有裆带

2. 压重带

水面需供式潜水员需要在水中间或者水底工作。他们必须能够毫不费力地停留在作业点，这就需要压重带。在水中间工作时，潜水员可能需要中性浮力或者负浮力，但如果在水底工作时，潜水员通常会需要几十牛顿的负浮力。潜水员唯一希望自己处于正浮力状态的时间是在水面上，或者某些有限的紧急状况内，在这种紧急状况下，潜水员不受控制的上升可能比停留在水下更加安全。水面需供式潜水员通常有稳定的呼吸气体供应，只有极个别的情况下需要抛弃压重带，因此，也有些行业规范没有要求水面需供式潜水员的压重带必须配置快速解脱装置。

潜水服一般是正浮力，所以通常需要增加配重，以便于有足够的重量使潜水员停留在工作深度。可以通过几个方法达到这一目的。有些行业规范要求压重带必须装有快速解脱扣，但是，不必要的正浮力对于可能需要长时间水下减压的潜水员是危险的，因此必须防止压重带意外脱落。任何时候都不能够把脐带钩挂在压重带上。

水面需供式潜水用的压重带（见图 4.4-11）通常配有快速解脱扣，但快速解脱扣不能够意外脱落。压重带通常佩带在潜水背带下方或者外侧。

在需要大量配重的时候，通常会采用压重背带将配重吊挂在肩膀上，而不是佩带在腰上，因为潜水员经常要在水下直立工作，如果佩戴在腰上，它可能会下滑到一个让潜水员不舒服的位置。

潜水员在工作的同时，有可能为了舒适和效率上的考量，对压重带进行调节。他可以通过为压重带配置不同类型、不同数量的压铅块，以及调节压铅块的位置来达到这一目的。

如果潜水员要从事繁重的水下作业，可以使用加重潜水鞋。这种加重潜水鞋类似于通风式潜水鞋，采用铅内底。有的潜水员会在踝关节处佩戴压铅，但其舒适度较差。当潜水员在水底直立工作时，加重潜鞋会增加潜水员的稳定性，从而显著地提高某些工作的效率性。

3. 潜水服

潜水员在水环境下需要有针对性的某种形式服装保护，如湿式潜水服、干式潜水服、热水潜水服，以及潜水背心、手套、头罩、潜水袜、潜水靴等，以免长时间暴露在冷水中造成的体温损失，以及水生物和水下障碍物、污染物等可能造成的伤害。上一章已对潜水保护服装做了基本介绍，本节结合水面需供式潜水特点作进一步介绍。

（1）湿式潜水服

湿式潜水服的厚度为 3 ~ 6mm 厚，但如果需要，也可厚至 8mm 和 10mm 或 12mm（见图 4.4-4）。薄型潜水服可使潜水员水下活动自由，而厚型潜水服可使潜水员获得良好的保暖，但厚度对浮力影响较大。湿式潜水服浮力的准确值各不相同，这主要取决于如下因素：潜水服厚度、大小、使用时间和水下条件。当潜水服因深度增加而被压缩时，其浮力也随之降低。

（2）干式潜水服

干式潜水服（见图 4.4-5）可有效地使潜水员与外界环境隔离，热保护效果比湿式潜水服更好。在污染水域进行潜水作业的时候，与靴子形成整体的一件式干式潜水服，密封干式手套，以及直接与干式潜水服形成密封的潜水头盔将为潜水员提供最好的环境隔离，但是，制作干式潜水服的材料必须能够适应使用这种环境，以保护潜水员免受环境的影响。

依据不同的潜水作业条件，湿式或干式潜水服可以与潜水头罩、潜水靴同时使用。

变容式干式潜水服可通过设置在其上的进气阀（见图 4.4-6）控制潜水服内的充气量，它的排气阀（见图 4.4-7）能够有效地制止干式潜水服过度膨胀，防止放漂。水面需供式潜水时，干式潜水服内气体可由背负式应急系统提供。如果潜水面罩或头盔的组合阀上设置了低压输出端口，也可以使用配有内置式限流器的充气软管连接干式潜水服，直接由主供气管路供气。

在寒冷的天气中潜水时，应特别注意防止干式潜水服的进气阀和排气阀结冰。向干式潜水服充气时，如果气体持续地充入而不分几次、以很短的时间快速充入，会导致进气阀在开启位置结冰。如果进气阀在开启位结冰，潜水员就会面临潜水服过度充胀和失去浮力控制的危险。如果潜水服过度充胀，超过了排气阀的排气能力，潜水员可将一臂举起，使过多的气体经潜水服腕部封口泄入手套。应将手握成空心拳，另一只手抓住手套的掌部，这样才能使潜水服内的空气经手套腕封口泄出，而不必脱下手套。

（3）热水潜水服

热水潜水服通常由泡沫橡胶制成，在结构和外观上类似于湿式服，在手腕和脚踝处都是开放的，以便于热水从热水服内流出。但是按设计它可以接受外接热源提供的热水，通常热水服（图 5.7-3）能够耐受工作水温为 44℃的热水。在寒冷水域里，热水服能够提供非常有效的热保护，特别适合于使用氦基呼吸气体。通过脐带上的热水管将水面加热的热水输送给潜水员，热水服在接近腰部的位置上装有旁通装置，在热水进入热水服之前潜水员能够通过旁通装置对热水分流进行调节，以适应环境条件的变化和不同的劳动强度。热水在进入热水服后，热水服内的排孔导流管将热水均匀地分布到躯干前后和四肢。在使用热水服的时候，潜水员穿着特别的潜水靴、手套以及头罩，通常会在热水服内穿上 3mm 厚的潜水背心，有助于保持体温和防止被烫伤、擦伤。

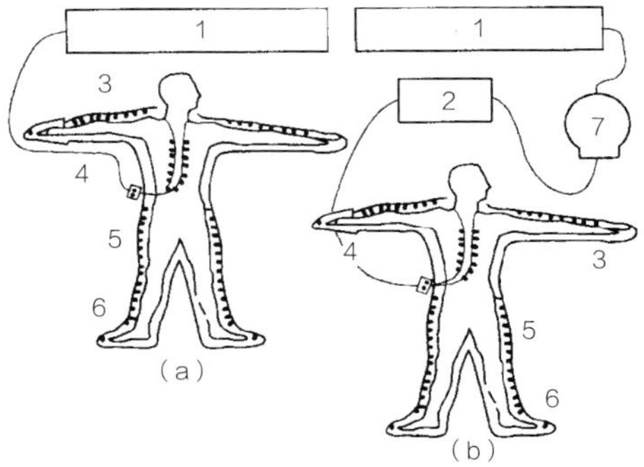

图 5.7-3 热水服结构
（a）浅海水加热系统；（b）深海水加热系统
1—热水加热器；2—气体加热器；3—手套；
4—热水软管；5—水加热服；6—靴子；7—潜水钟

热水服在设计上不会非常紧身，因此须注意供给潜水员的热水不得中断。如果热水供应中断，保暖地热水层会迅速散失，会使潜水员立即受冷。

水温小于 8℃时，有必要着热水服。在使用热水服的时候，水面热水器及热水管应能提供足够的热水流量，通常能不间断地以 5.6 ~ 7.5L/min 的流量向潜水员输送热水。当环境温度为 10℃时，需用 34 ~ 36℃的热水，当环境温度为 2℃时，需用 38 ~ 36℃的热水，以便维持潜水员所需温度的热平衡。

（4）潜水服保护服

如果潜水员的作业环境非常容易导致潜水服撕裂或穿孔，潜水员应该穿戴额外的保护服装，如连体工作服或厚帆布防擦装置。这是一件连体工装（图 5.7-4），主要是为了预防潜水服磨损。

图 5.7-4 连体工装

（5）潜水工作鞋

潜水工作鞋（图 5.7-5）类似于劳保鞋，但潜水鞋是由塑胶制成。这是一种对足部有安全防护作用的鞋。能够对足趾提供有效的保护，并能够防刺穿、耐酸碱等。

潜水鞋主要用于水下安装、拆解、建筑、清淤等定点作业，易于潜水员发力，但不利于潜水员的大范围活动。

4. 通信系统

水面需供式潜水通信系统通常采用有线双向语音式通信装置，在供气软管上增加一条通信电缆。通信系统通常由潜水潜水头盔或面罩内的耳机和麦克风、潜水电缆、水面通信装置主机（图 5.7-6，俗称潜水电话）及照料员的耳机和麦克风等组成。通信系统可分为一人至四人潜水电话。电缆有两线和四线之分，两线通信系统使用相同的电线进行水面和潜水员之间相互的信息交流，然而四线通信系统允许潜水员的信息和水面电话操作员的信息各通过两条不同的电线进行交流。在两线通信系统中，除了水面在向潜水员发出信息的时段外，水面团队都能随时听到潜水员在整个过程中的任何声音。在四线通信系统中，即使水面操作人员在讲话时，潜水员端始终处于开启状态，水面也能听到潜水员在整个过程中的任何声音，这是一个非常重要的安全设计，因为水面在任何时候都可以监控潜水员的呼吸声音。

图 5.7-5　潜水工作鞋

图 5.7-6　潜水电话

5. 潜水刀具

潜水员在水中会使用到潜水刀、渔网或线切割器等水下切割装备，上一章已作介绍。

另外，还有创伤剪（图 5.7-7），在切割鱼线时非常有效，且具有较低的意外伤害或损坏风险。潜水员通常将其装在夹克式背带的口袋里或者专用的创伤剪鞘中。

图 5.7-7　创伤剪

5.7.2　辅助器材

在水面需供式潜水作业中，除必备器材外，根据潜水任务和性质的需要，还需要配备一些辅助器材，主要有潜水绳索、入出水装置、压载物、脚蹼、深度表、潜水电脑、潜水计时表、潜水手表、水下指北针、气压表及水下照明装置等。

1. 潜水绳索

水面需供式潜水经常会用到下列绳索：

（1）测深绳

测深绳是一条加重绳，用于物理测量深度。也可以使用其他的测量深度的方法，如手持深度测量仪或者船舶测深仪。如果使用船舶深度测量仪，必须要弄清楚它测量的是龙骨以下的深度。

（2）入水缆

入水缆能够为潜水员下潜到水底进行导向，并能够传递工具或装具。建议使用 3 英寸的双股编结缆，可防止扭曲，并便于潜水员在水底的辨认。入水缆可以固定在水底的某个物体上，或用一个足够抵抗水流冲击的重物体锚定在水底。一旦发生绞缠的状况，潜水员应能够切断入水缆。

如果作业环境要求使用钢丝缆作为入水缆，必须得到潜水监督的认可方可使用。

（3）搜索绳

搜索绳与入水绳末端相连。主要是潜水员用来搜索水下目标和重新放置入水绳。

（4）救援索

救援索（图 5.7-8）是一条在水面需供式潜水时由待命潜水员携带的短绳，用于在救援过程中将没有反应的潜水员系在待命潜水员身上。它的一端与待命潜水员安全背带上的 D 形环相连，另外一端有一挂钩，可以钩挂在遇险潜水员安全背带的 D 形环上，这样待命潜水员在返回水面的过程中，可以使用双手。

图 5.7-8 救援绳

2. 入出水装置

根据潜水作业现场条件，配备合适的入出水装置，供潜水员安全入水和出水，如潜水梯、潜水吊笼或开式潜水钟。潜水站地面或甲板面与水面间的距离大于 3m 时，应采用潜水吊笼或开式潜水钟。入水与出水的方法应满足待命潜水员营救的需要。

潜水梯、潜水吊笼或开式潜水钟将在第 6 章详细介绍。

3. 压载物

压载物由铸铁，或者铅制成，用来锚固入水绳，或者压载潜水吊笼。

4. 脚蹼

脚蹼（图 5.7-9）能够增加潜水员的推进力，提高潜水员的机动性和控制性。

在一些大范围水下活动的水面需供式潜水作业中，如水下搜索、水下探摸等，潜水员会选择适当的脚蹼，从而节省体能，提高水下游泳速度，扩大作业范围，提高潜水员的水下工作效率。

图 5.7-9 脚蹼

5. 其他辅助器材

水面需供式潜水的还有其他辅助器材，如气瓶测压表、潜水手表、深度表、指北针、减压架、潜水钟、工具袋、水下电筒及水下灯等，潜水作业时可以根据需要选择。

5.8 水面需供式潜水的供气要求

在潜水过程中，向潜水员提供符合要求的呼吸气体，是保障潜水员水下作业安全和健康的最重要环节。本节介绍水面需供式潜水对供气气源、气体质量、压力、流量、气体量及自携应急气体等要求。

5.8.1 水面供气气源配备要求

依照国家标准《空气潜水安全要求》GB 26123—2010，水面需供式潜的水面水供气气源应符合以下要求：

（1）潜水员主气源和应急气源应为两个独立的气源，一套作为主气源，另一套作为备用气源，可以是一台空气压缩机和一组储气罐（或高压气瓶），或两台不同动力源的空气压缩机。

（2）待命潜水员主气源和应急气源应为两个独立的气源，可以是一台空气压缩机和一组储气罐（或高压气瓶），或两台不同动力源的空气压缩机。其中应急气源可由潜水员主气源代替。

（3）潜水员主气源供气量应满足国家标准《潜水员供气量》GB 18985—2003 的要求，应急气源供气量应满足完成一次作业深度的潜水和水下减压需要。

（4）待命潜水员主气源供气量应满足国家标准《潜水员供气量》GB 18985—2003 的要求。应急气源供气量应满足完成一次应急潜水深度的潜水需要。

（5）水面吸氧和预备减压病治疗用氧所需的氧气储量应符合国家标准《潜水员供气量》GB 18985—2003 的要求。

水面需供式潜水通常采用低压或中压空气压缩机为潜水员提供压缩空气，只要压缩机能够持续有效地运转，就会持续不断地供气。同时，潜水作业现场还会配置备用气源，这可能是第二台压缩机，也可能是大型储气罐或者高压气瓶组。水面上的备用气源必须能够满足潜水员从潜水的任何一个点上返回水面，并要考虑到合理的可预见的延迟，以及待命潜水员的一次水下救援所需要气体的要求。在水面需供式潜水作业时，发生供气中断的概率相对较低，气体规划的重点是要考虑主压缩机、备用压缩机的尺寸是否适合，以确保提供必要的压力和流量。这要根据潜水的深度、规模和劳动负荷，以及提供呼吸气体的压缩机技术规格和运行速度来决定。

潜水控制面板是汇集和合理调节供气的装置（图 5.8-1），接入来自低压压缩机或者高压储气罐的主供气和备供气体，通过面板上的压力调节器调节后，向脐带提供符合要求、持续稳定的呼吸气体给潜水员。潜水控制面板可以依据潜水作业深度和潜水员的劳动强度调节潜水员的呼吸气体压力；可以监测供气压力，有的潜水控制面板上装有安全阀以预防过高的供气压力；通过潜水控制面板上的测深系统随时测量潜水员的作业深度并进行监控。

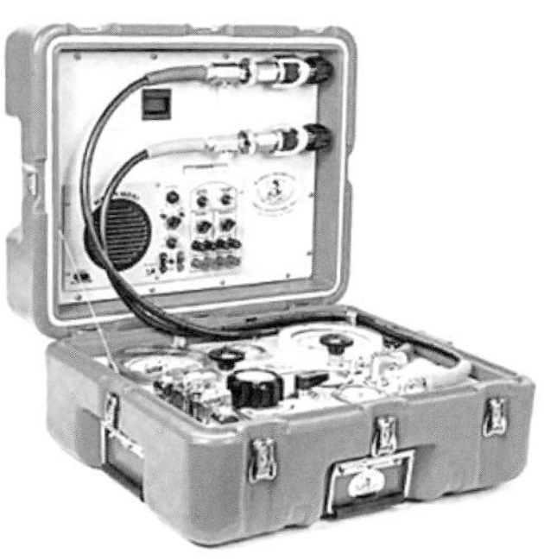

图 5.8-1 便携式双人潜水控制面板

5.8.2 供气质量要求

所提供的压缩空气和氧气质量必须符合国家标准《潜水呼吸气体及检测方法》GB 18435—2007 规定的纯度要求，其中，压缩空气的纯度要求见表 3.3-1。

水面需供式空气潜水通常采用低压压缩机为潜水员提供压缩空气，只要压缩机吸入空气无污染，过滤良好，能够持续有效地正常工作就会持续不断地提供符合质量要求的气体。空气加压前如果被发动机废气和化学烟雾污染，有可能不符合纯度标准；纯净的空气经过压缩机内腔、通道后也可能被污染。因此，为了使压缩空气符合纯度标准，空气压缩机应定期检修，过滤器应符合要求，压缩机的进气口应要处于上风端，以提供符合国家标准《潜水呼吸气体及检测方法》GB 18435—2007 质量要求的空气。

5.8.3 供气压力要求

供气压力必须能克服潜水深度的静水压力及空气流经潜水软管、接头、阀门及调节器时所引起的压力损失，并有一定的供气余压。供气余压的大小视所用的潜水装具类型而定。通常，需供式调节器有供气余压范围和一个最适合的供气余压，以确保最低的呼吸阻力，降低呼吸功。确定最适合的供气余压，要参考所使用潜水装具生产商的技术规格说明，以及潜水作业深度。以 SUPERFLOW350 呼吸调节器为例，供气余压见表 5.8-1。

SUPERFLOW350呼吸调节器供气余压要求 表5.8-1

潜水深度（m）	供气余压（MPa）		
	最低	最适合	最高
0 ~ 18	0.6	0.9	1.1
18 ~ 40	0.9	0.9	1.1
40 ~ 60	1.1	1.1	1.1

注：①目前国内潜水界使用的潜水面罩或头盔多数配置了 SUPERFLOW350 呼吸调节器，如 KMB18 以及 KMB28、KM17B、KM37 等卡箍面罩和潜水头盔，MZ-300 面罩和 TZ-300 头盔上的呼吸调节器与 SUPERFLOW 调节器类似。455 平衡式呼吸调节器的供气余压范围为 0.9~1.0MPa。
②使用双阀排气系统的潜水面罩或头盔，不允许使用 0.6MPa 的供气余压，应当使用 0.9MPa。
③由于装具设计限制，在潜水控制面板无法承受 1.1MPa 的时候，潜水深度 40~60m 时采用 0.9MPa 也可以接受。

潜水深度不同，最适合的供气余压不同，所需的供气压力也不同。供气压力应为：

$$P = P_0 + P_1$$

式中 P——供气压力，表压；

P_0——静水压，水深每增加 10m，静水压增大 0.1MPa；

P_1——供气余压，查表 5.8-1 表可得 P_1=0.62MPa。

【例 5-1】当潜水员使用 KM37 头盔（SUPERFLOW 呼吸调节器），下潜深度 53m 时，最适合的潜水供气压力是多少?

解：

（1）计算 53m 深度的静水压：

$$P_0 = 53\times0.01\text{MPa} = 0.53\text{MPa}$$

（2）选择采用 SUPERFLOW350 呼吸调节器的装具，潜水深度 53m 时，最适合供气余压。

根据供气压力要求，在表 5.8-1 中可查出当潜水深度是 53m 时，最适合供气余压 P_1 为 1.1MPa。

（3）计算最适合的供气压力

$$P = P_0 + P_1 = 0.53\text{MPa}+1.1\text{MPa} = 1.63\text{MPa}$$

答：潜水控制面板上的最适合的供气压力应为 1.63MPa。

5.8.4 供气流量要求

在所有体力负荷条件下，供气流量应能满足潜水员水下呼吸用最低气体流量的要求。供气流量的大小取决于所用潜水装具的类型。

水面需供式潜水装具的供气流量：

$$Q \geqslant q \times (d/d_0 + 1) \tag{5.8-1}$$

式中 Q——穿戴该装具的潜水员在水下从事给定劳动强度作业时所需的供气流量，L/min。

q——常压下潜水员穿戴该装具从事给定劳动强度作业时所需的气体流量，L/min。

轻劳动强度：30L/min。

中劳动强度：40L/min。

重劳动强度：65L/min。

d——潜水作业水深，m（海水密度取 1.03g/cm^3，海水柱 1m 压强相当于 0.01MPa）；

d_0——静水压强每增加 0.10MPa 时的水深，10m。

使用水面需供式潜水装具时，供气流量还应满足潜水员瞬时最大流量要求。

自携式潜水装具的也是采用需供式供气方式，其供气流量与水面需供式潜水装具相同。

5.8.5 供气量要求

空气潜水通常在潜水作业现场使用空气压缩机采集空气，只要空气压缩机排量和压力足够，且能正常工作，供气就能满足潜水需要。但压缩空气和氧气还应符合最低储备量的规定。

如果使用高压储气罐或者气瓶组作为气源，必须要有足够的储气量，为计划中的潜水作业的潜水员和待命潜水员提供呼吸气体，并有适当余量。在计划潜水作业任务时，通常供气流量的计算是基于下潜和水底停留作业阶段 q 取 40L/min，上升和减压阶段 q 取 30L/min。

5.8.6 背负式应急系统的供气要求

水面需供式潜水要求潜水员必须使用背负式应急供气系统。背负式应急供气系统的气瓶必须充填适当的、适宜计划潜水的呼吸气体，足以让潜水员从计划潜水中的任何一点安全返回水面。所谓适当的就是指气瓶的气体压力能够提供足够的呼吸气体让潜水员到达第一减压停留站，或者如果是不减压潜水，让潜水员可以到达水面。这样水面支持人员就会有足够的时间执行必要的紧急程序，恢复潜水员的主供气。

5.9 水面需供式潜水前准备

水面需供式潜水前的准备工作，包括制订潜水作业计划、风险评估、潜水作业队组成、潜水设备准备与检查、核实现场环境条件、现场文件、紧急援助与急救及潜水工前会等。与自携式潜水相比，水面需供式潜水设备系统相对较复杂、潜水深度较大，潜水前准备工作的内容和程序有较大不同。本节结合水面需供式潜水的特点，对潜水前准备工作做进一步介绍。

5.9.1 潜水作业队组成与分工

水面需供式潜水作业队的人员配备数量，不同的潜水规范有不同的描述。我国国家标准《空气潜水安全要求》GB 26123—2010 规定：（1）采用水面需供式潜水装具潜水，潜水人员配备应不少于 4 人；（2）海洋工程潜水或潜水深度大于 24m 时，潜水人员配备应不少于 5 人，其中潜水监督不少于 1 名，潜水员不少于 2 名。这是工程潜水作业最低的人员配备要求。潜水作业队的实际需要人数取决于潜水作业的深度、环境及持续时间等因素，可视情况需要增加人员，以满足特定的作业任务和提高潜水作业安全要求。有些作业还需要其他人员的支持，如船员、绞车操作员、特殊系统及设备操作员等。

潜水作业队人员包括潜水监督、潜水员、照料员、待命潜水员等，其工作分工见表 5.9-1。

水面需供式潜水作业最低人员配备表 表5.9-1

岗位	情形（1）人数	情形（2）人数	分工
潜水监督	1	1	操作潜水控制面板，监控潜水气源、潜水深度，指导潜水员出水或减压，保持与相关方通信联络，兼记录员
水下潜水员	1	1	下水作业
水下潜水员照料员	1	1	照料水下潜水员。每位照料员同时只能照料一位潜水员。潜水监督可选择使用一名非潜水员照料员，但应确保任何非潜水员照料员能够胜任岗位职责要求
待命潜水员	1	1	着装处于待命状态，一旦得到指令立即下水。待命潜水员不能够使用自携式潜水装具
待命潜水员照料员		1	协助待命潜水员着装，照料待命潜水员下水救援。可协助潜水监督照看空气压缩机和其他设备的运转情况等
合计	4	5	海洋工程潜水或潜水深度大于 24m 时，5 人是水面需供式潜水的最低人员配备标准

潜水作业队所有人员必须符合从事潜水作业的体格条件，通过正规培训获得潜水知识和技能，熟悉与指派任务有关的各种程序，能熟练使用各种潜水相关的装具、设备、系统和工具。潜水员应持有潜水员证书、健康证书和潜水作业个人记录簿，潜水监督应持有潜水监督证书；从事海上作业的人员应持有海上作业安全救生证书，从事无损检测的潜水员应持有无损检测证书，从事水下焊接作业的人员应持有水下焊接证书，其他专门水下作业（如高压水枪等）的人员应持有相关的培训证书。

5.9.2 潜水站准备

水面需供式空气潜水时，潜水站至少应配有 1 套主供气系统、1 套备用供气系统、1 套应急供气系统、2 条潜水脐带、1 台潜水控制面板、2 台潜水电话、2 顶潜水头盔或面罩、2 套潜水服、2 条安全背带、2 条压重带、2 副脚蹼、2 把潜水刀、2 只潜水员应急气瓶、2 个计时器及必要的工具和配件等。

潜水站的布置应有条不紊，所有潜水装具、设备和系统应按摆放在指定位置。潜水队的所有人员应知道各类装具、器材的存放位置。潜水作业点不得随意堆放装具、器材等，尤其是那些易遭损坏、易被踢落水中或者可能伤人的物件。

潜水站的准备工作还包括下列内容：

1. 供气系统准备与检查

潜水作业前通常需要组装水面供气设备和系统，有很多的组件必须按照正确的顺序连接，并在各个阶段进行检查，以确保没有泄漏和正常的性能。有些检查对于潜水员的安全至关重要，比如：对主供、备用供气系统进行检查，确定是否有足够的气体供应；启动潜水用空气压缩机并检查其性能是否正常，确保进入进气口的空气没有受到污染；检查过滤器性能是否完好。如果使用的是高压气瓶组或储气罐，要对其进行检查以核实储气压力。如果使用压缩机作为备用气源，要将其启动并在整个潜水过程中一直处于可立即投入运行状态，将主、备用供气连接到潜水控制面板上并检查是否泄漏。

2. 减压舱准备与检查

当潜水深度大于 24m，或减压时间超过 20min，或在水下不能安全减压，或水下环境复杂及其形特殊情况时，潜水现场应配备甲板减压舱，并应有用于减压和治疗的氧气。甲板减压舱的布放位置尽可能接近潜水站，与甲板面的固定要牢固；布放场所整洁，无易燃易爆物品。

检查减压舱，是否符合国家标准《甲板减压舱》GB/T 16560—2011 的技术要求。甲板减压舱的主气源和应急气源储量、压力和纯度应符合规定要求；减压和治疗用氧气储量、压力和纯度符合规定要求。所有必备附属器材以及相关加压治疗表必须放置在显眼的位置。核实减压舱排气阀处于关闭状态，并且备有足够的为减压舱快速加压的压缩空气。供氧系统能满足减压舱的供氧要求。

3. 入出水装置

潜水员入水与出水，还应有一个潜水梯或潜水吊笼，及其配套的吊放系统。潜水站地面或甲板面的位置与水面间的距离大于 3m 时，应采用潜水吊笼入出水。根据具体的潜水深度和入出水要求，潜水员入水与出水的方法应满足待命潜水员营救的需求。

潜水梯应能承受 2 名潜水员的体重和装具的重量，梯挡上下距离约 25 ~ 30cm，宽度约 45cm 左右，有供潜水员扶持的扶手，无锈蚀、弯曲、变形。

潜水吊笼及其吊放系统应符合相关标准的技术要求。起吊门架、绞车、吊索及索具附件检验期限有效；布放场所合理，与甲板面的固定牢固，并经检验认可。

4. 索缆、器材及工具准备

包括深度测量，设置下潜导向缆，标记减压停留站。

检查潜水作业所需的附属器材和作业工具是否齐备完好。

5.9.3 潜水前装具检查

在潜水作业前，必须对潜水装具进行详细的检查，以确定是否处于正常的工作状态。在之后每天潜水前，同样必须对潜水头盔和面罩进行检查。在全天候连续潜水头盔和面罩使用时，每 24h 就要对装具进行轮换，并进行日常的潜水前检查。只有这样，才可以解决提前发现并解决装具问题，而不至于影响潜水安全作业。

1. 潜水前装具检查要求

（1）潜水面罩的目视检查

1）需供式调节器盖组件不能有任何的凹痕，手动按钮必须工作正常。手动按钮的操作必须要顺畅，它的空行距离不能超过 0.3cm。

2）头罩和面部密封垫不能够撕裂和穿孔。头罩必须处于好的状态，不能够有撕裂和穿孔；如果密封垫上有撕裂，可能导致调节器自供。

3）五爪带必须处于完好状态，橡胶不能有撕裂和裂缝；如果五爪带出现问题。有可能造成潜水面罩进水或脱落。导致潜水员淹溺。

4）检查弯管组件，在这一构件上不能有凹痕和扭结。

5）检查面窗，它必须处于完好状态。

6）检查卡箍面罩的内部，确保所有的通信电线都被接好并且没有松动的螺母。检查电线的线头，确保线头没有相互接触（线头接触可造成短路）。

7）检查口鼻罩，确保口鼻罩在需供式调节器的固定螺母上，且进气阀片安装正确。

8）检查面窗压紧圈的固定螺丝。确定以合适的扭矩拧紧固定螺丝。过紧有可能把面罩本体中的螺纹嵌块抽出。

9）检查潜水面罩本体以确保没有裂缝和损坏。

（2）潜水头盔的目视检查

潜水头盔的目视检查程序与潜水头盔的型式有关。

如果使用的是颈圈、颈环密封组件头盔，检查程序如下：

1）需供式调节器盖组件不能够出现凹陷，手动按钮工作正常。手动按钮的操作必须要顺畅，它的空行距离不能超过 0.3cm。

2）颈圈不能够出现撕裂及穿洞现象，并经过裁剪调整适合度。如果在颈圈上出现穿孔，潜水头盔有可能漏水或严重漏水。另外，需供式调节器也无法正常工作。最终有可能导致潜水员淹溺。

3）检查颈圈、颈环组件上的 O 形圈。O 形圈必须处于合适的位置，无损坏，并经过适当的润滑。

4）检查弯管组件。在这一组件上不能够出现凹陷和扭曲。

5）检查观察窗，观察窗必须处于完好状态。

6）检查通信电缆连接完好，并测试通信的状态。

5.9.6 潜水队工前会

在潜水员完成检查和测试他们的装具后，应向潜水监督汇报。潜水监督应对潜水站、潜水装备进行检查，确认潜水站能够满足潜水作业的要求，确认所有的潜水装备处于良好的运行状态。接着，潜水队召开首次工前会，潜水监督向潜水队简要说明潜水作业计划，介绍本次潜水任务、安全程序、危害因素及防范措施。工前会确保了所有作业人员能够理解潜水计划，并解决任何问题和疑问。之后，每天潜水作业前，潜水监督应组织召开工前会。

在潜水监督确认所有潜水前的准备工作都已经满足要求时，潜水员即可以准备着装。

5.10 水面需供式潜水着装与卸装

与自携式潜水相比，水面需供式潜水员的着装与卸装是一个相对费力的过程，主要原因是潜水装具比较复杂，通过供气软管把几个组件连接在一起，尤其是使用潜水头盔时还比较笨重。通常，水面需供式潜水员的着装与卸装需要潜水照料员的协助。

5.10.1 着装

1. 作业潜水员的着装程序

（1）穿潜水服

受过训练或者有经验的潜水员会根据呼吸气体、水温、计划的水下停留时间以及水下的作业强度等因素选择合适的潜水服。

（2）穿戴安全背带

在穿好潜水服，并对潜水服的密封性和拉链检查后，潜水员将穿戴安全背带。如果安全背带上固定了气瓶，而气瓶又连接在其潜水头盔或面罩上，整个过程通常需要潜水照料员的协助。

（3）佩戴压重带

在着装的过程中，会在某个时间点穿戴压重带，但这要取决于所使用的压重带的种类。通常，压重带佩戴在潜水背带下方或者外侧。水面供气潜水用的压重带通常配有快速解脱扣，但快速解脱扣不能够意外脱落。

任何时候，都不能够将安全背带用作压重带，或者把笨重的工具固定在安全背带上。

（4）背上应急气瓶并系牢

有的背负式应急供气系统的气瓶会固定在安全背带上，并通过软管连接在潜水面罩或头盔的应急阀上。如果背负式应急供气系统没有配置浸入式压力表，在背带气瓶之前必须确认气瓶压力（图 5.10-1）。

（5）脐带挂扣在安全背带上

必须通过脐带上的挂钩把脐带挂扣在安全背带上。有的潜水公司和潜水员个人更喜欢使用快速解脱挂钩；而有的潜

图 5.10-1　穿戴背负式应急系统

水员个人却喜欢使用螺栓式的挂钩，但这样会导致潜水员解脱挂钩比较困难。通过把脐带固定在安全背带的方法，确保来自脐带上的拉力作用在安全背带上，而不是在潜水面罩或头盔上（图 5.10-2）。

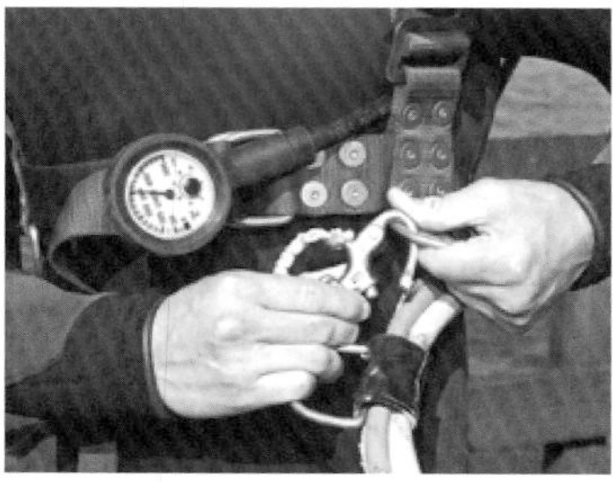

图 5.10-2　将脐带钩挂在安全被带上

在没有把脐带钩挂在安全背带上时，不要潜水，绝对不能够让脐带上的拉力直接作用在潜水面罩上，否则有可能造成潜水员面罩脱落、单向阀适配器折断以及潜水员颈部损伤。

在把脐带钩挂到安全背带上的同时，把测深管绕成正 U 字形插入压重带与潜水员腹部之间，开口端向上，与潜水员胸部齐平。

（6）戴上潜水面罩

如果潜水员使用潜水面罩型的水面需供式潜水装具，此时开始戴上潜水面罩。

图 5.10-3　潜水员自己穿戴、调整和卸除潜水面罩

每一位潜水员必须熟练掌握卡箍式潜水面罩的穿戴程序，并能够自己穿戴、调整和卸除面罩（图 5.10-3）。然而，在潜水员自己穿戴潜水面罩的时候，照料员必须在现场进行协助和检查，要有能力发现不正确的着装，以确保潜水员穿戴程序正确。对于潜水员来讲，一旦他把潜水面罩戴在头上，他几乎无法检查穿戴的正确性。随着潜水员拿起潜水面罩，照料员应连接背负式应急系统的快速解脱接头，如果没有快速解脱接头，照料员应将一级减压器安装在气瓶阀上，确认应急阀处于关闭状态后，顺手打开气瓶阀，并告知潜水员。

在潜水员戴上潜水面罩之前，照料员将需供式调节器的调节旋钮打开，并打开旁通阀，让需供阀和旁通阀分别产生一个恒定的气流。

做好自己穿戴潜水面罩的准备，首先将头罩拉链拉好，但需要把拉链的下端留出 15cm 的开口，五爪带上除了左下方的一条腿之外，将其余四条腿分别固定在卡箍挂柱上。

用双手将潜水面罩提起，将五爪带折叠在潜水面罩的前方。把头罩拉到头上并将拉链拉好，要小心不要让拉链夹住自己的头发。在这一过程中要用右手托住潜水面罩。使用左手拉合拉链。在你继续用右手托住潜水面罩的同时，用左手把五爪带左下方的腿固定住。

对于大多数的潜水员而言，当把五爪带头顶上的三条腿调节到比底部的两条腿稍微紧一些时，会感觉比较舒服。如果头型比较均匀，大多数的潜水员会发现比较舒服的调节是：顶部的五爪带挂在第三个孔上，底部的挂在第二个孔上。每一位潜水员可以根据自己的头型来找出不同的却是最舒服的调节方式。

不管采用什么样的方式，无爪带的底部必须紧贴在潜水员后颈根部，不能够太高或者戴到后脑勺上，防止潜水面罩意外脱落。另外，不合适的无爪带固定会让长时间水下停留会的潜水员感觉非常不舒服。

在潜水员着装时，以及着装完毕入水之前，或者在潜水员离开水之后，只要潜水面罩在潜水员的头上，照料员必须在场进行协助。对于全副装备的潜水员来讲，水面上的行走比较困难，他们有可能出现摔跤的现象，导致严重的身体伤害。

在经过适当的调整后，面部密封垫会稍微有些压逼，未进入水中时潜水面罩会很舒适地紧贴着脸部。当进入水中之前，潜水面罩的重量会作用在头部，一旦进入水中，潜水面罩的重量几乎感觉不到。可以根据个人的喜好，由照料员协助穿戴潜水面罩（图 5.10-4）。如果有照料员协助穿戴潜水面罩，除了由照料员拉上头罩拉链和固定五爪带之外。其他的程序与个人穿戴潜水面罩一样。在照料员协助你穿戴潜水面罩的同时，仍然需要你自己承担潜水面罩的重量。

图 5.10-4 在潜水员穿戴潜水面罩时，照料员为潜水员提供帮助

（7）戴上颈圈、轭式颈托密封组件头盔

如果潜水员使用颈圈、轭式颈托密封组件头盔，此时开始戴上。这种类型的潜水头盔，通常有 SUPERLITE17A/B、TZ300 等型号。

所有的穿戴程序必须由潜水员来进行，直到潜水员彻底地掌握了潜水头盔的使用。其目的是训练潜水员的熟练程度。然而，照料员必须在场协助潜水员，并帮助检查潜水员穿戴潜水头盔的正确性。一旦潜水头盔戴到了潜水员的头上，潜水员将无法确定穿戴是否正确。

潜水员着装的时候，以及在潜水员戴好潜水头盔，入水之前的任何时候，照料员必须在现场协助。当潜水员完全穿戴好潜水头盔的时候，潜水员的移动将会比较困难，有可能出现绊脚摔倒的可能，导致严重的人员损伤。

1）穿戴颈部密封组件

首先用手把颈部密封组件抓住放到胸前，然后举起整个颈部密封组件并向头部后上方移动，在组件的轭式颈托开口抵达颈部后方时，把轭式颈托向前滑动，直到把整个轭式颈托装到颈部，如图 5.10-5 上图所示。

图 5.10-5 穿戴颈部密封组件

把手举到头顶，把每一只手的 4 根手指插到颈圈的开口处。让拇指保持在颈圈的外面，把颈圈向自己的手掌拉开，并从头顶套到脖子上，如图 5.10-5 下图所示。

照料员必须确保要把颈圈的上边缘贴住潜水员的上颈部，然后向外翻转折叠（图 5.10-6）。必须把颈箍向上调整，紧紧地贴住潜水员的颈部。这一点非常重要。如果把颈箍向下翻转，在把潜水头盔戴好后，会从颈箍处漏气，导致需供式调节器自供，这会让潜水员感觉非常不舒服。

图 5.10-6 调整颈箍，把颈箍向外翻转折叠

在潜水员抱住潜水头盔的同时，照料员要把应急供气系统的

快速解脱软管连接好。在潜水员戴上潜水头盔之前，打开需供式调节器的调节旋钮和旁通阀，让其形成恒定气流。

2）戴潜水头盔

潜水员应把潜水头盔面窗向下，确定下巴带尾端的袢扣位置，完全打开下巴带袢扣（图 5.10-7）。在保持头垫开口处敞开的同时，用两手抓住潜水头盔的底部（图 5.10-8）。把潜水头盔举过头顶并小心地安放到头上（图 5.10-9）。

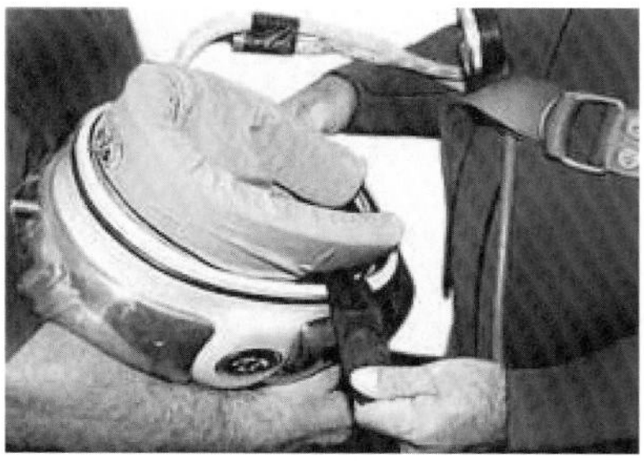

图 5.10-7　潜水头盔面窗朝下，确定下巴带的位置

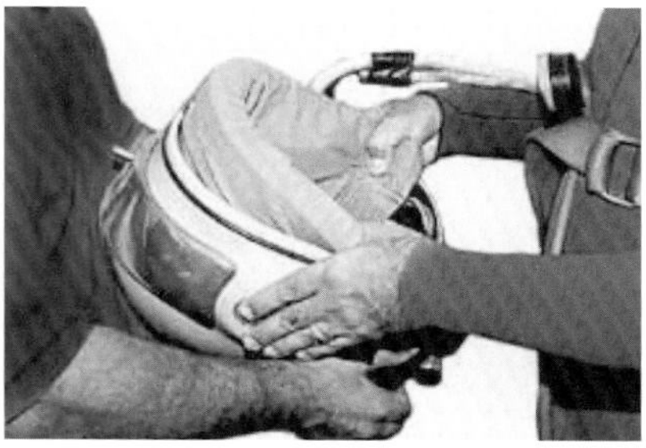

图 5.10-8　展开头垫有助于头盔的穿戴

图 5.10-9　把潜水头盔举到头顶

尽量把头贴紧潜水头盔的前面，调紧下巴带，让其松紧适度。下巴带是在下巴垫的外侧收紧，而不是在潜水员的下巴上收紧。

把头顶到潜水头盔的后部，然后把潜水头盔向下拉，并左右调整，直到感觉头上的头盔很舒服。把下巴带固定在嘴巴下面。

把下巴带拉下，调整到松紧适度。然后把下巴带通过潜水员下巴的下方，与头垫右侧的尼龙搭扣扣紧。

要小心地把下巴带尾端塞到潜水头盔内，防止下巴带尾端卡在头盔壳体与颈箍之间，照料员尤其要注意这一点。要确保把下巴带直接地栓连在潜水头盔上，如果没有，就要在最初的条件下将其更换好。

必须确保系牢下巴带。如果没有适当地把下巴带系牢，潜水员头上的头盔在水下可能会向上漂浮，导致不舒服。

3）连接头盔本体与颈部密封组件

首先要把颈部密封组件后侧的铰链环扣到潜水头盔后方的校准套上（图 5.10-10），把头向后倾斜，把整个的颈部密封组件向后顶，以便于把铰链环扣牢在校准套上。颈夹的前边缘应在并超过潜水头盔底部的前边缘。继续向后倾斜脑袋，用一只手把潜水头盔前部举高。

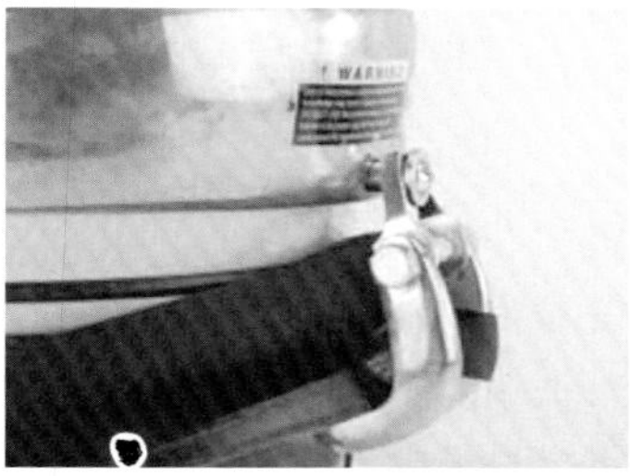

图 5.10-10　头盔后部的铰链环须扣到校准套上

照料员必须把轭式颈托上的铰链环向潜水头盔的后上方举高，把铰链环扣到头盔后部的校准套上（图 5.10-11）。

如果没有把铰链环正确地固定在校准套上，颈部密封组件

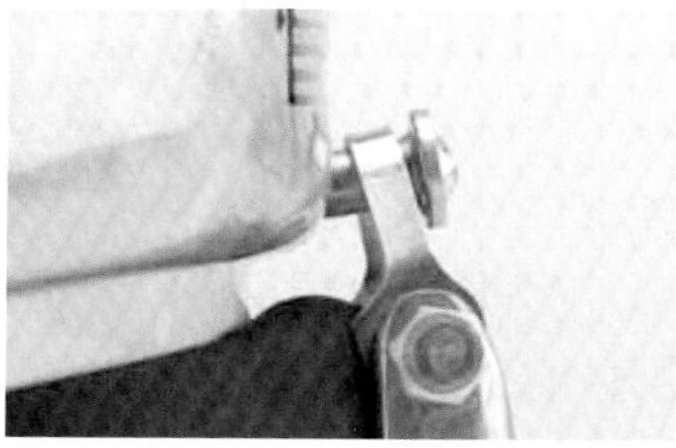
图 5.10-11　铰链环与校准套扣牢

有可能会与潜水头盔脱离，从而出现潜水头盔进水。如果发生这种情况，有可能导致潜水员淹溺或死亡的严重后果。

照料员抓住颈夹组件的把手，向潜水员的右侧旋转。这样就可以完全地打开颈夹。

在潜水员保持潜水头盔向下的同时，把颈夹组件向上推，如图 5.10-12 所示，直到潜水头盔底部与颈夹完全啮合。不要把颈夹组件的把手当成杠杆使用，这样会损坏颈夹机械装置。

图 5.10-12　把颈夹组件向上推

在把潜水头盔和颈部密封组件压紧在一起的同时，向潜水员的左侧旋转颈夹柄，直到夹柄超过中心点并合拢，如图 5.10-13 所示。把拉销拉出后，就可以打开弹簧锁紧装置。

把扼式颈托抬高，直到弹簧锁紧装置与夹柄上的锁扣紧密结合，放开拉销。弹簧拉销应到达弹簧锁紧装置的底部，卡住夹柄的锁扣（图 5.10-14），插上安全销（图 5.10-15）。但并不是所有的潜水头盔都配备有安全销。

（8）戴上颈圈、颈环密封组

潜水员如果使用颈圈、颈环密封组件的潜水头盔，此时开始戴上。

在潜水员进入水下之前，或者出水之后，任何时候只要潜水头盔在潜水员的头上，潜水照料员必须在现场并对潜水员进行协助。着好装的潜水员在水面上行走会比较困难，有可能会被绊倒，并导致严重的人员损伤。

图 5.10-13　颈夹向潜水员左侧旋转

所有的穿戴程序必须由潜水员来进行，直到潜水员彻底地掌握了这种潜水头盔的使用。其目的是训练潜水员的熟练程度。然而，照料员必须在场协助潜水员，并帮助检查潜水员穿戴潜水头盔的正确性。一旦潜水头盔戴到了潜水员的头上，潜水员将无法确定是否穿戴正确。穿戴程序如下：

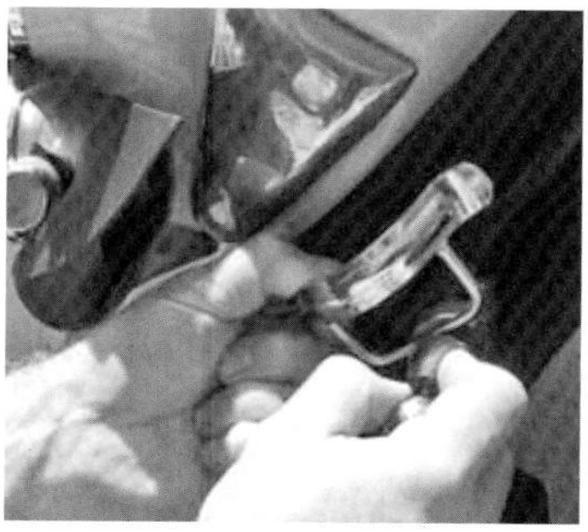
图 5.10-14　拉销须啮合在颈夹的锁扣

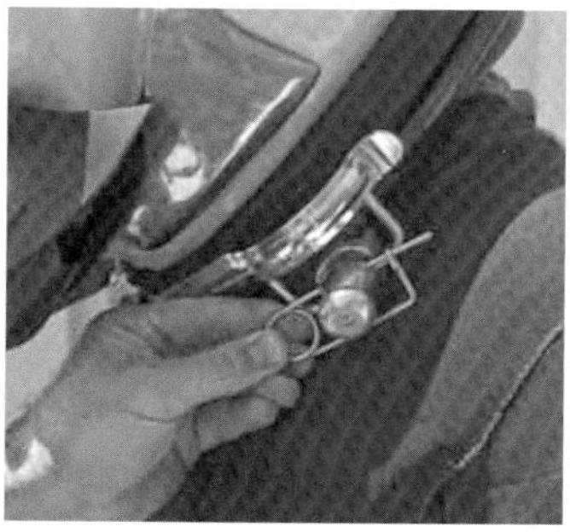
图 5.10-15　潜水前插上安全销

1）穿戴颈圈、颈环组件

要穿戴颈圈，垂直地抓住颈圈、颈环组件，置于胸前，这样组件较大的一端，即拉带的固定端处于上方。拉带应朝向胸部。把颈环组件举高超过头部，分别抓住颈圈、颈环组件的前后部。把颈圈从头顶拉下。颈圈在颈部上的位置应尽可能地低（图 5.10-16）。

图 5.10-16 穿戴颈圈

颈圈要始终贴到潜水员得脖子上，这一点很重要。如果颈圈调整得太低，气体会从颈圈处泄出，从而导致需供式调节器通风的现象。这会让潜水员对潜水头盔的感觉很不舒服，同时也会浪费呼吸气体。

必须调整颈圈、颈环组件的方向，颈圈、颈环组件前端的黄铜舌状物要处于潜水员下巴前下方，并指向潜水员的前方。在潜水员穿戴颈圈、颈环组件的时候，能看到黄铜舌状物从颈圈、颈环组件下伸出来，同时这也意味其定向正确。

在穿戴潜水头盔之前，要确定放松潜水头盔内的下巴带。用右手抓住颈圈、颈环组件，把大拇指置于塑料搭扣圆头端下方，并将其提离颈圈，就可以放松下巴带。

在潜水员抓住潜水头盔的同时，照料员应连接应急供气的快速解脱接头。在潜水员穿戴潜水头盔之前，打开需供式调节器的微调旋钮以及旁通阀，让两者都产生一个微弱的恒定气流。

2）戴潜水头盔

在潜水头盔面窗朝向下方的同时，拉开密封拉销，完全打开锁紧颈环 / 颈垫组件。确保头垫在潜水头盔内的位置适当，固定合理。把鼓鼻器完全拉出来（图 5.10-17）。

图 5.10-17 完全打开锁紧颈环 / 颈垫组件

在锁紧项环 / 颈垫组件完全打开后，举高潜水头盔并放到头顶上。首先把潜水头盔戴到后脑勺上，然后向前旋转潜水头盔，直到潜水员的口、鼻处于口鼻罩内。锁紧项颈环、颈垫组件必须是开启状态并垂吊在肩部后方。

把手伸入潜水头盔前方内部，收紧下巴带，使其处于松紧适度的状态。下巴带是在下巴垫外部收紧，而不是直接固定在潜水员的下巴上。

3）连接潜水头盔本体与颈部密封组件

至此，颈圈、颈环组件处于潜水员的肩部上方、头盔的正下方。潜水员把颈圈、颈环组件上的插舌插入头盔底部前方的摆动锁扣内（图 5.10-18），照料员要检查其咬合的正确性。用手指抓住头盔的底部，把颈圈、颈环组件推入头盔底部的头盔环内（图 5.10-19）。颈圈、颈环组件将会非常密实地贴合在头盔环中。然后，潜水员把他的头部和头盔向前倾斜，把锁紧颈环、颈垫组件向上摆动至他的肩膀上方。

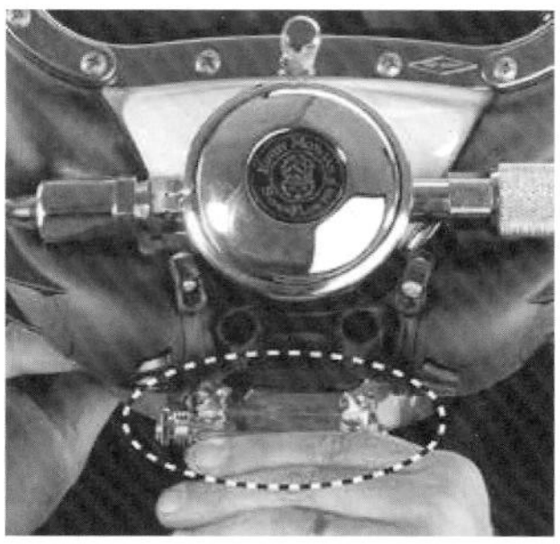

图 5.10-18 把颈圈、颈环组件上的插舌插入摆动锁扣内

锁紧密封拉销必须处于锁定位置。如果它们处于开启位置，旋转拉销直到它们卡入到锁定位置。用手指抓住头盔底部的头盔环的外部，用拇指把锁紧颈环 / 颈垫组件向上推到合适的位置，直到锁紧密封拉销将其锁定（图 5.10-20）。

图 5.10-19　把颈圈 / 环组件推入

图 5.10-20　左右锁紧密封拉销插入锁紧颈环内

两颗锁紧密封拉销必须在头盔底部正确定位。如果拉销没有正确啮合，颈圈、颈环组件可能无法密封，潜水头盔有可能进水，并可能导致潜水员溺水。

2. 待命潜水员着装待命

待命潜水员与作业潜水员的准备工作基本一样，但只有在需要应急处理的时候才会下水。通常待命潜水员应戴好压重带、脚蹼、手套，把脐带钩挂在安全背带上，在进入水中之前，潜水面罩是要穿戴的最后一件装具。一旦水下潜水员需要协助时，只要戴好潜水面罩即可下潜。

如果待命潜水员必须使用头盔式潜水装具，他可以先戴好颈圈、颈环组件。然而，待命潜水员在入水前，最后一件要穿戴的装具永远是潜水头盔。在潜水员戴潜水头盔之前，所有其他的事情必须准备妥当，这样潜水员在入水前就不必用头长时间支撑潜水头盔的重量。

待命潜水员的脐带比作业潜水员的脐带至少长 2m。

待命潜水员会在潜水站上一个比较舒服又不会影响到安全作业的位置待命。因此，在紧急情况下，待命潜水员会在尽可能短的时间内做出反应，并采取相应的行动。这通常意味着要为待命潜水员提供相应的保护，以免受到天气的影响，特别是预防晒伤和脱水。如果作业潜水员使用的是潜水头盔，待命潜水员可以使用卡箍式全面罩，因为这会让待命潜水员在紧急情况下更快地进入到水下。

待命潜水员的工作就是等待，直到发生某些紧急状况，然后立即进入到水下解决这些状况。因此，待命潜水员在潜水技能和体能方面都应是潜水团队内最好的潜水员之一，但却不必精通特定工作的作业技能。一旦待命潜水员入水，只要作业潜水员的脐带没有切断，待命潜水员将沿着作业潜水员的脐带找到作业潜水员。在整个潜水的过程中，待命潜水员必须与潜水监督保持沟通，并对进展情况进行实时报告，以便潜水监督和水面团队尽可能地了解水下正在发生的情况，并据此制定相应的计划，并必须采取必要的措施应对相应的事件，这可能包括提供应急气体，或者定位和救援受伤或者意识丧失的潜水员。

作为一个待命潜水员，在紧急状况下能够自己穿戴潜水面罩是很重要的。

5.10.2　卸装

在潜水员离开水面到达潜水站地面或甲板面之前，潜水员不应卸掉潜水面罩或头盔。如果使用潜水吊笼作业，潜水员在从吊笼中出来之前，他不能卸掉潜水面罩或头盔，只有吊笼停放到甲板上后，潜水员才可以卸掉潜水面罩或头盔。

1. 潜水面罩卸装程序

（1）如果潜水员穿着了脚蹼，首先应脱下脚蹼，穿着脚蹼攀爬潜水梯可能导致潜水员坠落。

（2）潜水员要用手支撑潜水面罩的重量，以便于照料员协助拉开头套拉链和松脱五爪带，取下潜水面罩，由一名照料员或潜水员自己托住，在拆卸五爪带时，可以把五爪带左侧松脱。没有必要把五爪带完全解除掉，这样可以帮助避免丢失五爪带。

（3）如果潜水员要自己卸掉潜水面罩时，首先把鼓鼻器拉出，把五爪带底部的两条带松脱掉，用两手抓住潜水面罩的底部，向外和上拉潜水面罩即可卸掉面罩，如图 5.10-21 所示。在一些紧急情况下，即使头套的拉链未被拉开，五爪带的带子未被松脱掉，潜水员同样可以采用此方法卸掉面罩。

图 5.10-21 潜水员自己脱卸潜水面罩

（4）关闭气瓶阀，卸下一级减压器。

（5）打开安全背带上的脐带扣，从压重带下抽出测深管。

（6）卸脱压重带、气瓶、所有附属品。

（7）解下安全背带、脱潜水服。

（8）如果在一段时间内不使用卡箍式潜水面罩，逆时针旋松微调旋钮。

2. 颈圈、轭式颈托密封组件头盔的卸装程序

（1）脱下脚蹼、上平台（特殊情况除外）。

（2）照料员应协助潜水员，抓住弹簧锁紧组件上的拉销把手，把拉销拉出。轭式颈托下坠。

（3）用手抓住颈夹的手柄并水平向外拉，直到手柄处于潜水员的正前方。这一动作将会打破颈圈在潜水头盔底部四周的密封，颈圈和颈夹将会与潜水头盔的前底部分离。

（4）潜水员将头向后倾斜，将颈部密封组件上的铰链环从校准套上取下。

（5）潜水员把手伸到头盔前部的下方，解开固定头盔的下巴带，将鼓鼻器抽出，然后两手抓住头盔底部的左右两侧，举高头盔并取下头盔，由一名照料员或潜水员自己用手提住。

（6）关闭气瓶阀，卸下一级减压器。

（7）打开安全背带上的脐带扣，从压重带下抽出测深管。

（8）照料员从潜水员手上拿过潜水头盔，并小心地把潜水头盔放到较柔软的物体面上，比如盘好的脐带上。

（9）潜水员把手插入颈圈和脖子之间（图 5.10-22），用手掌把颈圈向两边拉开，把颈圈上举到头顶，向后移除轭式颈托。

（10）卸下压重带。

（11）卸脱应急气瓶。

（12）解脱所有附属品，脱下安全背带、潜水服。

（13）如果在一段时间内不使用潜水头盔，逆时针旋松微调旋钮。

图 5.10-22 脱卸颈部密封组件

3. 颈圈、颈环密封组件头盔的卸装程序

（1）脱下脚蹼、上平台（特殊情况除外）。

（2）待潜水员站定后，拉出密封拉栓（向前）并将其旋转并固定至开启位置。

（3）向前倾斜头部和潜水头盔，向后摆动颈部锁紧环至肩膀的后方。

（4）潜水员或照料员向下拉颈圈、颈环组件上的拉带（图 5.10-23），这将会打破颈圈 / 颈环和头盔底部头盔环之间的密封。

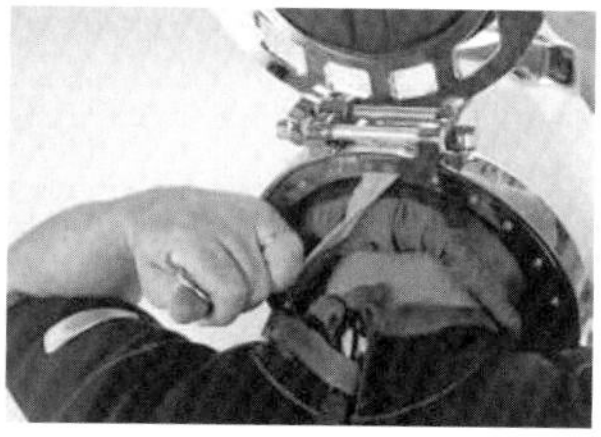

图 5.10-23 向下拉颈圈、颈环组件上的拉带

（5）让颈环与插舌锁紧器脱离，并让颈圈、颈环组件与潜水头盔分离。

（6）潜水员把手伸到潜水头盔前部的下方，解开固定潜水头盔的下巴带，将鼓鼻器抽出，然后两手抓住潜水头盔底部的左右两侧，举高潜水头盔并取下潜水头盔，由一名照料员或潜水员自己用手提住。

（7）关闭气瓶阀，卸下一级减压器。

（8）打开安全背带上的脐带扣，从压重带下抽出测深管。

（9）把潜水头盔并置于安全的位置（在把潜水头盔放置于粗糙的甲板面之前，把锁紧项圈 / 颈垫组件合拢于潜水头盔之内，这样做会保护头盔环，以免头盔环损坏）。

（10）用手抓住颈圈、颈环组件前端，用手指把颈圈拉离颈部。将颈圈、颈环组件向前拉，让下巴离开颈圈，向上举起颈圈、颈环组件。

（11）卸下压重带。

（12）卸脱应急气瓶。

（13）解脱所有附属品，脱下安全背带、潜水服。

（14）如果在一段时间内不使用潜水头盔，逆时针旋松微调旋钮。

5.11 水面需供式潜水程序

水面需供式潜水程序，包括着装、入水前检查、入水与下潜、水下操作、上升、减压、潜水员照料与监护、出水、卸装及潜水后操作等。着装、卸装在上一节已单独介绍，本节详细介绍水面需供式潜水程序的其他内容。

5.11.1 入水前检查

潜水员戴好潜水面罩或头盔，在完成着装之后、入水之前，必须进行一系列的入水前检查。每一次水面需供式潜水在入水之前都要进行这种检查。

1. 通信检查

潜水员和潜水电话操作员检查语音通信系统，确认相互之间都能够清晰地听到对方。如果是两位或者多位潜水员同时进行水下作业，这也可以帮助电话操作员确定连接特定潜水员的通信通道。

2. 呼吸检查

在照料员的协助下，一旦着装结束，潜水员必须自己测试呼吸系统。潜水员在入水之前，必须检查旁通阀、手动按钮以及微调旋钮，确保这些阀件能够工作正常。检查二级减压器的呼吸阻力，确保二级减压器没有通风的现象。同时，还要检查脐带与潜水控制面板的连接，确定连接特定潜水员的供气控制阀。

3. 潜水头盔密封完整性检查

如果潜水员使用的是潜水头盔并对潜水头盔的密封性有任何的怀疑，在潜水前执行下列测试：在进行潜水头盔密封完整性测试的时候，必须有照料人员的协助。照料员应在潜水控制面板前待命，可以随时为潜水员提供帮助。潜水员必须在潜水控制面板的旁边，在潜水员需要呼吸气体时能够瞬间打开供气，或者潜水员要做好准备，必要时能够把一只手插入脖子和密封颈圈之间，拉开颈圈方便呼吸。

（1）关闭潜水控制面板上潜水员的供气阀，排尽脐带内的气体。

（2）当潜水员吸气时，会在颈圈上感觉到一个吸力，这表明潜水头盔与颈部密封组件形成了良好的密封。

（3）马上打开供气控制阀，为潜水员提供呼吸气体。如果不打开供气，潜水员就无法呼吸，除非把颈圈从颈部拉开。

在没有为潜水控制面板提供主供气，以及在潜水员和照料员没有在潜水控制面板旁边就好位之前，不要进行这种测试。如果潜水员不能够通过脐带或者应急供气系统为潜水头盔供气，他有可能无法快速地解除潜水头盔。

在这种状况之下，要解除密封的方法就是把手插入到颈圈和颈部之间，从颈部拉开颈圈。照料员必须要做好准备，一旦需要，就可以协助潜水员解除潜水头盔。否则，有可能导致窒息。

4. 背负式应急供气系统检查

在入水之前潜水员必须检查背负式应急供气系统，确保能够操作应急阀。如果采用的是“气瓶阀开启，应急阀关闭”的应急系统设置，检查步骤如下：

（1）通知潜水控制面板操作员，关闭主供气。

（2）得到确认后，打开旁通阀，将脐带内的气体排尽直到无法呼吸，打开应急阀，如果气瓶阀已经开启，试呼吸两次以上。如果气瓶阀没有开启，通知立即开启气瓶阀并做试呼吸。

（3）通知潜水控制操作员打开主供气，得到确认后，顺手关闭应急阀；必须确认关闭了应急阀。如果没有关闭应急阀，会在短时间内耗尽应急气体，一旦出现主供气中断的紧急情况，潜水员将没有应急气体可用，有可能导致潜水员溺水或死亡。

（4）向潜水监督报告背负式应急供气系统正常（并将气瓶压力告知潜水监督），潜水员准备完毕。

5. 潜水监督检查

潜水监督确保潜水员正确地进行了入水前检查之后，在允许潜水员入水之前，潜水监督还必须根据潜水前装具检查表进行全面检查。制定这种潜水前检查表时，应针对具体的潜水装具和设备，参考适当的操作和维护手册，使内容尽量详尽，见表 5.11-1。

入水前潜水监督对装具最后检查表　　表5.11-1

日期：		
潜水面罩 / 头盔序号：		
相关设备序号：		
潜水监督签名（正体书写）：		
步骤	**程序**	**结果**
1. 检查呼吸系统	潜水员——检查下列步骤（a~e）：	
	a. 打开，关闭旁通阀检查并确保操作正常	
	b. 检查呼吸阻力，调节需供式调节器的调节旋钮，调整最低的吸气阻力	
	c. 按动手动按钮，检查供气功能	
	d. 确保鼓鼻器滑动顺畅	
	e. 确保应急阀开、关正常，然后核实应急阀处于关闭状态，应急气瓶阀处于开启状态	
2. 检查通信	潜水员： 执行通信的检查	
3. 检查热水供应	照料员： 检查热水供应的连接。确保水面已经为潜水员打开热水供应，并核实热水套和热水服的水流状况	
4. 检查干式服的充气软管	照料员： 检查干式服充气软管的连接。确保干式服充气阀、排气阀功能正常	
5. 检查整套装备	照料员： 使用皂液对面罩的各供气接头，以及包括应急供气系统的连接点进行气密检查	
6. 检查潜水员整套装备 注意：必须确保所有的装具调节合理，功能正常	潜水监督 / 照料员：检查设备的调节 / 整套设备的配备，包括下列步骤（a~d）	
	a. 潜水员安全背带	
	b. 脐带的快速解脱装置	
	c. 应急供气系统充气软管的快速解脱	
	d. 靴子、手套、潜水刀以及其他的辅助设备	
	e. 头盔最低供气压力：0.8MPa	
7. 检查呼吸 注意：使用潜水面罩呼吸时要正常、轻松、舒适	潜水员： 检查并确保潜水面罩的呼吸顺畅舒适	

潜水监督确认潜水前装具检查正常后，此时潜水员已经准备就绪，允许潜水员入水。

5.11.2 入水及下潜

1. 入水

潜水前准备工作全部完成后，潜水员即可准备入水。根据潜水作业现场条件，选择合适的入出水方式，供潜水员安全入水和出水。入水方式有多种，潜水员可以步入水中，可以使用潜水梯、潜水吊笼或潜水钟，也可以直接迈入水内，所选择的方式主要取决于潜水作业平台的条件。当潜水站地面的位置与水面间的距离大于 3m 时，应采用潜水吊笼或开式潜水钟方式。无论选择哪一种入水和出水方式，都应满足待命潜水员营救的需要。潜水员在入水前，要仔细观察周围情况。

图 5.11-1　迈入法

迈入法（图 5.11-1）是一种比较常用的入水方法。从稳定的平台或不易受潜水员行动影响的船舶上，距离水面 2m 之内，深度较大，水中没有任何障碍物的条件下可采用此方法。

如果潜水员采用迈入式入水方法，应注意下列问题：

（1）了解水下状况，水下没有障碍物，并且水的深度适宜迈入式的入水方法。

（2）照料员必须确保在潜水员和照料员之间有足够长的、没有任何纠结的脐带。

（3）在潜水员跳水时，脐带不能有任何的纠缠钩挂的可能。

（4）潜水员可以适当地打开旁通阀，让潜水头盔或面罩内部压力稍高过外界压力，以避免潜水员入水的瞬间与水撞击，导致潜水头盔排气阀片翻转。

（5）潜水员仔细观察水面环境。

（6）一手抓脐带，一手护住潜水面罩或头盔，向前跨出一大步入水。潜水员入水时，应使上身向前倾一点，避免入水时水的冲击力让气瓶上升而撞到潜水员的后脑勺。

2. 下潜前检查

潜水员在入水之后，必须立即向水面报告。潜水员在下潜前，潜水监督还必须检查、确认装具在水中是否正常，因为在水面以上无法或者不能够有效地对某些方面进行检查。检查、确认的内容如下：

（1）潜水员首先检查并确保潜水面罩 / 头盔的呼吸是否正常，调节需供式调节器的调节旋钮使呼吸舒适顺畅，然后向水面报告呼吸正常。

（2）潜水员进行干式服气密性和供气连接检查。

（3）如果两名潜水员同时下潜，全面检查各自装具后，再相互检查对方装具，信号员和另一潜水员注意观察可疑泄漏气泡。

（4）检查通信系统，确保通信系统工作正常。当连接点接触水后，通信系统有可能会发生故障或者通信效果变差。

（5）检查潜水头盔的水密性。不应有水从颈部密封组件进入潜水头盔。

（6）潜水员的浮力检查。

（7）检查微调旋钮，确保最小的呼吸阻力。这一微调旋钮的目的是让潜水员有能力抵消脐带中供气压力的变化。

在水面浪涌比较大的时候，较佳的做法是，潜水员下潜到水下 3 ~ 6m 不受涌浪影响的深度，暂停一下，进行上述检查，直到他确定了所有的装具都能够正常工作为止。

在所有的检查结果均能够满足潜水员的下潜要求后，潜水员向潜水监督报告，让水面照料员协助引到入水缆的位置。就位后，潜水员可以调节浮力并示意潜水监督可以下潜。

3. 下潜

潜水员接到“下潜”的口令后，可以借助入水缆或者潜水吊笼下潜。水面支持人员必须要确保潜水员的供气量和足够的压力，以抵消不断增加的水压。

在下潜过程中，潜水员可调节微调旋钮，让呼吸更加容易和舒适；同时，潜水员要注意控制下潜速度，要持续平衡耳内压力，并小心留意耳内或窦腔内的任何疼痛，以及其他的危险信号。如果发现任何的不适和危险信号，应立即停止下潜。可以通过短距离上升使压力恢复平衡再继续下潜，如果经过两次尝试仍无效，潜水员可以返回水面，并视情况终止潜水。

下潜的具体准则如下：

（1）在沿着入水缆下潜的时候，用腿勾住入水缆，一只手抓住入水缆。

（2）有水流或潮汐时，潜水员应背对水流，避免被水流冲走。如果流速超过 1.5 节，潜水员可以增加压重带的重量，或者使用加重的潜水吊笼下潜，尽量保持垂直下潜。

（3）如果使用潜水吊笼下潜，要用绞车放潜水吊笼。潜水员站在潜水吊笼中心，手握紧潜水吊笼旁边的把手。着底后，在潜水监督的指导下，离开潜水吊笼。

（4）无论采用什么样的方式下潜，最大下潜速度均不能超过 23m/min。另外，有些因素，如潜水员平衡压力的能力、流速、能见度以及谨慎接近未知水底等，可能会大大降低实际下潜速度。

（5）潜水员着底后，应马上向水面报告。如果使用的是潜水吊笼，也要把潜水吊笼的情况，如吊笼的摆放、吊缆的松紧情况，是否会对潜水员造成伤害等情况报告给潜水监督。然后，要快速检查水底情况。并将与预期相差较大的水底情况及时向潜水监督报告。如果情况对潜水员安全不利或不能保证潜水作业安全，应马上终止潜水。

（6）潜水员到达工作深度，有可能需要潜水员再一次通过调节旋钮调整需供式调节器，以弥补潜水脐带中供气压力的变化。

5.11.3 水下操作

水面需供式潜水装具相对较为复杂，潜水员在水下应能熟练操作潜水装具，正确调节供气状态，适应水下环境，适当进行水底移动。除了这些技能，潜水员还必须掌握应急程序和救援程序、必要的作业技能以及水下作业工具的安全操作程序等，以便安全、顺利地完成水下作业任务。

1. 水下环境适应

经过仔细周密计划，潜水员对潜水作业地点的水下环境已经有比较清楚的了解，并针对作业点的水下条件做好充分的准备。潜水员将采用以下技术来适应水下环境：

（1）在到达水底后，离开入水缆或者潜水吊笼之前，潜水员要检查潜水装具，确保具有充足的供气流量。

（2）潜水员通过脐带、水下特征和水流方向辨别水下作业地点的方位。应注意的是，水下的水流方向可能与水面不一致，整个潜水作业过程中，水流的方向也会发生很大改变。如果潜水员辨别方向有任何困难，水面照料员可以通过拉绳信号的搜索信号引导潜水员。

潜水员适应水下环境后，就可以向作业地点移动，执行水下作业任务。

2. 潜水装具操作

（1）潜水通信

1）语音通信

正确有效的语音通信对于安全高效的水下工作来说是非常必要。语音通信技能需要在潜水培训和潜水作业中掌握。通话内容要用标准的潜水用语，简单明了。语音通信的基本要素是在提供所需信息时能够清晰、明确、缓慢、简洁，并通过相互的重复，检查信息是否已被接受和正确理解。这基本上与用于其他目的的无线电通信一样，但所使用的词汇可以根据潜水操作环境而变化。

有些潜水站有专门的电话员操作通信系统，并将关键的通话内容准确记录下来。任何时候电话操作员不准离开电话。

2）拉绳信号

在水面需供式潜水作业中，潜水员与水面的备用通信系统是脐带和拉绳信号，一旦发生语音通信中断的特殊情况，水面照料人员和潜水员之间可通过潜水员脐带用拉绳信号来联系。水面需供式潜水用的拉绳信号与自携式潜水基本一致，由一个或一系列在脐带上的清晰的、足以让潜水员感觉得到的激剧拉动组成的。拉绳信号分标准信号和特殊信号，标准信号是经过多年实践建立的信号体系，见表 4.8-2，可用于所有的潜水作业。有时在潜水员和水面之间可以建立特殊信号或者临时信号，以满足特定任务的要求。

进行通信前，首先要将潜水脐带拉紧。使用拉绳信号通信时，拉动脐带的强度要足够能被潜水员感觉到。多数情况下要求潜水员立刻用同样的信号答复。如果答复信号有误，水面需要重发信号。如果回答信号一直不正确，可能有三种情况：脐带扭转、松弛或潜水员有麻烦。失去联系属紧急情况，必须立刻向潜水监督报告，同时检查故障原因。三种拉绳信号不需马上回答，其中两个是潜水员告诉信号员的信号“拉我上升”和“立刻拉我上升”。回答这两个信号包含执行该指令。另一个是照料员告诉潜水员“上升”。直到潜水员离底时才需回答该信号。如果因为某些原因，潜水员没有做出反应，潜水员应通过拉绳回答“明白”来传达原因，如有必要可随后发紧急信号。搜索信号是照料员指导潜水员水下移动的信号，这些信号是标准信号的翻版，但在发出这些信号前，照料员先用“特定”信号指示潜水员使用搜索信号。如果照料员想重新使用标准信号，再用“特定”信号指示潜水员取消使用搜索信号。只有照料员有权启用搜索信号，潜水员开始的信号均属标准信号。为了能正确理解，使用搜索信号时要求潜水员面向信号绳。

（2）面窗除雾

虽然大多数的需供式潜水面罩或头盔内都有口鼻罩，能够降低面窗起雾的机会。但由于潜水员面部的差异以及装具在维护和使用上的不当，在潜水的过程中，特别是在较寒冷的水域的潜水作业，潜水员的呼出气体在面窗上冷凝成雾，阻碍潜水员的视线，此时就需要潜水员打开旁通阀，将气体直接吹向面窗。这种气流能够直接把面创上的大水滴吹掉，并能够蒸发小水滴和轻微的冷凝，改善潜水员的视野。虽然这样做很吵且浪费气体，但这样做简单实用，不需要过多的练习，也不会影响到安全。

（3）调节呼吸阻力

水面需供式潜水的供气压力是在水面潜水控制面板上设置的，不会因为深度上的变化而自动调整。潜水员必须对潜水头盔或者面罩上的二级减压器微调旋钮进行调节，来应对由于深度和姿势上的变化带来的压力变化。微调旋钮通常可以控制二级减压器开启压力，从通风到呼吸困难。通常微调旋钮向内旋转（顺时针）呼吸阻力增加，向外旋转（逆时针）呼吸阻力降低。可能在每一次潜水都会用到这种技能。任何时候只要潜水员感到有必要，即可通过调节微调旋钮进行呼吸阻力的调节。

如果需供式调节器出现自供（通风）现象，顺时针向里旋转调节微调旋钮直到自供停止。如果自供不能停止，潜水员应放弃潜水作业。即使潜水员没有出现严重的问题，也必须停止潜水作业返回潜水站，并对出现问题的二级减压器进行检查和维修。

（4）脐带管理

潜水员脐带的管理有两个方面，潜水员管理和水面照料员管理。潜水员和水面照料员要互相合作确保潜水员脐带不会发生扭结、绞缠、过紧限制潜水员活动以及过松。在水流较大的环境下作业，由于水流的冲击让潜水员始终处于一种被脐带拉拽的状态，会增加体力消耗和作业难度。如果潜水员是在一个固定点作业，可以用一根细绳穿过布基胶带将自己的脐带固定在水下物体上，这样可以避免水流冲击脐带把潜水员拉走。但是，在固定脐带前必须把自己的脐带留有一段较小的长度以利于活动。潜水员在固定自己的脐带时，要使用较易解脱的绳结。另外固定脐带的细绳强度不能太大，一旦发生紧急情况水面用力可以将其拉断。

3. 水底移动

潜水员水底移动应遵守下列规定：

（1）在离开潜水吊笼和入水缆前，确定脐带没有绞缠。

（2）潜水监督必须要确定哪一种离开潜水吊笼的方式更加有利，如果潜水员穿过吊笼栏杆或栏索离开吊笼，在潜水结束时，潜水员会很容易找到吊笼，但是如果发生语音通信中断的意外情况，就会阻碍拉绳信号，同时也可能影响到潜水员在工作点或周围自由移动的能力。

（3）将脐带在手臂上绕一圈，这样可缓冲涌浪的突然冲击造成对绳索的拉拽。

（4）动作宜缓慢谨慎（图 5.11-2），既可保存体力，又能提高安全性。

（5）如遇到障碍，应从障碍上方通过（不是下面和旁边）。假如从障碍旁通过，必须原路返回，以避免绞缠。

（6）如果使用的是变容式干式潜水服，可调节干式服的浮力协助移动，但应避免跳跃式移动，所有的移动都应受到控制。

（7）如果流速太大，为降低水流冲力，应弯腰甚至匍匐移动。

（8）在岩石或珊瑚礁上移动，要注意避免被突出的礁石绞缠脐带和磕碰，甚至足陷入礁石裂缝。小心尖锐礁石会割断供气软管、潜水服和潜水员的手。

图 5.11-2　水下移动

照料员应非常小心地收紧脐带，避免脐带绞缠。

（9）在砂砾层上，特别是在斜坡上移动，小心松陷和跌倒。

（10）避免不必要的移动，以免搅动水底淤泥影响能见度。

（11）如果潜水员在进行剧烈活动时，应根据需要或者水面的指示进行间隔性的通风。如果水深超过 30m，由于氮麻醉的作用潜水员有可能无法注意到高碳酸血症的警示症状。水面潜水监督必须监控潜水员的呼吸情况。

使用变容式干式服的潜水员，应避免过度充气，在从淤泥中抽出腿的时候，要注意放漂的可能。如果被淤泥吸住，最好是要求待命潜水员提供协助。

（12）水底的淤泥又可能无法支撑潜水员的重量，长时间在淤泥中工作本身可能没有风险。但是，如果二级减压器被泥封住，它可能无法正常工作。如果是在水下进行除泥或者挖沟作业，有可能会出现塌方导致潜水员被埋，此时潜水员应让潜水头盔或面罩的旁通阀保持轻微的通风。泥底的主要危险来自隐藏在淤泥里的障碍物和危险的残骸。

4. 水下作业

潜水员到达作业深度，调节供气流量至呼吸最顺畅状态，适应水下环境，并对水下条件进行一次检查（能见度差时，可通过摸索来检查），确定自己对周围景物的方位，核实工作位置后，就可开始潜水作业。

潜水作业过程中，水面应保持与潜水员通信，倾听潜水员呼吸声，持续观察潜水员排气气泡。水面工作人员应持续对其测深，记录最大深度并照顾好潜水员脐带和信号绳。潜水员应保持与水面通信联系，报告作业进度以及水下环境情况。潜水员应在能保证安全的条件下进行水下作业，凡遇有异常、危及潜水员安全的情况，应随时能中断该次潜水，报告水面，并立即返回水面。

在角落附近执行潜水作业任务，容易发生脐带绞缠或拉绳通信信号传递错误。可派一名水下照料潜水员协助清理脐带和传递拉绳通信信号。当电话通信无效时使用拉绳通信，第二名潜水员用第一名潜水员脐带协助后者传递拉绳信号（中转作用）。

5.11.4 潜水员照料与监护

1. 潜水员照料

潜水照料员依据下列程序照料潜水员：

（1）潜水前，照料员要准备妥当潜水头盔或面罩，仔细检查潜水服、安全背带，特别是单向阀、供气阀、头盔锁、电话装置的焊接部位。在潜水员准备着装之前，照料员要确保所有需要穿戴的物件准备就绪。

（2）潜水员准备完毕，照料员给潜水员着装并协助潜水员进入潜水吊笼、潜水梯或水边，同时要抓住潜水脐带。

（3）如果潜水员采用迈入式入水方法，在潜水员接近水边时，照料员要放松足够多的脐带，让潜水员入水的瞬间不会受到拉拽，但又不能够太松让潜水员下坠得太深。照料员要以一个稳定的速度释放脐带，让潜水员平缓下潜，并要时刻注意潜水员喊出的“抓住”指令。照料员要依据潜水监督（电话操作员）的指令释放或回收脐带。

（4）如果使用潜水吊笼，释放脐带速度应配合潜水吊笼下降的速度。

（5）在整个潜水的过程中，照料员应保持脐带适当的松紧度，以不限制潜水员活动为度。一般允许多 0.5 ~ 1m 的松弛，可保证潜水员自由活动，也能防止潜水员被涌浪提离海底。照料员应随时检查脐带的松紧度，避免因潜水员水下活动导致脐带过度松弛。脐带过度松弛无法收到潜水员的拉绳信号，无法及时阻止潜水员坠落，而且容易出现脐带绞缠。

（6）照料员绝对不能让脐带脱手，更不能把脐带绕到缆桩或其他固定物上。

（7）照料员凭感觉监控脐带，通过观察入水缆看是否有来自潜水员的拉绳信号，如果没有使用潜水电话或潜水员处于沉默状态，照料员周期性地通过拉绳通信掌握潜水员情况。如果潜水员没反应，应重复询问，如果潜水员仍然没反应，应立刻向潜水监督报告。任何时候通信中断，都应被认定为紧急情况。

2. 潜水员监护

潜水监督和潜水队指定成员应随时监控水下潜水员的水下进展，并跟踪其相对位置。

（1）参照水流情况，观察并分析水面气泡。潜水员在水底搜索时，水面气泡将有规律地移动；如果潜水员在固定地点作业，水面气泡位置很固定；如果潜水员发生坠落，气泡可成直线快速移动。

（2）通过测深表监控潜水员的作业深度。如果潜水员停留在某一固定深度或上升，将不需要为测深管加气，测深表提供的是直接的读数，但如果潜水员下潜时，必须用压缩空气将测定管内水排除后重新读取数字。

（3）照料员要随时注意拉绳信号。

（4）协助人员应检测所有电力设备的仪表。例如电焊机的电流表能显示水下焊接工作时的功率消耗；气割的气压表能显示燃气的流量，液压动力源的压力和流量变化意味着水下工具正在使用等。

5.11.5 上升

1. 上升前检查

在潜水员返回潜水吊笼或者入水缆处，在上升之前要进行上升前的检查。检查内容包括：

（1）准备所有上升用的工具。

（2）清理所有脐带和绳索，确认脐带没有发生绞缠。

（3）潜水员评估并报告自己的状态（疲劳程度、体力、身体病痛）以及精神状况。

2. 上升

在潜水员准备上升出水时，应按照下列程序进行：

（1）准备上升出水，潜水员应清理作业现场的工具和装具。潜水员可以使用入水缆上的递物绳让水面将这些工具和装具拉回水面。如果潜水员无法找到入水缆，可将另外一条绳绑在潜水员脐带上，让潜水员拉下。潜水员拉脐带一定要小心避免绞缠，随后照料员收紧脐带。这种操作比较适合小深度潜水。

（2）可能的话，将潜水吊笼放在水底。如有一定困难，如因入水缆绞缠不能将潜水吊笼放到水底，也尽量将吊笼放在第一停留站以下。

（3）如果借助入水缆上升，或者潜水吊笼放在第一减压站以下。在把所有的工具和绳索清理完毕以后，照料员指示潜水员："准备上升"，潜水员应重复指令。但潜水员不能拉着入水缆上升。当潜水员发出"准备上升"的指令后，照料员会发出"开始上升，离底时请报告"的指令，并缓慢地将潜水员拉离水底。潜水员做响应报告。

（4）在借助入水缆上升的过程中，如果因为浮力太大，上升速度太快，潜水员应将双腿夹住入水缆控制上升速度。

（5）上升过程中，潜水员应平稳、自然地呼吸；不屏气，以免肺气压伤。

（6）上升速度对于潜水员的减压至关重要。照料员应小心把上升速度控制在 9m/min。可使用测深系统监控潜水员的上升速度，当潜水员到达并攀上潜水吊笼，应通知水面将减压架上升到第一停留站。

（7）在上升和减压站停留的过程中，潜水员不应有身体不适。如果潜水员感到疼痛、头昏或麻木等不适，应立刻向水面报告。在整个减压过程中，潜水员一定要不断检查脐带情况，确信脐带没有与吊笼吊索索、入水缆绞缠。

（8）到达水面前，水面人员应根据涌浪情况，选择出水时机，并注意保护潜水吊笼和脐带。

（9）如果借助潜水梯上升，照料员应协助潜水员上岸，潜水员可能很疲劳，发生落水会导致严重损伤。

（10）如果发生紧急情况需要把潜水员拖出水面，在计划阶段就应确定任何可能需要的辅助手段，在潜水作业前对其进行测试并做好准备。任何情况下，在潜水员到达甲板或者陆地上之前，严禁卸除潜水员的任何装具，这个要求在市政工程地下有限空间潜水作业时尤为重要。

（11）在潜水员的整个上升过程中，电话员或照料员应把潜水员的离底时间、到达水面时间等进行详细记录。

5.11.6 水下减压和水面减压

1. 水下减压

水下减压是指潜水员在结束潜水作业后，在上升的过程中，必须在某一个或者某些相对较浅的恒定深度上停留一段时间，以安全地消除身体组织中吸收的惰性气体，避免发生减压病。这就是所谓的水下阶段性减压，而不是持续性减压。

潜水员在上升的过程中，会以 9m/min 的速度上升到第一停留站，潜水监督会根据减压表告诉潜水员减压站的深度和停留时间，潜水员会按水面指令在指定的停留深度上停留指定的时间，然后以规定的速度到达第二停留站，并继续重复这一程序，直到潜水员完成所有的水下减压返回水面。一旦到达水面，潜水员会继续消除体内的惰性气体，直到体内惰性气体浓度达到正常的常压饱和状态，这一过程可能持续数个小时，某些减压理论会认为 12h 后才能够有效地完成，而有的减压理论会认为这需要更多的时间，甚至超过 24h。

2. 水面减压

水下减压耗时长、潜水员不舒服、影响水面支持船的航行效率，而且容易受到气象条件、敌情和操作时间的干扰。水下减压会延误必要的治疗措施，增加体温降低和事故的可能性。因此，水面舱内减压是潜水支持船经常采用的方法。有效的水面减压需要潜水员从最后一个水下停留站到进入减压舱，并加压到正确的压力，整个过程需要在 5min 之内完成，否则将会增加减压病的风险。将潜水员从水中转移到减压舱内，照料员给潜水员卸装的时间不能超过 3.5min。时间因素很关键，应争分夺秒，所以卸装必须非常熟练，需反复操练。

从潜水站到减压舱必须保持畅通，不能有任何可能导致伤害或影响通行的障碍物。减压舱操作小组必须留意潜水监督的指示，在潜水员到达前做好一切准备。舱内照料员或潜水医务人员应根据潜水的性质和潜水员的状态，按照潜水员的一般和特殊要求，给潜水员在减压舱内准备所有必要的物品，在潜水员到达前在减压舱内待命。

没有指定任务的人员必须准备好协助潜水员安全进入减压舱，并在规定的时间内离开减压舱。

5.11.7 潜水后操作

在潜水员到达水面并卸装后，潜水监督应对潜水员仔细地检查和观察，对潜水装具进行及时保养和妥当存放。

1. 潜水后人员观察

潜水后要立即进行的活动包括对潜水员进行任何必要的询问、观察及医学治疗和填写潜水记录与报告。

（1）潜水员卸装后，潜水监督应向潜水员询问身体状况，并观察有无割伤、刮擦伤或动物咬伤等，如有并进行必要的医学治疗。同时要对潜水员的一般情况进行观察，并对潜水员的行为或精神状态保持警惕，直到不太可能发生问题为止。

（2）潜水员到达水面以后，如感觉任何身体不适或异常生理反应，应立即报告潜水监督或潜水医师。潜水员应在潜水监督或者指定人员的直接监督下停留 10min，减压结束后 2h 内，潜水员不应远离潜水现场。潜水员不减压潜水后 12h 内、减压潜水减压后 24h 内不应飞行或去更高海拔地区。

2. 潜水后报告填写

要按规定填写潜水记录和报告。有些日志类记录已在潜水作业的同时完成，另外一些应等工作结束后进行。潜水监督填写潜水日志的记录，潜水员填写个人潜水记录，其他人员填写装具维护日志记录。

3. 潜水后装具检查及保养

每天潜水结束后，应对使用过的装具进行拆解、检查及必要的保养，详见本书 5.14.1 节。

5.12 水面需供式潜水应急处理

最安全的潜水作业队不仅技术娴熟、训练有素，而且有详尽的潜水计划和紧急情况的应对程序。应急处理程序是处理潜水过程中一般的、可预见的突发事件的标准化程序，这些突发事件有可能涉及潜水装具故障或者由于环境的原因导致装具的功能失常。

了解特定工作中的危害对于安全完成特定工作任务是必不可少的。所有潜水装具的操作和维护手册中应包含应急处理程序。潜水系统的操作人员应能够果断、正确地实施正在使用的潜水系统的应急程序。

受过适当培训的潜水员通常足以应对这些紧急状况，防止受到伤害，并将其降低为仅仅需要终止潜水的不便之处。然而，在正常潜水作业时潜水员有可能会遇到的许多意外情况，如处理不当，也可导致更严重的后果。

潜水员在水下遇到紧急情况时，首先要镇静、切忌惊慌，并向水面报告，同时立即考虑和采取可能的处理措施。潜水监督要确定一个安全有序的应急救援程序，并确保有足够的常识和航海技能以便安全处理每一种紧急情况。

5.12.1 脐带绞缠

水面需供式潜水作业时，潜水员脐带发生钩挂或绞缠是非常平常的事情，但处理不好可能发展成紧急情况。

（1）一旦发现脐带绞缠，潜水员必须立刻停止活动并进行检查。猛烈的拉扯可能会使情况更加复杂，甚至使软脐带受压，影响供气，严重可能导致脐带断裂。

（2）如有可能应把水下的情况向潜水监督报告（脐带绞缠有可能导致语音通信中断，并无法进行拉绳信号沟通）。

（3）顺着脐带原路返回，一边走一边将脐带挽在手臂上，直到找到绞缠点，并解除绞缠。

（4）如果脐带绞缠在锋利的障碍物上，检查脐带是否有损坏并向潜水监督报告。

（5）如果问题一时无法解决，需备用潜水员下潜协助。待命潜水员可借助遇险潜水员的脐带下潜，快速找到绞缠点并解除绞缠。

（6）如果在待命潜水员的协助下仍无法解除绞缠，应视情况或者通知水面更换遇险潜水员的脐带，或者割断脐带，利用背负式应急供气，并在待命潜水员的协助下紧急上升。

（7）任何时候水面照料人员都不能够强拉遇险潜水员的脐带，必须由待命潜水员协助。

5.12.2 面窗碎裂

目前使用的大多数潜水面罩或头盔的面窗具有高度抗冲击性，即使有损坏，也不会到达一个极其危险的程度。如果面窗出现裂纹，可以通过打开旁通阀，增加潜水面罩或头盔内部压力，减少渗水量，并将潜水面罩或头盔内的水排除。

如果面窗维护不当，如在聚碳酸酯面窗上大量使用喷雾清洁剂，有可能对面窗造成无形的损坏，一旦受到重击可能会出现粉碎性的碎裂。一旦发生这种情况，潜水员应把口鼻罩紧紧地按压在口鼻上，按压手动按钮排水，然后用嘴呼吸。呼吸时要慎、慢，并充分利用舌头挡住进入口中的水花，并利用口鼻罩内的麦克风通知水面协助。

5.12.3 面罩进水

在发生潜水面罩部分或者完全进水的情况下，潜水员可以迅速将面罩向下倾斜，打开旁通阀把面罩内的水排出，或者如果需供式调节器有水时，按动其盖上的手动按钮把水排除。

在需供式调节器的下方有一个排水阀，通过把排水阀保持在潜水面罩的最低端，排水会更加容易。在进水排除后，应谨慎地检查看是否再进水。如果继续有水进入潜水面罩内，应立即返回潜水站，游动时要保持面罩上的排水阀处于最低位置，即潜水员要保持面部向前的同时，有一个轻微的向下倾斜。继续保持旁通阀处于开启状态，这样就会轻微地增加面罩内的气体压力并避免水继续进入到面罩内。任何进入到面罩内的会都会被自动地清除出去。

5.12.4 与入水缆发生绞缠

当潜水员与入水缆发生绞缠而不容易解除时，有必要将潜水员和入水缆一起拉出水面，或者砍掉入水缆压载，尝试从水面上把入水缆抽出。如果入水缆固定在水下物体上或入水缆压载很重，在把潜水员拉上水面之前，必须砍掉远端入水缆。由于这一原因，潜水员不应沿着无法割断的入水缆下潜。

5.12.5 语音通信中断

语音通信中断不是一个可以直接威胁到生命的情况。由于水面无法有效地监控潜水员的状况，而潜水员又无法将问题向水面支持人员详尽报告，因此无法应对紧急情况的风险大大增加。所以在发生语音通信中断情况时，潜水员应立即启用拉绳信号并终止潜水。而水面人员发现语音通信中断时，应采取以下措施：

（1）立即使用拉绳信号，深度、水流、水底或者作业点的环境有可能影响到拉绳信号的使用。

（2）检查上升的气泡，气泡的终止或明显减少可能是麻烦的迹象。

（3）水面人员要仔细聆听来自潜水头盔的声音，如果没有声音，电路可能发生故障。如果观察气泡正常，说明潜水员可能没有麻烦。

（4）如果能够听到来自潜水头盔的声音，但潜水员又对任何信号没有反应，说明潜水员处于麻烦当中。

（5）立即通知水下其他潜水员进行检查，或者派遣待命潜水员下水检查。

5.12.6 在潜水面罩或头盔内呕吐

由于水下作业环境及潜水员身体等多种原因，水下作业潜水员可能发生在潜水面罩或头盔内呕吐的突发事件。一旦发生这种情况，呕吐物会通过口鼻罩进入二级减压器内，堵塞气路，让潜水员无法吸气。如果潜水员大力吸气，就有可能吸入气路中的呕吐物，可能会导致致命的后果。如果发生潜水面罩或头盔内呕吐，潜水员切忌紧张，立即打开旁通阀，让气体通过口鼻罩上的进气阀，采用谨慎、缓慢的深呼吸，避免吸入呕吐物，并终止潜水。

5.12.7 供气中断

通常情况下，呼吸气体中断是一个严重的安全故障，潜水员在没有外部协助的情况下必须在非常短的时间内控制这种情况。如果发生主供气中断，潜水员必须立即打开潜水面罩或头盔的应急阀，正常情况下背负式应急供气系统会为潜水员提供应急供气。一旦打开背负式应急供气，潜水员要立即通知水面自己此刻用的是应急气体。确认脐带没有被绞缠后，返回潜水吊笼或者入水缆处。潜水员要时刻与水面保持通信并准备放弃该次潜水作业。潜水控制面板操作人员要检查供气压力，确认供气压力是否正常。

二级减压器中的气流中止通常意味着主供气中断。潜水员首先应打开应急阀，如果在二级减压器中仍然没有气流，可能二级减压器发生故障，此时应打开旁通阀。一旦打开了旁通阀，就必须时刻牢记旁通阀处于开启状态。因为在打开旁通阀后，特别是在较大的深度上，会在一个非常短的时间内耗尽应急气体。如果确认是二级减压器故障，潜水员可以关闭应急阀，立即通知水面，同时检查脐带，确认脐带未发生绞缠后，继续使用主供气返回潜水站。如果允许，应尽可能避免快速上升出水。

一旦到达水面，或者进入潜水钟，潜水员可以卸掉潜水面罩，除非情况绝对地需要，否则千万不要在水中放弃潜水面罩。

失去呼吸气体的潜水员可能会发生缺氧症、高碳酸血症、错过减压，或者三种情况同时发生，水面人员应根据实际情况进行应急处理。

5.12.8 用测深管呼吸

测深管的管径要比主供气管小，但却连接在潜水控制面板上的同一个气源，如果脐带的主供气管发生故障，测深管可以作为潜水员水面供气的备用管路。把测深管的开口端插入潜水面罩的面部密封垫前方或潜水头盔的颈圈内，由测深管供气，供气的余压在 0.2 ~ 0.3MPa 范围内呼吸比较舒畅。但是，如果潜水头盔的颈圈、颈环组件与潜水服形成一个整体，将无法采用测深管为潜水员提供呼吸气体。由于使用测深管提供呼吸气体不会受到气源的限制，他可以作为背负式应急系统的辅助装置。主供气管发生故障而终止潜水后，在上升的过程中可以使用测深管呼吸，以便为发生进一步的故障保留应急供气。

5.12.9 坠落

潜水员在水中间工作时，应借助一只手抓住潜水吊笼或其他的索具，防止坠落。穿干式潜水服时，避免将手举过头部，这样会使空气从手腕处泄漏，可能改变干式服的浮力，增加发生坠落的可能性。

5.12.10 放漂

潜水时，潜水员失去控制能力，从水底快速地漂浮出水面，称为放漂。水面供气需供式潜水装具进行潜水时，也有可能发生放漂。发生放漂的原因有：干式潜水服过度充胀；信绳员拉绳过猛、过速；水流的推力使潜水员脱离水底或入水绳，并被带至水面；潜水员因意外体位倒置，造成干式潜水服裤腿部充满大量气体，亦可使体位失控而发生放漂；压重带意外脱落；救生背心充气过度或失控等。

潜水员发现潜水服内气体过多，有向上漂浮的感觉时，可用手打开潜水服的安全排气阀排气或举起任意一只手，伸至高于头部，并用另一手拉开袖口，把潜水服内的气体排出。让身体恢复正常状态。如果来不及处理而造成放漂，潜水员已漂浮在水面，应尽快设法使双脚下沉，然后翻身成正常漂浮状态。同时，按前面的方法处理，调整好浮力和稳性。此时要注意，不能排气过多而造成负浮力，致使潜水员迅速下沉而产生不良后果。与此同时，潜水员应将发生放漂情况告诉水面人员。

潜水放漂后本身无法排除，需水面人员进行协助时，可利用脐带立即将潜水员拉向潜水梯。若遇到潜水员已漂浮在水面而脐带却在水下绞缠住拉不动时，水面人员应根据具体情况，派待命潜水员下潜协助解脱绞缠。

5.12.11 潜水头盔或面罩脱落

发生颈部密封组件松脱、五爪带断裂掉且头罩拉链开启、上下卡箍未压实头罩造成头罩与面罩本体分离等情形，可能导致潜水头盔或面罩脱落。

在发生潜水头盔或面罩脱落时，因为背负式应急系统的中压软管与应急阀相连，所以潜水员会比较容易找到潜水头盔或面罩。潜水员应立即将潜水头盔或面罩重新戴回头上，一手按压住（尽量使嘴鼻伸进口鼻罩内），另一手打开旁通阀将潜水头盔或面罩内的水排除，然后锁好潜水头盔的快速锁紧装置或拉好面罩的头罩拉链并固定好五爪带。如果是头罩和面罩本体分离，由于有五爪带相连，面罩本体不会坠落，潜水员可以按压住二级减压器，让嘴巴和鼻子处于口鼻罩内，按压手动按钮排水后使自己能呼吸到口鼻罩内气体，然后报告水面，上升出水，水面照料员回收潜水员脐带。出水后重新检查，装配好装具。

5.12.12 看不见入水绳或行动绳

有时，潜水员会看不见入水绳或摸不到行动绳。如果找不到行动绳，潜水员应在手臂所能及的范围内或在每侧距离几步的范围内仔细搜索。如果潜水深度在 12m 以浅，应通知信绳员，并请求拉紧脐带。此后，信绳员应设法引导潜水员找到入水绳。潜水员可被拉离水底一小段距离。重新找到入水绳后，潜水员应通知信绳员将其放下。在 12m 以深，信绳员应有步骤地引导潜水员找到入水绳。

5.12.13 水下救援

水下救援是待命潜水员的职责，他既可以在水面待命又可以在水下待命。当两位潜水员同时在水下的同一个作业点上工作，他们可以互为待命潜水员。通常，水面还会安排一位待命潜水员。

1. 被困潜水员的协助

通常被困的潜水员会将水下的情况向水面报告，这样待命潜水员就可以有针对性地准备进行水下救援。除非被困潜水员的呼吸气体中断，否则被困通常不会立即危及性命。如果潜水员携带了水下监控系统，对水下情况的评估会比较容易。

2. 丧失行为能力潜水员的救援

（1）可以使用救援索来运送遇险潜水员，让待命潜水员可以使用两手。

（2）可以使用背负式应急供气或者测深管为遇险潜水员供气。

3. 意识丧失潜水员救援

（1）如果主供气出现故障，使用备用气源。

（2）可使用救援索。

（3）将遇险潜水员救回水面或潜水钟。

（4）为遇险潜水员实施急救措施（如果在潜水钟内，应视情况实施急救措施）。

4. 水下更换脐带

如果潜水员在水下发生不可补救的脐带卡住，或者发生脐带损坏导致主供气中断的意外情况，而潜水员又必须进行水下减压，此时就需要待命潜水员在水下把被卡住的脐带从潜水面罩或头盔上卸掉，并更换一条新的脐带。更换脐带的方法非常简单：

（1）准备好新的脐带以及所必需的合适工具。

（2）把新脐带及扳手等合适工具固定在待命潜水员的安全背带上。

（3）沿着遇险潜水员的脐带找到遇险潜水员。

（4）如果遇险潜水员的供气没有中断，让遇险潜水员使用背负式应急供气。

（5）通知水面关闭遇险潜水员原脐带的主供气，用扳手卸除脐带。

（6）通知打开新脐带的主供气，适量供气将脐带内的水排除。

（7）把新脐带连接到潜水面罩或头盔的单向阀上。

（8）视情况更换通信电缆。

（9）把遇险潜水员的原脐带从安全背带上卸除，并把新脐带固定在安全背带上。

5.13 水面需供式潜水装具故障的诊断与排除

在潜水面罩或头盔的使用过程中，可能会遇到各种常见的故障，依据下列处理方法，大多数的常见故障问题能得到解决。

5.13.1 通信故障

通信故障症状及排除方法见表 5.13-1。

通信故障症状及排除方法一览表　　表5.13-1

症状	可能的原因	排除方法
电话和头盔两端都无声	电话电源未开	打开电源并调整音量
	通信电缆连接错误	更改连接
	通信电缆未连接	连接电缆
	电话工作失常	更换电话
	电缆损坏或者断开	更换电缆或者脐带
	电池无电	充电或者使用替代直流电源
通信音量微弱或断断续续	通信模块接线柱锈蚀	清理接线柱锈蚀，确保接线柱闪光发亮
	电量低	充电或者使用替代直流电源
	接线松脱	清理并维修
只有在摇摆电缆时才有通信	潜水员通信电缆断开	如果损坏轻微，可以拼接电缆；如果损坏严重，更换电缆
只有摇摆水密接头时才有通信	水密接头处断开	如果怀疑水密接头损坏，在更换水密接头之前，要检查通信电缆的完整性
潜水员音量低或者无法听到潜水员的声音	头盔内的麦克风损坏	更换麦克风

5.13.2 单向阀故障

单向阀故障症状及排除方法见表 5.13-2。

单向阀故障症状及排除方法一览表　　表5.13-2

症状	可能的原因	排除方法
单向阀逆流	阀内有杂质	解体单向阀，清理并重新组装，如有必要进行更换
单向阀无法通气	阀内有杂质	解体单向阀，清理并重新组装，如有必要进行更换

5.13.3 组合阀故障

组合阀故障症状及排除方法见表 5.13-3。

组合阀故障症状及排除方法一览表　　表5.13-3

症状	可能的原因	排除方法
旁通阀无法关闭，头盔旁通阀自供	阀座组件损坏或者阀座有杂质	清理或者更换阀座组件；检查并清理旁通阀密封区
	组合阀被碎片损毁	更换组合阀
旁通阀无气通过	脐带内没有主供气	为脐带供气
	组合阀或者单向阀内有异物	解体组合阀和单向阀，并加以清理
旁通阀旋钮旋转困难	阀杆弯曲	更换阀杆

5.13.4 潜水面罩 / 头盔进水故障

潜水面罩 / 头盔进水故障症状及排除方法见表 5.13-4。

潜水面罩/头盔进水故障症状及排除方法一览表 表5.13-4

症状	可能的原因	排除方法
潜水面罩 / 头盔进水	排水阀损坏或者阀片内陷	调整或者更换阀片
	接线柱或者水密接头密封损坏	拆除接线柱，清理，使用密封剂密封
	需供式呼吸调节器弹性膜损坏或者贴合不正常	重新安装或更换弹性膜
	颈圈内的 O 形圈损坏或者丢失	更换 O 形圈
	面窗压紧圈螺丝松动	拧紧螺丝
	颈圈撕裂或损坏	更换颈圈
潜水面罩 / 头盔进水	头发被挤压在 O 形圈和头盔底部	清除被挤压的头发
	头垫和颏带被挤压在颈圈的 O 形圈下面	理清头垫和颈圈
	需供式呼吸调节器组装不正确	检查并正确安装

5.13.5 需供式呼吸调节器（二级减压器）故障

需供式呼吸调节器（二级减压器）故障及排除方法见表 5.13-5。

需供式呼吸调节器（二级减压器）症状及排除方法一览表 表5.13-5

症状	可能的原因	排除方法
二级减压器持续自供	微调旋钮调节不当	向内调节微调旋钮
	弯管损坏导致调节螺纹短节未对准	检查进气螺纹短节和软阀座，如必要进行更换
	供气压力过高	把供气压力调节到低于环境压力与 1.53MPa 之和
	调节器调整失当	调整调节器
二级减压器 仅在水下持续自供	颈圈向内折叠或者相对于潜水员的颈部过大	必须向外折叠颈圈，或更换合适尺寸的颈圈
	头发被挤压在 O 形圈和头盔底部之间	清除头发
	颈圈撕裂	维修或者更换颈圈
	颈圈 O 形圈内密封不良	更换 O 形圈
二级减压器呼吸困难	调节旋钮向内调节过量	向外调节微调旋钮
	供气压力过低	提高供气压力
	调节器组装不正确	重新组装调节器
二级减压器不供气	供气压力过低	把供气压力提高到与潜水深度相符
	调节器调整失当	调整调节器
	供气未开	打开供气
	呼吸系统阻塞	解体调节器，清理，调整后组装

5.13.6 应急阀故障

应急阀故障症状及排除方法见表 5.13-6。

应急阀故障症状及排除方法一览表　　表5.13-6

症状	可能的原因	排除方法
未开应急阀，气瓶气体耗尽	阀杆未能与阀体啮合	更换应急阀体
	阀体内有垃圾导致漏气	检修应急阀
	一级减压器安全阀漏气	检修安全阀
	一级减压器漏气	检修一级减压器
	一级减压器供气软管漏气	检修一级减压器供气软管
应急阀旋钮旋转困难	阀杆弯曲	更换阀杆
应急阀无法通气	阀内有异物	解体应急阀、清理、重新组装
	控制旋钮脱落	更换旋钮

5.14 水面需供式潜水装具的检查与维护

潜水装具是潜水生命支持系统的重要部分，必须保持良好的工作状态，并应按规定的周期测试合格。对潜水面罩、头盔进行日常和预防性定期维护，是非常重要的。对潜水面罩或头盔进行预防性维护，应严格按照装具制造商规定的维护程序，这样才能够确保潜水面罩或头盔尽可能不发生故障。潜水头盔所有的零件和组件都有一个有效的使用期限，超过使用期限应进行更换。有些配件在正确维护下，可以在使用年限内正常使用。每一个潜水面罩或头盔都应有一本有关使用、维护和维修的日志。

5.14.1 潜水后装具日常检查和保养

在每一天结束使用潜水面罩或头盔后，要对面罩、头盔进行清理、检查和保养。在面罩、头盔使用后，或者在由不同潜水员之间轮换使用时，为了尽可能地降低病菌的扩散，要使用合适的消毒液（根据生产商的要求及建议）对面罩或头盔进行消毒。

1. 潜水面罩

在每一个潜水作业日完成潜水作业之后必须按照下列程序保养潜水面罩：

（1）潜水后装具拆解

1）将潜水员脐带和背负式应急系统从潜水面罩上拆卸下来。关闭了主供气，打开旁通阀和应急阀将气体排出，直到气流停止。

2）在单向阀和应急阀上装好防护盖，防止异物进入到阀门中（图 5.14-1）。

图 5.14-1　用防尘盖把潜水面罩上单项阀和应急阀进气接头封住

警告：除非管路中的气体先被完全排掉，否则不要从潜水面罩上拆卸管路。如果在管路中有气的情况下拆卸管路，有可能导致接头损坏。此外，猛烈抽击的软管可能导致人员受伤。

（2）拆卸卡箍和头罩

在每一个潜水日结束之后，都必须把头罩卸下来进行清洗和晾干。如果没有取下头罩，霉菌就会在潜水面罩中滋生，这有可能对潜水员的健康造成伤害。

1）如果卡箍面罩上配置了卡箍定位装置，首先把顶部和底部卡箍定位装置上的螺丝卸掉后拆下固定装置（图 5.14-2）。

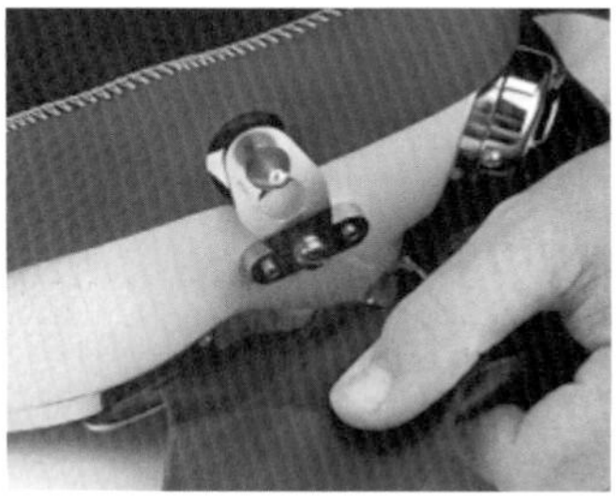

图 5.14-2　卸掉上下卡箍的定位螺丝

2）把卡箍固定螺丝从卡箍上卸掉。

3）把耳机从头罩的耳机袋中取出来，然后取下头罩。

4）把头罩的里外用淡水清洗干净，在重新安装到面罩上之前，要保证头罩完全干燥。

5）如果仅仅是要清洗头罩而不是更换卡箍，没有必要把卡箍从头罩上拆下来（图 5.14-3）。

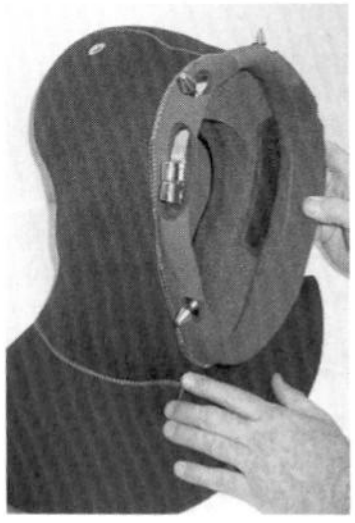

图 5.14-3　卡箍保持在头罩上

警告：在潜水后如果没有把头罩从潜水面罩上拆下来，潜水面罩内会长时间处于湿的状态，霉菌会在潜水面罩内滋生，特别是口鼻罩和需供式调节器中更易产生霉菌。这有可能会对使用者的健康有害。

（3）面罩的保养

1）把耳机的盖子从耳机上拆卸下来，这样耳机就会完全干燥（图 5.14-4）。

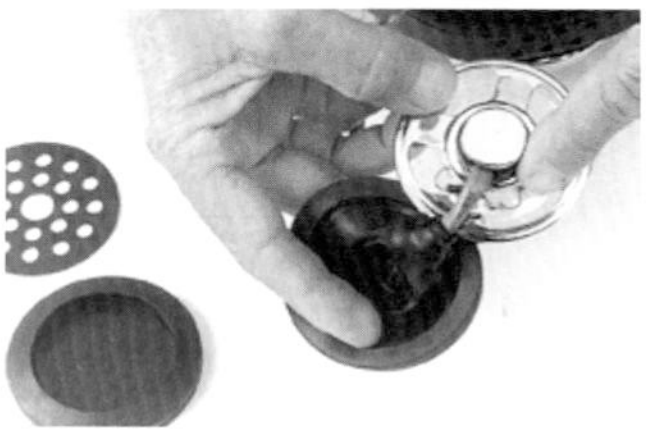

图 5.14-4　揭开耳机的封套以便于耳机的干燥

2）使用淡水彻底地清洗潜水面罩。在清洗的同时要扭动旁通阀手轮、应急阀手轮及微调旋钮手轮，以避免盐分在这些阀门中积聚（图 5.14-5）。

3）拆卸需供式调节器的卡箍后取下二级减压器的保护壳和弹性膜。小心地清洗二级减压器的阀体、膜片和保护壳。在清洗二级减压器的同时，请不要按压手动按钮，因为这样有些杂质可能会进入到进气阀和阀座上。

图 5.14-5　使用淡水彻底清洗潜水面罩

4）把二级减压器微调旋钮逆时针完全旋松，这样会延长进气阀座的寿命并保证内部调整的正确性。

5）使用硅脂润滑鼓鼻器的拉杆。

6）在头罩和面部密封圈干燥后，要重新装回到面罩本体上。如果在必须要使用面罩进行潜水作业时，即使头罩没有干燥，也可以继续使用。

（4）头罩和卡箍重装组装

一般来讲，使用过的头罩上会留下印记，并显示来自卡箍的压缩迹象。这一印记将会对应于面罩本体上的凹痕，凹痕方便卡箍压缩头罩。随着头罩的年限增加和氯丁橡胶内的气泡破裂，在上紧卡箍时，有可能上下卡箍几乎会相互触碰。头罩和卡箍组装的步骤如下：

1）把卡箍的固定螺丝旋转到卡箍上 2 ～ 3 转。

2）把面罩本体面朝下放在一个干净的工作面上，把耳机安装到头罩的耳机袋中。

3）把卡箍和头罩安装到面罩本体正确的位置上（图 5.14-6）。

注意：在连接头罩和面罩本体时，必须首先把卡箍螺纹调整块安装到组合阀和面罩本体之间。

4）使用大的螺丝批轻轻地把卡箍固定螺丝适当地拧紧在面罩本体上，然后将两侧的固定螺丝均匀地上紧，在上紧的过程中要随时观察头罩和卡箍的位置是否有变化。

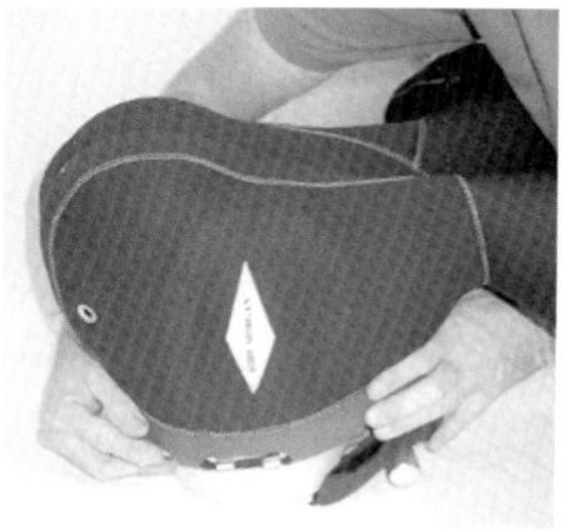

图 5.14-6　连接头罩和面罩本体

5）重新把上下卡箍定位器安装到卡箍的五爪带固定柱上。

6）用螺丝分别把卡箍定位器安装到定位器座上。

（5）没有卡箍定位装置的卡箍面罩使用的注意事项

有的潜水装具生产商提供的卡箍面罩没有配置卡箍定位装置。要把头罩和面罩适当地连接在一起，整个头罩的前沿起码必须从卡箍的底部伸出 1/4 ～ 1/2 英寸（6 ～ 12mm）。

2. 潜水头盔

在每一个潜水作业日完成潜水作业之后必须按照下列程序保养潜水头盔：

（1）颈圈、轭式颈托密封组件头盔的保养

1）在确保关闭主供气和应急气瓶后，打开旁通阀和应急阀，完全排出头盔呼吸系统中的气体之后，把脐带和应急供气系统从头盔上拆除。

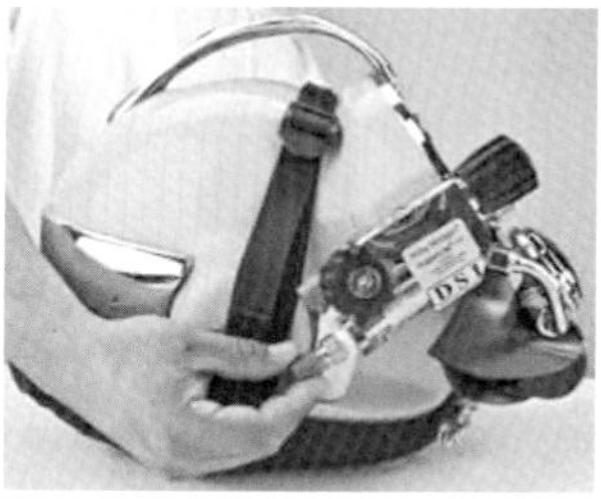

图 5.14-7　用保护盖封好单向阀和应急阀的进气口

2）把保护盖装到单向阀和应急阀的进气口上，防止杂质进入到组合阀内（图 5.14-7）。

警告：在把管路内的气体排净之前，不要拆卸潜水头盔。如果没有排净管路内的气体就拆卸头盔，有可能损坏接头。此外，猛烈甩动的软管有可能导致人员损伤。

3）如果头垫是湿的，把头垫从潜水头盔中取出，使用淡水冲洗头垫。头垫与头盔之间是用子母扣连接的，会很容易取出来。为了确保后续使用的头垫是干燥的，可以把海绵从头垫内取出。然而，只有在绝对必要的情况下，才能够把海绵从头垫内取出。把海绵保留在头垫套内时，头垫也同样容易干燥（图 5.14-8）。

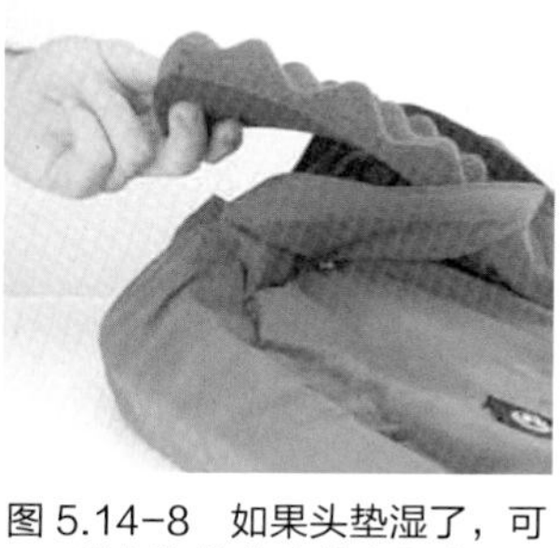

图 5.14-8　如果头垫湿了，可以把海绵从头垫内取出

4）如果头垫是湿的，下巴垫同样会是湿的。与头垫一样，下巴垫也是用子母扣固定在潜水头盔里的。把下巴垫从潜水头盔中取出来，用淡水冲洗后晾干。

5）从潜水头盔里取下通信组件，把耳机从耳机套上取下，这样耳机可以彻底干燥。尽可能避免把水溅到麦克风和耳机上。

图 5.14-9　拆除耳机套以便干燥

如有必要使用中性皂液清洗耳机后，应使用淡水进行冲洗，然后让耳机完全干燥。

6）使用中性皂液对潜水头盔的外部进行清洗后，应使用淡水对潜水头盔的外部进行底地冲洗。在用淡水冲洗的同时，旋转旁通阀、应急阀、需供式调节器的调节旋钮，防止盐分在这些阀门里集聚。

图 5.14-10 必须定期润滑鼓鼻器的 O 形圈

7）拆除需供式调节器的保护壳、卡箍、弹性膜，使用中性皂液清洗需供式调节器的内部。让水流过口鼻罩内的进气管进入到二级减压器内。在清洗需供式调节器的同时，不要按压手动按钮，这样有可能会让杂质进入到进气阀内和阀座上。用干净潮湿的毛巾擦拭潜水头盔内部。

8）使用中性皂液清洗潜水头盔的内部和口鼻罩，然后用淡水进行冲洗。

9）把需供式调节器的调节旋钮向外调尽，这样会延长进气阀座的使用寿命，并保持内部调节正确性。关闭应急阀和旁通阀。

10）使用硅润滑剂润滑鼓鼻器的拉杆（图 5.14-10）。

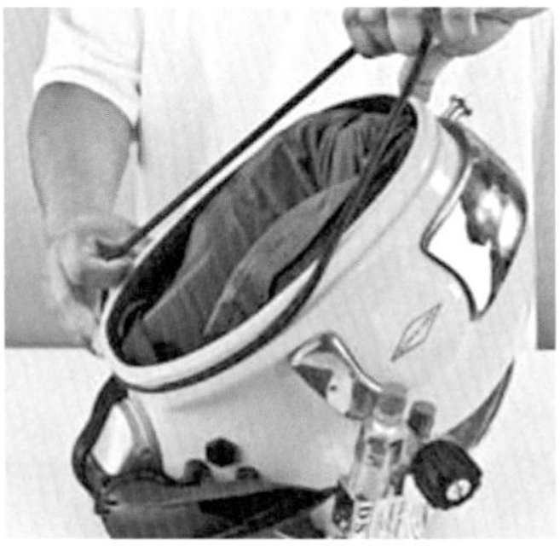

图 5.14-11 潜水头盔底部的 O 形圈必须保持良好的状态

11）使用淡水清洗颈圈、颈箍密封组件后晾干，把潜水头盔底部的 O 形圈取出，清理后润滑（图 5.14-11）。

12）必须更换损坏的颈圈。

警告：要避免对撕裂或者穿孔的颈圈进行修补。如果修补的补丁在水下脱落，潜水头盔可能会发生淹水，或者导致需供式调节器自供。这有可能造成潜水员严重的损伤、淹溺或者死亡。因此，一定要更换损坏的颈圈。

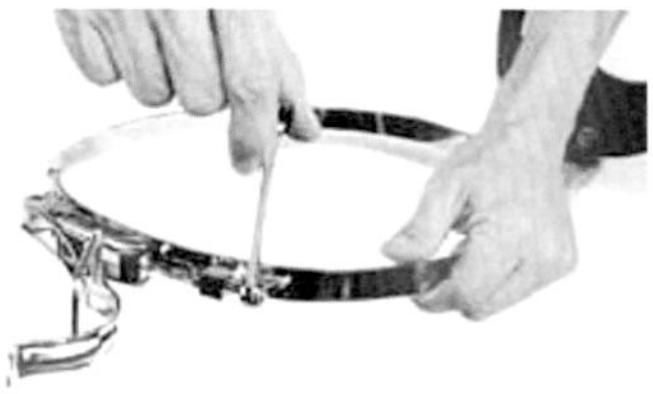

图 5.14-12 必须合理地操作颈夹和弹簧锁紧装置，必须定期检查和维护颈夹和弹簧锁紧装置

13）在用干净的淡水冲洗颈夹和弹簧锁紧装置的同时，要对其进行操作上检查（图 5.14-12）。

14）用一条干净、干燥的毛巾擦去潜水头盔表面的水滴，晾干头盔。

（2）颈圈、颈环密封组件头盔的保养

颈圈、颈环密封组件头盔的保养程序与上述基本相同，除了有颈圈、颈环密封组件及密封拉销等少数不同部件之外。

建议每天按表 5.14-1 执行潜水面罩或潜水头盔使用后清理和保养工作，并填写记录。

卡箍式潜水面罩/头盔潜水后的清理、检查和保养记录表 表5.14-1

日期：
潜水面罩 / 头盔序号：
相关设备序号：
检查人员签名（正体书写）：

续表

程序	完成情况
1. 关闭供气并放尽管路内的气体	
2. 把脐带从面罩 / 头盔上卸下，并对接头做好保护措施；卸掉通信电缆；用保护帽盖住脐带接头	
3. 使用中性的洗涤液和清水清洗面罩 / 头盔外部表面，然后漂净；检查有无损坏的迹象	
4. 从头罩耳机袋中取出耳机，把耳机的保护罩取下，清洁并漂洗，并晾干	
5. 清洁头罩组件；使用清水漂洗并检查有无损坏；挂起来晾干	
6. 拆卸二级减压器的卡箍、保护盖、弹性膜组件；使用中性的洗涤液和清水清洗需供式调节器的内部，然后彻底漂洗干净。 注意：在漂洗需供式调节器内部的同时，不能够按压杠杆，这种行为有可能导致外来物质进入到进气阀和阀座上	
7. 从口鼻罩内取下麦克风，要避免口鼻罩、耳机、麦克风进水	
8. 使用中性洗涤剂和清水的混合溶液擦洗面罩的内部，包括口鼻罩。在使用清水不停地冲洗旁通阀柄、应急阀柄，以及需供式调节器调节旋钮的同时，彻底清洗面罩	
9. 逆时针地把二级减压器调节旋钮完全旋出（这样会延长进气阀座的使用寿命）；关闭应急供气阀和旁通阀	
10. 使用一条干净的干毛巾擦去面罩上的水滴；晾干面罩	
11. 盖好一级减压器供气软管的端口；使用中性洗涤剂溶液清洗所有应急供气系统组件、一级减压器、应急气瓶、浸入式压力表，以及背负装置组件的外部，并用清水漂洗干净；把背负装置组件挂起来晾干	

3. 潜水后其他配件、器材的保养

（1）潜水后用清水冲洗装具的各个部件和附属器材，至于干燥凉爽的地方晾干。

（2）脐带应盘好，两端的所有接头，都应用胶布包好，在保护螺纹的同时避免异物进入。

（3）存放装具的仓库应通风良好、干燥，温度保持在 -10 ~ 30℃，空气湿度保持在 40%~ 60% 左右。

（4）钢瓶应严格按国家压力容器有关规定进行管理和使用，检查检验有效期。检修瓶阀时，须先解除压力。

（5）对于湿式潜水服、干式潜水服或热水服，在冲洗干净晾干后，应喷上滑石粉并用大衣架挂起。

（6）装具在贮存期间应定期保养。

5.14.2 月度维护

每一个月，或者任何时候对潜水面罩或头盔的适用性抱有怀疑，应进行一次月度检查。在污染水域里使用潜水面罩或头盔，或者使用潜水面罩或头盔进行水下电割、电焊、除泥作业时，应更加频繁地对潜水面罩或头盔进行维护和检查。如果对潜水面罩或头盔任何零件或者组件的适用性产生怀疑，应更换。

严格按照装具生产商提供的操作手册进行维护。

潜水面罩或头盔月度维护建议按月度检查表执行。表 5.14-2 是潜水面罩月度检查表，表中的内容对潜水面罩最低限度的月度维护检查要求。在每月连续使用面罩 20 个潜水日以上时，至少每月要检查一次。如果每月使用面罩低于 10 个潜水日，至少两个月要检查一次。除此之

外，还应注意：

（1）在污染水域，或者极端环境下使用面罩，需要进行更为频繁的检查。

（2）在拆卸检查的过程中，O 形圈以及其他消耗部件，倘若比较干净，且目视检查未发现损坏和老化，可以继续使用。

（3）在执行组合阀 / 需供式调节器的检查程序的步骤 1 ~ 4 时，不应连接气体供应。应在组合阀 / 需供式调节器检查程序的步骤 5 上连接供气。

潜水面罩月度检查表 **表5.14-2**

日期：	
面罩序号：	
相关设备序号：	
检查人员签名（正体书写）：	
程序	结果
头罩组件	
1. 将耳机从头罩的耳机袋中取出。把头罩从面罩上卸下；对所有的组件进行目视检查	
2. 目视检查卡箍组件的金属部分以及卡箍止脱板，包括卡箍螺丝；看其是否有损坏，可视需要进行更换	
3. 目视检查头罩是否有损坏或者老化的迹象	
4. 检查五爪带是否有撕裂、老化，以及损坏的迹象；确保五爪带的五爪完好	
面罩组件	
1. 目视检查面罩的外部是否有松动或者丢失的紧固件，以及玻璃钢外壳上是否有包括裂缝、凿洞，凹陷等损坏 注意：在面罩的玻璃钢上，要对任何的超过 1/16 英寸的凿洞进行维修；必须由获得相关资格证书的技师对玻璃钢和凝胶涂层进行维修；任何的裂缝和带有碎裂的凹陷都必须由生产商授权的维修机构进行检查	
2. 从耳机上取下护套；从口鼻罩上取下麦克风；对其进行检查和维修，如果需要进行更换；执行通信检查程序 注意：在安装新的口鼻罩的时候，必须取下鼓鼻器。如果拉伸口鼻罩让鼓鼻器穿过，可能导致口鼻罩撕裂	
3. 取下鼓鼻器和口鼻罩；把口鼻罩的进气阀组件卸下；清理阀片和阀体组件；清理口鼻罩；检查口鼻罩和进气阀组件有无损坏或老化；如发现任何的损坏更换口鼻罩；如果发现进气阀片干、硬、没有弹性，或者不能放平，也必须更换；清理并检查鼓鼻器软垫、滑竿、O 形圈，如有老化、磨损、损坏等，必须更换；对鼓鼻器滑竿、O 形圈稍微润滑后，重新安装口鼻罩、鼓鼻器以及进气阀组件	
4. 卸下面罩面部衬托，清理并检查面部衬托有无损坏和老化	
5. 在没有为组合阀供气的情况下，检查旁通阀和应急阀的操作情况；如果这些阀门不能够运行顺畅，必须对其进行彻底的检查和维修，或者更换	
6. 卸下排水阀保护盖，检查排水阀片和阀座有无损坏或和污染；确保阀片的材料没有硬化、老化和扭曲变形；如有疑问对其进行更换；重新安装保护盖	
组合阀 / 需供式调节器	
1. 打开应急阀，用嘴含住单向阀脐带适配器并吸气，检查单向阀的功能正常与否；如果正常，将没有气体通过单向阀被吸出	
2. 把需供式调节器的保护盖卡箍、保护盖、弹性膜取下；目视检测需供式调节器内部是否有锈蚀和污染；视需要进行清理	
3. 仔细地检查弹性膜有无切口、撕裂、以及老化；如果发现任何的损坏，更换弹性膜	
4. 通过从调节器内部挤压舌状阀片，仔细地检查需供式调节器排气阀片有无扭曲、变形、硬化以及损坏；检查调节器壳体的阀座辐条；这些辐条要平滑无变形，如果出现任何变形需要修复；如果阀片出现任何的损坏和老化迹象，更换阀片	

续表

程序	结果
5. 将供气连接在脐带适配器上，把供气压力设置在 0.93~1.03MPa 之间。向外调节需供式调节器的调节旋钮，直到出现轻微的自供气流，然后向里调节旋钮，直到自供气流消失，检查杠杆，杠杆的空行距离应在 1/16~1/8 英寸之间。视需要进行调整。安装好弹性膜、保护盖以及卡箍	
6. 按压手动按钮，在出现气流之前按钮的空行距离应为 1/16~1/8 英寸之间，如果把按钮完全按下去，应出现强烈的气流。如果调节器手动按钮的空行距离小于 1/16 英寸或者大于 1/8 英寸，需要重新调整杠杆	
7. 检查旁通阀的操作状况。 注意：旁通阀从关闭状态到完全打开，需要旋转完整的两圈。在面罩的供气压力为 0.93~1.03MPa 之间时，将旁通阀打开完整的一转，强烈的气流会从旁通阀排孔式气体导流管内流出	
8. 关闭气体供应，排出管路内的气体，把供气软管从脐带适配器上卸下	
9. 把压力调节在 0.93~1.03MPa 的供气（通常是应急供气系统），连接到组合阀的应急阀上。把组合阀上的应急阀完全打开，然后缓慢地打开应急气瓶阀，检查需供式调节器手动按钮的功能。根据前面步骤 6 和 7 来检查需供式调节器调节旋钮和旁通阀。检查有无气体从单向阀内流出。正常状态下没有气体从脐带适配器内流出	
应急供气系统 注意：应急供气系统包括一级减压器、浸入式压力表、安全阀、连接组合阀上应急阀的紧急供气中压软管	
1. 检查应急气瓶的静水压测试日期及最近的目视检测记录。确保检测日期在有效的指定范围以内。气瓶内部的目视检测要求每年一次，静水压测试要求 2 年一次	
2. 检查应急供气系统组件的维护记录，确保依据制造商的建议对一级减压器进行维护	
3. 检查所有的软管有无气泡、保护层松动、切口和磨损等迹象。将有任何泄漏和损坏的软管进行更换。如果使用的是快速解脱应急供气软管，检查快速连接的匹配情况以及接头有无磨损和损坏	
4. 如果使用了浸入式压力表，确保其精度	
5. 检查一级减压器的安全阀，依据安全阀的清理、检查、大修程序的指引进行检查	
6. 记录安全阀的启动压力 注意：在这一步骤上，需要一个可调式一级减压器和最低压力为 3.45MPa 的气瓶，在测试时，应把安全阀的启动压力调节在 1.24~1.38MPa 之间	
7. 检查一级减压器的高出底部压力设置，确保其输出压力在制造商的指定范围内。将压力范围进行登记	
8. 在压力条件下，使用皂液对所有的应急供气系统组件进行泄漏检查。视需要进行维修或更换	
9. 检查背负装置组件有无磨损和损坏的迹象，视需要进行维修和更换	

5.14.3 年度维护

至少每年由制造商认可的人员进行一次年度检查，包括外观检查、维护和性能检测。如果在日常和月度检查中发现过度的锈蚀、污染迹象，或不正常的操作或者损坏迹象，或潜水头盔、面罩日志内显示其此前曾经在可疑的环境下使用过，就需要更多的检查。日常和月度检查将决定更高精度年度检修的必要性，而不是仅仅在年度检修明细表中添加几个时间数字。每一年最起码要对所有的 O 形圈、排气阀片以及非耐用品进行一次更换。在年度检修之间，可以对非耐用品进行清洁检查，如果通过仔细的检查，未发现损坏或老化，可以继续使用。再重复一次，记录中显示之前在可疑环境下的使用，同样是决定因素。应填写潜水面罩或头盔的维修、保养及检查表，提供一个良好的维护记录，保留在维护档案中。在潜水头盔或面罩日志中要对所有的维护进行注释。表 5.14-3 是潜水面罩的维修、保养及检查表，表中的检查程序能满足潜水面罩的所有检查。表中的检修程序可以为那些对潜水头盔或面罩进行日常维护的人员提供帮助。这一检查表要与正在使用的潜水面罩型号相适应的操作手册一起使用，主要目的就是为了指导维护以及维护后的存档。用于这一检查表的每一个部分的特定的详细程序包含在操作和维护手册内。应把完成的检查表保留在维护档案中，并要更新潜水面罩日志中的相关内容。

还应注意一点，在污染水域或者极端环境下使用的面罩，将需要进行更加频繁的检查。

潜水面罩的维修、保养及检查表 表5.14-3

日期:	
面罩序号:	
相关设备序号:	
检查人员签名（正体书写）:	
程序	结果
头罩组件	
1. 把耳机从头罩的耳机袋中取出，把头罩从面罩上取下，对所有的组件进行目视检查	
2. 目视检查卡箍组件的金属零件（包括卡箍螺丝）有无损坏，视需要进行更换	
3. 目视检查头罩有无损坏和老化的迹象	
4. 检查五爪带有无撕裂、老化和损坏的迹象。确保五爪带的五条爪完好无缺	
面罩组件	
1. 目视检查面罩内外部的紧固件是否有松动或者丢失和较明显的损坏迹象。面罩本体有无裂缝、凿坑和凹陷。 注意：在玻璃钢面罩本体上出现任何深度超过 1/16 英寸的凿坑，都必须进行维修。只有获得装具生产商颁发的头盔壳体维修资格证书的技师才能够对玻璃钢和凝胶涂层进行维修。任何的裂缝或者伴有碎裂的凹陷都需要由生产商授权的机构进行检查	
2. 从耳机上取下保护盖，从口鼻罩上取下麦克风，进行检查并视需要进行更换。进行通信检查。 警告：在安装新的口鼻罩时，必须取下鼓鼻器。如果强行拉伸口鼻罩套到鼓鼻器上，有可能撕裂口鼻罩	
3. 取下鼓鼻器，清洁并检查鼓鼻器的鼓鼻衬垫及滑杆。更换 O 形圈	
4. 取下口鼻罩和口鼻罩进气阀组件。更换阀片，清洁阀体。清洁和检查口鼻罩和进气阀组件是否有损坏	
5. 取下面部衬托（只有玻璃钢面罩上有此构件），清洁并检查面部衬托是否有损坏或者老化	
6. 从面罩本体和组合阀上取下需供式调节器	
7. 从需供式调节器主体上取下须形排气套并进行清洁和检查。如果在年度维修过程中发现排气阀片和须形排气套上有任何的老化、磨损或者损坏，都必须对其进行更换	
8. 对观察窗嵌块进行测试（只有授权维修技师可以进行）。视需要进行更换或者维修。更换观察窗 O 形圈。 注意：每一年要进行一次的观察窗嵌块的测试。如发现或者怀疑观察窗嵌块出现损坏，也要对其进行测试	
9. 取下排水阀保护盖，更换排水阀片。检查阀座有无损坏或者污染	
组合阀 提示：假如内部没有出现严重的锈蚀，不必每一年都从面罩本体上卸下组合阀。然而，应根据生产商的建议在一定的间隔时间内把组合阀组件完全地从面罩上卸下，并依据生产商提供的维护程序对组合阀进行拆解，然后再次组装	
1. 把旧的脐带适配器取下，废弃，然后换上新适配器	
2. 把单向阀取下，分解，并进行检修	
3. 分别把应急阀、旁通阀取下，分解，并进行检修。 注意：在年度检修的过程中，不需要从组合阀上卸下应急阀。然而，如果要卸下组合阀，或者在应急阀上显示有过多的锈蚀或者铜锈，就有必要卸下应急阀进行清洁，并使用特氟龙胶带进行密封处理	

续表

程序	结果
需供式调节器 提示：应根据装具生产商的建议在年度大修中对需供式调节器上的相应配件进行更换，不需考虑它们使用的次数	
1. 分解需供式调节器，目视检查调节器主体内部有无锈蚀或污染。视需要进行清理	
2. 在把需供式调节器分解并进行清洁后，重新检查所有的零配件。绝对不能重复使用调节螺母。调节螺母的重复使用会影响到调节器维持合适的调节能力	
3. 重新组装需供式调节器	
4. 确保调节杆旋转顺畅，没有粘结	
5. 把须形排气套安装到调节器的排气凸缘上，并将两侧固定在面窗压紧圈上 注意：有的潜水装具生产商会建议不管面罩上的软管组件使用状态如何，每两年需要更换一次；如果本次维护是在年度检修期间，要更换弯管组件组合阀端的特氟龙垫圈，以及需供式调节器进气端的 O 形圈	
6. 把需供式调节器安装到潜水面罩上	
7. 安装口鼻罩、进气阀组件以及鼓鼻器	
8. 检查调节器的操作状况，如有必要可对其进行微调。	
调节器调节的重要注意事项： （1）如果安装了新的进气阀或者进气阀座，在调节之前，要把调节器旋钮向内完全调到尽头并停留 24h。这样就会让在进气阀杆上的橡胶垫紧贴进气接头。如果要立即使用调节器，要注意到橡胶垫有可能变形，从而改变调节器的调节和使用性能。这样在第一天的使用后，就需要重新调节调节器。 （2）正常情况下，如果调节器出现漏气现象，调节器调节螺母太紧，必须将其放松，直到杠杆尾端出现 1/16 ~ 1/8 英寸的空行移动距离。 （3）如果进行了合理的调节，调节器仍然漏气，就要确保正确的供气压力，压力范围应在 0.93 ~ 1.03MPa 之间。必须检查进气阀阀座软垫和进气接头有无损坏。一般情况下，如果进气接头的镀铬脱落或者有沟槽以及锋利的边缘，都会损坏到阀座从而导致密封性能变差。通常做法是更换进气接头和阀座软垫	

第 6 章　潜水设备

6.1　概述

潜水设备是保证潜水能安全顺利进行的装置及器具的统称，主要包括供气系统、潜水控制面板、通信系统、潜水员入出水装置、减压舱及各类仪器仪表等。潜水员在掌握潜水技能的同时，还必须学习和了解潜水设备的功能、作用、基本结构、工作原理及管理与维护保养等方面的知识。

本章将对市政工程潜水作业涉及的主要潜水设备的功能与作用、一般要求、基本结构、工作原理及管理与维护等知识进行简要介绍。

6.2　潜水供气系统和设备

潜水供气系统是为潜水员持续、可靠地提供在供气压力、流量、质量等方面符合要求的气体，以供潜水员呼吸与平衡体外水环境压力。潜水供气系统是保障潜水员生命安全、身体健康和工作效率的基本配置和前提条件，其设备配置必须满足水面需供式潜水供气的要求（详见本书 4.8 节）。

6.2.1　潜水供气系统组成

潜水供气系统通常由空气压缩机（以下简称空压机）、储气罐、过滤器、油水分离器、高压气瓶和输送气体的管道和阀件等组成。图 6.2-1 即为一种常见的潜水供气系统基本原理图，其供气流程为：从空压机出来的压缩空气，流经油水分离器，除去其中的大部分油雾和水汽后，进入储气瓶，再经过空气过滤器净化后，作为潜水员的主供气源，输送到供气控制面板，供潜水员呼吸用；同时，其还可作为

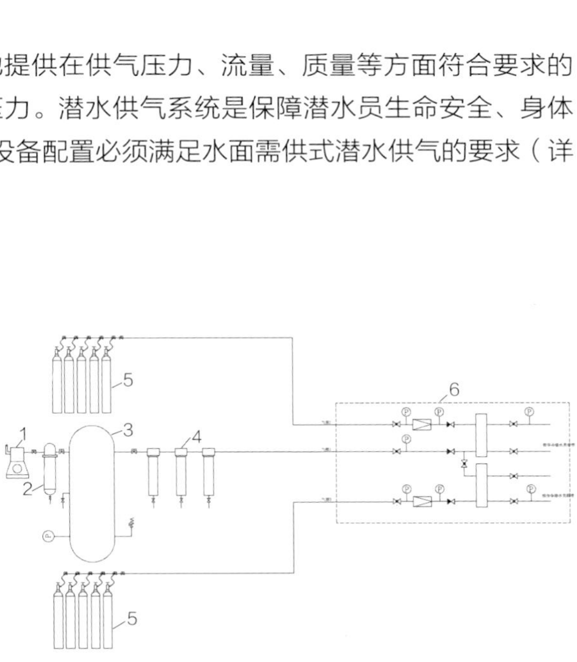

图 6.2-1　潜水供气系统原理图

1—空压机；2—油水分离器；3—储气瓶；4—过滤器；
5—高压空气瓶组；6—供气控制面板

待命潜水员的备用气源，供紧急情况下使用。该系统中的一组高压气瓶组，经空气减压器分别减压后作为潜水员的应急气源供紧急情况下使用。另一组高压气瓶组，经空气减压器减压后作为待命潜水员的主供气，供待命潜水员呼吸用。

6.2.2 空压机

空压机是一种用来压缩空气的设备。在潜水供气系统中，空压机生产压缩空气，提供系统使用的气源。潜水用空压机在供气压力、供气流量、供气质量等方面必须满足潜水供气系统的要求，同时应安全可靠、经济性好，移动式空压机还应具有结构紧凑、便于搬运等特点。

1. 空压机的种类

空压机种类繁多，性能各异。其中活塞式压缩机结构简单，性能可靠，使用寿命长，并且容易实现大容量和高压输出，故潜水作业多采用该种类空压机。活塞式压缩机按照不同划分方式，也有不同的形式。

（1）按结构形式分有立式、卧式和 V 形（图 6.2-2），单缸和多缸，单作用式和双作用式等。

（2）按冷却方式分有水冷式和风冷式。

（3）按压缩级数分为单级压缩和多级压缩。

（4）按排气量分有微型（1m^3/min 以下）、小型（1 ~ 10m^3/min）、中型（10 ~ 100m^3/min）、大型（100m^3/min 以上）四种。

图 6.2-2　移动式中压空压机

（5）按排气压力分有低压（0.2 ~ 1.0MPa）、中压（1.0 ~ 10MPa）、高压（10 ~ 100MPa）、超高压（100MPa 以上）四种。潜水供气系统中，多采用低压或中压空压机作为气源设备使用。高压空压机（图 6.2-3）一般为高压气瓶充气用，但因为其体积小，轻便易携带，同时供气质量好，潜水行业也有将高压空压机直接作为气源设备使用。高压空压机作气源使用时，需配备有高压储气、压力自动调节以及减压等装置。

图 6.2-3　移动式高压空压机

（6）按润滑方式分有飞溅式和压力式润滑两种。

（7）按空压机排气口排气含油量可划分为有油与无油两种，其中无油机包括有油润滑无油空压机和全无油空压机。

（8）按驱动方式分有电动机驱动和内燃机驱动等形式。市政潜水工程作业时，有时会使用内燃机驱动的风冷式低压微型空压机。

2. 空压机的工作原理

（1）单级单作用活塞式空压机的工作原理

图 6.2-4 是单级单作用活塞式空压机的工作原理图。空压机的工作腔室主要由气缸、气缸盖、活塞、进气阀、排气阀等组成。活塞式空压机是利用活塞在气缸内的往复运动，借助气阀的自动开闭，使气缸工作容积发生变化，从而达到压缩气体的目的。压缩机的每个工作

循环包括三个过程：

1）吸气过程：如图 6.2-4（a）所示，当活塞从上死点位置向下移动时，气缸容积增大，压力下降，出现一定的真空度，进气管中的气体便顶开吸气阀而进入气缸，一直持续到活塞下行至下死点，吸气才停止。

2）压缩过程：当活塞由下死点上行时，气缸容积变小，进气阀关闭，气缸内的气体被压缩，气缸内气体压力逐渐升高，这就是压缩过程。但此时排气管中的气体压力高于气缸内气体的压力，排气阀仍处于关闭状态，气缸内气体还不能排出。

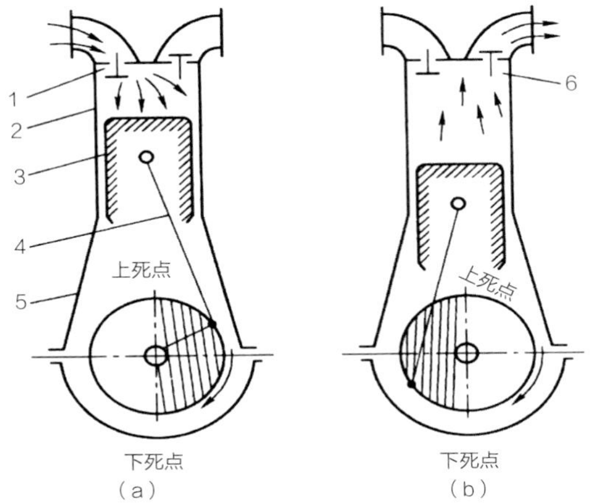

图 6.2-4　单级活塞式空压机工作原理图

1—进气阀；2—气缸；3—活塞；4—连杆；5—曲柄箱；6—排气阀

3）排气过程：如图 6.2-4（b）所示，随着活塞继续上行，气缸内气体的压力继续升高，当压力升高到足以克服排气管中气体压力和排气阀上弹簧压力时，排气阀开启，压缩气体排出至储气瓶，直至活塞上行到上死点，排气才终止。

接着活塞重新下行，开始新的一个工作循环。这样，活塞周而复始地作往复运动，便不断地完成吸气、压缩、排气的过程。

（2）双作用活塞空压机工作原理

高压空压机均采用多级压缩与中间冷却。这样，既可减少压缩机的耗功量，又能保证压缩机良好的润滑条件。

图 6.2-5 为两级活塞式空压机工作原理图。图 6.2-5（a）为单缸双作用具有两级压缩与中间冷却的空压机工作原理图，活塞上部为低压缸，下部为高压缸。在大气压力作用下的空气经过滤器 2、低压进气阀 3 进入低压缸，压缩后从低压排出阀 1 排至中间冷却器 8，压力升至 P_1。经过冷却后的压缩空气通过高压进气阀 7 进入高压缸，空气被第二次压缩，当压力 P_2 升高至顶开高压排气阀 5 时，开始排气，经后冷却器进入储气瓶。

图 6.2-5（b）为双缸单作用活塞式空压机工作原理图。工作流程与图 6.2-5（a）相同。

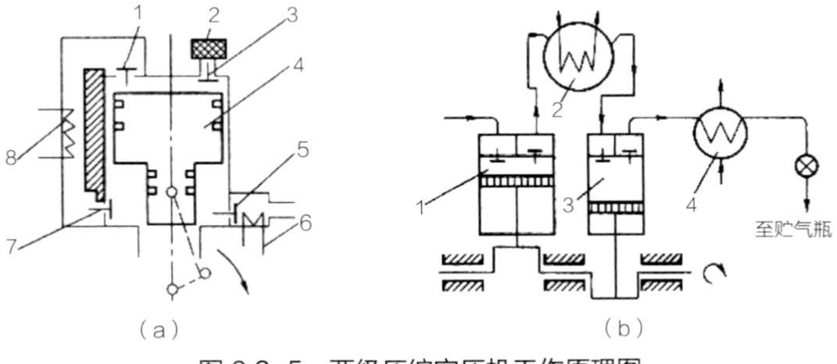

图 6.2-5　两级压缩空压机工作原理图

（a）单缸双作用式

1—低压排气阀；2—吸气滤网；3—低压吸气阀；4—活塞；5—高压排气阀；6—后冷却器；7—高压吸气阀；8—中间冷却器

（b）双缸单作用式

1—低压缸；2—中间冷却器；3—高压缸；4—后冷却器

3. 空压机的组成和基本结构

（1）运动部件

空压机的运动部件包括活塞、连杆和曲轴等。

（2）固定部件

空压机的固定部件主要包括气缸盖、气缸体和曲轴箱等。

（3）气阀

气阀是空压机的重要部件之一，直接关系到空压机运行的可靠性和经济性。空压机一般均采用自动阀，即借助压差而自动启闭的单向阀。常用的有环片阀（图 6.2-6）、球面蝶形阀和条片阀等。

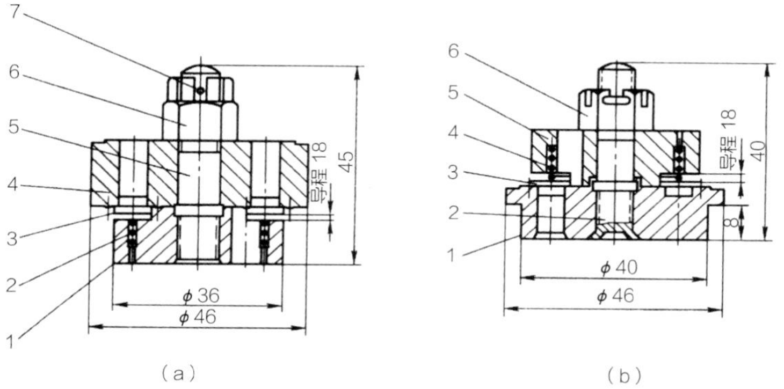

图 6.2-6　环片阀剖视图

（a）进气阀

1—进气阀盖；2—圆柱阀弹簧；3—阀片；4—进气阀座；5—双头螺栓；6—六角槽形螺母；7—开口销

（b）排气阀

1—排气阀座；2—双头螺栓；3—阀片；4—圆柱阀弹簧；5—排气阀盖；6—带槽六角螺母

为避免空压机排气压力超过允许值而发生危险，在空压机的每一级排出端均设置安全阀。安全阀的开启压力，一般高压级比额定工作压力高 10%，低压级比额定工作压力高 15%。

（4）润滑和冷却系统

空压机的润滑方式有飞溅润滑和压力润滑两种。小型空压机多采用飞溅润滑。润滑油质量必须符合呼吸气的要求。

空压机工作温度高，气缸和气缸盖需要冷却；多级压缩时，被压缩气体需要中间冷却；最后排出的气体和滑油也需要冷却。冷却方式通常有风冷和水冷两种。

（5）压力自动调节装置

潜水空压机的运行特点是间歇性的，依照潜水作业需求，空压机供气压力在一定范围内波动，即：排气压力达到设定压力上限时停止供气，排气压力降至设定压力下限时开始供气。为了满足供气压力的自动控制，空压机组常采用停车调节与空转调节两种控制方式。当原动机采用电动机驱动时，通常采用停车调节的控制方式。图 6.2-7 是一种单触头压力自动调节装置的原理图，当储气瓶压力达到上限时，触头 m 和 n 分开，电动机断电，当储气瓶输出大量的空气使瓶内的压力下降至下限时，触头 m 和 n 又闭合，电动机重新开动。

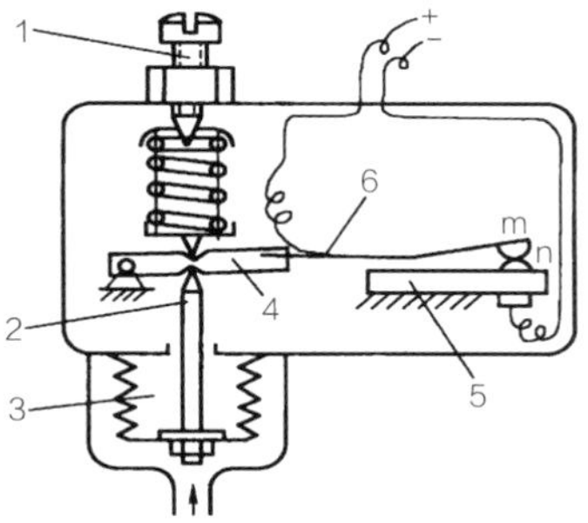

图 6.2-7　压力自动调节装置原理图

1—调节螺钉；2—顶杆；3—波纹管；
4—杠杆；5—永久磁铁；6—弹簧片

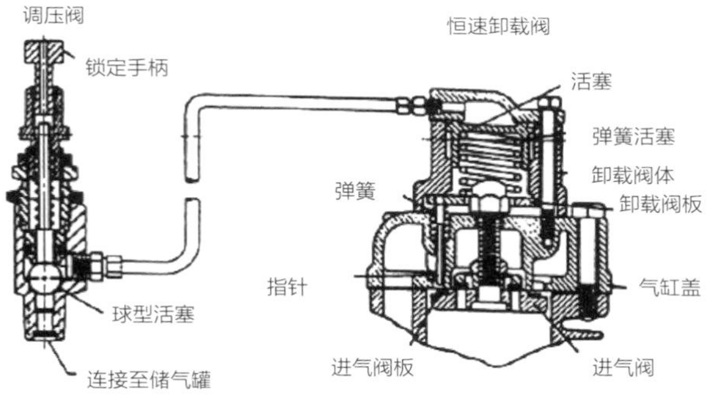

图 6.2-8　卸载式调压阀

小型活塞式空压机也可采用通过调压阀控制恒速卸载装置，控制压缩机加载或卸载，以实现系统压力调节，使供气系统的压力维持在一定的范围内。在该类调节方式中，当系统压力超过调压阀弹簧设定压力时，调压阀的球形活动塞被顶开，使供气系统压力传递给恒速卸载装置，如图 6.2-8 所示。当压力进入卸载阀后，卸载阀使进气阀保持打开状态，此时压缩机卸载运行，空气通过打开的气阀进出，但不会被压缩。当系统压力低于调压阀设定的压力时，调压阀关闭，从而至卸载阀的压力由调压阀切断，进气阀恢复正常工作，压缩机重新加载。

4．空压机的使用管理与维护

为确保空压机的正常工作，空压机应按照相关操作规程、使用要求与程序进行日常管理与维护保养，主要包括以下几个方面。

（1）启动前检查。在启动前需进行外观检查，检查空压机的设备外观状态，有无明显缺陷故障。如为内燃机驱动的空压机，还应检查机组安防位置，确保空压机进气口位于上风处并远离内燃机排气口，以防将内燃机排出的废气吸入到供气系统内。其次在空压机启动前要注意检查机油油位，电动机检查电源线路，内燃机检查燃油与机油油位及冷却水位。除此之外，启动空压机前还要对空压机进行盘车，检查传动带、联轴节状态，确认空压机无卡阻。

（2）卸载启动。启动空压机时注意对空压机进行卸载，启动完成后加载需缓和。在空压机运行过程中注意观察油位水位、有无异响，以确保机器故障时可及时发现。同时在整个运行过程中注意定时放残。

（3）日常维护保养。平时空压机的维护保养工作如下：

1）定期检查曲轴箱的油位、油质，必要时添加、更换润滑油。

2）定期排放空气过滤器内的污水、污物，必要时更换过滤器内过滤、吸附材料。

3）定期排放压缩机储气灌的冷凝水。

4）定期检查传动皮带的松紧度，必要时可调整。

5）定期清洁后冷却器，电动机及压缩机。

6）定期检查所有螺栓并旋紧。

7）定期检查压缩机有无异常声音和震动，系统是否泄漏。

8）定期检查压缩机和电动机的性能，必要时做保养或大修。

6.2.3 储气罐

1. 储气罐的作用

在潜水供气系统中，储气罐是用于储存压缩空气，并为潜水员提供压缩空气的储气装置。储气罐的作用主要有以下几个方面：

（1）储存压缩空气，并依系统需求进行正常供气。

（2）空气机发生故障时，仍能在一定时间限度内为潜水员继续供气。

（3）起缓冲作用，保持供气平稳、连续、无波动，使供气系统的供气压力不因空压机气缸活塞的动作而产生变化。

（4）压缩空气在储气罐中存放期间，可以使空气进一步冷却，其中所含的水蒸汽和油蒸汽可进一步凝聚分离出来，并经放残阀泄放，保证压缩空气质量。

2. 储气罐的种类与一般要求

储气罐一般为钢制压力容器。它主要由一个能承受压力的壳体及其附属件和连接件组成。在储气罐上一般装有安全阀、压力表、充气截止阀、输出截止阀和泄放阀等。图 6.2-9 是一个立式低压储气罐外形图。储气罐的类型较多，允许其储存气体的最高压力值（即工作压）也不一致。中华人民共和国国家质量监督检验检疫总局颁发的《固定式压力容器安全技术监察规程》TSG 21—2016 按压力容器的设计压力（P），将压力容器分为四个等级，即：

低压容器（代号 L）：0.1MPa ≤ P < 1.6MPa。

中压容器（代号 M）：1.6MPa ≤ P < 10MPa。

高压容器（代号 H）：10MPa ≤ P < 100MPa。

超高压容器（代号 U）：P ≥ 100MPa。

潜水作业用储气罐多为中低压压力容器，通常作为主气源使用。

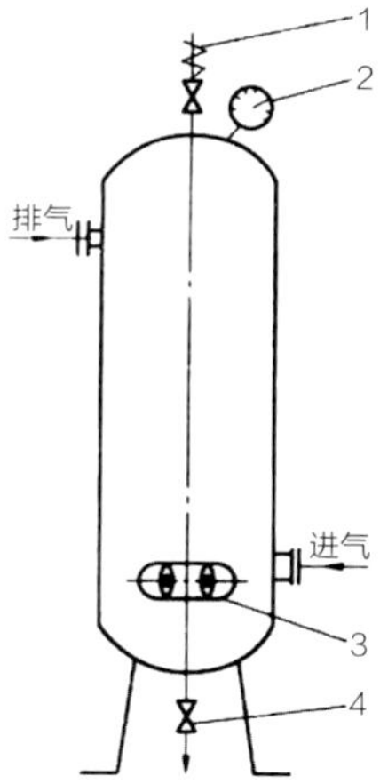

图 6.2-9 立式储气瓶外形图

1—安全阀；2—压力表；3—人孔；4—排放阀

3. 储气罐的使用管理与维护

储气罐属于压力容器，具有一定危险性。因此，储气瓶从设计、制造、安装到使用、检修都要严格遵循相关国家标准和安全技术监察规程。

储气罐在使用和管理时应注意下列事项：

（1）储气罐本体及其所附的管路、阀门要定期检查保养，发现有损坏、泄漏时，须及时通知专业人员来维修。维修前，要先释放压力，以确保储气罐内外压力平衡。

（2）在任何情况下，储气罐使用压力都不得超过最高工作压力。在夏季或易受温度影响的情况下，应降低容器内压力，确保安全使用。

（3）储气罐在正常使用时注意定时放残，以防冷凝过程产生的污水污染罐体及内部储存的压缩空气。

（4）移动或搬运储气罐时要防撞防摔，搬运前需释放罐内压力。

（5）储气罐应严格按规定进行定期检验（包括气密试验和强度试验等）。另外储气罐的压力表属强制检定，每半年检定一次；安全阀每隔半年检查调试一次。

（6）储气瓶不使用时，宜放在干燥、清洁、阴凉处。如长期不使用时，应降压存放，罐内压力应确保高于外界气压。

6.2.4 高压气瓶

1. 高压气瓶的作用

潜水供气系统中，高压气瓶同储气罐一样，是用于储存压缩空气，并为潜水员提供压缩空气的储气装置。相对于储气罐，高压气瓶的储气压力要大很多，同样情况下，所储存气体的可用比例也要大很多，同时高压气瓶还具有轻便易携带等特点。但是，因潜水用高压气瓶容积一般都不大，故在需较大深度、长时间作业的情况下，高压气瓶用作供气系统气源时，通常需多支并联成组，提高储气量，以满足使用要求。

2. 高压气瓶的种类与一般要求

依据中华人民共和国《气瓶安全技术监察规程》TSG R0006—2014 规定，气瓶按照公称工作压力分为高压气瓶、低压气瓶：

高压气瓶是指公称工作压力大于或等于 10MPa 的气瓶；

低压气瓶是指公称工作压力小于 10MPa 的气瓶。

潜水作业用气瓶多为高压气瓶，可用于潜水员携带的主供气源（自携式）或应急气源，也可在减压后作为潜水供气系统的气源。

潜水气瓶划分方式与种类较多，按材质的不同，如常见的铝合金瓶、钢瓶与缠绕气瓶是以材料进行区分的，其中缠绕气瓶通常是在金属内胆外缠绕成型复合材料制造而成；按潜水气瓶工作压力不同，一般有 20MPa 和 30MPa 两种；此外，潜水气瓶阀接口亦有 DIN 与 A 型夹式两种形式。

3. 高压气瓶的使用管理与维护

（1）日常检查

1）检查气瓶是否有清晰可见的外表涂色和警示标签。

2）检查气瓶的外表是否存在腐蚀、变形、磨损、裂纹等严重缺陷；瓶身是否完好。

3）检查气瓶的附件，如瓶帽、瓶阀、安全阀、O 形圈等是否齐全、完好。

4）检查气瓶是否超过定期检验周期。

5）确认气瓶的使用状态（满瓶、使用中、空瓶）。

6）固定使用的高压气瓶，还应检查确认气瓶是否固定妥当、牢靠。

（2）高压气瓶的检验周期

盛装一般气体的钢瓶，每三年检查一次；其中潜水气瓶每两年检查一次。

在使用过程中，发现气瓶严重腐蚀、损伤或对其安全可靠性怀疑时，应提前进行检验。库存和停用超过一个检验周期的气瓶，启用前应进行检验。

6.2.5 空气过滤器

1. 空气过滤器的作用

从空压机排出的压缩空气，虽然经过了油水分离，但其中仍混有一些微细的污染物。压缩空气中的污染物可归纳为两类物质：一是有害气体和蒸汽，如 CO、CO_2、油蒸气等；二是悬浮于压缩空气中的气溶胶，如油的液态、固态尘质及尘埃等微粒。在容许浓度内这些物质不会对人体造成危害。但超过允许浓度范围，将会对人体产生不良影响，甚至产生中毒症状，而在高气压环境下尤甚。因此，必须在系统中设置空气过滤器，对压缩空气进行净化、过滤和干燥，清除这些有害污染物，以提供潜水员符合纯度要求的呼吸气体。

2. 空气过滤器的结构与工作原理

空气过滤器安装于储气瓶与水面供气控制台之间，也可装在储气瓶与压缩机之间。空气过滤器通常有除湿、吸附和干燥 3 种功能，并为多级过滤。图 6.2-10 是一种多功能空气过滤器的流程示意图，压缩空气从侧向进入筒后，首先是经过螺旋式油水分离器，使气流沿螺旋形导板旋转而产生离心作用，使油水从气流中析出，甩至筒壁，并沿着筒壁流到底部。接着，气流改变流向转而向上从中间滤芯（内装有活性炭）流过。经活性炭吸附后，进入第二筒体，该筒体内部装有吸附剂（硅胶），对进入的气体进行再次干燥处理，然后流向储气瓶。

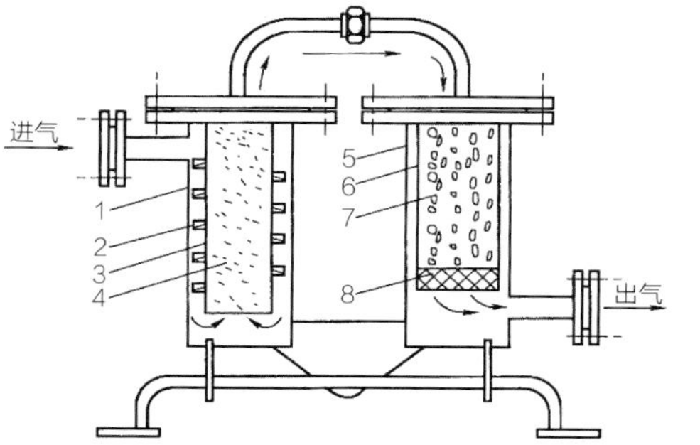

图 6.2-10 空气过滤器流程示意图
1—过滤筒外壳；2—螺旋形导板；3—过滤内芯；4—活性炭；5—干燥筒外壳；6—干燥内芯；7—吸附剂（硅胶）；8—纤维层图

图 6.2-11 是一种较新型空气过滤器的外形图，筒内设置可更换的滤芯，它综合采用机械分离、微孔纤维过滤和微孔介质凝聚生长的原理，以分离和滤除压缩空气中的油、水、尘埃等染物，具有除油效果好、结构紧凑、体积小等优点，广泛应用于食品、轻纺、医药、潜水等行业。

图 6.2-12 是一种常见的分级过滤空气过滤器的结构图，筒内设置可更换的滤芯，左侧图为大流量双滤芯并联结构，右侧图单滤芯结构。压缩空气自进气口进入滤芯内孔，经滤芯多层玻璃纤维布或烧结活性炭过滤后，可有效去除油污、灰分与其他有毒有害气体。该类滤器常采用统一规格滤器壳体，配置不同等级滤芯的方式，将多个滤器串联，以实现多级过滤。常见的

图 6.2-11 JK 系列除油净化器外型图

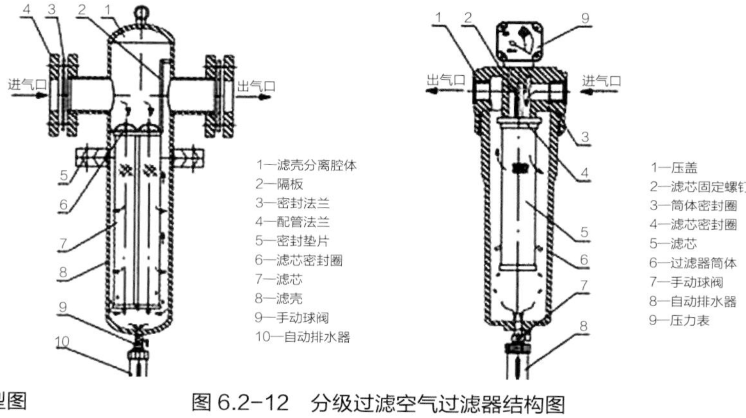

图 6.2-12 分级过滤空气过滤器结构图

有 C、T、A、H 或 Q、P、S、C 等分级方式。各级过滤精度逐渐增加，同时前级对后级起到一定的保护作用。

3. 空气过滤器的使用管理与维护

空气过滤器为钢制压力容器，应按压力容器的有关规定进行管理。

空气过滤器在使用过程中应注意：

（1）使用过程中要定期排泄过滤器内的污物。

（2）定期更换空气过滤内的吸附、过滤材料，分级过滤滤器更换滤芯时应注意滤芯在管路上的安装顺序，以防安装错误。

6.2.6 油水分离器

1. 油水分离器的作用

压缩空气系统的油水分离器也叫作气液分离器，它的作用就是将压缩空气中凝聚的油和水等杂质分离开来，从而使压缩空气得到初步的净化。在此过程中分离出来的油和水会从机器的排污口排放出去。

2. 油水分离器的结构与工作原理

油水分离器通常是通过离心作用和撞击凝聚作用对压缩空气中的液体杂质进行分离。图 6.2-13 所示即为一种常见的油水分离器。其由壳体、内筒、金属网、进 / 出气口及附属件组成。空压机排出的压缩空气经进气口由侧面进入油水分离器，从侧面进入分离器筒体，气流沿着内筒螺旋导板产生螺旋切向运动，由于压缩空气内所含的油水颗粒比重比空气大得多，受到的离心力作用大，被甩向筒壁，沿着筒壁流到底部。然后气流急剧转弯上升，由于气流方向骤然改变和速度下降，使空气中的悬浮状油、水颗粒分离下沉，剩余部分的油、水颗粒在气流上升时被附着到金属丝网上经撞击凝聚成大液滴后下沉，被分离而积聚在筒底的油水经泄放阀排出。经分离后的压缩空气由出气口通往储气瓶。

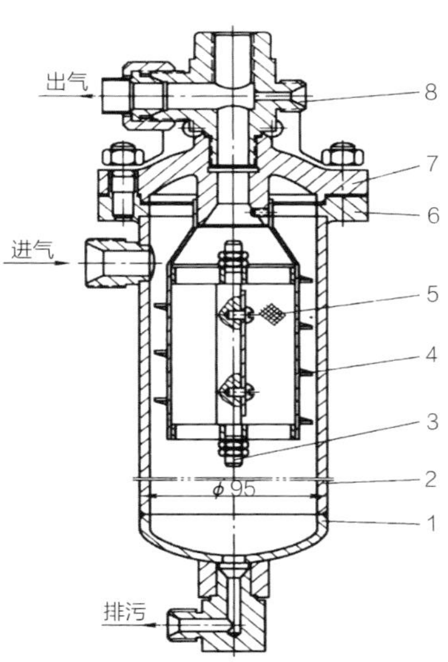

图 6.2-13　油水分离器剖面图
1—底壳；2—外壳；3—芯棒；4—内筒；5—金属丝网；6—接盖座；7—盖；8—四通接头

3. 油水分离器的使用管理与维护

油水分离器在使用时应注意及时泄放残油水，以免油水积累影响分离效果。同时因其为压力容器，故应定期检查维护，以确保使用安全。油水分离器上如安装有压力表时，应依规定定期检验。拆检油水分离器时注意释放压力，以确保内外压力平衡。

6.3 减压舱

减压舱一般是圆柱形或类圆柱形的钢制压力容器，通过输入压缩气体在舱内形成一定的高气压环境，并能控制舱内外的压力差，用以对潜水员进行加压锻炼、水面减压、加压治疗以及各种科学试验。减压舱种类很多，按其主要用途大致可分为甲板减压舱、饱和潜水居住舱、高压氧舱、训练加压舱、模拟潜水或试验加压舱等。其中甲板减压舱（图 6.3-1）最常用，通常是安装在船舶或海上平台上，内陆潜水也同样适用。本节简要介绍甲板减压舱的组成、各部分结构和使用管理要点。

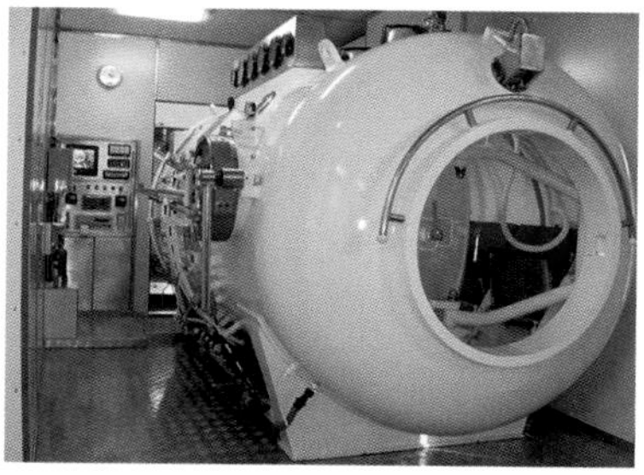

图 6.3-1　箱式移动式甲板减压舱

6.3.1　甲板减压舱系统的组成

甲板减压舱主要由舱体与舱内设施、供气系统、控制面板、舱室压力控制系统、供排氧系统，以及监控、照明、通信、消防及环境监测等相关设施组成。

图 6.3-2 所示为一种常见的箱式移动式甲板减压舱，分隔为两个集装箱，一个装有减压舱本体及控制面板（带有监控显示器、温湿度仪、测氧仪、对讲装置等）；另一个装有气源系统，由空压机、滤器、储气罐、高压气瓶组、管道与阀件等组成。按国家标准《甲板减压舱》GB/T 16560—2011 的规定，用于常规潜水的甲板减压舱属于 Ⅰ 类舱，要求直径不小于 1300mm。

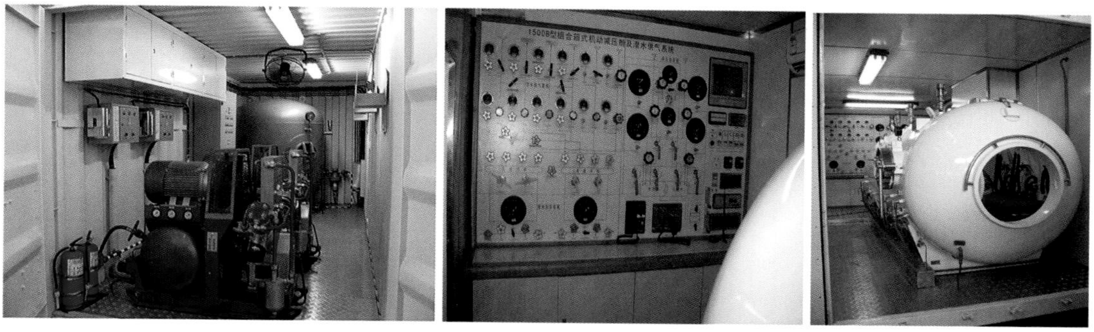

（a）　（b）　（c）

图 6.3-2　箱式减压舱系统布置图

（a）箱式供气系统；（b）控制面板；（c）箱式移动减压舱

6.3.2　甲板减压舱舱体与舱内设施

甲板减压舱的舱室至少有 2 个，即主舱与过渡舱。其中主舱应至少能容纳 2 名人员。

图 6.3-3 所示为一种常见的甲板减压舱，其舱体内被隔壁分成两个独立的舱室，大小不同，大的就是供使用的舱室，即生活舱，也称主舱；小的是供人员在主舱荷压状态下调压后出入生活舱时用，故称过渡舱。

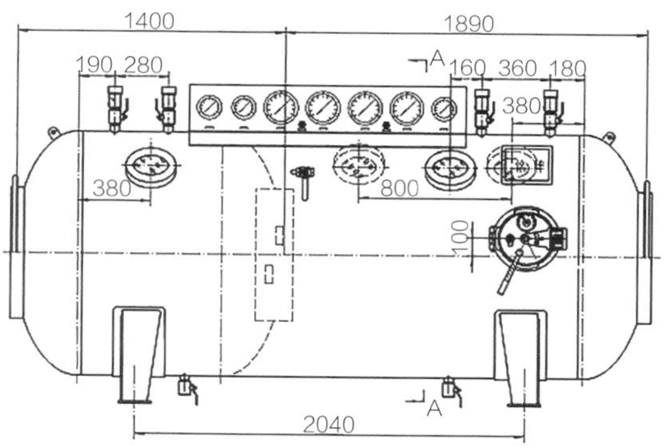

图 6.3-3　甲板减压舱舱体结构图

生活舱比较大，可以避免舱内人员在减压过程中被迫采取不舒服的姿势，为了潜水员的舒适，甲板减压舱的生活舱内应能在地板上铺放床垫，一般应按额定人数铺设床铺，且每个床铺的长度不短于 1.8m。由于人员在过渡舱内正常停留时间很短，因此过渡舱设计的较小，且舱内通常只装有最低限度的设备。两舱之间舱壁上有带平衡阀的管道，用于调压时平衡两舱间微小的气压差。甲板减压舱舱壁上还装有递物筒，当舱室正在使用时，如需内外互相传递较小物件，可经过一定的操作程序，通过递物筒传递。在舱体的两侧装有观察窗，可对舱内人员进行直观监视。在观察窗外也常常装有照明装置和摄像头，用于舱室内的照明与了解舱室内人员状况。生活舱和过渡舱上均应装有安全阀，用于超压保护。甲板减压舱各部分应保证气密，以便能有效控制舱室压力。

6.3.3 供气系统

甲板减压舱内高气压环境的形成是通过压缩气体输入舱内来实现的。空气潜水时所用的压缩气体为压缩空气。甲板减压舱配备的空气供气系统的原理、要求及组成与上一节所述的潜水供气系统基本相同，有些潜水母船上，甚至两者共用一套装置。但当两系统同时工作，必须采取严格的分隔措施，以免互相影响。图 6.3-4 是一个甲板减压舱空气供气系统示意图。

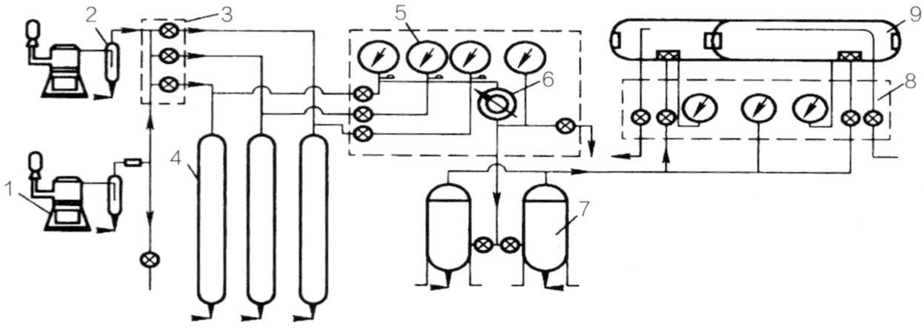

图 6.3-4 甲板减压舱供气系统示意图

1—空气压缩机；2—油水分离器；3—充气控制板；4—储气瓶；5—供气控制板；6—空气减压器；7—空气过滤器；8—减压舱操作台；9—减压舱

6.3.4 控制面板

甲板减压舱的控制面板设于舱的一旁相邻位置，舱内各种工况的操作机构和显示仪表均集中装在控制面板上。围绕减压舱各配套系统，包括供气系统、供氧系统、照明、通信、监控系统、空调设备、温湿度仪表以及测氧仪等均汇集于控制面板上。通过控制面板上集成的各类设施设备，操舱人员在可很好地了解舱内人员状态与舱内气体环境状况，并根据实际需求及时做出调整。

6.3.5 舱室压力控制系统

甲板减压舱是一个人工可控的高气压环境，其气压的控制，主要通过舱室压力控制系统来完成。用于空气潜水减压的Ⅰ类减压舱舱室压力较低，舱室压力调控的次数也较少，故通常采用手动开关甲板减压舱的进排气阀，来实现舱室压力的调节，同时满足空气潜水减压对压力调控的精度要求。

甲板减压舱的舱室压力控制系统除了可调控舱室压力以外，还可用于调控舱内环境的温湿度以及舱内气体组分，以保证在减压过程中，舱内潜水员的舒适与安全。

生活舱和过渡舱各种工况的控制和操作是分开的独立系统。可集中于一个操纵台上集中控制。各种应急装置也都是单独配备，以保证各自操作的独立性。

6.3.6 供排氧系统

当舱压降至可安全用氧的范围时，舱内人员即可吸纯氧，以缩短减压时间。因此，减压舱一般都设有供排氧系统。供排氧系统是由氧气瓶、氧气减压器、供气调节器（呼吸自动调节器）、波纹管、呼吸面罩以及连接它们的输气管路（紫铜管、阀门）等部件所组成。它的供气原理如图 6.3-5 所示，氧气通过操纵台上的减压器减压后送入舱内，再经呼吸自动调节器，通至呼吸面罩供潜水员吸用。为了使用时的安全，呼出氧气应通过排氧装置直接排出舱外。

除上述设备、系统外，甲板减压舱还通常配备有：

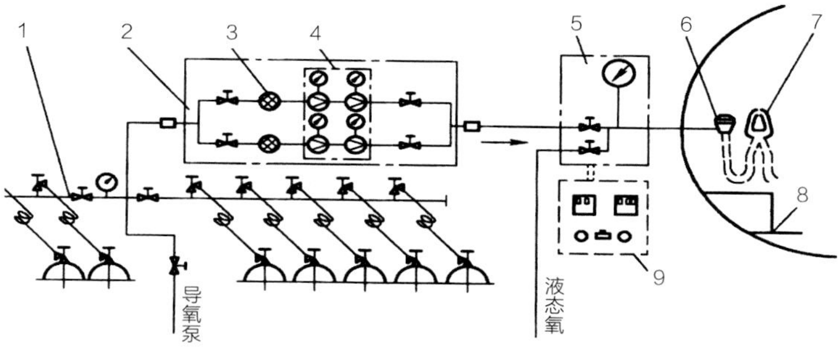

图 6.3-5　甲板减压舱供排氧系统原理图

1—氧气汇流排；2—氧源控制板；3—过滤网；4—氧气减压器；5—减压舱操纵台（供氧部分）；6—供气调节器；7—呼吸面罩；8—减压舱；9—吸氧控制装置；

1. 通信装置

设有对讲电话、电声信号、紧急按钮以及必要时使用的敲击信号锤和敲击信号表（表 6.3-1）。

敲击信号表　　表6.3-1

发向舱内的信号意义	信　号	发向舱外的信号意义
感觉怎样	（·）	感觉很好
不明白，重复一次，继续	（·）（·）	不明白，重复一次，继续
开始减压	（·）（·）（·）	开始减压
开始加压	（·）（·）（·）（·）	开始加压
通风	（··）	通风
改用氧气减压	（··）（··）	改用氧气减压
关好内盖	（···）（···）（···）	关好外盖
外盖已关好	（···）（···）（···）（···）	内盖已关好
警报信号	（·······）	警报信号

注：一点表示敲击一下；括弧表示要间隔。

2. 照明、观察装置

舱顶有照明孔，装有抗压有机玻璃，使外照明光线射入舱内，避免了舱内照明带来的不安全因素，两侧舱壁上有观察窗若干个，供观察舱内人员情况。

3. 空调设备

配设在减压舱内的空调设备与普通室内空调设备要求不同，必须有较高的控制精度，使舱温调节在给定的适宜范围，以利于舱室微小气候的改善和舱内人员的健康，而且要求其性能可靠，具有长时间连续运行的特点，还必须具有耐压、不产生火花、噪声声等特点。

6.3.7 甲板减压舱的使用与维护

甲板减压舱属压力容器，舱内的压缩气体有很大的能量，若处理不好，就有爆炸或突破某个薄弱部位向外喷射的危险；空气被压缩后，其中氧气含量增高，发生火灾的危险性增加。因此必须重视甲板减压舱的安全使用管理，加强防爆和防火措施。

1. 甲板减压舱安全使用管理与维护要点

（1）制定完善的安全管理制度，并贯彻落实。这些规定包括：

1）各部门（包括人员）管理规章。

2）安全操作规程和应急处理程序。

3）相关系统及设备安全管理规定。

（2）操舱人员必须持证上岗，正确操作。

（3）进舱人员必须遵守安全规则。

（4）甲板减压舱的维修应由有资格的单位实施。维修人员须持有《特种作业人员操作证》。

（5）按规定进行定期检验。

2. 主要防爆措施

（1）对加压系统各设备要定期检查、维修和保养，使其经常处于完好备用状态。

（2）高压容器如发现有变形、裂纹、严重锈蚀、检查期已过或有其他可疑现象时，应立即停止使用。

（3）熟悉各耐压设备的工作压力，使用时不得超过这一压力界限，并定期检查、校准安全阀。

（4）经常检查减压舱观察窗和照明窗上有机玻璃有无损伤、裂纹，如发现有明显损伤和裂纹应停止使用，并予以更换。舱内温度不宜过高，以免降低有机玻璃的抗压性能，造成事故。

（5）安装加压系统的房屋之内及其附近，严禁存放易燃、易爆物品。

（6）熟悉操作技术，防止操作差错。

3. 主要防火措施

（1）严禁把火种带进储气瓶室和减压舱内。

（2）减压舱内禁止使用易产生火花的设备和物品，如电源开关、腈纶等化纤衣物、塑料梳子等。

（3）舱内氧浓度应严格控制在 23% 以内，当舱内氧浓度超过规定时，应随时通风换气。

（4）明火作业（电焊等）应远离加压系统所在地。

（5）附近发生火警时，应排空所有气瓶内的气体。

（6）配置必要的灭火器材。

4. 使用氧气的一些安全措施

（1）氧气瓶应该专用，并有明显的颜色和文字标记。

（2）氧气瓶搬运时要做到轻移稳放，不得碰撞。存放时不得靠近热源及易燃易爆物品，一切用氧场合都禁止吸烟和任何明火。

（3）氧气瓶阀及其他高压附件都不得沾染油脂，不得用沾有油脂的手、工具及其他物品（包括衣服）接触氧气瓶阀、接头及附件（减压器、压力表等），以免引起燃烧、爆炸事故。如已沾有油脂，应进行脱脂。

（4）使用时，氧气瓶只能用手或专用工具开关，不得敲击或用力过猛，如瓶阀或减压器冻结，只能用热水温化，不得使用明火或电热器烤。使用时还应注意使瓶内留有剩余压力（不少于 100kPa），不得完全排空，并在瓶上标记“空瓶”，分开存放。

6.4 潜水控制面板

6.4.1 潜水控制面板的结构与作用

潜水控制面板是连接潜水供气系统与潜水装具的一种重要潜水设备。在潜水作业过程中，供气系统所提供的压缩气体接入控制面板，在经过控制面板调节后，按实际作业需求，将持续稳定、清洁无油的压缩气体输送给潜水员使用。潜水控制面板的基本要求如下：作业潜水员主气源和应急气源应为两个独立的气源，一套作为主气源，另一套作为备用气源；待命潜水员主气源和应急气源应为两个独立的气源，其中应急气源可由潜水员主气源代替。其管路原理图如图 6.4-1 所示。

潜水控制面板一般由箱体、阀件、仪表、气路接头、气体管路等部件组成，部分潜水控制面板还集成有通信系统。图 6.4-2（a）为工程潜水作业中常见的一款潜水控制面板，其

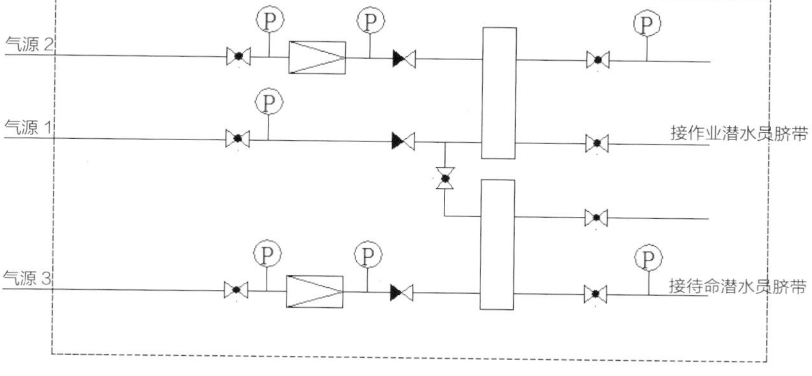

图 6.4-1 潜水控制面板原理图

可接入3路气源，为2名潜水员供气。该控制面板上包括主供气接头1个，带A型夹式与DIN接头的应急高压气源管2条，调压阀1个，气源转换阀1个，气源压力表三个，深度表2个，潜水员供气阀2个，测深阀2个，脐带供气管接头2个，测深管接头2个，2人水下有线对讲电话1台。

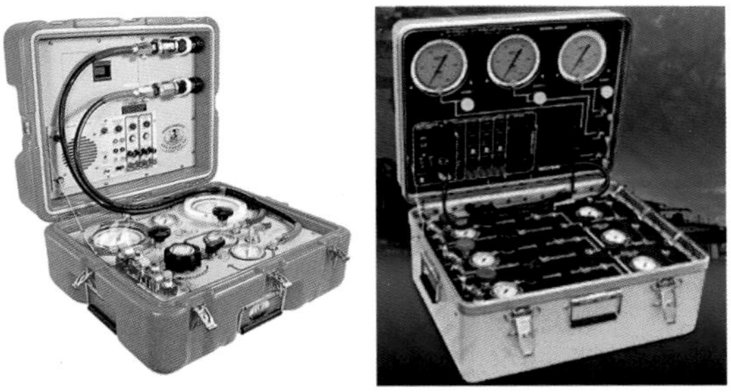

（a）　　（b）

图6.4-2　潜水控制面板

图6.4-2（b）为一款3人面板，其有6路气源接口、调压阀3个，气源转换阀6个，气源压力表6个，深度表3个，潜水员供气阀3个，测深阀3个，脐带供气管接头3个，测深管接头3个，3人水下有线对讲电话1台。可同时为3名潜水员供气，且该面板在供气过程中，各潜水员所用气源可保持独立，避免了潜水员用气流量大的情况下供气压力扰动的问题，可更好地保障供气安全。同时，该面板上各潜水员供气也可通过气源转换阀进行切换，可实现任一气源均可供应同一潜水员，极大提升了供气的可靠性与潜水作业的安全性。

在潜水作业过程中，来自供气系统和高压应急气源的压缩气体通过管路与接头接入控制面板，在控制面板上进行压力调节、压力显示、供气通断控制与气源切换、潜水深度测量与显示，并经由控制面板上的接口被输送至潜水员脐带。

6.4.2　潜水控制面板的使用管理与维护

潜水控制面板是潜水作业过程中的一个重要设备，故在日常管理中应注意：

（1）搬运前锁好箱体，轻拿轻放，以免损坏面板上的各仪表、阀件。

（2）潜水作业使用前注意检查，以便及时发现是否有缺陷或损伤。

（3）布置作业现场时应将潜水控制面板稳固、牢靠放置，必要时可用绳索固定。

（4）连接好供气管路与脐带后，注意检查接口位置是否紧固，切换供气气源并检查主供气与减压后的应急供气压力，检查脐带供气管与测深管供气是否正常，检查试用通信、测深表。

（5）潜水作业过程中确保潜水控制面板操作人员必须坚守岗位，以确保潜水员供气安全。

（6）潜水作业完成后，需在泄放完面板与相关管路内气体后，方可拆除各供气管路与脐带，然后将控制面板上各接口封头盖回。

（7）使用与日常管理过程中应保持潜水控制面板干净整洁，如沾染杂物时可用湿抹布清洁，并注意晾干。脏污严重或接触海水情况下，可用清水冲洗，但需注意避免面板箱体内积水；如有通信系统时，切勿打湿电气结构。

6.5　通信系统

潜水用通信系统是指可用于水面与水下潜水员之间互相传递信息的装置、部件、控制元件及连接电缆等的统称。在潜水作业过程中，可用于传递信息的通信方式多种多样，如拉绳/

管 / 脐带、手语 / 手势、敲击信号、灯光信号，以及各种形式的语音对讲系统、可视对讲系统等。根据国家标准《空气潜水安全要求》GB 26123—2010 的规定，潜水作业用通信系统应采用双向语音式通信装置。按照信号传输媒介的不同，潜水用双向语音式通信装置可分为有线通信装置和无线通信装置。

6.5.1 有线通信装置

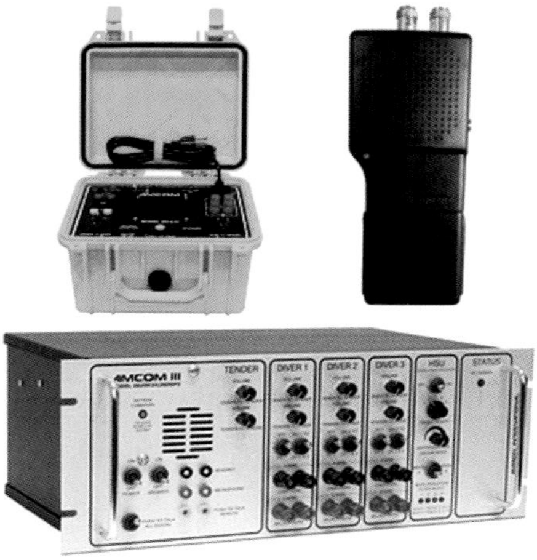

图 6.5-1　通信装置

潜水作业过程中所用双向语音式有线通信装置，又俗称潜水电话、潜水对讲机，如图 6.5-1 所示。该类装置因其通信可靠性好、语音清晰度高特点，在潜水作业过程中使用更为广泛。依照《空气潜水安全要求》GB 26123—2010 的规定，潜水监督与潜水员、待命潜水员之间的通信（SCUBA 潜水时除外）应采用有线通信装置。该类装置通过使用通信电缆来传递数字或模拟电路信号，以实现潜水员与水面照料人员的有效通信，具有通信可靠性好、语音质量高等优点。

有线通信装置通常由通信装置主机、通信电缆与潜水头盔或面罩装具上的耳机、麦克风等组成，其中通信装置主机还可附带配置麦克风、耳机、外接电源等设施，并可将作业过程的语音通信信息经由音频输出接口输出到其他设施设备中。

有线通信装置主机是整个通信系统中的核心单元，其通常由电源、集成电路板、扬声器、控制开关与旋钮以及各类输入输出接口或接线柱构成。在使用时，可将潜水员脐带或供气管上集成的通信电缆的一端接到通信装置主机的接线柱上，通信电缆另一端与潜水头盔或面罩装具上的耳机、麦克风相连接。现阶段，通信电缆的接线方式一般有“两线制”与“四线制”两种，其分别对应与“半双工”与“全双工”两种不同的信号传输方式。在采用“半双工”的信号传输方式即“两线制”接线方法时，音频信号在通信装置主机与副机间的传递方向交替变换，同一时间内，主机或副机仅做接收或发送信号两种工作状态的一种。即主机发送音频信号时，副机只做接收，并通过扬声器播放音频信号；主机做接收时，副机作为发送器可将水下潜水员处的声音实时传递给主机。采用此类工作方式的潜水通信装置主机集成电路较简单，通信电缆可采用两芯线，潜水装具上所附带的水下通信装置副机的扬声器同时用作系统的拾音器。潜水通信系统的“两线制”接法现阶段在潜水作业过程中使用较多，但其通信方式决定了水面工作人员与潜水员发信时无法同时接收对方的声音信号，这就造成在通话时容易出现信息丢失，尤其是水面工作人员无法持续监听水下潜水员呼吸音这一重要的状态信息。采用“全双工”的信号传输方式即“四线制”接线方法的潜水通信装置则可弥补上述缺陷，因为“全双工”的信号传输方式允许通信装置的主机与副机同时工作于“接收”和“发送”两种状态。此时，音频信号可在自主机向副机传输的同时，从副机传输给主机。简单地讲，即水面工作人员和水下作业潜水员均可以在“听”的同时，进行“说”。“全双工”的信号传输方式要求通信装置主机与潜水装具上的通信装置副机在结构上支持该工作方式；同时通信电缆的信道不少于两条，即电缆内部一般为 4 芯。“两线制”与“四线制”通信装置的接法如图 6.5-2 和图 6.5-3 所示。

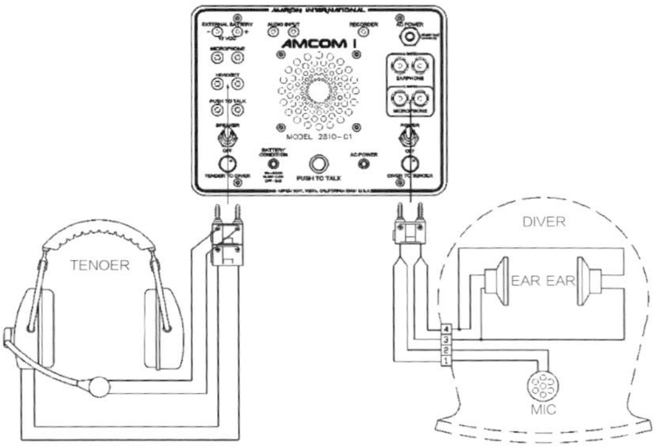

图 6.5-2　两线制接法

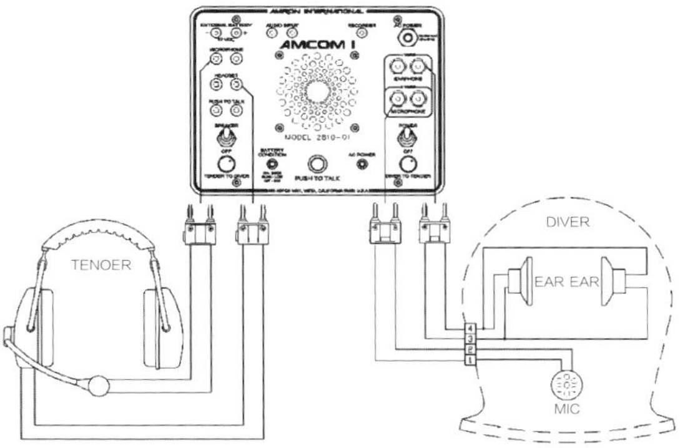

图 6.5-3　四线制接法

按照有无氦语音纠正功能，潜水作业用有线通信系统还可划分为空气潜水通信装置和氦氧潜水通信装置。其中氦氧潜水通信装置带有氦语音矫正功能，用于矫正使用含氦混合气进行潜水作业时所存在的氦语音现象，提高该环境下语音的可辨识度，改善通信状况。图 6.5-4（b）中，最下方的潜水通信装置即为三人氦氧潜水通信装置（氦氧潜水电话）。根据通信装置主机可同时连接的水下潜水员的数量，潜水通信装置还可分为单人通信装置和多人通信装置（两人及以上）。

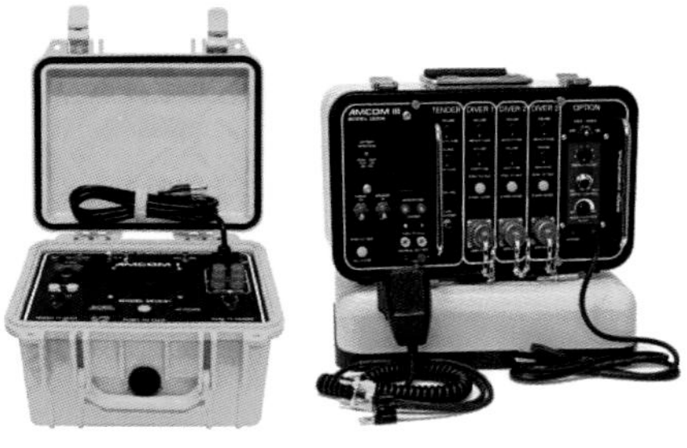
（a）　（b）

图 6.5-4　常见有线通信装置
（a）单人通信装置；（b）多人通信装置

6.5.2　无线通信装置

无线通信装置又称水声电话，多用于自携式潜水，其工作原理类似于常用的无线电话，但又有所不同：无线电话通过天线收发电磁波以实现信息传递，而潜水无线通信装置则通过换能器收发调制后的超声波来传递信息（图 6.5-5）。潜水无线通信系统改变自携式潜水的通信问题，较以往拉信号绳、打手势的信息传递方式有了质的飞跃。通过该类通信系统，自携式潜水员可实现高效的自由通话，提高通信效率，缓解了忧虑与焦躁感，增加了安全感，为潜水作业提供了更好的安全保障。

6.5.3　通信装置的使用管理与维护

（1）通信系统在使用前注意检查充电，确认电量足够；检测系统各装置、部件，确认可正常使用。

（2）通信装置开关机时注意音量开关调至

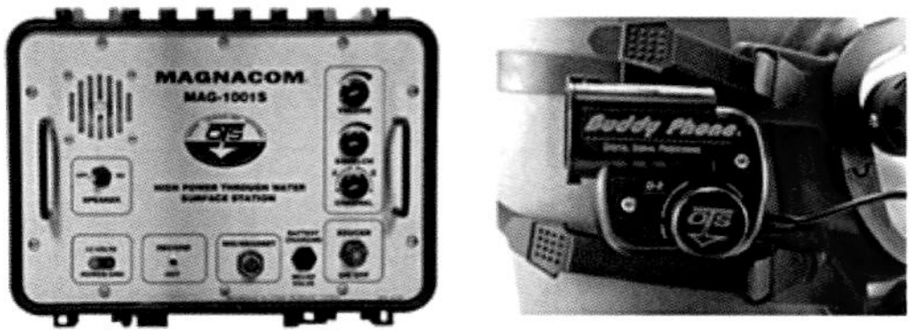

图 6.5-5　无线通信系统

最小为，使用过程中不要进行多次开机关机的动作。

（3）不要自行改变潜水电话的参数设置，以免影响潜水作业通信的正常进行。

（4）使用过程中注意轻拿轻放，避免碰撞；避免短接电池正负极。

（5）系统电源充电应该在 5 ~ 40℃的环境中进行，如果超过此温度范围，电池寿命受到影响，同时有可能充不满额定容量。电池装在通信装置上时可以充电，但最好将其关机，以保证电池充满。充满电后要及时取下使用。如果长期不用会损坏电池，影响电池的使用寿命。同样长期使用，电池要补充电。不充电时，不要把通信装置和电池留在充电器上，以免减短电池寿命。

（6）通信装置不用时应存储于阴凉干燥的地方，尽量避免将其放置在通风不良潮湿处。

（7）通信装置在长期使用后，机体很容易变脏，此时可用中性清洁剂（不要使用强腐蚀性化学药剂）和湿布擦拭机身。

6.6 潜水员入出水装置

潜水作业现场应有供潜水员安全入水和出水的装置，如潜水梯或吊放系统。如果潜水站地面或甲板面的位置与水面间的距离大于 3m，应采用吊放系统供潜水员入出水。采用何种方式入水与出水，还应考虑满足现场援救遇险潜水员的需要。下面介绍空气潜水常用的入出水设备系统。

6.6.1 潜水梯

潜水员出入水的潜水梯，其形式与种类较多，常见的潜水梯通常为经过防腐处理的木质或金属材质的直梯或扶手梯，如图 6.6-1 所示。梯身长度根据所在潜水工作面离水面高度而定，梯身强度较一般梯子大，能承受 2 名潜水员的体重和装具的重量，梯档上下距离约 25 ~ 30cm，宽度约 45cm 左右，有供潜水员扶持的扶手。潜水梯上端固定在潜水工作平台面上，并高出甲板面不小于 1m；下端应能放置水线以下不小于 1m，便于潜水员出水登梯时方便省力。潜水梯一般置放成与垂线成 15° 角，以利于潜水员手抓扶梯登梯时身体角度适宜省力。

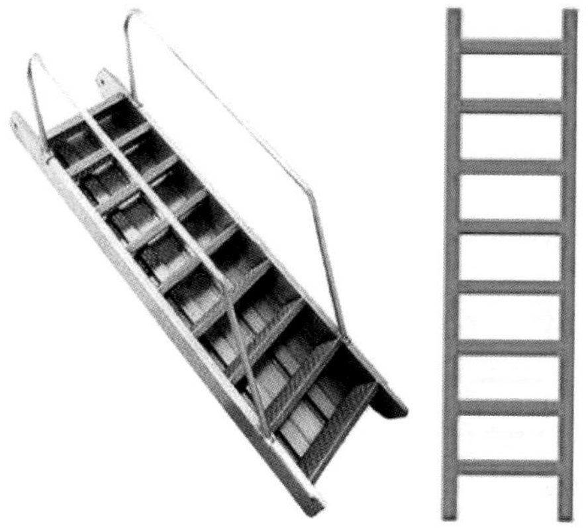

（a）　　（b）

图 6.6-1　潜水梯

（a）潜水直梯；（b）潜水扶手梯

6.6.2 潜水吊笼

潜水吊笼又称减压架，其是一种运送潜水员往返于水面与水下作业地点之间的框架式运载工具（图 6.6-2，图 6.6-3）。潜水吊笼由耐海水腐蚀的不锈钢材料制成，其内部有足够的内部空间，能容纳两名潜水员及其装具，有两只以上应急空气气瓶，其容量能满足营救需

图 6.6-2　潜水吊笼

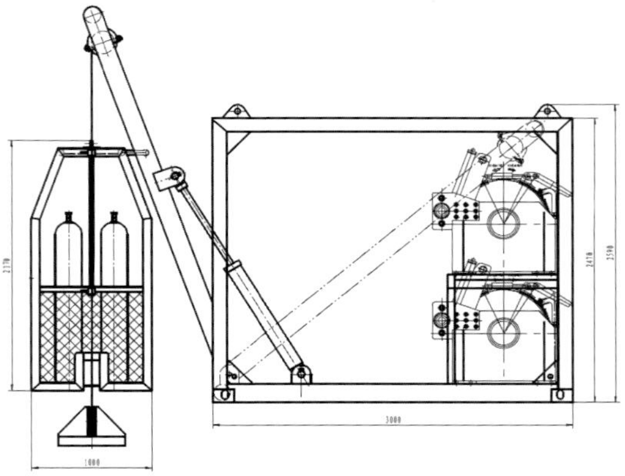

图 6.6-3　潜水吊笼装置

要，有减压器、呼吸器和带球阀的直供式呼吸气体供气软管；潜水吊笼的底部承载面积不少于 0.6m^2/ 人，内部空间高度不低于 1.9m，顶部、底部和 1m 以下周边为可疏水的网栅结构，顶部和底部的单一网孔透光面积不大于 40cm^2。潜水吊笼的内部设有人员扶手及固定失去知觉潜水员的装置。同时还应配有穿系导向钢丝绳的活套。除主吊点外，潜水吊笼还设置有与主吊点等效的备用吊点。

6.6.3　潜水及水下作业入出水吊放装置

潜水及水下作业入出水吊放装置是一种运送潜水员往返于水面与水下作业点之间的吊放装置（图 6.6-4），简称吊放装置。该装置可实现潜水员运载设备上下往返运动，其包括门架、底座、导向装置和吊放绞车等。吊放系统通过与潜水吊笼或潜水钟相配套使用，运载潜水员下潜、上升与水下减压，相当于在水面与工作点之间加装电梯，可减少潜水员的体力消耗，减轻其劳动强度，增加潜水作业的安全性。

图 6.6-4　吊放装置主绞车与动力站

1. 吊放装置的结构

吊放装置应按照中国船级社（CCS）《潜水系统和潜水器入级规范》（2018 年版）和《船舶与海上设施起重设备规范》（2007 年版）的相关要求设计，其主要由门架、底座、主绞车和导向装置等部分构成。

吊放装置的底座上安放有门架、主绞车、动力站，布置有潜水员载运设备和导向装置压重的摆放位置，同时还留有人员操作与维修的空间。底座的工作区域应有可疏水的空栅结构，以避免作业过程中产生积水。此外，非工作状态门架、潜水员运载设备、导向装置压重的固定构件和整个系统的起重吊耳等附属设施也安装在底座上。

吊放装置的主绞车及其动力站是整个吊放装置的核心结构，主绞车的安全工作负荷应大于或等于潜水员运载设备在空气中满载时的质量，并能够在 1.5 倍安全工作负荷下正常工作；主绞车配有主制动装置和备用制动装置，绞车配备离合器时，应有防止离合器意外脱离的保护装置，制动装置应能够在 1.5 倍安全工作负荷的静载和 1.1 倍安全工作负荷的动载情况下有效制动。主绞车的操作手柄或按钮释放时可以自动回到零位，零位应清楚地标识；当操纵杆恢复到零位或按钮释放（绞车失电）时绞车可以自主制动。主绞车卷筒应能够容纳全部钢丝绳；除非使用特殊防护装置，卷筒凸缘应高出最上层钢丝绳不少于 2.5 倍钢丝绳直径。主绞车上还安装有防止异物被绞进机械中的防护装置。绞车的最小吊放线速度不得小于 18m/min。绞车钢丝绳为旋转钢丝绳，其最小破断负荷应不小于相应钢丝绳静载荷的 8 倍；钢丝绳的长度应满足将潜水员运载设备放到最大设计水深时，绞车卷筒上留存量不少于 3 圈。主车动力源可采用：气动、液压和电动方式，应配置两路可切换的动力源，以最大限度地保障潜水作业的安全。

潜水吊放装置的门架也称 A 架或 A 型架，其通过液压伸缩油缸的推动，可实现潜水员运载装置和导向装置在水平方向上的移动。门架为焊接结构，各主要构件厚度应不小于 6.5mm，门架的安全工作负荷应不小于潜水员运载设备在空气中满载荷时的总质量与导向装置压重在空气中总质量之和，在 2 倍安全工作负荷下，架体、销轴应无永久性变形。

导向装置用于控制潜水员运载装置竖直方向移动的轨迹，保证运载装置在下降与提升过程中不会出现大幅的摆动。其由导向压重绞车、压重和导向钢丝绳等组成。导向压重绞车的安全工作负荷，除导向装置压重在空气中的质量外，还应计入在应急情况下将潜水员运载设备一起回收时，潜水员运载设备在水中满载时的质量。导向装置压重具有足够的重量，其在水中时每根导向钢丝绳的张力不小于 2000N；用于闭式潜水钟时，每根导向钢丝绳的张力不小于 10000N。导向钢丝绳为不旋转钢丝绳，其最小破断负荷应不小于相应钢丝绳静载荷的 8 倍；钢丝绳的长度应满足将导向压重放到最大设计水深时，绞车卷筒上留存量不少于 3 圈。导向装置除导向作用外，其还是主绞车的应急备份，其可在主绞车故障时将潜水员运载设备回收至其主吊点露出水面。

2. 吊放装置的使用管理与维护

吊放装置的工作过程贯穿整个潜水作业过程，其能否正常工作将直接影响潜水员与潜水作业的安全。故在日常的使用、管理与维护过程中，应注意以下几点：

（1）启动前准备

1）检查吊放装置门架、框架，确认无异常损坏情况，确认门架上方无异物。

2）检查吊放装置框架上各连接位置轴承润滑情况，确认无异常磨损，必要时使用专用黄油枪对各轴承加注黄油。

3）检查液压系统油缸油位、液压管路和液压泵组，确保液压油位正常，各液压管路无泄漏，外接液压管路球阀关闭，液压泵组无异常。

4）检查液压伸缩缸，确认无异常。

5）检查液压绞车及钢缆，确认绞车无漏油及其他损坏情况，钢缆无断丝无锈蚀，刹车带完好。

6）检查吊放装置操纵手柄，确认将手柄推至任意位置后松开，操纵手柄均能回复至初始位置。

7）系统供电

（2）开机运行

1）合上供电箱内电源开关。

2）按下启动按钮开关，液压泵组运行指示灯亮，检查马达转向，确认无反转，检查液压泵组出口压力表，确认压力正常。

3）液压泵无负载运行 2 ~ 3min 后方可进行潜水员运载装置的施放与回收。

（3）停机

吊放装置回收后，按下停止按钮开关，停液压泵组，关闭电源，在避免淋湿电气与液压结构的情况下，可用清水将底座、门架、载运装置、导向装置冲洗干净。长时间不使用的情况下，可用防水帆布将吊放装置遮盖妥当。

（4）周期性维护

1）每次使用前对主构架和各吊点的外观进行目视检查，不得有严重锈蚀和裂纹。

2）每次使用前或自出厂之日起每 6 个月，对装置各绞车进行 1.25 倍安全载荷的拉力试验，同时检查钢丝绳及刹车系统可靠性。

3）自前次有效期起，每 6 个月委托有资格单位，对装置内的压力表进行校验。

4）自出厂之日起，每年应对装置门架和底座进行测试，对装置各绞车进行功能试验，对绞车钢丝绳取样进行 1 次破断试验，要求破断拉力至少在钢丝绳安全载荷的 8 倍以上。

6.7 电气系统

潜水作业的电气系统主要由电源设备、用电负载及相关线路、电气仪表等构成。电气系统应按照中国船级社（ccs）《潜水系统和潜水器入级规范》（2018 年版）的相关要求设计、建造、安装和试验。

6.7.1 电源设备

常见的潜水作业用电源设备主要有内燃机发电机组、蓄电池、UPS 电源等类型，如图 6.7-1 ~ 图 6.7-3 所示。其中内燃机发电机组一般是柴油发电机组或汽油发电机组。二者在工作原理上有很多相似之处，均是将燃料的化学能最终转换为电能输出，送至各用电负载。相对来说，柴油发电机组采用压燃方式工作，输出功率大，工作可靠性好，经济性好，但较笨重。汽油发电机组轻巧，灵活易搬运，但燃料费用较柴油机组高。

（a） （b）

图 6.7-1 发电机组

（a）柴油发电机组；（b）汽油发电机组

图 6.7-2 蓄电池

图 6.7-3 UPS 电源

潜水作业过程中，蓄电池主要用作各类通

信装置的电源，其类型较多，有可充电的胶体电池、锂电池，也有碱性干电池。

UPS 电源即不间断电源，其一般做为电气系统的一种应急电源接入系统。在系统断电时，UPS 电源可立即逆变输出电能，以确保各类应急照明、通信设施能持续正常工作。

在潜水作业的电气系统中，必须有主电源与备用电源两种，以确保用电安全。其中市电、船电一般可作为主电源，内燃机发电机组做备用电源；在无法接入市电或船电时，也可用 2 台及以上的内燃机发电机组分别做主、备电源。

6.7.2　电气系统的使用管理

随着潜水技术与潜水设备的发展，越来越多的电气设备应用于潜水作业过程中，安全高效地使用好电气设备，是潜水作业安全管理的重要环节。

（1）潜水作业过程中应确保使用符合要求的安全电压。

（2）规范使用熔断器、断路器、漏电保护开关等电路安全装置，定期检查此类设施以确认其安全可靠。

（3）做好各类舱室、用电设备的接地接零保护，定期检查舱室、用电设备外壳的对地电阻，检查电路绝缘电压，以确保用电安全。

（4）每六个月应进行一次外观检查与性能测试，包括电缆的阻抗与连续性测试。

（5）依照维护保养程序，做好电源设备、用电设备的维护保养工作，并留好维护保养记录。

6.8　仪器仪表

潜水作业相关的仪器仪表种类有很多，主要包括用于指示气体与环境压力或者潜水深度的压力表；测量并显示呼吸用气体或减压舱舱室环境气体中各组分浓度的气体检测分析仪器，如测量氧气浓度的测氧仪、测量二氧化碳气体浓度的二氧化碳分析仪等；此外，还有检测减压舱舱室环境的各类温湿度仪、计时器、时钟等。该类仪器仪表主要用于监测并显示潜水作业活动相关的各类参数，以便于潜水作业相关人员了解潜水作业过程的运行状态，并做出准确的判断和操作。

6.8.1　压力表

潜水作业中所涉及的“压力”这一概念，一般是指物理学上的压强，其单位为帕（Pa），经常采用的单位还有兆帕（MPa）、公斤、磅力每平方英寸（PSI）等。按照测量基准的不同，压力有两种表示方式：一种是绝对压力，即以绝对真空为基准，高于绝对真空的压力；另一种是相对压力，即以大气压力作为基准所标示的压力。一般情况下，压力表所显示的表压力 = 相对压力 = 绝对压力 - 大气压力。

空气潜水作业中常用的压力表一般为弹簧管式压力表，用于指示气体或环境压力。其主要由弹簧管、齿轮传动放大机构，指针、刻度盘和外壳等几部分组成，如图 6.8-1 所示。被测压力信号由管接头进入弹簧管的内，弹簧管在压力的作用下扩张变形，从而使弹簧管的自由端产生位移并牵动拉杆带动扇形齿轮偏转，同时中心齿轮带动指针旋转，通过与表盘配合指示压力信号的大小。此外，潜水作业中还有一类特殊的压力表，其面板上的刻度以深度的形式进行标示，且多为精度等级较高的精密压力表，通常称之为深度表。其结构和常见压力表基本相似，仅在面板刻度与精度等级上和一般压力表有所区别。

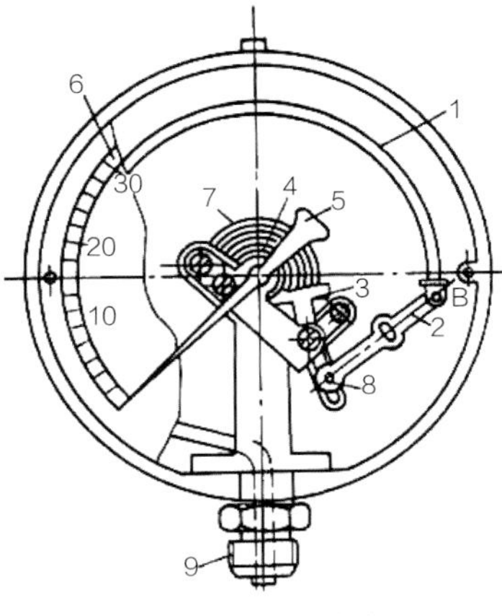

图 6.8-1 压力表
1—弹簧管；2—拉杆；3—扇形齿轮；4—中心齿轮；5—指针；6—面板；7—游丝；8—调整螺钉；9—接头

压力表按其测量精确度，可分为精密压力表、一般压力表。精密压力表的测量精确度等级分别为 0.05 级、0.1 级、0.16 级、0.25 级、0.4 级；一般压力表的测量精确度等级分别为 1.0 级、1.6 级、2.5 级、4.0 级。压力表的精度等级用最大基本误差与压力表量程之比的百分数表示，其反映压力表的指示值与真实值接近的程度。如 0.4 级压力表，表示该表的最大基本误差为满量程的 0.4%。在潜水作业中，精密压力表主要用于指示甲板减压舱的舱室压力与潜水员所处环境的深度，以便作为减压操作的依据。

目前，我国压力表没有统一的型号命名规范，但一些通用规格的仪表型号基本相近。以常用的 Y 系列压力表为例，其代号通常表示为 Y □□ - △△◇◇形式。其中，Y 表示压力表，□内字母则表示该表的型式，如 O 代表氧压力表，B 代表精密压力表，E 表示膜盒压力表等。△为数字，用于表示表盘公称直径，如 50、60、100、150 等，表示相应压力表的表盘直径为 50mm、60mm、100mm、150mm。◇内字母用于描述压力表结构，一般无代号表示径向无边、Z 表示轴向无边、ZQ 表示轴向带前边、T 表示径向带后边等。如代号 YB-150ZQ，表示该压力表为精密压力表，表盘直径 150mm，轴向带前边。

压力表在使用过程中应注意：

（1）压力表的日常维护时应确保压力表外壳、玻璃罩的密封良好；压力表阀门、导压管路、连接件无泄漏，无锈蚀、耐震油位正常无泄漏。压力表指针完好，表盘刻度清晰、齐全、能准确读数。

（2）压力表的安装正常。测稳定压力时，实测范围不能超过全量程的 2/3；测波动压力时，实测范围为全量程的 1/3 到 1/2 左右。

（3）压力表在使用中应定期由计量部门进行检验和标定，外壳有铅封，不能自行拆开压力表进行清洗和加油。

（4）仪表长期使用后，如达不到精度要求时，应及时另换新仪表）不得勉强使用。

（5）氧气压力表严禁测量一切含油成分的气体或液体，否则有爆炸危险。

6.8.2 测氧仪

测氧仪是一类用于检测特定气体中氧气浓度的仪器。其一般由气路、传感器（氧电极）与主机组成。其工作原理如图 6.8-2 所示。

测氧仪根据传感器（氧电极）的种类与检测原理不同，可分为热磁式氧分析仪、磁力机械式氧分析仪、电化学式氧分析仪和氧化锆式氧分析仪等种类。热磁式氧分析仪和电化学式氧分析仪在空气潜水作业中均有使用，以电化学式氧分析仪为例，其传感器（氧电极）工作原理为：

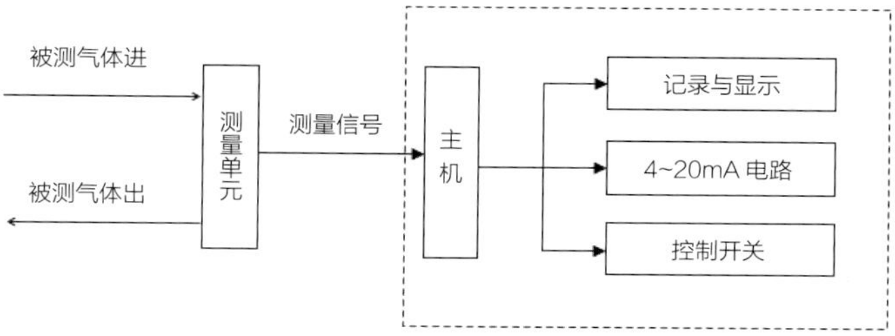

图 6.8-2　测氧仪工作原理图

氧电极包含一个直径为 1mm 铂阴极，阴极包覆于玻璃管中，使阴极和阳极绝缘隔离用环氧固化在阳极一起，阳极为一银圆柱棒。电极的端面为 12μm 厚的聚四氟乙烯薄膜覆盖，用一层薄膜构成一个气体和电解质溶液的隔膜，并用一个圆形硅橡胶环压紧；在电极容腔中盛有 0.5 当量浓度的氯化钾（KCl）电解液。在阴极和阳极之间施加 700mV 的极化电位后，所有扩散到铂阴极的氧立即发生反应。

在阴极反应如下：

$$O_2+2H_2O+4e=4OH^-$$

极谱法氧电极中阳极为银 - 氯化银参比电极，在电解液中参比电极电位必须保持恒定，在阳极反应如下：

$$Ag^++Cl^--e=AgCl$$

在电极电位下，所有到达铂阴极表面的氧被电解耗尽。如果隔膜外空气中有氧含量，则引起浓差扩散，不断地有氧透过膜到达阴极表面，在阴极产生电解电流，此时到达阴极的氧将受氧在膜中扩散系数控制，最后建立平衡，产生一稳定的极限扩散电流；如果隔膜外空气中为绝氧，则没有氧到达阴极，氧的电解电流为零。实验和理论证明极限扩散电流与氧含量呈线性关系，如公式所示：

$$I=KAP_{O_2}$$

式中　K——电极常数，是由氧的扩散系数、扩散层厚及阴极面积决定；

A——氧在膜中的渗透率，与膜材料及厚度等有关，且随温度变化，实验验证结果为正温度系数；

P_{O_2}——氧分压（即氧的体积百分含量）。

测氧仪在使用过程中应注意：

（1）确保传感器在有效期内，并正确安装在主机上。

（2）正确连接气路，在检测过程中，可按测氧仪的使用要求来调节进气量与进气压力。

（3）开机使用时应先进行定标，以确保测量的准确与可靠性。

（4）设定报警值，测氧仪的报警上下限值可按要求设定。

（5）检定，测氧仪在使用一定期限后，可由有资质的计量单位或厂家进行计量检定，以确保测量结果的准确性。

6.8.3 二氧化碳分析仪

二氧化碳分析仪是一种测量并显示特定空间内的二氧化碳浓度的仪器，其工作原理主要有红外吸收法、电化学法、电气法、色谱法等，其中红外吸收法因其灵敏度与精确度高，测量过程中响应速度快，稳定性好等优点，故使用较多。图 6.8-3 为一类红外吸收式二氧化碳分析仪工作原理图。

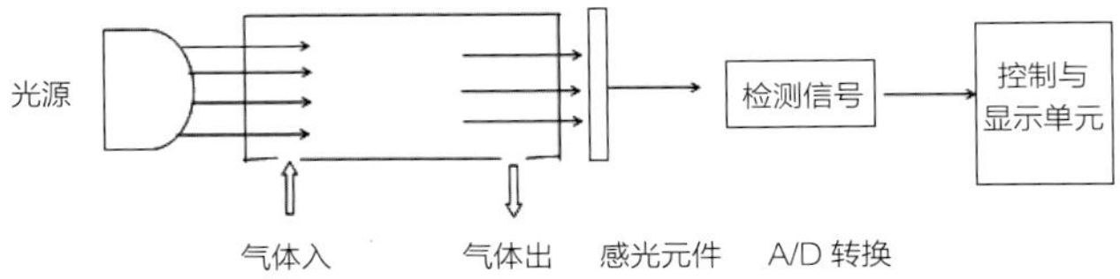

图 6.8-3 红外吸收式二氧化碳分析仪工作原理图

在空气潜水作业过程中，二氧化碳分析仪主要用于测量减压舱内二氧化碳浓度，以便于操舱人员了解舱内气体中二氧化碳浓度，并及时进行通风换气。除此之外，便携式二氧化碳分析仪还可用于测量密闭空间内的二氧化碳浓度，为潜水作业人员判断可否进入该类空间内进行作业提供判断依据。

第 7 章　市政工程有限空间作业安全知识

7.1　概述

有限空间指封闭或部分封闭，进出口较为狭窄有限，与外界相对隔离，自然通风不良，易造成有毒有害、易燃易爆物质积聚或氧含量不足的空间。市政工程有限空间是市政工程建设、地下管道施工维护等领域涉及的有限空间，大多属于地下有限空间。地下有限空间通常包括地下管道、地下室、地下仓库、地下工程、暗沟、隧道、涵洞、地坑、废井、地窖、供排水设施检查井、污水池（井）、沼气池、化粪池、下水道等。

随着我国城市建设快速推进，涉及水、电、气、热、环卫、通信、广电等设施的地下有限空间数量、作业频次和从业人数急剧增加，城市地下管道、密闭和通风不良空间作业过程中，经常发生急性中毒、窒息及燃爆等事故，给人民群众生命财产造成严重损失，地下有限空间安全生产面临巨大的挑战。

地下有限空间作业的危险特性：

1. 气体中毒

比较常见的毒气有硫化氢和一氧化碳，均产生于污水管道、积泥池、污水池等内的腐败物质。

2. 缺氧窒息

作业场所通风不畅或者有沼气、油雾气等，致使空气中氧浓度过低。氧浓度过低也可以是由于正常空气中氧气被消耗或置换的结果。潜水员在氧浓度过低的环境中作业，就可能发生缺氧问题。

3. 爆炸或燃烧

地下有限空间内由于通风不良，可能形成可燃气体、蒸气（乙炔、丙烷、丁烷、天然气、水煤气、碳氢化物等）聚集，浓度过高遇火会引起爆炸或燃烧。

4. 机械伤害或人身伤害

在地下有限空间作业时，有可能会出现高空跌落、涌水、溺水、物体打击、电击、出口或撤离路线受阻、接触极限温度、噪声或烟尘、吞没危险（干散材料、土壤、污泥等）、动物危险（老鼠等）、健康危险（污水中可能存在特定病菌而引起的感染）、行人和交通危险等机械或人身伤害。

尽管安全防范年年讲、安全监管年年抓，但污水井，化粪池、地下室、油罐、窨井、污水泵站等地下有限空间作业的安全事故仍然时有发生。加强地下有限空间作业人员安全培训，充分认识有限空间作业高危险性的认识，提高对有限空间的正确识别、评估、标识，增强作业人员缺乏安全意识和自我保护意识，严格遵守操作规程，是地下有限空间作业安全管理工作的重要基础。

本章将介绍市政工程地下有限空间有毒有害和易燃易爆气体的危害性、气体检测、通风、个人防护、气体中毒应急处置与预防、易燃易爆气体防火防爆与预防等安全知识。

7.2 地下有限空间有毒有害和易燃易爆气体的危害性

城市地下管道是城市建设的基础设施之一，遍布在城市的每个区域。城市污水管道及泵站担负着生活污水、工业废水等的接纳和输送功能，被输送的生活污水、工业废水中间含有有机和无机物质，在密闭的管道厌氧的条件下受微生物的作用会产生各种有毒有害、易燃易爆气体。常见的有毒有害气体，硫化氢、甲烷、一氧化碳及沼气等，当气体达到一定浓度时，会给作业人员造成人身伤害，甚至会发生伤亡事故；常见易燃易爆气体有氢气、一氧化碳、甲烷、乙烯及丙烷等，当气体达到一定浓度时，会给作业工人造成人身伤害，甚至遇到火源时发生爆炸事故。学习和认识其理化性质和危险性，对预防密闭空间气体中毒和防爆有着重要作用。

7.2.1 有毒有害气体

1. 硫化氢（H_2S）

（1）硫化氢的理化性质

硫化氢，分子式为 H_2S，分子量为 34.076，标准状况下是一种易燃的酸性气体，无色，低浓度时有臭鸡蛋气味，浓度极低时便有臭味，有剧毒（LC_{50}=444ppm<500ppm）。其水溶液为氢硫酸。熔点是 -85.5℃，沸点是 -60.4℃，相对密度为（空气 =1）1.19。能溶于水，易溶于醇类、石油溶剂和原油。燃点为 292℃。硫化氢为易燃危化品，与空气混合能形成爆炸性混合物，遇明火、高热能引起燃烧爆炸。硫化氢是一种重要的化学原料，属于 2.1 类易燃气体，2.3 类毒性气体。

颜色与气味：硫化氢是无色、剧毒、酸性气体。有一种特殊的臭鸡蛋味，嗅觉阈值：0.00041ppm，即使是低浓度的硫化氢，也会损伤人的嗅觉。浓度高时反而没有气味（因为高浓度的硫化氢可以麻痹嗅觉神经），因此用鼻子作为检测这种气体的手段是致命的。

相对密度为 1.189（15℃，0.10133MPa）。它存在于地势低的地方，如地坑、地下室里。如果发现处在被告知有硫化氢存在的地方，那么就应立刻采取自我保护措施。只要有可能，都要在上风向、地势较高的地方工作。

爆炸极限：与空气或氧气以适当的比例（4.3% ~ 46%）混合就会爆炸。因此含有硫化氢气体存在的作业现场应配备硫化氢监测仪。

可燃性：完全干燥的硫化氢在室温下不与空气中的氧气发生反应，但点火时能在空气中燃烧，钻井、井下作业放喷时燃烧，燃烧率仅为 86% 左右。硫化氢燃烧时产生蓝色火焰，并产生有毒的二氧化硫气体，二氧化硫气体会损伤人的眼睛和肺。在空气充足时，生成 SO_2 和 H_2O。

（2）硫化氢中毒的发病机制

硫化氢是一种强烈的神经毒物，侵入人体的主要途径是吸入，而且经人体的黏膜吸收比皮肤吸收造成的中毒来得更快。硫化氢对黏膜的局部刺激作用系由接触湿润黏膜后分解形成的硫化钠以及本身的酸性所引起。对机体的全身作用为硫化氢与机体的细胞色素氧化酶及这类酶中的二硫键（-S-S-）作用后，影响细胞色素氧化过程，阻断细胞内呼吸，导致全身性缺氧，由于中枢神经系统对缺氧最敏感，因而首先受到损害。硫化氢作用于血红蛋白，产生硫化血红蛋白而引起化学窒息，是主要的发病机理。

2. 一氧化碳（CO）

（1）一氧化碳（CO）的理化性质

一氧化碳，分子式为 CO，纯品为无色、无臭、无刺激性的气体、分子量 28.01，密度 0.976g/L，冰点为 -207℃，沸点 -190℃。一氧化碳中毒是我国发病的死亡人数最多的急性职业中毒。一氧化碳也是许多国家引起意外中毒致死人数最多的毒物。急性一氧化碳中毒的发生与接触一氧化碳的浓度及时间有关。我国车间空气中一氧化碳的最高容许浓度为 $30mg/m^3$。一氧化碳是市政工程潜水时常遇到的有毒有害气体。

（2）一氧化碳（CO）中毒的发病机制

一氧化碳进入人体之后会和血液中的血红蛋白结合，进而使血红蛋白不能与氧气结合，从而引起机体组织出现缺氧，导致人体窒息死亡，因此一氧化碳具有毒性。

主要发病机制为：CO 中毒引起组织缺氧，CO 与肌球蛋白结合，影响氧从血液弥散到细胞内线粒体，损害线粒体功能；CO 与还原型细胞色素氧化酶结合，影响细胞呼吸；由于中枢神经系统对缺氧极为敏感，CO 中毒时损伤也最为严重，可引起脑水肿、局部血栓形成、缺血坏死、脱髓鞘变性等病变。心脏是第二位易受累器官。

3. 二氧化碳（CO_2）

（1）二氧化碳（CO_2）的理化性质

二氧化碳，分子式为 CO_2，无色无味气体，分子量 44.01，密度 1.977g/L，沸点 -56.5℃，水中溶解度 1.45g/L（25℃，100kPa）。

在国民经济各部门，二氧化碳有着十分广泛的用途。例如：二氧化碳可注入饮料中，增加压力，使饮料中带有气泡，增加饮用时的口感，像汽水、啤酒均为此类的例子。固态的二氧化碳（或干冰）在常温下会气化，吸收大量的热，因此可用在急速的食品冷冻。

在自然界中二氧化碳含量丰富，为大气组成的一部分。二氧化碳也包含在某些天然气或油田伴生气中以及碳酸盐形成的矿石中。大气里含二氧化碳约为 0.03%（体积比），主要由含碳物质燃烧和动物的新陈代谢产生。二氧化碳也是市政工程潜水时常遇到的有毒有害气体。

（2）二氧化碳（CO_2）中毒的发病机制

二氧化碳中毒是长时间处于低浓度二氧化碳环境中或突然进入高浓度二氧化碳环境中引

起。在正常情况下，人体呼出的气体中二氧化碳含量约为 4.2%，血液二氧化碳的分压高于肺泡中二氧化碳的分压，因此，血液中的二氧化碳能弥散于肺泡。但是，如果环境中的二氧化碳浓度增加，则肺泡内的浓度也增加，pH 发生变化，由此刺激呼吸中枢，最终导致呼吸中枢麻痹，使机体发生缺氧窒息。

4. 沼气

（1）沼气的理化性质

沼气是一种混合气体，主要成分为甲烷、二氧化碳、氮、氢、一氧化碳和硫化氢。甲烷是最简单的烃，由一个碳和四个氢原子组成。一些有机物在缺氧情况下分解时所产生的沼气其实就是甲烷。在标准状态下甲烷是无色无味气体，广泛存在于天然气、煤气、沼气、淤泥池塘和密闭的窖井、池塘、煤矿（井）和煤库中。环境空气中所含甲烷浓度高，遇明火易发生爆炸。甲烷对人基本无毒，但浓度过高时，使空气中氧含量明显降低，使人窒息。

（2）沼气中毒的发病机制

沼气一般含甲烷 50% ~ 70%，含二氧化碳 25% ~ 40%，和少量的氮气、氢气、氨气和硫化氢、磷化氢等，沼气中毒具体取决于底物的有机物成分和消化的状态。例如：硫化氢在沼气成分中通常仅占 0.005% ~ 0.08%，当污水中含有大量蛋白质或硫酸盐时，硫化氢的含量会达到 1%；磷化氢在沼气成分中通常痕量存在，当有油麸、骨粉、棉籽饼、磷矿粉、动物尸体等含磷有机物时，含量会明显增高；当 pH<7 时甲烷的产生会受到抑制；当温度从 15 ~ 25℃以下提高到 35 ~ 38℃时产气效率会成倍提高。

甲烷、二氧化碳、氢气、氮气都是无毒性气体，在高浓度下使空气氧分压降低，致使机体动脉血血红蛋白氧饱和度和动脉血氧分压降低，导致组织供氧不足，引起缺氧窒息。若空气中的甲烷含量达到 25% ~ 30%时就会使人发生头痛、头晕、恶心、注意力不集中、动作不协调、乏力、四肢发软等症状。若空气中甲烷含量超过 45% ~ 50%以上时，就会因严重缺氧而出现呼吸困难、心动过速、昏迷以至窒息而死亡。

沼气中的含有的硫化氢是一种神经毒剂，其毒作用的主要靶器是中枢神经系统和呼吸系统，亦可伴有心脏等多器官损害，对毒作用最敏感的组织是脑和黏膜接触部位。吸入的硫化氢进入血液分布至全身，与细胞内线粒体中的细胞色素氧化酶结合，使其失去传递电子的能力，造成细胞缺氧。

氨气对黏膜和皮肤有碱性刺激及腐蚀作用，可造成组织溶解性坏死。高浓度时可引起反射性呼吸停止和心脏停搏。人接触 553mg/m^3 可发生强烈的刺激症状，可耐受 1.25min；3500 ~ 7000mg/m^3 浓度下可立即死亡。磷化氢属高毒类物质，浓度在 1.4 ~ 4.2mg/m^3 时，可闻到特有的气味，10mg/m^3 浓度下接触 6h 有中毒症状，409 ~ 846mg/m^3 浓度下接触 0.5 ~ 1h 可致死。

7.2.2 易燃易爆气体

1. 氢气（H_2）

氢气是无色、无臭的气体，很难液化，液态氢无色透明，极易扩散和渗透，微溶于水，不溶于乙醇、乙醚。自燃温度 500℃，最小点火能 0.019mJ，最大爆炸压力 0.720MPa。氢气的爆炸极限是 4.0% ~ 75.6%（体积浓度），即氢气在空气中的体积浓度在 4.0% ~ 75.6% 之间时，遇火源就会爆炸，而当氢气浓度小于 4.0%或大于 75.6%时，即使遇到火源，也不会爆炸。

氢气常温下性质稳定，在点燃或加热的条件下能多跟许多物质发生化学反应。具有如下特点：

（1）可燃性，发热量为液化石油气的 2.5 倍。在空气中爆炸极限为 4.1% ~ 75.0%（体积）。燃烧时有浅蓝色火焰。

（2）加热时能与多种物质反应，如与活泼非金属生成气态氢化物；与碱金属、钙、铁生成固态氢化物。

（3）还原性，能从氧化物中热还原出中等活泼或不活泼金属粉末。

（4）与有机物中的不饱和化合物可发生加成或还原反应（催化剂，加热条件下）。

2. 甲烷（CH_4）

甲烷 CH_4 是最简单的有机化合物，也是最简单的脂肪族烷烃。自然界中分布很广，是沼气和天然气等的主要成分。甲烷是无色、无味的可燃性气体，微溶于水，性稳定，可被液化和固化。在适当条件下能发生氧化、卤代、热解等反应。燃烧时呈青白色火焰。与空气的混合气体在点燃时会发生爆炸，爆炸极限 5.3% ~ 14.0%（体积），CH_4 气体的爆炸极限随气体组成、惰性气体种类、温度、压力的变化而变化。

甲烷主要是由污水中产甲烷细菌厌氧发酵产生，同时伴随着厌氧发酵的副产物——二氧化碳，在污水管道和生化池中浓度很高，遇到明火极易爆炸。甲烷在通常情况下是稳定的，但很容易与氧化物发生反应，因此，使用中应避免接触下列物质：高氯酸盐（酯）、过氧化物、高锰酸盐、硝酸盐（酯），氯、溴、氟、碘等。

3. 乙烯（C_2H_4）

乙烯 C_2H_4 是一种无色稍有气味的气体，密度为 1.256g/L，比空气的密度略小，难溶于水，易溶于四氯化碳等有机溶剂。

常温下极易被氧化剂氧化。易燃烧，并放出热量，燃烧时火焰明亮，并产生黑烟。与空气混合能形成爆炸性混合物，遇明火、高热或接触氧化剂，有引起燃烧爆炸的危险。乙烯在空气中爆炸范围是 2.7% ~ 36%。乙烯化学性质活泼，容易发生加成反应等，与氟、氯等接触会发生剧烈的化学反应。

4. 丙烷（C_3H_8）

丙烷 C_3H_8，三碳烷烃，通常为气态，相对不溶于水，在低温下容易与水生成固态水合物，引起天然气管道的堵塞。丙烷、丁烷（C_4H_{10}）和少量乙烷的混杂物液化后可用作民用燃料，即液化石油气（LPG）。丙烷可以在充足氧气下燃烧，生成水和二氧化碳。当氧气不充足时，生成水和一氧化碳。

在常压下，丙烷及其混合物快速挥发能造成冻伤。丙烷与空气混合能形成爆炸性混合物，遇热源和明火有燃烧爆炸的危险。丙烷比空气重（大约是空气的 1.5 倍左右），在自然的状态下，丙烷会下落并积聚在地表附近。1 立方英尺的丙烷若完全燃烧能够放出 2500BTU 的热量（每液体加仑 91600BTU）。国际单位制中，1m^3 丙烷的高热值是 50kJ（≈ 13.8kWh）或 101MJ/m^3。

丙烷在空气中的爆炸范围为 5.3% ~ 14%，而在纯氧中的爆炸范围则放大到 5.0% ~ 61%。丙烷的极限氧含量为 12%，若低于极限氧含量，可燃气就不能燃烧爆炸。

7.3 地下有限空间气体检测与通风

7.3.1 概述

气体检测主要是对有限空间内硫化氢、一氧化碳、可燃性气体和氧气含量等气体的测试。气体检测是地下有限空间作业的重要安全措施，是对作业现场进行危险情况及程度确定的最有效的方法。作业前，通过气体检测，可随时了解和掌握井内气体情况及时采取有效的防护措施，杜绝操作人员盲目下井作业而造成中毒事故的发生。因此，正确地配备和使用气体检测设备，正确掌握气体检测的方法，落实检测人员的责任，非常重要。

通风是地下有限空间作业进行安全管控的必要手段之一。由于作业前的管道检查井、闸井、集水池等设施长期处于封闭状态，其内部聚集大量的污泥、污水，并伴有一定浓度的有毒气体或缺少氧气，作业前如不采取通风措施，盲目下井作业，容易造成作业人员中毒窒息事故，因此凡是确定的管道作业项目，作业前应采取自然通风或必要的机械强制通风，有效降低作业井内的有毒气体浓度和提高氧气含量，以达到井下作业气体安全规定的标准，从而为作业人员创造一个安全的作业环境。

7.3.2 气体检测

1. 地下有限空间气体检测要求

（1）地下有限空间作业应严格履行“先检测，后作业”的原则。

（2）作业前，应对地下管道空间及周边环境进行调查和检测，分析管道内可能存在的有毒有害气体，按照氧气、可燃性气体、有毒有害气体的顺序，对地下管道内的气体进行检测。应至少检测硫化氢（H_2S）、一氧化碳（CO）、二氧化碳（CO_2）等气体。

（3）地下管道中有积水、积泥时，应先搅动作业管井内泥水，使气体充分释放，保证测定气体实际浓度。

（4）应对地下有限空间上、中、下不同高度和作业者通过、停留的位置进行检测。

（5）有毒有害气体检测时，检测人员应站在上风口，评估检测、准入检测、监护检测应在管道外进行。地下管道内环境复杂时，作业单位宜委托具有相应资质的单位进行检测。

（6）在作业过程中，气体检测报警系统应全程运行。作业者进入地下管道中，应佩戴移动式或便携式气体检测报警仪；有多名作业者在地下管道中作业时，应至少有一名作业者随身携带气体检测报警仪，进行个体检测。

（7）气体检测人员必须经专项技术培训，具备检测设备操作能力。

（8）应采用专用气体检测设备检测井下气体。

（9）气体检测设备必须按相关规定定期进行检定，检定合格后方可使用。

2. 地下有限空间作业环境要求

（1）地下有限空间作业时，根据《工作场所有害因素接触限值第一部分：化学有害因素》GB/Z 2.1—2019、《城镇排水管道维护安全技术规程》CJJ 6—2009 等有关标准的规定，常见有毒有害、易燃易爆气体的职业接触限值和爆炸范围如表 7.3-1 所示。

常见有毒有害、易燃易爆气体的职业接触限值和爆炸范围 **表7.3-1**

气体名称	相对密度（取空气相对密度为 1）	最高容许浓度（mg/m^3）	时间加权平均容许浓度（mg/m^3）	短时间接触容许浓度（mg/m^3）	爆炸范围（容积百分比 %）	说明
硫化氢	1.19	10	—	—	4.3 ~ 45.5	—
一氧化碳	0.97	—	20	30	12.5 ~ 74.2	非高原
		20	—	—		海拔 2000 ~ 3000m
		15	—	—		海拔高于 3000m
氰化氢	0.94	1	—	—	5.6 ~ 12.8	—
溶剂汽油	3.00 ~ 4.00	—	300	—	1.4 ~ 7.6	—
一氧化氮	1.03	—	15	—	不燃	—
甲烷	0.55	—	—	—	5.0 ~ 15.0	—
苯	2.71	—	6	10	1.45 ~ 8.0	—

注：最高容许浓度指工作地点、在一个工作日内、任何时间有毒化学物质均不应超过的浓度。时间加权平均容许浓度指以时间为权数规定的 8h 工作日、40h 工作周的平均容许接触浓度。短时间接触容许浓度指在遵守时间加权平均容许浓度前提下容许短时间（15min）接触的浓度。

（2）有毒有害气体、蒸气浓度不大于 GBZ 2.1 规定限值的 30%。

（3）有限空间空气中可燃性气体浓度应低于爆炸下限的 10%，否则存在爆炸危险。当进行有限空间的动火作业时，空气中可燃气体的浓度应低于爆炸下限的 1%。

（4）正常时氧含量为 19.5% ~ 23.5%，井下的空气含氧量不得低于 19.5% 和大于 23.5%。

3. 地下有限空间作业环境危害状况判定

可根据气体检测结果，按作业环境危险有害程度，对地下有限空间作业环境进行分级。如北京市《地下有限空间作业安全技术规范》DB 11/852—2019，按危险有害程度由高至低，将地下有限空间作业环境分为 3 级。

（1）符合下列条件之一的环境为 1 级：

1）氧含量小于 19.5% 或大于 23.5%。

2）可燃性气体、蒸气浓度大于爆炸下限（LEL）的 10%。

3）有毒有害气体、蒸气浓度大于 GBZ 2.1 规定的限值。

（2）氧含量为 19.5% ~ 23.5%，且符合下列条件之一的环境为 2 级：

1）可燃性气体、蒸气浓度大于爆炸下限（LEL）的 5% 且不大于爆炸下限（LEL）的 10%。

2）有毒有害气体、蒸气浓度大于 GBZ 2.1 规定限值的 30% 且不大于 GBZ 2.1 规定的限值。

3）作业过程中易发生缺氧，如热力井、燃气井等地下有限空间作业。

4）作业过程中有毒有害或可燃性气体、蒸气浓度可能突然升高，如污水井、化粪池等地下有限空间作业。

（3）符合下列所有条件的环境为 3 级：

1）氧含量为 19.5% ~ 23.5%。

2）可燃性气体、蒸气浓度不大于爆炸下限（LEL）的 5%。

3）有毒有害气体、蒸气浓度不大于 GBZ 2.1 规定限值的 30%。

4）作业过程中各种气体、蒸气浓度值保持稳定。

作业负责人根据气体检测的数据，依据该上述标准对地下有限空间作业环境危险有害程度进行分级。在作业前准备及作业过程中依据不同界别采取不同安全措施，3 级环境可实施作业；2 级和 1 级环境应进行机械通风。

4. 气体检测设备

气体检测仪的种类很多，如按照安装方式可分为固定安装式与便携式气体检测仪；按照所检测气体种类可分为毒性气体 Cl_2、CO、H_2S、NO_X 等，可燃性气体 CH_4、H_2、C_2H_2 烷烃类碳氢化合物等，以及 O_2、CO_2 等常见气体组分；按照检测仪的使用场所要求可分为防爆型和常规型气体检测仪；按照气体检测仪采样方式可分为扩散式和泵吸式气体检测仪；按照传感器的工作原理可分为催化燃烧式、电化学式、红外式、光电离式、半导体式气体检仪。

地下管道作业时所用的气体检测仪一般为复合式（四合一）的，即 H_2S、CO、O_2、可燃性气体和单一式的，即：H_2S、O_2、CO、可燃性气体等，一般为便携式气体检测仪，且因地下管道作业的环境多有积累有毒有害、易燃易爆气体的风险，所以要求选用本质安全型（防爆型式 ia 或 ib 型）、泵吸式气体检测仪。此外，通过在一台检测主机上选配多个传感器，以用于检测多种气体成分。现阶段，便携式的气体检测仪一般具有使用方便、响应速度快、测量精度高、测量稳定性和重复性好等特点。图 7.3-1 所示即为一种便携式气体检测仪，该检测仪可用于对作业空间内的 O_2、CO、可燃气体、H_2S、等组分进行检测。

便携式气体检测仪一般由主机、传感器、电源、声光报警与显示模块、控制按键以及采样气路等部分组成，在进行气体检测时，采样气路将待测环境内的气体输送至各传感器处进行检测，各气体传感器将所测得的信号送至主机并由主机内电路输出至声光报警与显示模块进行显示，并根据检测仪设定的各报警参数控制声光报警显示。

便携式气体检测仪的使用注意事项主要有以下几个方面。

（1）在使用仪器前，应仔细阅读产品使用说明书，了解仪器的开 / 关机方法、各显示参数与声光报警的含义、控制按键的作用、检测仪各参数的设定方式、开机校准与气体标定方式等操作。

（2）在使用时应注意：

1）严禁在现场带电开盖操作，严禁带电更换传感器。

2）检定检查应定期进行，超过有效期和有故障的传感器应及时更换。

3）严禁用高于测量量程的气体冲击传感器。

4）防止仪器从高处跌落或受到剧烈震动冲击。

5）严禁在高浓度腐蚀性气体环境下长时间工作，以防损坏传感器。

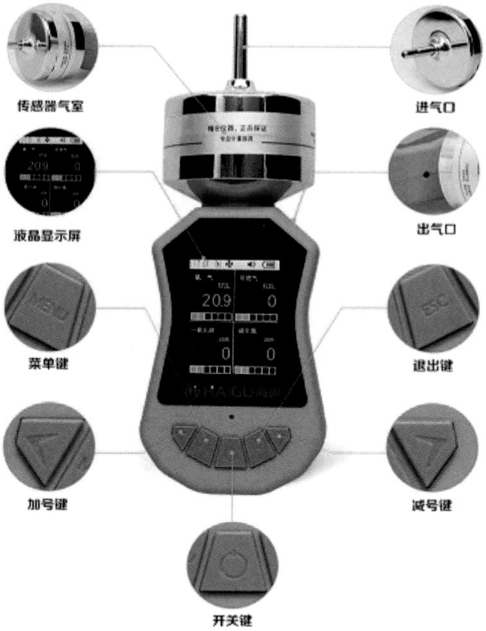

图 7.3-1　四合一气体检测仪

6）严禁在高温环境下使用，如使用环境湿度较大，可加配过滤除湿装置，以免影响测量度。

（3）在测量完成后应注意清洁机体，保持仪器整洁，并视情况对仪器进行充电。存放时应将仪器放置于阴凉的洁净环境中。

7.3.3　通风

1. 地下有限空间通风的要求

（1）作业环境存在爆炸危险的，应使用防爆型通风设备。

（2）井下作业前，应开启作业井盖和其上下游井盖进行自然通风，且通风时间不应小于 30min。

（3）当排水管道经过自然通风后，井下有毒有害气体浓度仍不符合有限空间作业环境要求，且井下的空气含氧量低于 19.5% 时，应进行机械通风。

（4）管道内机械通风的平均风速不应小于 0.8m/s，出风口应放在作业面，保护有效通风。

（5）有毒有害、易燃易爆气体浓度变化较大的作业场所应连续进行机械通风。

（6）通风后，井下的含氧量及有毒有害、易燃易爆气体浓度必须符合有限空间作业环境要求。

2. 通风机

在市政工程潜水作业时，通风机用于作业空间内的通风与环境气体的排送，以避免有毒有害、易燃易爆气体积累，确保作业安全。

通风机按照气体的流动方向，可分为离心式通风机、轴流式通风机、混流式通风机、横流式通风机等类型如图 7-3-2 所示。

（a）　（b）　（c）　（d）

图 7.3-2　通风机
（a）离心式；（b）轴流式；（c）混流式；（d）横流式

通风机一般由叶轮、电机、机壳等部分组成，气体通过叶轮的驱动获取能量，经由排出口输送至用风场所。其中离心式通风机的风压较大，但流量较轴流式通风机小。而混流式通风机的风压较轴流式通风机大，流量比离心式通风机大。市政工程潜水作业中，轴流式通风机因结构简单、工作可靠、价格低廉、轻便易携带等特点，故使用较多；此外，离心式风机和混流式风机也有使用；因市政工程潜水作业环境存在易燃易爆气体风险，故该类通风机需选用本质安全型。

通风机的使用注意事项：

（1）通风机在使用前应先通电试启动，以确定风机的旋转方向应与风机铭牌上所注旋向保持一致。

（2）使用时注意将通风机安放牢固，以免风机启动时发生移位。

（3）随时检查通风机的运转情况，如发现不正常的现象，如出现异响、振动等情况应及时查明原因，进行停机检修。

（4）根据使用情况及时清除风机及管道内部的粉尘、污垢等杂质，以防止锈蚀。

（5）风机所用的润滑油应该定期更换，特别是每次拆修后。

（6）建立必要的管理制度，制定出安全操作规程，制定设备保养细则。通风机的日常检修应有专人负责，并做好日常维护保养记录。

7.4　地下有限空间作业个人防护

7.4.1　概述

城市地下封闭的有限空间，特别是排水管线中容易积累硫化氢、一氧化碳、沼气等有毒有害、易燃易爆气体；同时，这些场所同样存在通风不良、缺氧的情况，经常发生急性中毒、窒息等死亡事故。另外，管线井下作业一般都在距地面 2m 以下，属于高空作业范畴，应选择适合管道作业救援要求的安全带。为确保地下有限空间作业安全，在进入该类空间进行作业时，除进行严格气体测试和通风换气外，还要做好个人防护，视情况需要配备防毒面具、长管呼吸器、空气呼吸器及安全带等个人防护用品。

7.4.2 地下有限空间作业个人防护要求

根据《缺氧危险作业安全规程》GB 8958—2006、《城镇排水管道维护安全技术规程》CJJ 6—2009 及《城镇排水管渠与泵站运行、维护及安全技术规程》CJJ 68—2016 等标准的规定，地下有限空间作业的个人防护用品的配备要求如下：

（1）地下有限空间作业时，作业人员进入不存在缺氧窒息、中毒、爆炸危险的环境（相当于 DB11/ 852 规定的 3 级环境），尽可能携带隔绝式空气呼吸器以备急用；对由于防爆、防氧化不能采用通风换气措施或受作业环境限制不易充分通风换气的场所（达不到 DB11/ 852 规定的 3 级环境），作业人员时进入时必须佩戴并使用空气呼吸器或软管面具等隔绝式呼吸保护器具。不应使用过滤式防毒面具和半隔绝式防毒面具以及氧气呼吸设备。因为过滤式呼吸防护用品具有单一性，即每一种过滤式呼吸器只能过滤一种有毒有害气体，然而排水管道中水质复杂，容易产生多种有毒有害气体，如硫化氢、一氧化碳、氰化氨、有机气体等，很难保证井下作业人员的安全，所以根据标准规定在高危环境中作业不应使用过滤式呼吸防护用品。

（2）潜水作业时应穿戴隔绝式潜水防护服。市政管道潜水作业大多数在污染水域实施时，应穿戴专用防污染衣服和手套，尽量避免直接接触污染源。

（3）排水管道维护井下作业时，作业人员应佩戴供压缩空气的隔离式防护装具、安全带、安全绳、安全帽等防护用品。

（4）作业现场应配备至少 1 套正压式隔绝式呼吸防护用品和 1 套全身式安全带作为应急救援设备。

（5）安全带、安全帽应符合相关现行国家标准的规定，应具备国家安全和质检部门颁发的安鉴证和合格证，并应定期进行检验。安全带应采用悬挂双背带式安全带，使用频繁的安全带应经常进行外观检查，发现异常立即更换。

（6）防护设备必须按相关规定定期进行维护检查。严禁使用质量不合格的防毒和防护设备。同时，防护设备长期在恶劣的环境中使用，容易出现老化、损坏，降低防护功能，所以要定期进行维护检查，确保设备的安全有效使用。

（7）夏季作业现场应配置防晒及防暑降温药品和物品。另外，因夏季天气闷热，气压低，井下有毒气体挥发性高，井下作业现场一般在路面上，四周无任何遮阳设施，长时间作业人员容易出现中暑现象，因此要尽量避免暑期井下作业项目，如必须作业，要合理安排好作业时间，作业现场要配置防晒伞，既保证作业人员的防晒、防止中暑，又起到路面作业明显的警示作用。

（8）维护作业时配备的皮叉、防护服、防护鞋、手套等防护用品应及时检查、定期更换。

7.4.3 个人防护设备和用品

1. 隔绝式空气呼吸器

隔绝式呼吸器是一种为作业人员提供呼吸空气的隔绝式呼吸防护装备，由于使用长管输送空气，通常称为长管呼吸器。当作业人员所处环境内空气不适宜呼吸时，使用长管呼吸器，可将正常环境内、符合呼吸质量要求的空气，通过供气管输送至作业人员面罩内，供作业人员呼吸使用，其包括自吸式长管呼吸器、连续送风式长管呼吸器和高压送风式长管呼吸器三种。其中连续送风式长管呼吸器和高压送风式长管呼吸器的工作原理类似于通风式潜水装具。

自吸式长管呼吸器靠佩戴者自主呼吸外界清洁空气，不适于地下有限空间作业使用，故本节所指长管呼吸器均指连续送风式长管呼吸器和高压送风式长管呼吸器，属正压式隔绝式呼吸器。

连续送风式长管呼吸器和高压送风式长管呼吸器一般由移动式供气源、供气管和面罩组成。其中移动式供气源有电动送风机或空压机（连续送风式长管呼吸器，图 7.4-1）与压缩空气或高压气瓶组（高压送风式长管呼吸器，图 7.4-2）两种形式。在工作时，如使用电动送风机或空压机为供气源，其需放置于通风良好、空气质量符合要求的正常环境内，同时通过电动风机上附带的，或者系统内独立配置的过滤设施对所输送的空气进行净化处理，以保证气源气体的安全；如以高压气瓶组做供气源，则需切实注意气瓶组余压、作业人员作业与返程时间。

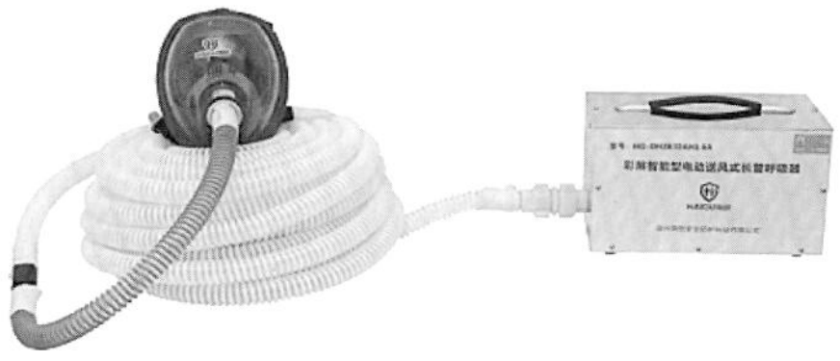

图 7.4-1　连续送风式长管呼吸器

图 7.4-2　高压送风式长管呼吸器

长管呼吸器的面罩包括半面罩和全面罩两种，因全面罩的防护性能比半面罩的要好，故一般使用全面罩的较多。在使用过程中，由气源经供气管输送而来的清洁空气，可在面罩内形成一个局部的正压区域，供作业人员呼吸使用，同时还可以防止有毒有害气体的侵入；面罩上有单向排气阀，用于将作业人员呼出的气体排出面罩，同时可防止气体倒流，以保障呼吸使用安全。

长管呼吸器在使用时应注意：

（1）使用前应对设备各组成部分进行检查，确保设备整体干净整洁可用；检查确认供气管是无龟裂、气泡、压扁、弯折、漏气或连接部位松脱不气密等情况；检查面罩面窗、密封圈、固定带、排气阀等部件，以确保各部件无老化破损现象；检查面罩的气密性，检查时可先将面罩佩戴好，注意不要将头发等杂物压在面罩硅胶密封圈与面部之间，以确保二者贴合紧密，然后用手将面罩呼吸阀处紧密堵住，吸气或呼气简易检测一下面罩的气密性，如感觉面罩无漏气现象，则证明气密性良好。

（2）安装设备的使用要求，连接好移动气源、供气管与面罩，开机检查系统气密性，并调整供气流量适合呼吸使用。

（3）使用过程中需切实注意气源状态，以保证系统可以可靠、连续供气，如有异常，应立即通知人员撤离作业场所至完全环境。

（4）使用完成后人员撤出至安全环境时，方可脱下面罩，然后停止供气，并将设备清洁整理后收放整齐。

（5）送风机在每次使用后应查看整机运行状态是否完好，以便检查后备用。

（6）整机应储存在干燥通风、无腐蚀性气体环境中。

（7）为保证送风机蓄电池可以长久高效使用，使用前应将蓄电池电量充满，并避免一次性将蓄电池电量用至最低，否则将大幅缩短电池寿命；长时间不使用的情况下，应保证每月为蓄电池正常充电一次，以避免蓄电池在亏电状态下长期存放。

2. 便携式空气呼吸器

便携式空气呼吸器是一种压缩空气瓶和隔绝式面具随身佩戴，可进入存在有毒有害气体风险的密闭空间进行检查、搜救的正压式隔绝式呼吸器（图 7.4-3）。该呼吸器利用面罩与佩戴者面部周边密合，使佩戴者呼吸器官、眼睛和面部与外界环境完全隔离，具有自带压缩空气源供给佩戴者呼吸所用的洁净空气，呼出的气体直接排入大气中，任一呼吸循环过程，面罩内的压力均大于大气环境压力，故亦称为正压式隔绝式空气呼吸器。由于供气量最多只能维持时间有限（一般为 50min），故一般在短时间内井下检查和突发事故应急救援中使用。

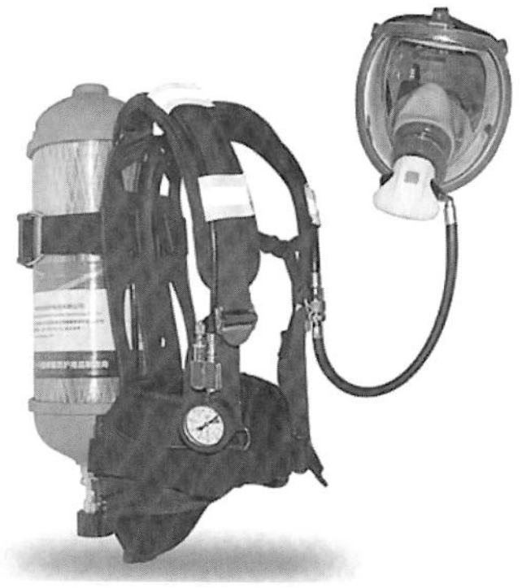

图 7.4-3　正压式空气呼吸器

（1）便携式空气呼吸器的结构组成

便携式空气呼吸器的基本组成部分一般包括全面罩、减压总成、高压气瓶、背具、供气阀等。

1）高压气瓶。便携式空气呼吸器的高压气瓶用于储存供呼吸使用的洁净压缩空气，一般有钢瓶、碳纤维复合气瓶等型式，气瓶容积有 2.4L、3L、4.7L、6.8L、9L、12L 等类型，额定工作压力为 30MPa。

2）全面罩。便携式空气呼吸器的全面罩上附有硅胶 /TPE 材料制作而成面部密封圈，可与面部贴合柔韧、舒适、视野开阔；由聚碳酸酯材料注塑而成的面窗，为佩戴者提供清晰的视觉效果。面窗前部的接口可与供气阀快速连接，头罩呈网状，以四点支撑方式与面窗连接，宽紧带可调节面罩佩戴松紧，面窗内的语音振膜可使佩戴者有清晰的通信效果。全面罩内有呼气阀，将呼出气体排入大气中。全面罩上装有系带和系带夹子，能使佩戴者脸部与双片状密封环相贴合，保护安全可靠的气密性。

3）背具。便携式空气呼吸器的背具由背托、左右腰带、左右肩带、气瓶、固定架组四部分组成。背托是背具的基础部件，它的框架和固定装置是用不锈钢材料焊接而成，因此强度好、承接能力强。外部是采用橡塑材料制成，着装时直接与人体背部接触，柔软舒适。背托设计时根据人体背部生理特征，使装具的重量主要分布在臀部，从而增强佩戴者肩臂的活动能力。左右腰带与肩带可自由调节松紧。气瓶固定架组由支架、调整带、锁紧扣组成。支架和锁紧扣采用轻质碳纤维注塑而成，锁紧扣设有自锁装置，锁紧牢固。

4）减压总成。减压总成主要由减压器、中压管、高压管、报警哨和压力表五部分组成。减压器可将气瓶内的 30MPa 高压空气减压至 0.5 ~ 0.8MPa，减压器内安装有中压安全阀，万一减压器失灵，可自动排气，保证使用人员的安全，减压器上还具有安装他救接口的备用螺孔。中压管采用阻燃、耐压橡胶制作，其一端连接供气阀，一端连接减压器接口，中间设有一对快速接口，便于供气阀的连接与拆卸。高压管设计结合前置报警系统，高压管内置，且配置安全泄漏孔。减压总成上连接有压力表，用于指示气瓶压力。当气瓶内消耗空气至 4 ~ 6MPa 时，减压总成上的报警器就会发出不低于 90dB 的报警声，以提醒使用者气瓶内最多还有 16% 的空气。

5）供气阀。其出气端与全面罩相连，进气端与中压导管相连。供气阀能使使用者提供大于 300L/min 的空气流量。吸气时大膜片向下移动，压下开启摇杆，从而打开活塞，提供气流。供气阀内有一供气调节阀门，通过膜片往复运动控制，可根据佩戴者的吸气量把空气供给佩戴者。

（2）使用前检查

便携式空气呼吸器在使用前需进行认真检查，以确保呼吸器的使用安全。具体检查内容包括以下几个方面：

1）检查确认便携式空气呼吸器整体结构完好，各基本组成部分无破损、老化或其他故障。

2）检查气瓶压力，检查气瓶阀与减压器的连接是否牢固。

3）检查、清洁并确认全面罩的镜片、系带、系环密封、呼气阀、吸气阀是否完好，和供气阀的连接是否牢固；检查供气阀的动作是否灵活，与中压导管的连接是否牢固。

4）检查背具是否完好无损，左右肩带、左右腰带缝合线是否断裂。

5）打开瓶头阀，随着管路、减压系统中压力的上升，会听到气源余压报警器发出的短促声音；瓶头阀完全打开后，检查气瓶内的压力应在 28 ~ 30MPa 范围内。

6）检查整机的气密性，打开瓶头阀 2min 后关闭瓶头阀，观察压力表的示值 1min 内的压力下降不超过 2MPa。

7）检查全面罩和供气阀的匹配情况，关闭供气阀的进气阀门，佩戴好全面罩吸气，供气阀的进气阀门应自动开启。

（3）安装与佩戴方法

以某型便携式空气呼吸器为例，其安装与佩戴方法如下：

1）安装方法

①将背板背带组平放，使气瓶阀门对准减压器阀门，逆时针拧紧使其连接紧固。

②按住面罩卡口按钮，使供气阀与面罩紧密连接。

③将减压总成中压管末端与供气阀快速接头连接，连接之后检查是否密合紧固。

2）佩戴方法

①背起组装完整的空气呼吸器，调节背带长度至合适位置。

②扣上腰带卡口，调节腰带长度至合适位置。

③戴上面具，调节头套松紧至面罩与脸部紧密贴合。

④将气瓶开关阀门打开，逆时针拧动三圈以上，深吸一口气，呼吸畅通后方可进入作业区。

3）脱卸方法

①将气瓶开关阀门顺时针拧动直至完全闭合。

②按住供气阀底部，将供气阀中残余空气排出。

注意：一旦听到报警声，应立即结束在危险区作业，并尽快离开。压力表固定在空气呼吸器的肩带处，随时可以观察压力表示值来判断气瓶内的剩余空气。拔开快速接头要等瓶头阀关闭后，管路的剩余空气释放完，再拔开快速接头。

（4）日常维护与管理

1）气瓶避免碰撞、划伤和敲击，应避免高温烘烤和高寒冷冻及阳光下暴晒；气瓶要按气瓶上规定的标记日期使用，定期进行检验，每三年进行一次水压试验检验，合格后方可使用。

2）气瓶内的空气不能全部用尽，应留有不小于 0.05MPa 的剩余压力，以免外界气体进入气瓶内部。

3）瓶头阀拆下维修后重新装上气瓶时，要经过 28 ~ 30MPa 的气密性检验，合格后方可使用。

4）减压总成在使用过程中不要随意拆卸。当安全阀漏气时，应对减压总成的安全阀进行重新检验。

5）空气呼吸器不使用时，全面罩应放置在包装箱内，存放时不能处于受压状态。应存放在清洁、干燥的仓库内，不能受到阳光暴晒和有毒气体及灰尘的侵蚀。

6）一般情况下严禁拆卸供气阀。出现故障维修时，按原样装好，检验合格后方可使用。

7）空气呼吸器成品和零部件应存放于阴凉干净处，保管室内的温度应保持在 5 ~ 30℃，相对湿度 40% ~ 80%，空气呼吸器距离取暖不小于 1.5m，空气中不应含有腐蚀性的酸、碱性气体的烟雾；避免曝光直接照射，以免橡胶老化；存放场所严禁油污，以免沾染呼吸器。

8）空气呼吸器上各橡胶件长期不使用应涂上一层滑石粉，使用前用清水洗净，这样可防止老化，增长使用寿命。

7.4.4 安全带

井下作业一般都在距地面 2m 以下，属于高空作业范畴，安全带应选择悬挂式安全带；同时由于井下作业空间有限，作业人员进出需要伸直躯体，双背带式安全带受力点在背后，使用时可以将人伸直拉出；另外悬挂双背带式安全带配有背带、胸带、腿带，可以将拉力分解至肩、腰和双腿，避免将作业人员拉伤。基于以上原因安全带应采用悬挂双背带式安全带。

安全带中包括安全绳，并应同时使用，安全带和安全绳材料、技术要求符合《安全带》GB 6095—2009 的相关规定。安全带使用期为（3 ~ 5）年，发现异常应提前报废。

7.5 地下有限空间安全作业程序

地下有限空间作业是市政工程中的高危作业，事故发生率较高。为保障进入有限空间作业人员的安全和健康，防止缺氧窒息、有毒气体中毒等事故的发生，应建立有地下有限空间安全作业程序，并有效执行。

7.5.1 基本安全规定

（1）作业负责人、监护人员和作业人员应经地下有限空间作业安全生产教育和培训合格。每年还应至少组织 1 次地下有限空间作业安全再培训和考核，并做好记录。

（2）作业单位应建立本单位地下有限空间作业安全生产责任制、安全生产规章制度和操作规程。

（3）作业单位应制定地下有限空间作业安全生产事故应急救援预案。一旦发生事故，作业负责人应立即启动应急救援预案。

（4）作业单位应配备足够的救援设施，包括救援设备、通风设备和呼吸装置等。完善作业条件和配备检测、检验设备，包括氧气、有害气体检测设备。

（5）作业单位应按规定为作业人员配备符合国家标准或行业标准的个人劳动防护用品。

（6）作业单位应实施地下有限空间作业内部审批制度，审批文件应存档备案。审批文件内容应至少包括：

1）地下有限空间作业内容、作业地点、作业单位名称、管理单位名称、作业时间、作业相关人员。

2）地下有限空间气体检测数据。

3）主要安全防护措施。

4）单位负责人签字确认项。

5）作业负责人、监护人员、作业人员签字确认项。

（7）作业负责人，必须熟悉所承担工程有关的安全技术标准、规程及保护环境的有关要求，在作业前对实施作业的全体人员进行安全交底，告知作业内容、作业方案、主要危险有害因素、作业安全要求及应急救援方案等内容，并履行签字确认手续。

（8）正确使用个人防护用品和安全防护设施。下井作业，必须系安全带、安全绳，戴安全帽。安全带、安全绳、安全帽要定期检查，不符合要求的，严禁使用。

7.5.2 作业前准备

1. 有限空间作业审批

严格履行审批制度，办理有限空间危险作业审批手续。

2. 作业前安全生产教育

作业前对作业人员、监护人员进行安全生产教育，提高井下作业人员的安全意识、安全纪律，知晓作业内容、安全技术措施，受教育者每人必须签字。

3. 封闭作业区域及安全警示

（1）作业前，应封闭作业区域，并在出入口周边显著位置设置安全标志和警示标识（符合《安全色》GB 2893、《安全标志及其使用导则》GB 2894、《工业场所职业病危害警示标识》GBZ 158 中的有关规定）。

（2）夜间实施作业，应在作业区域周边显著位置设置警示灯，地面作业人员应穿戴高可视警示服（警示服至少满足《职业用高可视性警示服》GB 20653 规定的 1 级要求，使用的反光材料符合 GB 20653 规定的 3 级要求）。

（3）占用道路进行地下有限空间作业，应符合道路交通管理部门关于道路作业的相关规定。

4. 设备安全检查

作业前，作业人员应检查各自的个人防护器材是否齐全、完好（包括：防爆手电、手套、安全鞋、安全绳、安全帽、防毒面罩、呼吸器等，涉水作业的还应配备救生圈、救生衣等防溺水设备），上、下井时系好安全绳，井上人员检查合格后再使用扶梯上、下井，以免意外跌落危及安全。应对作业设备和工具进行安全检查，发现问题应立即更换。

5. 开启出入口

（1）开启地下有限空间出入口前，应使用气体检测设备检测地下有限空间内是否存在可燃性气体、蒸气，存在爆炸危险的，开启时应采取相应的防爆措施。

（2）作业人员应站在地下有限空间外上风侧开启出入口，进行自然通风。

6. 安全隔离

应采取关闭阀门、加装盲板、封堵、导流等隔离措施，阻断有毒有害气体、蒸气、水、尘埃或泥沙等威胁作业安全的物质涌入地下有限空间的通路。

7. 气体检测

（1）地下有限空间作业应严格履行“先检测后作业”的原则，在地下有限空间外按照氧气、可燃性气体、有毒有害气体的顺序，对地下有限空间内气体进行检测。其中，有毒有害气体应至少检测硫化氢、一氧化碳。

（2）地下有限空间内存在积水、污物的，应采取措施，待气体充分释放后再进行检测。

（3）应对地下有限空间上、中、下不同高度和作业人员通过、停留的位置进行检测。

（4）气体检测设备应定期进行检定，检定合格后方可使用。

（5）气体检测结果应如实记录，内容包括检测时间、检测位置、检测结果和检测人员。

8. 作业环境判定

（1）作业负责人根据本书 7.3.2 节中有限空间作业环境要求，对照地下有限空间气体检测的数据，判断作业环境是否符合要求。

（2）也可按作业环境危险有害程度，根据有关标准（如《有限空间作业安全技术规范》DB11/T 852），对地下有限空间作业环境进行分级判定。

9. 机械通风

（1）作业环境存在爆炸危险的，应使用防爆型通风设备。

（2）采用移动机械通风设备时，风管出风口应放置在作业面，保证有效通风。

（3）应向地下有限空间输送清洁空气，不应使用纯氧进行通风。

（4）地下有限空间设置固定机械通风系统的，应符合《工业企业设计卫生标准》GBZ 1—2010 的规定，并全程运行。

10. 二次气体检测和二次判定

（1）存在以下情况之一的，应再次进行气体检测，检测过程应符合上述第 7 条的规定：

1）机械通风后。

2）作业人员更换作业面或重新进入同一作业面的。

3）气体检测时间与作业人员进入作业时间间隔 10min 以上时的。

（2）作业负责人根据二次气体检测数据，按上述第 8 条对作业环境危险有害程度重新进行判定。

11. 个体防护

（1）地下有限空间作业时，作业人员进入不存在缺氧窒息、中毒、爆炸危险的环境（相当于 DB11/T 852 规定的 3 级环境），尽可能携带隔绝式空气呼吸器以备急用；

（2）对由于防爆、防氧化不能采用通风换气措施或受作业环境限制不易充分通风换气的场所（达不到 DB11/T 852 规定的 3 级环境），作业人员时进入时必须佩戴并使用空气呼吸器或软管面具等隔绝式呼吸保护器具（符合《呼吸防护长管呼吸器》GB 6220、《自给开路式压缩空气呼吸器》GB/T 16556 等标准的规定）。

（3）作业人员应佩戴全身式安全带、安全绳、安全帽等防护用品（符合《安全带》GB 6095、《坠落防护安全绳》GB 24543、《安全帽》GB 2811 等标准的规定）。安全绳应固定在可靠的挂点上，连接牢固。

（4）作业现场应至少配备 1 套自给开路式压缩空气呼吸器和 1 套全身式安全带及安全绳作为应急救援设备。

12. 电气设备和照明安全

（1）地下有限空间作业环境存在爆炸危险的，电气设备、照明用具等应满足防爆要求（符合《爆炸性环境　第 1 部分：设备通用要求》GB 3836.1 的规定）。

（2）地下有限空间临时用电应符合《用电安全导则》GB/T 13869 的规定。

（3）地下有限空间内使用的照明设备电压应不大于 36V。

7.5.3 作业

1. 作业安全

（1）作业负责人应确认作业环境、作业程序、安全防护设备、个体防护装备及应急救援设备符合要求后，方可安排作业人员进入地下有限空间作业。

（2）作业人员应遵守地下有限空间作业安全操作规程，正确使用安全防护设备与个体防护装备，并与监护人员进行有效的信息沟通。

（3）作业人员进入不存在缺氧窒息、中毒、爆炸危险的环境（相当于《有限空间作业安全技术规范》DB11/T 852 规定的 3 级环境），应对作业面气体浓度进行实时监测，作业过程中应至少保持自然通风。

（4）对不易充分通风换气的场所（达不到《有限空间作业安全技术规范》DB11/T 852 规定的 3 级环境），作业人员时进入时必须佩戴隔绝式呼吸保护器具，并携带便携式气体检测报警设备连续监测作业面气体浓度，如有异常情况立即采取应急措施。同时，监护人员应对地下有限空间内气体进行连续监测，并使用机械通风设备持续通风。

（5）作业负责人应严格控制下井作业人员在井下的工作时间，连续工作不得超过 1h。

（6）作业期间发生下列情况之一时，作业人员应立即撤离地下有限空间：

1）作业人员出现身体不适。

2）安全防护设备或个体防护装备失效。

3）气体检测报警仪报警（如气体超标或产生硫化氢等）。

4）监护人员或作业负责人下达撤离命令。

2. 监护

（1）监护人员应在地下有限空间外全程持续监护，不得擅自离岗，当井下人员发生不测时，必须及时进行救助，确保作业人员的生命安全。

（2）监护人员应能跟踪作业人员作业过程，实时掌握监测数据，适时与作业人员进行有效的信息沟通（采用语音通话、扯动安全绳等方式），每隔 5min 确认一次作业人员状态。

（3）作业人员进入不易充分通风换气的场所（达不到《有限空间作业安全技术规范》DB11/T 852 规定的 3 级环境），监护人员应对地下有限空间内气体进行连续监测。

（4）发现异常时，监护人员应立即向作业人员发出撤离警报，并协助作业人员逃生。

（5）监护人员应防止未经许可的人员进入作业区域。

7.5.4 作业后清理

（1）作业完成后，作业人员应将全部作业设备和工具带离地下有限空间。

（2）监护人员应清点人员及设备数量，确保地下有限空间内无人员和设备遗留后，关闭出入口。

（3）清理现场后解除作业区域封闭措施，撤离现场。

7.6 地下有限空间中毒窒息应急救援与预防

7.6.1 地下有限空间中毒窒息应急救援程序

地下有限空间中毒窒息是指有毒有害气体中毒事故和缺氧窒息两种情况，具有突发性、破坏性，应急处置措施主要是进行自救和互救，撤离事故现场。维护作业单位必须制定中毒、窒息等事故应急救援预案，并应按相关规定定期进行演练，减少事故伤害、避免盲目施救造成群死群伤。

地下有限空间中毒、窒息应急救援程序如下：

（1）维护作业单位必须制定中毒、窒息等事故应急救援预案，并应按相关规定定期进行演练。

（2）现场发生有毒有害气体超限或缺氧的紧急情况时，现场作业人员必须立即停止工作，由现场管理人员、班组长组织撤离。现场人员应视事故地点情况，在确保自身安全的情况下，首先应戴好自救呼吸器撤离事故地点，到安全地区躲避。

（3）作业人员发生因有毒有害气体超限或缺氧而出现异常时，监护人员应立即用作业人员自身佩戴的安全带、安全绳将其迅速救出。

（4）发生中毒、窒息事故，监护人员应立即启动应急救援预案。现场人员应保持情绪镇定，切忌惊慌失措、到处乱跑。

（5）当需下井抢救时，抢救人员必须在做好个人安全防护并有专人监护下进行下井抢救，必须佩戴好便携式空气呼吸器、悬挂双背带式安全带，并系好安全绳，严禁盲目施救。

（6）中毒、窒息者被救出后应及时送往医院抢救；在等待救援时，监护人员应立即施救或采取现场急救措施。

（7）撤离事故地点较远的人员应注意警戒，防止人员车辆进入事故区段、扩大灾害损失。

7.6.2 硫化氢（H_2S）

1. 硫化氢中毒的症状和体征

硫化氢是一种无色带有腐蛋臭味且具有刺激性和窒息性的气体，对人体的危害极大，在通风较差污水管道和生化池底部通常会集聚较高的浓度。

硫化氢中毒分为急性中毒和慢性中毒

（1）急性中毒

硫化氢急性中毒的表现随着接触的浓度、时间不同而分为：轻度中毒、中度中毒、重度中毒。

轻度中毒：人若吸入硫化氢 70 ～ 150mg/m^3（相当于 106 ～ 228ppm）1 ～ 2h，出现呼吸道及眼刺激症状：流泪、眼痛、畏光、视物模糊和流涕、咳嗽、咽喉灼热症状，吸 2 ～ 5min 后嗅觉疲劳，不再闻到臭气，变得麻木。

中度中毒：若吸入 300mg/m^3（相当于 455ppm）1h，6 ～ 8min 出现眼急性刺激症状，除有以上轻度中毒症状以外，稍长时间接触会引起肺水肿。

重度中毒：吸入 760mg/m^3（相当于 1152ppm）15 ～ 60min，发生肺水肿、支气管炎、肺炎，出现头晕、头痛、恶心、呕吐、晕倒、乏力、意识模糊等症状。

猝死：若吸入 1000mg/m^3（相当于 1517ppm）数秒之内，很快出现急性中毒，突然昏迷，导致呼吸、心搏骤停，发生闪电型死亡。

急性中毒症状见表 7.6-1。

硫化氢急性中毒症状表 表7.6–1

中毒等级		中毒症状
1	轻度中毒	表现为畏光、流泪、眼刺痛、异物感、流涕、鼻及咽喉灼热感等症状，并伴有头昏、头痛、乏力
2	中度中毒	立即出现头昏、头痛、乏力、恶心、呕吐、走路不稳、咳嗽、呼吸困难、喉部发痒、胸部压迫感、意识障碍等症状，眼刺激症状强烈，有流泪、畏光、眼刺痛
3	重度中毒	表现为头晕、心悸、呼吸困难、行动迟钝，继而出现烦躁、意识模糊、呕吐、腹泻、腹痛和抽搐，迅速进入昏迷状态，并发肺水肿、脑水肿，最后可因呼吸麻痹而死亡
4	极重度中毒	吸入 1 ～ 2 口即突然倒地，瞬时呼吸停止，即“电击样”死亡（猝死）

（2）慢性中毒

长期接触低浓度 H_2S 可引起眼及呼吸道慢性炎症，甚至可致角膜糜烂或点状角膜炎。全身可出现类神经症、中枢性自主神经功能紊乱，也可损害周围神经。

2. 硫化氢中毒急救

（1）离开毒气区。作业人员作业期间察觉异样，迅速撤离毒害污染区域至上风处，并进行隔离、洗漱、检查。

（2）启动应急救援预案。

（3）佩戴个人防护用品。救援人员下井前，必须在安全区域穿戴个人防护用具、便携式空气呼吸器（有移动供气源的可以选择使用，防护面罩应有他救接口）、对讲机、照明灯具、安全绳、导向绳等，并且在救援人员下井前要事先规定紧急联络方式，防止深入井内后，信号不足，造成对讲机失效；当井内有有毒液体时还须着好防化服；井下积水或淤泥较多的，在测明无腐蚀的情况下着救生衣或潜水服下井施救。

（4）有两个以上的人监护，从上风处进入现场，切断泄漏源。

（5）合理通风，加速扩散，喷雾状水稀释、溶解硫化氢。

（6）救护中毒者。如感到呼吸不畅时，在迅速脱离现场至空气新鲜的空旷处后，松开衣领，保持呼吸道通畅。气温低时注意保暖，密切观察呼吸和意识状态；如呼吸困难，应马上给予输氧；如面对呼吸、心跳停止者，应立即同时施行人工呼吸、胸外心脏按压等心肺复苏，注意切勿用口对口呼吸的方法，以防交错中毒，并立即给氧，保持呼吸道通畅，短程应用糖皮质激素，及时合理地采用对症、支持等综合疗法。

（7）在到达医院开始抢救前，心肺复苏不能中断。中、重度中毒有条件时可应用高压氧治疗。

（8）撤离现场的施救人员，必须进行淋浴、换洗服装和检查。

3. 预防措施

主要预防措施包括：

（1）对作业人员进行硫化氢防护的技术培训，了解硫化氢的理化性质、中毒机理、主要危害和防护现场急救方法，提高作业人员对硫化氢溢出的危害的认识防护能力。

（2）在可能产生硫化氢的场所设立防硫化氢中毒的警示标志和风向标，作业员工尽可能在上风口位置作业。

（3）在作业区域内配备硫化氢自动监测报警器，或作业人员配备便携式硫化氢监测仪，并保证报警器和监测仪灵敏可靠。

（4）在可能产生硫化氢场所工作的人员每人应配备便携式空气呼吸器，并保证有效使用。

（5）监护人员应密切观察作业人员情况，随时检查空压机、供气管、通信设施、安全绳等下井设备的安全运行情况，发现问题及时采取措施。

（6）防范硫化氢，重点是落实防中毒伤亡、防火、防爆措施；特别是要落实切实有效的应急救援预案，在遇到意外事故或者灾情时，能迅速组织现场人员撤离，采取应对措施，防止灾害扩散。在有可能产生硫化氢场所作业时，应有人监护；一旦发生硫化氢急性中毒，立即实施救护。

4. 案例

硫化氢在污水井内作为最重要的一种气体存在，严重威胁着救援人员的生命、身体安全。

（1）事故经过

2000 年 5 月 8 日杭州临平振兴西路维修窨井的事故救援中，两名在井下工作的民工因硫化氢中毒，倒在4m深的窨井中，生死不明。接到救援指令后，公安民警杨春平和队友迅速赶到现场。当时，窨井散发出浓烈的“臭鸡蛋”味，近百名群众远远地站在四周围观，谁也不敢上前救助。听说两名民工还在井下，杨春平立即在腰间系了一根绳子，边向指挥中心请求消防支援，边戴上现场民工提供的简易防尘面罩，纵身跳下弥漫着浓浓毒气的窨井内救人。结果因为井内毒气浓度太高，杨春平很快也被熏倒，失去了知觉。由于杨春平中毒太深，虽经多方专家会诊、抢救，脱离了生命危险，但他的脑部因受到严重损伤，至今瘫卧在床。参加这次救援的消防中队班长张江华在井外战友的协助下将被困民工托出井口时，民工的脚不慎勾下了他的防毒面具，张江华当即昏迷，虽被战友们急送医院抢救脱险，现在还是在任职，但是已经对他的身体造成了很大的影响。

2008年6月15日，北京市海淀区某道路雨污水管线堵塞，河南某建设劳务有限公司工人于某等4人到该处进行污水管线疏通作业。作业人员将井盖打开后，用氧气瓶接上管子向井内充氧，又用蜡烛做了试验后，孙某与郭某在未对井内气体进行检测，未佩戴任何个人防护用品的情况下，贸然下井进行疏通作业。在疏通作业过程中，孙某、郭某硫化氢中毒晕倒在井内，后被其他人员救出，经抢救无效死亡。

（2）事故原因分析

污水井内易积聚硫化氢气体，作业前未进行检测。使用纯氧进行通风换气，纯氧与火源会引起火灾爆炸。使用蜡烛燃烧方法进行试验，只能证明空间内是否有氧气，不能发现硫化氢气体的存在。作业人员下井作业未佩戴任何个人防护用品。员工没有经过培训，安全意识低，企业管理存在缺陷。

7.6.3 一氧化碳（CO）

1. 一氧化碳（CO）中毒的症状和体征

（1）轻度中毒：血液碳氧血红蛋白浓度10% ~ 20%

1）出现不同程度的头痛、头晕、恶心、呕吐、心悸、四肢无力甚至短暂性晕厥等。

2）原有冠心病的患者可再次出现心绞痛。

3）脱离有毒环境吸入新鲜空气或吸氧，症状很快消失。

（2）中度中毒：血液碳氧血红蛋白浓度30% ~ 40%

除有上述症状外，可出现皮肤、黏膜、甲床呈樱桃红色（特征性改变）、胸闷、呼吸困难、脉速、多汗、烦躁、谵妄、视物不清、运动失调、膝反射减弱、嗜睡、意识障碍表现为浅至中度昏迷。经吸氧等抢救后恢复且无明显并发症者。

（3）重度中毒：碳氧血红蛋白浓度可高于50%

1）意识障碍程度达深昏迷或去大脑皮质状态。

2）患者有意识障碍且并发有下列任何一项表现者：①脑水肿；②休克或严重的心肌损害；③肺水肿；④呼吸衰竭；⑤上消化道出血；⑥脑局灶损害如锥体系或锥体外系损害体征。

3）死亡率高，幸存者多有不同程度的后遗症。

2. 一氧化碳（CO）中毒急救

迅速将患者移离中毒现场至通风处，松开衣领，保持呼吸道通畅，注意保暖，密切观察意识状态。

（1）自己发现有中毒时，可努力走（爬）出中毒现场，吸新鲜空气，并呼叫他人速来相助。

（2）发现已中毒者，应立即通风，将病人抬离现场，松解衣扣，使呼吸通畅并保暖。

（3）轻度中毒者，可给予氧气吸入及对症治疗。

（4）中度及重度中毒者，应积极给予常压口罩吸氧治疗，有条件时应给予高压氧治疗。

（5）呼吸停止时应及时进行人工呼吸；如心跳停止，应进行胸外心脏按压。

（6）尽快送医院抢救。

3. 预防措施

（1）建立健全安全操作规程。要对全体操作人员进行安全操作培训、安全技术交底，使每个操作人员能做到规范施工、安全操作。要注意以下几点：其一，污水管道维修养护施工前必须事先了解其管径、水质、存泥量以及上游工业废水及生活污水排放情况。其二，必须使用气体检测仪对施工管道进行检测，取得准确的相关数据，减少养护施工的盲目性。其三，必须根据有毒有害气体验测数据，制定施工方案和安全防护措施，并报管理单位审批后方可准许施工。其四，确定的危险管段以及暗涵内严禁人工入内操作。

（2）施工过程中应做到下井前事先打开前后相邻的井盖 3 ~ 4 个，充分通风不少于 2h，当井深大于 3m 时，通风时间应不少于 2.5h。用有害气体检测仪进行检测，采取鼓风机强行通风。确信气体浓度在允许范围内，操作人员方可下井。作业期间必须保持管道内持续通风，并每隔 20min 检测一次井内气体浓度变化，一旦气体超标立即停止作业，保证作业人员的安全。

（3）井下作业必须明确安全作业的责任。下井工作至少应有 3 人配合，1 人井下，2 人在井上配合，并负责监护，当井深大于 3m 时，要系好安全带，并不断联系，相互呼应。在相邻 2 口井外设监护人。

（4）下井作业人员必须佩戴压缩空气的隔绝式防护装具、佩戴安全绳、潜水电话。作业人员连续工作一般不得超过 1h。

4. 案例

（1）事故经过

2012 年 12 月 23 日上午 10 时左右，献县某建筑器材厂内冲天炉开始点火烘炉。13 时左右，大炉工王某在烘炉完成后准备开工，因炉顶喷淋式除尘器水管喷头堵塞无法喷淋除尘，王某用湿毛巾捂住口鼻，进入炉顶除尘器内部，敲打除尘器内水管进行疏通作业。在冲天炉旁边正在配料的刘某发现王某进入除尘器中几分钟后没有出来，且听不到作业时的敲击声，随即向王某喊话也未听到回声，意识到可能出事了，立即赶往办公室报告厂长孙某，孙某拨打 110、120、119 请求救援。其间，在现场工作的炉工王某及零杂工赵某先后顺着梯子爬上炉顶，进入除尘器内进行施救，由于内部聚集高浓度的一氧化碳，两人也因一氧化碳中毒昏迷被困在除尘器内。闻讯赶到现场的厂长孙某阻止了其他人的盲目施救行动，并指挥现场员工，用蘸水的被褥、大衣和沙子把炉内焦炭熄灭。消防人员赶到后，配备空气呼吸器进入除尘器内，将被困人员救出。大炉工王某、炉工王某、赵某经抢救无效死亡。

（2）事故直接原因

大炉工王某未采取有效的防护措施，冒险进入含有一氧化碳场所进行作业，导致一氧化碳中毒，是事故发生的直接原因。炉工王某、零杂工赵某两人未采取任何防护措施，盲目进入除尘器内施救，是导致事故扩大的主要原因。

7.6.4 二氧化碳（CO_2）

1. 二氧化碳（CO_2）中毒的症状和体征

（1）急性中毒

突然进入高浓度二氧化碳环境中，大多数人可在几秒钟内，因呼吸中枢麻痹，突然倒地死亡。部分人可先感头晕、心悸，迅速出现谵妄、惊厥、昏迷。如不及时脱离现场、抢救，容易发生危险，必须迅速脱离险境，可立刻清醒。若拖延一段时间，病情继续加重，出现昏迷、发绀、呕吐、咳白色或血性泡沫痰、大小便失禁、抽搐、四肢强直。

（2）慢性中毒

长时间处于低浓度二氧化碳环境中，可引起头痛、头晕、注意力不集中、记忆力减退等。

2. 二氧化碳（CO_2）中毒急救

（1）监护人发现中毒后，应立即呼救，并向作业管井内通风，使人员吸入新鲜空气。并及时利用保险带将中毒者抢救出，并移至通风的正常空气中或给氧复苏。

（2）移至通风处，解开衣服和腰带，如无呼吸，要立即进行口对口的人工呼吸；如心脏停搏，应作心脏按压积极抢救。

（3）在抢救的同时，要立即报告医务室及相关组织救援，经诊断严重者要尽快送到附近医院抢救治疗，不可耽误时间。

3. 预防措施

（1）进入高浓度二氧化碳场所时，先通风排气，降低管井内二氧化碳浓度，并佩戴呼吸面罩。作业人员要系上保险带，作业时要有人监护，一旦发生危险，监护人员立即组织抢救。

（2）工作时，如出现头晕、心慌、气短、气喘、恶心呕吐等症状，应立即停止工作到正常空气中，再次通风排出污浊空气，换进新鲜空气降低 CO_2 浓度，直到达标后方可继续工作。

（3）当发现有人中毒后，如未预先系上保险带时，一定不要急着下井抢救，首先用鼓风机等多种方法向池内鼓风，避免造成多人连续中毒的事故。

（4）将病人救出后，在空气新鲜处进行人工呼吸，心脏按压。

（5）送医院抢救，给予吸氧，刚开始给氧量 1 ~ 2L/min，避免高压、高流量、高浓度给氧；随病人呼吸好转逐渐增大给氧量（4 ~ 5L/min），以至采用高压氧治疗。

4. 案例

（1）事故经过

2003 年，福州市一新建污水管道进行支管管网开通作业，民工下阴井底操作，当凿子凿开支管管网时大量有害气体冲出，该民工当即被熏倒在井下；井上另一民工见状，在无任何个人防护措施情况下，下井抢救，结果自己也倒在井内；另一民工也未采取任何防护又下井抢救，同样昏倒。后来，周围群众在采取有效措施后迅速下井把 3 人拉到井上救治。第 1 个民工因窒息昏倒时间较长，经抢救无效死亡。其余 2 名民工治疗后康复。

（2）事故原因调查

1）CO_2 的来源。事故地因长期封闭的下水道内缺乏通风，管内存在的有机物在消耗氧气的同时，产生大量的 CO_2。

2）违章操作施工。虽然施工单位制定了一系列安全操作规程，也进行了安全生产培训，因员工贪图方便，存在侥幸心理，认为以往类似作业未曾发生过事故，所以不按操作规程操作。下井前不进行机械通风排气，个人未佩戴供氧式防毒面具，亦未使用安全带。也与井上看护人员又缺乏劳动卫生安全知识和自我保护意识，对井内是否存在致命有害气体缺乏了解，个人警惕性不高有关。

（3）预防措施

应加强职工安全生产和自我保护的教育。通过岗前的安全生产三级教育，提高职工的安全生产意识和自救互救的自我保护能力。凡需进入阴井或下水道作业者，必须佩戴供氧式防毒面具，系好安全带和救生带后方可下井作业。下井工作前必须采用排风扇向井内送风，操作时不能停止送风，因为操作时人体还会不断消耗氧气，释放 CO_2，井内还会产生其他有害气体。

7.6.5 沼气

1. 沼气中毒的症状和体征

（1）沼气中毒轻者出现头痛、头晕、乏力、注意力不集中、精细动作失灵等一系列神经系统症状，呼吸新鲜空气后可迅速消失。

（2）沼气中毒患者在极高浓度下可迅速出现呼吸困难、心悸、胸闷，甚至闪电式昏厥，很快昏迷。若抢救不及时常致猝死。

（3）偶见皮肤接触含甲烷液化气，可引起局部冻伤。

2. 沼气中毒急救

迅速让患者脱离现场，移到空气新鲜处，脱去污染衣物，呼吸心跳停止者立即进行胸外心脏按压及人工呼吸（注意：发现有肺水肿者，不准做人工呼吸，忌用口对口人工呼吸，万不得已时与病人间隔以数层水湿的纱布）。呼吸困难应输氧，有条件的地方及早用高压氧治疗。尽快将患者送入医院接受治疗。

3. 预防措施

市政管道等排水设施中由于污水污泥的成分复杂，环境条件不同，导致不同地区、不同季节沼气成分差异很大，中毒的原因必须根据具体案例具体分析，但是沼气中毒事故的发生却有着相同的特点，如隐蔽性、瞬间突发性和一案多人等。若做到熟悉污水井条件环境，了解沼气生化特性，提前制定事故预防措施，沼气中毒是完全可以避免的。

（1）需要进入污水井或污水管渠作业时，应提前两天打开井盖和气门，或用风车向井内鼓风，让停留在污水井中的沼气通过空气流通跑净。

（2）在人下井之前，先将小动物（如鸡）装入笼内放入污水井内，若小动物不受影响，人才可以下井工作。反之，若动物在一两分钟内昏倒死亡，则表示井内缺氧，人就不能进去，必须再通风，要确定无危险时，人才能入井。

（3）井下操作不必过急，时间不宜过长，如感到不舒服应立即出井，离开沼源。下井时，胸部应系一保险绳，井外要有专人守护，向井内送风，以增加井内氧气，这是确定中毒人员病情轻重和生命存亡的关键。切不可盲目下井抢救，以免造成连续窒息中毒事故。

（4）井内光线不好，可用电筒或镜子反光照明，严禁在井内或井旁点火照明或吸烟，以免发生烧伤或火灾事故。

另外，提高工人沼气中毒安全意识也是必要的防护手段，从安全教育、安全管理、安全技术三方面入手，采取相应措施预防沼气中毒。

4. 案例

沼气中毒事故在排水设施维护作业时时有发生，造成多人中毒死亡的案例屡见不鲜，2002年6月4日，广州海珠区东晓南路下水道清理淤泥时，中毒死亡两人；2003年3月7日，汉阳某排水站污水汇集池捞渣滓时，三位先后进入污水池捞渣滓民工中毒死亡；2017 年 5 月 13 日，广东潮州市饶平县，一村民王某因疏通堵塞管道，在场的以及随后赶来的 5 人先后下池施救，该事件导致 6 人死亡。

7.6.6 缺氧窒息

1. 缺氧窒息的症状与体征

人若进入氧含量下降、二氧化碳含量增高的地下有限空间，若没有采取任何安全措施，就可能引起缺氧窒息。如果里面还含有其他有毒气体，则危害更大。离地面越远、通风越差，加上其中的贮藏物消耗氧气，其空气成分的变化也就越大。

缺氧症状是指人体缺氧的一种症状。缺内源氧一般表现为：头晕、头痛、耳鸣、眼花、四肢软弱无力。继而产生恶心、呕吐、心慌、气急、气短、呼吸急促、心跳快速无力。随着缺氧的加重，随之意识模糊，全身皮肤、嘴唇、指甲青紫，血压下降，瞳孔散大，昏迷，最后因呼吸困难、心跳停止，缺氧窒息而死亡。

2. 缺氧窒息急救

首先使患者脱缺氧中毒环境，转到地面上或通风良好的地方，然后再做其他有关处理。

在救护人员需要深入到地下有限空间以前，最好先用气体检测仪测试其中的空气成分，若在紧急情况下，没有现成的仪器，则可取一蜡烛点着，用绳索慢慢地吊入下面，从火着、火灭来判断情况，循情进入。

根据测定情况，决定是先进入或是先改善地下有限空间的空气状况。若现场备有隔绝式呼吸器，救护人员应佩戴后才进入抢救。若现场无呼吸器，这时可使用鼓风机等促进通风，经过通风处理后，救护人员方可入内救人。但为了保障安全，预防意外发生，仍需用安全绳、导引绳等。

被救出的人员，应立即移至空气新鲜通风良好的地方，松开衣领、内衣、乳罩和腰带等。对呼吸困难者立即给予氧气吸入，或做口对口人工呼吸，必要时注射呼吸中枢兴奋剂。对心跳微弱已不规则或刚停止者，同时施行胸外心脏按压，注射肾上腺素等。

救护人员进入地下有限空间后，若自己感到头晕、眼花、心慌、呼吸困难等症状，立即返回，以免中毒。

3. 预防措施

在作业场所中一般缺氧（即单纯缺氧）危险作业的防护措施：

1）当从事具有缺氧危险的作业时，按照先检测后作业的原则，在作业开始前必须准确测定作业场所空气中的氧含量。

2）在已确定为缺氧作业环境的作业场所，必须采取充分的通风换气措施，使该环境空气中氧含量在作业过程中始终保持在 0.195 以上。严禁用纯氧进行通风换气。

3）作业人员必须配备并使用空气呼吸器或软管面具等隔绝式呼吸保护器具。严禁使用过滤式面具。

4）当存在因缺氧而坠落的危险时，作业人员必须使用安全带（绳），并在适当位置可靠地安装必要的安全绳网设备。

5）在存在缺氧危险作业时，必须安排监护人员。监护人员应密切监视作业状况，不得离岗。发现异常情况，应及时采取有效的措施。

6）作业人员与监护人员应事先规定明确的联络信号，并保持有效联络。

7）在作业进行中应监测作业场所空气中氧含量的变化并随时采取必要措施。在氧含量可能发生变化的作业中应保持必要的测定次数或连续监测。

8）监测人员必须装备准确可靠的分析仪器，并且应定期标定、维护。

9）严禁无关人员进入缺氧作业场所，并应在醒目处做好标志。

在作业场所中往往同时存在或可能产生其他有毒有害气体的缺氧危险作业。当作业场所空气中同时存在有害气体时，必须在测定氧含量的同时测定有毒有害气体的含量，并同时按有毒有害气体作业环境进行管理。

7.7 地下有限空间易燃易爆气体防爆措施与预防

7.7.1 地下有限空间易燃易爆气体防爆原则

城市管线中，密闭的污水管道及泵站等在厌氧的条件下受微生物的作用会产生各种有毒有害、易燃易爆气体，常见易燃易爆气体有氢气、一氧化碳、甲烷、乙烯及丙烷等；城市燃气输送管道发生泄漏，也会在管线的低洼处集聚可燃气体。当有限空间中气体达到一定浓度时，会给作业工人造成人身伤害，甚至遇到火源时发生爆炸事故。

因此实施地下有限空间作业前，生产经营单位应严格执行“先检测、后作业”的原则，根据作业现场和周边环境情况，检测地下有限空间可能存在的危害因素。检测指标包括氧浓度值、易燃易爆物质（可燃性气体、爆炸性粉尘）浓度值、有毒气体浓度值等。当地下有限空间存在可燃性气体和爆炸性粉尘时，检测、照明、通信设备应符合防爆要求。未经检测或检测不合格严禁作业人员进入有限空间。

当有限空间存在可燃性气体和爆炸性粉尘时，应根据检测结果对作业环境危害状况进行评估，制定消除、控制危害的措施，确保整个作业期间处于安全受控状态。作业人员应使用防爆工具、配备可燃气体报警仪等。

在作业环境条件可能发生变化时，生产经营单位应对作业场所中危害因素进行持续或定时检测。作业者工作面发生变化时，视为进入新的有限空间，应重新检测后再进入。实施检测时，检测人员应处于安全环境，检测时要做好检测记录，包括检测时间、地点、气体种类和检测浓度等。

当有限空间存在可燃性气体和爆炸性粉尘时，实施有限空间作业前和作业过程应采取强制性持续通风措施降低危险，保持空气流通。严禁用纯氧进行通风换气。

当有限空间存在可燃性气体和爆炸性粉尘时，生产经营单位应为作业人员配备符合国家标准要求的通风设备、检测设备、照明设备、通信设备、应急救援设备和个人防护用品。防护装备以及应急救援设备设施应妥善保管，并按规定定期进行检验、维护，以保证设施的正常运行。

7.7.2 氢气（H_2）

1. 氢气的防爆措施与预防原则

操作人员必须经过专门培训，严格遵守操作规程，熟练掌握操作技能，具备应急处置知识。

应设置氢气泄漏检测报警仪，未经检测或检测不合格严禁作业人员进入有限空间。

氢气存在爆炸危险，应使用防爆型通风设备。

建议操作人员穿防静电工作服，避免与氧化剂、卤素接触。

管道、阀门等装置冻结时，只能用热水或蒸汽加热解冻，严禁使用明火烘烤，不得进行可能发生火花的一切操作。

2. 案例分析

（1）事故经过简述

2001 年 2 月 27 日 16 时 45 分，江苏省盐城市某化肥厂合成车间管道突然破裂，随即氢气大量泄漏。厂领导立即命令操作工关闭主阀、附阀，全厂紧急停车。大约 5min 后，正当大家在紧张讨论如何处理事故时，突然发生爆炸，在面积千余平方米的爆炸中心区，合成车间近 10m 高的厂房被炸成一片废墟，附近厂房数百扇窗户上的玻璃全部震碎，爆炸致使合成车间内当场死亡 3 人，另有 2 人因伤势过重抢救无效死亡，26 人受伤。

（2）事故原因分析

根据爆炸理论，可燃气体在空气中燃爆必须具备以下条件：①可燃气体与空气形成的混合物浓度达到爆炸极限，形成爆炸性混合气；②有能够点燃爆炸性混合气的点火源。据调查，事发之时合成车间没有现场动火等明火火源，那么，点火源从何而来，专家对氢爆炸事故的原因进行剖析：

1）爆炸混合气体的形成。管道破裂后，氢气大量泄漏，立即形成易燃易爆混合气体，并迅速扩散。氢气在空气中爆炸极限是 4% ~ 74.1%，当氢气浓度达到爆炸极限遇点火源会发生爆炸。

2）点火源的产生。事故发生后，事故现场一片废墟，点火源难以十分准确定位。根据事发之前现场和事故本身情况分析，点火源的产生有以下几种可能：氢气泄漏过程中产生的静电火花；高温物体表面；电气火花；人身静电火花。

A. 静电火花。氢气大量泄漏产生静电火花当两种不同性质的物体相互摩擦或接触时，由于它们对电子的吸引力大小不同，在物体间发生电子转移，使其中一物体失去电子而带正电荷，另一物体获得电子带负电荷。如果产生的静电荷不能及时导入大地或静电荷泄漏的速度远小于静电荷产生的速度，就会产生静电的积聚。氢气不易导电，能保持相当大的电量。

B. 人身静电。据实测，人在脱毛衣时可产生 2800V 的静电压，脱混纺衣服时可产生 5000V 静电压；当一个人穿着绝缘胶鞋在环境湿度低于 70% 的情况下，走在橡胶地毯、塑料地板、树脂砖或大理石等高电阻的地板上时，人体静电压高达 5 ~ 15kV。尼龙衣服从毛衣外面脱下时，人体可带 10kV 以上的静电，穿尼龙羊毛混纺服再坐到人造革面的椅子上，当站起时人体就会产生近万伏的电压。穿脱化纤服装时所产生的静电放电能量也很可观，足以点燃空气中的氢气。当人体对地静电压为 2kV 时，设人体对地电容为 200pF，则人体静电放电时所产生的能量为：$E=CU^2/2=0.4\text{mJ}$，这比氢气的最小点火能量 0.019mJ 高出很多倍，这个能量足以引爆氢气（人能感觉到的最小火花能量约为 1mJ）。

3）火灾的形成

氢气点火能量仅需 0.019mJ。氢气和空气形成的可燃混合气遇静电火花、电气火花或 500℃以上的热物体等点火源，就会发生燃烧爆炸；如果可燃混合气的浓度达到 18.3% ~ 59%，就会发生爆轰现象。发生爆轰时，高速燃烧反应的冲击波，在极短时间内引起的压力极高，这个压力几乎等于正常爆炸产生最大压力的 20 倍，对建筑物能在同一初始条件下瞬间毁灭性摧毁，具有特别大的破坏力。

（3）事故预防措施

1）加强相关安全技术知识的培训，提高职工对临氢设备危险性的认识。建立健全各项规章制度，认真贯彻执行《氢气使用安全技术规程》GB 4962—2008 及《氢气站设计规范》GB 50177—2005 和相关石化设计标准。

2）切实加强临氢系统的设备管理，对临氢部位的氢腐蚀、氢脆等情况定期进行技术分析和系统检漏，并利用设备周期大检修之际彻底检修。

3）临氢设备防爆区之内严禁明火。进入该区域人员应穿防静电服或纯棉工作服；在该区域内严禁使用手机等通信设备；防爆区内电气设施包括照明灯具、开关应为防爆型，电线绝缘良好、接头牢靠；防爆区内严禁存在暴露的热物体。

4）临氢设备管道应装设专用静电接地线，氢管道泄漏时，严禁使用易产生静电的物品如胶皮包裹堵漏。

7.7.3 甲烷（CH_4）

1. 甲烷的防爆措施与预防原则

（1）采取密闭转移的方式，将管道中的甲烷气体转移到目标容器或装置中；

（2）对工作区域进行通风换气，工作人员要配备供气式空气呼吸装置；

（3）进入管道时，首先用带取样泵的气体检测仪远程取样检测甲烷浓度，确保氧气浓度不低于 19%，没有燃爆危险。

（4）在工作区域杜绝烟火，设置防止火灾及爆炸的安全警示。

（5）禁在工作区域吃食品、喝饮料及使用化妆品。

2. 案例分析

（1）事故单位简介

寺家庄矿井隶属阳煤集团，位于昔阳县境内。矿井设计生产能力为 500 万 t/a，矿井为煤与瓦斯突出矿井。

（2）事故经过

2013 年 1 月 7 日 15 时 05 分，17 名工人在 15112 工作面切巷内正在打锚索眼，10# 横贯密闭墙正在抹面，突然内错尾巷内部发生瓦斯爆炸，10 号横贯处密闭墙料石抛出，将通风队 5 名工人和途经此处的 1 名工人埋压，同时冲击波激起的硬物击中切巷溜煤岗位工后脑致其死亡。事故共造成 7 名工人遇难，其余 10 人安全升井。

（3）事故原因

由于内错尾巷 6 ~ 12 号横贯密闭区域瓦斯大量积聚，15112 工作面在切巷施工顶板锚索钻孔时，钻杆穿过瓦斯积聚区域，因钻杆接头断裂处旋转摩擦产生火花，引起瓦斯爆炸。

（4）事故教训

1）“安全第一”理念树立不牢，没有处理好安全与生产的关系，存在重生产、轻安全、赶时间、抢衔接的问题。

2）在技术管理、技术措施制定上不严、不细，现场安全预想不到位。

3）施工过程中没有对周边的危险因素进行分析判断，并采取必要的防范措施。

4）干部作风漂浮，深入现场不扎实，对于关键环节、关键部位，把关不严，甚至出现缺位现象。

5）安全监管存在漏洞，对重点安全工程监管不力，没有从技术措施、施工现场、工程质量等各个环节进行全程有效的监管，没能及时发现重大隐患的存在。

7.7.4 乙烯（C_2H_4）

1. 乙烯的防爆措施与预防原则

（1）加入惰性气体或其他不易燃的气体来降低浓度。

（2）采取密闭转移的方式，将管道中的乙烯气体转移到目标容器或装置中。

（3）对工作区域进行通风换气，工作人员要配备供气式空气呼吸装置。

（4）在排放气体前，可以以涤气器、吸附法来清除管道内可爆的气体。

（5）在工作区域杜绝烟火，设置防止火灾及爆炸的安全警示。

2. 案例分析

1997 年 5 月 16 日，辽宁抚顺某石油化工公司乙烯化工有限公司空气分离装置发生爆炸。事故共造成 4 人死亡，4 人重伤，27 人轻伤，直接经济损失达 462 万元。

（1）事故经过和危害

1997 年 5 月 16 日 9 时 05 分，抚顺某石油化工公司乙烯化工有限公司空气分离装置发生爆炸。爆炸使空气分离装置空气精馏塔遭到破坏，把空气精馏塔的中部主冷器撕裂成碎片，上部的纯氮塔飞出约 30m，空气分离装置静设备损坏 12 台，动设备损毁 4 台，现场控制系统部分损坏，供电及通信电缆被切断。事故造成 3 人死亡、4 人重伤、27 人轻伤。另有 1 块冷箱铁板飞出，击中 200m 外的石油二厂 1 名工人头部，造成死亡。爆炸使空气分离装置丧失生产能力，造成直接经济损失 462 万元。

（2）事故原因分析

1）环氧乙烷装置发生设备故障，排出大量可燃工艺循环气，在空气分离装置吸入口没有实行严格的介质质量监控，致使大量甲烷、乙烯气体被压缩机顺风向吸入空气分离装置，严重超过极限，导致乙烯与液氧发生化学反应引起严重爆炸。

2）对空气分离装置的危险性认识不足，管理不到位。

3）消化吸收国外空气分离精馏安全技术不够，没有采取总烃监控分析手段，安全技术操作规程有疏漏。

7.7.5 丙烷（C_3H_8）

1. 丙烷的防爆措施与预防原则

（1）作业人员必须经过专门的培训，严格遵守操作规程。建议作业人员穿防静电工作服。

（2）采取密闭转移的方式，将管道中的丙烷气体转移到目标容器或装置中。

（3）对工作区域进行通风换气，工作人员要配备供气式空气呼吸装置；使用防爆型的通风系统和设备。

（4）在排放气体前，可以以涤气器、吸附法来清除管道内可爆的气体。避免甲烷气体与氧化剂、酸类、卤素接触。

（5）进入管道前，先取样检测氧气及有害气体浓度，作业时进行监测，确保氧气浓度不低于 19%，没有燃爆危险。

（6）施工现场用电严格按照规范执行。在工作区域杜绝烟火，设置防止火灾及爆炸的安全警示。

2. 案例分析

随着我国经济建设发展，城区地下管网包含了供水、排水、燃气、热力、电力、通信、广播电视、工业、油品运输等管线，各管线交错分布难免存在交会。由于腐蚀、人为等因素，一旦油品管道破损泄漏进入市政管网，在市政管网中挥发积聚，遇到火源就可能引发火灾爆炸事故，造成严重的人员伤亡和社会损害。

（1）“11 · 22”青岛输油管道爆炸事件

2013 年 11 月 22 日 10 时 25 分，位于山东省青岛经济技术开发区的中国石油化工股份有限公司管道储运分公司东黄输油管道泄漏原油进入市政排水暗渠，在形成密闭空间的暗渠内油气积聚遇火花发生爆炸，造成 62 人死亡、136 人受伤，直接经济损失 75172 万元。

事故主要涉及刘公岛路（秦皇岛路以南并与秦皇岛路平行）至入海口的排水暗渠，全长约 1945m，南北走向，通过桥涵穿过秦皇岛路。秦皇岛路以南排水暗渠（上游）沿斋堂岛街西侧修建，最南端位于斋堂岛街与刘公岛路交会的十字路口西北侧，长度约为 557m；秦皇岛路以北排水暗渠（下游）穿过青岛丽东化工有限公司厂区，并向北延伸至入海口，长度约为 1388m。斋堂岛街东侧建有青岛益和电器设备有限公司、开发区第二中学等单位；斋堂岛街西侧建有青岛信泰物流有限公司、华欧北海花园、华欧水湾花园等企业及居民小区。

输油管道在秦皇岛路桥涵南半幅顶板下架空穿过，与排水暗渠交叉。桥涵内设 3 座支墩，管道通过支墩洞孔穿越暗渠，顶部距桥涵顶板 110cm，底部距渠底 148cm，管道穿过桥涵两侧壁部位采用细石混凝土进行封堵。管道泄漏点位于秦皇岛路桥涵东侧墙体外 15cm，处于管道正下部位置。调查发现，在黄岛发生燃爆事故的排水暗渠内存在各种混凝土障碍物，爆炸原油的可燃气组分的主要成分为丙烷。

该次事故损失惨重，暴露出的突出问题是，输油管道与城市排水管网规划布置不合理；安全生产责任不落实，对输油管道疏于管理，造成原油泄漏；泄漏后的应急处置不当，未按规定采取设置警戒区、封闭道路、通知疏散人员等预防性措施。这是一起十分严重的责任事故。

（2）大连输油管爆裂事故

2014 年 6 月 30 号，位于辽宁省大连市金州新区的中石油新大一线输油管线发生爆裂，溢出原油流入市政污水管网导致爆炸起火。

事故经过：6 月 30 日 18 时 30 分，大连岳林建筑工程有限公司在金州新区路安停车场附近，进行水平定向钻施工中，将中石油新大一线输油管线钻通，导致原油泄漏。溢出原油流入市政污水管网，在排污管网出口处出现明火。中石油即时发现管道运行压力异常，立即停运管道并启动应急预案，部署现场抢修和应急处置。浓重的汽油味弥漫在辽宁大连金州开发区空中，输油管中的石油从地下水管线返到地面，引发火灾。直到 22 时 20 分，明火被彻底扑灭，无人员伤亡。

7.8 市政工程有限空间作业安全规范

城市地下有限空间作业场所空间狭小、封闭，存在有毒有害气体、易燃易爆气体及缺氧等危险因素，若不能有效控制，易发生安全生产事故。近年来，国家行业行政主管部门先后出台了加强有限空间作业安全监管的规章；各省市结合本地特色制定了符合本地实际的有限空间作业安全管理制度。同时，国家相关行业行政主管部门及北京市、广东省、浙江省等一些地方相继出台了许多有限空间作业安全标准，对有限空间施工作业规定了安全技术和规范管理的具体要求。这些管理规章和技术标准对保障城市地下有限空间作业人员职业健康和生命安全起到有力的监管、规范及引导的作用。

本书第 10 章介绍了国家行业行政主管部门及北京市、广东省、浙江省等一些地方发布的有限空间作业安全管理规章和标准，供地下有限空间管理人员、作业人员理解与使用。

第 8 章　市政工程潜水作业安全要求

8.1　概述

8.1.1　市政工程潜水作业特点

随着国家不断推进城镇化建设和城市发展，市政管网的新建、改建、迁移、日常维护、紧急抢险等任务繁重，城市供水和排水设施、市政集污水和排水管道、大型涵箱及取排水、隧道盾构高气压、沉管隧道等工程对市政潜水作业的需求迅猛增长。然而，在市政工程潜水领域，一些施工单位对有限空间潜水作业的危险性认识不足或片面控制施工费用，招揽无潜水证书的人员，潜水装具和设备不符合要求，不执行潜水安全作业规程，导致市政工程潜水作业安全事故时有发生，安全生产形势严峻。

一般的工程潜水作业，潜水员要潜入水下空间，身体承受水下静水压，呼吸高压气体，对人体内部产生复杂的物理和生理变化，如果无法克服或者适应这些变化，将导致潜水减压病、挤压伤及其他潜水疾病（如耳膜破裂、缺氧、氧气中毒及二氧化碳中毒等）的发生；水中热传递、声音和光传播的特点等与陆地大不相同，对潜水员产生很大影响；水的密度比空气大 800 多倍，以及水流运动，对潜水员的运动产生的很大阻力；水中危险生物（如鲨鱼、蛇类等）对潜水员可能造成的危害。此外，还要受到水下作业环境和条件的影响，如水下电焊与切割、水下高压射流作业、水下用电等，稍一不慎，容易发生伤害事故和继发性潜水事故。因此，一般的工程潜水作业，本身就是高危险性作业。而市政工程潜水作业，还不同于在海洋、内河等相对开阔水域实施的一般工程潜水作业，通常在排水管道、泵站、污水处理厂、污水井涵洞、地坑、废井等狭小有限空间内进行，大多数情况在污染水域中潜水，环境复杂，常存在有毒有害、易燃易爆气体，危险多重叠加，作业风险高，容易发生中毒、缺氧窒息、燃爆等事故。而且，有限空间自身狭小空间的结构特点决定了人员进出时受到较大限制，万一发生事故，应急救援难度大，即使在有限空间内发生轻微的事故，也可能造成严重的后果。

8.1.2　市政工程潜水作业安全总体要求

实现市政工程潜水安全作业，要从工程潜水作业安全管理和有限空间作业安全管理两方面入手，同时遵循工程潜水作业和有限空间作业的安全法规、标准及规程。要结合市政工程潜水“有限空间”及“有毒有害气体”特点，从法规标准、危害辨识、风险分析、作业计划、设备配备、人员要求、作业程序、应急救援等方面全面、系统地进行管理和落实，有效提升安全管理、应急救援和预防事故的能力。

本章将从控制市政工程潜水安全的要素出发，对市政工程潜水特点、装备要求与选择、作业人员资质、安全风险评估、作业计划、潜水程序、应急救援及记录与报告等进行介绍。

8.2 市政工程潜水装具选择和配备要求

8.2.1 市政工程潜水装具选用

1. 市政工程潜水装具选用的原则

市政工程潜水通常在有限空间、有毒有害气体、缺氧窒息等污染水域环境条件下实施，潜水装具应适合这些环境条件，特别要适应狭小密闭空间作业和隔离有毒有害气体的要求，满足保护潜水员健康安全的需要，有些标准也对此提出要求，比如《城镇排水管道维护安全技术规程》CJJ 6—2009 规定“潜水作业时应穿戴隔离式潜水防护服”，“安全带应采用悬挂双背带式安全带”;《城镇排水管渠与泵站运行、维护及安全技术规程》CJJ 68—2016 规定“潜水检查的管道管径或渠内高不得小于 1200mm，流速不得大于 0.5m/s”，“从事管渠潜水检查作业的潜水员应经专门安全作业培训”等。市政工程潜水装具配置一般应符合以下要求:

（1）潜水服应是隔离式潜水防护服，以尽量避免直接接触污染源。

（2）使用水面需供式潜水装具。

（3）配有随身应急供气系统。如果在较长的管道中潜水作业，应在潜水员行进路径上配置应急气源。

（4）性能可靠，轻便灵活。

（5）有潜水对讲电话。

（6）安全带应采用悬挂双背带式安全带。

（7）有备用应急救援装具。

2. 不同类型潜水装具特点及适用范围

下面介绍有关潜水装具的性能、特点，以供市政工程潜水作业在不同场合实施时选用。

（1）水面需供式潜水装具

水面需供式潜水装具的呼吸气体由水面空压机或者高压气瓶组提供，经过供气软管输送来，气体的供应时间无限。自身还携带一套背负式应急供气系统，供气安全可靠。潜水头盔或全面罩，配上干式服，可以与周围水质隔绝，适合在污染水域作业。该装具还具有轻便灵活、呼吸阻力小、耗气量小、潜水深度较大、水下停留时间长、双向语音通信等优点。

该装具有两种类型，头盔型和面罩型。面罩型的需供式潜水装具，轻巧灵活，佩戴方便；头盔型的需供式潜水装具，能够提供良好的头部保护，与外界污染水质隔绝效果更好，在污染水域潜水时建议采用。

另外，还有一种正压式需供式潜水头盔（见图 5.2-4），专门用于氮气、有毒或无法呼吸以及水下污染严重的环境。

（2）正压式通风式潜水头盔

图 8.2-1 所示为迪克头盔，是一种正压式通风式潜水头盔。头盔标配有双进气阀（标准接口）、双排气阀、不锈钢进气空气调节阀、通信组块、脖封等。自由通风和超压设计使头盔内维持恒定不变的正压。集成有双连续密封系统的双排气阀可确保外部污物无法渗入头盔内部。

这种头盔配上专用污染水干式潜水服，适用于污染极其恶劣的潜水环境：污水处理厂、核电站、污油柜、化工厂、污染水域救助、食品加工厂和造纸厂等。

图 8.2-1　迪克潜水头盔

（3）轻型潜水全面罩

轻型潜水全面罩（见图 5.2-5），轻便、结构紧凑，大多数用于自携式休闲潜水。但该全面罩也可配置组合阀和通信装置（见图 5.2-7），利用软管连接水面气源与潜水面罩的二级减压器，适用于水面供气需供式潜水，通过控制组合阀上的阀门选择使用主供气或应急供气。该面罩头部后半部不密封，只能穿戴湿式潜水服，适用市政工程有限空间水质较好的作业环境中使用。

（4）自携式潜水装具

自携式潜水装具，呼吸气体由自身携带的气瓶供给。自携式潜水轻便灵活、活动范围大，但有明显局限，包括水下停留时间短、身体防护有限、受水流影响大、潜水深度受限、通常没有通信系统（除使用全面罩并配置有线通信系统外）。因此在市政工程领域，不应使用自携式潜水装具在封闭的或身体受限的空间进行水下作业。

（5）全身密封式浅潜水装具

全身密封式浅潜水装具是一种轻型潜水装具，如图 8.2-2 所示。该装具的潜水服为全身密封式潜水服，潜水服上设有软头盔、衬帽、开启式活络面罩、有线电话、供气调节器（配套件）等。潜水服内设有单向排气阀、密封袋（水仓）、软鞋等。全身密封式潜水服的穿卸口采用密封袋形式、袋口以扎紧方式予以密封，然后用拉链封锁以作保护。活络面罩采用双唇口型密封圈加以密封。穿着后，眼、口、鼻均在面罩内，穿着人员可通过活络面罩的玻璃窗观察外界。橡胶大面罩的左下侧与供气调节器相连，调节它可使供气压力随潜水深度变化而相对应变化，又能根据人体需要而自动调节供气流量，使潜水员在水下呼吸舒畅。调节器壳体外部配有橡胶保护罩，其中心部位按钮可作手动临时补充供气使用。潜水员呼吸方法为口、鼻自由呼吸。大面罩的下方设有鼓鼻子装置，供打通咽耳管、平衡耳膜内外压力时使用。呼吸气体从水面气源经供气胶管输送，由供气调节器减压来实现进、排气应用功能。由 GF 型腰接阀控制供气流量，该阀件佩戴在潜水员腰部，以手动方式调节气体流量，使用中通常应开到最大位置。

图 8.2-2　全身密封式浅潜水装具

该装具全身密封，简便，供气时间持久，但呼吸阻力较大，且没有配置背负式应急供气系统。该装具适用于浅潜水打捞、水产养殖等潜水作业，不宜在市政排水管道潜水作业中使用，应用于排水管道潜水作业时应特别注意。

8.2.2 市政工程潜水装备及呼吸气体的配备要求

1. 水面供气式潜水装具的配备要求

水面供气式空气潜水时，应有 2 顶潜水面罩或头盔、2 套潜水脐带、1 台双人潜水控制面板（或两台单人潜水控制面板）、2 台潜水电话、2 套潜水服、2 条安全背带、2 条压重带、2 副脚蹼、2 把潜水刀、2 只潜水员应急气瓶、2 个计时器、必要的工具和配件等。

2. 自携式潜水装具的配备要求

自携式潜水时，应有 2 套以上潜水装具，包括潜水半面罩、压缩空气气瓶、测压表、减压器、连接软管、呼吸器、潜水服、浮力背心、安全背带、压重带、脚蹼、水下无线通信装置、潜水刀、潜水计时器、测深表、必要的工具和配件等；SCUBA 潜水时，如有结伴潜水员或使用信号绳时，可不使用水下无线通信装置。

3. 现场通信的配备要求

潜水监督应与潜水员、待命潜水员、照料员、潜水吊放系统绞车操作员之间建立双向通信；潜水监督应与现场主管、现场业主代表等现场管理人员之间建立双向通信；潜水监督还应与潜水从业单位潜水负责人、最近的医院、最近的水上救助机构、最近的具备减压舱的单位，以及随时可联系的潜水医师之间建立双向通信。

4. 入水和出水设备要求

潜水现场应有供潜水员安全入水和出水的设备，如潜水梯或潜水吊笼。潜水站地面与水面间的距离大于 3m 时，应使用潜水吊笼入出水。入水与出水的方法应满足待命潜水员营救的需求。

5. 呼吸气体的配备要求

潜水员主气源和应急气源应为 2 个独立的气源，可以是 1 台空压机和 1 组储气罐（或高压气瓶），或两台独立动力源的空压机（如 1 台电动和 1 台柴油驱动）；待命潜水员主气源和应急气源应为 2 个独立的气源，可以是 1 台空压机和 1 组储气罐（或高压气瓶），或 2 台独立动力源的空压机（如 1 台电动和 1 台柴油驱动），其中应急气源可由潜水员主气源代替。

潜水员主气源储量应满足完成 2 次作业深度的潜水和水下减压，应急气源储量应满足完成 1 次作业深度的潜水和水下减压。待命潜水员主气源储量应满足完成 1 次应急潜水深度的潜水，应急气源储量应满足完成 1 次应急潜水深度的潜水。甲板减压舱主气源储量应满足完成 3 次水面减压周期的用气量，或能完成 1 次用甲板减压舱 2 个舱室进行减压病治疗的用气量；应急气源应能完成 1 次用甲板减压舱 1 个舱室进行减压病治疗的用气量。氧气储量应备有该潜水项目中减压用氧量的 2 倍，治疗减压病用氧量应备有不少于 60m^3，或参照《潜水员供气量》GB 18985—2003 执行。

6. 甲板减压舱的配备要求

潜水深度大于 24m 或减压时间超过 20min 且在水下不能安全减压时，潜水现场应配甲板减压舱，并应有用于减压和治疗的氧气；有反复潜水，减压病易患者，水下环境复杂、可能导致潜水员水下减压不当，航行潜水和偏远地区潜水（距最近减压舱地点 2h 路程）时，现场应配甲板减压舱。

8.3 市政工程潜水作业人员要求

8.3.1 市政工程潜水作业人员证书

1. 市政工程潜水作业队人员组成

市政工程潜水现场作业人员不少于 4 人，其中市政工程潜水监督 1 名，市政工程潜水员不少于 2 名，市政工程潜水作业安全员 1 名（可兼职）。

2. 市政工程潜水作业人员的证书

从事市政工程潜水作业，符合下列条件，并经中国潜水打捞行业协会考核合格，可取得相应的证书。

（1）市政工程潜水员

1）身体条件符合《职业潜水员体格检查要求》GB 20827—2007 的规定。

2）按相关标准完成市政工程潜水员培训，考评合格。

3）实习期半年，且具有 30 次（或 30h）以上的市政工程潜水作业经历。

（2）市政工程潜水监督

1）通过市政工程潜水员评估，并具有 5 年以上市政工程潜水和 100 次以上市政工程潜水作业经历。

2）按相关标准完成市政工程潜水监督培训后，考评合格。

（3）市政工程潜水项目经理

具有高中及以上文化程度，从事市政工程潜水管理相关工作 2 年以上，按相关标准完成市政工程潜水项目经理培训且考核合格。

（4）市政工程潜水作业安全员

1）从事市政工程潜水安全管理相关工作 1 年以上。

2）按相关标准完成市政工程潜水作业安全员培训，考评合格。

3. 市政工程潜水员证书有效性

潜水员证书与潜水员健康证书合并使用。潜水员证书有效期 5 年，每 5 年复审一次。潜水员健康证书有效期为 12 个月，持证潜水员应每年出具体检合格证明，连同其健康证书，向中国潜水打捞行业协会评估委员会报检一次；身体不合格的或未提供有效健康证明的，其潜水员健康证书失效，潜水员证书同时停止使用，并在中国潜水打捞行业协会网站上公布。

其他市政工程潜水人员证书每 5 年复核一次，在复核前应进行短期再培训，经复核合格者，其证书继续维持有效；复核不合格者，其证书失效；

8.3.2 市政工程潜水员培训与考核

1. 市政工程潜水员的培训要求

（1）市政工程潜水员的参训条件

凡年满 18 周岁，具有初中毕业或同等文化程度，自愿从事市政工程潜水作业，身体条件符合《职业潜水员体格检查要求》GB 20827—2007 规定的公民。

（2）市政工程潜水员的培训目标

通过培训，使学员掌握空气潜水基础理论知识，熟知市政工程潜水作业特点及相关法规、标准知识，具有自携式及水面需供式潜水的操作技能和市政工程有限空间潜水作业的基本技能，达到胜任市政工程潜水员岗位能力的要求。

（3）市政工程潜水员培训学制和课程设置

1）培训的学制为脱产培训 1 月半，总授课 320 学时。

2）开设潜水物理基础知识、空气潜水基础知识、市政工程作业技术、医学基础知识、市政工程潜水装备及市政行业安全规范与标准等理论课程，以及自携式潜水、水面供需式潜水以及缆绳索具工艺、急救基本操作等技能课程，理论课程授课 152 学时，实践教学课程授课 168 学时。

3）教学采用理论与实践相结合，侧重训练学员潜水基本技能和市政工程潜水作业技能。实践教学课程包括三种潜水装具使用操作及缆绳索具工艺、急救基本操作等，还安排减压舱操作。

2. 市政工程潜水员考核要求

学员完成培训后，申请参加中国潜水打捞行业协会组织的考核。考核分理论和实操两大部分。考核不合格者，允许一周内补考一次；补考不合格者，允许三个月后再申请补考一次；经过两次补考仍不合格者，需重新培训和申请考核。

学员经考核合格，取得市政工程潜水员培训结业证书；学员可持培训结业证书，作为市政工程实习潜水员参加市政工程潜水现场作业。

8.3.3 市政工程潜水作业队各岗位职责

1. 市政工程潜水员的职责

完成市政工程潜水监督指派的所有任务，如果自认本人经验和能力不能胜任指派的工作，应该立即向潜水监督报告；学习、理解和遵循公司的潜水作业方针、规定和政府相关政策与法规；保持高水平的体格健康状态；执行潜水监督发出的所有指令；离底上升前，确认到达的最大潜水深度；实施水面减压时，出水后应在规定间隔时间内迅速转移到减压舱内；受命为待命潜水员时应着装待命，能在必要时随时入水，在整个潜水过程中始终在岗待命，监听潜水对讲电话，跟踪潜水进程；应具备急救和心肺复苏的知识和技能；应潜水监督要求，担任减压舱操作员；遵守作业用潜水设备的使用、维护、修理和测试等有关规则的要求；向潜水监督报告近来的疾病和治疗，供潜水监督指派任务时考虑身体条件和能力是否适合潜水；如有任何减压病的症状或疑似症状，应立即报告；如潜水设备有任何缺陷或故障，应立即报告；在整个潜水作业中，无论是在水上或水中，必须遵守潜水安全规则，如有疑问，应报告潜水监督；培训和指导新潜水员或照料员；在治疗后或超过不减压限度的潜水后，应在减压舱附近留观 1h，并保持清醒状态；明了并遵守潜水后飞行或到高海拔地区的规则；确保每次潜水前个人潜水装具已正确维护、检查和测试；确保持有有效的健康证；每次工作后，应将潜水记录簿提交潜水监督签名。

市政工程潜水员根据工作安排，还可担任待命潜水员和潜水照料员。

2. 市政工程待命潜水员的职责

持有市政工程潜水员资格证书，能履行上述市政工程潜水员职责；确保潜水头盔（面罩）已与脐带紧密连接，核对呼吸气流量是否合适，通信是否正常；确保潜水头盔（面罩）保持备便状态，接到指令，能立即戴上；在潜水员入水点附近待命，接到潜水监督指令，能立即入水。

3. 市政工程潜水照料员的职责

市政工程潜水照料员是由潜水监督指派负责持续照料水中潜水员的人员。在整个潜水作业期间，从潜水的准备工作到潜水的结束，包括任何要求的水中减压，照料员必须全力照料潜水员。当潜水员在水中时，不得指派照料员承担其他任何工作。此外，照料员还应履行下述职责：帮助潜水员着装和卸装；确定潜水员的装具性能正常，并且通知潜水监督潜水员已作好入水准备；照料潜水员的脐带，并且始终了解潜水员的深度和位置；按照潜水监督的指令，安装和操作设备；如果确认本人不能胜任委派的工作，应立即向潜水监督报告；履行潜水装具的常规维护保养；在需要时或被指派时，协助水面援救工作；保持警惕，一旦发现有害或不安全情况立即报告；具备急救及心肺复苏的知识和技能。

4. 市政工程潜水监督的职责

市政工程潜水监督是潜水作业现场最高负责人，他必须具有相应的证书，由其公司书面委派，全权负责潜水队人员和设备的安全，以及项目的实施。市政工程潜水监督应了解相关政府或管理机构有关市政设施建设、维护、管理等的法规和要求，公司的作业（安全）程序手册；能正确执行应急程序，潜水监督不得亲自下水，除非有换班潜水监督在场；指导潜水队员完成指派的潜水作业任务；作业开始之前，确保已告知所有相关方潜水作业即将进行，相关方包括：与潜水作业直接有关的操作人员等以及所有可能影响潜水作业的各方负责人；确保潜水作业在一个合适的、安全的水域进行；制定和完善该次作业潜水前和潜水后的检查表；制定并完善应急程序；掌握如何获得医疗支援的程序；对每一项任务进行工作安全分析（JSA）；编制潜水计划，确保潜水员有足够的呼吸气体和适当的设备可使用；向潜水队中所有成员布置任务；验明潜水队所有成员持有合格证书，确认潜水队所有成员的身体条件胜任指派的任务；确保所有潜水设备适用计划的潜水作业，满足潜水作业规定的最低数量要求，并且已经进行了每次潜水前的检查，处于良好的工作状态；确保潜水现场备有与作业有关的所有指导性文件、手册、减压表、治疗方案和规范等；向潜水队员详细介绍执行的任务、作业过程中可能出现的异常和危害以及环境状况；根据本次潜水作业的具体情况和特定要求，修订标准作业程序或安全程序；在潜水现场备有潜水深度与水下工作时间限制的对照表；确保每位潜水员在水下期间得到不间断的照料；确保在以下情况下终止潜水作业：潜水员要求终止，潜水员与潜水站或潜水员与潜水监督之间联系信号错误或通信中断，现场主管和潜水监督之间的通信中断，潜水员开始使用水面应急或自携的备用气源，气象或水文条件恶劣可能影响潜水员安全；确保每次潜水后：目测或口头询问潜水员健康状况，要求潜水员报告任何身体不适，建议潜水员在减压舱附近留观，警示潜水员潜水后飞行或到高海拔地区的危险；必须在治疗后或超过不减压限度的潜水后：要求潜水员在减压舱附近留观并保持清醒状态，指令 1 名具有操舱资格的潜水队员待命；根据政府法规或相关规程要求，保存并向雇主提交有关潜水作业和设备维护、试验或修理方面的报告；向雇主报告施工过程中发生的人员事故或事件；检查潜水员个人记录簿，确保记录内容准确，记录潜水员潜水活动内容并签名。

5. 市政工程潜水安全员的职责

市政工程潜水安全员协助潜水监督进行市政工程潜水施工过程中的安全检查，了解工程进展情况，对作业过程履行安全监控，可由相关人员兼职。其主要职责是：参与潜水作业工程的合同评审，就工程的安全因素及可能存在的隐患提出个人意见；参与作业前设备、器材、装具的试机、检测，确认并监督在安全性能良好的情况下进行作业；对作业环境做出安全评估，监督其在具备作业条件的情况下进行作业；了解下水作业人员的身体状态，监督并确认其状态良好才能进行水下作业；发现安全隐患及时向潜水监督汇报；协助潜水监督消除安全隐患；按时监控和完成工程施工各环节的各项安全记录。

6. 市政工程潜水机电员

市政工程潜水机电员负责现场潜水设备、系统的操作与运行管理。潜水机电员的职责至少应包括：按照潜水设备操作程序要求或指导进行设备操作；在每次潜水作业前，认真检查所有设备的可用性；在履行指定的任务时，确保所有设备的正确使用；进行潜水设备的维护和保养；向潜水监督随时报告任何潜在的不安全状况；认真检查和记录所有设备的使用情况；定期向潜水监督报告设备状况；随时警惕可能发生的紧急情况；未经潜水机电员同意，不准任何其他人员动用潜水设备。

8.4 市政工程潜水安全风险评估

8.4.1 安全风险评估内容与方法

潜水作业风险评估或潜水作业安全分析的目的是提供 1 份书面文件，作为风险管理的工具，以识别作业每一步骤的有关危害，并确立减少、排除或防范风险的方法。

（1）安全风险评估通常包含在常规潜水作业程序中。现场项目经理、潜水监督都应参加现场作业风险评估。

（2）安全风险评估的基本方法是作业安全分析，具体内容应包括可能造成人员伤害和设备损坏的环境因素、人为因素和设备因素等。

（3）如果风险不能降低到可接受的水平，则必须重新选择方案。

（4）风险评估应该是基于现场实际作业的基础上，而不是基于书本程序上。

（5）评估应尽可能地考虑到不经常不寻常的因素。意外通常都是发生在非常规作业或常规作业被中断的情况下。

（6）必须考虑到潜水队中经验不足的人员会带来额外的风险。

（7）一些风险可能同时存在于工作的几个不同步骤，应确保每一步都被正确的分析与控制。

（8）控制措施制定出来后，要严格监控控制措施是否能够真正有效控制。有任何现场意见反馈或变更潜水程序、潜水人员、潜水设备和潜水地点，或出现隐患、事故和环境条件变化后，应重新评估与分析，并修订防范措施。

（9）应鼓励所有成员向潜水监督汇报潜在风险、险情及事故。权威数字统计，每有 320 次险情，就会发生 1 次严重事故，这表示就有 320 次警告被忽视。

8.4.2 作业安全分析方法

不同的公司可能有不同的作业安全分析的步骤和格式。但基本方法如下：

（1）将作业简明、系统地分为几个步骤。

（2）评估每个步骤的潜在危害，列出与潜在事故有关的步骤，包括可能造成人员伤害和设备损坏的环境因素、人为因素和设备因素等。

（3）分析风险级别。

（4）列出所有相关或有影响的人员，可能包括不是潜水队成员的人员，例如现场业主代表、潜水医师等。

（5）提出潜在危害的解决、控制办法，比如培训、修改程序、增加保护装备等。

（6）执行后的风险级别。

（7）监控并确保相关人员执行解决、控制办法。

（8）重新修订风险评估程序。

8.4.3 危害级别

（1）危害的级别通常由事故的严重程度以及发生的概率来确定。例如空难可能导致多人死亡，但发生的概率很低，因此乘飞机的危害等级应该是“低”。足球比赛中运动员受一般伤害的概率很高，因此踢足球的危害等级应该“中”。

（2）有多种方法可以来进行系统的风险管理。常用的是通过事故的严重程度与发生的概率来管理。更复杂的方法需要一些特殊设计的软件来进行，可能要包括暴露与风险下的概率以及财政风险等。

（3）事故发生的概率通常分为 5 级：

1）非常不可能的：事故只会发生在非常反常的情况下。

2）不可能的：事故只会发生在其他因素呈现的情况下，但风险极低。例如潜水脐带的电缆插头坏掉或绑扎胶带磨损等。

3）可能的：事故会因为其他额外事件的发生而发生。这些额外事件是指一些指定的作业或作业失败，而不是随机事件。例如，如果在气瓶组未连接之前，气体分析失败（忘记做或分析仪失灵却不知道），气瓶连接到控制面板之后，控制面板上的气体分析又失败（忘记做或分析仪失灵却不知道），意外就可能发生。

4）很可能的：事故可能因为风、船舶移动、振动或人为疏忽而突如其来。例如 1 个不牢固的梯子或未绑扎牢固的单个气瓶。

5）非常可能的：如果继续工作那么事故几乎肯定会发生。例如 1 个暴露在外的带电导体、走道上的 1 个开着的舱门或将低压设备连接到高压系统上。

（4）通常一些事项要通过讨论来确定级别。例如 1 个不牢固的梯子的确会导致意外的发生，那么定为 5 级就要好于 4 级。

（5）事故的严重程度也分为 5 个级别：

1）轻微伤害：这种伤害可以在工作现场直接处理。

2）一般伤害。

3）严重伤害。

4）重大伤害：多人严重伤害。

5）1 人或多人死亡。

（6）基于事故的严重程度和概率可以得出如下危害级别矩阵（表 8.4-1）。

危害级别矩阵表 表8.4-1

严重程度 / 发生概率	1	2	3	4	5
1	低	低	低	低	低
2	低	低	中	中	中
3	低	中	中	中	高
4	低	中	中	高	高
5	低	中	高	高	高

（7）风险评估并不需要做到非常详细，列出所有轻微风险，要做到什么程度要根据具体情况来制定。

8.4.4 市政工程潜水作业要考虑的常规风险

1. 作业位置

（1）有限空间境或开放水域。

（2）在设施安全距离 500m 内。

2. 从固定或浮式设施上潜水

（1）区域限制。

（2）设施安全程序。

3. 水质情况

（1）水质严重污染。

（2）水质有生物或化学污染。

（3）水源受核辐射。

4. 即时和预计天气及水文

（1）水面能见度。

（2）水下能见度。

（3）水流及潮汐。

5. 可能会相互影响的其他工作

（1）地震。

（2）脚手架作业。

（3）吊装作业。

6. 落物

7. 闸门、吸入口，压力差

8. 火灾或爆炸的风险

9. 有限空间

10. 有毒有害气体

11. 气体泄漏包括燃气

12. 排水口

13. 漏油

14. 电击

15. 高压射流：高压水射流，液压系统

16. 潜水医务保障：

（1）减压病预防。

（2）潜水方式。

（3）人力资源。

（4）首选医院及具备减压舱的单位。

（5）潜水最大深度，最长工作时间及减压表的选择。

8.5 潜水作业计划与应急计划

8.5.1 潜水作业计划的要求和内容

（1）每个作业现场必须有 1 份合适的工作计划，并由计划编写人签名并签署日期。主要内容应包括：

1）市政工程施工单位所遵循的潜水标准及程序。

2）针对所要进行的潜水作业的程序。

3）针对所要进行的潜水作业的风险评估。

4）针对施工现场特殊风险的程序。

5）潜水及水下作业紧急及意外程序。

（2）作业计划具体内容应至少包括但不限于：

1）工作开始日期及计划周期，动复原计划。

2）工作具体内容。

3）具体工作程序。

4）潜水程序，减压程序。

5）工作中所能应用到的技术。

6）潜水人员的配备和岗位职责。

7）潜水设备的配备。

8）潜水深度及最大暴露极限，水面间隔时间控制程序。

9）气体的储备以及气体控制程序。

10）潜水支持平台：固定设施，浮式设施。

11）潜水员出入水程序。

12）工作现场风险的识别：吸入口，锚链，舷外作业，伴随 ROV 等。

13）安全使用各种设备和工具：高压水射流，液压工具等。

14）现场环境风险：潮汐，水流，水温，天气，能见度等。

15）通信：潜水监督与水下潜水员之间，与潜水队其他成员之间，与其他相关作业人员之间等。

16）应急及意外计划。

潜水监督必须拥有 1 份完整的作业计划复印件，并将所有详细内容传达到潜水队内所有成员。

8.5.2 潜水应急计划的要求与内容

1. 潜水应急计划

潜水应急计划应罗列潜水作业中常见的应急情况，并根据具体的应急情况，根据不同的潜水地点以及工作内容编制适合自己的程序。必须注意在紧急情况解决之前，必须终止潜水。

2. 常见意外情况

编制潜水应急计划应考虑的常见意外情况包括：

（1）供气中断：供气中断发生在水面，供气中断发生在水下。

（2）通信中断。

（3）潜水员绞缠或羁绊。

（4）潜水员放漂。

（5）潜水员水中受伤。

（6）潜水员脐带切断。

（7）设备起火。

（8）水质严重污染。

（9）吊放系统失灵。

（10）失去热水供应。

（11）潜水员在水下时发生设备故障。

（12）有限空间环境。

（13）有毒有害气体中毒。

（14）水下发生氧中毒。

（15）减压或治疗期间发生氧中毒。

（16）减压病。
（17）肺气压伤。
（18）紧急撤离。

8.6 市政工程潜水作业程序

8.6.1 现场文件的配备

潜水现场应配备潜水作业（安全）手册；应有潜水计划，内容至少应包括任务描述、作业环境条件、潜水队组成与职责分工、设备组成、潜水程序、风险评估、应急及意外程序、医疗急救等；应有设备操作程序、设备维修程序、设备检查表、设备维护保养记录；应有潜水人员的岗位职责和具体分工；应有潜水人证书，包括潜水监督、潜水员、潜水安全员等人员证书以及健康证、专项培训证书等；应有潜水减压表、减压病治疗表；应有各类记录簿和记录表格，包括潜水工作日志簿、潜水监督记录簿、潜水员潜水记录簿、潜水记录表、潜水日报表、工程进度表、隐患和事故报告表和材料消耗表等。

8.6.2 紧急救助与急救

现场应有紧急救助联络表，内容包括潜水从业单位作业主管、安全主管、业主单位主管、最近的水上救助单位、最近的医院、最近的具备减压舱的单位以及随时可以咨询的潜水医师等；紧急救助联络表应张贴于现场潜水人员均能看清的明显位置；应有紧急救助通信系统；应有急救药品、器材、急救手册和存量清单，每次潜水前应按清单检查、补充和更新；急救药品和器材的种类和存量应根据现场条件、作业规模和作业周期配备。

8.6.3 潜水计划和应急计划的制订

应根据具体作业任务制订该次作业的潜水计划；应根据现场环境条件和可能出现的危险，制订该次作业的应急计划。

8.6.4 安全风险评估和作业安全更新

应针对具体潜水工作步骤做出书面的该次作业的风险评估和 JSA 报告；内容应包括可能造成人员伤害和设备损坏的环境因素、人为因素和设备因素等；应针对风险评估所述因素制订防范措施，并指定责任人；所有作业人员应清楚防范措施的内容和责任人；变更潜水程序、潜水人员、潜水设备和潜水地点，或出现隐患、事故和环境条件变化后，应重新评估与分析，并修订防范措施。

8.6.5 人员的配备

市政工程潜水作业时，应依据规范要求，并根据特定的作业任务、规模及环境条件，合理配备潜水人员。

8.6.6 装具、设备、系统和工具的配备

市政工程潜水作业时，应配备符合规范要求的潜水装具、设备、系统和工具。

8.6.7 呼吸气体的配备

潜水员、待命潜水员主气源和应急气源的配备，以及气源储量，应符合规范的要求。

8.6.8 装具、设备、系统和工具的现场检查和测试

市政工程潜水作业前，应对装具、设备、系统和工具进行现场检查和测试。

8.6.9 作业审核与工作许可

潜水项目开工前，应由业主熟悉潜水作业的人员或聘请第三方潜水专业人员对潜水从业单位该项目的潜水计划、应急计划、工作安全分析报告、人员资格和配备、设备认证情况和配备等进行审核和认可；潜水装具、设备、系统和工具在现场布置、安装和测试后，应由业主熟悉潜水作业的人员或聘请第三方潜水专业人员对设备和系统的安全性进行审核和认可；潜水作业前，潜水从业单位应获得业主书面的潜水作业“工作许可证”（PTW，Permit to Work），通俗称“工作票”；PTW 是被普遍使用的一个缩写，用以对有风险的环境内工作的正式的书面授权，由授权人授权给特定工作人员；PTW 应由潜水作业现场业主负责人或授权人批准；批准人应已清楚即将开始的潜水作业方式和内容，以及可能影响潜水作业的因素和所采取的防范措施；特殊水下作业如热切割、焊接、进入受限空间或有毒有害、易燃易爆气体场所等，也应申请特别的 PTW；在通航水域潜水，应报海事主管部门批准。

8.6.10 任务的布置与沟通

潜水前准备完毕后，潜水队召开首次工前会，潜水监督向潜水队简要说明潜水作业计划，介绍本次潜水任务、安全程序、危害因素及防范措施。这种简要说明对于任何潜水作业的成功和安全都至关重要，而且主要关注即将开始的潜水。所有直接参与到潜水的人员都应包括在内。

工前会确保了所有作业人员能够理解潜水计划，并解决任何问题和疑问。之后，每天潜水作业前，潜水监督应组织召开工前会，把任务布置后发生变化的任何资料、状况或者条件向潜水队进行传达，布置当天即将开展的作业任务，对作业任务所涉及安全风险及防控措施进行分析。

潜水作业之前，潜水监督应向潜水员询问下列内容：是否清楚所要进行的工作；是否清楚安全程序和环境存在的风险。

每一次工前会都应涉及以下内容：

1. 潜水任务

简述潜水的目的，注意事项和目前的状况，包括前一次潜水的结果和存在的问题。在简要介绍的过程中，要对眼前任务的潜水和作业程序进行讨论。例如：潜水目的——打捞巴士运行记录仪。任务——找到坠江巴士，拆卸黑匣子，将记录仪带出水面。

2. 潜水程序

该次潜水作业的安全程序。

3. 危害因素

应当向潜水员简要说明本次潜水的具体危害因素。确保潜水员和潜水队了解存在的危害，以及安全潜水所必需的防范措施。

4. 限制及约束

最大的潜水深度、水底时间、搜索范围、现场环境、受限空间以及必须高度注意的密闭空间等。

5. 岗位安排

审查及核实任务分配，确保作业人员了解他们的岗位和职责。潜水监督应根据作业内容，结合潜水作业人员的身体健康状态、精神面貌状态、心理状态来安排适当的潜水员，确保一号潜水员（如果可能二号潜水员）以及待命潜水员都是经验丰富的潜水员。未经潜水监督许可，作业人员不得随意更换潜水站的位置。

潜水前，潜水监督应评估每名潜水员和照料员的身体状况（如有必要可接受医学人员的协助）。潜水员出现以下任一症状：咳嗽、鼻塞、明显的疲劳、精神紧张、皮肤或耳朵感染等，应取消潜水班次轮换。

潜水监督应确认是否有潜水员或者照料员服用任何可能妨碍潜水的药物。没有硬性规定来决定什么时候药物会妨碍到潜水员的潜水作业。一般来说，局部用药、抗生素、节育药物以及不会引起嗜睡的减充血药物等不会限制潜水。

潜水监督应询问潜水员是否有身体和心理的不适，能否胜任本次潜水，核实潜水员完成指定任务的意愿和能力。不得强逼任何潜水员进行潜水。经常拒绝潜水作业的潜水员将会被取消潜水岗位。

6. 紧急情况及协助

根据潜水计划中的任务说明，审查当天第一次潜水发生紧急情况时的应急及援助行动计划。

8.6.11 待命潜水员

有 1 名潜水员在水下作业时，潜水现场应指定 1 名待命潜水员；有 2 名以上潜水员在水下作业时，每 2 名潜水员至少指定 1 名待命潜水员；除潜水面罩或头盔外，应穿戴整齐其他潜水装具；应先于潜水员进行潜水装具的检查和测试；只有在其装具检测无误，且随时可以入水营救潜水员时，潜水员才能入水；供气系统的主气源应独立于潜水员的供气系统；应在距入水点最近的位置待命；应具备入出水的方式；待命期间应随时掌握水下潜水员的状况。

8.6.12 现场警示标志

潜水现场应有相应的隔离标识，无关人员不能进入潜水区域；重要潜水设备或系统开启后，应有标识；在通航水域潜水，现场应悬挂潜水作业的信号旗、信号灯或号型；潜水开始和结束时，应通知现场所有人员。

8.6.13 不宜潜水和终止潜水的条件

潜水员不宜潜水或高气压暴露的条件应包括：严重感冒或呼吸道感染，耳咽管功能障碍；酒后；药物反应；中耳疾病或外耳感染；皮肤感染；过度疲劳；情感抑郁；心理障碍；体检时，心率超过 100 次 /min 或低于 55 次 /min，口腔温度超过 37.3℃或腋下体温超过 36.8℃，血压收缩压超过 140mmHg（18.6kPa）或舒张压超过 90mmHg（12.0kPa），收缩压低于 90mmHg（12.0kPa）或舒张压低于 60mmHg（8.0kPa）；潜水监督或潜水医师认为不宜潜水的其他因素。

潜水员终止潜水的情况应包括：潜水员要求；潜水监督或业主代表要求；待命潜水员不在岗位；通信中断、故障或效果不佳；主气源供气中断或供气故障，潜水员已开始使用自携应急气源或来自水面的应急气源；水下环境发生变化，达到启动应急计划条件时；气象条件超出允许极限。

8.6.14 水文气象的条件

1. 自携式潜水

自携式潜水，水流速度应不大于 0.5m/s；蒲福风力等级应不大于 4 级（风速 11 ~ 16 节）。

2. 水面供气式潜水

（1）通过潜水梯入水时，水流速度应不大于 0.66m/s，蒲福风力等级应不大于 4 级；蒲福风力等级大于 4 级小于 5 级（风速 17 ~ 21 节）时，应评估现场具体条件决定是否潜水。

（2）通过潜水吊笼入水时，水流速度应不大于 0.5m/s，蒲福风力等级应不大于 5 级。

水流速度超出上述限制条件，因特殊情况需要潜水时，应评估现场具体条件，采取更有效的安全防护措施，确保潜水员安全；蒲福风力等级大于 5 级小于 6 级（风速 22 ~ 27 节）时，应评估现场具体条件决定是否潜水。上述水文气象的限制条件只考虑潜水员能安全入出水，而非在此条件下胜任工作。

8.6.15 减压方案选择和评估

根据《空气潜水减压技术要求》GB/T 12521—2008 的规定，依据潜水深度、水下工作时间，结合潜水工作强度、水质情况、水文气象和潜水员个体差异等多种因素选择减压方案；按减压方案减压后，如确定潜水员患减压病，应结合以往的减压方案进行综合评估，找出引起减压病的原因，供今后选择减压方案时参考；其他减压程序应得到潜水医师批准后采用。

8.6.16 潜水后的安排

潜水监督应向潜水员询问身体状况；潜水员如感觉任何身体不适或异常生理反应，应立即报告潜水监督或潜水医师；应告知潜水员最近的减压舱位置；潜水员水下减压潜水出水或减压出舱后，应在甲板减压舱附近停留不少于 1h，且 5h 且内不能远离减压舱（即能在 2h 内到达有减压舱的地点）；潜水员不减压潜水后 12h 内、减压潜水减压后 24h 内不应飞行或去更高海拔地区；紧急情况需搭乘飞行器或去更高海拔地区时，应符合《潜水员潜水后飞行要求》JT/T 909—2014 的规定；潜水员罹患减压病，需要空运去其他地点治疗时，应由潜水医师决定。

8.6.17 最低休息时间规定

潜水人员连续休息时间不得低于 8h。

8.6.18 潜水作业记录与报告要求

潜水监督应填报每次潜水的潜水记录、潜水作业日报表及潜水作业完工报告；潜水员应填报个人潜水作业经历记录；潜水员应填报潜水前个人装具的检查表，潜水机电员应填报每日潜水设备、系统和工具的检查表、运转记录及维护保养记录。

8.7 市政工程污水管道潜水安全操作技术

市政工程管道潜水，通常在市政排水管道、窨井、泵站、污水井涵洞、污水处理厂等场所进行，多数属于有限空间及穿透潜水，水质多数是污水，这些环境易于产生有毒有害、易燃易爆气体，如果防护措施不足，会对潜水员造成伤害。因此，要掌握有限空间潜水、穿透潜水及可能遇到的污染水潜水的安全操作技术，以减少直至消除管道潜水环境给潜水员带来的危害。

8.7.1 有限空间潜水

有限空间潜水时，潜水员需处在一个身体受限的空间，照料员不能直接将潜水员拖拽回水面。市政工程潜水多数属于有限空间潜水。市政工程有限空间有这几种情形：

身体受限的空间：限制潜水员在任何平面上从头到脚旋转 180° 的水下空间，如窨井、管道。

水面直接通道：潜水员潜水时，照料员可以轻易地将潜水员拉回水面。但并不表明潜水员上升到水面的过程中，没有任何障碍物，而是水面照料员在将潜水员拉回水面的入水点时，不会受到任何限制，如泵站。

潜水员在拐角工作：潜水员潜水时，潜水脐带可能被绞缠，或者因为潜水场地配置造成水面照料员和潜水员之间的不能直线拉拽，也不能使用拉绳信号，如污水井涵洞。

密闭空间：密闭空间是指一个水下的、潜水员可以进入的、空间上部或可有空气的封闭水下环境。潜水员进入上部有空气的空间时，千万不能马上脱去潜水装具直接呼吸封闭空间内的空气，需经检验符合安全条件才能直接呼吸。在某些情况下，为了到达水下的潜水作业点，潜水员需在密闭空间内运送或工作。

有限空间潜水常见的危险有通道狭窄，人员进出受限，能见度低，水面照料容易受阻，发生险情救援难度大。因此实施有限空间潜水前，应进行风险评估并采取相应措施。

8.7.2 井下潜水作业

井下潜水作业属于有限空间潜水作业，因为存在封闭空间及有毒有害气体的危险性，潜水员必须使用水面需供式潜水装具（配有应急供气系统）。作业现场还应配备应急装备、器具。

井下作业必须履行审批手续，执行当地的下井许可制度。应采用专用气体检测设备检测井下气体，测定井下的空气含氧量和常见有毒有害、易燃易爆气体的浓度和爆炸范围。井内水泵运行时严禁人员下井。潜水监督应对潜水员进行安全交底，告知作业内容和安全防护措施及自救互救的方法。

潜水员进入井下空间上部或可有空气的封闭水下环境时，千万不能马上脱去潜水装具直接呼吸封闭空间内的空气，干燥空气环境须通风并经检验符合安全条件才能直接呼吸。即使检验合格，如果潜水员闻到任何异常气味，应立刻重新使用面罩呼吸。

如果潜水装具失灵，应立刻使用背负式应急供气系统，并结束返回。

8.7.3 管道潜水

管道潜水属于穿透潜水，穿透潜水也是有限空间潜水的一种。最常见的穿透潜水的例子就是潜水员进入一个管道，并沿着管道进入其内部。这大致符合穿透潜水的处在身体受限的空间和无水面直接通道的两个特点。在执行穿透潜水时，如果穿透入口在水下并且在水面不能直接进入，则潜水员在穿透入口处应始终得到一名水中照料员的照料。水中照料员的作用是照料穿透潜水员的潜水脐带，并且在潜水员发生潜水脐带绞缠或受困时，提供援助。在这些情况下，潜水队应增加一名额外的照料员或潜水员。

在很多地下水位高的城镇，特大型和大型管一般情况下断水和封堵有困难，同时管道运行水位也很高，包括倒虹管和排放口，潜水员进入管内进行检查往往是不二选择。潜水员通过手摸或脚触管道内壁来判断管道是否有错位、破裂、坝头和堵塞等病害。

潜水员在有拐角的水下进行潜水作业时，潜水脐带可能发生绞缠。由于有拐角，不能使用拉绳信号，应指派潜水员在水下担任照料员，在拐角处照料工作潜水员的脐带，并与水面照料员接力传递所有的拉绳信号。

如潜水员进入水下管道进行潜水作业，潜水员的脐带经常会在管道的进口处拐个弯，甚至在管道内拐弯。因此应在这些拐点处，安排一名潜水员作为水中照料员，照料在管道内作业的潜水员。在执行长距离穿透潜水时，还可能需要额外的水中照料员。应该计算和备便呼吸气体，保证有足够的供气量和供气余压，满足潜水员的呼吸需求。

8.7.4 污染水中的潜水

在污染水潜水作业时，应考虑将潜水员暴露于污水中的时间缩到最短。市政管道潜水作业水域一般水深较浅，大多数情况不需要减压；如果作业水域水深（或气压）较大，应选择不减压潜水，以减少潜水员暴露于水污染的机会。市政管道潜水涉及水污染问题，应视污染的程度采取不同措施。

1. 培训

凡是计划参加在污染水中进行潜水作业的人员，应该接受有害废物作业和应急反应方面的特定培训。培训内容包括：

（1）水面和潜水人员的个人防护设备。

（2）排除污染程序，包括准备消毒剂或其他应采取的解决方法。

（3）对作业中的人员和使用的设备排除污染。

（4）对参加过作业的人员和使用过的设备进行消除污染处理。

2. 现场评估

作业水域存在污染可能或确定被污染，应对作业地点进行评估。评估应包括：

（1）任何可能的污染（有可疑污染物）或潜在的危险。

（2）潜水环境的测试：当环境被污染时，仅凭视觉或嗅觉来不能辨别，接近任何潜水环境时应特别注意，当怀疑水质有污染时，在潜水作业开始前应进行水质测试。

（3）风：在可能存在有毒烟雾的环境中，潜水站、压缩机和水面人员应位于任何空气污染源的上风位置。

（4）水流：在存在表层流和水下流的情况下，潜水员应从上游位置向已知污染源点接近，以确保污染水质远离潜水员。

（5）参数：尽可能建立潜水站和潜水地点周围的参数，确保没有防护措施的人员远离可能的污染。

（6）限制区域：应进行限制区域的管理，以使没有防护措施的人员管控在限制区域之外。

3. 水面人员防护装备

按照我国环境保护行业标准《新化学物质危害评估导则》HJ/T 154—2004 对环境保护的要求，污染水域潜水作业前应做风险评估。对人员防护装备（PPE）的选择，应基于它保护潜水员和水面作业人员免除遭受特定风险的能力。PPE 有 4 种不同类别，从最低保护 D 级到全身保护 A 级，装备配置结构建议见表 8.7-1。

在选择 PPE 时，必须考虑一些关键的可变因素：

（1）危害的识别。

（2）潜在的危害进入潜水员和水面作业人员的途径，即呼吸吸入、皮肤吸收、消化道摄入和眼或皮肤接触。

（3）PPE 的材料，缝合线、面罩以及所有其他关键元件的性能。

（4）PPE 的材料在密封、撕扯和耐磨等强度上的耐久性，与在潜水现场的特殊条件相匹配。

（5）PPE 对潜水员和水面作业人员的作用与现场的环境状况相匹配（如热射病、体温过低、脱水、任务时间长短等）。

（6）选择 PPE 时，如果这些变量不能得到实际确定，应按照最恶劣情况下的特定变量和穿着的防护。根据作业现场的实际情况，定制满足作业需要的 PPE，确保潜水员和水面作业人员不受污染伤害。

4. 潜水员佩戴或携带的装备和附件

（1）潜水员佩戴装备的选择应基于所要求的污染防护水平。潜水监督负责选择防护装备和潜水作业技术方案。

（2）潜水员配备的防护装备应与所防护的污染物相匹配。

（3）潜水员佩戴的装备和附件保护共有三个级别，从最高保护（一级）到最低保护（三级）。这些级别的要求见表 8.7-2。

（4）潜水员佩戴的所有防护装备应该在潜水作业前对其完整性和功能进行测试。

（5）如可能发生超过一级潜水系统（防护装备）防护能力时，应立即终止潜水作业。

个人防护设备选择指导方针 表8.7-1

<table>
<tr><th>EPA 等级</th><th>呼吸防护</th><th>防护服</th><th>手和脚的防护</th><th>额外防护</th></tr>
<tr><td>A</td><td rowspan="2">一个经批准的正压式全面罩自给式呼吸器（SCUBA）或一个经批准的带逃生 SCUBA（不少于 5min 的呼吸气量）的正压式送气呼吸器</td><td>专门用于防化学品渗透完全密封化学防护服</td><td rowspan="3">手套：外层和内层的耐化学品手套。
靴子：带刚性鞋头和鞋骨的耐化药品靴子</td><td>连裤工作服、长内衣、安全帽、双向无线通信系统</td></tr>
<tr><td>B</td><td rowspan="2">用耐化学品材料做成的带帽子的耐化学品防护服（工作服和长袖上衣；连裤工作服；一件式或两件式防化服；一次性耐化学品工作服）</td><td>同上，再加上：
面部保护罩、鞋套
（一次性，耐化学品）</td></tr>
<tr><td>C</td><td>一个经批准的全面罩或半面罩空气净化呼吸器</td><td>同上，再加上：逃生水罐</td></tr>
<tr><td>D</td><td>—</td><td>连裤工作服</td><td>靴子：带刚性鞋头和鞋骨的耐化药品靴子</td><td>同上，再加上：安全眼镜或防化学护目镜、手套</td></tr>
</table>

潜水员佩戴或携带设备和附件 表8.7-2

一级（最高防护）	二级	三级（最低防护）
在含有已知的生物学污染、石油燃料、滑润油和工业化学品的水中潜水，会导致长期健康的危害或致死。 头盔式水面供气潜水员配有连着靴、手套和一个回路排气或双排气阀系统的无孔干式服。 注意：一级防护的使用应该考虑正在使用的设备和水污染通透进入装备的后果。（参考制造厂商的数据）。在含有强化学品或核污染的水中潜水，即使很少暴露也可能产生严重的威胁，要求特别考虑和计划、设备防范措施和进行培训	在含有已知的生物学污染或化学品污染的水中潜水，会引起短期健康影响，但不会引起永久性的损伤、残疾或致死。 水面供气脐带，带有密封帽、手套和靴的干式服。 密封的帽覆盖面部的全面罩	推荐在被认为有很少的健康危害的水中潜水所使用。 SCUBA 或水面供气脐带，带有半面罩或全面罩，耐磨连裤工作服，手部和足部的防护

5. 清污程序

在特定高污染潜水环境中，可适用以下程序：

（1）围绕潜水站周围的区域，可分为三个地带用于适当隔离污染。直接围绕在入 / 出水点的地带被认为是“高污染”地带。潜水员和设备经过初始排污后则被定义为“低污染”。最后地带是潜水员在经过排除污染后进入，并保证所有离开的潜水装备都是“干净”的。

（2）一个有效的颜色码系统可以用于清楚地标明排除污染的边界点。用“红色”表明所有“高污染”区域，黄色表明“低污染”区域，绿色表明“干净”区域。绿色标明的“干净”区域应该位于污染区的上风。

（3）使用高压淡水冲刷潜水员作业点，以冲淡潜水环境的污染物含量并减少对潜水员的污染。

（4）如果潜水过程中可能遭遇大量黏性污染物，建议使用与潜水装具匹配的一次性防护服。

（5）潜水员完成潜水任务、经过初始淋洗后，可采用下述清污冲洗程序：

1）应该用清洁溶液和合成硬毛刷洗刷潜水员身体，同时仔细刷洗潜水头盔和颈部密封圈的交界处。

2）潜水员经过初步冲淋并脱卸装具后，应该用硬毛刷和清洁液刷洗身体，可先用长柄刷加速清洗过程，再用短柄毛刷仔细刷洗潜水头盔、颈围的交界面。

3）清洁液的成分应适用待清除的污染物。5%漂白剂清洁液的制备方法之一：优质次氯酸钙 1360g 加 19L 水，混匀。含氯清洁液不宜用于大量含氨的污染物，在这种情况下可用 1%～2%磷酸三钠清洗液。

（6）一旦潜水员已合理进行清污，并进入“低污染”区，应卸除潜水装具。首先，解开头盔与潜水服的机械锁紧装置，取下头盔。然后脱下干式潜水服和手套，最后脱下内衣裤。

1）如果潜水装具没有本次潜水造成损坏的征象，潜水员可进入清洁区，进行常规的潜水后淋浴，包括用沐浴皂和洗发剂清洗全身。此外，用沐浴皂彻底刷洗手指，潜水员可根据具体情况刷洗指甲或刷牙漱口。

2）如果皮肤有暴露于污染物的阳性指征，应采取额外的清污措施。

（7）潜水员卸装后，应对所有装具进行二次清污。首先冲洗装具的大片污染，然后将其置入合适的表面活性剂洗涤液中浸泡 30min。在浸泡后，彻底冲洗装具，直至无泡沫为止。为保证清洗液不进入脐带或其他气动装置的输气孔，应采用不透水的密封罩。

（8）在某些情况下，应将用于潜水员和潜水装具冲淋、洗涤和再冲淋的所有液体进行封存，以便进行相应的危险品处理。如果确属危险品，上述潜水员和潜水装具的清污程序需作变更，以确保所有与清洗液有关的活动在水密的集水区内进行。凡有集水区的地点，所有洗涤液应泵送或排放到合适的储存和输送容器内，并标有醒目的“危险品”标记。

（9）对存有放射性污染的水域，要按照放射性防护要求进行特别防护。

6. 危险源评估和识别

（1）当存在化学品污染危害时，应该对该区域进行回顾性评审，设施安全员、厂家监督或技术员应提供相关的信息。应进行如下检测：

1）化学污染物的定性分析。

2）化学污染物的定量分析。

3）空气质量监测。

4）既往存在的污染物质。

（2）在污染水潜水作业，应考虑水温对选用防护设备的影响。

（3）防空措施应符合本地区、市或省属水质机构对生物毒素、水生病原体、微生物污染方面的现行管控要求。

（4）对水或沉积物取样分析，以确定污染物是否存在。检测机构应提供适当的容器和样品采集、搬运、运输程序。

（5）已经确定在沉积物或水中存在污染，可使用快速现场试验包对化学物进行检测。潜水作业的现场出现了严重的污染，可考虑使用 ROV。

（6）可使用手持式探测器监控挥发性化学品：

1）潜水作业前，初始转运到一个新区域监测空气质量。

2）在潜水作业进行时，使用带有警报装置进行持续监控。在空气质量发生变化时，及时提醒工作人员。

3）在潜水员出水后，应排除污染。再次监测潜水员是否仍存在污染。

（7）潜水员和水面工作人员受到污染后，可以采集血、尿或其他生物学样本进行医学检验，以获取污染物清单。

8.8 市政工程潜水应急援救

8.8.1 市政工程潜水应急援救原则

潜水作业是在水下特殊环境中进行，潜水员除了受高气压和呼吸气体分压改变的影响而可能导致机体发生疾病和损伤外，还可能受到由水下操作失误、装具突然故障、水下生物及其他物理因素等引起的伤害。市政工程潜水作业还存在有限空间、有毒有害气体、可燃性气体等环境条件可能产生的危害。这些伤害一旦发生，对潜水员的危害很大，如不及时救治，后果十分严重。因此，要重视预防各种险情和事故的发生。一旦发生险情和事故，能否及时、正确地救援和处理，将直接关系到遇险潜水员的安危。

潜水员无论在水下或水面遇险，援救的首要任务是尽快将其救助出水，立即移送通风良好的场所进行急救，这是能否救助成功的关键。潜水员遇险现场处理的基本原则：

（1）首先要动作迅速，尽快将遇险潜水员救援出水。

（2）要明确诊断，争分夺秒恢复其呼吸、循环功能，即不间断地实施心肺复苏。

（3）对疑有减压病和肺气压伤的患者，在确保心肺复苏成功后，应尽快送入减压舱，进行加压治疗。其他急救措施，如止血、骨折固定、药物对症治疗等，可在加压过程中同时进行。

（4）遇险者出水后，无论身体状况如何，皆不宜搀扶步行，应左侧半俯卧于担架上运送。

（5）如患者需加压治疗，现场又无减压舱设备，可在施行其他急救措施的同时，保持上述体位，以最快的速度送至有减压舱或高压氧舱设备的单位，实施加压治疗。

（6）现场处理“快”为先，各环节皆应争分夺秒，迅速而准确地展开，这往往直接关系到遇险者的生命和体能康复，应引起足够重视。

（7）应急援救行动应有预案，统一指挥，有条不紊、迅速、有效地展开。

8.8.2 潜水员水下遇险应急救援方法

潜水员水下遇到的险情主要有：放漂、供气中断、绞缠、溺水、水下冲击伤、水下触电、水下生物伤等。潜水员通过训练以及经验积累，通常是能够处理潜水作业时可能遇到的或潜在的潜水事故。大多数潜水事故只要应急援救处置得当是可以转危为安的。

1. 放漂

收紧脐带或信号绳，迅速抢救出水。出水后按下述原则处理：

（1）如该次潜水需要减压，应立即进入减压舱内实施减压。为防止减压病的发生。可将舱压升到该次潜水的水底压力，水下停留时间则从开始下潜时到救出水面、进入减压舱并加压到该次潜水深度时止，然后选择相应的减压方案进行减压。

（2）现场无减压舱设备时，如潜水员神志清晰，自持力良好，装具无损，则可在水面人员监护及救助潜水员的帮助下，重新下潜，如无减压病症状者，可下潜到比第一停留站深若干站处，按上述方法计算水下停留时间选择延长方案减压，有症状则按相应的治疗方案进行减压。

（3）如为不减压潜水放漂，又未出现减压病的症状和体征，可让其在减压舱旁休息，进行观察。

（4）当潜水员放漂后出现意识丧失时，很可能是发生肺气压伤或重型减压病，应迅速进行加压治疗。

（5）若发生外伤、挤压伤、溺水，可采取相应的急救治疗措施。

2. 供气中断

（1）通知潜水员迅速上升出水。

（2）立即启用备用供气系统供气；启用水面的二级呼吸起源，或使用潜水员自带备用气瓶。

（3）警示待命潜水员，准备入水救助遇险潜水员。

（4）检查供气中断原因，设法排除。

（5）出水后潜水员发生潜水疾病，采取相应的急救措施。

（6）如有必要立即咨询潜水医生或组织转送。

3. 绞缠

（1）绞缠发生时，保持密切联系，了解水下状况，做好相应的救治准备。

（2）听从水面人员指挥，潜水员保持沉着冷静，尝试自我解脱。

（3）自行无法解脱，立即动员待命潜水员下水，协助解缠。

（4）必要时，可再系一根信号绳后，割断信号绳和（或）供气软管，迅速出水。

（5）根据潜水员水下停留时间的延长，选择相应的减压方案。

（6）自携式潜水发生绞缠后，如无法解脱时，可丢弃装具漂浮出水，同时，水面人员做好援救和治疗的准备。

（7）潜水员出水后，根据具体情况进行预防性加压处理。

（8）发生其他疾病，采取相应的急救措施。

4. 溺水

潜水员可能因装具呼吸器部件损坏、失灵或操作不当等原因，吞入和吸入大量的水，发生溺水。溺水一旦发生，将迅速危及生命，抢救的基本原则是：争分夺秒、心肺复苏、吸氧。现场抢救的具体方法和要求：

（1）迅速将溺水者抢救出水，立即就地急救；包括清除口鼻腔内泥沙、水草等异物，并取头低位施行心肺复苏术。这样，既可倒出呼吸道和胃内积水，又可不失时机地进行人工呼吸（切勿因倒水而延误抢救）。

（2）及早施行心肺复苏术。

1）如溺水者呼吸已停止但仍有心跳时，应进行有效的人工呼吸，直至肺内液体大部分吸收或排出、气体有效交换量完全正常后方可停止。由于人工呼吸持续时间较长，一般宜采用简易呼吸器进行。

2）如溺水者呼吸和心跳皆已停止，除进行人工呼吸外，应同时作体外心脏按压术。必要时心腔内注射复苏药物，以促进自由搏动的恢复。此工作应由医师进行。

（3）组织后送，到医疗单位作进一步救治。转送途中，人工呼吸和心脏按压术不能中断，并应避免剧烈颠簸和震动。

5. 水下失联

（1）发生语音通信中断情况时，水面人员立即用拉绳信号联系潜水员并终止潜水。

（2）如果没有收到潜水员对拉绳信号的反应，表明潜水员可能失去知觉或信号绳（脐带）被缠住，此时现场潜水监督应下令待命潜水员下水处理。

（3）潜水员顺着脐带（或信号绳）下潜找到遇险潜水员，若潜水员神志清楚，则应首先潜至遇险潜水员面前，相互注视，示意其勿乱划动，使其增强信心、情绪安定，并采取措施解除脐带绞缠后，一起返回水面。接近遇险潜水员时，要特别小心，不能被遇险者抓住不放，甚至撕下自己的面罩，造成援救失败致使两人同时遇险。

（4）若发现潜水员失去知觉，应立即解除脐带绞缠，并尽快将潜水员护送出水面。上升过程中，要保持直立姿势并保护好头部，并控制适宜的上升速率，以防发生肺气压伤。到达水面后，如遇险潜水员仍没有呼吸和心跳，应争分夺秒在水中实施心肺复苏术。同时，在水面人员的援助下，尽快救护出水，在现场实施急救。此时应注意的是防止遇险者再次沉入水中，为此，应去掉其身上的压重带，或向救生背心内充气。

6. 水下冲击伤

（1）当爆炸物在水下爆炸时，应迅速将潜水员救护出水。出水后的基本处理原则是：严密观察，对症治疗。即使潜水员出水后表现良好，也要卧床休息，或卧于担架上转运，不要搀扶伤员步行。需要减压或已并发减压病或肺气压伤者，应尽快送进减压舱，选择适宜方案，实施加压治疗。其他治疗可在减压舱内同时进行。

（2）对口鼻流血的伤员，应取左侧半俯卧头低位，以防冠状动脉及脑血管空气栓塞。

（3）保持呼吸道通畅，以防外伤性窒息。呼吸骤停者，应进行口对口人工呼吸，忌用挤压式人工呼吸。昏迷伤员有舌后坠时，牵舌固定或用咽导管维持呼吸，并给吸氧。

（4）伤员应安静休息，注意保暖、止痛，防止感染并补充维生素。禁止从口中给药或食品。可用注射给药。

（5）在严密观察下，迅速组织转送。转送时，根据病情可采取平卧位、左侧半俯卧位，但不可扶起步行，避免颠簸、震动。

（6）转送至医院后应作进一步检查，并给予对症治疗，也可进行高压氧治疗。

7. 水下触电

触电急救的基本原则：动作迅速、方法正确。

（1）潜水员在水下使用电气设备或在电气设施附近水域作业时，水面人员要密切注意其动态并与有关方保持密切联系，一旦发生触电事故，能立即切断电源。

（2）如果触电者伤势不重、神志清醒，尚能控制自己，应令其立即上升出水进行检查。

（3）如果触电者有些心慌、四肢发麻、全身无力、疼痛，甚至呼吸困难，应请求水面派待命潜水员下去协助其上升出水。（切记，只有当电源完全切断后待命潜水员才能下水援救。）

（4）如果触电者伤势较重，失去知觉，水面应立即派待命潜水员下水援救。如触电者在水下没有呼吸和心跳，援救潜水员应在水中实施心肺复苏术。同时，水面人员尽快协助救护遇险潜水员出水，并实施急救。

（5）如果触电者意识丧失后，继发淹溺，应同时按淹溺特点进行救治。

（6）如现场有加压系统设备，应在减压舱内进行抢救。可吸入高压氧气，对改善缺氧状态、治疗脑水肿、复苏等都有很大好处。

（7）对于触电同时发生的外伤，应分别情况处理。对于不危及生命的轻度外伤，可放在触电急救之后处理；对于严重的外伤，应与人工呼吸和胸外心脏按压同时处理；如伤口出血应予止血，为了防止伤口感染，最好予以包扎。

（8）尽早组织后送到医疗单位后作进一步救治。

8. 水下生物伤

迅速将伤员抢救出水，并采取以下救治措施：

（1）迅速用衣物、纱布或水草等擦去粘在身上的触须和毒液，切勿直接用手去擦。有条件时可用破坏毒素的碱性溶液，如弱氨水、饱和碳酸钠溶液或新鲜尿液，轻轻擦洗或冲洗伤口。

（2）对局部可用明矾水擦洗处理；也可用氨水或碳酸氢钠溶液擦洗；还可用 1：1000 高锰酸钾溶液冷敷，使局部血管收缩，减少毒素吸收。此法对减轻症状，有一定疗效。

（3）对症疗法：症状严重者应采取头低卧位，口服抗组织胺药物，同时给予其他对症治疗，如抗休克、解痉、镇痛、注射兴奋剂和吸氧等。输液时，应注意防止肺水肿。

8.8.3 遇险潜水员水面急救

待命潜水员把遇险潜水员带至水面后，在还未到达岸上之前，就应开始进行水中人工呼吸或水中心肺复苏，以最快速度使其呼吸、循环功能恢复正常。同时，在水面人员的援助下，尽快救护出水。出水后，无论在堤岸或井口上，应立即对患者进行认真检查，尤其要侧重于可能危及生命的某些体征和症状，如呼吸状态，有无呼吸道阻塞，心跳、脉搏情况，神志是否清醒，有无休克状态，口鼻有无血性泡沫流出等，并展开相应的现场对症治疗。待其呼吸、循环功能恢复后，再转送至医疗单位作进一步救治。

若潜水员水下遇险后不由自主地漂浮到水面，水面人员发现后应立即收紧脐带（或信号绳），迅速派待命潜水员下水，以最快的速度接近遇险者，观察遇险者的状态，正确、有效地实施救助。如遇险者失去知觉，尽快将其压重带解除，或向其救生背心内充气，以增加正浮力，防止其下沉，并设法使其口鼻露出水面、接触大气。如呼吸心跳已停止，应尽快在水中施行心肺复苏术，同时拖带至岸边，争取尽早出水，在陆地上展开更有效的急救。如遇险者有知觉，救助潜水员尽快正面接近遇险者，以稳定其情绪、增强脱险信心；与此同时，尽快解脱其压重带。如遇险者比较镇静，可继续用面罩呼吸，否则，应取下面罩，直接呼吸大气。救助潜水员应将遇险者头面部托出水面，使其处于仰卧状态，拖带出水。为便于拖带，可将遇险者气瓶和呼吸器取下。当然，对有知觉、比较清醒的遇险者实施援救时，应向其说明要求，争取其配合，以便援救顺利进行。

8.8.4 水中拖运遇险者的要求和方法

（1）在水面拖运失去知觉的遇险者，要随时检查其头面部是否露出水面，呼吸是否正常，病情有无恶化，以便采取相应措施，维持其呼吸功能，如在水中进行人工呼吸应在拖运中坚持进行，不得中断。

（2）遇险者情绪不稳定时或表现惊慌、挣扎时，都将造成对其本人和救援人员安全的威胁，这时不宜进行拖运，应查明原因，设法使其安定后再拖运。

（3）拖运中，救助潜水员要随时注意观察遇险者的情况变化，并根据具体情况，采取相应措施。

（4）拖运遇险者的方法有多种，如托头拖运法、手脚伸展拖运法、夹臂拖运法、胸臂交叉拖运法、脚推法、绳索拖运法和双人拖运法等，可根据具体情况，选择其中较适宜的方法。如有可能，应尽量采用绳索拖运法，因该法可减轻救援者的疲劳、拖运速度快，且不易被遇险者抓住不放而造成危险，具有很大的主动性。实施时，绳索一端系在遇难者身上，另一端用活扣系在自己腰上，这样，救援者手脚可游泳和做其他救治工作。如遇险者很清醒，也可用手抓住绳索拖运。

8.8.5 对井下作业潜水员遇险援救

对井下作业潜水员遇险进行救援时，因为存在封闭空间及有毒有害气体的危险性，救护潜水员必须使用水面需供式潜水装具（配有应急供气系统），同时需配备潜水员与之间和潜水员与水面人员之间的电话通信系统。

潜水员进入井下封闭干燥空间救援时，千万不能马上脱去潜水装具直接呼吸封闭空间内的空气，干燥空气环境须通风并经检验符合安全条件才能直接呼吸。

如果潜水装具失灵，应立刻使用应急供气系统，并结束返回。

尤为重要的是，在进入深井、未知孔洞等处救援时，必须选用质量可靠的救助绳索，且绳索的固定要具有双保险扣，另外现场指挥员要集中精力对下井救援人员进行个人安全防护方面的现场引导，特别要强调保护好潜水面罩或头盔的防脱细节等问题，防止意外死亡或深度中毒。

8.9 潜水记录与报告

8.9.1 潜水作业记录的填报要求

1. 潜水员填报的记录

潜水员应填报的报告包括潜水前个人装具的检查表，潜水员个人潜水作业经历记录，以及潜水监督要求的其他记录。

2. 潜水监督填报的潜水记录

潜水监督应填报每次潜水的潜水记录，内容包括：业主单位名称和地址；潜水从业单位名称和地址；潜水作业地点、日期和时间；水下能见度、水流速度、浪高和水温等；潜水监督、潜水员、照料员和其他潜水人员的姓名；所用的潜水方式；所用的潜水设备；潜水最大深度；水下工作时间；详细的作业内容和作业过程；所用的减压表和减压方案；任何异常情况。

3. 潜水机电员填报的记录与报告

潜水机电员应填报的报告包括：每日潜水设备、系统和工具的检查表；每次潜水设备、系统和工具的运转记录；每日潜水装具、设备、系统和工具的维护保养记录。详细的设备故障和损坏报告。

8.9.2 潜水作业日报表的填写要求

潜水监督应填写每日的潜水工作日志，内容包括：业主单位名称和地址；潜水从业单位名称和地址；潜水作业地点和日期；潜水监督、潜水员、照料员和其他潜水人员的姓名；作业内容；每次潜水员的入水和出水时间；会议、演习、训练、设备维护、人员变更、环境变化等其他情况；应急情况；隐患与事故；业主建议。

8.9.3 潜水作业工作进度报告的填写要求

潜水监督应填写每日的工作进度报告，内容包括：人员名单和人员变更情况；设备状况（包括设备的增减）；过去 24h 完成的工作；过去 24h 的潜水次数和总潜水次数，总水下工作时间；已完成的工作量占总工作量比率；超出计划工作范围的工作内容；材料消耗与库存状况；气体消耗与库存状况。工作进度报告与作业日报可视具体情况合并填写。

8.9.4 其他报告

需要时，潜水监督还应填报下列报告：如现场无潜水医师和生命支持员时，潜水员的体检记录；安全会议纪要；隐患和事故报告；设备故障和损坏报告；应急演习和训练报告；潜水监督个人潜水监督经历记录；项目完成后的完工报告。

第 9 章　市政工程水下作业技术

9.1　市政管线工程简介

市政工程是城市建设中，市政基础设施工程建造（除建筑业的房屋建造）的科学技术活动的总称，是人们应用市政工程技术、各种材料、工艺和设备进行市政基础设施的勘测、设计、监督、管理、施工、保养维修等技术活动，在地上、地下或水中建造的直接或间接为人们生活或服务的各种城市基础设施。市政公用基础设施包括市政工程设施、公用基础事业设施（供水、供气、供热、公共交通等）、园林绿化设施及市容和环境卫生设施等。

市政工程一般是指城市道路、桥涵、隧道、给水、排水（含污水处理）、防洪和城市照明等市政基础设施。市政工程自身的特点是隐蔽工程比较多，比如排水管渠工程除检查井的口、盖外，工程结构的主要构造绝大部分都隐藏在地下。城市供水和排水设施、市政集污水和排水管道、大型涵箱及取排水、隧道盾构高气压、沉管隧道等市政工程施工涉及潜水及高气压作业。本节对这些涉水的市政管线工程作简要介绍。

9.1.1　给水工程

在城市建设过程中，市政给水工程是一项非常重要的工程，它不仅是城市健康全面发展的保障还是城市居民正常生活和生产的基础。城市给水管道系统由管道和相应附属物组成，管道承担着水的输送任务，而附属构筑物则起水压提升，水量控制等作用，常用的给水管材有钢管，球墨铸铁管、预（自）应力钢筋混凝土管、预应力钢筒混凝土管（PCCP）、硬质聚氯乙烯管（UPVC）、高密度聚乙烯管（PE）、聚丙烯管（PP）、玻璃钢管（GRP）及夹砂玻璃钢管（RMP）等（图 9.1-1）。接口形式有刚性接口和柔性接口两大类。柔性接口以其密封性能优良、安装方便、具有可挠性和可伸缩性，已广泛应用在不同管材、不同口径的给水管道上。给水管道的附属构筑物主要有阀门井、水表井、排气、排水井、水锤泄压井等。

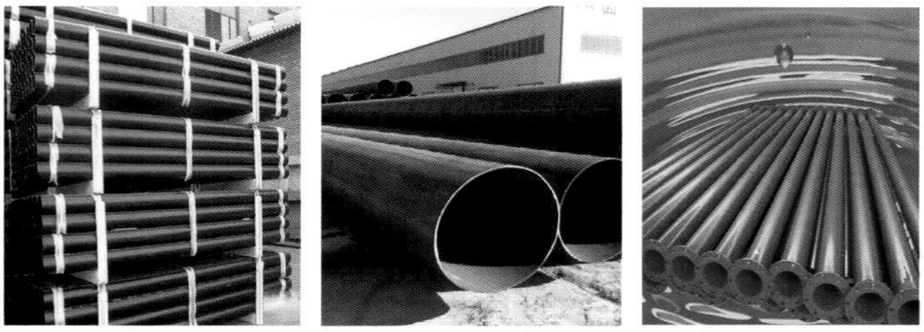

（a）　（b）　（c）

图 9.1-1　不同管材类型

（a）埋地铸铁管；（b）埋地钢管；（c）钢塑复合管

给水管道的布置受建筑结构、用水要求、配水点和室外给水管道的位置，以及供暖、通风、空调和供电等其他建筑设备工程管线布置等因素的影响，进行管道布置时，不但要处理和协调好各种相关因素的关系，还要满足以下基本要求。

（1）确保供水安全和良好的水力条件，力求经济合理。

（2）保护管道不受损坏。

（3）不影响生产安全和建筑物的使用。

（4）便于安装维修。

给水管线施工流程为：测量放线→破除路面→沟槽开挖→槽底处理→管道敷设→管就位→回填砂石护肩→检查井砌筑→闭水试验→沟槽回填（图 9.1-2）。

图 9.1-2　给水管道的沟槽开挖

管道施工完成后应进行管道的水压试验（图 9.1-3）以及管道冲洗与消毒，管道冲洗与消毒应符合水质检测部门的用水要求以及验收要求，验收合格后并入给水管网。

图 9.1-3　管道闭水试验示意图

在给水管道中，最常见的管道病害就是渗漏，这种情况小则会污染室内环境，影响设备的正常运转以及用户的正常使用；大则会降低建筑使用寿命，渗漏的水源会对建筑结构稳定性形成安全隐患（图 9.1-4）。给水管道引起渗漏的原因如下：

（1）原材料不合格。

（2）基础不均匀下沉大致管道渗漏。

（3）管材及其接口施工质量差。

（4）闭水段端头封堵不严密。

（5）井体施工质量差等原因均可产生漏水现象。

（a）

（b）

图 9.1-4　供水管道渗漏

（a）供水管道渗漏；（b）供水管道渗漏抢修

9.1.2　排水工程

城市排水管道工程主要有排水管道及其附属构筑物组成，排水管类型主要有钢筋混凝土管，预应力钢筋混凝土管，聚乙烯管（简称 PVC-U 管、PE 管）等，接口形式有刚性接口和柔性接口两种，一般在土质好的地区可采用刚性接口，在土质差的地区应采用柔性接口。排水附属物主要有各类检查井、进水口、出水口等。

市政排水管道是将城市内雨水、污水组织有序排放，其基本任务是保护环境免受污染，以促进城市发展和保障人民的健康与正常生活。市政排水工程的建设是城市建设中重要的一环，市政排水工程建设中一旦出现质量问题，将可能导致城市局部被雨水淹（图 9.1-5）、城市道路地面沉降、污水下渗污染城市地下水等严重后果。

排水管道施工工艺流程主要包括施工准备→机械挖沟槽→人工修整沟槽（验槽）→垫层→立模→混凝土基础→安装混凝土管及管枕→检查井→闭水试验→回填土方。由于两者用途的不一致，在管材的选用上以及管道的验收流程上不同于给水管道。

排水管道常见的病害主要有腐蚀、堵塞、坍塌、渗漏、支管暗接、错位、脱节等（图 9.1-6、图 9.1-7）近年来，一些城市相继发生大雨内涝，严重影响了人民群众生命财产安全和城市运行秩序，这些现象产生的原因都是由于管道排水能力不足。

图 9.1-5　广州地区内涝严重

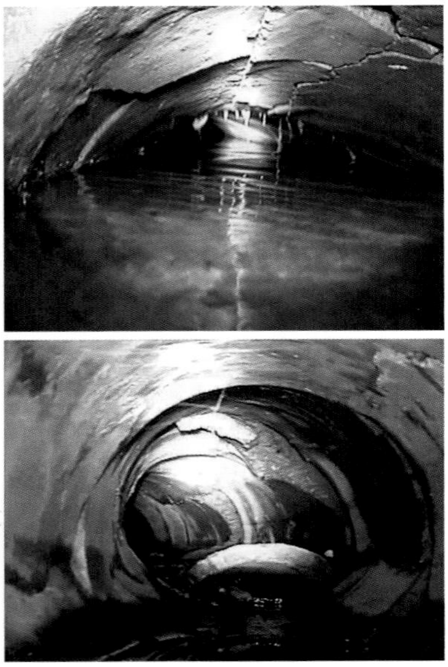

图 9.1-6　管道破裂

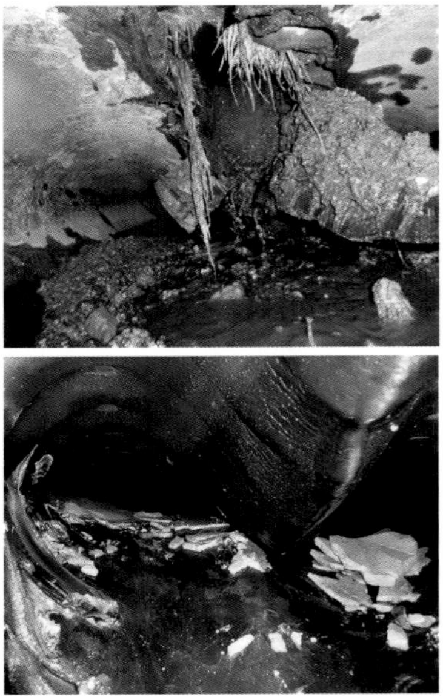

图 9.1-7　柔性管道破裂、变形严重

造成管道排水能力不足的原因主要有如下几点：

（1）管道原材料的影响造成管道出现病害。

（2）管道因测量放样差错，施工误差和意外的避让原有构筑物，在平面上产生位置偏移，从而在立面上产生积水甚至倒坡现象。

（3）管道因回填方法、压实机具、填料质量、含水量控制等原因影响压实效果，给工后造成过大的沉降。

（4）排水管线建设规模不足、管理水平不高等问题凸显。

（5）外部荷载频繁作用。

9.1.3　盾构工程

笼统来说，盾构法和 TBM 法皆属于隧道全断面掘进，指利用回转刀具开挖隧道整个断面的施工方法，二者的主要区别在于工作对象不同，一般 TBM 适用于硬岩，而盾构用于土层。

盾构法（Shield Tunnel Method）是利用盾构机在地面以下暗挖隧道的一种施工工法，如图 9.1-8（a）所示。由于盾构施工对周边环境影响小、施工速度快而安全，故成为在软土（软黏土、砂质粉土等）中施工隧道特别是在城市地下施工的一种主要工法。日本东京湾海底隧道、上海崇明越江通道、南京纬韦路长江隧道、南京纬三路越江隧道和南水北调穿黄隧道等都是采用盾构法施工。

盾构法建设水下隧道的历史始于 19 世纪，1843 年世界上第一条盾构法水下隧道建成于英国伦敦泰晤士河底。我国于 1966 年建设上海大浦路越江公路隧道时首次采用了盾构法。到今天，随着技术的发展，盾构施工机械化程度达到了 95% 以上，掘进速度得到了提升（目前在均匀的中、硬岩层中的月掘进速度达到约 600m），围岩松动范围水平可以控制在约 200 ~ 500mm 范围内，施工安全水平得到大幅提升，并在水下隧道施工中得到了广泛的认可和应用，如武汉长江隧道、南京长江隧道等的建设均采用了盾构法施工。

盾构机就是一种钢组件，即钢柱、钢梁、盾壳、子盾构、液压推进系统、辅助机构，如图 9.1-8（b）所示。所以它的各组成部分都是可以根据隧道建设需要进行设计和改变的。但工作原理都是一样的。就是在盾壳的保护下挖掘隧道的过程。盾壳的保护，从力学角度看，刚开挖的地下隧道，其围岩在长期稳定突然被破坏，临时需要一种支承力，而挖掘面上岩体或者土体也需要一种临时保护，不致土体散落，这种种作用都是提供一种力学平衡。所以根据盾构机所能提供力学平衡方式不同，所需要的平衡组件也不尽相同，各部分组件能够适应的地层也不同。依据平衡方式盾构机可以分为外加支撑式、气压平衡式、土压平衡式、泥水平衡式。在水下隧道盾构施工中，泥水平衡盾构应用较为广泛，泥水加压式平衡盾构是利用泥水泵把一定浓度的泥浆在一定的压力下送入盾构前端的泥水仓，使其在开挖面形成泥膜，泥膜张力给开挖面土体提供一种平衡；在大刀盘切削土体时，泥膜还起到润滑作用；与泥水混合后，形成高密度泥浆；高浓度泥浆经处理后重复使用。

水下隧道工程因其特殊的水文地质条件成为隧道工程界的热点和难点。水下隧道施工过程中需要承受较大水压力、土压力，盾构施工需克服高水压，尤其是大直径盾构推进中需克服顶底压差，保持工作面稳定，其施工难度较大。在水下隧道建设实践中，经常发生各种工程事故，造成了恶劣的社会影响，也给人民生命财产带来巨大的损害。穿越珠江的高铁狮子洋隧道是我国首条水下铁路特长盾构隧道，全段要三次穿江越洋，深埋处达 62m，地质复杂多变、高水压、强透水、掘进风险大，还需面对“地中对接施工”等世界级难题，也是因为刀具磨损严重，给施工带来了极大的困难。上海地铁 4 号线近黄浦江段的水下隧道施工时浦西联络通道由于冻结壁强度不足，引发隧道围岩渗水，随后又因大量流沙涌入，引起地面大幅沉降。地面建筑物的楼房发生倾斜，其主群楼房部分倒塌，黄浦江防汛墙断裂，给人民的生活和国家财产带来了巨大损失。在南京长江隧道施工过程中，面临盾构直径超大，施工中承

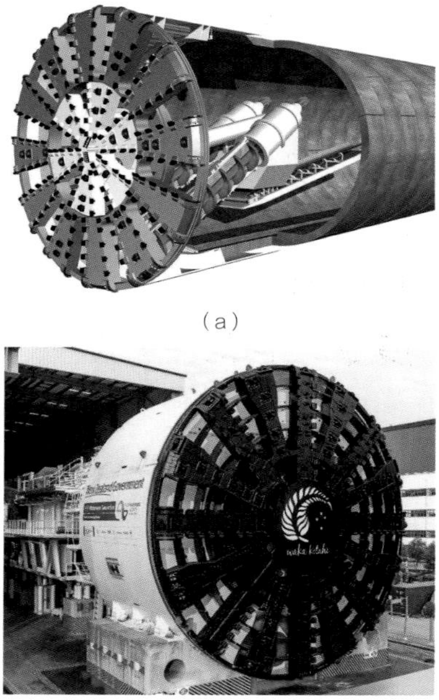

（a）

（b）

图 9.1-8　盾构法隧道

（a）盾构法隧道施工效果图；（b）盾构机实景图

受的水土压力高，隧道埋深大，地层透水性极强以及江底盾构覆土厚度较浅等技术难题，国内外关于超大直径水下盾构隧道的设计理论和经验几乎空白，施工中一次掘进距离长，地质条件复杂，盾构机刀具、刀盘磨损严重，且在掘进过程中刀具更换极为困难，被迫停工半年。

水下盾构工程施工存在的一些工程风险：

（1）富水高压、长距离、复合地层隧道施工，掌子面不易稳定，水底覆盖层存在击穿风险。

（2）隧道穿越岩溶地层、区域断裂带地层、盾构施工突水突泥，卡机风险大。

（3）隧道穿越中风化石英砂岩、强—中风化硅质岩等硬岩，岩石石英含量高，对刀盘、刀具、泥浆管路、泵的磨损严重。

（4）极端上软下硬地层对刀盘刀具冲击大，导致刀座、刀具异常损坏。

9.1.4 沉管工程

沉管法（Immersed Tunneling Method），又称沉埋管节法，即先在临时干坞或船台上预制管节，并用临时封口进行封闭形成浮体，同时在隧道设计位置开挖水底基槽铺设隧道基础，然后将管节浮运到位并精确定位沉放至水底基槽内，将相邻管节在水下连接并做防水处理，最后进行基础处理和回填防护，打通临时封口即成为水下隧道（图 9.1-9）。

由于沉管法的管节是陆上预制的，施工质量可控水密性好，水下接头数量少，隧道整体防水性能优良（图 9.1-10）。此外，由于受水浮力作用，沉管隧道对基础的要求不高，在砂基和软基上都可以适用。

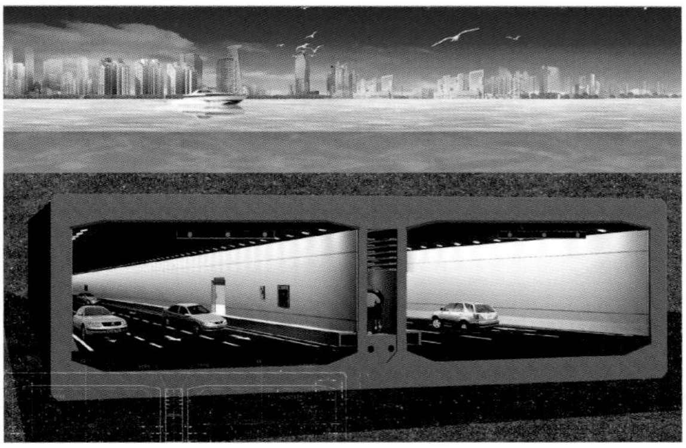

图 9.1-9　沉管法隧道效果图

图 9.1-10　沉管管段示意图

与盾构法比较，沉管法有其独特的特点，由于其埋深浅、防水性能好、断面灵活多样等诸多优点，使其在水下隧道建设方案选择上占有重要一席。主要体现在如下几点：

（1）对地质条件适应能力强，对地基承载力要求低，甚至可以在淤泥上建造。

（2）埋深浅，管顶可与海床面平齐，甚至局部出露海床面，无须长引道，与两岸道路衔接容易，线路的平纵线性较好，相比较而言，盾构隧道一般需要约 10m 埋深。

（3）隧道整体防水性能好，主要体现在管节陆上制作质量控制相对成熟，结构接头少，漏水概率低，其防水性能在大大优于管片作衬砌的盾构隧道，理论上可做到滴水不漏。

（4）管节断面形式多样，断面利用率高，使用功能适应性强，可以实现大断面、多车道（4 ~ 8 车道），与之相比，盾构隧道断面形式单一，目前断面直径最大尺寸约 15.4m，一般为 2 车道。

（5）管节制作、浮运安装与基槽开挖可平行作业，总体施工工期相对较短。

（6）管节制作和浮运沉放等主要工序在陆上和水上进行，水下工作量相对较少，施工环境和条件相对较好。

但是，沉管法隧道也存在一些缺点，具体如下：

（1）施工期间基槽开挖和管节浮运安装作业对社会通航有一定影响。

（2）受水文条件和河床稳定性条件影响较大。

沉管法建设水下隧道的工艺实质为：在隧道附近修筑临时干坞，在干坞内（或船厂船台）制作管节，并用临时端封门封闭管节，与此同时在隧道设计位置预先开挖沉管基槽并完成管节基础施工，然后将管节浮运到位，将管节系泊定位后，在管节内灌水压载，使管节具备下沉的负浮力，利用安装设备准确将管节沉放至隧道基槽内预设基础上，将此管节与前一相邻管节在水下连接，精确调整管节位置满足要求，经基础处理（后填法）并最后回填覆盖即成为水下隧道（图 9.1-11）。

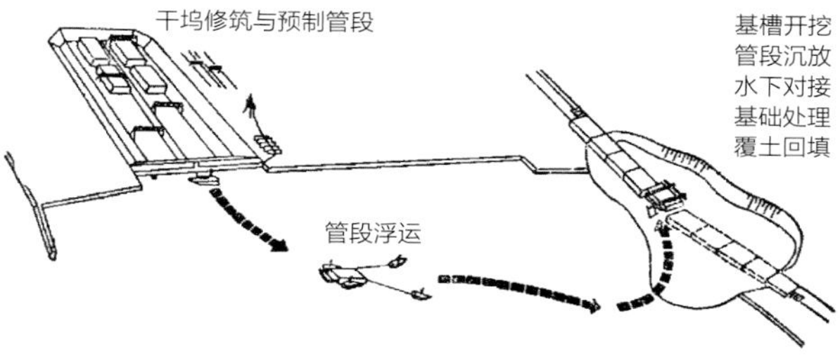

图 9.1-11　沉管隧道总体工艺示意图

沉管隧道施工的主要施工工序包括管节制作、基槽开挖、管节浮运、沉放对接、基础处理和覆盖回填，其中基础处理按照施作顺序（与管节沉放对接的先后顺序）又包括先铺法和后填法两种类型。以后填法为例，沉管隧道的一般施工顺序如图 9.1-12 所示。

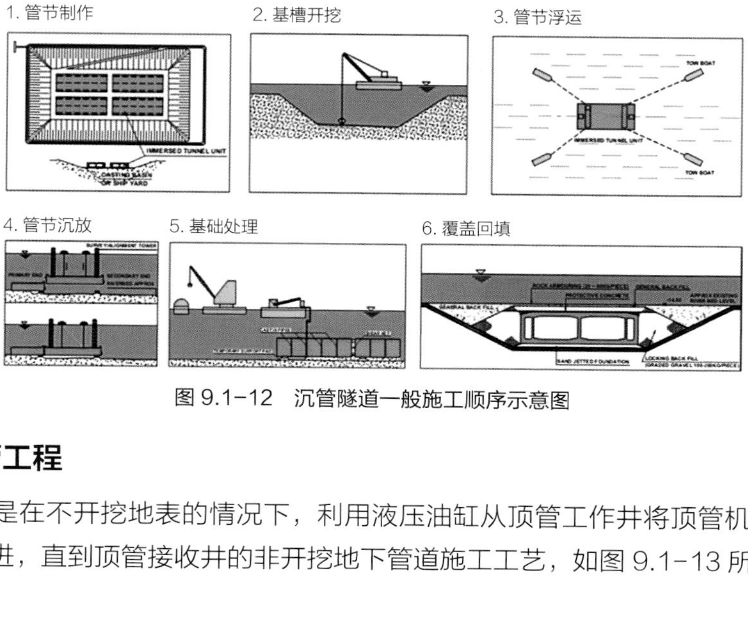

图 9.1-12　沉管隧道一般施工顺序示意图

9.1.5　顶管工程

顶管技术是在不开挖地表的情况下，利用液压油缸从顶管工作井将顶管机及待铺设管节在地下逐节顶进，直到顶管接收井的非开挖地下管道施工工艺，如图 9.1-13 所示。作为一种非开挖地下管道铺设施工技术，顶管法施工具有综合成本低、施工周期短、环境影响小、安全性高等特点。随着新技术设备的不断开发与使用，顶管逐渐成为一种广泛应用的地下管道施工技术。另外由于顶管结构整体性好、施工养护方便、整体费用低等优势，直径 5m 以下的盾构有被大直径顶管逐渐取代的趋势。

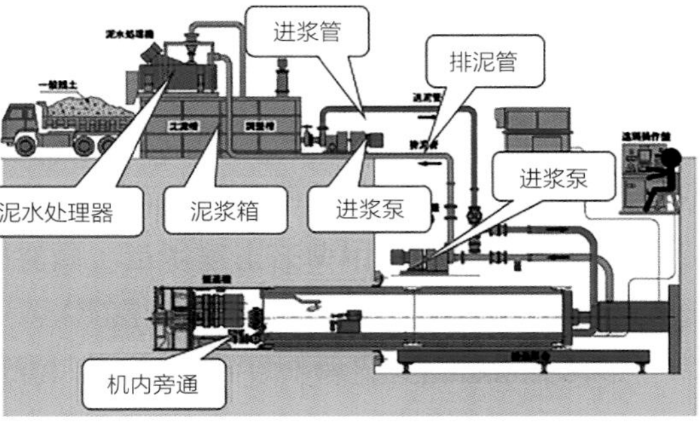

图 9.1-13　顶管施工示意图

相比开挖敷设技术，顶管工程的投资和工期将会大幅度缩短，同时顶管技术对居民生活环境影响较小，减轻对人口密集区的交通压力和地面的破坏。顶管技术能穿越河流、铁路、桥梁、隧道和其他几乎所有的地面建筑物，不影响正常公民的生活、不破坏环境，施工不受气候和环境影响，施工管道可弯曲，可以在很深的地下或水下敷设。使用该技术敷设管路，能有效地节省拆迁费用、降低施工周期。

9.1.6　围堰工程

围堰工程是一种较为简易的施工方法，它是先修筑围堰，再进行封底、抽水、施工主体结构等工序。近年来，在我国建设事业飞速发展的促进下，桥梁工程施工技术不断创新，多座特大型桥梁（如港珠澳大桥、舟山大桥、苏通大桥、杭州湾大桥、东海大桥等）相继兴建，桥桩基础的施工往往会用到围堰工程。众所周知，深水水域中建造大型承台过程中，成桩和围堰施工会面临许多复杂的技术难点，水下施工的难度大，对设备及各项材料的要求极高，工程中遇到水下施工情况，一般会考虑将水下施工环境转化为陆地施工环境，在水下施工范围周边建设防水围堰结构。此外，穿越水域的隧道（如武汉东湖隧道、广州流花湖隧道等）也经常使用钢围堰。钢围堰施工完毕后可再次循环使用，符合国家土木行业绿色发展要求。

防水围堰结构有多种，每种围堰都有自己的特点和适用条件，需根据地质、水文、材料价格以及设备情况等比选而定。目前我国公路桥梁深水基础施工中，由于围堰结构合理、施工简便、经济实用，钢板桩、钢套箱、钢吊箱和钢管桩围堰成为主要的挡水结构和施工方法，如图 9.1-14 ~ 9.1-17 所示。

图 9.1-14　钢板桩围堰

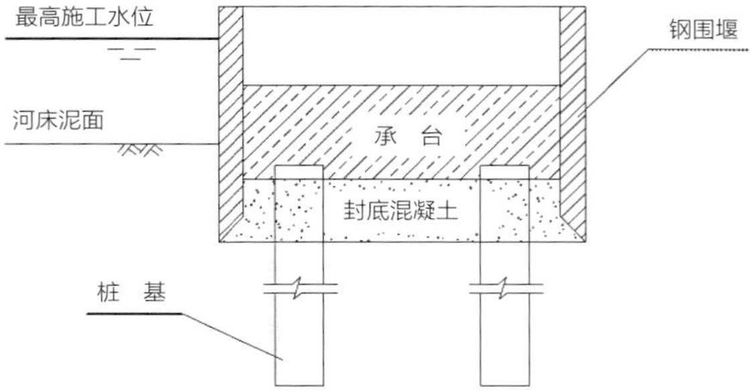

图 9.1-15　钢套箱围堰

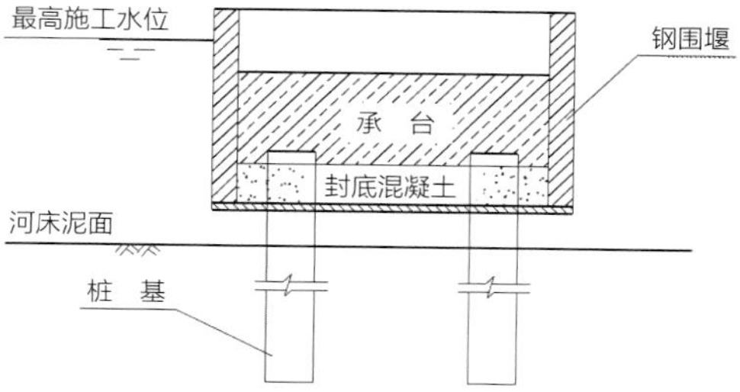

图 9.1-16 钢板桩围堰

图 9.1-17 钢套箱围堰

9.2 市政排水管道养护

9.2.1 概述

随着我国城乡建设发展、房地产业规模的不断扩大，新建小区、商业办公楼如春笋般涌现出来，致使城市用水量逐年增加，相应的城市排水容量也相应地随之增加。污水处理厂的建立及排水管网的铺设，用以适应城市不断发展的速度，同时相应的管理、疏通养护任务也越来越受到人们的重视。

养护的主要内容有：验收施工后完整的给水排水管道，检验各个管道的安全密实性；给水排水管道投入使用需要遵循一定的规则，养护工作要监督规则的确切执行；对使用中的给水排水管道要定期检查其畅通性，堵塞的地方要及时发现进行清通，确保通水性；及时修理管道的构筑物，尽可能排除意外情况。养护工作一般都是城市建设部门下设组建养护小组，分片负责，主要分为管道系统、污水厂及排水泵三部分。工厂内的排水系统，一般由工厂自行负责管理和养护。在实际工作中，管渠系统的管理养护应实行岗位责任制，分片包干。同时，可根据管渠中沉积污物可能性的大小，划分成若干养护等级，以便对其中水力条件较差，管渠中脏物较多，易于淤塞的管渠区段给予重点养护。实践证明，这样可大大提高养护工作的效率，是保证排水管渠系统全线正常运行的行之有效的方法。

现阶段我国的疏通养护技术依旧十分落后，缺乏必要的管理手段，没有形成科学、系统、稳定的运行机制，远远不能适应日益发展的城乡建设需要和水环境改善要求。有些城区污水漫溢，污染环境；雨水管网排水不畅，造成城区道路积水，影响出行。这就需要做好排水管道的疏通养护工作，加强管理，保证其正常运行，对于维持城市正常秩序，提升城市品位，有着重要意义。《城镇排水管渠与泵站运行、维护及安全技术规程》CJJ 68—2016 给出管渠、检查井和雨水口的允许积泥深度及管渠、检查井和雨水口的养护频率，见表 9.2-1 及表 9.2-2。

管渠、检查井和雨水口的允许积泥深度 表9.2-1

设施类别	允许积泥深度	
管渠	管内径或渠净高度的 1/5	
检查井	有沉泥槽	管底以下 50mm
	无沉泥槽	管径的 1/5
雨水口	有沉泥槽	管底以下 50mm
	无沉泥槽	管底以上 50mm

管渠、检查井和雨水口的养护频率　　表9.2-2

管渠性质	管渠划分				检查井	雨水口
	小型	中型	大型	特大型		
雨水、合流管渠（次/年）	2	1	0.5	0.3	4	4
污水（次/年）	2	1	0.3	0.2	4	—

9.2.2 排水管道堵塞

养护工作的大部分工作都是对排水管道进行疏通，在管道进行排水时，受到排水量、坡度、污物的影响，给水排水管道中经常会出现淤积、沉淀的现象，导致通水不畅，严重的情况可能会导致管道堵塞，影响人们正常生活（图9.2-1）。对给水排水管道进行疏通时有水力和机械方法两种，使用水力方法对管道进行疏通，就是借助水力冲洗管道，可以使用污水自冲，也可以使用清水，就是运用上游和下游的水力的落差或者使用高压射水车借助水压疏通管道。由于管道里面本身有水流量，所以可以使用污水自冲。但是使用自来水冲时，要从消防龙头或者给水栓处取水，比较麻烦。对于管道堵塞严重，淤泥紧实，不好疏通的管道段可以使用机械疏通方式，使用水力冲洗车，借助机动卷管器、高压水泵等来对管道进行疏通。

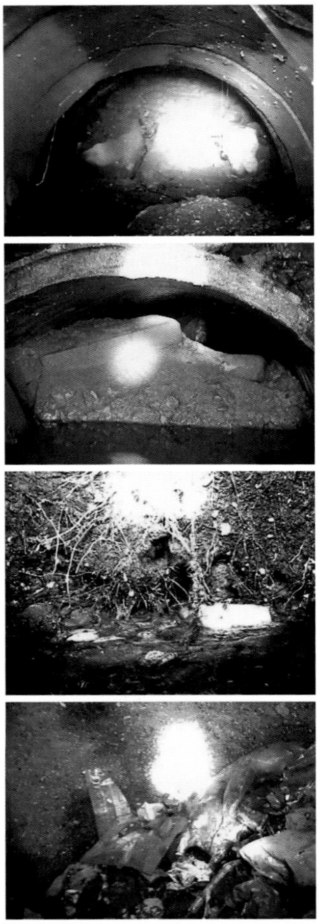

图9.2-1　排水管道堵塞严重

引起排水管道堵塞的因素有以下几点：

1. 坡度偏小、流速偏低以及增设交叉井的原因造成的管道堵塞

排水管道改造工程施工时，当现建的污水管与原来已建的地下管线常发生冲突时，并且相差不大时，我们常会采用降低坡度的方法使新建污水管通过原建管线，从而导致了坡度偏小，产生了流速偏低的现象，当降低坡度还无法通过时，我们常采用增设交叉井法。以上方法虽保证了管道施工的正常进行，但却破坏管中污水重力流的水力条件，使流速小于了设计流速，从而使污水中的杂质下沉，产生淤积，堵塞。对于局部坡度偏小、流速偏低的情况，可采取在上游部位增加坡度，加快流速的方法，从而使坡度偏小部位的流速得到增大，并解决了由于流速偏低产生淤积的现象。也可在坡度偏小的管线的上游井内设自动阀门，当上游井水位到了一定位置时，阀门自动打开，从而对下游管线进行一次冲洗，使管道的淤积物得到冲刷，便达到自我清通的效果。

2. 其他因素造成的排水管道堵塞

（1）排水管道施工时不按标准施工，管道承接不严或清理不净，接口处有砂浆或土石挤入下水道，造成下水道的沉淀与淤积，久而久之，就会发生堵塞。而有些施工单位随意将泥浆水、水泥等直接排入了污水管道中，造成管道堵塞。

（2）建筑垃圾和生活垃圾等进入下水道，卡死管道而造成堵塞。市民对排水系统的不加爱护，各种食物残渣、油脂凝结成块堵塞管道，有的甚至污水没有将沉淀处理直接排入城市排水主干管道中，造成淤泥堵塞管道，每年由于这些原因造成的管道堵塞不计其数。

（3）排水管道使用年限较长，一些树木的须根伸入管道缠绕管道壁造成淤堵，一些菌类植物在管道中大量繁殖，久之形成了堵塞。

现阶段我国的疏通养护技术依旧十分落后，缺乏必要的管理手段，没有形成科学、系统、稳定的运行机制，远远不能适应日益发展的城乡建设需要和水环境改善要求。有些城区污水漫溢，污染环境；雨水管网排水不畅，造成城区道路积水，影响出行。这就需要做好排水管道的疏通养护工作，加强管理，保证其正常运行，对于维持城市正常秩序，提升城市品位，有着重要意义。

9.2.3 排水管道疏通

针对上述引起排水管道堵塞的原因主要采取以下清理和养护的方法：

1. 水力清通

水力清通方法使用水力冲洗车或高压射水车对管道进行冲洗，将上游管道中的污泥排入下游检查井，然后用吸泥车抽吸运走（图 9.2-2）。这种方法操作简单，功效较高，各种人员操作条件较好，目前已得到广泛采用。

图 9.2-2　水力清通示意图

2. 机械清通

当管内淤塞严重，淤泥已粘结密实，水力清通的效果不好时，需要采用机械清通方法（图 9.2-3，图 9.2-4）。机械清通工具的种类繁多，按其作用分为：①耙松淤泥的骨骼形松土器；②清除树根及破布等沉淀物的弹簧刀和锚式清通工具；③用于刮泥的清通工具，如胶皮刷、铁簸箕、钢丝刷等。

图 9.2-3　机械清通设备

3. 采用气动式通沟机与钻杆通沟机清通管道

气动式通沟机借压缩空气把清泥器从一个检查井送到另一个检查井，然后用绞车通过该机尾部的钢丝绳向后拉，清泥器的翼片即行张开，把管内淤泥刮到检查井底部。钻杆通沟机是通过汽油

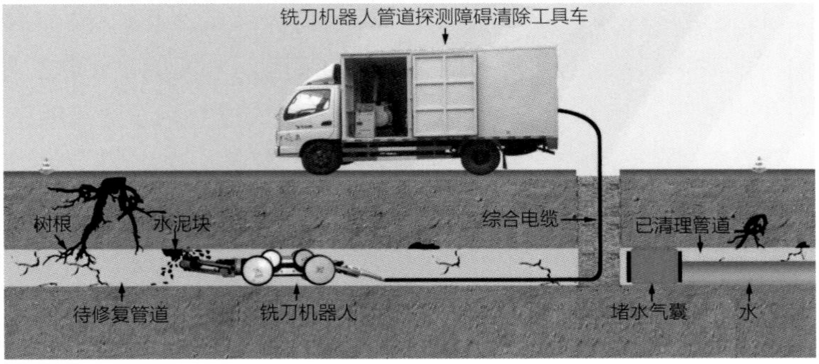

图 9.2-4　机器人管道探测障碍物清除现场操作示意图

机或汽车引擎带动一机头旋转，把带有钻头的钻杆通过机头中心由检查井通入管道内，机头带动钻杆转动，使钻头向前钻进，同时将管内的淤泥物清扫到另一个检查井内。

9.2.4　排水管道疏通工艺流程及关键工序

管道疏通施工工艺流程如图 9.2-5 所示。

1. 排水管道封堵

封堵管渠应经排水管理单位批准，封堵前应做好临时排水设施（图 9.2-6）。

由于排水管道水位普遍较高，直接抽排无法起到降水的效果，需要对每次疏通的管道段落前后进行封堵，封堵装置由潜水员施作完成。

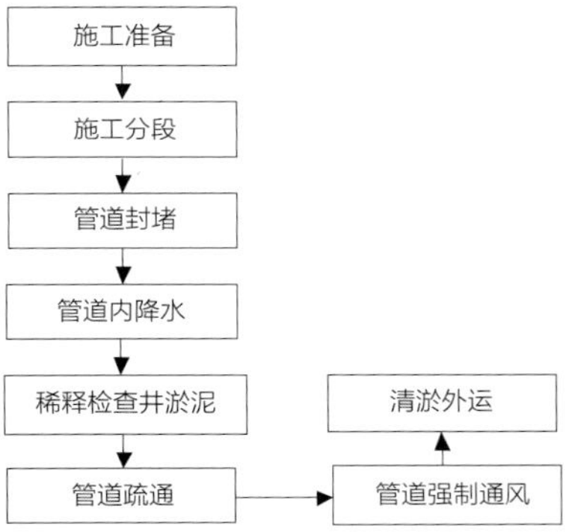

图 9.2-5　管道疏通工艺流程图

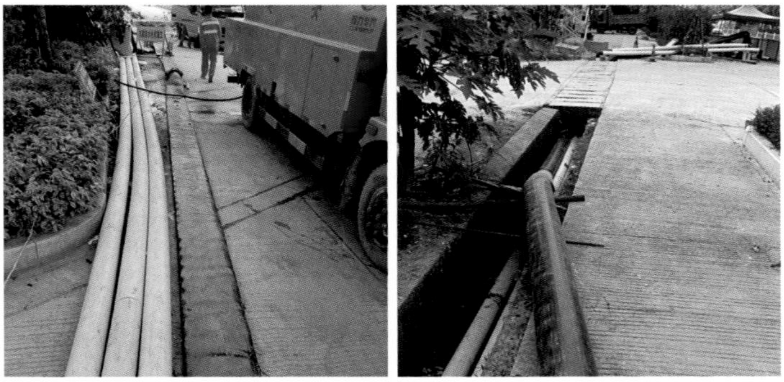

图 9.2-6　管道临时调水现场

封堵前应根据实际管道情况和管道内水流强度，为避免因封堵时间过长后造成上游积水产生的水压对下游施工人员造成一定威胁，因此封堵的距离根据实际状况进行，依据先上游、交会井各个入水口进行封堵，封堵之前应对所要施工的路段范围内的井盖打开并放置围护栏或醒目的标记，用气体检测仪器对井内的气体进行检测，确保无有毒气体后方可进行下井封堵。

封堵管渠可采用充气管塞（图 9.2-7）、机械管塞、止水板、木塞、黏土麻袋或墙体等方式，管渠封堵方法可见表 9.2-3。

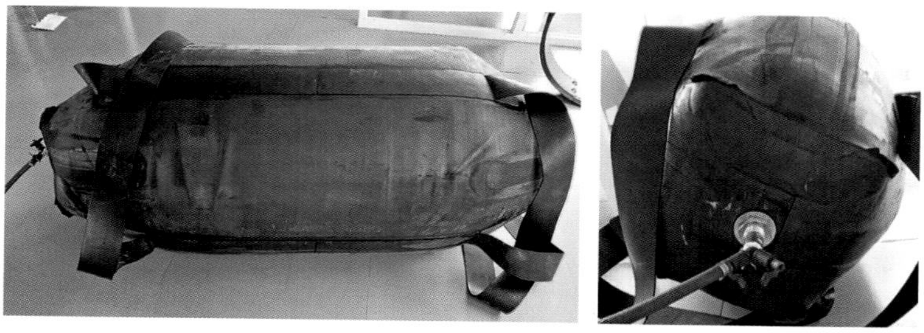

图 9.2-7　充气（气囊）封堵

管渠封堵方法及适用范围　　表9.2-3

封堵方法	小型管	中型管	大型管	特大型管	渠道
充气管塞	√	√	√	—	—
机械管塞	√	—	—	—	—
止水板	√	√	√	√	√
木塞	√	—	—	—	—
黏土麻袋	√	—	—	—	—
墙体	√	√	√	√	√

封堵管渠应先封堵上游，再封堵下游；必要时应在封堵位置设置两道封堵。拆除封堵时，应先拆下游管堵，再拆上游管堵，如图 9.2-8 所示。

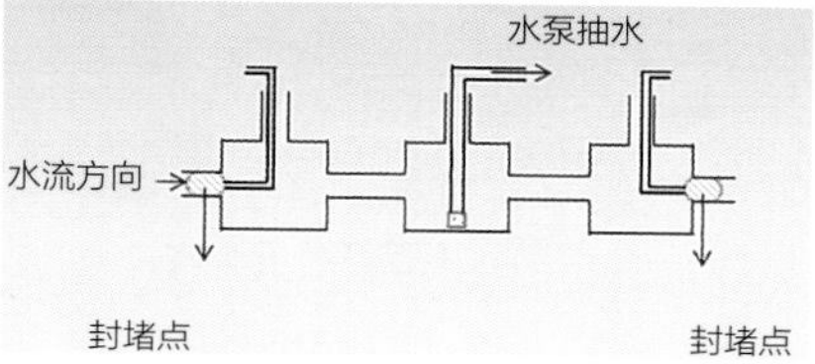

图 9.2-8　三头两点封堵法

排水管道封堵应符合下列规定：

（1）使用充气管塞：

1）应使用合格的充气管塞。

2）管塞所承受的水压不得大于该管塞的最大允许压力。

3）安放管塞的部位不得留有石子等杂物。

4）应按产品技术说明的压力充气，在使用期间应有专人每天检查气压状况，发现低于产品技术说明的气压时应及时补气。

5）应做好防滑动支撑措施。

6）拆除管塞时应缓慢放气，并在下游安放拦截设备。

7）放气时，井下操作人员不得在井内停留。

（2）已变形的管道不得采用机械管塞或木塞封堵。

（3）带流槽的管道不得采用止水板封堵。

（4）采用墙体封堵管渠应符合下列规定：

1）应根据水压和管径选择墙体的安全厚度，必要时应加设支撑。

2）在流水的管渠中封堵时，宜在墙体中预埋一个或多个小口径短管维持流水，等墙体达到使用强度后，再将预留孔封堵。

3）拆除墙体前，应先拆除预埋短管的管堵，放水降低上游水位，放水过程中人员不得在井内停留，待墙体两侧水位平衡后方可开始拆除。

4）管渠内墙体封拆应采用潜水作业。

2. 排水管道内降水

堵水调水完成后，即可采用水泵进行管道内抽水，降低管道内水位，方可进行下一道工序的施工。

3. 稀释检查井淤泥并吸污

用吸污车将两检查井内淤泥抽吸干净，两检查井内剩余少量的淤泥时用高压水枪冲击井室内底部淤泥，再一次进行稀释，然后再次进行抽吸。

4. 排水管道疏通

使用高压清洗车或者机械疏通方式进行管道疏通，将高压清洗车水带伸入上游检查井底部，把喷水口向着管道水流方向对准管道进行喷水，在污水管道下游检查井继续对室内淤泥进行吸污（图 9.2-9、图 9.2-10）。

图 9.2-9　高压喷头射水示意

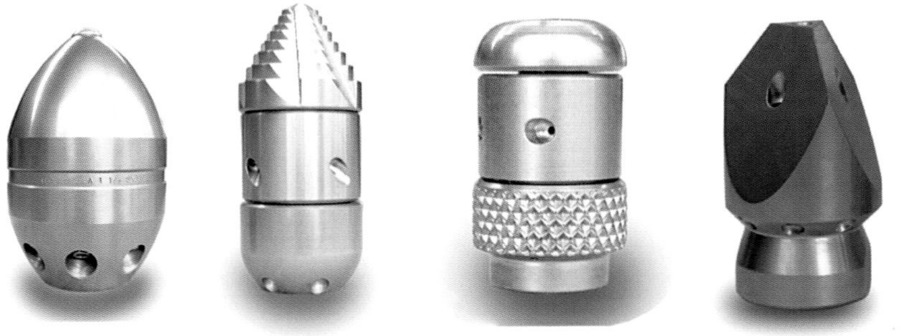

图 9.2-10　常见喷头

5. 排水管道强制通风

施工人员进入检查井前，先测量井室内气体的含量，确保井室内氧气含量满足规范要求、有害气体不超标，否则用鼓风机进行换气通风，施工人员进入井内必需佩戴安全带、防毒面具及氧气罐。

6. 清淤外运

在下井施工前对施工人员安全措施进行检查，下井后对检查井内剩余的砖、石、部分淤泥等残留物进行人工清理，直到清理完毕为止。所有淤泥全部由运淤车运送至淤泥干化场集体处理。

然后，按照上述方法对下游污水检查井逐个进行清淤，在施工清淤期间对上游首先清理的检查井进行封堵，以防上游的淤泥流入管道或下游施工期间对管道进行充水时流入上游检查井和管道中。

9.2.5 材料与设备

市政排水管道养护的主要设备见表 9.2-4。

市政排水管道养护主要设备 表9.2-4

设备名称	数量 / 规格 / 型号	单位	备注
高压射水车	1	台	带污水循环利用装置
配套喷射铣头	1	套	—
吸污车	1	台	带泥水分离装置
封堵装备	2	套	—
气体检测仪	1	台	—
CCTV 检测仪	1	台	—

9.2.6 质量控制

建立质量小组，设置一名专业质检员，对各项质量体系及工程质量进行检查，对检查情况及时开会分析，研究制定改进措施。并执行下列规范标准：

（1）《城镇排水管道维护安全技术规程》CJJ 6—2009；

（2）《给水排水管道工程施工及验收规范》GB 50268—2008；

（3）《高压水射流清洗作业安全规范》GB 26148—2010。

9.2.7 安全措施

排水管渠中的污水通常会析出硫化氢、甲烷、二氧化碳等气体，某些生产污水能析出石油、汽油或苯等气体，这些气体与空气中的氮混合后能形成爆炸性气体。煤气管道失修、渗漏可能导致煤气逸入管渠中造成危险。如果养护人员要下井，除应有必要的劳保用具外，下井前必须先将安全灯放入井内，如有有害气体，由于缺氧，安全灯将熄灭。如有爆炸性气体，灯在熄灭前会发出闪光。在发现管渠中存在有害气体时，必须采取有效措施排除，例如将相邻两检查井的井盖打开一段时间，或者用抽风机吸出气体。排气后要进行复查。即使确认有害气体已被排除干净，养护人员下井时仍应有适当的预防措施，例如在井内不得携带有明火的灯，不得点火或抽烟，必要时可戴上附有气袋的防毒面具，穿上系有绳子的防护腰带，井外必须留人，以备随时给予井下人员以必要的援助。

排水管道疏通过程中的养护要符合下列规定：

（1）施工安全要符合《建筑施工安全检查标准》JGJ 59—2011 的有关规定。

（2）管道修复施工应符合《城镇排水管道维护安全技术规程》CJJ 6—2009 和《城镇排水管渠与泵站运行维护及安全技术规程》CJJ 68—2016 的规定。

（3）施工机械的使用应符合《建筑机械使用安全技术规程》JGJ 33—2012 的规定。

（4）施工临时用电应符合《施工现场临时用电安全技术规范》JGJ 46—2005 的规定。

（5）操作人员必须经过专业培训，熟练机械操作性能，经考核取得操作证后上机操作。

9.2.8 环保措施

随着社会的发展和进步，人民对环境日益关注，对环境保护的要求也日益升高。施工作业应符合环保相关法规的规定，满足业主要求，根据养护维修施工特点，积极做好环境保护工作。具体措施如下：

1. 组织现场施工人员学习环保知识，提高全员环保素质

（1）定期组织现场施工人员学习环保知识，做好环保宣传教育工作。对一些容易造成污染的施工工序、工艺必须在开工前做好切实可行有效的防污染措施。

（2）环保责任落实到个人，制定严格明确的奖惩制度，通过奖惩的经济手段来深化员工对环保工作的认识。

（3）工作场地粘贴宣传环保标语，警醒作业人员的环保意识。

2. 防止噪声、震动及光污染

（1）控制噪声，减少施工机械、施工作业、施工运输车辆夜间施工所造成的对沿线附近居民的影响，噪声大的施工机械尽量安排在白天施工，确需进行夜间施工时，采取必要的减噪措施，同时报经主管部门批准。当施工工地距离居民住宅区小于 150m 时，不在夜间安排噪声大于 55dB 的机械施工。

（2）大型、重型机械进场施工时，做好必要的减振避振措施，尽量减少施工机械振动对道路两旁的居民生活及工厂生产的影响。

（3）夜间施工使用高亮级灯照明时，设置挡板，避免照明强光影响沿线周边居民。

3. 防止水质污染

（1）施工现场的办公场所、生活区的布置综合考虑排水系统。

（2）设立专职的清扫人员，对办公、生活区的环境卫生进行清扫，定期消毒除“四害”，保持环境卫生，垃圾按环保要求进行处理。

（3）工程废水、施工人员的生活污水不排放入农田、耕地、供饮用水源、灌溉渠等，以防对附近的水体造成污染。污水、废水集中经过处理，经检验符合《污水综合排放标准》GB 8978—1996 规定，才能排放到场外。未经处理含有污染物或可见悬浮物质的水，不得排入河流、水域或灌溉系统中。

（4）清洗集料的用水或含有沉淀物、悬浮物的水在排放前进行过滤、沉淀或采用其他方法处理，确保沉淀物、悬浮物含量不对水质造成污染。

（5）施工期间和完工以后，对建筑场地、砂石料场地进行适当处理，以减少对河流和溪流的侵蚀。

（6）施工期间，施工废料如水泥、油料、化学品堆放，进行严格管理，防治雨季物料随雨水径流排入地表及相应的水域，造成污染。

（7）施工时，机械废液用容器收集，不随意乱倒。防治机械严重漏油，施工机械运转中产生的油污水和维修施工机械油污水不经处理不得直接排放。

4. 防止粉尘、废气污染

（1）保持经常性地对工地相关范围内的交通通道的清扫和洒水降尘，保持工地清洁，控制粉尘污染保证施工场地旁的农田作物绿叶无扬尘污染。

（2）淤泥当日清运，对施工作业机械，运输车辆作业时对环境产生的余泥污染进行控制，减少粉尘的来源。

（3）施工中对容易起尘的细料和松散材料，予以覆盖或适当的洒水喷湿。这些材料在运输期间，用帆布或类似的遮盖物覆盖。

5. 防止垃圾污染

（1）将施工及生活中产生的垃圾、废弃物等运至业主代表及当地环保部门同意的指定地点弃置，避免阻塞河流和污染水源，无法及时处理或运走时，必须设法防止散失，决不随意丢到非施工区域。

（2）不在工地煮食，乱丢生活垃圾等废弃物。

6. 绿化保护措施

（1）落实树木绿化及其他公用设施保护制度，把责任分到每一个人，对于有意损失树木的人严惩不贷。

（2）施工中避免机械碰撞树木及其他公用设施。

（3）对于损坏的公用设施或树木，要及时通知有关人员来处理。

（4）施工中必须迁移的树木或公用设施，要通知现场监理工程师和业主来确认，不得擅自迁移。

7. 保持路面卫生

（1）所有运输散体物料的车辆均符合广州市对散体运输车的规定，保证车容整洁，不污染城市道路。

（2）施工过程中拆除的废弃物不乱堆放，用运输车运至指定垃圾堆放点堆放。

（3）运输车上路前，车身用水冲洗干净，防止污染路面。

（4）严格检查运输车辆车厢的密封性能，如有漏水加铺塑料布防止运输过程中，污水、淤泥漏洒污染路面。

8. 淤泥的处置

（1）所有运输淤泥的车辆均符合当地城市对淤泥运输车的规定，保证车容整洁，不污染城市道路。

（2）施工过程中淤泥不乱堆放，用专用淤泥斗装载，最后运至污泥场处置。

9.3 排水管道水下检测检修作业

9.3.1 概述

排水管道检测的目的就是为了及时发现管道存在的问题，为制定管道养护、修理计划和修理方案提供技术依据。但是调查的关键在于方法和手段，只有采用正确的方法和手段，才能够真正将埋在地下“看不见”的管道设施“看清楚，查清楚”。从 2009 年开始，德国 54 万 km 的市政工程排水管道中，近 85% 的排水管道已进行过电视摄像等检查。目前市政工程水下作业检测方法多采用传统检测、声纳检测技术和电法检测技术，而电法检测技术在我国应用还处于起步阶段。

9.3.2 我国管道检测技术的发展历史

排水管道发生事故的可能性随着服务时间的增长而急剧增加，到了事故高发期，必须尽快采取有效措施，以最大限度地减少事故的发生。实践证明，运用先进技术开展管道状况调查，准确掌握管道状况并根据一定的优选原则对存在严重缺陷的管道进行及时维修就可以避免事故的发生，同时也能大大延长管道寿命。

欧洲早在 20 世纪 50 年代，就开始研究和推广管道检测技术，20 世纪 80 年代，英国水研究中心（WRC）发行了世界上第一部专业的排水管道 CCTV 检测评估专用的编码手册，从此以后，排水管道检测技术在欧洲得到迅猛发展。欧洲标准委员会（CEN）在 2001 年也出版发行了市政排水管网内窥检测专用的视频检查编码系统。

我国长期以来由于没有规范细致的评估依据，直接导致目前管道检测的大量数据无法进行精确分析。若干年后如果进行管道质量对比，主管单位不得不花大量精力重新翻看之前现场录像进行人工对比。

2009 年上海市质量技术监督局发布了上海市地方标准《排水管道电视和声纳检测评估技术规程》DB31/T 444—2009，这是我国首份排水管道内窥检测评估技术规程。规程中对管道视频检测出现的各种图片进行了分类和定级，根据录像和图片显示的管道画面再参考该规程中制定的各缺陷图片进行对比分类，以此对管道缺陷进行定级。这部地方标准的出台，为我国一线城市排水管道仪器检测技术的发展和应用做出了不可磨灭的贡献。

目前正在开展管道检测项目的城市中只有上海和广州对参与检测的企业提出了资格审查。其中上海对从事管道检测的单位要求是参加过协会组织的培训，并获得协会发布的检测资质证书。而广州主要是考察企业是否拥有相关的检测设备，能提供所购买设备的发票就能获得参与管道检测的资格。而全国其他大部分城市，什么样的企业才能开展管道检测这项服务没有任何要求。

9.3.3 管道检测方法

管道检测技术主要分为五种：传统检测技术、声纳检测技术、电法检测技术、管道闭路电视检测技术和潜望镜检测技术。图 9.3-1 为支管暗接、胶圈脱落、塑料管被块石挤穿并嵌入和塑料管破碎坍塌示例，表 9.3-1 为管道的主要缺陷和产生的原因。

管材的典型缺陷和产生原因 表9.3-1

管材类型	特点	主要缺陷	产生缺陷的原因
钢筋混凝土管	强度大、刚度大	破裂、渗漏、错位等	管段埋设过程中或路基、路面压实过程中受到外力的冲击；管段回填材料时未按规范要求而直接造成管道破坏
玻璃钢夹砂管、HDPE 管、UPVC 管等	强度小、塑性大	破裂、渗漏、起伏、变形等	管材塑性大，容易出现变形；受冲击，易出现破裂、产生蛇形起伏

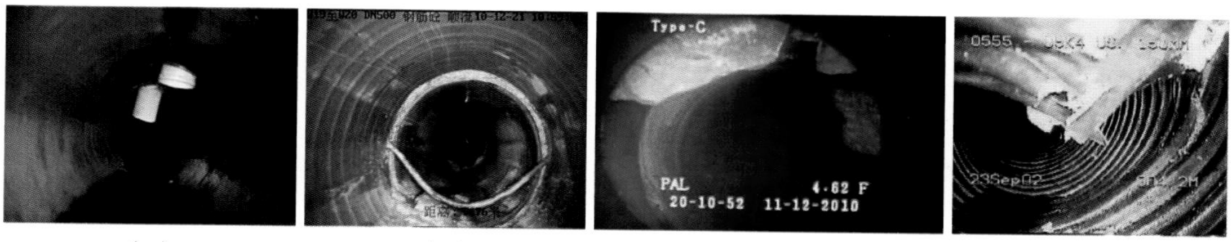

（a）（b）（c）（d）

图 9.3-1　典型缺陷示意图

（a）支管暗接 3 级；（b）管道胶圈脱落；（c）塑料管被块石挤穿；（d）塑料管破碎坍塌

1. 传统检测技术

管道检测已有很长的历史，而在新检测技术广泛应用之前，传统检测方法起到关键性的作用。传统检测方法适用范围窄，局限性大，很难适应管道内水位很高的情况，但在很多地方依然可以配合使用。以下是几种主要传统方法简介：

（1）目测法观察同条管道窨井内的水位，确定管道是否堵塞。观察窨井内的水质，上游窨井中为正常的雨、污水，而下游窨井内流出的是黄泥浆水，则说明管道中间有穿孔、断裂或坍塌。

（2）反光镜检查借助日光折射，目视观察管道堵塞、坍塌、错位等情况。

（3）人员进入管内检查在缺少检测设备的地区，对于大口径管道可采用该方法，但要采取相应的安全预防措施，包括暂停管道的服务、确保管道内没有有毒有害气体如硫化氢，这种方法适用于管道内无水的状态下。

（4）潜水员进入管内检查如果管道的口径大且管内水位很高或者满水的情况下，可以采用潜水员进入管内潜水检查，但是水下作业安全保障要求高，费用大。

（5）量泥斗检测主要用于检测窨井和管口、检查井内和管口内的积泥厚度（图 9.3-2、图 9.3-3）。

传统检测方法虽然简单、方便，在条件受到限制的情况下可起到一定的作用。管道传统检测方法及特点见表 9.3-2。

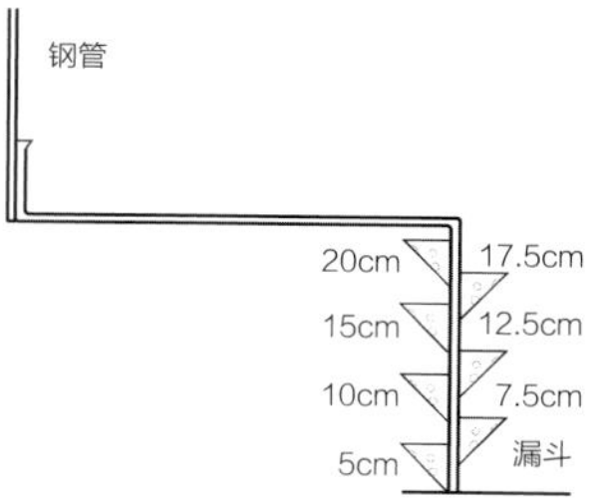

图 9.3-2　Z 字形量泥斗构造图

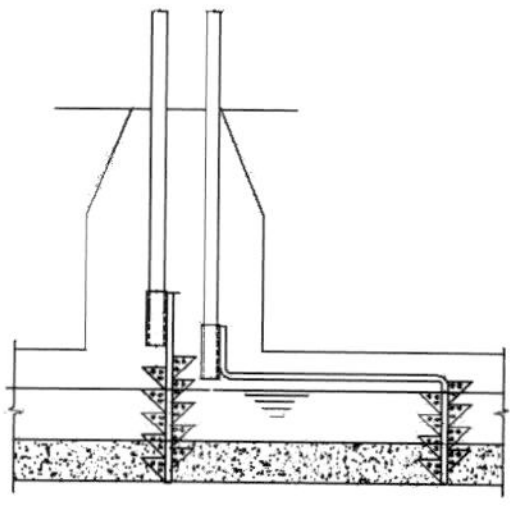

图 9.3-3　量泥斗检查示意图

管道传统检测方法及特点　　表9.3-2

检测方法	适用范围和局限性
人员进入管道检查	管径较大、管内无水、通风良好，优点是直观，且能精确测量；但检测条件较苛刻，安全性差
潜水员进入管道检查	管径较大，管内有水，且要求低流速，优点是直观；但检测条件较苛刻，安全性差，精度较差
量泥杆（斗）法	检测井和管道口处淤积情况，优点是直观速度快；但无法测量管道内部情况，无法检测管道结构损坏情况
反光镜法	管内无水，仅能检查管道顺直和垃圾堆集情况，优点是直观、快速，安全；但无法检测管道结构损坏情况，有垃圾堆集或障碍物时，则视线受阻

传统的管道检测方法有很多，除直接目视检查以外，用一些简单的工具进行检查，其适用范围和局限性也各有特点（表 9.3-3），但这些方法其适用范围很窄，局限性很大，存在着人身不安全、病害不易发现、判断不准确等诸多弊病。

应根据检查的目的和管道运行状况选择合适的简易工具。各种简易工具的适用范围宜符合表 9.3-3 的要求。

简易工具适用范围 **表9.3-3**

简易工具 \ 适用范围	中小型管道	大型以上管道	倒虹管	检查井
竹片或钢带	适用	不适用	适用	不适用
反光镜	适用	适用	不适用	不适用
Z 字形量泥斗	适用	适用	适用	不适用
直杆型量泥斗	不适用	不适用	不适用	适用
通沟球（环）	适用	不适用	适用	不适用
激光笔	适用	适用	不适用	不适用

用人力将竹片、钢条等工具推入管道内，顶推淤积阻塞部位或扰动沉积淤泥，既可以检查管道阻塞情况，又可达到疏通的目的。竹片至今还是我国疏通小型管道的主要工具。竹片（玻璃钢竹片）检查或疏通适用于管径为 200 ～ 800mm 且管顶距地面不超过 2m 的管道。

2. 声纳检测技术

声纳管道检测仪是将传感器头浸入水中进行检测，声纳系统对管道内侧进行声呐扫描，声纳探头快速旋转并向外发射声呐信号，然后接收被管壁或管中物体反射的信号，经计算机处理后形成管道的横断面图。一般来说，声纳检测可以提供管线断面的管径、沉积物形状及其变形范围，图 9.3-4 为声纳检测设备。

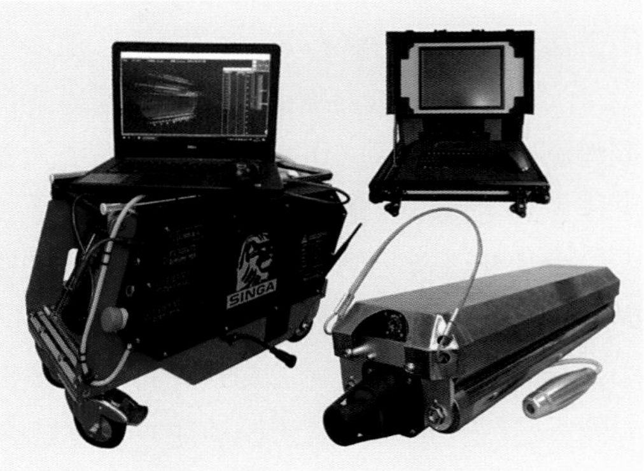

图 9.3-4　声纳检测设备

管道声纳检测的基本原理是利用声呐主动发射声波“照射”目标，而后接收水中目标反射的回波以测定目标的参数。大多数采用脉冲体制，也有采用连续波体制的。它由简单的回声探测仪器演变而来，它主动地发射超声波，然后收测回波进行计算，经过软件的分析，得到管道内部的轮廓图。

置于水中声纳发生器令传感器产生响应，当扫描器在管道内移动时，可通过监视器来监视其位置与行进状态，测算管道的断面尺寸、形状，并测算破损、缺陷位置，对管道进行检测；与 CCTV 检测相比，声纳适用于水下检测。只要声纳头置于水中，无论管内水位多高，声纳均可对管道进行全面检测；声纳处理器可在监视器上进行监测并以数字和模拟形式显示传感器在检测方向上的行进，声纳传感器连续接收回波，对管内的情况进行实时记录，根据被扫描物体对声波的穿透性能、回波的反射性能，通过与原始管道尺寸的对比，计算管渠内的结垢厚度及淤积情况，根据检测结果对管渠的运行状况进行客观评价；根据采集存储的检测数据，还可以将管道的坡度情况，形象地反映出来；为保证管道的正常运行和有针对性地进行维护提供科学的依据。图 9.3-5 为声纳检测设备示例，图 9.3-6 为声纳检测图像示例。

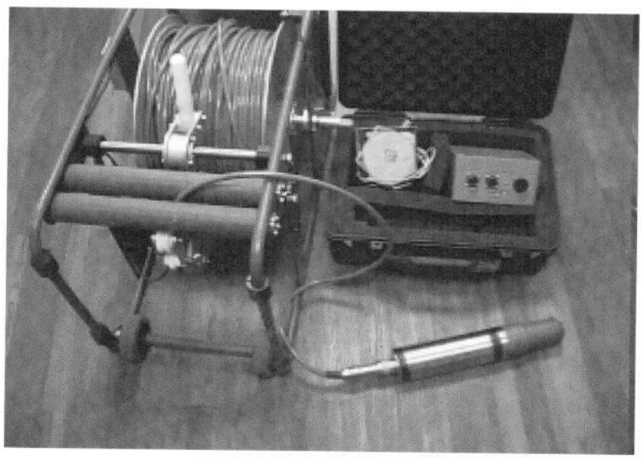

图 9.3-5　声纳检测设备图

声纳系统采用一个恰当的角度对管道侧面进行检测，声纳头快速旋转并显示一个管道的横断面图。检测仪向外发射声呐信号，被管壁返回。系统通过颜色区别声波信号的强弱，并标识出反射界面的类型（软或硬）。其水下扫描传感器可在 0~40℃的环境下正常工作。

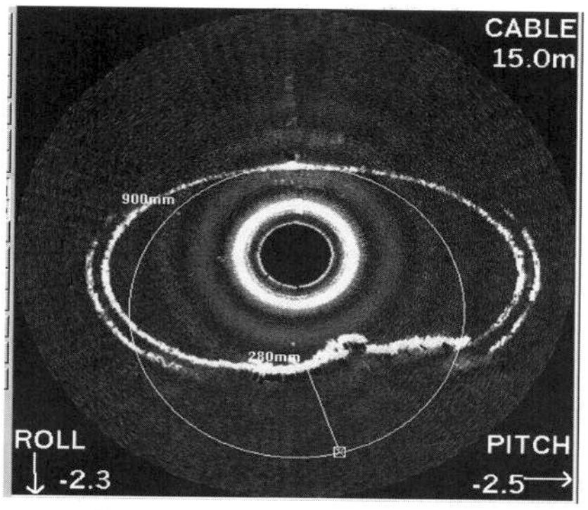

图 9.3-6　声纳检测图像

用于工程检测的声纳的解析能力强，数据更新速度快；2MHz 频率的声音信号经放大并以对数形式压缩，压缩之后的数据通过 Flash A/D 转换器转换为数字信号；检测系统的角解析度为 0.9°，即该系统将一次检测的一个循环（圆周）分为 400 单位元；而每单元又可分解成 250 个单位；因此，在 125mm 的管径上，解析度为 0.5mm，而在长达 3m 的极限范围上也可测得 12mm 的解析度，可以满足市政、企业排水管（渠）检测目的的要求，如图 9.3-7 所示。

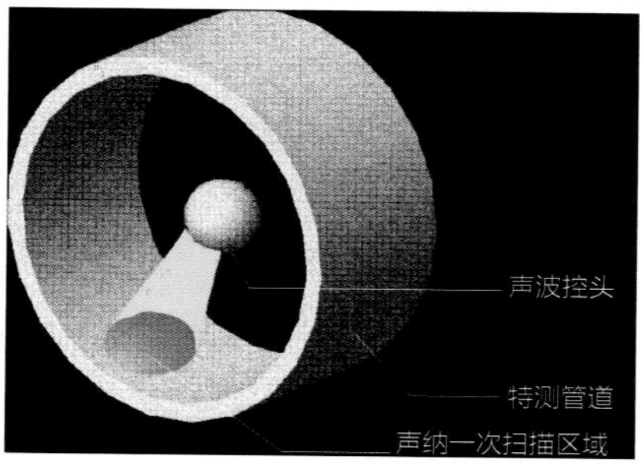

图 9.3-7　声纳检测原理示意图

声纳检测仪将管道分解成若干个断面进行检测，经过综合判断达到检测目的，参见图 9.3-8。

声纳头旋转一周仅需 1s 时间，正确的检测方法需要缓慢移动通过管道。根据要求检测的管道管径以及故障点的不同，如果检测仪在管道内的移动速度不同，检测仪扫描的螺旋间距也不同。

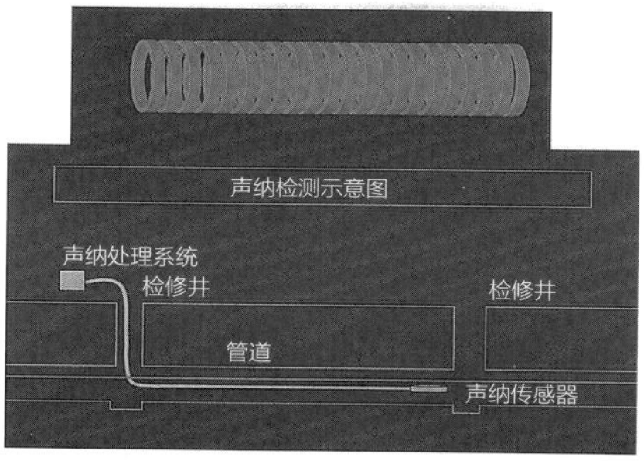

图 9.3-8　声纳检测方法示意图

声纳检测的完整系统包括一个水下声纳检测仪、连接电缆、带显示器声呐处理器。连接电缆给检测仪供电，通过声纳信息和串行通信对检测系统进行控制。

可旋转的圆柱形检测仪探头一端封装在塑料保护壳中，另一端与水下连接器连接。该系统可以安装在滑行器、牵引车或漂浮筏上，然后检测仪可以在管道内进行移动。探头发射出一个窄波段声呐，声呐信号从管壁反射到接收机并放大。每一个发射/接收周期采样250点，每一个360° 旋转需执行400个周期。

声纳处理器是供操作者在地面上对检测仪进行控制，并且可将声纳信息图形化显示。面板包含所有与设备连接输入输出设备。

根据管径的不同，应按表9.3-4选择不同的脉冲宽度。

脉冲宽度选择标准　　表9.3-4

管径范围（mm）	脉冲宽度（μs）
300 ~ 500	4
500 ~ 1000	8
1000 ~ 1500	12
1500 ~ 2000	16
2000 ~ 3000	20

3. 电法检测技术

管道电法测漏仪是视频检测设备管道机器人（CCTV）的有效补充设备（图9.3-9）。主要用于在有水的条件下检查各类管道、水渠、方沟以及其检查井的渗漏等缺陷。采用电流快速检测技术，通过实时测量电极陈列探头在管道内连续移动时渗漏点的泄漏电流，现场检测井精确定位管道漏点（图9.3-10）。市政部门可以通过它确定缺陷位置、缺陷大小、缺陷类别等漏点信息，为维修养护提供决策依据。

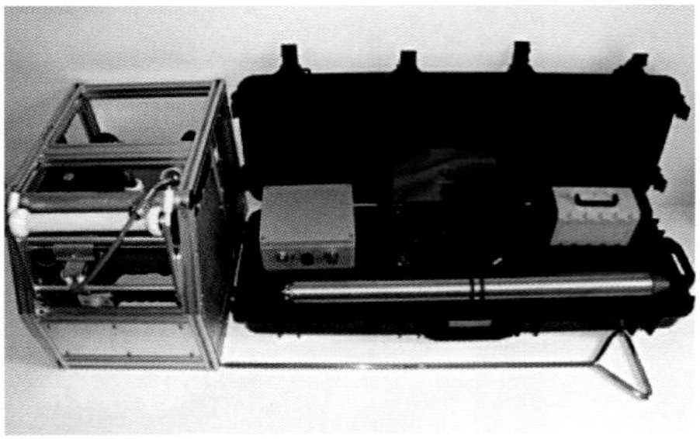

图9.3-9　管道电法测漏仪

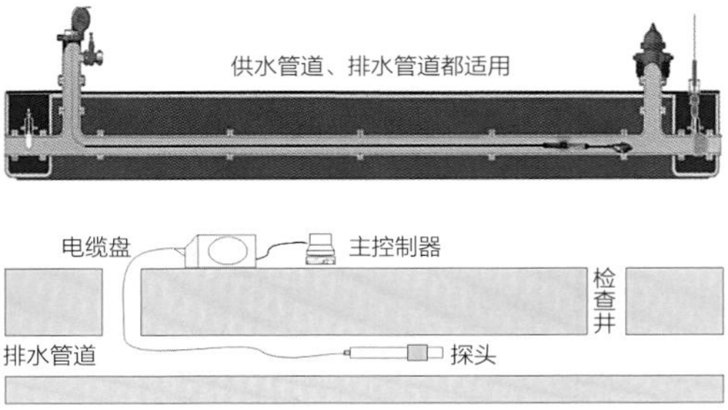

图9.3-10　电法检测管道示意

目前国内的电法检测技术应用还处于起步阶段，该技术相比于声纳检测技术对细小裂缝检测能力好，速度快，精度高，但是对管道泥沙堵塞检查能力差，该技术与声纳技术的有效结合，可在管道水下检测领域中发挥有效作用，值得推广（图9.3-11）。

当探头在管道中行走时，如果管道壁没有泄漏缺陷，电流将会非常小：当探头靠近缺陷时，电流会显著增大，缺陷位置时电流达到峰值。通过电流的变化，可以判断有否有缺陷，根据电流变化的大小，可以判断缺陷的大小，电流越大，缺陷越大。与相同管道中视频检测资料的对比，可以验证电法测漏仪的检测效果，图9.3-12中4.4m和8.5m处都存在缺陷，并且8.5m处缺陷更大，电法测漏仪的检测结果与视频检测结果是一致的。

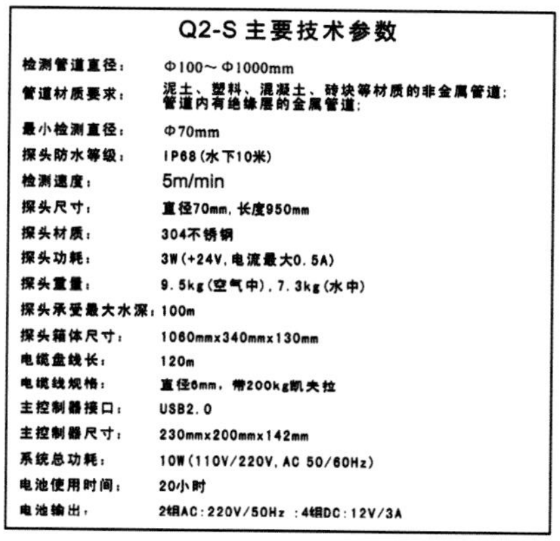
Q2-S 主要技术参数

检测管道直径：	Φ100～Φ1000mm
管道材质要求：	泥土、塑料、混凝土、砖块等材质的非金属管道；管道内有绝缘层的金属管道；
最小检测直径：	Φ70mm
探头防水等级：	IP68（水下10米）
检测速度：	5m/min
探头尺寸：	直径70mm，长度950mm
探头材质：	304不锈钢
探头功耗：	3W（+24V，电流最大0.5A）
探头重量：	9.5kg（空气中），7.3kg（水中）
探头承受最大水深：	100m
探头箱体尺寸：	1060mmx340mmx130mm
电缆盘线长：	120m
电缆线规格：	直径6mm，带200kg凯夫拉
主控制器接口：	USB2.0
主控制器尺寸：	230mmx200mmx142mm
系统总功耗：	10W（110V/220V，AC 50/60Hz）
电池使用时间：	20小时
电池输出：	2相AC：220V/50Hz ；4相DC：12V/3A

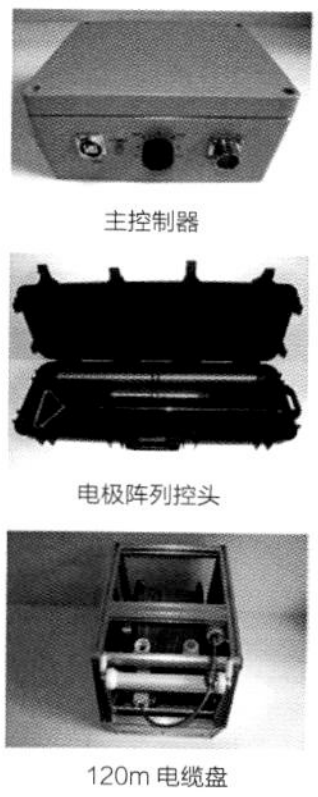

图 9.3-11　管道电法测漏仪 Q2-S 主要技术参数

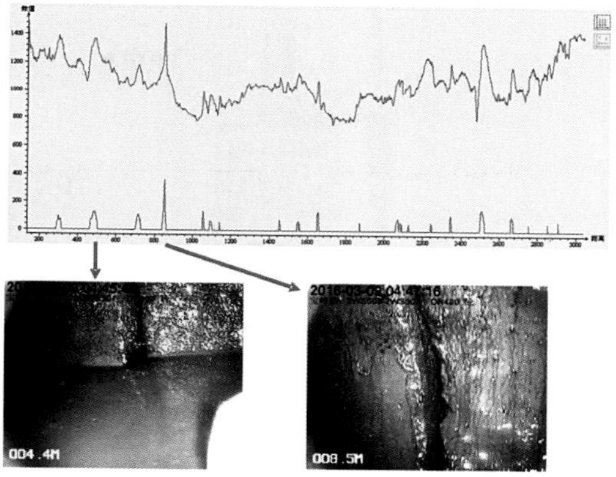

图 9.3-12　与视频资料对比（工程案例数据）

4. 管道闭路电视检测技术

管道闭路电视检测系统（CCTV）是使用最久的检测系统之一，也是目前应用最普遍的方法。生产制造 CCTV 检测系统的厂商很多，国际上一些知名品牌有 IBAK、Per Aarsleff A/S、Telespec、Pearpoint、TARIS 等，国内有雷迪公司。

CCTV 的基本设备包括摄像头、灯光、电线（线卷）及录影设备、监视器、电源控制设备、承载摄影机的支架、爬行器、长度测量仪等。检测时操作人员在地面远程控制 CCTV 检测车的行走并进行管道内的录像拍摄，由相关的技术人员根据这些录像进行管道内部状况的评价与分析。CCTV 在国外排水管道检测中已得到广泛应用，美国排水管道的检测主要采用该方法。CCTV 在我国应用的时间不长，但发展非常迅速，近几年国内一些主要城市（如上海、北京、广州等）已经普遍应用这种检测系统取得了非常好的效果。图 9.3-13 为 CCTV 检测设备，图 9.3-14 为 CCTV 检测现场作业示意图。

图 9.3-13　CCTV 检测设备

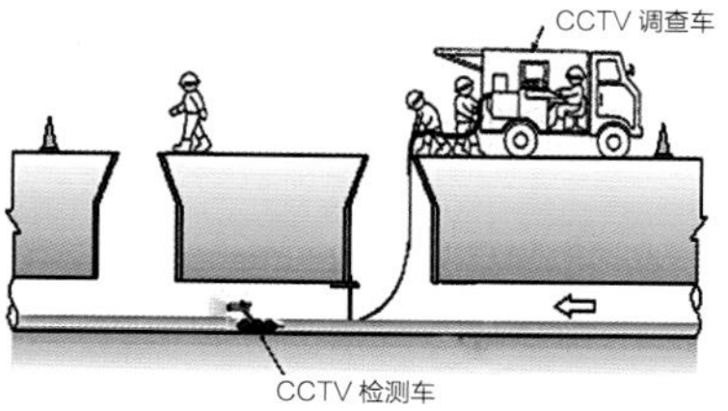

图 9.3-14　排水管道 CCTV 检测现场作业示意图

5. 潜望镜检测技术

潜望镜为便携式视频检测系统，操作人员将设备的控制盒和电池挎在腰带上，使用摄像头操作杆（一般可延长至 5.5m 以上）将摄像头送至窨井内的管道口，通过控制盒来调节摄像头和照明以获取清晰的录像或图像。数据图像可在随身携带的显示屏上显示，同时可将录像文件存储在存储器上。该设备对窨井的检测效果非常好，也可用于靠近窨井管道的检测。该技术简便、快捷、操作简单，目前在很多城市得到应用。图 9.3-15 是管道潜望镜摄像组件图，图 9.3-16 是管道潜望镜检测现场作业示意图。

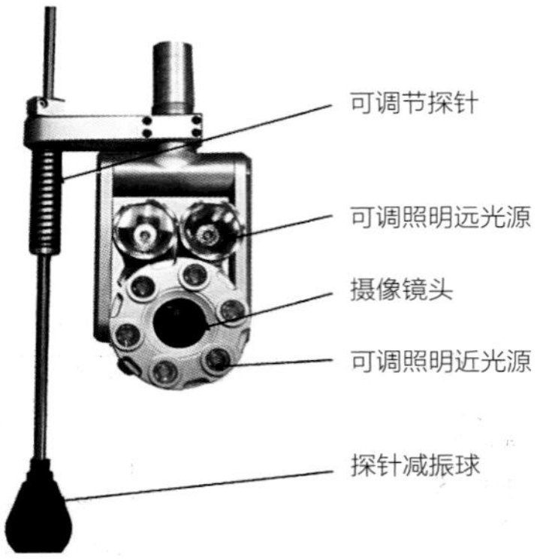

图 9.3-15 管道潜望镜摄像组件

图 9.3-16 管道潜望镜检测现场作业示意图

9.3.4 排水管道水下检修

根据排水管道检测评估报告，制订管道修理计划，消除缺陷、恢复功能，延长管道使用寿命。排水管道修理分开挖和非开挖修理，开挖修理应符合国家标准《给水排水管道工程施工及验收规范》GB 50268—2019 的有关规定；非开挖修理应符合现行行业标准《城镇排水管道非开挖修复更新工程技术规程》CJJ/T 210—2014 的有关规定。

9.4 管渠闸门水下检修作业

市政给排水系统中常见的管渠闸门有钢闸门、金属闸门和铸铁闸门，而且钢闸门使用较多，钢闸门维修分门体维修（包括门叶结构、止水装置、支承行走装置及其他连接件）和埋设件维修两部分，闸门门叶发生残余变形和局部损坏等缺陷时，可采用增加梁系或对原梁系进行补强等措施进行修理。对面板局部锈蚀严重部位，可补焊钢板加强。局部变形可采用人工或机械方法等进行矫正。其他零部件的局部损坏和焊缝开裂，可进行补焊或更换新材。

9.4.1 管渠闸门检修内容

1. 检修闸门工作内容

检修闸门的一般工作内容：①闸门、阀门上止水的更换，包括侧止水、垂直止水和水平止水；②滚动门检修，主要是更换主、侧滚轮和主滚轮架等；③横拉门的支撑垫座调整；④人字门的顶、底框调整；⑤轨道内清淤及排除障碍或故障；⑥其他突发性事故的排除。检修闸门、阀门的工作尽量在水面进行，只有万不得已的情况下，才由潜水员潜入水中进行。

2. 管渠闸门堵漏方法

在市政给排水系统运行管理中，经常遇到闸门后新建或维修工程的情况，如果闸门漏水或被废物卡住，就需要进行堵漏处理。堵漏一般在漏水点上方投放煤渣，由于煤渣比重比水稍大，他就慢慢向水底沉落，沉到闸门漏水点附近时，由于漏点出现流速大，压强沿水流方向降低，在周围高压的作用下，炉渣顺水流被吸收到漏水点，堵在漏水的缝隙上，如果煤渣无法靠近堵漏点，造成煤渣堵漏失灵，这时只能选择潜水员水下堵漏方法。

这种方法堵漏的材料一般是用棉被卷成圆柱形，用布条扎好，粗细根据漏水孔洞的大小确定，一般应比孔洞直径大 3 倍以上，否则强大的水流吸力会把棉被抽挤出洞外。当圆柱形棉被塞到漏水点上，就可堵住漏水。用这种方法堵漏时，如果漏水量大，潜水员一定注意安全，系好安全绳，慢慢靠近漏水点，用手探摸，万不可身体贴上漏水点，否则一下被吸在漏水处，潜水员会有生命危险。

9.4.2 压力差作业的危险性分析

管渠闸门水下检测、检修及堵漏等作业，属于压力差作业。潜水员一旦被压力差困住，几乎就没有逃脱的可能。

【例 9–1】如图 9.4–1 所示，水位差为 3.5m，处于水坝中的管口直径为 0.3m，计算因压力差在管口处产生的吸力。计算过程：

压力差在管口处产生的吸力 $F = P_{静} A$

式中 $P_{静}$——静水压强，MPa；

A——开口面积，m^2。

$P_{静} = Pgh$

式中 g——重力加速度，m/s^2；

ρ——液体的密度，纯净水为 $1g/cm^3$；

h——水的深度，m。

则有 $F = pghA$。

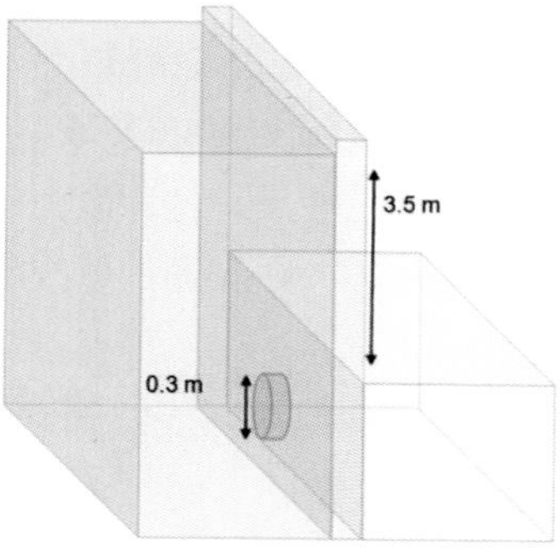

图 9.4–1　水坝管口压力差

将已知条件代入公式可得：

$$F = 1 \times 9.8 \times 1000 \times 3.5 \times \pi \times (0.3/2)^2 = 2423N$$

一般而言，人体的躯干受到大约 350N 力的作用，就有可能造成呼吸困难或血液循环受阻。上例中的管口在 3.5m 压力差作用下，产生 2423N 的吸力，足以让被吸住的人四肢无法动弹。吸入口的面积越大，压力差越大，产生的吸力越大，危险性越高。即使是微小的吸力，可能由多种因素组合加重，也会造成被吸住的人四肢无法动弹等。

水流危害的另一个可怕之处是潜水员在外围接近吸入口时不会感到明显水流流速的提高，而当其能够感到水流流速时，已经处于危险之中了。

因此，如何识别压力差，避免压力差危害，对保障压力差作业安全非常重要。

1. 压力差存在形式

压力差危害通常发生在，但不局限于以下情况：

（1）水坝、运河、水闸、堰、水闸、水罐、游泳池的排水口或堵塞的入水口格栅等。

（2）船舶、管线及其他内空的结构周围。

（3）电厂、海水淡化以及其他工厂用的进水口。

2. 压力差危害分类

（1）当水位在边界两侧发生变化时，常发生在水坝和闸门处管口等位置，如图 9.4–1 所示。

（2）当一个完全浸入或者部分浸入到水下的空心结构含有高于或低于外界水压的气体时常发生在海底管道和其他具有空心部件的水下结构以及船舶周围等位置，如图 9.4-2 所示。

（3）当水被机械地从入水口抽出时，常发生在陆上和海上的冷却或消防的进水口或者船舶的海底门等位置，如图 9.4-3 所示。

（4）当水被机械地抽到船舶上的螺旋桨或其他类型的推进器时（图 9.4-3）。船上螺旋桨或者推进器所造成的事故几乎总是致命的。然而，这种危害与吸力造成的伤害明显不同，而且不会涉及因为压力差造成的被困或伤害。

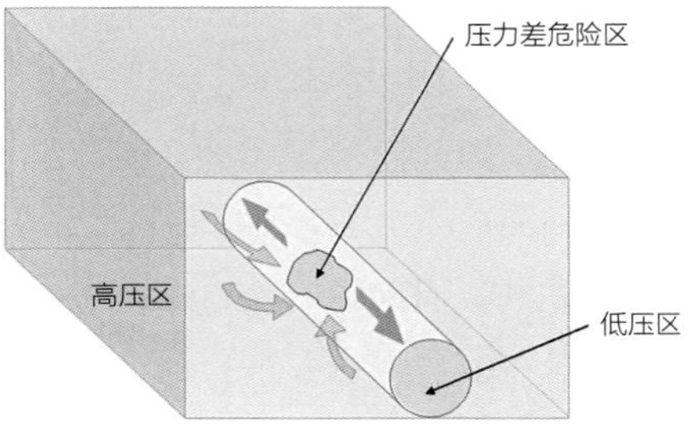

图 9.4-2　水下受损气腔（管线）

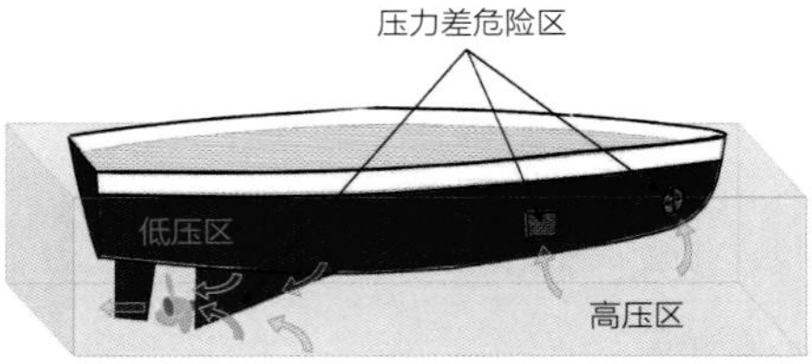

图 9.4-3　海底门、推进器及开放式螺旋桨

3. 压力差危害特征

压力差危害具有其一定的特征：

（1）几乎所有的深度上都存在着压力差的危害，切不可以为深度浅危害小。

（2）涉及能量泵的事故可能发生在任何的深度上，泵本身会产生吸力（如在游泳池内）。

（3）水下的潜水员很难及时地发现压力差危害并加以躲避。

（4）一旦遇到压力差，潜水员从吸力中逃脱将会非常困难。在潜水员脱困前通常需要平衡压力差。

（5）压力差危害通常是致命的，因为救援人员几乎没有机会实施有效的救援。在压力平衡之前，救援人员在水面上对被困潜水员实施的救援措施，经常会导致被困潜水员更大的伤害。

（6）进入水下试图解救被困潜水员的其他潜水员，在解救的过程中，经常会发生受伤或死亡的事故。

4. 压力差作业风险评估

在进行任何的压力差作业之前，潜水单位有责任确保进行了合理的、充分的风险评估，并制定潜水计划。在以下情况下，风险评估必须考虑到压力差危害的存在：

（1）邻近的两个水体水位变化。

（2）毗邻气腔的水体。

（3）机械取水口。

（4）向船舶螺旋桨或者其他类型推进器供水的机械取水口。

风险评估应该与完全熟悉潜水现场的主管人员（如客户公司工程师等）一起完成，并需要定期检查。

有的压力差危害可能只有在结构发生故障后才会出现。在这种情况下，风险评估应该包括对潜水作业所在或者周围结构完整性的评估。特别在对临时的或者受损结构的持续完整性持有怀疑时，必须要特别小心。

水体快速移动可能会使潜水员受到水流威胁的危险区域、吸力或者湍流（无论是自然形成的还是由于工厂和机器运转或故障而产生的）被称为压力差危险区域（Differential Pressure Danger Zone，DPDZ）。要采用合适的方法对压力差危险区域的大小以及所可能涉及的潜在吸力的大小进行评估，计算因压力差产生的吸力的大小。

9.4.3 管渠闸门水下检修作业安全措施

在新建工程的设计阶段就应该考虑到尽量减少压力差危害的工程控制。这些可能包括：

（1）让压力保持平衡。

（2）只需要潜水员在低压力侧作业。

（3）为相关的闸门阀门提供双重冗余。

（4）防止潜水员进入到压力差危险区等。

潜水员在进行水下检修闸门、阀门时，要采取适当的措施，保证在闸口处不受到大的静水压的抽吸作用，闸门潜水不会对潜水员带来危险。通常应采取以下安全措施：

（1）在潜水员检查闸门、阀门时，禁止启动闸门、阀门，有锁定装置的要加以锁定，以防止突然开启而发生意外。

（2）当有流速时，应根据具体情况制定相应的防护措施。

（3）在检修中，需要开启阀门时，应保证潜水员出水后，再开启闸门。

（4）检修闸门时，应先摸清修理部位，然后决定修理方案，更换零部件时，应确保从拆除到装妥新部件前，不得改变闸门、阀门的原有水流状态，特别要防止因拆除后而增大漏水。

（5）当在发电厂的进出水廊道检查闸门时，应首先停止供、排水，所有闸门都要有专人看管，绝对不许开启，潜水员进入廊道后，每经过一个闸门都要检查闸门的牢固性，并把绳、管清理好。

（6）在整个检修过程中，水面、水下应密切配合，特别要保持通信联系的畅通，确保安全。

9.5 盾构高气压维护作业

9.5.1 概述

盾构工程施工中，在掘进越江、跨海、湖泊底层以及特殊地层等地质条件的隧道的作业过程中，需要对盾构作业面施加相应的压力来平衡表层压力以防止作业面的渗漏或坍塌。若此时盾构机发生故障，需要进行检查、维护或是更换刀具，维护人员就需要进入到盾构机的高气压环境舱室作业。盾构维护高气压作业与潜水施工作业性质非常相近，除作业环境不同外，均为在高气压下作业，进舱作业人员要呼吸与工作压力相等的高压气体。因此，在工作压力大于 0.12MPa 的压缩空气和工作压力更大（≥ 0.6MPa）的混合气盾构维护作业中，由经过高气压医学检查、培训及锻炼，适应高气压作业的潜水员或相应的工作人员来完成时十分必要的。

9.5.2 适用范围

本节适用于盾构高气压环境下换刀、焊接、切断和检测等维护作业，适用于呼吸压缩空气或混合气的盾构维护常规高气压作业。

9.5.3 高气压作业程序

1. 高气压作业前准备

（1）一般规定

1）进舱作业人员应经过按《职业潜水员体格检查要求》GB 20827—2007 进行的相关体格检查，体检合格后方能从事高气压作业。进舱作业人员应经过岗位培训、考核合格并取得与作业内容相匹配的电焊或切割等特种作业资格证书，并参加盾构维护培训，在技能方面能胜任进舱作业任务。

2）作业现场应配备紧急救援车辆待命，车上应配备担架和按一定要求配置的急救药品箱。在盾构操作室内也应配备相同药品箱。作业现场应配备医疗舱，潜水医师应要就位，潜水监督、潜水医师和操舱员应持证上岗。

3）高气压作业前应对所有作业人员进行安全技术交底以及潜水监督应对每班进舱作业人员进行班前安全技术交底，进舱作业人员应填写盾构维护高气压作业安全日检查表。

4）高气压作业前施工单位应对盾构安全设备、盾构监控设施、应急设备（包括照明、通信、交通、排水、消防、备用电源、备用保压气源等）、人闸系统、自动保压系统、医疗舱等进行检查并确认设备运转正常。进行安全分析和评估，对减压病或其他气压性创伤、外伤（包括坠落、机械伤害和电击）、火灾和气体中毒、掌子面垮塌等事故的发生制定安全防护措施，并对作业情况进行监控。

5）作业现场应采用两套独立的供气系统和两种不同的动力装置，保证不间断供气。进舱作业人员作业期间应保持通信或视频联系，应佩戴相应的安全防护用品，如防护头盔、防护面罩呼吸器、绝缘鞋、护目镜、防护服、防护手套和防护靴子等。进舱作业人员在高气压环境下身体不适，中断工作超过一天时，或在压缩空气中工作有感冒或身体不适的症状时，应经过潜水医师检查确认健康后方可再在高气压环境下工作。

6）进舱作业人员有下列情况时，潜水监督应接受潜水医师的建议，视其为暂时不适宜作业：

①感冒、酒精作用中或酒精中毒及其后遗症影响。

②药品或毒品的影响。

③呼吸道感染、中耳疾病或外耳道感染、皮肤感染。

④过度疲劳。

⑤情感抑郁和其他心理因素的影响。

7）避免个人单独加压，如遇特殊情况需要单人加压时应遵守操作规范；禁止带入在高气压环境下会产生危险的设备和材料，如打火机、密闭罐体等。进舱作业人员离开人闸后，应及时派人打扫人闸内的卫生，出舱后，进舱作业人员在 24h 内不应远离工地，出现减压病或疑似减压病时，应及时由潜水医师进行诊断治疗。减压病的治疗可参考《减压病加压治疗技术要求》GB/T 17870—1999 或其他治疗表按使用说明进行。

8）进舱作业人员的休息时间应不低于潜水安全作业的规定。高气压作业后 12h 内不应重复进行高气压作业；进舱作业人员高气压作业后搭乘飞行器或去更高海拔地区时，应有潜水医师的指导，按《潜水员潜水后飞行要求》JT/T 909—2014 中 4. 6 的要求执行。

（2）作业组织机构人员配备

高气压作业组织机构应保证现场政令畅通，沟通及时、高效，设置完善的组织机构。除现场管理人员外，还包括进舱作业人员、潜水监督、潜水医学技士、操舱员、安全员、现场巡视和其他辅助人员。

每班进舱作业人员数量不应多于人闸主舱允许最多容纳人数，进舱作业人员数量可视作业内容和班次配备。每班进舱作业人员宜为 3 ~ 4 人，其中应有 1 人负责与外界通信、传递工具、看护舱门等工作。

（3）进舱作业人员的选拔和培训

潜水监督或潜水医学技士对进舱作业人员的体检结果应做以下处理：

1）应予以确认。

2）对于初次参加高气压作业的人员，应重视其咽鼓管功能、加压试验和氧敏感试验 3 项特殊检查的结论。

3）淘汰氧敏感试验阳性者。

如有需要，可远程咨询潜水医师。

在与工作压力接近或略高于工作压力的环境下加压锻炼，完成以下工作：

1）淘汰有明显氮麻醉症状和体征者。

2）进行抬放重物、脑力计算、电焊、切割及模拟盾构机高气压换刀等作业内容的模拟训练。

（4）进舱作业人员须知

进舱前，作业人员应精神饱满，身体健康，如有不适，应向潜水监督报告，作业人员进舱前不可穿着过紧的或者化纤材质的衣服进舱作业，应避免空腹、过食及饮酒或酒精饮料，并备有足够的饮用水，避免大量运动；作业过程中，出汗多时应饮用温茶或水补充水分，避免在很长一段时间靠在冰冷的金属上或将身上弄湿变冷，特别是脚和胳膊，禁止吸烟、饮用酒精饮料、碳酸饮料和大量进食，有疾病症状的，如感冒、耳朵疼痛或肠胃疼痛，应向潜水监督报告；减压过程中，作业人员应穿着干燥暖和的衣服，避免寒冷或颤抖，减压过程中如果吸氧应将氧气呼吸器面罩扣紧，避免麻痹状态，确保身体各部位不要失去知觉，每隔一段时间正常起立，活动四肢，减压过程中作业人员禁止吸烟、饮用酒精饮料、碳酸饮料和大量进食。减压完成后，作业人员最好避免剧烈运动，保证自己不处于麻痹状态，并避免用热水长时间冲洗，如若发现减压病的征兆要及时联系值班医生。减压病的症状包括：皮肤痒、皮肤红斑、肌肉和关节痛、深呼吸时疼痛、心血管问题、头眼昏花、手指脚趾麻木等。

2. 高气压作业流程图

呼吸压缩空气或混合气的常规高气压作业程序如图 9.5-1 所示。

3. 加压程序

加压前，操舱员对所有的门闸和系统进行检查，了解气源的储备量和压力；检查管路、阀门和氧装置是否良好，随后，操舱员将氧气减压器输出压力调整到0.55 ~ 0.7MPa，检查好后将氧气气源关闭，待使用时再打开。

潜水监督和潜水医学技士应根据舱内的工作压力确定高气压作业时间，并根据工作压力和高气压作业时间，同时考虑高气压作业效率确定科学的减压方案。减压方案的选择依据如下：

（1）压缩空气作业可根据国家标准《空气潜水减压技术要求》GB/T 12521—2008 确定适宜的高气压作业时间，见表 3.5-1。

（2）工作压力大于等于 0.6MPa 时，应考虑混合气作业，减压应按混合气减压表实施。

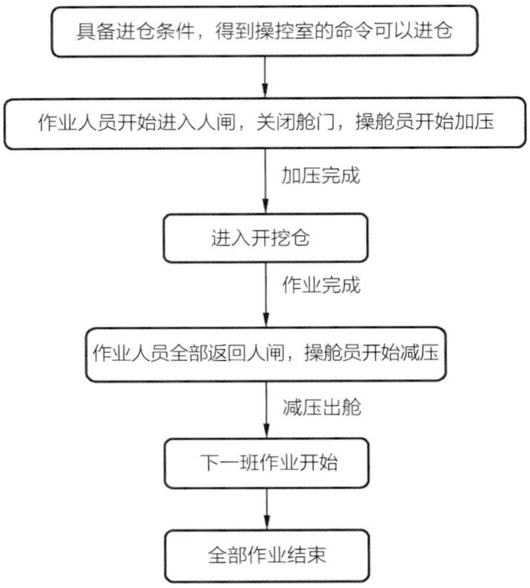

图 9.5-1 常规（压缩空气或混合气）高气压作业流程

进舱作业人员接通电源，打开照明系统，检查工具是否齐全，舱内各附属装置性能是否良好，加压操作前密封门锁，加压过程中注意舱室温度，避免温度过高。另外，加压开始不宜过快，加压速率每分钟不得超过 0.15MPa，在有任何异常情况或收到任何异常汇报时应停止加压，进舱作业人员根据操舱员的指令采取行动，作业人员如想中途中断加压，返回常压环境，应征得潜水监督的同意，确保不危及其他加压人员的安全，存在以下情况时，不能进行常规加压：

（1）进舱作业人员培训和体检不合格。

（2）作业人员身体不适或情绪不稳定时。

（3）没有足够的呼吸气（包括氧气、混合气、备用氧气）时。

（4）系统故障或紧急突发事件会影响隧道安全时。

（5）因技术或身体等原因加压异常中断，在问题没有解决前。

4. 维护作业程序

（1）掌子面保压

超高压进舱不同于既有的带压进舱技术，确保前方掌子面的稳定非常重要，为确保带压作业的安全，在作业前，通常需要采用其他辅助措施加固地层，目前在盾构工程中常用的辅助措施包括采用膨润土置换、超前地质钻机地层加固、冷冻掌子面地层等方法对掌子面地层进行加固，以实现掌子面地层的稳定。

目前国内压缩空气条件下利用高质量泥膜维护掌子面稳定进行带压进舱技术已经成熟。武汉过江隧道采用了高分子聚合物泥浆用来护壁，首先通过泥水环流技术进行泥浆置换，然后通过气压值调整，在保证舱内压力平衡的情况下，降低液位后带压进舱作业；华能汕头电厂二期工程高压线跨海段盾构施工中，采用土体冻结技术在盾构切口前方进行土体冷冻，对盾构机进行了修复工作。

（2）维护作业

在维护作业过程中，人闸压力达到工作压力后打开开挖舱舱门平衡阀，打开舱门进入开挖舱。观察掌子面是否正常，发现异常情况及时撤离并上报。通常认为掌子面稳定的情况下压力越高，发生工程事故的概率越小，但压力越高，作业人员的氮气吸入越多，造成效率降低，因此合适气压的选择将综合掌子面稳定及人员健康两方面因素考虑。在压气作业时，为了防止漏气、喷发等现象发生，要充分调查并制作高质量、高性能泥膜，在盾构中盾、尾盾充分注浆（防止压缩空气从隧道结构周边向后方逃逸）。

潜水监督人员应负责掌握作业过程中舱内的任何压力变化，并负责通知潜水医师实时调整减压方案。应该注意的一点是，当压力变化幅度超过 0.05Bar 时，首先将人员撤入人闸舱，检查盾构本身的气密性，包括人闸舱、气垫舱门的密封性，同步注浆管路、中盾注脂孔、超前注浆孔、冲刷管等各个管路阀门的密封性，防止因盾构设备本身密封不严而造成漏气。其次再对地层、浆液黏度及比重等进行检查，对漏气原因查明并处理后，再继续作业。监控作业环境内和地面管理区域的氧气含量，应保持在 21% 的最佳水平，且氧气含量最高不高于 23%，最低不低于 18%。舱内氧气含量水平不能控制在参数范围以内，应采取通风措施或中断高气压作业直到氧气含量达到上述标准。还有一点比较重要的是在作业过程中要时刻监测二氧化碳、一氧化碳和其他有毒有害气体的含量，应按风险评估预案采取必要的防护措施，如采取戴防护面罩呼吸器或空气置换等方法。

作业过程中刀盘应保持锁定状态，如果因作业需要转动刀盘，舱内人员应防止刀盘转动时损坏舱内设备，且应派专人看护舱门不被刀盘刮碰。盾构操控人员应听从舱内人员指挥，得到允许后方可将刀盘转到指定位置，锁死刀盘后通知舱内人员。舱内高气压作业更换刀具的操作流程如下：

1）检查倒链、吊带、吊耳、气动扳手、丝杠、撬棍及其他必要的工具，进舱前清点，出舱时全部收回到材料舱。

2）将刀盘转至 12 点、9 点、3 点等适宜的位置，转动刀盘调整位置时，人员应离开刀盘到安全位置。

3）挂好安全带，防止滑倒或摔倒。

4）用高压水冲洗刀箱。作业时要防止高压水破坏掌子面，若掌子面轻微破损，要及时用特制的泥质材料封堵。

5）打开旧刀上的锁片，用气动扳手拧松螺栓，取出螺栓和压块，进舱作业人员站在重物侧面用吊具和丝杠将刀移出刀箱并吊至材料舱。

6）底冲洗刀箱后，将新刀吊至刀箱处，用丝杠将刀推入到刀箱的正确位置，将压块、螺栓和锁片装好。

作业人员进舱前应对舱内气体成分进行检测，防止不明气体影响人员健康及造成动火爆炸事故，照明灯具采用低压防爆灯（2008 年广州地铁 6 号线东黄区间盾构施工换刀时，使用日光灯遇疑似瓦斯气体发生爆炸事故），高压下舱内动火作业具有燃烧快、燃烧剧烈的特点，进舱人员不能穿合成纤维衣物，并需佩戴空气过滤舱内焊接面罩，焊接过程中产生的 CO_2 气体及时排放，舱内高气压作业焊接、切割的应遵循的操作流程如下：

1）舱内作业区严禁采用明火，当确需使用焊接、切割工艺时应严格按舱内焊接、切割工艺要求进行安全技术交底。

2）焊接作业人员应穿戴好防护面罩呼吸器、绝缘鞋等防护用品。

3）打开排风装置、加强通风。

4）作业人员进行焊接、切割作业时，应站在绝缘板上。

5）电焊焊接时，接地电缆需连接到工件上。

6）长时间停止工作，应切断焊枪电源，将电源线卷起来。

7）焊接停止，应将焊接线盒放在绝缘的位置上。

8）发生事故时，应立即关闭切割气体的供应。

5. 减压出舱程序

潜水员从开挖舱和气垫舱返回到人闸舱时，需关闭人闸舱密封门，使用严格、合理的减压方案对人闸舱进行减压，人闸舱通过减压恢复常压后，潜水员开门出舱。潜水员减压出舱后，需要进行 1h 的身体状态观察，以排除或及时发现减压病。一般情况下，潜水员高压暴露时间不允许超过安全线。但是，如果完全按照安全线执行，潜水员高压暴露作业时间又太短，有效作业时间可能只有 10min 左右，而潜水员高压进出舱作业整个循环时间约需 5h（包括作业准备、进舱加压、高压作业、减压、出舱等），根本无法满足实际工作需要。为既能保证潜水员的安全，又能提高工作效率，满足盾构机高压检修作业需要，根据潜水员每次进舱作业任务不同和身体状况差异，选择不同的减压方案。

其中各减压表的使用均应按照说明进行操作，在整个减压操作中，减压人员要听从操舱员的安排和指挥。只有在操舱员的指导下，才能调节内置门锁阀。本班或全部作业结束后根据潜水监督的指令处理好舱内的设备工具，出舱并关闭舱门，不得将杂物遗留在工作舱。

在减压过程中，有几点需要注意：

（1）减压时在舱内不应把饮水瓶的瓶盖拧紧，以免瓶子减压时发生爆炸。

（2）减压过程中在特殊情况下中断减压或中断氧气呼吸时，应记录压力，问题解决后，从中断的压力点重新开始减压。

（3）除掌子面维护技术需要升降液面外，人员在舱内减压过程中应避免升降液面。

9.5.4 高气压作业安全风险分析

1. 安全风险及预控措施

安全风险及预控措施按活动场所和生产过程分类，具体内容见表 9.5-1。

2. 安全风险应急预案

盾构维护高气压作业应根据不同情况制定相应的应急处理预案，应急处理预案流程包括：

（1）减压后出现疑似减压病人应急处置流程如图 9.5-2 所示。

（2）作业舱发生掌子面坍塌应急处置流程如图 9.5-3 所示。

（3）进舱作业人员发生意外伤害应急处置流程如图 9.5-4 所示。

盾构维护高气压作业职业健康安全风险表 **表9.5–1**

序号	生产、场所、活动	职业健康危险源	暴露频率	可能导致的风险或事故	控制措施
一、高气压作业前					
1		不具备进仓作业人员资格	常见	人身伤害、易患减压病	严格落实特种作业人员持证上岗
2		作业前人员身体状况不符合要求	常见	易患减压病或其他一般事故	严禁作业人员带病进行高气压作业
3		供电源未经检查验证	常见	机电损坏、漏电、触电	进场前对设备进行检测
4		供电源未经检查验证	少见	氮麻醉、中毒	严格对供气源进行检测
5		高气压进仓设备未经检验	少见	一般伤害、伤残	高气压进仓作业前对设备进行严格检测
6		对盾构机刀盘处结构不明确	常见	滑倒摔伤、撞伤	作业前进系统培训，了解盾构机刀盘处结构情况
7		盾构机闸门系统封闭不严	少见	系统漏气、减压病	作业前对设备进行检查
8		无备用气源或电源	少见	挤压伤、窒息	现场设置应急备用气源、电源
9		施工方案不明确	常见	一般事故	完善施工方案和应急预案
10		无预备高气压潜水员	少见	伤害、死亡	单组作业应有预备高气压潜水员
11		盾构机闸门系统区域卫生不达标	常见	医疗疾病	建立卫生清洁制度，作业前进行检查
二、加压过程					
1		加压速度过快	常见	挤压伤	操舱员控制加压速度
2		加压过程中通信中断	常见	一般事故	作业前对设备进行严格检测，加备用设备
3		加压过程中身体不适	少见	挤压伤、伤残	终止加压，减压出舱
4		加压过程中的意外情况不报告	少见	挤压伤或其他一般事故	保持联系，遇到突发情况及时报告
5		加压过程中供电中断	少见	一般事故	加压前进行检查，启动备用电源
6		加压过程中供电中断	少见	影响作业	对设备进行安检，准备应急气源
7		在局限的入口或通道处滑倒、磕碰	常见	一般伤害	清理通道或入口，保证足够的照明
8		加压过程中的压力失常	少见	人体伤害	作业前对设备进行严格检测
三、作业过程					
1		作业人员滑入泥浆中	常见	窒息、死亡	设置防护装置，制定抢救措施
2		作业过程中通信中断	常见	一般事故	作业前对设备进行严格检测，启用备用设备
3		作业过程中身体不适	常见	伤害	终止作业，减压出舱
4		作业过程中的意外情况不报告	常见	挤压伤、伤残	随时保持联系，遇到突发情况及时报告
5		作业过程中压力失常	少见	挤压伤、伤残	作业前对设备进行严格检测
6		作业过程中压力未监控	少见	挤压伤、死亡	安排专人负责监控压力
7		作业过程中滑倒、摔伤	常见	一般事故	设置防护装置，穿防滑鞋
8		作业过程中机械伤害	少见	挤压伤、出血	终止作业，舱内处理，减压出舱
9		作业过程中供气中断	少见	挤压伤、窒息、死亡	对设备进行安检，启用备用气源
10		索具选用、配置不合理，索具磨损	常见	起重伤害	选用合适、安全的索具

续表

序号	生产、场所、活动	职业健康危险源	暴露频率	可能导致的风险或事故	控制措施
11		高处作业临边防护措施不到位	常见	高处坠落	高处作业时佩戴安全带，设置防护措施
12		滚刀砸伤、压伤	少见	机械伤、伤残	制定作业规章制度，做好个人保护
13		有害气体不能及时排除	常见	气体中毒	及时通风换气，作业人员佩戴防护面罩
14		电焊机电源线接线柱无防护盖，电焊机机体破损严重，电焊机未做好接零保护或接线不牢固，电焊机把线与气焊管带交叉缠绕，电焊钳不符合规范，损坏严重，电焊钳绝缘强度不够，电焊机一、二次线过长，电焊机把线有裸露，绝缘不好	常见	触电伤害	电焊机作业前应首先检查电焊机机体、电焊钳、电源线、把线的完好情况，如发现异常应整改完毕再进行作业
15		焊接、切割时烫伤	常见	烫伤	按照规定穿着工服，带防护手套
16		焊接、切割时引燃易燃物	常见	火灾、烧伤	清除作业现场易燃物，配备高压不灭火
四、减压过程					
1		减压过程中姿态不当	常见	减压病	保持好身体姿态
2		减压过程中身体不适	常见	一般事故	观察陪护，必要进潜水医师进仓
3		减压过程中舱门漏气、失压	少见	减压病、耳膜穿孔	舱门加强检查，失压时及时关闭主、副舱过渡门，进副舱按新方案减压
4		减压过程中通信中断	常见	一般事故	作业前对设备进行严格检测，启用备用通信设备
5		减压过程中憋气	少见	减压病、肺撕裂	作业前对工作人员进行教育
6		减压过程中的减压不当	少见	减压病、伤残、死亡	严格按照减压表执行每一站停留时间
7		减压速度过快	常见	减压病、伤残	操舱员控制减压速度，规范操作

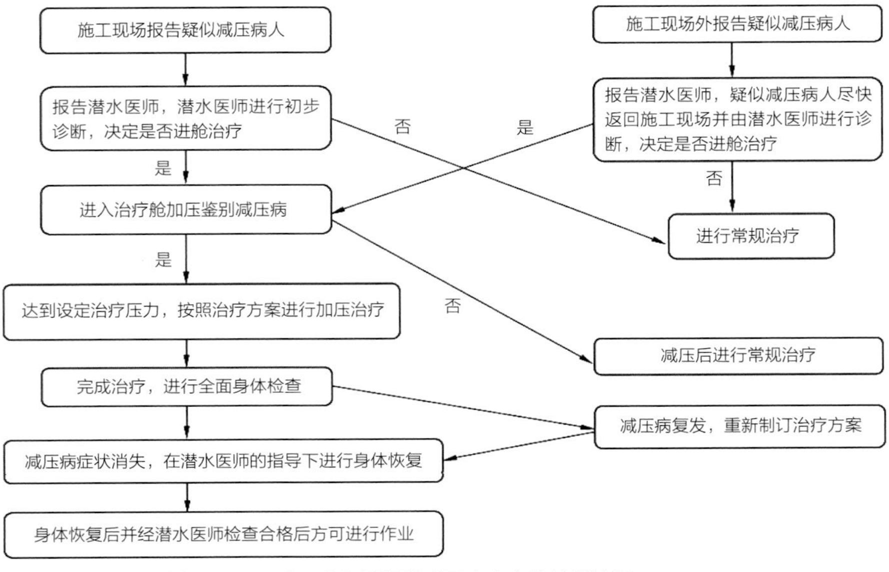

图 9.5-2　减压后出现疑似减压病人应急处置流程

下利用机械的方法（如水下电动机械、液压机械和水力机械等），对水下工件或结构进行切割的方法。水下热切割，是在水下利用热能（如电弧热、化学热等），对水下工件或结构进行切割的方法。水下爆破切割，是在水下利用炸药的爆炸力，对水下工件或结构进行切割的方法。

各种水下切割方法特点见表 9.7-1。

各种水下切割方法一览表　　表9.7-1

切割方法	已达深度（m）	应用情况	特点	限制条件
乙炔－氧切割法	13	不明	比氢－氧火焰温度高	压力超过 1.5 个大气压，易发生爆炸
氢－氧切割法	100	钢铁材料厚达 40mm，可以加厚到 300mm 但比较困难	燃料气体承受压力大，设备简易轻便，易维修	需要相当高技术，切割速度较慢
汽油－氧切割法	100	同氢－氧切割法	液体燃料易于储存	在点燃之前，需要加热器把燃料气化
电－氧切割法	150	钢铁材料厚达 40cm，还可加厚但比较困难	设备简单轻巧，操作容易	需经常更换切割条，切割面粗糙
电弧切割法	60	生铁，奥氏体钢和非铁金属	设备简单	切割速度和质量较低
聚能炸药切割法	100	切割沉船，水下结构，水下输送管等	简单，快速，遥控起爆，辅助装置少	限于简单几何形状，需保护好邻近的结构物
机械切割法	180	管道斜切口	加工精确，割缝无热影响区，为焊接创造条件，如自动化，除安装设备外，无须手工操作技术	限于简单的几何形状，如管道等，速度很慢
高速水切割法		适用于各种材料（金属和非金属）切割		切割质量高、割缝整齐，无热影响区，尚处于试验阶段

水下电氧切割，也称水下电弧氧切割，属于水下热切割，已有数十年的历史，是一种传统的水下金属切割方法。水下电氧切割工艺、安全可靠、易于掌握，是目前仍然被广泛采用的方法。本节主要介绍水下电氧切割的原理、材料、操作方法及安全注意事项。

9.7.2 适用范围

水下电氧切割适用于能导电的金属材料。但主要是用来切割易氧化的低碳钢和低合金高强钢。水下电氧切割由于割缝质量不高，多用于水下破坏性切割，以切断材料为目的。广泛应用于拆除沉船、海洋结构物、桥梁等水下障碍物。

9.7.3 工艺原理

水下电氧切割原理，是利用水下电弧产生的高温和氧同被切割金属元素产生的化学反应热加热、熔化被切割金属，并借助氧气流的冲力将切割缝中的熔融金属及氧化熔渣吹除，从而形成割缝。随着水下电弧的不断移动和氧气连续供给，能够获得大量化学反应热，故可以用较小的切割电流进行切割。在切割过程中不断供给具有一定压力和流量的氧气，使割缝中熔化金属和熔渣不断被吹除，被切割金属表面的凹陷继续加深，直到最后被割穿。

水下电氧切割以气体为介质。在水中自由状态下气体必然要产生上浮的气泡，造成大量气泡翻腾现象，从而降低了水下可见度，增加了切割中的困难。

9.7.4 施工工艺流程及操作要求

1. 水下电氧切割设备及材料

（1）切割电源

水下电氧切割的电源与电弧切割的电源相同，一般也选用陆上定型生产的直流电焊机。其正极用1根地线接于切割件，负极用1根导线接于电割刀。这样接法能使切割件的温度较高，易于切割；而电割刀的温度较低，不易损坏。

（2）切割电缆

水下电氧切割电缆与陆上电焊电缆无多大区别，其截面积主要取决于通过的电流大小，而电流大小与被割件厚度、水深有关。通常使用电流在400 ~ 500A，所以导线和地线一般采用截面积为70~100m^2的电缆，详见表9.7-2。导线、地线和电割刀等都必须绝缘良好，防止漏电。被切割金属必须彻底清除铁锈、油污、海蛎子等所有不洁物。

切割电缆截面积与电流关系表　　表9.7-2

导电截面积（mm^2）	最大允许电流（A）
25	200
50	300
75	450
90	600

（3）切割炬，是水下电氧切割设备的重要组成部分。我国自行设计制造的SG-Ⅲ型水下电氧切割炬，水下重量0.75kg；切割炬头部构件与被割金属接触时，能自动断弧，以防止烧坏切割炬头部；切割炬装有回火防止装置，可防止炽热的熔渣阻塞气路，烧毁氧气阀。切割炬带电部分，包敷绝缘材料，其绝缘性较好；当通过切割炬氧气阀氧气压差0.6MPa时，其供气流量大于1000L/min（图9.7-1）。

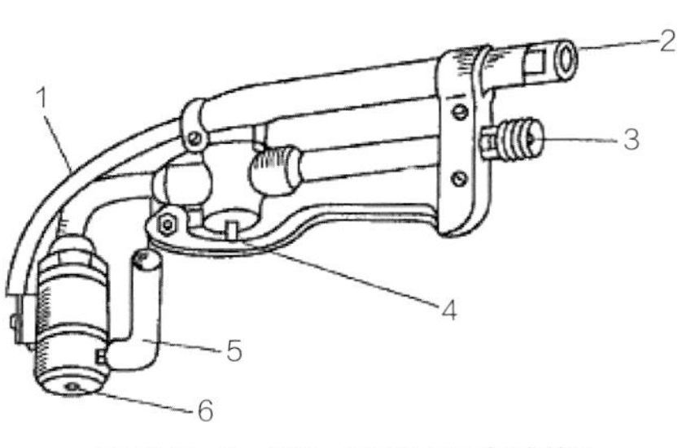

图9.7-1　SQ-Ⅲ型水下切割炬
1—导电铜排；2—电缆接头；3—氧气管接头；4—氧气阀；5—松紧螺栓；6—割条插口

（4）控制开关与自动开关箱

为了防止触电确保潜水员安全，应在电焊机接到切割炬的电缆上装有断电控制开关。当潜水员更换切割电极或工作暂停时，用断电控制开关及时切断电源。控制开关一般采用两极闸刀开关（图9.7-2）。闸刀的开关由水下作业的潜水员指挥，水面应有专人负责。

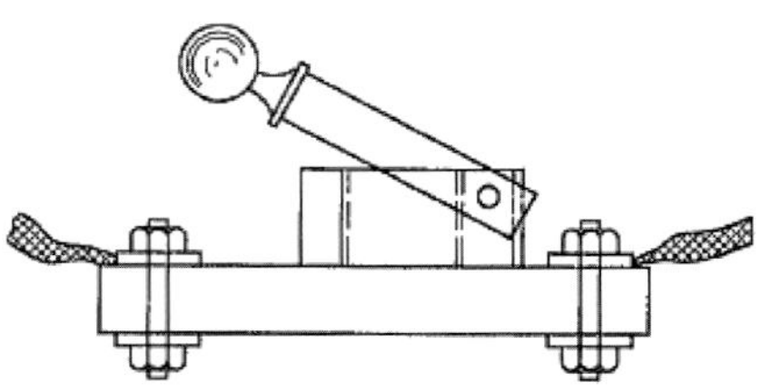
图9.7-2　闸刀开关

为了保证及时开关，在连接电路，有时也装有自动开关箱，以代替人工操作的闸刀开关。

（5）氧气瓶、氧气管和氧气调压表总成

氧气瓶、氧气管和氧气调压表总成等均有定型产品。但在选用时，一定要与整个系统匹配。氧气管应注意其耐压强度。一般情况下，其工作压力应不低于 2MPa。

（6）钢管切割电极

电切割条在氧－弧切割时作为一极，产生电弧并可输送氧气，因此也称钢管切割电极。

钢管切割电极外部涂料有两种方式：一种是在无缝钢管外涂压药条皮；另一种是在无缝钢管外涂以塑料纤维皮或包上一层塑料外套，以达到绝缘的目的。不论哪种方式，外部均涂有防水漆，防止药皮吸水受潮。使用受潮的割条，会产生药皮裂纹或破碎，影响水下切割效率。

涂料中有易电离的成分，起稳定电弧的作用。涂料在燃烧时，产生大量气体，使钢管切割电极与水隔离，涂料燃烧速度比钢管熔化的速度慢，在端部形成套筒，所以切割时，钢管切割电极能在与工件接触的情况下进行。

国产 COESS-1041 钢管切割电极，是一种典型的水下电氧切割电极。长 400mm，钢管内径 2.5mm，外径 8mm。每公斤约有 6 根（图 9.7-3）。

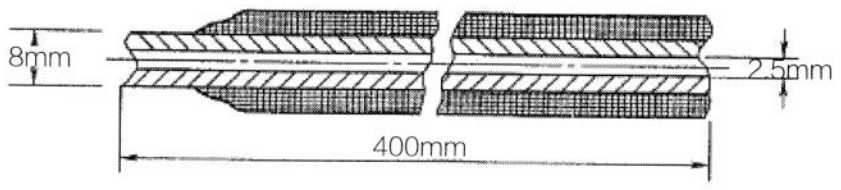

图 9.7-3　COESS-1041 钢管切割电极

（7）氧气

在水下电氧切割中，氧气的作用是很大的。它不仅是助燃剂，氧气流又是吹除割缝中熔融金属、氧化渣的动力。作为助燃剂，氧气的纯度应该是越纯越好。

2. 水下电氧切割参数的选择

水下电氧切割的效率很大程度上取决于下列因素：

（1）切割用氧气的纯度和切割电极的类型。

（2）水下结构的状态，如被割金属的厚度，表面锈的程度等。

（3）水下环境的特点，如水下能见度、流速等。

（4）操作潜水员技术熟练程度。

（5）切割参数的正确选择。

在以上诸因数中，切割参数的正确选择与确定，对切割效率的提高有更大的作用。水下电氧切割参数，主要指切割电流、氧压和切割角的选择与确定：

1）切割电流的选择

切割电流的大小，通常根据电缆的截面积、长度和被切割金属的板厚来确定的，其中主要是板厚。切割金属的板厚与切割电流的关系表见表 9.7-3。

金属板厚与切割电流的关系表　　**表9.7-3**

板厚（mm）	＜10	10 ~ 20	20 ~ 25	>25
电流（A）	280 ~ 300	300 ~ 340	340 ~ 400	>400

切割电流亦可用下列经验公式求得：

$$I=KD \tag{9.7-1}$$

式中 I——切割电流，A；

D——切割电极钢管外径，mm；

K——与切割板厚相关的经验系数，见表 9.7-4。

切割板厚的经验系数表 **表9.7-4**

板厚（mm）	< 10	10 ~ 20	>50
K	30 ~ 35	40 ~ 45	>50

当电流选择过小时，不但将使引弧、续弧发生困难，电弧不稳定，钢厚割不透，割缝不整齐，而且会发生粘弧，造成短路，切割效率下降。电流过大时，药皮爆裂，切割电板熔化过快、熔池过宽，熔化金属在割缝中发生黏合，造成割而不透的现象，亦影响工作效率。

2）切割氧压的选择

水下电氧切割时，氧压选择正确与否，对切割效率影响很大，氧压大小与被割金属性质和厚度相关，切割同一种金属材料，其氧压取决于板厚，见表 9.7-5。

氧压与板厚关系表 **表9.7-5**

板厚（mm）	< 10	10 ~ 20	20 ~ 30	>30
氧压（MPa）	0.6 ~ 0.7	0.7 ~ 0.8	0.8 ~ 0.9	>0.9

表 9.7-5 中的氧压是在水深 10m，氧气管长不超过 30m 的条件下。如果切割水深增加，氧压亦增加，其幅度是水深每增加 10m，氧压增加 0.1MPa。氧气管长度每增加 10m，氧压增加 0.1MPa。

3）切割角（氧流攻角）

进行水下电氧切割时，切割角的掌握是否得当，对切割速度有一定影响。随着切割角的改变，切割速度也随之改变。切割角是指切割电极与被割钢板割缝垂线之间的夹角。无论采用何种操作，适当运用切割角能获得较高的切割速度。切割角的选择取决于板厚。通常，切割板厚度越大，切割角越小。不同板厚的切割角推荐见表 9.7-6。

切割角与板厚关系表 **表9.7-6**

板厚（mm）	<10	10 ~ 20	>20
切割角	50° ~ 60°	40° ~ 50°	<40°

切割电流、氧压和切割角，是水下电氧切割的重要规范参数。推荐的数据和计算经验公式，仅适用于碳钢。对于其他金属材料（如铜、不锈钢等）不能照搬硬套。这三个参数，如果选

配恰当，可以大大提高水下切割效率。经验表明，在水下环境不太复杂的条件下，一个技术熟练的潜水员割薄板每小时可割 20m 以上，割中板 6m 左右，厚板也可达 3m 以上。

3. 水下电氧切割电路和气路的连接

水下电氧切割电路和气路的连接在进行水下电氧切割操作之前，必须接好切割电路和气路（图 9.7-4）。水下电氧切割电路一般采用直流正接法。即切割条接负极，被割工件接正极。

水下电氧切割时，氧气管一端接氧气调压表总成，一端接切割炬，氧气瓶中的高压氧气经过氧气调压表总成减压至所需要的压力。

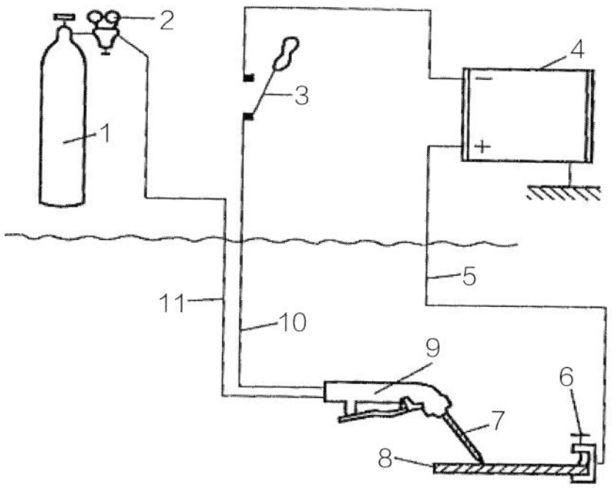

图 9.7-4　水下电氧切割电路、气路连接示意图

1—氧气瓶；2—氧气调压总成；3—控制开关；4—电源；5—接地电缆；6—接地弓形夹；7—切割电极；8—被切割工件；9—切割炬；10—电源电缆；11—氧气管

4. 水下电氧切割的基本操作方法

（1）切割前的准备工作

水下切割开始前，氧气瓶上必须先装好减压阀、氧气压力表和氧气管等。再检查电割刀到氧气瓶的减压阀之间每 1 个氧气管接头，要保证不漏气。检查氧气瓶内的存气量，并确知氧气瓶阀已全部开好，氧气压力调节到所需数值。同时开动电焊机，电流也调节到所需数值。认真检查所有接头，切勿接错；要有良好的导线和地线，尤其是水下部分不得有裸露处；检查导线和地线的极性，特别注意检查接在切割件上的地线的接触情况；不能利用海水作地线，应直接接到切割件上（水上或水下部分均可）。检查电割条内孔是否有堵塞现象。电割条装入电割刀的一端应无锈、无油污，存放时间过长或浸过水的电割条装入端锈蚀严重的应去锈。

（2）水下切割方法

待水面一切准备工作结束后，潜水员入水到达工作点，处于方便而稳妥的位置，然后手握电割刀，将电割条装入电割刀内固定之；接着握住电割刀，再将电割条接近开始切割点；如果没有自动氧气装置，先开启电割刀氧气开关，但不可使气流太大，然后引燃电弧，并开始进行切割。切割开始后，当金属还未被全部割穿时，潜水员应稳住电割条，直到割穿后，再过渡到正常切割。

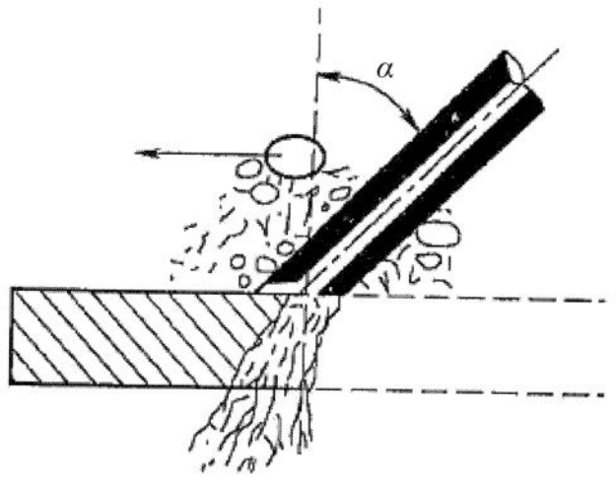

图 9.7-5　支承切割法

常用的水下切割方法有：

1）支承切割法；支承切割法的基本操作（图 9.7-5）

支承切割法是当电弧引燃后，将切割条倾斜一定角度，借助割条头部的药皮套筒，支承在被割工件上进行切割。支承切割法适用于切割薄板和中板。这种方法操作比较简单，易于掌握，且切割效率较高。

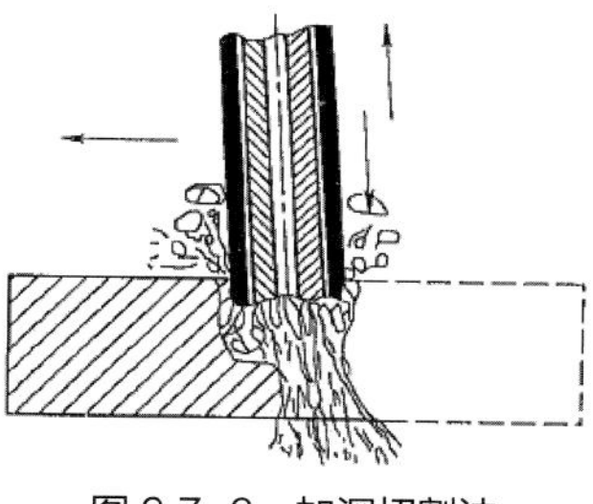
图 9.7-6　加深切割法

2）加深切割法：加深切割法的基本操作（图 9.7-6）

加深切割法是当电弧引燃后，将割条略微倾斜，保持电弧

稳定。逐渐将割条伸入熔池，待割缝形成后，重新将割条提回工件表面，如同拉锯上下运动。加深法一般适用于厚板的切割。

3）电弧维持法，当电弧引燃后，将割条离开被割工件表面，保持一定的电弧长度进行切割，割条与被割工件基本保持垂直位置。电弧维持法，一般用于切割板厚小于 5mm 的钢板。但由于水下电弧很短，这种方法较难掌握。

5. 水下电氧切割操作程序

（1）按作业计划要求，认真做好切割前的各项准备工作，如检查设备、器材等。

（2）连接好气路和电路，接地电缆一定要紧固在被割工件上。

（3）根据被割工件的厚度、水深、氧气管长度、工件锈蚀程度等选择规范参数。

（4）切割炬可由潜水员直接带入水下，也可待潜水员到达工作地点后，用信号绳或绳索传递给潜水员，潜水员每次潜水所带的割条不宜太多，并应将割条放入专门的帆布袋中。

（5）清理切割线周围的海生物和沉积层，并查明切割区域有无易燃易爆物品，如有应采取安全措施。

（6）一切就绪后，即可开始切割。先开氧，后通电。当割条燃烧残留 30mm 左右，关闭电路，熄灭电弧，停止供氧，将一根新割条紧固于切割炬插口中，继续切割，直到完成任务或轮换另一名潜水员。

（7）切割时，潜水员不要站在接地电缆和电源电缆的回路之间，随时注意被割件的动态，防止倒塌或由于应力集中使工件断裂而损伤潜水员。

（8）切割动荡不定的工件时，首先应采取固定措施，潜水员的信号绳、潜水软管和电缆要弄清，并处于上流位置。

（9）切割完毕，切割炬缓缓拉出水面，并用淡水清洗、晾干。

9.7.5 水下电氧切割氧气和切割电极消耗的估算

水下电氧切割成本，除人工、设备、能源和水下环境等因素外，氧气和切割电极的消耗也占有很大比例。

氧气消耗与割缝长度、板厚、水深及被割件表面锈蚀程度等有关。如果切割氧压和切割电极内径确定后，耗氧量可用下式估算：

$$Q = F\sqrt{\frac{P \cdot 2g}{D}} \cdot t \tag{9.7-2}$$

式中 Q——耗氧量，m^3；

F——切割电极内径截面积，m^2；

P——供氧压力，kg/cm^2；

g——垂力加速度，$9.81m/s^2$；

D——氧密度，$1.43kg/m^3$。

【例 9-2】已知切割电极内径 3mm，若供氧压力 $7kg/cm^2$，若一名潜水员在水下连续切割 1h，求氧气消耗量？

$$解：Q = F\sqrt{\frac{P \cdot 2g}{D}} \cdot t$$

$$= 0.0015^2 \times 3.14 \frac{\sqrt{70000 \times 2 \times 9.81}}{1.43} \times 3600$$

$$= 0.00692 \times 3600$$

$$= 24.93\,\mathrm{m}^3$$

答：氧气耗气量是 24.93m^3。

实际上，潜水员在水下进行切割时，不可能连续不断切割 1h，水面氧压也不等于割条出口的压力，由于氧气管摩擦阻力，割条出口氧压低于水面供氧压力，因此，用上述公式计算出来的数据可能偏大，使用时应注意。

水下电氧切割，受水下环境因素影响很大，而水下环境又处在不断变化之中，因此，在做计划时，氧气的储备有一定余量，通常储备量是实际耗氧的 1.5 倍。

水下电氧切割时，切割电极的消耗，也受到各种因素的影响，计算准确是很难的，表 9.7-7 仅供参考。

氧气耗量与使用不同切割电极的关系 **表9.7-7**

板厚（mm）	切割电极外径（mm）	切割电极内径（mm）	供氧压力（MPa）	工作电流（A）	每根切割电极切割时间（S）	每根切割电极切割程度（mm）	每根切割电极耗氧量（m^3）
10 ~ 12	6	1.25	0.65	240	55	24	0.18
10 ~ 12	7	2	0.65	260	61	28	0.3
10 ~ 12	8	3	0.70	340	61	32	0.35

9.7.6 水下电氧切割安全注意事项

水下电氧切割涉及水下用电，切割电弧光有灼伤作用，切割过程中产生的氧气、氢气等有可能集聚引起爆炸，因此它是一项特殊的、有一定危险性的水下作业。但它有一定的规律和特点，作业人员必须熟练掌握，以确保人员与施工安全，并使切割工作能顺利地进行。水下电氧切割安全注意事项如下：

1. 水面部分

（1）水面支持人员应熟练掌握水下切割的规律和特点，督促、支持水下切割人员（即潜水员）执行水下切割安全操作的规定。

（2）切割用的水面设备如氧气瓶、电焊机等都须放在指定地方，使之固定，以防止滚动或堕入水中。

（3）氧气遇油脂会燃烧、爆炸，所以要特别当心，手上沾有油脂或带沾有油脂的手套不得开启氧气瓶阀。氧气和可燃气瓶不得放置在高温处，亦不得暴晒或撞击。严禁火种接近氧气及可燃气体。

（4）所有电器、电缆、电割刀接头都要绝缘，防止漏电。

（5）在水下切割作业区进行切割时，不得进行会危及安全的其他作业。

（6）所有切割设备和器具都要经常检查。浸过海水的水下设备，用后必须用淡水冲洗，发现损坏或失灵部件应及时修理或更换。

2. 水下部分

（1）操作人员应遵循水下切割安全操作的规定，熟练掌握水下切割方法。

（2）水下切割人员必须熟悉切割水域的环境，了解当地水文气象等情况，熟悉水下切割设备的性能，了解被切割物体的结构。切割开始前，应清除易爆、易燃物质，排除一切可能危及安全的因素。

（3）水下切割应分层进行，先切割上层，然后逐渐下移。每层切割时，应从最高处开始，然后向下移动，避免切割件、熔渣下坠，伤及水下切割人员或潜水装具等。

（4）在水下切割密闭容器时，应在切割前开好排气洞，不可直接用高温切割法切割密闭容器。

（5）切割人员在水下切割时应通过潜水电话，同水面保持经常的联系，把所遇到的异常情况及时报告潜水领导人。

（6）在水下切割区域要进行爆破作业时，应及时通知所有切割人员于作业前出水。

3. 特别注意事项

（1）由于水下电－氧切割用强电流，在水下，特别是在海水中将形成很强的电场，使水下设备及潜水装具电解而腐蚀。因此，这些设备应使之绝缘，例如涂防腐蚀漆，以免设备损坏。

（2）一般认为人体允许通过的直流电不可超过 50mA、电压不可超过 24V，因此，电－氧切割设备水下部分应绝缘良好。水下电－氧切割潜水员应戴绝缘手套。

（3）水下电－氧切割潜水员应防止使自己的身体成为电路的一部分。通电切割时必须面对切割件、不可站在切割电源的接地线和电割刀中。

（4）潜水切割时，头盔触及电割条易被烧穿，所以任何时候电割条不可指向头盔。

（5）采用加深法切割厚大件或割洞时，应使切割熔渣不断流出，不可使熔渣大量积聚，不可使割条头部埋入熔渣及深洞，防止切割过程中氧气、氢气和水蒸气的大量积聚引起爆炸。

（6）在不进行切割时应使切割电路断电。如果没有自动断路开关，在更换电割条或切割结束后，应立即通知水面人员切断电源。

（7）水下割条应具有良好的水密性和绝缘性能，如果电割条药皮严重脱落，应禁止使用。

（8）水下切割电弧光仍有灼伤作用，潜水员应佩戴适当度数的护目镜。

9.8 湿法水下焊接

9.8.1 概述

水下焊接是指在水下特殊环境中，对水下结构物的焊接。水下焊接既存在水的影响又有高压的影响，因此水下焊接的工艺、设备及其对质量的要求与陆上是有区别的。但陆上的焊接方法，几乎所有人都企图把它用于水下。目前，水下焊接的方法很多，大体可分为湿法水下焊接、干法水下焊接和局部水下焊接。

湿法水下焊接，即潜水员不采取任何排水措施而直接施焊的方法。典型的湿法水下焊接是水下涂料焊条手工电弧焊。采用这种方法，遇到的主要问题是，可见性差、不易控制、冷却速度快、含氧量高等影响焊接接头质量。

为排除水对焊接的影响，克服湿法焊接存在的可见性差、冷却速度快和含氧量高三大关键问题，从而提高焊接质量，1954 年首先由美国提出干法水下焊接的概念，即把包括焊接部位在内的一个较广泛的范围内的水，人为排空，焊接过程是在一个干的气箱环境中进行的（图 9.8-1）。这种方法存在的主要问题：①要有一个大型舱室，但受到水下焊接工件形状尺度和位置的限制，适应性差，到目前为止，这种方法仅适用于海底管道之类形状简单规则的结构物的焊接；②必须有一个维护、调节、监测、照明和安全控制的完整设备系统，成本昂贵；③仍然存在压力对焊接质量的影响，随着水深的增加，焊接电弧被压缩、弧柱变细，焊出来的焊道和熔宽变窄，焊缝形成变坏并容易造成缺陷。

湿法水下焊接，设备简单，灵活方便，成本低，但焊接质量差；而干法水下焊接，虽然焊接质量较高，但成本昂贵，适应性差，却难以满足日益发展的海洋开发事业，于是人们又研究出一种局部干法水下焊接。这种焊接方法是把焊接部位周围局部水域的水，人为排空，形成一个局部气箱区，使电弧在其中稳定燃烧。与湿法相比，因焊接部位排除了水的干扰，从而改善了接头质量。与干法相比，又不需要那么庞大的设备系统（图 9.8-2）。所以这种水下焊接方法，是目前研究的重点和方向。但这种方法也有不足之处，即灵活性和适应性较差，焊接时间长，烟雾变浓，影响可见性。因为要经常移动设备位置，焊缝接头处质量不太有保证。

具体见水下焊接方法分类如图 9.8-3 所示。

图 9.8-1　干法水下焊接

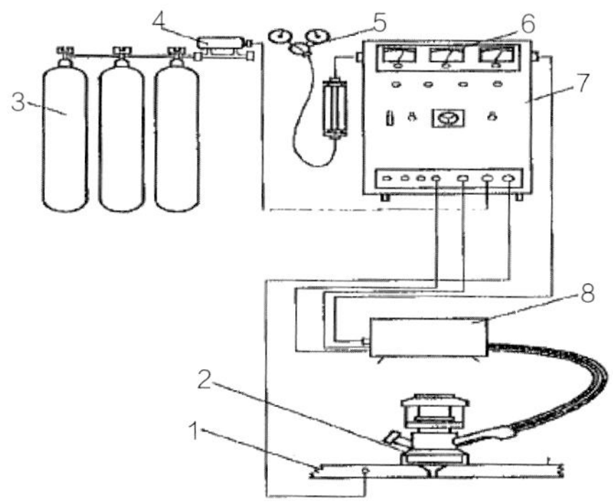

图 9.8-2　水下二氧化碳气体保护焊

1—工件；2—焊枪；3—二氧化碳气瓶；4—预热箱；5—减压阀；6—控制系统；7—焊接电源；8—送丝箱

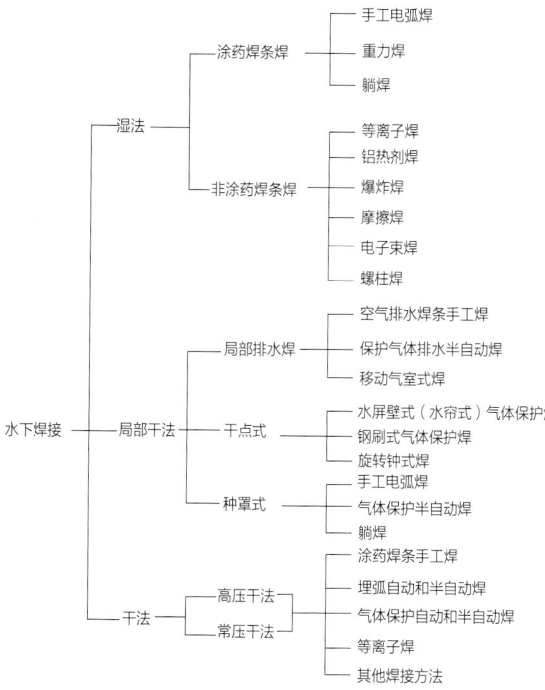

图 9.8-3　水下焊接分类

9.8.2 适用范围

湿法水下焊接会出现淬硬组织，焊缝含氢量高，再加上操作时可见度差，容易产生焊接缺陷，造成应力集中，焊接接头质量较差。因此水下手工电弧焊目前还不能用于焊接重要的结构。但是，湿法水下焊接具有灵活、简便、适应性广、成本低等优点，在生产中仍然是一种不能淘汰的水下焊接方法，适用于裂纹补焊和漏洞补焊。

9.8.3 工艺原理

典型湿法水下焊接是涂料焊条手工电弧焊，其基本工作原理：当焊条与被焊工件接触时，接触点的电阻热，使接触点处于瞬间汽化，形成一个气相区。当焊条离开工件一定距离，电弧仅在气体介质中引燃。有关水的大量汽化及焊条涂料熔化放出大量气体，在电弧周围形成一个较为稳定的“气袋”，“气袋”使焊接熔池与水隔开，形成完整的焊缝（图 9.8-4）。

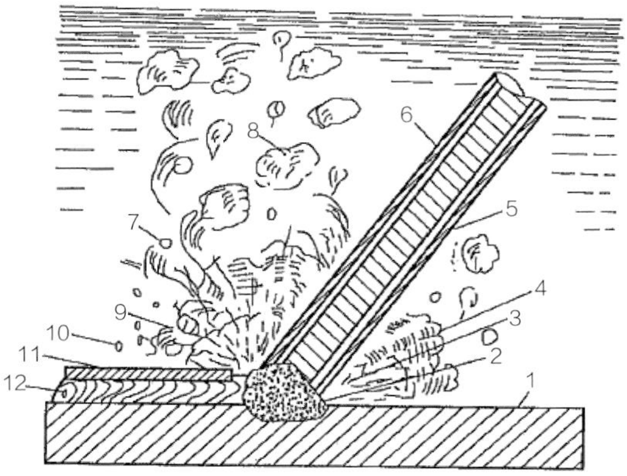

图 9.8-4 湿法水下焊接原理示意图
1—工件；2—熔池；3—套管；4—电弧；5—焊条涂料；6—焊条芯；7—气泡；8—浊雾；9—气袋；10—飞溅物；11—焊渣；12—焊缝

湿法水下焊接，焊接区域周围介质是水，而水与空气有着不同的理化特性，给水下焊接带来了一系列不利因素：

（1）可见性差：水对光的反射、吸收和散射作用比空气严重得多。因此，光在水中传播衰减很厉害。焊接时，电弧周围产生大量气泡和浊雾，使潜水员难以看清电弧和熔池的情况。有时能见度为零，潜水员完全靠感觉。所以湿法涂料焊条手工电弧焊又称“盲焊”，严重影响了潜水员操作技术的发挥，成为造成水下焊接缺陷、焊接质量不高的重要原因。

（2）含氢量高：不论钢铁中还是焊缝中，其含氢量超过容许范围，就很容易引起裂缝。造成结构性破坏，进行水下涂料焊条手工电弧焊接接头塑性韧性都很差的主要原因。

（3）冷却速度快：这种水下焊接法，尽管电弧周围有一个“气袋”，然而其尺寸极小，熔池刚刚凝固，还处于红热状态便进入水中，水的热传导系数比空气大得多。所以焊缝的冷却作用非常之快，很容易造成“淬硬”。焊缝与热影响区出现高硬组织，内应力集中，严重影响接头质量。因此，不能用来焊接重要的海洋结构，这也是湿法涂料焊条手工电弧焊历史悠久发展慢的根本原因。

湿法涂料焊接手工电弧焊，自 20 世纪 50 年代引入我国后，在海难救助、沉船打捞、水下工程等方面发挥了一定作用。如果潜水员操作技术熟练、水下环境较好，还是可以在水下焊出满足水下一般结构要求的焊缝。

9.8.4 湿法涂料焊接手工电弧设备器材及电路的连接法

湿法涂料焊条手工电弧焊设备器材，主要由焊接电源，焊接电缆电源电缆和接地电缆、焊钳、断电控制开关、水下焊条及钢丝刷、锄头等组成。

焊接电源，为了保证潜水员安全和焊缝质量，通常采用直流电焊机。焊接电缆、断电控制开关及其选用规格与水下氧 - 弧切割相同。

水下电焊钳与陆用电焊钳结构原理基本相同，只是对绝缘性要求更加严格。国产水下电焊钳及其结构如图 9.8-5 所示。

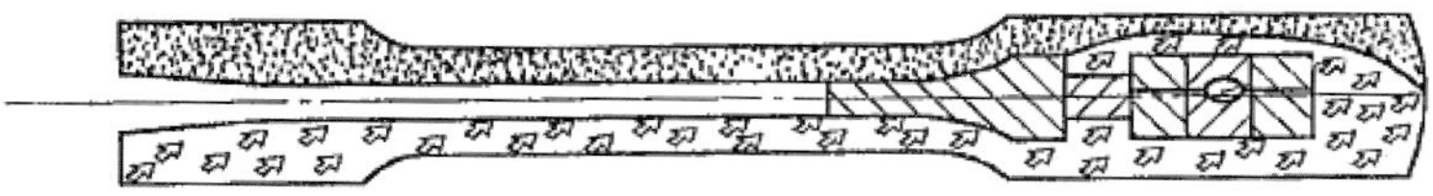

图 9.8-5 水下电焊钳

水下焊条：焊条在水下施焊时，应有良好的工艺性能，即水下引弧容易，电弧稳定、熔化均匀、焊缝形成美观。熔渣要具有合适的黏度，脱渣性能好，适合全方位焊接。我国目前使用的水下焊条，主要是上海焊条厂生产的特 202 焊条和天津电焊条厂生产的 TSH-1 水下焊条。

湿法涂料焊条手工电弧焊的电路连接。可分为直流下接法和直流反接法。通常都采用直流反接法，即电焊钳接电源正极，被焊工件电源负极。

9.8.5 水下手工电弧焊操作方法

水下手工电弧焊时，许多原理和操作要领与陆上焊接时相似，但由于水下焊接的工作条件、周围介质等与陆上焊接不同，操作时的某些方法、要领和注意事项又有其特殊性。

水下焊时，产生焊接应力变形的原理，影响焊接应力变形的因素以及防止和减少焊接应力变形的方法等和陆上焊接基本一样。但水下焊接时焊缝的冷却、凝固、收缩快，再加上水下焊接时焊接缺陷较多，容易造成应力集中，所以水下焊接时要特别注意焊接应力变形问题。

水下手工电弧焊时，引弧、运条及收弧是最基本的操作。这些基本操作方法很多，在很大程度上是凭潜水焊工的经验，每个潜水焊工在操作技术上的发挥也是各不相同的。

进行水下手工电弧焊时，最大的困难是可见度问题，在清水中还好些，施焊前，潜水焊工还可以看见坡口位置，选择合适的引弧点，引弧后再凭经验进行运条。倘要在浑水中就困难多了，坡口位置、引弧点等全靠手摸，几乎完全处于盲焊状态，用陆上手工焊操作方法很难施焊。为了确保焊接质量，必须采取一些辅助工艺措施。

1. 引弧

水下手工电弧焊一般采用定位触动引弧，即引弧前焊接回路处于开路（断电状态），焊接时先将焊条端部放到选定的引弧点上，然后通知水面辅助人员接通焊接回路，再用力触动焊条，或稍微抬起焊条，并碰击焊件便可引弧。如果焊条引弧性能好，焊接回路一接通，便可自动引弧。也可采用陆地上焊接时使用的划擦法引弧。

2. 运条

在水下手工电弧焊中，多采用拖拉运条法，即将焊条端部依靠在焊件上，使焊条与焊件成 60° ~ 80° 角。引弧后，焊条始终不要抬起来，让药皮套筒一直靠在焊件上，边往下压，边往前拖着运行。在拖行过程中，焊条可摆动，也可不摆动。为使运条均匀，可用左手扶持焊条，或用绝缘物体（木材或塑料）做靠尺，使焊条能准确地沿坡口运行，这样就成了倚焊。

由于水下焊接的可见度差，潜水焊工有时也靠增大焊条前倾角来改善这种现象。当在清水中进行焊接时，焊工可以看到焊缝和熔池的大致位置，为减少盲焊程度，平焊时，潜水焊工不应将眼睛处于电弧的正上方，以防气泡影响视线，应尽量从斜侧方向观察电弧和熔池情况。

当然，操作技术很熟练的潜水焊工，也可以采用陆地上手工电弧焊的运条方法。

3. 收弧

水下焊接收弧可以采用陆上焊接时的收弧方法，即划圈式收弧和后移式收弧。但水下焊接时，焊缝余高较大，如果采用后移式收弧，会使收弧处的焊缝更加增高。尤其在多层焊时，会给后焊焊道的焊接带来困难，故一般采用划圈收弧较好。

水下手工电弧焊时，不宜使用反复断弧法收弧。因为断弧后，熔池很快被水淬冷，再引弧时，如同在冷钢板上引弧，极易产生气孔，影响收弧处的质量。

4. 焊道的连接

焊道的连接，是手工电弧焊过程中的重要工艺环节，连接处如操作不当，极易产生气孔、夹渣及成形不良等缺陷。水下手工电弧焊的焊道连接通常可分三种情况：

（1）收弧连接

收弧连接即从前一焊道收弧处继续引弧焊接。在这种情况下，引弧点要导前一段距离，即离开前焊道的弧坑 5 ~ 10mm 引弧后再将电弧移到原弧坑上，待原收弧弧坑熔化后再开始向前运条，将引弧点重新熔化。

（2）尾首连接

尾首连接即后焊焊道与前一段焊道的引弧端连接。这时要将前一段焊道的引弧端熔化，将电弧移到前焊道上，在前焊道上收弧。

（3）尾尾连接

这种连接一般产生在分段相对焊接的情况下，这时要将前焊道的收弧处熔化，将收弧移到前焊道上。

9.8.6 水下焊接作业应考虑的因素及安全注意事项

（1）要了解作业水域水文、气象、特别要注意水流和水的透明度。

（2）设备器材的完整性并与水下焊接具体要求匹配。

（3）确定焊接电流，焊接电流的大小取决于焊条直径，直径越粗，电流越大。

（4）检查所有接头和焊钳是否绝缘。

（5）检查焊条规格、质量是否符合要求。

（6）在焊接处应准备好稳妥的脚手架或平台。

（7）适当清理干净焊接工件表面，如油漆、腐蚀物和海生物等。

（8）将地线弓形夹头牢固夹在被焊工件上，这一点在焊接管道时特别重要，因为每根管道可能有不同磁极，必须使其有一个以上的接头处。

1m 处做固定绑绳点防止水密接头直接受力。中国船级社认可的水下摄像头型号有：UWC-300、325/ss、350、400、560。

（2）水下照明灯：卤化钨或 LED 灯泡，色温：3000 ~ 3500K，功率是 50 ~ 100W，水下摄像照明光橙色在水下对物体的颜色还原真实性好于 LED 发出的白光，而且橙色光在能见度差时穿透力更强，更利于水下摄像。使用时应注意在入水后开灯，出不前关灯，长时间在陆上使用照明灯容易引起水下照明灯发热而灼伤灯泡。

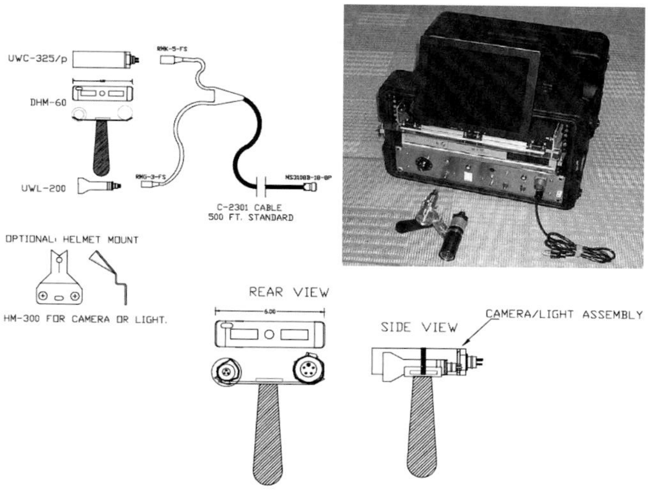

图 9.9-5　水下电视摄像系统的基本组成

（3）支架 / 手柄：固定摄像镜头和水下照明灯，潜水员在摄像时通常用手柄式摄像设备进行定点和精细的水下物体进行摄像，支架式摄像设备通常是水面潜水监督观察潜水作业动向所用，起到监控和作业同步观察。

（4）水下缆组件：水下摄像电缆线长度 150m，水密连接器与水下摄像镜头和水下照明灯连接，水面线路直接连接控制面板。水下电缆线由一条铜轴电缆和四芯电线组成，外皮由聚胺酸或 UC 材料保护，它可以承受 100kg 拉力。

（5）水上显示器和控制单元：包括 12 ~ 15 英寸 LCD 显示器、HD/DVD 刻录机（500G 硬盘或 4.7G 光盘为刻录机的摄像资料存储设备）、12V、36V 直流供电电源、水下照明灯光亮度控制器（0 ~ 36V）已装在密封包装箱内。

UWC-300 水下电视摄像系统参数见表 9.9-3 ~表 9.9-6。

UWC-300电气参数表　　表9.9-3

水平分辨率	460 电视线（PAL） 470 电视线（NTSC）
感光度（受限）	0. 02 Lux（faceplate）
景物亮度	1.7 Lux
信噪比	>48dB weighted（AGC off）
传感器类型	1/4 英寸隔行传送 CCD 带彩色嵌入式滤波器
扫描线	625 Line/50Hz CCIR
电源输入	恒定电压 16V-24Vdc，400mA（最大）
视频输出	1.0V Pk-Pk 复合视频信号输出（75Ω）
电磁兼容性	EN50081-1 Emission，EN50082-1 Immunity

UWC-300环境参数表　　表9.9-4

工作深度	3000m
工作温度	-5 ~ 40℃（在水中）
储存温度	-20 ~ 60
振动指标	10g，20 ~ 150Hz，3 维（不工作状态）
冲击指标	30g 峰值，25ms 半正弦脉冲

UWC-300光学参数表　　表9.9-5

标准镜头	4.1 ~ 73.8mm F1.4-3
光圈控制	自动，或数字控制
焦距控制	70mm 到无限大（广角） 820mm 到无限大（狭角）
视角控制	5.2° ~ 63°（水中对角线）

UWC-300机械参数表　　表9.9-6

尺寸	主体直径：82mm 前端直径：95mm 长度：182 mm（除连接器）
重量	2.0kg（空气中），1.0kg（水中）
标准外壳	铝合金 6AL/4V ASTM B3 48
连接器	FAWM-8P-BCRA（其他连接器可选）

2. 水下摄像电视画面的景别选择原则

水下摄像由于水特性（水愈深，色温越高，但由于光强度也随水深而递减）在选择景别时以特写和近景为主，尽是不要选择中景和远景，在摄像时即使再清晰的海水也不能和空气介质相比，距离超过 3m 后摄像画面会大打折扣。通常水下摄像最有效摄像距离 0.3 ~ 0.8m，因为水下摄像所用的照明光线是散光，不能远距离照射，摄像远物体时物体色彩会偏差、物体会模糊、画面暗点增加。

3. 水下摄像拍摄角度选择原则

（1）摄像镜头正面角度摄像：通常正面角度对物体进行水下摄像不移动固定物体或有破损物体特写拍摄。

（2）摄像镜头有角度摄像：潜水员手握摄像镜头向前移动时被拍摄物体与摄像镜头角度控制在 60°。潜水员可以根据水下移动的速度加快而减小摄像角度，但摄像角度不应低于 45°。这样的操作可以让水面观看画面时有判断性和方向性。

4. 移动摄像与固定摄像原则

（1）移动摄像：潜水员水下电视摄像通常都是移动摄像，水下摄像都是在有参照物指引下进行移动。在运动摄像时要注意摄像角度（45° ~ 60°）和移动速度（10cm/s），潜水员在移动摄像时身体要平稳（潜水员在水下浮力控制：中性），摄像物体距离的远近不要有过大的变化（不要超过 10cm），移动时的动力来源主要依靠脚蹼和左手（右手抓摄像镜头）。

（2）固定摄像：潜水员固定摄像通常是拍摄破损物体和有问题物体，这种拍摄先要抓拍物体的远景（其中注意要找固定物体作为参照物能说明这个位置方位的画像），再从远至物体的近景和特写拍摄有问题和破损物体。

5. 水下电视摄像工艺方法

水下电视摄像具有比较高的综合性，它不仅要潜水员掌握水下摄像的操作技巧和潜水员在水下作业能力，更加需要熟知视觉规律以及被摄物体特点，能够根据不同的作业环境和不一样的拍摄任务灵活采用不同的水下摄像艺术手法，从要获得清晰稳定、主体突出、真实可靠的水下电视摄像画面入手，强调因地、因人。因水下摄像设备制宜，综合考虑各方的因素、条件，灵活而又不失严密地制订作业方案。

水下电视摄像一般采用水面需供式潜水，以适应于大范围（150m）、大深度的水下作业（300m 水深）。海况条件要求流速不大于 0.5m/s，四级风，三级浪，浪高小于 1m。水下能见度大于 20cm。

（1）制定作业计划

在进行水下摄像前，必须按业主要求制定下电视摄像的作业计划，计划主要内容有：水下摄像的开头和收尾、摄像时移动方向和运动规律（参照物选定）、作业深度和潜水作业人员安排（以技术水平能力高潜水员排先）、潜水设备（2 套）和水下电视摄像设备（2 套）准备。

（2）水面准备工作

检查水下电视摄像系统，准备好 DVD + R 光碟，并对摄像系统组装调试工（通常进水下电视摄像准备 2 套设备），防止水下电视摄像有问题留作备用，以确保工程作业的顺利进行。准备好并检查潜水设备、通信设备、供气设备。安排各个岗位的作业人员。按水下电视摄像作业程序准备好标记物。

6. 实施水下电视摄像

水下电视摄像技术是潜水员通过摄像镜头通过特写或近景把物体从各个方位、立体空间的表现出来，以小视觉来展现大物体。水下电视摄像不需要有华丽的外表，只求真实性，完整性，能表达出被拍摄物体在水下的状态。

当然水下电视摄像很大程度取决于潜水员潜水技巧、作业经验和对物体的空间想象能力，充分反映被检物体的局部与整体。

（1）画面稳定

水下电视摄像画面的稳定性工程作业是根本，这也是很多老潜水员在水下摄像时遇到的难题，要使摄像画面稳定首先潜水员在水下的要调整好身体的配重，一般情况下潜水员处于中性浮力；其次潜水员在选定拍摄检测物体距离时要和水的清晰度成正比（水越清晰拍摄距离越远，镜头距离最好不大于 3m），潜水员的拍摄距离只要水面观看足够清晰时不要经常改变拍摄距离（除非拍摄重点部位可以放近点）；最后移动摄像镜头要平稳，潜水员移动镜头时要用脚蹼轻轻发力缓慢移动，摄像过程中可以用左手来平衡，尽是用潜水员身体移动来带动镜头进行移动拍摄。

（2）画面构图合理

对于水下电视摄像检验，主要是要反映业主或验船师所希望看到和了解的画面。通常拍摄时是从水面到水下、从前部到后部、从外到里，摄像时要紧抓被拍摄物的参照物，让你拍摄的物体能让水面人员知道你现在的位置。

例如进行船舶年检录像，要按下列顺序对船舶的主要部位进行水下电视摄像：先摄录船名（船艏侧位）→船艏部（球鼻艏）→船侧板→海底门（左右侧）→船艏侧推→锌块→艉柱→美人架→导流罩→浆毂→螺旋桨→舵，如图 9.9-6 所示。

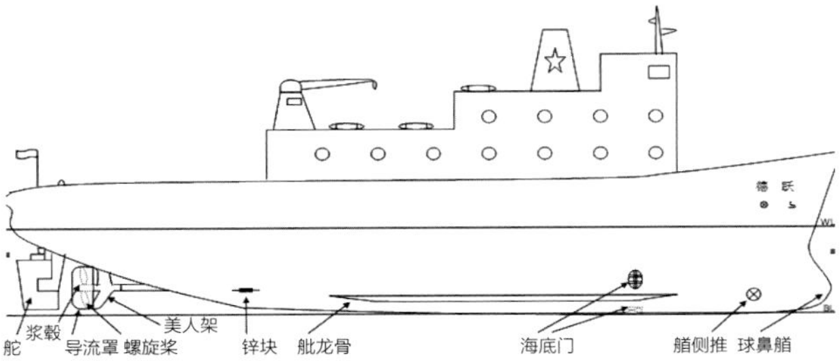

图 9.9-6　船舶水下电视摄像的主要部位

（3）水下摄像技巧与注意事项

1）水下电视摄像时被摄体越近越好，距离越短，镜头至被摄体中的水层越薄，因此可得到较清晰的画面，同时可避免水下灯因距离过远而减弱修正色温的能力。但距离近了被拍摄物体就小了，很多时候是分辨不出拍摄部位。因此在水下拍摄距离控制在 0.3 ~ 0.8m。

2）减少水中悬浮微粒的产生。中性浮力的要求是减少悬浮微粒的不二法门。在中性浮力下，不仅可减少因蛙鞋的摆动而扬起的沉积物，并可有效地避免水下电视摄像拍不到物体，以顺利完成水下摄像。若在泥、砂底拍摄时，可以将配重减少以利头在下脚在下摄像；如果有水流拍摄时，潜水员尽量在下游位进行水下摄像。

3）视觉的误判。在水中因光线折射使水中物体距离看起来比实际近 1/4，因此使得物体看起来大了 1/3，很容易导致摄像者和陆地人员误判距离和物体的大小。通常水下电视摄像时潜水员最好带一把圈尺，以尺的刻度去分辨物体的实际大小。

4）拍摄速度。因为潜水员是以近景进行摄像，如果速度过快水面人员看到的画面就会更快，最佳摄像速度 10cm/s。

（4）录像带编辑与提交报告

水下录像完成后应对所拍的录像资料进行编辑，通常不要加特技效果，必要时字幕（时间、地点、工程内容、有问题或损坏处尺寸数字、作业单位、验船师、业主等）、配音（和摄像内容同步解说）、背影音乐。

9.9.5　水下摄影基础知识

1. 水下摄影特点

水下摄影区别于陆上摄影的本质在于拍摄环境不同。水的能见度是拍摄的最重要的影响因素，有光才有影。光线在水中传播时，由于传播介质的原因，其折射、透射、反射、散射和吸收等方面均与在空气中传播有较大的区别，因此对水下摄影产生了极大的影响。

2. 水下摄影器材

用于水中摄影的照相机，通常由防水耐压式壳体和照相机组合而成，如图 9.9-7 所示。

水下照相机应具备以下几个特点：

1）在设计使用深度范围内：潜水旅游级潜水相机深度小于 40m，工程潜水相机深度 40 ~ 200m。

2）控制部分简单容易操作。

3）相片容量要大。

4）有水下拍摄专用模式（微距拍摄），在水下能见度的限制下它的优势就非常明显。

5）可与水下闪光灯装置适配。

3. 水下闪光灯

水下摄影闪光灯通常是在关闭状态下，尽可能用水下辅助照明灯作为水下摄影照明，且它的功率适当、体积小、便于携带。

4. 水下摄影的工艺方法

水下摄影的测距，主要通过潜水员的目力或用尺实际测量被摄物与镜头之间的距离，然后选定镜头上的距离标尺。水对光的折射度比空气对光的折射度大，图像的位移、放大和失真，给目力测距带来了一定困难。潜水员在从事水下作业时，必须不断摸索积累经验，才能正确地估计物体的实际距离与尺寸。

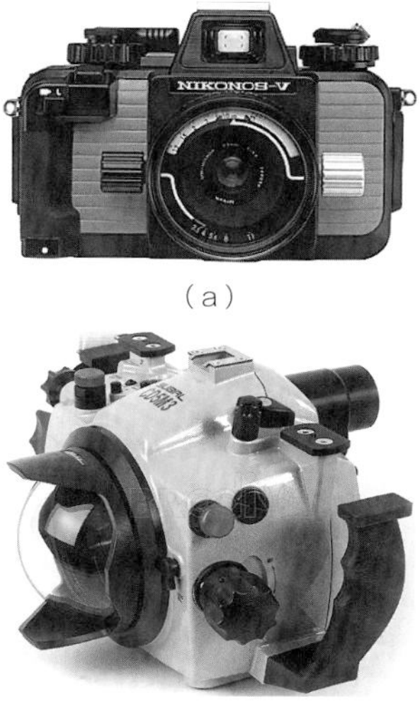

（a）

（b）

图 9.9-7　照相机和防水耐压式壳体

（a）照相机；（b）防水耐压壳体

对于水下摄影的聚焦来说，与潜水员估算水下物体实际距离的方法相反，不能将被摄物的实际距离作为镜头聚焦的距离。例如：被摄物体与水下照相机的实际距离为 1.33m，在拍摄时，应将照相机距离标尺应拨到 1m。实际上，水下摄影时所聚焦的对象是一个放大的、移近的虚像。因此，水下摄影时，目测所估计的距离，可以直接应用到距离标尺上。

由于水下能见度差，因此水下摄影对拍摄距离有一定的限制，最好不要超过当时水下能见度的 1/3。例如，若水下能见度为 0.5m，那么，适宜拍摄的距离为 0.35m 以内。所以，在实际拍摄中，应尽可能接近拍摄对象，越近越清晰，但不能小于所用镜头标称的最低距离标尺刻度。拍摄的距离，主要由潜水员在现场实地观察，能清晰辨认时方可拍摄，模糊不清就必须移近至清晰可见时拍摄。若距离太近而不能获取需要的景物，可选用广角镜头。

在浑水或污浊水域拍摄被检物体时，可采取下列方法：定制喇叭形壳体（图 9.9-8），壳体背面前端为拍摄窗口，后方端口预留圆孔，清水注入壳体内或使用空气隔离开污水，壳体通过前端的透明玻璃接触到需检查位置，可拍摄到较为清晰的图像。同样的原理，也可以采用透明的塑料袋充满清水后，对准被检物进行拍摄。该方法的应用有局限性，对被检测位置有一定要求，且需要平整度较高，但仍不失为一种有效方法。

图 9.9-8　水下摄像喇叭形壳体

总之，水下摄影要获得一张成功而理想的照片除了必须具备熟练的潜水技术和性能良好的摄影器材，掌握好水下摄影的有关技术、知识和不断的经验积累是十分重要的。

第 10 章　市政工程潜水法规

10.1　概述

潜水是国际公认的高危行业之一，大多数发达国家政府非常重视加强潜水立法工作，以促进潜水作业安全及人员健康，如英国早在 20 世纪 60 年代就开始潜水立法，并经过多次修订作为全英国统一的政府潜水法规；又比如美国，不仅政府潜水主管部门颁布潜水行政法规，美国各州还制定有符合本州实际情况的潜水法规。政府部门颁布的有关潜水法规，具有强制性，能有力地调整商业潜水作业的准入条件、资质资格、标准程序、技术装备、医学保障及职业保障制度等关系，规范潜水市场秩序，保障潜水作业安全及人员健康，促进潜水行业健康发展。

国际性的主要潜水组织，如国际潜水承包商协会、国际海事潜水承包商协会等，均建立了体系化的潜水及水下作业规则、规程及标准，得到大多数国家公认，并以此为依托建立了完善的市场准入制度和审核机制，对保障潜水从业人员的健康和人身安全，提升潜水承包商服务水平及国际市场竞争力起到了规范及促进的重要作用。

我国潜水行业虽然有着悠久的历史，但由于种种原因，我国潜水领域的行政法规和资格资质制度建设处于滞后状态。为加强我国潜水行业管理，保障潜水人员健康与人身安全，促进行业健康发展，我国潜水行业行政管理部门继续推动潜水立法工作，交通运输救捞与水下工程标准化技术委员会加快推进潜水及水下作业标准制修订及标准宣贯等工作，基本形成了一套符合我国国情又能与国际接轨的较为完整的潜水及水下作业安全标准体系。中国潜水打捞行业协会自 2008 年成立以来，加强行业自律管理，积极承担潜水、打捞等行业管理规章、技术标准、作业规范、安全规程、潜水人员医学标准、培训计划与大纲以及培训教材等编制工作，以适应当前规范潜水市场竞争机制、提高潜水及水下作业安全水平及扩大国际潜水合作的需要。

城市地下管道有限空间作业安全问题面临较大的挑战，各地在有限空间作业的事故经常发生，造成多人伤亡的事故案例较多，从根本上说还是企业和员工对有限空间作业的危险性认识不足，有限空间作业的安全知识认知尚浅，以及施工单位安全管理、安全措施不足造成的。为规范生产经营单位的有限空间危险作业安全，有效控制和减少有限空间作业的风险提供技术支持，保护在有限空间作业中人员的健康和安全，国家、各省市均制定了一系列的相关安全标准和操作规程，市政地下管线施工和养护人员应认真学习和遵照执行，特别是市政工程潜水员更应掌握与市政工程有限空间潜水作业相关的内容，以保障市政工程水下作业安全。

10.2 市政工程潜水作业安全管理有关法规

10.2.1 中国潜水打捞行业协会《潜水自律管理办法》

1. 概述

我国潜水管理立法滞后，缺乏行业管理法规，多年来以交通运输部以部门规章进行管理。因无上位法支持，2015 年后这些潜水部门管理规章陆续予以取消。在此情况下，中国潜水打捞行业协会出台《潜水自律管理办法》，自 2016 年 1 月 1 日开始实施，以行业自律形式确立潜水行业安全管理的有章可循，实现潜水行业组织自律管理夯实基础，促进行业组织履行社会管理和行业自律管理的职能。本办法是一部比较全面、系统的潜水自律性办法，填补了我国潜水行业领域的空白，改变了目前无章可依的现状，为潜水行业自律管理提供相应的依据。

2. 适用范围

本办法突出保障工程潜水从业人员安全的宗旨，规定了培训、适任条件、从业等级评估和职业健康等要求，规定了潜水作业安全要求和潜水医学保障要求。本办法适用于中国潜水打捞行业协会会员。

3. 本办法主要内容

本办法共设 10 章 55 条。

第一章　总则，规定了设立目的、适用范围、管理原则及主管机构。

第二章　潜水职业保障，主要对健康安全、劳动保障制度及工伤、医疗、养老、失业保险以及其他社会保险、有效预防潜水事故及职业疾病等作出相应要求。

第三章　潜水及水下作业，从事潜水服务、潜水培训应申请并取得等级评估，未取得等级评估的不应进行潜水作业和开展潜水培训活动。同时，对潜水从业人员等级评估、任职教员、潜水医师及潜水医学技士等适任条件作出要求。

第四章　证书及其有效性，主要对各类从业人员的等级评估证书管理，包括证书的申请、获得及其证书复审的标准和程序。

第五章　潜水作业，对潜水及水下作业的组织工作的若干项要求作出明确要求。

第六章　潜水医学保障，主要对建立潜水医师培训体系和潜水医师注册制度和潜水医师及潜水医士的职责作出相应要求。

第七章　潜水设备和装具，对主要潜水设备、装具、供气系统、储气罐及通信设备检验检测制度提出安全和规范要求。

第八章　事故报告和调查，规定了潜水服务单位在发生潜水员伤亡或病患事故后，应向协会报告，接受和配合调查，查证事故原因，及时提出案例分析，通报行业，引以为鉴。

第九章　责任，违反本办法，由发证机构按照本办法规定给予暂停或撤销潜水服务、潜水培训等级评估和潜水人员等级评估证书。

第十章　附则，对本办法用语之含义作出解释和定义。

另外，还有附件——潜水培训机构评估指标，规定了空气潜水、混合气潜水及饱和潜水培训机构的条件，内容相对独立。

10.2.2 《广东省有限空间危险作业安全管理规程》（粤安监［2004］79号）

1. 概述

有限空间作业一直是行业内的高危作业，事故发生率较高，为进一步贯彻“安全第一，预防为主”的方针，加强安全生产工作，保障进入有限空间作业人员的安全和健康，防止缺氧窒息、有毒气体中毒等事故的发生，特制定本规程，本规程予2004年10月29日颁布施行。

2. 适用范围

本规程适用于作业人员进入有缺氧危险、有硫化氢、一氧化碳、甲烷等有毒气体中毒或粉尘危害等危险的所有受到限制、约束的封闭、半封闭设备、设施及场所的作业。

本规程适用于广东省行政区域内一切从事上述危险作业场所的生产经营单位。

3. 主要技术内容

本规程的主要章节内容包括：

1　定义

1.1　有限空间危险作业是指作业人员进入存在危险有害因素（如缺氧、有硫化氢、一氧化碳、甲烷等有毒气体或粉尘中毒危险）且受到限制和约束的封闭、半封闭设备、设施及场所的作业。

1.2　有限空间分为三类。

1.2.1　封闭、半封闭设备：船舱、储罐、反应塔、冷藏车、沉箱及锅炉、压力容器、浮筒、管道、槽车等。

1.2.2　地下有限空间：

地下管道、地下室、地下仓库、地下工事、暗沟、隧道、涵洞、地坑、矿井、废井、地窖、沼气池及化粪池、下水道、沟、井、池、建筑孔桩、地下电缆沟等。

1.2.3　地上有限空间：储藏室、酒槽池、发酵池、垃圾站、温室、冷库、粮仓、封闭车间、试验场所、烟道等。

2　适用范围

2.1　本规程适用于作业人员进入有缺氧危险、有硫化氢、一氧化碳、甲烷等有毒气体中毒或粉尘危害等危险的所有受到限制、约束的封闭、半封闭设备、设施及场所的作业。

2.2　本规程适用于广东省行政区域内一切从事上述危险作业场所的生产经营单位。

3　安全管理

3.1　生产经营单位应当建立健全本单位安全生产责任制度。生产经营单位的主要负责人对本单位的安全生产工作负全面责任；分管安全负责人负直接领导责任；生产技术管理人员负直接管理责任；安全生产管理人员负监督检查的责任；操作人员负有服从指挥，遵章守纪的责任。

3.2 生产经营单位应当建立健全安全生产管理组织，配备安全生产专职或兼职管理人员，指定作业负责人以及作业监护人员。

3.3 生产经营单位应当建立和健全安全生产的规章制度和操作规程。

3.4 生产经营单位应当配备并建立进入有限空间危险作业的安全设施和监管制度。

3.4.1 生产经营单位应当配备足够的救援设施，包括救援设备和呼吸装置等。完善作业条件和配备检测检验设备，包括氧气、有害气体检测设备。

3.4.2 生产经营单位应按规定为作业人员配备符合国家标准或行业标准的个人劳动防护用品。

3.4.3 生产经营单位应当对作业的负责人和从业人员进行安全生产培训和教育。

3.4.4 从事有限空间危险作业场所工作的人员须经健康检查和安全作业培训且考核合格。

3.4.5 生产经营单位应安排专门人员对从事有限空间危险作业场所作业进行现场安全管理，确保操作规程的遵守和安全措施的落实。

4 作业要求与主要安全防护措施

4.1 作业前

4.1.1 按照先检测、后作业的原则，凡要进入有限空间危险作业场所作业，必须根据实际情况事先测定其氧气、有害气体、可燃性气体、粉尘的浓度，符合安全要求后，方可进入。在未准确测定氧气浓度、有害气体、可燃性气体、粉尘的浓度前，严禁进入该作业场所。

4.1.2 确保有限空间危险作业现场的空气质量。氧气含量应在 18% 以上，23.5% 以下。其有害有毒气体、可燃气体、粉尘容许浓度必须符合国家标准的安全要求。

4.1.3 进入有限空间危险作业场所，可采用动物（如白鸽、白鼠、兔子等）试验方法或其他简易快速检测方法作辅助检测。

4.1.4 根据测定结果采取相应的措施，在有限空间危险作业场所的空气质量符合安全要求后方可作业，并记录所采取的措施要点及效果。

4.1.5 在每次作业前，必须确认其符合安全并制定事故应急救援预案。

4.2 作业中

4.2.1 在有限空间危险作业进行过程中，应加强通风换气，在氧气浓度、有害气体、可燃性气体、粉尘的浓度可能发生变化的危险作业中应保持必要的测定次数或连续检测。

4.2.2 作业时所用的一切电气设备，必须符合有关用电安全技术操作规程。照明应使用安全矿灯或 12 伏以下的安全灯，使用超过安全电压的手持电动工具，必须按规定配备漏电保护器。

4.2.3 发现可能存在有害气体、可燃气体时，检测人员应同时使用有害气体检测仪表、可燃气体测试仪等设备进行检测。

4.2.4 检测人员应佩戴隔离式呼吸器，严禁使用氧气呼吸器；

4.2.5 有可燃气体或可燃性粉尘存在的作业现场，所有的检测仪器，电动工具，照明灯具等，必须使用符合《爆炸和火灾危险环境电力装置设计规范》① 要求的防爆型产品。

4.2.6 在危险作业场所，必须采取充分的通风换气措施，严禁用纯氧进行通风换气。

4.2.7 对由于防爆、防氧化不能采用通风换气措施或受作业环境限制不易充分通风换气的场所，作业人员必须配备并使用空气呼吸器或软管面具等隔离式呼吸保护器具。

4.2.8 作业人员进入有限空间危险作业场所作业前和离开时应准确清点人数。

4.2.9 进入有限空间危险作业场所作业，作业人员与监护人员应事先规定明确的联络信号。

4.2.10 当发现缺氧或检测仪器出现报警时，必须立即停止危险作业，作业点人员应迅速离开作业现场。

4.2.11 如果作业场所的缺氧危险可能影响附近作业场所人员的安全时，应及时通知这些作业场所的有关人员。

4.2.12 严禁无关人员进入有限空间危险作业场所，并应在醒目处设置警示标志。

4.2.13 在有限空间危险作业场所，必须配备抢救器具，如：呼吸器具、梯子、绳缆以及其他必要的器具和设备，以便在非常情况下抢救作业人员。

4.2.14 当发现有缺氧症时，作业人员应立即组织急救和联系医疗处理。

4.2.15 在密闭容器内使用二氧化碳或氦气进行焊接作业时，必须在作业过程中通风换气，确保空气符合安全要求。

4.2.16 在通风条件差的作业场所，如地下室、船舱等，配置二氧化碳灭火器时，应将灭火器放置牢固，禁止随便启动，防止二氧化碳意外泄出，并在放置灭火器的位置设立明显的标志。

4.2.17 当作业人员在特殊场所（如冷库、冷藏室或密闭设备等）内部作业时，如果供作业人员出入的门或盖不能很容易打开且无通信、报警装置时，严禁关闭门或盖。

4.2.18 当作业人员在与输送管道连接的密闭设备（如油罐、反应塔、储罐、锅炉等）内部作业时必须严密关闭阀门，装好盲板，并在醒目处设立禁止启动的标志。

4.2.19 当作业人员在密闭设备内作业时，一般打开出入口的门或盖，如果设备与正在抽气或已经处于负压的管路相通时，严禁关闭出入口的门或盖。

4.2.20 在地下进行压气作业时，应防止缺氧空气泄至作业场所，如与作业场所相通的设施中存在缺氧空气，应直接排除，防止缺氧空气进入作业场所。

5 作业管理

5.1 进入有限空间危险作业应履行申报手续，填写“进入有限空间危险作业安全审批表”（见附表，以下简称“安全审批表”）。经有限空间危险作业场所负责人和企事业单位（以下简称单位）安全生产管理部门负责人审核、批准后，方可进入作业。

---

① 《爆炸和火灾危险环境电力装置设计规范》作废，现行规范为《爆炸危险环境电力装置设计规范》GB 50058—2014。

（穗水质安〔2018〕31 号）及国家、省、市关于有限空间作业的其他相关规定。

3　排水管渠下井安全作业技术要求

3.1　作业前准备

3.1.1　按照本规定的相关要求，严格履行审批制度，填写《排水管渠下井作业审批表》（详见附表 A）；如遇重大自然灾害、狂风、暴雨等恶劣天气，应禁止下井作业；作业时收到所在区级暴雨黄色预警信号，应立即停止作业，做好现场安全防护、警示措施，撤离作业现场。下井作业前，必须做好各项安全措施及准备工作：

1）下井作业前，应密切关注天气、周围环境，检查上下游封堵墙、封堵气囊的状况，落实好附表 B《排水管渠下井业票》里的安全措施。

2）必须在作业前对作业人、监护人进行安全生产教育，提高井下作业人员的安全意识。安全教育前要做充分准备，安全教育时要讲究效果，安全教育后受教育者每人必须签字。

3）检查、检测等下井作业，由作业负责人组织所有作业人员进行下井前安全技术措施、安全组织纪律教育，在正式作业前由现场作业负责人签发《有限空间作业票》（详见附件 2）。维修、清疏的下井作业，还必须由施工单位编制详细的施工方案和应急预案，方案经审批通过后，才能实施。

4）作业前必须事先对原管道的水流方向和水位高低进行检查，特别要调查附近工厂排放的工业废水废气的有害程度及排放时间，以便确定封堵和制订安全防护措施。

5）下井作业人员必须身体健康、神志清醒。超过 55 岁人员和有呼吸道、心血管、过敏症或皮肤过敏症、饮酒后不得从事该工作。

6）作业前必须指定监护人。监护人应由熟悉作业技术、懂得安全知识、会进行现场急救的人员担任，发现突发事件时，应按照应急预案的措施实施救援，不得盲目救援。

7）下井前，作业人员应检查各自的个人防护器材是否齐全、完好（包括：防爆手电、手套、安全鞋、安全绳、安全帽、防毒面罩、呼吸器等，涉水作业的还应配备救生圈、救生衣等防溺水设备），上、下井时系好安全绳，井上人员检查合格后再使用扶梯上、下井，以免意外跌落危及安全。作业人员下井前必须确认并在《排水管渠下井作业票》（附表 B）签字，做好应急救援措施。

8）作业前，应提前 1h 打开工作面及其上、下游的检查井盖，用排风扇、轴流风机强排风 30 分钟以上，并经多功能气体测试仪检测，所测读数在安全范围内方可下井。主要项目有：硫化氢、含氧量、一氧化碳、可燃性气体。所有检测数据如实填写《排水管渠下井作业票》（附表 B）。操作人员下井后，井口必须连续排风，直至操作人员上井。

9）作业区域周围应设置明显的警示标志，所有打开井盖的检查井旁均应设置围栏并有专人看守，夜间抢修时，应使用涂有荧光漆的警示标志，并在井口周围悬挂红灯，以提醒来往车辆绕道和防止行人坠入，作业人员必须穿戴安全反光防护背心。工作完毕后应立即盖好全部井盖，以免留下隐患。

10）施工现场位于交通道路范围内，交通指示、标志应根据道路交通标志和标线第 4 部分：作业区（GB 5768.4—2017）来设置。交通繁忙的路段，应设专人指挥、疏导交通；危险地区，要悬挂“危险”或“禁止通行牌”。

3.1.2　作业时各种机电设备及抽水点的值班人员应全力保障机电设备的正常安全运行，确保达到降水、送气、换气效果，如抽水点出现异常情况应及时汇报施工现场负责人，井下工作人员撤离工作点。管道养护企业一般应配备以下常用设备：

1）工程抢险车：应配有养护用的发电机、电气焊、潜水泵、排风扇、防毒器具、急救包等常用器具；

2）管道疏通及检测设备；

3）可移动电源；

4）简单起重机械及常用工具；

5）照明、降温用具及必要的安全保护装置；

6）必要的通信联络工具；

7）必要的气体检测设备。

3.2　作业注意事项

3.2.1　作业中气体监测应符合以下规定：

1）在有毒有害气体较严重的作业现场或者作业时间较长的项目，应采取连续监测的方式，随时掌握气体情况，排放规律并相应采取有效的防护措施，一旦气体超标立即停止作业，保证下井作业人员的安全。

2）连续监测可采用两种方式：

（1）可采取专业监测人员现场连续监测的方式；

（2）可采用作业人员随身佩戴微型监测仪器报警监测方式。

3）井内产生硫化氢气体随时报警，作业人员及时撤离。

3.2.2　施工方现场负责人须严格控制下井作业人员在井下的工作时间，连续工作不得超过 1 小时。应保证两名以上（含两名）作业人员同行和在场内工作，排水管渠内部只能容一人进入作业的，应强化监护措施。

3.2.3　下井作业监护人员应实施持续监护，监理工程师应对下井作业进行现场监理。下井作业人员与监护人员应事先规定明确的联络信号，监护人员始终不得离开工作点，随时按规定的联络信号与作业人员取得联系，每隔 5 分钟确认一次作业人员状态，井下作业人员应采用语音通话、扯动安全绳等方式及时反馈信息。

3.2.4　在下井作业过程中，可采用自然通风或强制通风等通风措施，保持空气流通，严禁用氧含量高于 23.5% 的空气或纯氧进行通风换气。强制通风时，应将通风管道延伸至密闭空间底部，有效去除大于空气比重的有害气体或蒸汽，保持空气流通。作业中断超过 30 分钟，作业人员再次进入有限空间作业前，应当重新通风、检测评估合格后方可进入。

3.2.5　井上人员禁止在井边闲聊、抛扔工具，以防止物品等掉入敞开的井内，发生危险，应将井四周 2 米范围内松软垃圾清理出作业区域，零星工具应远离井口，井口及井下作业人员严禁吸烟，以防沼气燃烧或爆炸。井内照明灯具必须使用低压灯照明，防止沼气燃烧或爆炸。

3.2.6　拆除封堵时必须遵循先下游后上游，严禁同时拆除两个封堵。在拆除管道封堵时，考虑上游的水位的情况：水位超过管径或大于 1 米时，拆除封堵，一次不得大于管径的 1/3，防止上游大量水流冲走作业人员；在拆除封堵时必须连续机械通风，防止管道内的有害气体突然大量涌进井室，造成安全事故。

3.2.7　井下用电须符合《施工现场临时用电安全技术规范》，电气设备应选用防爆类型，手持用电设备的电压不得大于 24V，水下作业应采用 6V 特低电压。

3.2.8　涉及动火作业、起重吊装、高处作业等其他危险作业的，应按照相应的安全技术规程实施。

3.2.9　现场作业项目部应对进入、离开排水管渠的作业人员进行登记，确保下班时人员全部撤离；防止非作业人员进入作业现场。

4　水下作业安全技术要求

4.1　一般规定

4.1.1　需下水作业时，必须履行批准手续。由作业班组负责人填写“排水管渠下井水下安全作业票”（附表 D），与《排水管渠下井作业票》一并经作业负责人批准后，方可下水。

4.1.2　安排每项下水作业任务前，管理人员必须查清水质水深、水流潮汐情况，并填入“下水安全作业票”内。

4.1.3　作业人员应经过潜水安全技术培训，掌握人工急救和水下防护用具及通信设备的使用方法。

4.1.4　下水作业时，水上必须有两人监护，备有救生设备。

4.1.5　下水前，应系好信号绳和安全绳索，确认安全。

4.1.6　专业性强，难度大的水下作业宜委托专业的水下作业单位进行。

4.2　蛙人下井水下作业

4.2.1　参与作业的人员，需身体健康，年龄不小于 18 岁，不超过 55 岁；并全部购买人身意外伤害保险。

4.2.2　潜水员需经培训合格，并持潜水员证。潜水员证书与潜水员健康证书合并使用，潜水员证书获得评估通过之日起（除超龄者外），有效期 5 年；持证潜水员应每年出具体检合格的有效证明，其健康证书有效期为 12 个月。身体不合格的或未提供或不能提供有效健康证明的，其潜水员健康证失效，潜水员证书同时停止使用。

4.2.3　有 1 名潜水员在水下作业时，潜水现场应指定一名预备潜水员（现场待命，能够随时入水援助水中遇险潜水员的潜水员）。（没说着装）

4.2.4　有 2 名以上潜水员在水下作业时，每两名潜水员至少指定一名预备潜水员。在没有同等资格人员替班的情况下，潜水监督不能潜水。

4.2.5　下井作业（非潜水作业）班组，架构设置及相关要求如下：

1）作业负责人（班组长）1 人；

2）作业监护人 2 人（夜间施工需至少 3 人）；

3）下井作业人员不少于 2 人。

4.2.6　SCUBA 潜水班组（潜水员自行携带水下呼吸系统进行潜水作业），架构设置及相关要求如下：

1）作业负责人（班组长、潜水监督员）1 人；

2）潜水员 2 人。

4.2.7　水面供气式潜水班组，架构设置及相关要求如下：

1）作业负责人（班组长、潜水监督员）1 人；

2）潜水员 3 人。

5　安全资料管理

5.1　养护单位应做好资料收集及整理工作，作业完成后，及时归档保存，资料保存期限不得少于 1 年。

5.2　应严格按照规定填报的安全表格，要求内容真实、准确和完整。

6. 附则

6.1　各生产经营单位应依据本规定，结合本单位实际情况制定实施细则，确保生产安全。

6.2　本规定自印发之日起执行。

附表 A：排水管渠下井作业审批表（略）

附表 B：排水管渠下井作业票（略）

附表 C：井下常见有害气体容许浓度和爆炸范围（略）

附表 D：排水管渠下井水下安全作业票（略）

10.3　市政工程潜水作业相关环境保护政策法规

10.3.1　《国务院关于印发水污染防治行动计划的通知》（国发［2015］17 号）

1. 全面控制污染物排放。

2. 强化城镇生活污染治理。加快城镇污水处理设施建设与改造。现有城镇污水处理设施，要因地制宜进行改造，2020 年底前达到相应排放标准或再生利用要求。敏感区域（重点湖泊、重点水库、近岸海域汇水区域）城镇污水处理设施应于 2017 年底前全面达到一级 A 排放标准。建成区水体水质达不到地表水Ⅳ类标准的城市，新建城镇污水处理设施要执行一级 A 排放标准。按照国家新型城镇化规划要求，到 2020 年，全国所有县城和重点镇具备污水收集处理能力，县城、城市污水处理率分别达到 85%、95% 左右。京津冀、长三角、珠三角等区域提前一年完成。（住房城乡建设部牵头，发展改革委、环境保护部等参与）全面加强配套管网建设。强化城中村、老旧城区和城乡接合部污水截流、收集。现有合流制排水系统应加快实施雨污分流改造，难以改造的，应采取截流、调蓄和治理等措施。新建污水处理设施的配套管网应同步设计、同步建设、同步投运。除干旱地区外，城镇新区建设均实行雨污分流，有条件的地区要推进初期雨水收集、处理和资源化利用。到 2017 年，直辖市、省会城市、计划单列市建成区污水基本实现全收集、全处理，其他地级城市建成区于 2020 年底前基本实现。（住房城乡建设部牵头，发展改革委、环境保护部等参与）

10.3.2 《中华人民共和国水污染防治法》简介

第十九条 新建、改建、扩建直接或者间接向水体排放污染物的建设项目和其他水上设施，应当依法进行环境影响评价。

建设单位在江河、湖泊新建、改建、扩建排污口的，应当取得水行政主管部门或者流域管理机构同意；涉及通航、渔业水域的，环境保护主管部门在审批环境影响评价文件时，应当征求交通、渔业主管部门的意见。

建设项目的水污染防治设施，应当与主体工程同时设计、同时施工、同时投入使用。水污染防治设施应当符合经批准或者备案的环境影响评价文件的要求。

第三十九条 禁止利用渗井、渗坑、裂隙、溶洞，私设暗管，篡改、伪造监测数据，或者不正常运行水污染防治设施等逃避监管的方式排放水污染物。

10.4 市政工程潜水作业相关标准及规程

目前国内已制定的市政工程有限空间潜水作业相关的安全标准和规程包括以下几项。

10.4.1 《缺氧危险作业安全规程》GB 8958—2006

1. 概述

随着城镇基础设施的快速发展，为加强安全生产工作，规范有限空间危险作业安全管理，更好地保护缺氧作业人员的安全和健康，防止安全事故的发生，根据《中华人民共和国安全生产法》、《建设工程安全生产管理条例》（国务院令第 393 号），本标准对国家标准《缺氧危险作业安全规程 GB 8958—1988》进行了修订，使标准更具有可操作性和符合实际情况。本标准代替 GB 8958—1988，全文为强制性条文。

本标准与 GB 8958—1988 相比，内容的变化主要有：

（1）按照 GB/T 1.1 的要求重新起草了标准文本，增加了规范性引用文件。

（2）本标准对缺氧定义进行了调整，将缺氧危险作业氧气浓度由 18% 提高到 19.5%。

（3）本标准对缺氧危险作业场所分类的内容进行了调整和更新。

（4）本标准对一般和特殊缺氧危险作业要求与安全防护措施的内容进行了调整和更新，将属于事故应急救援的内容纳入新增加的事故应急救援部分。

（5）本标准对安全教育与管理部分修改为安全教育与培训部分，增加了事故应急救援部分，删除了管理部分。同时，对安全教育与培训部分的内容进行了调整和更新。

2. 适用范围

本标准规定了缺氧危险作业的定义和安全防护要求，本标准适用于缺氧危险作业场所及其人员防护。

3. 标准的技术内容

本标准主要针对缺氧危险作业场所、一般缺氧危险作业要求与安全防护措施、特殊缺氧危险作业要求与安全防护措施、安全教育与培训以及事故应急救援预案进行了条文规定。其中缺氧危险作业场所有根据实际情况分为密闭设备、地下有限空间和地上有限空间三类；并根据危险场所中一般情况下和特殊情况下的缺氧危险作业，对作业前、作业中的主要防护提出了要求。

4. 强制条文

本标准全文为强制性条文。

10.4.2 《空气潜水安全要求》GB 26123—2010

1. 概述

空气潜水的应用范围越来越广泛，为了提高空气潜水作业的安全性和可靠性，确保潜水作业中的人员健康安全和设备财产安全，西方发达国家已编辑出版了很多关于潜水作业的安全标准、规程和要求，其中，最具代表性的是国际潜水承包商协会（ADCI）《商业潜水与水下作业公认标准》及国际海事承包商协会（IMCA）《国际近海潜水实用规程》等。在多年潜水工作实践中，执行这些标准对保障人员健康和财产安全起到了不可估量的作用。

在我国，随着国民经济的快速发展和改革开放的不断深入，政府主管部门和行业相关单位对潜水及水下作业安全问题也越来越重视。国家标准《空气潜水安全要求》GB 26123—2010 参考和借鉴上述标准以及国外潜水公司潜水手册等资料，结合我国潜水、打捞、救助和海洋工程的实际情况，以及我国现行法律法规的要求进行编制，于 2011 年 7 月 1 日开始实施。该标准颁布、实施后将从安全的角度对我国救助打捞和水下工程领域的空气潜水实施指导。

2. 标准的适用范围

本标准规定了以压缩空气为呼吸介质的空气潜水对人员、设备和系统以及程序的要求。

本标准适用于潜水深度 60m 以浅的空气潜水，也适用于暴露于 0.6MPa 以内压缩空气的模拟潜水。

3. 标准的主要内容

（1）人员要求

潜水人员包括潜水员、潜水监督、潜水照料员、待命潜水员、潜水机电员、生命支持员和潜水医师等，其培训要求、证书和管理应符合主管部门的相关要求。从事水下作业或需进入高气压环境人员的体格条件应符合《职业潜水员体格检查要求》GB 20827—2007 的要求。

（2）装备和系统的要求

标准规定了装具、设备和系统的安全要求；规定了装具、设备和系统的配备要求；规定了潜水作业前应对装具、设备、系统和工具进行现场检查和测试的要求。

（3）空气潜水作业程序要求

标准规定了空气潜水作业具体程序要求，包括作业现场文件的配备、现场急救与紧急救助、作业计划和应急计划的制订、作业风险分析与评估、个人防护用品的配备、潜水人员的配备和评估、潜水系统、设备及工具的配备和检查、潜水员入水和出水的方式、潜水员呼吸气源的配备、潜水作业报告的记录、潜水任务的布置与沟通、潜水作业许可制度、待命潜水员的安排、作业现场潜水警告标示、作业现场通信配备、不宜和终止潜水的条件、潜水最大深度的规定、重复潜水的条件、潜水作业水文气象的条件、潜水减压程序选择和评估、潜水作业后的安排、最低休息时间规定、事故报告和记录等。

4. 强制条文

本标准全文为强制性条文。

10.4.3 《潜水员水下用电安全规程》GB 16636—2008

1. 概述

随着国家的经济发展和改革开放，海洋水下工程技术不断发展，水下电气设备及其技术的应用范围亦越来越广泛，因此政府有关部门对潜水及水下作业安全问题亦越来越重视。《潜水员水下用电安全规程》GB 16636—2008 是在调研、总结目前国内潜水及水下用电安全实践现状的同时，参考和借鉴国际近海潜水承包商协会（ADOC）《水下用电安全实用规程》（AODC，1985）【该法规是在美国、挪威、英国和国际电工委员会（IEC）的大量实验研究工作的基础上完成的，集中了世界各国有关水下用电安全研究的最高成果和经验，因而具有非常高的权威度】的有关技术内容，并结合我国潜水及水下工程的具体实际情况的基础上制定的。该标准颁布、实施后将从技术规范及安全管理的角度对我国救捞潜水及水下工程技术领域的水下用电安全实践和应用实施指导。

2. 标准的适用范围

本标准规定了与潜水员水下作业有关的各种水下电气设备，以及虽与水下作业无直接关系，但可能会对作业潜水员构成危害的各种水下电气结构、设施在用电安全方面的基本要求，包括使用环境、技术要求、使用安全要求及应急措施等。

本标准适用于与潜水员有关的潜水装具、设备、系统、工具、结构设施，以及水下作业的用电安全。

3. 标准的主要内容

从基本内容上看，整合后的国标《潜水员水下用电安全规程》GB 16636—2008 涉及与潜水员水下作业用电安全有关的环境条件、技术规范、设备安装及操作程序、步骤和方法。

标准正文共分为七章，包括：①范围；②术语和定义；③使用环境；④技术要求；⑤设备安装；⑥操作规程；⑦应急措施。

其中，第 3 ~ 6 章将按照“①水面减压舱（DDC）和应急转运系统；②潜水钟和设闸式潜水器；③水下工作舱；④电热潜水服；⑤载人潜水器；⑥遥控潜水器；⑦脐带；⑧手提设备；⑨海底设备；⑩湿式焊接与切割；⑪外加电流装置；⑫大功率设备；⑬水面配电；⑭水下爆破；⑮蓄电池；⑯绝缘”的顺序，提出有关的要求和规定。

4. 强制条文

本标准全文为强制性条文。

10.4.4 《潜水呼吸气体及检测方法》GB 18435—2007

1. 概述

潜水呼吸气体的卫生学要求，对保障潜水作业的安全和潜水员的健康至关重要。

《潜水呼吸气体及检测方法》GB 18435—2007 的颁布实施，强化了潜水呼吸气体的卫生学质量意识，从而为潜水作业的安全和潜水员的健康提供了保障，也为高气压生命维持系统的设计和制造提供了科学依据。

2. 标准的适用范围

本标准规定了潜水呼吸用压缩空气和配制潜水呼吸用气的氧气、氮气与氦气的纯度要求和饱和潜水舱室环境气体主要污染成分的最大容许值。

本标准还规定了潜水呼吸用压缩空气、氧气、氮气与氦气成分和饱和潜水舱室环境气体主要污染成分的检测方法。

本标准适用于空气潜水、混合气潜水和饱和潜水。也适用于与潜水呼吸气体有关的潜水系统、潜水设备和潜水装具的设计、制造与维修保养。

3. 标准的主要内容

（1）潜水呼吸用各种气源的纯度要求见表 10.4-1。

潜水呼吸气体的纯度要求 表10.4-1

气源名称	项 目	指 标
压缩空气	氧（10^{-2} V/V）	20-22
压缩空气	二氧化碳（10^{-6} V/V）	≤ 500
压缩空气	一氧化碳（10^{-6} V/V）	≤ 10
压缩空气	水分（露点）（℃）	≤ -21
压缩空气	油雾与颗粒物（mg/m^3）	≤ 5
压缩空气	气味	无异味
氧气	氧（10^{-2} V/V）	≥ 99.5
氧气	水分含量（露点）（℃）	≤ -43
氧气	二氧化碳含量	按《医用及航空呼吸用氧》GB 8982 规定方法试验合格
氧气	一氧化碳含量	按《医用及航空呼吸用氧》GB 8982 规定方法试验合格
氧气	气态酸性物质和碱性物质含量	按《医用及航空呼吸用氧》GB 8982 规定方法试验合格
氧气	臭氧及其他气态氧化物	按《医用及航空呼吸用氧》GB 8982 规定方法试验合格
氧气	气味	无异味
氮气	氮（10^{-6} V/V）	≥ 99.99
氮气	氧（10^{-6} V/V）	≤ 50
氮气	氢（10^{-6} V/V）	≤ 10
氮气	一氧化碳（10^{-6} V/V）	≤ 5
氮气	二氧化碳（10^{-6} V/V）	≤ 10
氮气	甲烷（10^{-6} V/V）	≤ 5
氮气	水分（10^{-6} V/V）	≤ 15

续表

气源名称		项 目	指 标
氦气	甲类	氦（10^{-6} V/V）	≥ 99.993
		氖（10^{-6} V/V）	≤ 25
		氢（10^{-6} V/V）	≤ 5
		氧（氩）（10^{-6} V/V）	≤ 5
		氮（10^{-6} V/V）	≤ 17
		一氧化碳（10^{-6} V/V）	≤ 1
		二氧化碳（10^{-6} V/V）	≤ 1
		甲烷（10^{-6} V/V）	≤ 1
		水分（10^{-6} V/V）	≤ 15
	乙类	氦（10^{-6} V/V）	≥ 99.999
		氖（10^{-6} V/V）	≤ 4
		氢（10^{-6} V/V）	≤ 1
		氧（氩）（10^{-6} V/V）	≤ 1
		氮（10^{-6} V/V）	≤ 2
		一氧化碳（10^{-6} V/V）	≤ 0.5
		二氧化碳（10^{-6} V/V）	≤ 0.5
		甲烷（10^{-6} V/V）	≤ 0.5
		水分（10^{-6} V/V）	≤ 3

表中 V/V 为体积分数。

（2）潜水呼吸气体的检测方法

本标准规定的潜水呼吸用压缩气体的检测方法有：

（1）氧的检测方法。

（2）水分含量的检测方法。

（3）一氧化碳的检测方法。

（4）二氧化碳的检测方法。

（5）油雾与颗粒物的检测方法。

（6）气味的测定。

本标准还规定了潜水呼吸用氧气、氮气与氦气成分和饱和潜水舱室环境气体主要污染成分的检测方法。

4. 强制条文

本标准第 3 章为强制性条文，其余为推荐性条文。

10.4.5 《空气潜水减压技术要求》GB/T 12521—2008

1. 概述

从事潜水作业的潜水员，属特殊工种。潜水员潜水时，需穿着和使用潜水装具和防护服装，需要呼吸与静水压压力相等的压缩空气或其他含氧人工混合气。潜水作业后，潜水员从高气压环境逐步地转到常压环境，让体内所溶解的中性气体从容地排出体外，不使产生气泡而引起减压病的控制过程称为减压。潜水的减压技术直接关系到如何保障潜水员的安全和健康。

《空气潜水减压技术要求》GB/T 12521—2008 综合分析了国内外最常用的潜水减压表的结构特点和使用效果，在注意吸收国内外空气潜水减压表的优点的基础上，依据制定潜水减压表的一般原理并结合国内有关潜水单位的实践经验编制而成。该标准规定了以压缩空气为呼吸介质的潜水作业后的减压操作程序，增加了高海拔地区潜水减压方案的选取方法和潜水后搭乘飞行器的规定。

2. 规范的适用范围

本标准规定了以压缩空气为呼吸介质的潜水（空气潜水）减压的技术要求。

本标准适用于潜水深度 60m 以浅的空气潜水减压方案的选择，也适用于减压舱中暴露于舱压 0.6MPa 以内压缩空气后减压方案的选择。

3. 标准的主要内容

（1）术语

本标准对下列术语进行定义：潜水深度、水下作业时间、潜水适宜时间、潜水减压表、减压、水下阶段减压、水面减压、吸氧减压、减压方案、基本减压方案、延长减压方案、停留站、第一停留站、上升到第一停留站的时间、停留时间、减压总时间、水面间隔时间、反复潜水、剩余氮时间及水面间歇时间

（2）空气潜水减压技术要求

按潜水深度和水下工作时间分级要求，依据空气潜水减压表（略）选择减压方案。本表分 17 个深度档，每个深度档有若干个不同水下工作时间的减压方案，共 148 个。每一个方案都可采用水下空气减压或水下吸氧减压或水面空气减压或水面吸氧减压，并可视需要由一种减压方法转换为另一种。

10.4.6 《潜水员高压水射流作业安全规程》GB 20826

1. 概述

在水下工程和潜水作业中，高压水射流，尤其是超高压水射流，是一种具有潜在高风险的作业工具。已有研究表明，通常情况下穿透人体表皮所需的水射流压力仅为 0.7MPa，而 0.55MPa 就足以对眼睛造成严重伤害，15MPa 的水射流可以在几秒钟内射穿生牛皮。而目前一般水射流作业所使用的压力，都有可能达到甚至超过数十兆帕（MPa）。由此可见，水射流作业是一种具有潜在高风险的作业工具，在操作使用过程中若稍有不慎，便会导致相关潜水员的身体伤害，严重时甚至可以使人致残。正是这些血的教训，才引起业界对高压水射流技术领域作业安全管理问题的重视。本标准根据高压水射流设备的原理、特点及应用形势发展的情况，总结实践经验，规范高压水射流作业安全规程和操作程序。

2. 适用范围

本标准规定了潜水员实施水下高压水射流作业的环境条件、设备要求、作业人员、操作规程、维护保养，以及伤害与应急处置。

本标准适用于我国海洋及内陆水域由潜水员进行的压力不小于 10MPa 的水下高压水射流作业。

3. 标准的技术内容

本标准结合国内潜水员使用高压水射流作业技术装备的现状和发展特点，提出高压水射流安全作业的技术要求包括，作业环境条件、设备要求、作业人员、操作规程、维护保养，以及伤害与应急处置等。其中，根据最近十余年来我国海上救捞与海洋工程领域，采用与国际接轨的高压水射流设备和操作程序的实际状况，适当加大了对高压水射流系统及设备应用的相关要求。

4. 强制条文

本标准部分条文为强制性条文。

10.4.7 中国潜水打捞行业协会《潜水及水下作业通用规则》

1. 概述

国际性的主要潜水组织，如国际潜水承包商协会、国际海事潜水承包商协会及国际潜水学校协会等，均建立了体系化的潜水及水下作业规则、规程及标准，对保障潜水从业人员的健康和人身安全，提升潜水作业安全管理水平起到了很大作用。遵循我国现有潜水及水下作业的相关标准，借鉴国际潜水承包商协会（ADCI）《商业潜水与水下作业公认标准》和国际海事承包商协会（IMCA）相关标准及规程，中国潜水打捞行业协会组织业内多名专家完成了我国第一部《潜水及水下作业通用规则》的编制工作，于 2014 年 4 月颁布实施。

2. 适用范围

本规则作为国内自主研究和编制的理论和实践成果，填补了国内潜水领域空白适用于指导、规范我国潜水及水下作业、加强潜水行业管理，保障潜水人员的健康与人身安全。

3. 主要内容

本规则共 11 章，篇幅达 209 页，包括潜水作业机构、潜水从业人员、潜水装备和系统、各类潜水程序和应急程序、特殊潜水、水下作业程序、安全控制和监督管理等方面内容，其框架结构完整、内容系统全面，不但覆盖了 ADCI《商业潜水与水下作业公认标准》的全部和 IMCA 标准、规程的大部分内容，还通过总结凝练，写入了我国长期积累的潜水管理经验和安全操作的可行做法。

10.4.8 《密闭空间作业职业危害防护规范》GBZ/T 205—2007

1. 概述

密闭空间（confined space）是指与外界相对隔离，进出口受限，自然通风不良，足够容纳一人进入并从事非常规、非连续作业的有限空间。在密闭空间作业，如不注意做好防护工作，极易引致职业中毒，因此，应严格执行《密闭空间作业职业危害防护规范》GBZ/T 205—2007 的有关规定，建立制度、落实职责、采取职业病危害防护的综合控制措施，消除或控制密闭空间作业场所的职业病危害因素，是防止职业中毒的有效对策。

2. 适用范围

本标准规定了密闭空间作业职业危害防护人员的职责、控制措施和技术要求。

本标准适用于用人单位密闭空间作业的职业危害防护。

3. 标准的技术内容

本标准的主要技术内容包括：①范围；②规范性引用文件；③术语、定义和缩略语；④一般职责；⑤综合控制措施；⑥安全作业操作规程；⑦密闭空间作业的准入管理；⑧密闭空间职业病危害评估程序；⑨与密闭空间作业相关人员的安全卫生防护培训；⑩呼吸器具的正确使用；⑪承包或分包；⑫密闭空间的应急救援要求；⑬准入证的格式要求。

10.4.9 《工作场所有害因素职业接触限值 第1部分：化学有害因素》GB/Z 2.1—2019

1. 概述

根据《中华人民共和国职业病防治法》制定本标准。

《工作场所有害因素职业接触限值》GBZ 2 分为两个部分：

——第 1 部分：化学有害因素；

——第 2 部分：物理因素。

本部分为 GBZ 2 的第 1 部分。

本部分按照 GB/T 1.1—2009 给出的规则起草。本部分代替《工作场所有害因素职业接触限值 第 1 部分：化学有害因素》GBZ 2.1—2007。与 GBZ 2.1—2007 相比，除编辑性修改外主要技术变化如下：

——增加 6 项规范性引用文件：GBZ/T 300、GBZ/T 192、GBZ/T 295、GBZ/T 224、GBZ/T 225 和 GBZ/T 229.2。

——增加 9 个与职业接触相关的概念或定义；删除 5 个规范性引用文件中的术语；引进峰接触浓度概念并替代超限倍数。

——汇总增加近年来研制、修订的 28 种化学有害因素的职业接触限值。

——调整 8 种化学物质的中文或英文名称，以及 8 种物质的 CAS 号。

——增加 16 种物质的致敏标识、4 种物质的皮肤标识、14 种物质的致癌标识，调整 7 种物质的致癌标识。

——将一氧化氮接触限值并入二氧化氮的接触限值。

——明确列出制定接触限值时依据的不良健康效应。

——在第 4 章“卫生要求”中增加了职业接触生物限值（生物监测指标和接触限值），对已发布的卫生行业标准职业接触生物限值及检测方法标准进行了确认，汇总并列出 28 种生物监测指标和接触限值。其中，增加近年审定通过的 13 种职业接触生物限值以及生物材料检测及生物监测质量要求。

——进一步完善了监测检测方法的相关要求；对分别制定有总粉尘和呼吸性粉尘 PC-TWA 的，明确了优先测定呼吸性粉尘的 TWA 的规定。

——增加了工作场所化学有害因素职业接触控制原则及要求。

——增加附录 B，给出了新增限值的主要起草单位及主要起草人等信息。

——对附录 A 正确使用说明做了进一步的细化、完善。增加了职业性有害因素接触的控制原则及要点、行动水平以及职业接触等级分类及其控制、职业病危害作业分级管理原则等，将原标准附录 A《正确使用说明》中的部分内容修订为标准正文。

2. 适用范围

本部分规定了工作场所职业接触化学有害因素的卫生要求、检测评价及控制原则。

本部分适用于工业企业卫生设计以及工作场所化学有害因素职业接触的管理、控制和职业卫生监督检查等。

3. 标准的技术内容

本部分主要技术内容包括范围、规范性引用文件、术语、定义和缩略语、卫生要求、监测检测原则要求、工作场所化学有害因素职业接触控制原则及要求、正确使用本部分的说明、附录 A 与附录 B。

10.4.10 北京《有限空间作业安全技术规范》DB11/T 852—2019

1. 概述

本标准代替《地下有限空间作业安全技术规范第 1 部分：通则》DB11/852.1—2012、《地下有限空间作业安全技术规范 第 2 部分：气体检测与通风》DB11/852.2—2013 和《地下有限空间作业安全技术规范 第 3 部分：防护设备设施配置》DB11/852.3—2014。本标准以 DB11/852.1—2012 为主，整合了 DB11/852.2—2013 和 DB11/852.3—2014 的部分内容，扩大了原标准的适用范围，将标准名称修改为《有限空间作业安全技术规范》。

2. 适用范围

本标准适用于有限空间常规作业及其安全管理。

3. 标准的技术内容

本标准规定了有限空间作业环境分级标准、作业前准备、作业和安全管理的技术要求。主要技术内容包括：①范围；②规范性引用文件；③术语与定义；④作业环境分级标准；⑤作业前准备；⑥作业；⑦安全管理。

10.4.11 浙江省《有限空间作业安全技术规范》DB33/ 707—2013

1. 概述

为规范生产经营单位的有限空间危险作业安全，有效控制和减少有限空间作业的风险提供技术支持，保护在有限空间作业中人员的健康和安全，依据《中华人民共和国安全生产法》和有关安全生产的法律、行政法规及技术标准、规范、规定，制定本规程。

2. 适用范围

本标准适用于浙江省内生产经营单位的有限空间作业。其他行业有对有限空间专业标准规定的，执行相关标准。

3. 标准的技术内容

本标准规定了生产经营单位的有限空间作业安全规程。主要技术内容包括：①范围；②规范性引用文件；③术语和定义；④危险、有害因素识别；⑤安全技术要求；⑥安全管理。

4. 强制条文

本标准的 4、5、6 章节为强制性条款，分别为危险、有害因素识别，安全技术要求以及安全管理，其余为推荐性条款。安全技术要求针对作业安全与卫生、通风换气、电气设备与照明安全、机械设备安全、区域警戒与消防、应急器材等方面做出了规定。安全管理在作业前准备、生产经营单位的安全责任、安全管理制度和操作规程、作业人员及安全教育、现场监督管理、应急救援措施等方面进行了规定。

10.4.12 黑龙江省《有限空间作业安全技术规范》DB23/T 1791—2016

1. 概述

有限空间作业安全问题从 2013 年 5 月 20 日国家安全生产监督管理总局发布第 59 号令起，就提到了工贸行业专项治理的高度，国家、省、市安监部门的相关文件层层下发传达贯彻，仍然没有遏制事故的发生。各地在有限空间作业的事故经常发生，造成多人伤亡的事故案例较多，从根本上说还是企业和员工对有限空间作业的危险性认识不足，有限空间作业的安全知识认知尚浅。为规范生产经营单位的有限空间危险作业安全，有效控制和减少有限空间作业的风险提供技术支持，保护在有限空间作业中人员的健康和安全，特制订本标准。

2. 适用范围

本标准适用于黑龙江省生产经营单位的有限空间安全作业。行政事业单位有限空间作业，参照本规范执行，其他行业有对有限空间专业标准规定的，执行相关标准。

本标准不适用井下作业、核工业造成的辐射及其他辐射造成伤害的有限作业空间。

3. 标准的技术内容

本标准规定了有限空间作业安全技术规范的术语和定义、危险有害因素识别、安全技术要求。本标准规定了生产经营单位的有限空间作业安全规程。主要技术内容包括：①范围；②规范性引用文件；③术语和定义；④危险、有害因素识别；⑤需要准入有限空间作业安全技术要求；⑥准入有限空间作业安全管理。

10.4.13 宁夏回族自治区《有限空间作业安全技术规范》DB64/ 802—2012

1. 概述

为强化地下有限空间作业安全管理，规范作业人员受限空间内的作业行为，预防、控制中毒与窒息等生产安全事故发生，切实保护作业人员的生命安全，结合实际，制定本规范

2. 适用范围

本标准适用于生产经营单位的有限空间安全作业，行政事业单位有限空间作业参照本规范执行。

3. 标准的技术内容

本标准规定了有限空间作业安全技术规范的术语和定义、危险有害因素识别、安全技术

要求。主要技术内容包括：①范围；②规范性引用文件；③术语和定义；④危险、有害因素识别；⑤安全技术要求；⑥安全管理。

4. 强制条文

无。

10.4.14 《城镇排水管渠与泵站运行、维护及安全技术规程》CJJ 68—2016 简介

1. 概述

为规范城镇排水管渠与泵站的运行和维护，统一技术标准，保证设施完好和安全稳定运行，充分发挥设施的功能，由上海市排水管理处、江苏通州四建集团有限公司牵头编制了行业标准《城镇排水管渠与泵站运行、维护及安全技术规程》CJJ 68—2016，于 2016 年 9 月 5 日经中华人民共和国住房和城乡建设部批准发布，自 2017 年 3 月 1 日起实施。

2. 适用范围

本规程适用于城镇排水管渠与泵站的运行和维护，规定城镇排水管渠宜采用机械化手段养护、电视声纳检测与非开挖修理，城镇排水管渠与泵站设施的运行和维护管理应实现科学化、规范化、精细化。

3. 标准的技术内容

规程主要技术内容包括排水管渠、排水泵站、调蓄池、排水设施运行调度、排水防涝等，其中排水管渠的运行维护包括下列内容：①管渠巡视；②管渠养护；③管渠污泥运输与处理处置；④管渠检查与评估；⑤管渠修理；⑥管渠封堵与废除；⑦纳管管理。对管渠养护、管渠检查中涉及到市政工程潜水作业的，应依照本规定执行。

4. 强制条文

标准中，以黑体字标志的条文为强制性条文。

10.4.15 《城镇排水管道维护安全技术规程》CJJ 6—2009 简介

1. 概述

为加强城镇排水管道维护的管理，规范排水管道维护作业的安全管理和技术操作，提高安全技术水平，保障排水管道维护作业人员的安全和健康，由天津市排水管理处、天津市市政公路管理局等单位编制了行业标准《城镇排水管道维护安全技术规程》CJJ 6—2009，于 2019 年 10 月 20 日经中华人民共和国住房和城乡建设部批准发布，自 2010 年 7 月 1 日起实施。

2. 适用范围

本规程适用于城镇排水管道及其附属构筑物的维护安全作业，规定了城镇排水管道及附属构筑物维护安全作业的基本技术要求。

3. 标准的技术内容

本规程主要技术内容包括：作业场地安全防护、开启与关闭井盖、管道检查、管道疏通、清掏作业、管道及附属构筑物维修、井下作的通风、气体检测、照明和通信、防护设备与用品、事故应急救援。

4. 强制条文

标准中，第 3.0.6、3.0.10、3.0.11、3.0.12、4.2.3、5.1.2、5.1.6、5.1.8、5.1.10、5.3.6、6.0.1、6.0.3、6.0.5、7.0.1、7.0.4 条为强制性条文。

10.4.16 《城镇排水管道检测与评估技术规程》CJJ 181—2012 简介

1. 概述

为加强城镇排水管道检测管理，规范检测技术，统一评估标准，由广州市市政集团有限公司、广东工业大学等单位编制行业标准《城镇排水管道检测与评估技术规程》CJJ 181—2012，于 2012 年 7 月 19 日经中华人民共和国住房和城乡建设部批准发布，自 2012 年 12 月 1 日起实施。

2. 适用范围

本规程适用于对既有城镇排水管理及其附属构筑物进行的检测与评估。

3. 标准的技术内容

主要技术内容是：①总则；②术语和符号；③基本规定；④电视检测；⑤声呐检测；⑥管道潜望镜检测；⑦传统方法检查；⑧管道评估；⑨检查井和雨水口检查；⑩成果资料。

4. 强制条文

标准中，以黑字体标志的条件为强制性条文。

10.4.17 《城镇排水管道非开挖修复更新工程技术规程》CJJ/T 210—2014 简介

1. 概述

为了加强城镇排水管道非开挖修复更新工程的管理，确保工程质量，由中国地质大学（武汉）、城市建设研究院等单位编制行业标准《城镇排水管道非开挖修复更新工程技术规程》CJJ/T 210—2014，于 2014 年 1 月 22 日经中华人民共和国住房和城乡建设部批准发布，自 2014 年 6 月 1 日起实施。

2. 适用范围

本规程适用于城镇排水管道非开挖修复更新工程的设计、施工和验收，提出城镇排水管道非开挖修复更新工程应积极采用满足本规程质量要求的新技术、新材料和新设备。

3. 标准的技术内容

本规程的主要技术内容：①总则；②术语和符号；③基本规定；④材料；⑤设计；⑥施工；⑦工程验收。

10.5 国外主要潜水组织的潜水作业标准简介

国际上主要潜水组织建立了体系化的潜水及水下作业规程及标准，这些规程及标准得到大多数国家公认，并以此为依托建立了完善的市场准入制度和审核机制，对保障潜水从业人员的健康和人身安全，提升潜水承包商服务水平及国际市场竞争力起到了规范及促进的重要作用。

10.5.1 国际潜水承包商协会（ADCI）《商业潜水和水下作业公认标准》简介

国际潜水承包商协会（Association of Diving Contractors International，简称“ADCI”）总部设在美国休斯敦，是世界上广泛认同、影响力大的两大商业潜水行业组织之一。ADCI 会员均为水下服务公司或与水下作业有关的机构，目前会员已发展到 500 余家单位，主要分布于太平洋沿岸的 40 余个国家。ADCI 是一个以推广商业潜水科学技术、定期组织行业之间交流、编写发行专业技术杂志、制订商业潜水与水下作业等行业标准以及组织潜水人员培训、资格考试和发证等为目的的非营利性潜水行业管理机构。

ADCI 制定的《商业潜水和水下作业公认标准》已被所有会员单位、美国海军、美国工程兵部队、马来西亚皇家海军、哥伦比亚海军以及中国海洋石油总公司等采用。《商业潜水和水下作业公认标准》篇幅很大，共 11 章，中文译本有 25 万字，比较完整地涵盖了潜水人员医学与培训要求、潜水人员资格与证书、作业程序、设备与系统、无人遥控潜水器（ROV）、动力定位船潜水系统和作业、最低休息时间政策、伤害与疾病报告记录和保存指南、载人压力容器、吊放系统、饮用水设施中的商业潜水、高压水射流装置应用和术语等内容，对保障潜水人员安全与健康、规范行业管理、提高行业的整体水平发挥了极大的作用，并得到世界广泛的认同和采用。

《商业潜水和水下作业公认标准》对潜水人员作如下分类：初级照料员 / 潜水员、水面供气式空气潜水员、空气潜水监督、混合气潜水员、混合气潜水监督、饱和潜水员、饱和潜水监督、生命支持员及饱和机电员等。ADCI《商业潜水标准》中第二、三章以较大的篇幅（中文译本约 5 万字），全面、系统地对各种潜水人员医学与培训要求、潜水人员资格条件、潜水人员资格认证、与其他国家证书互认等做了规定，尤其是明确提出了各种潜水人员的资格和证书要求，以及获得潜水人员资格证书的条件。

10.5.2 国际海上承包商协会（IMCA）潜水作业标准简介

国际海事潜水承包商协会（The International Marine Contractors Association，简称 IMCA）总部设在英国伦敦。IMCA 已发展成为一个最有影响力的国际性潜水行业协会，成员已遍及美洲、亚太、欧洲和非洲、中东及印度地区，其核心活动主要涉及两个方面：一是安全、环境与立法，二是培训、发证与人才竞争力。代表着世界上潜水、海事、海洋测量，以及遥控系统和无人遥控潜水器四个特定领域的众多公司，是世界潜水及海洋水下工程界最有影响的国际性组织。

IMCA 主要通过出版信息备忘录、实用规程，以及其他适当的手段，来促进各国潜水及水下工程技术领域相关质量、卫生、安全、环境和技术标准的改进。迄今为止，IMCA 至少已经制订了 86 个有关潜水及水下作业安全方面的规程和技术标准，是目前世界上潜水及水下作业安全规程体系建立最完整、最系统的体系。与潜水人员培训及资格证书等相关的标准有 11 个，构成了一个配套、完整且合理的潜水人员标准体系。其中，IMCA C003《潜水人员资格确认与评估》具体地规定了潜水人员的入级资格条件和证书要求，还提供资格确认与评估的结构框架、详尽的评估内容及评估程序。

第 11 章　常见潜水疾病防治和潜水事故应急处理与预防

11.1　概述

潜水员在潜水过程中，由于受水下环境因素的影响，尤其是静水压和低水温的影响，需借助某种潜水装备和呼吸与静水压压力相等的高压气体，来保持机体生理状态与环境条件的平衡，一旦这一平衡失调，就会导致疾病和损伤，统称为“潜水疾病”。它们包括：潜水员在水下一定深度、停留一定时间后，再回到水面的过程中，因上升（减压）速度过快、幅度过大而导致的潜水减压病；在潜水过程中，因某种原因使机体受压不均匀、体内外压力失去平衡而导致的气压伤，如肺气压伤、耳与鼻窦气压伤以及潜水员挤压伤；在潜水过程中，潜水员要呼吸与水下环境压力相当的高压气体，这就使呼吸气体中各组成气体的分压也相应增高，超过各自一定的阈值，也将对机体产生毒性作用。这种因气体分压改变而引起的疾病有氮麻醉、氧中毒、二氧化碳中毒等；而由于种种原因，造成呼吸气体中氧分压下降，到达一定阈值后，也可引起缺氧症。这些疾病的产生大多数是由于不遵守潜水规章制度、技术不熟练或潜水专业知识贫乏所引起的。

经过长期的实践和大量的潜水技术科研工作，人们已掌握了更加先进的潜水技术和安全潜水方法，已基本掌握了各种潜水疾病的病因、症状、救治及预防方法，为人类安全潜水提供了可靠的技术基础。潜水员只要贯彻“预防为主”的原则，平时加强卫生保健工作，遵守潜水规章制度和医务保障制度，作业前认真研究并制定安全措施和医务保障计划，潜水过程中做好预防潜水疾病的各个环节的工作，就完全可以有效地防止潜水疾病的发生。即使发生了潜水疾病，只要诊断正确，救治及时，病情便可迅速好转或消失。

同时，潜水员还可能遭受由水下操作失误、装具突然故障、水下生物及其他物理因素等引起的潜水事故的伤害。这些伤害一旦发生，对潜水员的危害很大，如不及时救治，后果十分严重。因此，要重视预防各种险情和事故的发生。一旦发生险情和事故，应及时、正确地救援和处理，降缓或消除险情或事故对潜水员造成的伤害。

11.2　潜水减压病

潜水减压病是潜水（或高气压）作业中较常见疾病，是因机体在高压下暴露一定时间后，回到常压（减压）过程中，外界压力减低幅度过大，速度过快以致在高压下溶解于体内的惰性气体（如氮气）迅速游离出来，以气泡的形式存在于组织和血管内而引起的一系列病理变化。

本病常见于呼吸压缩气体进行潜水作业而又减压不当时，在高气压环境下作业，如沉箱、隧道作业、高压氧舱内工作或接受加压锻炼时，如果减压不当，都有可能发生此病。

本病以往根据患者职业特点、症状特征，曾有许多不同命名，如沉箱病（潜涵病）、潜水夫病、高气压病、压缩空气病、屈肢症、气哽、潜水员瘙痒症等。但究其病因，则应称为潜水减压病。

11.2.1 病因与影响发病的因素

1. 病因与发病原理

机体组织和血液中有气泡形成是引起减压病的主要直接原因。本节介绍气泡形成和致病的基本原理及影响致病的因素。

（1）气泡形成的基本原理

当潜水员呼吸压缩空气进行潜水时，吸入的氧被机体代谢所消耗，而在空气中占大多数的氮气，机体既不能利用它，又缺乏对它的调节机能。它进入机体后，就单纯以物理状态溶解于体液中，其溶解量随吸入气中氮分压的升高及暴露时间的延长而增加，直到机体内各组织的氮张力与肺泡吸入气中氮分压完全平衡为止（这时氮的吸入量与排出量相等）。

当水下作业结束后，上升减压过程中，由于外界压力下降，机体组织内可溶解的氮量亦相应减少，高压下已经取得平衡或达到一定饱和程度的氮气，在较低压力下即成为过饱和状态。但是，由于机体组织和体液的胶体特性，只要外界压力降低的幅度在一定范围内，则这部分多余的氮，仍可暂时保持溶解状态，当它随血液流经肺泡时，顺着压差梯度，由血液扩散到肺泡而且从容排出体外。

如果溶解于组织中的氮张力超过环境压力过大时，过多的氮就不能继续保持溶解状态而游离出来，在组织和血液中形成气泡。在呼吸空气潜水时，潜水深度愈大（压力愈高），暴露的时间愈久，机体组织内溶解的氮张力就愈高；当达到一定张力值后，又迅速而大幅度地上升（减压），气泡的形成也就愈快、愈多。所以，溶解氮多、血液灌流差，因而不能及时适当地迅速脱饱和的组织，更易形成气泡。

（2）气泡的致病过程

气泡可在血管内形成，也可在血管外。因为气泡的阻塞和压迫以及继发性影响，会导致一系列相应的病理变化。

1）气泡的机械作用

血管内的气泡，主要见于静脉系统，因为静脉血来自组织，其惰性气体张力与组织接近，组织内气泡形成后，进入血循环，可形成空气栓子，造成静脉血管栓塞，使血流受阻，并引起局部血管痉挛、变形，血管壁渗透性增高和局部淤血、出血（血浆渗出）和水肿等一系列变化。如栓塞动脉，就造成血管所灌流的组织的缺血、缺氧，但比较少见。血管栓塞后，最后可导致组织营养障碍和坏死。严重者，由于血浆大量渗出，血液浓缩，还会出现低血容量性休克，甚至循环衰竭致死。

气泡在血管外形成，可产生机械压迫作用，挤压周围组织、血管和神经，刺激神经末梢，甚至可引起组织损伤。气泡多见于溶解惰性气体较多、血液灌流较差、脱饱和较困难的一些组织内，如脂肪、韧带、关节囊的结缔组织、脑和脊髓的白质、周围神经髓鞘、肝脏等组织。在眼的玻璃体液及房水、脑脊液、内耳迷路的淋巴等体液中也可见到气泡。血管外的气泡，多存在于组织的细胞外，也可以存在细胞内。

还应指出，体内形成气泡后，如果气泡体积较小、数量较少且不在生命要害部位或仅在不敏感部位时，也可不引起症状。

2）继发的生物化学变化和应激反应

发生减压病病理变化的原因，除了公认的血管内、外气泡的机械作用外，还有血液－气泡界面上的表面活性作用及机体全身的“应激反应”等一系列继发的生物化学因素引起的变化。总之，在减压病的发病机理中，气泡对机体的影响，有物理性原发因素，也有重叠于物理性因素的化学性继发因素，这些因素的交叉综合作用，使减压病的临床表现变得更为复杂。

2. 影响发病的因素

影响发病的因素较多，总的来说，凡影响氮在机体内饱和与脱饱和过程的因素，都将影响本病的发生。具体有以下几个方面：

（1）劳动强度

水下（或高气压下）作业时，劳动强度越大，减压病的发病机会也就愈多，这是由于机体的运动可加速呼吸、循环，并使局部组织内的代谢产物，如乳酸、二氧化碳以及热量显著增加，这些都可引起局部血管扩张，从而加速氮的饱和过程。因此，在高压下从事中等以上体力劳动时，机体内氮的饱和速度，要比轻度劳动时为快，这一点在选择减压方案时必须考虑到。

（2）个体因素

1）精神状态：过分紧张、恐惧或情绪不稳定时（由于高级神经活动有影响机体的代谢过程和调节机能），不利于氮的脱饱和，而易促发本病。此外，在上述情况下，极易出现惊慌失措、注意力分散，使操作失误，导致放漂，而增加发生减压病的可能。

2）健康状态：健康不佳，过度疲劳或有潜在性疾病（如患有心、肺、肾等疾病，骨、关节等局部外伤，皮肤损伤后有大面积疤痕组织等），易促发本病。此外，肥胖者也易发病。这是由于体内脂肪量多，会溶解更多的氮，而脂肪组织供血较差，不利于氮脱饱和，易形成气泡。

3）年龄：一般认为40岁以上者，易发本病。这是因为超过一定年龄后，随着年龄的增大往往心血管功能较差，有的身体发胖，这些都不利于氮的脱饱和。

4）高气压适应性：人对高气压具有适应性，这已为实践所证明。经常潜水（或高气压作业）的人，对高气压本身和对减压过程的耐力均可逐渐提高，而长期不潜水或新潜水员，对高气压和减压过程的适应性就差，易得减压病。因此，对于长期未潜水者或新潜水员在进行大深度潜水前，都应进行加压锻炼，以提高机体对高气压与减压过程的适应性。

（3）环境因素

潜水作业现场恶劣的水文气象条件，如涌浪大、水底软泥质等，都使潜水员体力消耗显著增加并带来技术操作上的困难。水下寒冷，除可增加机体的能量消耗外，还可引起血管反射性收缩，使局部血流减少、循环减慢，影响减压时氮的脱饱和。

（4）技术熟练程度

实践证明，在同一条件下，技术不熟练者比技术熟练者体力消耗大，易于疲劳。而且，由于技术不熟练，往往因操作差错而失去控制，发生放漂事故，引起减压病。

11.2.2 症状、体征和临床分型

减压病的症状和体征在大多数病例（约占 85%）均发生于减压结束之后 30 ~ 60min 之内。严重违反减压规则者（如放漂等），则可在减压上升过程中或到达水面时即刻出现症状和体征。

关于减压病的潜伏期（从体内开始形成气泡到出现症状和体征的时间），长短不一。不同时期内报道的发病率统计数字也不一致，但一致的结论是超过 6h 后发病者，为数较少。即使发病，症状也较轻。由于个体差异较大，故具体分析时，不应单纯根据潜伏期长就排除减压病的可能。

1. 症状和体征

在理论上，气泡可在体内任何部位形成，血管内的气泡还可随血流转移至其他部位，故减压病的症状和体征复杂多变，其严重程度取决于体内气泡的体积、数量、所在部位以及存留的时间。如果气泡体积较小，数量较少，又不在重要部位或仅在某些不敏感部位时，也可不引起任何症状。有时，因气泡在脉管中流动，使症状和体征及其严重程度显示多变，可能突然缓解，也可能突然恶化。鉴于上述特点，本病一旦发生，都应看作重症，不能有丝毫懈怠。现将本病的主要症状和体征分述于下：

（1）皮肤

皮肤瘙痒极多见，一般在减压末期或减压结束后首先出现，并有蚁走感、灼热感和出汗等症状。用手搔痒处也无法抑制住，这主要是由于气泡在皮下蜂窝组织和汗腺内的血管外形成后，刺激了感觉神经末梢所引起。在减压中肢体局部受寒或受压时，这一症状最易发生，它往往是轻型减压病的唯一症状，常见于皮下脂肪较多的部位，如前臂、胸、背、大腿及上腹部等，也可累及全身。

有时皮肤出现猩红热样斑疹或荨麻疹样丘疹，这是由于皮肤血管扩张所致。如果血管因气泡栓塞而发生反射性局部血管痉挛、扩张、充血及淤血，皮肤上即可出现苍白色（贫血部分）和蓝紫色（静脉淤血部分）相互交错的“大理石”样斑块。此外，还可出现皮下气肿等现象。

（2）肌内和关节

气泡在肌肉和关节部位存在，可引起局部轻重不等的疼痛。此症状最为普遍，约在 90% 的病例中见到，其中以关节疼痛为多，常见于肩、肘、膝和髋等关节。疼痛往往在开始时局限于一点，然后可扩大范围，并逐渐加重，以致发展到难以忍受的程度。疼痛的性质不一，

有酸痛、跳痛、刺痛、撕裂痛等，而且大多数有持续和深层的特点。检查时，局部无红肿，压痛不明显。疼痛非一般止痛药所能解除，但局部热敷或按摩可使疼痛暂时缓解。肢体运动时疼痛加剧，故明显限制了肢体的活动，患肢常保持于一定的屈位，以减轻痛苦，此即“屈肢症”。

引起疼痛的原因，主要是由于血管外气泡直接压迫神经纤维，刺激神经末梢所致，也可能是局部血管，在气泡栓塞或反射性痉挛而引起的缺血性疼痛。

（3）神经系统

气泡累及中枢神经系统，引起的症状往往广泛而多样。侵犯脊髓者，多见于下胸段。气泡主要存在于脊髓硬膜外静脉丛。最常见的症状有截瘫，使病损部位以下出现“脊髓休克”（反射、传导机能都不出现）、肢体运动与感觉障碍（包括感觉过敏、麻木、感觉减退或消失）以及大小便失禁或潴留等。脊髓损伤常无前驱症状，或开始时仅有腰痛，下肢麻木、无力，但很快（几分钟内）即可发生截瘫，应予注意。

脑部损伤引起的症状可有头痛、无力、语言障碍、面麻痹、运动失调、单瘫、偏瘫；严重时昏迷，以致死亡。然而，单纯脑部症状较少见，这是由于脑组织含脂量（仅5%～8%）低于脊髓，血液灌流较丰富的缘故。

听觉和前庭功能紊乱（后者较常见）的病变是由于气泡累及耳蜗器官和迷路所引起。主要症状有耳鸣、听力减退、眩晕、恶心、呕吐、出冷汗、面色苍白等类似耳性眩晕症（综合征）的症状，故又称之为“潜水眩晕症”，也可发生突发性耳聋。

气泡累及视觉系统时，可出现复视、视力减退、视野缩小和暂时性偏盲、失明等症状。

值得指出的是，中枢神经系统的损伤常是多发性的，根据损伤部位不同可分为几种症候群，其表现形式往往不易明确区分；在急性期很难作出准确的定位诊断，应充分认识到这一特点。

神经系统损伤，如不能得到及时的治疗，以致神经组织变性，则可引起一系列后遗症，也有发展成神经衰弱、神经官能症和精神失常等的报道。

（4）循环系统

大量气泡在血液循环系统中形成后，可引起一系列严重症状，由于气泡在血管内移动，使症状具有时轻时重的特点。

气泡进入右心和肺毛细血管床时，可出现心前区狭窄感，检查时，患者手脚发凉，皮肤、黏膜发绀，脉搏快而弱，如果患者意识丧失，呼吸停止，则脉搏难以触及，血压下降无法测出，叩诊时，心界向右扩大，听诊时可在心前区听到心脏收缩期杂音。

当气泡侵入血管运动中枢、脑部终末动脉或心脏冠状动脉时，常无任何前驱症状而丧失知觉、心搏骤停，造成猝死。如患者意识尚存，常感到全身无力、眩晕、有时伴有心前区疼痛，这时脉搏细弱甚至摸不到，心音低微甚至听不到，并有发绀征象。

当大量小气泡进入微循环后，则可使毛细血管通透性增高，血浆大量渗出，血容量减少，血液浓缩，导致低血容量性休克。

气泡在淋巴系统形成，则可造成淋巴结肿痛和局部肿胀。

如果机体组织损伤的产物进入循环后，还可引起体温升高，全身无力等症状。

（5）呼吸系统

主要表现为气哽。该症状通常少见，出现也较迟，然而一旦发生，则很严重。这主要是由于气泡栓塞了肺毛细血管所致，这时患者可有胸部压迫感，胸骨后疼痛、阵发性咳嗽，呼吸浅而快，以致呼吸困难，出现陈一施二氏呼吸等症状，严重者可引起休克。

（6）其他器官

当大量气泡出现在胃、大网膜、肠系膜等腹腔脏器的血管内，可引起恶心、呕吐、上腹部绞痛及腹泻等症状（腹痛也可能是脊髓损害的前驱症状）。气泡累及肾组织，也可在尿中出现一过性红细胞和管型。

（7）疲劳

潜水员出水后的轻度疲劳是常见现象，多由于体力消耗较大而引起。如果潜水员近年来认为，可能是机体内 5- 羟色胺增多所致。

上述症状中，以皮肤瘙痒和肌肉、关节疼痛最多见，神经系统症状与呼吸、循环系统症状次之，单一症状者占多数，多种症状同时出现者较少。

2. 临床分型

国内一般把减压病分为轻型、中度型和重型三种，其主要表现如下：

（1）轻型：主要表现为皮肤症状和肌肉、骨、关节的轻度疼痛。

（2）中度型：主要表现为肌肉、骨、关节的剧痛，也可有头痛、眩晕、耳鸣、恶心、呕吐、腹痛等神经系统及消化道的症状。

（3）重型：主要表现为瘫痪、昏迷、呼吸困难、心力衰竭、发绀等中枢神经系统、呼吸系统和循环系统的严重障碍。

国内也有人主张将减压病分为Ⅰ、Ⅱ两型，单纯以肌肉、骨关节疼痛及皮肤症状归Ⅰ型，其余均为Ⅱ型。

如果发生急性减压以后，没有及时进行治疗，使机体组织发生了不可逆的器质性病变，加压治疗已不能奏效，那就不属于慢性减压病，而应归于减压病的后遗症，如减压性骨坏死。

11.2.3 诊断与鉴别诊断

1. 诊断

诊断减压病的主要依据是：

（1）24h 内有呼吸压缩气体（空气或人工配制的混合气体）进行潜水（高气压）作业的历史。

（2）回到常压后（或减压过程中）出现前述典型症状和体征，又非其他病因引起者。

（3）可疑患者经过鉴别性加压后，症状和体征可立即减轻或消失者。

2. 鉴别诊断

在应用压缩空气或人工配制的混合气体进行潜水的过程中，除了可发生减压病外，还可发生肺气压伤、氮麻醉、急性缺氧症、二氧化碳中毒和氧中毒等潜水疾病，也可发生外伤等非潜水疾病和损伤，由于这些疾病和损伤的某些临床表现与减压病有相似之处，而处理方法则不同，因此，必须注意鉴别。

11.2.4 治疗与预防

1. 减压病救治的基本原则和步骤

（1）减压病救治的基本原则

减压病是潜水作业中的常见病和多发病，严重危害潜水员的健康和安全。加压治疗是减压病的最根本的治疗措施，减压病一经确诊，应及早进行正确的加压治疗。随着舱内压力的升高，患者血液和组织中的气泡体积就会缩小，同时，气泡内的气体将随分压的升高而重新溶解到血液和组织中，这就减轻或消除了气泡造成的阻塞和压迫，使症状得以缓解或消失，然后，再按一定的规则进行减压，使体内的惰性气体（氮气），通过血液循环，经肺泡逐渐从容排出体外。这样，因气泡而产生的症状就不会再出现。同时由于舱内压升高，使组织的氧分压提高，有利于缺氧组织的恢复过程，从而获得彻底的治疗。

减压病确实由于条件限制未能获得及时治疗者，只要存在着症状和体征，一旦得到加压治疗的条件，仍应给予加压治疗，不应轻易放弃加压处理的机会。另一方面，也应看到延误加压治疗的时间愈长，治愈率就愈低，而且在治疗中所加的压力要比急性减压病及时加压治疗时为高，所需的减压时间，往往也很长。虽然延误及时的加压治疗对减压病的预后有很大的影响，后遗症明显增多，但单纯用加压方法彻底治愈延误治疗的病患的病例也屡有报道。对延误治疗的减压病患者，除强调一律不应放弃加压治疗的处理原则外，辅以其他的治疗措施可以取得更理想的治疗效果。

（2）加压治疗方案的选择

减压病加压治疗方案的选择，主要根据患者的症状和体征及其对所加压力的反应。同时应考虑导致发病的潜水作业深度，水下工作时间和其他因素。

加压治疗方案可依据国家标准《减压病加压治疗技术要求》GB/T 17870—1999 选择，按照患者减压病的病情和加压治疗的效果，采用标准规定的治疗程序治疗减压病。

（3）吸氧治疗方案

吸氧可以改善机体的供氧状况和改善血液流变功能，有助于机体中氮气的脱饱和，有利于减压病症状和体征的消除。吸氧治疗方案不但疗效较好，治疗总时间也较短。有条件应优先选用吸氧治疗方案。

2. 预防

尽管减压病的发病机理比较复杂，影响发病的因素也很多，但其最根本、最直接的原因乃是体内气泡形成。因此，在潜水过程中，凡是直接或间接影响（限制或促发）机体内气泡形成的因素，都与减压病预防的成败有关，所以，必须树立“预防为主”思想，熟练地掌握预防减压病的各个环节，认真、细致地做好各方面的工作。主要预防措施有以下几个方面：

（1）进行潜水医学知识的教育。

（2）做好平时卫生保健工作，提高潜水员对高气压的适应能力。这方面的工作主要有潜水员的营养保证、体育锻炼、合理安排作息时间和定期进行加压锻炼等。

（3）在潜水作业前做好准备工作。根据现场实际情况，制定出包括组织管理好作业现场在内的安全措施和医学保障计划，选择、确定减压方法和减压表，认真进行下潜前的体格检查等。

（4）水下工作结束前，应根据潜水员水下工作的实际深度、水下工作的时间（即从潜水员头顶没水起到离开水底的时间止）、劳动强度、水文气象条件以及个体因素等情况正确选择减压方案，并严格按此方案进行减压。

（5）潜水员应善于对自己的感觉进行判断，发现异常情况和不适，应立即报告。

（6）注意保暖，防止在水下减压过程中的体力消耗和疲劳，有条件时应采用减压架等。

（7）为了加速潜水员体内氮气的排出，出水后，可喝浓茶、咖啡等热饮料以及进行热水浴等。

11.3 减压性骨坏死

骨关节的减压性坏死是机体在高气压环境中暴露后，由于减压不当而延迟发生的长骨部分坏死损害，故称“减压性骨坏死”。有人曾取损伤部位组织进行培养，证明是无菌的，故属于“无菌性骨坏死”。

减压性骨坏死的患者，早期一般无明显的症状和体征，有些患者在负重时或在气候变化时，在骨关节着力部位（如膝关节）出现酸痛和不适的感觉，特别在寒冷季节较明显，严重者可出现跛行等功能障碍。

减压性骨坏死的诊断，主要根据职业史和 X 线检查。本病患者都有高气压暴露的历史，且大多数曾患有轻重不等的急性减压病，加上骨关节 X 线摄片发现有一定形态特征的病变，如多发生在肱骨头、股骨头及股骨下端、胫骨上端，病灶为多发等。但这些病变特征是非异性的，故仍应和具有类似 X 线表现的其他原因引起的疾病（如动脉疾病、骨肉瘤、原发性骨坏死、外伤、骨结核以及类风湿性关节炎等等）相鉴别。如果有选拔潜水员时的 X 线片作对照，结合高气压暴露史就不难作出鉴别诊断。

本病的治疗仍以高压氧治疗为主，如出现症状，可用止痛、活血化瘀药物及理疗；骨关节损害严重，有肢体功能障碍者，也可行手术治疗，但疗效不理想。国外有用全臼及股骨头置换术对行动困难者进行治疗，收到较好的效果。

预防的重点在于安全减压，防止减压病等潜水疾病的发生。就业前体检要求进行长骨和大关节（肩、髋、膝、肘关节）部位的 X 线摄片检查。在职潜水员要求每 2 年进行 1 次长骨和大关节（肩、髋、膝、肘关节）部位的 X 线摄片。定期检查对及时发现、早期治疗，控制病情发展，争取好的预后，有重要意义。

本病一旦发现后，如无症状和不适，还可从事较浅深度的空气潜水，并控制水下工作时间，但不允许参加氦氧潜水、饱和潜水及其他实验性潜水。如已有关节损伤，且出现症状者，不能继续从事潜水，但可改行从事其他轻体力的工作。

11.4 肺气压伤

肺气压伤是指在潜水或高气压作业时，由于种种原因，造成肺内压比外界环境压过高或过低，从而使肺组织撕裂，以致气体进入肺血管及与肺相邻的部位，引起一系列复杂的病理变化的一种疾病。

本病在使用各种类型潜水装具潜水上升屏气时极易发生。在使用闭式呼吸器潜水快速上升时，也易发生。本病常常病情急，危险性较大，治疗也较复杂，故应重视。

11.4.1 病因与发病原理

肺气压伤与减压病虽具有同一病因（气泡），但两者在气泡产生的原理上却有根本的不同。肺气压伤的气泡栓塞，是由于肺内压过高或过低，引起肺组织撕裂，肺泡内气体进入被撕裂的肺血管和组织所造成的。

1. 引起肺组织撕裂的原因

（1）肺内压过高

当潜水员从水底快速上升时外界静水压迅速降低，此时如果潜水员屏住呼吸、喉头痉挛或其他原因，致使肺内膨胀的气体不能及时排出或排出不畅，肺脏就会扩大，一旦超过肺组织弹性极限而使肺内压迅速升高时，就会导致肺组织撕裂。在实际潜水中，快速上升往往是一个连续过程，从较大深度上升至较浅深度时，肺内气体膨胀已使肺泡扩张到相当程度，若再从较浅深度快速上升，肺内气体体积将成倍地增大，因此会造成更为严重的肺组织损伤。

（2）肺内压过低

这是由于胸腔扩大而无气体进入肺内造成的。如潜水员戴潜水头盔潜水时咬嘴脱落或只用鼻子在潜水头盔中呼吸，就会出现吸气时胸腔扩大，但无气体进入肺内。用开放式水下呼吸器潜水时，突然供气中断也会发生肺内压过低。

2. 气泡栓塞、气肿和气胸的形成

肺组织破裂时，如果肺内压过高或过低的状态未改变，这时由于肺静脉受压塌陷或静脉压相对高于肺内压，肺内气体尚不能经破裂口进入静脉。只有当肺内压与外界压力恢复平衡时，气体才能进入破裂的肺血管，形成气泡栓子。进入肺静脉的气栓将随血液流至左心，继而进入体循环，导致一系列血管栓塞，造成呼吸、循环或中枢神经系统机能障碍等严重后果。

如果肺胸膜发生撕裂，肺内气体可进入胸腔，形成气胸。如果破裂发生在肺根部，气体可从支气管和血管周围的结缔组织鞘进入纵膈和皮下，引起纵膈气肿及颈、胸部皮下气肿。如果大量气体沿着食道周围的结缔组织进入腹腔，可形成气腹，但较少见。

3. 引起呼吸、循环机能障碍的原因

当肺内压升高时，由于肺血管受压迫，使右心室输出血液的阻力大大增加，因此进入左心的血量也随之减少，导致动脉血压下降，静脉血压升高。如果肺内压持续处于高压状态，由于肺毛细血管被压瘪而使上述变化进一步加重，最终导致右心扩大而衰竭。当肺内压低于正常时，则肺血管血流阻力减少，回心血量增加，使动脉血压升高，最终也将导致左心衰竭。气体进入肺循环后，除影响气体交换引起呼吸困难外，随着血流运行的气泡，将通过左心经主动脉而至机体不同部位的动脉，造成栓塞，进而导致相应的组织、器官的功能障碍。气栓尤其容易发生在脑血管和冠状动脉，脑血管栓塞或冠状动脉栓塞一旦发生，就引起极为严重的脑、心功能障碍。

4. 潜水中导致上述病变的因素

（1）屏气

上升（减压）过程中屏气是发病的最重要因素。它无论是无意或有意的，皆可引起肺内压急剧升高。有时由于惊慌或局部刺激（如呛水）而发生喉头痉挛，也可导致肺气压伤。

（2）肺内压升高

从水下上升减压的速度太快，使肺内气体急剧膨胀，来不及排出，造成肺内压升高而导致肺组织损伤。这种情况常见于：

1）使用闭式呼吸器潜水时，由于压重带失落或呼吸袋内充气过多，使正浮力突然增加而快速上升。

2）使用闭式呼吸器潜水时，潜水员在水下发生意外后，水面人员提拉出水速度大快。

（3）呼吸袋内压力升高使用闭式呼吸器时，呼吸袋内压力骤然升高，这种短促的压力波突然冲击肺组织，使其来不及适应而发生损伤，这种情况可发生于：

1）潜水员着装完毕后，呼吸袋受到猛烈碰撞和挤压。

2）装具的供气阀失控，使呼吸袋内气量猛增，压力突然升高。

3）上升（减压）过程中，呼吸袋上排气阀未打开和安全阀失灵，使呼吸袋内膨胀的气体不能排出而过度充盈，也会导致肺内压突然升高。

（4）肺内压过低 潜水中因肺内压过低，而引起肺气压伤，主要见于：

1）潜水员着闭式呼吸器潜水时，潜水帽内咬嘴脱落；或使用开式轻装潜水时，供气突然中断。

2）潜水员在排空呼吸袋内气体时忘记向袋内充气，就接通呼吸器并猛烈吸气，亦可造成肺内压过低。

3）潜水时，因某种原因引起潜水员喉头痉挛。此时如出现强烈的吸气动作，也可使肺内压突然降低而造成肺组织撕裂。

11.4.2 症状与体征

肺气压伤的特点是：发病急，大多数在出水后即刻至 10min 内发病，甚至在上升出水过程中发生；病情一般较重、变化快可突然恶化导致死亡。常见的症状和体征有：

1. 肺出血和咯血

这是具有特征性的、最常见的症状。通常在出水后立即出现，患者口鼻流泡沫样血液或咯血，轻者仅有少许血痰，甚至无出血症状。

2. 昏迷

可能因脑血管气泡栓塞或肺部损伤性刺激而反射性引起。它可在出水过程中或出水后立即发生。轻者仅表现为神志不清。

3. 胸痛、呼吸浅快

这是常见症状之一。胸痛轻重不一，深吸气时加重；呼吸快而浅，多为呼气困难，重者甚至呼吸停止。检查时，胸部叩诊可能有浊音区（肺出血区）；听诊时，呼吸音减弱，往往可听到散在性大小湿啰音。

4. 咳嗽

这是因肺出血及分泌物刺激呼吸道而引起的常见症状。由于咳嗽，使肺内压升高，不仅增加患者的痛苦，也促进了病情的恶化。

5. 循环功能障碍

患者常有心前区狭窄感。检查时，可见皮肤和黏膜发绀；脉搏快而弱，甚至摸不到；血压下降，无法测出；心音低钝，心律不齐。如气泡在心室内聚积，心尖区可听到“水车样”杂音。这时，患者四肢发凉，皮下静脉怒张，严重者出现心力衰竭。如气泡侵入冠状动脉，常无任何前驱症状而心搏骤停，造成猝死。由于气泡在血管内可以移动，故上述症状常表现时轻时重。

6. 颈胸部皮下气肿

为较常见的体征，如局部压迫严重，可引起发音改变和吞咽困难。检查时，肿胀处触之有“捻发音”。

以上各点是肺气压伤常见的主要临床表现。由于气泡栓塞的部位不同，也可能出现其他症状。如气泡侵及脑血管，常可引起局部或全身的强直性或阵挛性惊厥、单瘫、偏瘫、语言障碍、运动失调、视觉障碍、耳聋等症状和体征；患者常自诉头痛、眩晕、严重者立即昏迷。如气体从破裂的肺胸膜进入纵膈和胸膜腔，也可分别引起纵膈气肿和气胸。这时患者表现十分虚弱、表情痛苦，常诉胸骨下疼痛，有呼吸困难和发绀；如心脏和大血管直接被压迫，可出现昏厥和休克。

本病常可并发肺炎，应引起注意。

11.4.3 诊断与鉴别诊断

本病的诊断可根据患者从水下快速上升至水面及出水后立即或随后发生昏迷的病史，同时，检查发现口鼻流泡沫样血液或咯血，即可确诊。但也有些轻症患者，出水后意识尚清楚，也无明显咳血征象，这时就需对该次潜水的全过程进行调查分析，才能最后作出诊断。调查时应着重注意以下几点：

1. 了解使用何种装具，从水下上升水面的速度及上升过程中是否屏气。

2. 检查所使用的呼吸器，重点检查排气阀、安全阀、呼吸自动调节器以及转换阀的状况和供气流量，观察呼吸袋的充盈状态。

3. 调查在出水前，水下有无大量气泡冒出水面。如有，则表示呼吸袋在水下有气体过度充盈或排气过多。

根据上述调查结果，综合分析，就不难得出正确诊断。

11.4.4 治疗与预防

因为本病和减压病具有同一致病因素——气泡栓塞，故加压治疗仍是最根本、最有效的治疗方法。在加压治疗时，应充分考虑到肺组织损伤的特点。此外，鉴于动脉气栓的严重性，应强调一切抢救措施都要迅速、正确。为防止本病的发生，正确用潜水装具，上升（减压）过程中不要屏气至关重要。

1. 急救与治疗

（1）基本程序和措施

1）发现潜水员在水下已处于昏迷状态，应迅速派人下潜援救出水。援救时注意勿撞击呼吸袋。出水后，使其处于左侧半俯卧头低位，以防气泡进入冠状动脉和脑血管，并以最快的速度卸掉呼吸器和潜水服（必要时可用剪刀剪开）；给患者吸纯氧，即使患者病情较轻，也严禁搀扶步行。

2）尽快进行加压治疗，这对抢救是否成功将起决定作用。其作用原理与减压病相同。如果患者呼吸已停止，应毫不犹豫地进行人工呼吸。在选择人工呼吸方法时，应尽可能避免采用压迫胸廓的方式，以免加重肺组织的损伤。一切抢救措施应尽可能在减压舱内与加压治疗同时进行。如现场配置甲板减压舱，则进行上述必要抢救后，立即送入舱内，迅速加至500kPa 的压力（该舱最大工作压力应为 500kPa 或 700kPa）进行救治。如在高压下，病情无明显好转或治疗技术上有一定困难，则应利用一切可用的交通工具，尽快送至有治疗减压舱设备，条件较好的医疗单位继续治疗。

3）如果现场无甲板减压舱，应使患者保持左侧半俯卧头低位，并积极采取必要的抢救措施。积极进行对症治疗。同时应不失时机地争取迅速转送到有治疗用减压舱设备的医疗单位。转送时要有医护人员陪同，注意使患者继续保持上述体位，严密观察病情变化，及时进行必要的救护，并做好记录。

4）对症治疗是改善患者呼吸、循环功能、止咳和预防感染必不可少的措施，无论是否进行加压治疗，都应积极采取。

（2）加压治疗的特点和要求

本病加压治疗的基本原理和方法，使用的治疗表，皆和减压病的加压治疗基本一致，不同之处是：

1）加压速度要快，压力要高。根据进舱者咽鼓管通畅情况，尽快地将舱内压力一直升到 500 ~ 700kPa。如患者处于昏迷状态，可作预防性鼓膜穿刺，以防鼓膜压破。对进舱抢救的医护人员，应选择咽鼓管通气性良好，训练有素者，否则也应作预防性鼓膜穿刺。

2）治疗方案的选择，应根据气泡栓塞症状在高压下的减轻和消失情况而定。

3）在减压过程中，如症状复发，应再升高舱压，直至症状消失，并在此压力下停满 30min 后，按下一级压力更高的方案减压。

4）在减压过程中如发生气胸，可适当提高舱内压力 50kPa 或更高一些，并用注射器及时将胸膜腔内气体抽出。如在高压下停留期间，因上述操作而使停留时间超过规定 20min，则应按下一档时间较长的方案减压。

加压治疗结束后，患者应绝对安静地留在减压舱内或舱旁继续观察 24h。与此同时，进行对症治疗，然后再送医院作进一步治疗。如医院就在近旁，患者出舱后，观察 4h 症状无复发，即可转入病房观察、治疗。但一定要有专人护送，防止震动、颠簸。

2. 预防

本病的预防，首先在于要求每一个潜水员了解在潜水过程中屏气的危害性；了解使用自携式呼吸器潜水时的有关知识，并熟练地掌握使用呼吸器的技能。此外，还应做好以下三个阶段的工作：

（1）潜水前

1）对潜水员认真进行体检，如发现肺部有急慢性病变，或有感冒、咳嗽、支气管炎、胸痛等疾患时，应禁止潜水。

2）仔细检查水下呼吸器的各部件，尤其是排气阀、安全阀、减压器等性能是否良好；气瓶及其充气压力是否符合要求；整个呼吸器是否气密。检查完全合格时，才能使用。

3）潜水员使用闭式呼吸器着装完毕后，严禁拍击呼吸袋，也不能挤压或碰撞呼吸袋。

（2）潜水过程中

1）潜水员应沉着、镇定、严格遵守安全操作规则。

2）入水后，头顶刚被水淹没，应稍做停留，待证明呼吸器工做正常后，再行下潜。否则，应出水调整。

3）使用闭式呼吸器时，应随时注意水下呼吸动作要领及呼吸袋充盈状态，使其保持 1 次深吸气的气量。防止咬嘴脱落。

4）如感觉呼吸困难或气喘，应停止工作，仔细检查呼吸袋内是否有气，呼吸软管是否折瘪，以及气瓶压力的消耗情况。及时采取相应的措施，以排除故障或立即上升，切勿惊慌失措。

5）水面工作人员，尤其是信号员，应坚守工作岗位，及时询问潜水员的情况，并注意观察水面冒出的气泡。遇有紧急情况需提拉潜水员出水时，用力要均匀，不可过快。拉出水面后，注意勿使呼吸袋碰撞潜水梯或船舷。

6）潜水员在结束水下工作准备上升时，应打开排气阀，沿入水绳上升。

（3）上升水面过程中

1）上升过程中严禁屏气。

2）上升速度不可过快，以 7 ~ 10m/min 为宜。

3）上升过程中，万一从入水绳滑脱而迅速上浮时，应保持镇定，保持正常呼吸，不可屏气。为了减慢上升速度，还可用手脚作划水动作。

11.5 氧中毒

氧气是维持机体生命活动不可缺少的物质。吸入气中氧浓度升高，或环境压力增高，皆可使氧分压增高。机体呼吸一定时间的高分压氧后，可出现毒性反应，使机体功能和组织受到损害，这种现象称为“氧中毒”。氧中毒的发生受环境因素的影响，在水中比在干燥的高气压环境中发病率高；劳动强度愈大，氧分压愈高，发病率也愈高，症状出现也愈快。

11.5.1 病因及影响发病的因素

1. 病因

潜水中发生氧中毒的主要原因是由于潜水深度大、呼吸气中氧分压升高或在高压氧环境中停留的时间长。在使用氧气作呼吸气的潜水中，超过潜水深度 - 时程阈值后；或在使用氦氧潜水装具潜水时，混合气中氧分压过高，或在舱压大于 180kPa 吸氧时皆有可能发生惊厥型氧中毒。肺型氧中毒则多见于长时间呼吸富氧混合气体的饱和潜水，或者在上述潜水后由混合气体改为吸氧减压时。

2. 影响发病的因素

发生氧中毒的深度 - 时程阈值也不是固定不变的，它受多方面因素的影响，主要有：

（1）个体差异：机体对高压氧的耐受力因个体不同而不同。即使同一个体，在不同情况下，对高压氧的耐受力也有差别。此外，精神紧张，情绪波动、睡眠不足和疲劳等，也都会降低机体对高压氧的耐受力。

（2）二氧化碳的影响：体内二氧化碳的潴留可增强和加速氧的毒性作用。

（3）劳动强度：潜水时劳动量大，容易促发氧中毒。这可能是由于运动时代谢增强，二氧化碳产生增多所致。

（4）温度的影响：一般来说，低温可延长机体对氧中毒的耐受时限，而高温则可降低机体对氧中毒的耐受力。这是因为温度的变化直接影响了机体代谢率的缘故。然而，潜水时水温又不能太低，太低使机体能量消耗增加，反而降低了机体对高压氧的耐受力。

11.5.2 症状与体征

1. 急性或亚急性肺型氧中毒

机体长时间吸入 60 ~ 200kPa 的氧后，即可出现肺型氧中毒。其肺部病变的临床表现主要有胸骨后不适或烧灼感，连续咳嗽，吸气时胸部剧痛，并有进行性呼吸困难。严重患者将出现肺水肿、出血和肺不张，最后可因呼吸极度困难而窒息死亡。

2. 急性脑型（惊厥型）氧中毒

当吸入分压为 200 ~ 300kPa 以上的氧气时，会出现急性的以惊厥为主的神经系统症状。临床上将其发展过程分为三期，即前驱期、惊厥期和昏迷期，这三者是一个连续变化的过程，发展较快，彼此之间无明显的分界。现将三个发展阶段的临床表现综述如下：

（1）多数患者先有口唇或面部肌肉颤动及面色苍白，继而可能前额出汗、眩晕、恶心、甚至呕吐以及瞳孔扩大等症状；也可能出现视野缩小、幻视、幻听；有的还有心悸、指（趾）发麻、情绪反常、烦躁不安等。

（2）上述症状并非每次都会全部出现，有时甚至无任何前驱症状而突然发出短促尖叫发生惊厥。惊厥时似癫痫大发作样全身强直性或阵发性痉挛。每次发作可持续 30s 至 2min 左右。在此期间，患者牙关紧闭、口吐白沫、神志丧失。也可能有大小便失禁。如果患者出现惊厥后，立即离开高压氧环境，则惊厥可停止（严重者还可能发作 1 ~ 2 次），但仍将酣睡不醒。病情严重者，醒后仍意识模糊或神志错乱，记忆力丧失，并有头痛、恶心、呕吐以及动作不协调等。

一般在 1 ~ 2h 后可恢复。

（3）如果患者在惊厥发作后仍不离开高压环境，则可能很快出现昏迷，这时可因呼吸极度困难而死亡。

11.5.3 急救与治疗

氧中毒，尤其是急性氧中毒，一旦发生，均有病情急、发展快的特点。以急性氧中毒为例，救治的基本原则是：及时发现先兆症状，迅速离开高压氧环境，防止惊厥发生。

1. 现场急救

在减压舱内吸氧减压或高压氧治疗（面罩吸氧）时，一旦发现先兆症状，应迅速摘除面罩，改吸舱内空气。当潜水中潜水员出现氧中毒的先兆症状时，应立即上升出水。为防止肺气压伤的发生，上升速度一般应控制在 10m/min 以内。

2. 出水后的救治

（1）患者出水后，立即卸装、静卧、保暖，一般轻症患者可很快自行恢复。需要加压处理者，立即送入减压舱进行治疗。一般可采用空气减压的延长方案，即各站减压停留时间作适当延长。如因上升出水过快而发生肺气压伤，则应按肺气压伤的加压治疗原则进行处理。

（2）如患者出水后熟睡不醒，应有专人护理，以防突然发生惊厥。

（3）出现惊厥的重症患者，应给予镇静、解痉药物等对症治疗，如肌注苯巴比妥钠，直至惊厥停止发作。由于惊厥的重症患者多数伴有肺部损伤，故禁用氯仿等吸入麻醉药。有呼吸系统症状的患者，可对症给予止咳、止痛药物，预防性地使用大剂量抗生素。患者治疗过程中要注意保暖和绝对静卧，给予丰富营养和含高维生素的饮食。

11.5.4 预防

潜水中，为了预防氧中毒的发生，应做好以下几项工作：

1. 加强宣传教育

提高全体作业人员对氧中毒的认识。严格遵守各项操作规则，认真负责地进行工作；要使潜水人员对氧中毒的前驱症状有所了解，以便及时发现，迅速采取有效措施，防止惊厥的发生。

2. 装具和设备的检查

作业前严格检查潜水装具、供氧设备及减压舱压力表的性能。

3. 潜水员的选拔

选拔潜水员时要作氧敏感试验。具体方法是：被试者进舱后，用压缩空气使舱压升至 150 ~ 180kPa，并在此压力下吸纯氧 30min，以观察其反应。如出现氧中毒症状，即为阳性（发现氧中毒的前驱症状，应迅速摘除面罩，停止吸氧）。氧敏感试验阳性者，不宜担任潜水员。

4. 安全用氧

（1）在减压舱内吸氧减压时，只能在舱内压强小于或等于 180kPa 时呼吸纯氧，并要严格执行减压表中规定的吸氧时间和方法。

（2）如需较长时间吸氧，目前多主张采用间歇吸氧法，即吸氧 30min，再吸空气 5min，或吸氧 30min，再吸空气 10min，如此反复进行。这样提高机体对高压氧的耐受力，但鉴于氧对肺的毒性作用是可以积累的，因此有人提出“肺氧中毒剂量单位”概念，并规定了在一次吸氧的全过程中，UPTD 的累积数值标准，即：吸氧减压治疗轻型潜水病时，不宜超过 615UPTD；高压氧疗法或治疗重型减压病时，不得超过 1425UPTD。

5. 日常训练

潜水员平时应注意按规定作息、饮食和锻炼，控制影响机体的不利因素。按计划组织潜水员进行技术训练，定期进行氧敏感试验，以提高机体对高压氧的耐受力。

11.6 氮麻醉

氮麻醉是机体因吸入高分压氮而引起的一种中枢神经系统的功能性病理状态。当在机体脱离高分压氮作用后，即可恢复常态，因而它是可逆的。由于这种状态与临床上应用的全身麻醉及酒醉颇有相似之处，故称为“氮麻醉”。虽然氮麻醉不会对人体的健康和生命造成严重的危害，但是在潜水过程中，可能因发生氮麻醉引起神经功能障碍使潜水员操作失误，容易导致其他更危险的疾病和事故的。

11.6.1 氮麻醉的机理

高分压氮及其他惰性气体对机体麻醉作用的原理，大多数人支持“类脂质学说”（即“脂溶性学说”），即惰性气体容易进入富有类脂质的神经细胞膜，妨碍和阻断神经突触的正常传导功能的结果。中枢神经系统的脑干网状结构中突触非常多，所以较易受累及。在初期和较轻程度时，形成中枢神经系统的“脱抑制”状态。随着阻断突触传导功能的作用加强和范围扩大，特别是由于网状结构中的上行激醒系统受抑制，使大脑皮层不能维持正常的觉醒状态，加之大脑皮层本身的神经细胞突触对高分压惰性气体敏感，以致发生麻醉。

事实证明，氩、氪、氙的脂水溶比都比氮大、它们的麻醉效能也都大于氮，而氢、氖、氦的脂水溶比都比氮小，它们的麻醉效能也确实比氮小。该学说在潜水医学中的实践意义在于启发人们选择脂水溶比小的气体配制人工混合气，减轻或避免深潜水中惰性气体的麻醉作用。

11.6.2 氮麻醉的症状与体征

氮麻醉的症状与体征的具体表现及轻、重程度，可因个体以及环境的差异而有较大的差别。主要为情绪、智力、意识方面的障碍、运动障碍、感觉障碍以及其他一些变化。

1. 精神活动障碍

（1）情绪异常

多见有欣快、多语、无故发笑，甚至狂欢。当氮分压高达一定程度时，即使训练有素的潜水员，也常有拉着信号绳打拍子、唱歌等情况。情绪变化还表现为咒骂、埋怨和拒绝执行水面人员的正常指令而轻举妄动，也有呈现有忧虑、惊慌、恐惧感。情绪变化的表现形式虽然不尽相同，甚至性质相反，但就中枢神经系统活动的变化本质来看，都是由于“脱抑制”产生的。

（2）智力减退

主要为判断力下降，对简单的事物也不能很快正确鉴别，即刻的、短暂的记忆力减退尤为明显。一些亲自进行的操作或曾努力记忆的重要的简单数据，在数分钟后即被完全遗忘；思维能力减弱，注意力不集中，对常压下能正确、迅速运算的数学题，不仅运算缓慢而且多有差错。

（3）神志不清

见于严重发病者，表现为昏昏沉沉、意识模糊甚至神志丧失，在可能出现短暂的强烈兴奋后，呈现麻醉性的昏睡。

2. 协调障碍

主要表现在神经－肌肉活动方面。精细动作难以完成，粗大动作表现为举止过度、定位不准，难以维持正常体态等。最后甚至完全丧失有效活动的功能。

3. 感觉异常

可出现口唇发麻，感觉迟钝甚至失去痛觉；有人尝到一种金属味；出现眩晕或幻视。

患者在返回常压后，仍可有疲倦、思睡的感觉，严重者记忆力丧失可持续数小时。如若采用吸氧减压法，减压后其症状可以大为减轻或完全消失。

上述症状与体征的出现及程度的轻重，与高分压氮有直接的关系。在其他条件一致的情况下、氮分压越高，麻醉的出现越早，发展也越快、越严重。

4. 影响氮麻醉的因素

氮麻醉发生的速度和严重程度，除了高分压氮的决定作用外，还受其他多种因素的影响。主要有两个方面：一是外界条件，如二氧化碳分压大小；二是机体本身的因素，如个体差异等。

（1）二氧化碳等因素的影响

机体处于一定的高分压氮下，体内的二氧化碳张力越高，氮麻醉发生越快，越严重。一般认为，可能是因为二氧化碳张力增高，使血管特别是脑血管扩张，血流量增加，因而进入脑组织的氮量也增多的缘故。

此外，饮酒及各种麻醉剂的使用等，都可以加速氮麻醉的发生或加重氮麻醉的程度。

（2）个体差异

不同个体对高分压氮的麻醉作用的耐受能力有很大差异。即使各种条件一致，不同潜水员对氮麻醉的反应也不相同。例如：在 60m 水深的作业中，有的潜水员全无不良感觉，十分清醒，有的却如酒醉样头昏。这种个体耐受能力的差异，并不和他们的健康程度以及他们对其他临床疾病的免疫力、抵抗力相平行。有人提出大量饮酒而不醉的人对氮的麻醉作用也有较强的耐受性。

（3）机体的适应性

机体对氮麻醉的适应幅度很大。经常进行加压锻炼和深度较大的潜水，使机体反复处于高分压氮的环境中，就能获得这种适应性。适应性的获得可使造成麻醉的氮分压阈值大大提高，从而使人们可以在相对的较大深度下作业。

在每次潜水作业中，随着机体暴露于高压下的时间的延长，也存在着短暂的适应性的问题。实践表明，在压缩空气潜水或加压中发生了氮麻醉后，若继续暴露于高分压氮中，数分钟之后症状就可能有所减轻。此后甚至再停留 2 ~ 3h，氮麻醉的程度都可能不再加重，反而得以缓解。

（4）主观能动性

人的主观能动作用在一定程度上对氮麻醉的发生和发展有不可忽视的影响。例如：由于焦虑、害怕、着急，会加重由氮麻醉造成的病态恐惧和急躁；由于恐慌而导致的手足失措，会在氮麻醉造成的动作失调的基础上，造成更严重的后果。反之，如果潜水员充分地调动主观能动性，意志坚强，也能在一定程度上减少氮麻醉的影响。这在实践中也得到了证实。

11.6.3 氮麻醉的救治措施

对氮麻醉本身无须特殊治疗。多数患者在离开高分压氮环境后，症状、体征会很快消失。即使少数严重患者在减压后有短时遗忘症等，也都可自行完全恢复。对曾有意识丧失的患者，则可入院观察 24h。在发生氮麻醉后所采取的具体措施有：

1. 现场救治

氮麻醉一般发生在下潜过程中或着底后，如果氮麻醉程度较轻，可减缓下潜速度，或在着底时稍事停留。若已适应，症状消失，则可继续作业。反之则应根据情况升至第一停留站或回到水面。

2. 水面救治

氮麻醉时，潜水员可引起潜水疾患和事故，造成严重后果。所以此时水面人员要做好援救准备，备好甲板减压舱。

11.6.4 氮麻醉的预防

1. 限制空气潜水的深度

预防氮麻醉的首要措施是限制空气潜水深度，以限制氮分压的增高。一般认为，缺乏锻炼的潜水员进行通风式潜水时，潜水深度应小于 20 ~ 30m，空气自携式潜水深度应小于 40m。有经验的潜水员进行通风式潜水的深度应小于 60m。

2. 采用氦氧常规潜水

深于 60m 的潜水作业，应采用麻醉作用小的氦气来配制人工混合气（氦氧混合气）作为呼吸气体，即采用氦氧常规潜水。它可完全防止氮麻醉。

3. 组织加压锻炼

加压锻炼可提高潜水员对高分压氮的耐受力。应有计划、有步骤地组织进行。

4. 控制影响条件

严格掌握压缩空气中二氧化碳浓度的卫生学标准。大深度空气潜水时，不应下潜过快。着底后立即加强通风，以降低头盔中的二氧化碳浓度。潜水前禁止饮酒，以防止乙醇与氮的麻醉效能发生协同作用。

11.7 挤压伤

在潜水过程中，由于各种原因引起的人体各部位的压力低于外界压力时，可导致轻重不等的组织充血、出血、水肿与变形等病理性损伤，称为挤压伤。挤压伤根据损伤的部位不同，可分为全身挤压伤和局部挤压伤。局部挤压伤又可分为中耳挤压伤、副鼻窦挤压伤和面部挤压伤等。

11.7.1 全身挤压伤

在使用通风式潜水装具潜水时，由于机体不均匀受压而出现组织充血、水肿、损伤和变形等一系列病理变化，称为“全身挤压伤”，又称“潜水员压榨病”。

1. 病因和发病原理

使用通风式潜水装具进行潜水时，由于各种原因引起人体各部位的压力低于外界水压，形成抗压的上部头盔内与下部潜水衣内的压力差，可导致轻重不等的静脉和毛细血管充血扩张，甚至出现淤血、渗出、出血、组织水肿和变形等一系列严重病理变化，造成机体组织的缺氧和损伤。

2. 发病因素

造成潜水头盔内压力低于外界水压的因素有：

（1）下潜速度太快或从浅水处突然跌入深水处，而水面又来不及向潜水装具内供给相应的压缩空气以平衡外界水压。

（2）水面供气不足或供气中断，而潜水员仍继续下潜或又大量排气。这种情况多由于供气软管阻塞或断裂所致。如果潜水员将腰节阀开得太小，也可造成供气不足。

（3）排气过度。常见于潜水员因缺乏经验，怕放漂而自行大量排气，也可发生于潜水衣破裂或排气阀关闭不严时，造成自动向外排气。

（4）在减压舱内使用装具时，可因调压不当或从舱外常压下采集装具内气样时操作不当，使舱内压突然升高或装具内气压突然下降。

应当指出，本病在较浅深度时更易发生。

3. 症状与体征

全身挤压伤的症状和体征及其严重程度，一般与压差的大小有关。

（1）轻度：潜水装具内气压稍低于外界静水压，就会使潜水衣轻度受压而紧贴躯体。这时，潜水员便感到胸部受压，吸气困难。

（2）中度：由于潜水装具内气压很低，造成装具内外压差较大。在相当于潜水装具金属领盘下缘以上的皮肤可见到全身挤压伤的典型体征——界限分明的皮肤紫红、皮下瘀斑。这在使用十二螺栓潜水装具时更为明显。还可见患者口鼻黏膜和眼球黏膜充血、出血，鼓膜亦可因咽鼓管口被肿胀组织所堵而受压、充血或撕裂，头与颈部组织肿胀。由于脑、胃、肺等器官均可充血、出血，还可引起剧烈头痛、胃出血、便血、咳血等症状，甚至出现呼吸与循环功能障碍。

（3）重度：潜水装具内外压差过大时，患者头和颈部严重肿胀、充血、有的因此而无法摘下头盔。这时患者多处于昏迷状态，眼球突出，耳、鼻、口腔、眼黏膜下及视网膜出血，甚至失明。有时可能出现胸骨、肋骨骨折。如有颅内出血、颅内压增高等，还可导致一系列神经功能障碍，严重者可立即死亡。

4. 诊断

本病的诊断并不困难，根据其特有的病史和典型症状、体征，即可直接作出诊断。

5. 急救与治疗

（1）迅速抢救出水：潜水员发生挤压伤后，在水面保持有效供气的情况下，应令其迅速出水。如已发生严重的全身挤压伤，在提拉出水时，用力要均匀，不宜过快，切勿拉断信号绳和（或）供气软管，在水文气象条件恶劣的情况下，尤其要注意。

（2）出水后的加压处理

1）患者出水后应平卧，并迅速卸去潜水装具，送入减压舱内，进行加压处理，这是因为潜水员上升出水太快，可能同时发生减压病。其他急救与对症治疗可在减压舱内与加压处理同时进行。

2）患者症状较轻，又未发现减压病症状，在减压舱内可按空气潜水减压表，根据患者潜水深度和水下工作时间加上救出水面进入减压舱并加至一定压力的时间的总和，选择适宜的方案，进行减压。舱压减至 180kPa 以下，给予间歇吸氧。如在下潜过程中即发生全身挤压伤，由于高压下暴露时间极短，也可不进行加压处理。

3）患者症状较重，无论是否出现减压病的症状，皆应按减压病加压治疗原则进行处理。因为这时患者不仅由于肺组织及身体其他组织充血、水肿，影响了氮气的排出，容易发生减压病，而且在严重全身挤压伤的情况下，减压病的症状又往往被掩盖。在未发现和无法判明减压病症状的情况下，治疗方案的选择仍应视患者在压力下的反应而定。治疗压力一般不应小于该次潜水深度相当的静水压，并在安全用氧压力下给予间歇吸氧。

4）凡需要加压治疗，而现场又无减压舱者，可使患者在平卧体位下，先行其他急救与对症治疗，同时应争取时间，尽快转送到有治疗减压舱设备的医疗单位，作进一步治疗。

（3）对症治疗：主要是防治休克和感染，使各项症状和体征尽早消退。

本病经上述处理后，一般预后较好。轻者可在 2 ~ 3 周内恢复；重者则需较长时间的治疗和休养；严重患者，如治疗不及时，也可造成死亡。

6. 预防

潜水挤压伤的预防，应掌握以下几个环节：

（1）下潜前应认真检查潜水装备和装具。如压气泵、储气瓶、装具各部件（特别是头盔的排气阀和进气管的单向阀）的性能是否良好，软管、接头阀件是否连续牢固等，以免突然发生泄漏、断裂、供气不足甚至中断等故障。

（2）下潜时严格遵守各项规定。如潜水员必须沿潜水梯逐级入水，严禁直接跳入水中。头盔没水后应稍事停留，待证明一切正常时，再沿入水绳下潜。下潜时速度不宜过快。对新潜水员或技术不熟练者，一般每分钟不应超过 5 ~ 10m。下潜中如感到受压，应立即停止下潜，不要排气，并要求水面增大供气量，待感觉正常后，再继续下潜。如有腰节阀，潜水员应经常注意调节气量。

（3）水下工作时，潜水服内应保持一定的气垫，一般以领盘刚脱离双肩为宜。在高低不平、地形复杂的海底、在沉船的甲板或圆柱形浮筒上行动时，需适当加大气垫以减少负浮力，防止突然滑落深处；并提醒水面人员注意观察供气压力的变化，同时控制好信号绳和软管。

（4）若发生意外事故，应沉着、果断，水面、水下密切配合，及时采取措施。如排气阀损坏，关闭不严或潜水衣破裂，水面在大量供气的同时，可令潜水员立即上升出水。如因某种原因发生供气中断，应通知潜水员停止排气，立即上升出水，并应进行预防性加压治疗。发生放漂时，水面人员应收紧软管、信号绳，以防万一潜水衣胀破，失去正浮力，而又重新沉入水底，造成严重挤压伤。

11.7.2 面部挤压伤

面部挤压伤属常见的局部挤压伤，是指戴面罩的轻装潜水员在潜水过程中（主要是在下潜过程中），由于面罩内压低于外界压力而导致的挤压损伤。

1. 病因

造成面罩内气压低于外界静水压的原因，在不同类型的面罩，不尽相同。主要有：

（1）戴眼鼻面罩或有咬嘴的全面罩进行潜水，在下潜时，要使面罩内密闭空间的气压与外界不断增加的水压保持平衡，就要用鼻子相应地向面罩内呼气。如果下潜速度太快，外界水压迅速增加，而潜水员忘记或来不及用鼻子及时向面罩内呼气，就会使面罩内处于相对负压状态，于是面罩就像拔火罐似的紧吸在潜水员面部，造成损伤。故又称面部挤压伤。

（2）佩戴没有咬嘴（用口鼻自然呼吸）的全面罩下潜时，外界水压迅速增加，而面罩内由于供气不足或中断（如供气调节器失控等），很快呈现相对负压，造成面部损伤。这时还可能引起胸廓的挤压伤甚或肺气压伤。

（3）无论戴何种面罩进行潜水，如果潜水员在下潜时屏气，也可能产生面部挤压伤，同时还可能并发胸廓的挤压伤。

2. 症状、体征和诊断

当面罩内外压差较小时，潜水员仅感到面部被抽吸，同时和面罩边缘接触的皮肤有轻压感。随着压差的增大，症状也愈严重，会出现疼痛，以至剧烈疼痛；还可能出现视力模糊，甚至失明，由于胸部受压，也可出现呼吸困难和胸痛。

检查时，轻者面罩范围内的皮肤有红肿、淤血斑，眼结膜充血及鼻腔出血；严重者，可见眼球凸出，甚至视网膜出血。胸廓挤压严重时，可有咳血（肺出血）甚至肋骨骨折。

根据上述病史和症状表现，即可确诊。

3. 治疗

在现场，对面部红肿、淤血的轻症患者，给予局部冷敷；重症患者，除用镇痛剂止痛外，应给予吸氧，并根据具体病情作相应的处理。待病情稳定后转送医院。有肺气压伤征象者，应按肺气压伤救治原则处理。

患者送至医院后，除继续上述治疗外，应根据损伤程度作进一步相应的处理。有视网膜出血者，可请专科医生诊治。注意预防休克和肺部感染。

4．预防

（1）潜水前，应认真检查装具的性能，检查气瓶内压缩空气的压力，能否保证本次潜水的需要。严格检查自动供气调节器及软管、接头是否良好。

（2）下潜过程中，切勿屏气。下潜速度不宜太快，并根据下潜速度，及时用鼻子向面罩内呼气，以保持面罩内外的压力平衡。

11.7.3　耳部挤压伤

耳部挤压伤又称耳气压伤，是由于潜水员在下潜（加压）或上升出水（减压）过程中，因某种原因，使耳的腔道内的压力不能与变化着的外界气压相平衡而导致外耳道、鼓膜、卵圆窗等组织的损伤。由于损伤部位不同，可分为中耳气压伤、内耳气压伤和外耳道气压伤。

1．中耳气压伤

中耳气压伤是由于某种原因使中耳鼓室内压力不能与外界不断变化的气压保持平衡而产生的病理变化。又称气压损伤性中耳炎。

（1）病因与发病机理

中耳气压伤的发生与咽鼓管的功能有密切关系。在潜水过程中，当外界压力改变时，如因某种原因使咽鼓管通道阻塞，而失去调节作用，就会造成鼓室内外的压差。达到一定程度后，即可导致中耳气压伤。

在下潜过程中，由于潜水员不作咽鼓管通气的动作（如吞咽、打呵欠等），或者因下潜速度太快，来不及做这些动做，就会使咽鼓管软骨部受压而不能开放。这样，外界不断增高的气压，就不能通过咽鼓管而进入中耳鼓室，导致鼓室内与外界之间产生压差，引起气压伤。

当感冒、鼻咽部炎症、鼻息肉、下鼻甲肥大及咽部淋巴组织增生时，可因局部黏膜充血、肿胀和组织增生导致咽鼓管口阻塞，使其失去调节气压平衡的作用。当潜水员在下潜或上升过程中，鼓室内与外界之间便产生了压差，造成气压伤。

中耳气压伤和其他气压性损伤一样，在水下较浅的深度易于发生。

（2）症状和体征

由于中耳咽鼓管的结构特点，在下潜与上升过程中，中耳气压伤的临床表现的轻重程度有所不同。当下潜时，外界压力逐渐增高，鼓室内压力由于上述某一原因，不能与外界升高的压力保持平衡，而形成相对负压，致使中耳黏膜（包括鼓膜内层）毛细血管充血、渗出、甚至出血。鼓膜由于受外界高压挤压，亦向鼓室内凹陷。当压差达 6.7 ~ 8kPa 时，就会产生耳痛、耳鸣；若压差继续增大到 10.7 ~ 813.3kPa 时，耳痛可加剧，并向周围放射；当压差超过 13.3 ~ 866.7kPa 时，就会造成鼓膜破裂。这时，耳痛反而缓解。因鼓膜破裂出血，血液流入中耳腔后，患者耳内便有一种温热感。如果两侧损伤程度不一致时，有的患者可出现眩晕恶心。

检查时，可见鼓膜内陷，鼓膜松弛部及锤骨柄附近充血；较重者，鼓膜广泛充血，中耳腔内有渗出液；严重者，鼓膜破裂，尤以鼓膜前下方为多见，中耳内有出血。

根据损伤程度不同，Teed 将中耳气压伤的鼓膜损伤分为五级：

1）0 级：鼓膜正常，但患者主诉耳痛。

2）Ⅰ级：鼓膜内陷，松弛部和锤骨柄部轻度充血。

3）Ⅱ级：鼓膜内陷，全鼓膜充血。

4）Ⅲ级：鼓膜内陷，全鼓膜充血，并有中耳腔积液。

5）Ⅳ级：鼓膜穿孔或血鼓室。

上升时，周围水压降低，使鼓室内气体膨胀，如果因上述某一原因使鼓室不能与外界相通，则鼓室内就会形成高于外界的压力，推动鼓膜向外凸。当压差达到或超过0.4kPa时，耳内有胀闷感，随着压差的增大，患者听力逐渐减弱；当压差达2～4kPa时，可产生耳鸣和轻度耳痛。在通常情况下，这时已足以推开咽鼓管口，排出一部分气体而达到新的平衡（当气体从咽鼓管口逸出时，可听到一种“滴滴”声或“丝丝”声），因而一般不致造成大的损伤或不造成损伤。但如同时存在挤压伤时，因咽部组织肿胀，使咽鼓管口无法推开，便可引起鼓膜损伤。

（3）诊断

中耳气压伤的诊断并不困难，其主要依据有中耳受压的历史，并有典型的症状和体征。检查时，鼓膜内陷，鼓膜松弛部及锤骨柄附近充血或广泛充血，中耳腔内有渗出物；严重者，鼓膜破裂，中耳内出血。

检查时还应注意：鼻咽腔是否有急性或慢性炎症；是否有鼻息肉，下鼻甲肥大、扁桃体肿大、咽部淋巴组织增生等病症，这些对正确诊断都有帮助。

诊断时，要注意和内耳气压伤鉴别，后者往往是在出水后1～3h才出现临床症状。

（4）治疗

鼓膜未破裂的轻症患者，一般皆可自行恢复；也可用局部热敷、透热疗法、促进其恢复。必要时可给予镇痛剂，以解除患者耳痛和头痛。如疼痛是由于中耳腔内多量渗出液或出血引起，应及时作鼓膜穿刺。这不仅能解除患者疼痛，而且可防止鼓室黏膜组织增生与纤维化，促进损伤组织恢复。

治疗期间，症状未消失之前，禁止参与游泳和潜水活动。

鼓膜已破裂的患者，一般处理原则是保持局部干燥，防止感染，促进其自然愈合。注意不要进行局部冲洗或用药，也不要用器械清除耳中血块，只需在外耳道松松地塞少许消毒棉球，或用纱布盖住外耳道即可。另外，可给予抗生素以防感染。

治疗期间，禁止游泳和潜水。

（5）预防

中耳气压伤的预防应注意以下几点：

1）下潜前应认真进行体检。发现有中耳炎，感冒或咽鼓管通气不良等症，应禁止下潜；如有轻度鼻塞，可用1%麻黄素或鼻眼净滴鼻后，再行下潜。

2）下潜时速度不宜过快，尤其是较浅深度或对新潜水员更应如此。如发生耳痛，应停止下潜，并作咽鼓管通气动作：如吞咽、打呵欠、下颌在水平位上移动等。无效时，可上升1～2m，再做上述动作，直至耳痛消失后，再继续下潜。如耳痛不止，应上升出水。

3）平时除注意要求潜水员进行体育锻炼和对高气压适应性的锻炼外，也要使潜水员学会张开咽鼓管口的方法，以适应气压的变化。

4）对有扁桃体肿大、鼻中隔偏曲和鼻下甲肥大的潜水员，应进行必要的治疗。

2. 内耳气压伤

（1）病因与发病原理

内耳气压伤是由于在下潜过程中，外界压力不断升高，鼓室内压力因咽鼓管阻塞，不能与外界压力保持平衡，而处于相对负压状态。这时鼓膜受压内陷，通过锤骨、砧骨、镫骨依次传递，压迫前庭窗（卵圆窗），使内耳前庭中的外淋巴液压力相应升高，压力波经耳蜗内的前庭阶，越过蜗管（和蜗孔），传到鼓阶，将其外侧壁上与鼓室相邻的圆窗膜推向鼓室，加上鼓室内相对负压产生的“吸力”，更使圆窗膜外凸，这种状态继续发展，就会使前庭窗的环状韧带和圆窗膜过度受力（二者受力方向相反），如果超过其弹性限度就会造成损伤。破裂后外淋巴液流入鼓室，导致前庭功能和听觉功能障碍。

如果在中耳鼓室呈相对负压的情况下，咽鼓管经过强行调压而突然开张，或鼓膜受压穿孔，皆可使外界高压气体“冲”入鼓室，使外凸的圆窗膜受压内陷，而紧压前庭窗的镫骨底板因压力突然解除而急速外移，在这种反向力的作用下，一旦超过了圆窗膜和环状韧带的弹力限度，也会造成上述损伤。

（2）症状与诊断

症状往往在出水 1 ~ 2h 后出现。主要表现为听觉和前庭功能障碍，如听力下降甚至完全耳聋、耳鸣、眩晕、恶心、呕吐等。检查时，可发现鼓室内有流出的外淋巴液，圆窗膜或（和）环状韧带有破裂。

诊断内耳气压伤的依据是：有中耳受压或咽鼓管、鼓膜在中耳受压后突然开张、穿孔的病史，以及上述症状和体征。但应注意与减压病的前庭症状（或称内耳减压病）相鉴别，前者在下潜（加压）过程中有耳膜受压或强行开张咽鼓管的历史，且对加压治疗不会有良好的反应；而后者则是由于在内外淋巴液中及内耳血管内形成气泡，以致损伤内耳而发生的，若及时进行加压治疗，症状可能消除。

（3）治疗与预防

内耳气压伤后，应尽快进行有效治疗。临床实践表明，在 2d 内对患者施行专科手术，如镫骨底板复位术及圆窗膜修补术，可消除前庭功能障碍，改善听力，治愈率可达 80%。此外，还可用高压氧治疗，给予扩血管药物，对患者听力恢复也有一定作用。治疗过程中应注意使患者卧床休息（抬高头部），禁止在局部用药或冲洗，并防止感染。预防措施与中耳气压伤一致，不另赘述。

3. 外耳气压伤

（1）病因与发病原理

外耳气压伤是因外耳道口堵塞（与外界不通）后，在下潜（加压）时，不能与外界压力相平衡而引起。造成外耳道口堵塞的原因，主要是戴软质橡胶潜水帽时，压闭耳屏所致；或者是潜水时使用耳塞，堵塞了外耳道。

由于外耳道口被堵塞，外耳道就变成了与外界不通的含气腔室。这样，当下潜时，外界气压迅速升高，气体无法进入外耳道，致使外耳道内形成相对负压，引起局部皮下血管扩张，渗出，甚至血管破裂、皮下淤血、血疱等病理变化。

（2）症状与诊断

患者一般无特殊不适，如出血较多，在外耳道口可看到血液流出。检查可见外耳道壁肿胀，有淤血点或血泡，如有出血，检查前可用双氧水清洗，吸干后，可看到边缘不整齐的出血破口。

（3）治疗

外耳道气压伤的处理原则是停止潜水。待压差消除后无须处理，可自行恢复；有破裂出血者要预防感染。

（4）预防

潜水前要选择适宜的潜水帽，避免造成外耳道口（耳屏）受压闭塞。潜水时禁止使用耳塞。

4．鼻窦部挤压伤

鼻窦部挤压伤又称鼻窦气压伤。鼻窦部也属机体的含气腔室之一，鼻窦内的压力与外界环境压力不能平衡而出现过大压差时，就会引起机体组织的损伤。

（1）病因与发病原理

鼻窦包括上颌窦、额窦、筛窦和蝶窦。两侧对称，借狭窄的通道与鼻腔相通。在正常情况下，借助窦腔通道而使鼻窦内外压力保持一致。但在鼻黏膜发炎肿胀、鼻息肉、鼻甲肥大等情况下，阻塞窦腔通道，潜水过程中当外界压力不断变化时，窦内压力就不能与外界压力保持平衡，产生了窦内、外压差，这种压差达到一定程度，就可导致鼻窦气压伤。

（2）症状与诊断

鼻窦气压伤常发生于额窦和上颌窦。发病时患者感到局部疼痛，随着压差的增大而加重，甚至达到难以忍受的程度。也可有头痛和鼻塞感。

检查时，患者眼眶内上方（额窦）或患侧尖牙窝（上颌窦）有压痛；较严重者，除有难忍的剧痛外，还有血液自鼻孔流出或自鼻咽部分泌物及痰中发现有血迹。对于鼻腔是否有炎症，息肉，鼻甲肥大等病变，以及有无龋齿等情况，也应注意检查，以资鉴别诊断。

诊断时，可根据患者在潜水或气压变化过程中，有鼻窦处疼痛的病史和上述临床表现来确诊。在有龋齿腔的情况下，气压变化时也可引起局部疼痛，应注意鉴别。

（3）治疗

可用 1%麻黄素或鼻眼净滴鼻，使黏膜血管收缩，恢复鼻腔和鼻窦的通气功能。也可局部热敷，并给予镇痛剂，以减轻疼痛并促使病变恢复。必要时给予抗生素以防止感染。

（4）预防：

鼻窦气压伤的预防措施，与中耳气压伤相似。但不同的是，有疼痛即应停止潜水或加压，因自身无法调节。对有鼻腔疾患及龋齿腔的患者，应请专科医生治疗。还可见眼球凸出，球结膜充血和视网膜出血。

11.8 缺氧症

氧气是机体生命活动不可缺少的物质，如果机体不能获得足够的氧气，或因某种原因使组织不能有效地利用氧气，皆可造成缺氧。机体由于缺氧而出现的病症称为缺氧症，在潜水过程中，因上述原因而引起潜水员的缺氧病症，称为潜水员缺氧症。

在临床上根据缺氧原因及其临床征象的病理过程不同，常将缺氧症分为供氧不足性缺氧（它包括少氧性缺氧，即血液性缺氧和循环性缺氧）和用氧障碍性缺氧即组织性（中毒性）缺氧。另外，还可根据缺氧发生、发展过程的快慢，分为急性缺氧和慢性缺氧。

在潜水过程中潜水员发生的缺氧症，主要是由于供给潜水员的呼吸气体中氧分压低于16kPa 而引起的，故属于供氧不足性缺氧。在各种潜水装具可容纳的呼吸气体容积不大的情况下，供氧不足可导致氧分压迅速降低，使缺氧的发生和发展非常迅速，往往没有明显的先兆症状而突然昏迷，故属急性缺氧。据以往调查资料分析，缺氧症的发病率占轻潜水作业潜水事故的首位（34%）。

11.8.1 潜水中导致供氧不足的原因

潜水中发生缺氧多见于使用闭式呼吸器时。使用通风式潜水装具、开放式潜水装具潜水中也有发生。在供气不足造成缺氧的同时，往往伴有二氧化碳积聚而引起“窒息”。此外，在常规氦氧潜水和饱和潜水中配制氦氧混合气时，氧浓度太低，也会发生。现将潜水中发生缺氧的原因分述于下：

1. 装具和设备故障造成的供氧不足

这种情况往往是由于潜水前没有认真检查所致。常见的有：使用开放式呼吸器时，呼吸调节器发生故障；使用通风式潜水装具潜水时，供气设备故障或供气软管阻塞，破裂等皆可造成供气中断。

2. 违反操作规则

使用闭合式呼吸器、开放式呼吸器或屏气进行潜水时，超过规定的水下深度 - 工作时间限度，可使装具内和肺内的氧气耗尽而导致缺氧。屏气潜水时，超过一定的深度 - 时间极限，使肺内氧浓度降低后再上升出水，发生缺氧的道理也相同。

3. 混合气体配制错误

在进行饱和潜水或常规氦氧潜水时，供潜水员呼吸的人工混合气体（如氮氧、氦氧及氮氦氧等）配制错误，如将氧浓度计算少了或误将氮气作为氧气充入瓶内，皆可导致急性缺氧。

11.8.2 症状与体征

一般来说，呼吸气中氧分压下降愈多、愈快，症状出现也愈快、愈严重，常常没有任何明显的先兆症状而突然发生昏迷。

由于缺氧症发展迅速，病程较短，故临床症状分期困难。现将临床表现按系统综述如下：

1. 神经系统表现

中枢神经系统，尤其是大脑皮层，对缺氧最敏感。在缺氧的早期或缺氧程度较轻时，一般认为氧分压下降至 16 ~ 12kPa，即相当于常压下含氧 16%~ 12%，随着氧分压下降，潜水员可出现疲劳、反应迟钝、注意力减退、精细动作失调或焦虑不安、异常兴奋、自信、嗜睡等现象。如果氧分压继续下降至 9kPa 以下，即相当于常压下含氧 9%以下，潜水员对事物分析综合能力大大降低、思维紊乱，并迅速发生意识丧失、昏迷。在意识丧失之前，还可能有头痛、全身发热感、眼花、耳鸣等。但是，由于这些先兆症状往往出现较晚，加上潜水员在水下专心工作而未注意，以致突然发生昏迷。如果氧分压降低到6kPa以下，潜水员将处于深度昏迷状态。

2. 呼吸系统表现

早期或轻度缺氧时，呼吸深而快，换气量增大，这是机体对缺氧的代偿性反应。当缺氧加重，一般认为氧分压降至 9kPa 或更低，即相当于常压下含氧 9%以下时，呼吸慢而弱，且不规则，并出现病理性呼吸，表现机体对严重缺氧的代偿机能失调。如缺氧继续加重，氧分压降至 6kPa 以下，呼吸中枢深度抑制，甚至麻痹，导致呼吸停止。

3. 循环系统表现

早期出现代偿性心率加快，心搏加强，血压升高。随着氧分压继续下降至 9kPa 以下，机体代偿机能逐渐丧失，心跳慢而弱，脉搏细而无力，血压下降，随即出现循环功能失调以至衰竭，继呼吸停止数分钟（一般认为 5 ~ 8min）后，心跳亦停止，导致死亡。

由于吸入气中氧分压降低，红细胞的还原血红蛋白不能变成氧合血红蛋白，致使患者的皮肤和黏膜出现发绀。

11.8.3 急救与治疗

本病发展迅速，病情严重。因此，救治必须迅速、正确，这对患者预后有决定性意义。

1. 及时发现，迅速抢救出水

潜水作业时，信号员应注意观察并按时询问潜水员情况。当感到信号绳突然拉紧，发出询问信号又得不到回答时（一般连发 3 次），应立即将潜水员提拉出水，千万不要以为潜水员需要下潜而不断放松信号绳。上升中，为防止肺气压伤的发生，提拉速度不应过快，一般以 10m/min 为宜。如发生信号绳绞缠，可派待命潜水员下水援救。

2. 出水后的救治

（1）迅速卸下水下呼吸器，呼吸新鲜空气，轻症患者多可自行恢复。

（2）对意识丧失、呼吸停止，应立即施行人工呼吸。患者自然呼吸恢复后，或微弱者，可注射呼吸兴奋剂。如有条件，可给患者呼吸含二氧化碳 3% ~ 5%的氧气或纯氧。

（3）对心跳微弱，在给予强心剂或心内注射兴奋剂的同时，或心跳停止时，应争分夺秒地进行胸外心脏按压，直至胸内直接心脏按压。

（4）急救过程中，注意保暖、安静，以免增加患者的体力消耗。有其他合并症时，要分清主次，采取相应的急救措施。

（5）要特别注意对脑水肿的防治。因为这在脑组织严重缺氧时极易发生，且对患者生命威胁较大。其特征是：患者经抢救后，呼吸心跳已恢复，但仍处于昏迷不醒状态，呼吸心跳慢而不规则，眼底检查有视神经乳头水肿、渗血等。一旦出现上述症状，应及时采取急救措施，如吸氧、脱水疗法、头部降温、给予能量合剂等。

（6）高压氧治疗本病有较好疗效。

救治及时，轻症患者可很快恢复，往往休息 1 ~ 2d 后即可潜水；病情较重者，可能有头痛、恶心、呕吐、身体虚弱等后遗症，需要较长时间的治疗和休养。

11.8.4 预防

本病的预防，重点应掌握以下三个环节。

1. 装具和设备

认真检查潜水装具和设备，排除供氧不足的一切可能。使用通风式潜水装具时，应认真检查供气装置是否良好、气源储备是否充足；使用开放式呼吸器时，应认真测定气瓶内压力，检查呼吸调节器性能是否良好。无论使用闭合式呼吸器、开放式呼吸器或屏气潜水，皆应计算和规定水下工作深度 - 时间限度，不准超过允许停留时间的极限。

2. 规范操作

严格遵守水下操作规程，应遵守定期清洗换气的规定。使用开放式呼吸器潜水时，当气瓶已指示最低压力，应迅速上升出水。

3. 水面监控

水面人员应严守岗位，通过信号绳经常询问潜水员的感觉，密切观察其动向，发现问题，及时进行正确处理。

11.9 潜水事故的应急处理与预防

在潜水时偶然发生或不明原因而引起的意外情况称为潜水事故。潜水事故常发生于潜水员的疏忽或缺乏潜水知识。分析导致潜水事故发生的种种因素及其之间的相互作用，以便潜水员和水面辅助人员能对这些危险提高警惕，达到更好地预防潜水事故的目的。因为重要的是应该从所发生的每一次事故中吸取教训，尽可能地改进潜水作业的安全措施。

尽管有些事故完全超过了潜水员的控制能力，但大部分事故的原因都是出于潜水准备工作中的某些失误。其中最常见的有：因经验不足从而选择了不适当的程序，因过分自信从而导致轻率地走捷径，就连所谓的机械故障，也常常是人为的失误或粗枝大叶的结果。

11.9.1 放漂

放漂是潜水员从水下不由自主地迅速漂浮到水面的过程，常可引起潜水疾病和造成损伤。引起放漂的根本原因是潜水员所用的装具在水下突然转为正浮力，使潜水员的浮力平衡遭到破坏，失去控制。

市政工程潜水主要使用水面需供式潜水装具，发生放漂的原因主要有干式潜水服充气过度、压重带意外脱落、水流推力使潜水员脱离水底或入水绳并被带至水面、信绳员拉绳过猛或过速、救生背心充气过度或失控等。潜水员因意外体位倒置，造成干式潜水服裤腿充满大量气体，亦可使体位失控而发生放漂。

因放漂而可能发生的伤病中，减压病和肺气压伤最常见。故潜水员放漂后，水面人员应尽快将其抢救出水。根据其潜水的深度和水下工作时间，视情况需要采取加压治疗或安排在减压舱附近休息，严密医学观察 6h。

为了预防放漂，要求潜水员熟悉装具的性能和操作技能，熟练掌握控制潜水服内气垫的方法，平时不断积累和丰富自己的操作经验。潜水作业前要认真检查排气阀的性能。压重带的佩带和系扎必须牢靠，以防脱落。潜水过程中严格遵循操作程序，上升出水时应沿入水绳上升。避免在水流太急、涌浪太大时进行潜水作业。

11.9.2　供气中断

供气中断是指由于某种原因造成对潜水员的供气停止。使用自携式水下呼吸器时，因供气调节器故障或压缩气瓶中气体耗尽，可造成供气中断。使用水面供气式装具时，造成供气中断的原因有：压缩机故障、操作人员疏忽失职、供气软管阻塞或断裂等。

供气中断常常可能引起减压病、肺气压病、挤压伤、溺水等严重潜水疾病。遇供气中断，应即令潜水员上升出水，并针对潜水员发生的潜水疾病进行救治。

为预防发生供气中断，应做好如下工作：下潜前认真仔细地检查供气系统，强调操作人员严守岗位。认真检查供气管路的阀门，以保证正常运转和管路畅通。在急流中或有坚硬锐利口的地方进行潜水作业时要谨防软管接头拉断或软管被切断。在冬季潜水作业时，应注意防止软管内结冰堵塞。使用自携式水下呼吸器潜水时，下潜前应注意检查装具，测定气瓶压和储气量，依据潜水深度和水下工作强度，大致计算出气瓶气量可供潜水员在水下工作的时间，并注意掌握。在潜水过程中，当信号阀弹出时或感到呼吸阻力增加时，应及时出水。

11.9.3　水下绞缠

绞缠是指在潜水过程中潜水员的信号绳或（和）软管被水下某种东西缠住或阻挡，使其活动范围受到限制，无法脱离上升减压出水。使用水面供气式装具潜水时，潜水员拖着很长的软管和信号绳，如果潜水作业现场各种条件复杂，极易发生绞缠。与之性质相同的还有潜水服被水下异物钩住、潜水员手脚被吸泥管吸住、潜水员被塌方泥沙压住、潜水员被涵洞或进水口吸住等。

发生这种潜水员被困水底的情况，常可因水下受寒、疲劳、饥饿而致体力衰竭，引起各种疾病和事故。即使最终得以解脱，往往由于水下停留时间过长，会给选择适宜的减压方案带来困难。如不能正确减压，很易发生减压病。使用自携式水下呼吸器时，一旦发生被困水底的情况，就很可能因压缩空气瓶中气体耗尽而诱发恶性事故。

一旦发生绞缠或其他潜水员被困的情况，首先要求当事者沉着镇定，及时向水面报告，冷静地判明原因，力争自行解脱。顺着脐带原路返回，找到纠缠点，并解除纠缠。如果本人不能自行解脱，应要求待命潜水员下潜帮助。如果绞缠无法解脱，经潜水监督批准可采取割断信号绳、甚至割脱潜水脐带并利用背负式应急供气的措施。如潜水员陷入崩塌的土方或淤泥中，应增大供气量，防治淤泥对潜水员的压迫引起损伤，并立即组织潜水员下潜帮助清除崩塌的淤泥。遇潜水员被涵洞或进水口或吸泥管吸住，可采用关闭闸门和吸泥管的方法使潜水员解脱，也可因地制宜地采取适当措施得到解脱。

为了预防发生水下绞缠和其他水下被困事故的发生，要求在潜水作业前选派有经验的潜水员摸清水下的情况，并尽可能把影响潜水作业的水下障碍物、绳索等清除掉。潜水员在比较复杂的水下作业区作业时，应仔细检查作业区的特点，及时发现和避开可能发生绞缠和被困的障碍物。在复杂地形、结构作业时，要记住进出口的通道，并循原路出水。潜水员在有吸力部位作业时，可借听声、手探等避开有吸力部位，以免猝然发生事故。

11.9.4 通信中断

潜水作业过程中，当语音通信联络中断时，潜水员应尝试建立视频摄像下的手势信号通信。如果不能建立视频摄像下的手势信号通信联络，应立即尝试建立拉绳信号进行通信联络。一旦建立拉绳信号通信联络，潜水员应立即停止作业，回到水下减压的第一停留站。

水面工作人员发现通信中断后，应立即报告潜水监督，通知待命潜水员，戴上潜水头盔或面罩，做好入水救援的准备。如不能通过上述方法与潜水员建立任何通信联系，潜水监督应命令待命潜水员入水救援通信中断的潜水员。

待命潜水员应先将遇险潜水员带到水下减压的第一停留站，再视减压情况进行必要的减压。潜水深度较浅时，可考虑立即回到水面，实施水面减压程序。如果潜水员立即出水，水下停留时间又超出减压表减压方案范围，则按放漂处理。

11.9.5 溺水

溺水是潜水作业中经常发生的一种疾病。溺水后，机体呼吸、循环、血液、代谢等功能均可发生严重紊乱，抢救不及时可危及生命。

溺水常发生在潜水装具损坏和供气系统故障时，也可继发于其他潜水疾病如氧中毒、氮麻醉、肺气压伤等，尤其在潜水员意识丧失时更易溺水。

溺水并不单纯是由于短时间内大量水分及水中所含物质（如藻类、砂土和其他杂质）进入呼吸道以至肺内引起的呼吸道阻塞和反射性地引起喉痉挛和声门关闭，而是一个比较复杂、严重的病理过程，其本质是由急性窒息所产生的缺氧和二氧化碳积聚。

对溺水者来说，时间就是生命。水面人员必须争分夺秒，组织抢救。应立即将溺水潜水员抢救出水，迅速卸装，应让患者采取水易于从呼吸道排出的体位，如患者俯卧、下腹垫高、头部下垂，用手按压其背部，使水从口中吐出。患者如无自主性呼吸，应立即进行人工呼吸。如摸不到患者的脉搏或听不到心音，应早期进行胸外心脏按摩。给患者吸入高浓度氧气或送入减压舱内吸氧，可提高血氧张力和增加血氧扩散，对溺水的救治有较好的效果。其他的治疗措施包括防治脑水肿和纠正因溺水而致的机体水电解质平衡的严重紊乱。

溺水的预防措施主要有：加强训练使潜水员具有比较熟练潜水操作技能和遇险应急处理能力，认真检查潜水装具并保证之处于良好状态，潜水作业现场应准备急用的辅助器具（如救生圈、浮标等）以备抢救溺水者，水面人员随时密切注意潜水员在水下的活动以便在发生意外时立即给予援救，预防其他潜水疾病以免继发溺水。

11.9.6 水下冲击伤

兵器或烈性炸药爆炸时，可在瞬间释放出巨大的能量，形成一个高温、高压的气团，通过周围的介质如空气、水或固体，高速地向四周扩散，从而形成强大的压力波——冲击波。冲击波经介质传递到人体时，引起机体发生各种损伤性变化称为冲击伤。冲击伤经不同的介质传递所造成的损伤各不相同。潜水员在水下作业时所受的冲击伤多由水压和固体冲击而致。

冲击波的传播过程中的任何一点，都有一个最大的压力值，其估算可根据下式：

$$P=475\times\sqrt[3]{M}/L \tag{11.9-1}$$

式中 P——压力峰值，kPa；

M——炸药重量，kg；

L——离爆心距离，m。

值得说明的是，该公式原是以英制单位为基础的，现已换算到公制单位。

水下冲击伤主要伤及潜水员的含气内脏器官，胸部主要为肺，腹部主要为肠道。其他还可见有骨折、鼓膜破裂、听力丧失等。一般认为，当压力峰值大于 3.5MPa 时会导致潜水员肺及肠道损伤，压力峰值大于 14MPa 时，可使潜水员丧生。我国根据施工实践和实验资料分析，人体允许承受水下冲击波的安全值为小于 30kPa。

潜水员水下最小的安全作业距离，常与炸药量、爆破方式及爆炸深度有关。按人体允许承受的冲击波，潜水员的最小安全作业距离可根据下式计算：

$$L=731\times K_1\times K_2\times 3\sqrt{M} \tag{11.9-2}$$

式中 L——离爆心距离，m；

M——炸药重量，kg；

K_1——爆破方式修正系数，单药包裸露爆破时 K_1 为 0.5，群药包裸露爆破时 K_1 为 0.22，钻孔爆破时 K_1 为 0.083；

K_2——河流弯道修正系数，当河道弯角不小于 135° 时 K_2 为 1，河道弯角不小于 90° 时 K_2 为 0.88，河道弯角不小于 45° 时，K_2 为 0.79，河道弯角小于 45° 时 K_2 为 0.63。

一旦潜水员在水下遭遇水下爆炸时，应设法将其立即救出水面。潜水医师及水面人员绝不应以抢救出水时是否有严重症状、体征或外伤作为判断伤情的唯一根据，以免延误治疗。潜水医师应详细了解爆炸当时情况，包括爆炸物当量、患者在水中的体位以及有无防范措施。潜水医师要严密观察病情的发展，及时进行对症治疗，包括抗休克、输血、输液，严禁从口中给药和其他食品。对肺损伤患者，要保持其呼吸道畅通，必要时可作气管切开，给予吸氧。有破裂的腹腔脏器时，应行外科手术。其他的治疗措施还有止痛、镇静、胃肠减压及使用抗生素预防感染和注意补充维生素等。

为了防止水中冲击伤，应严格遵循水下爆炸的操作程序和规则。只有在潜水员出水后，才能起爆。在市政地下有限空间作业时，如密闭空间内有可爆性混合气体聚积的可能，或有可能引起爆炸的物品时，应尽量减少震动或冲击，并禁止使用水下电割。

附录

中国潜水打捞行业协会《空气潜水作业指导价格》

中国潜水打捞行业协会文件

中潜协字〔2010〕42 号

关于公布《潜水作业指导价格》的通知

各会员单位:

《空气潜水作业指导价格》已于 2009 年 10 月 12 日经第三次理事会和 2010 年 2 月 26 日理事长办公会审议通过，现予公布。

中国潜水打捞行业协会

二〇一〇年五月二十六日

主题词：潜水　指导　价格

抄　送：交通运输部救助打捞局

中国潜水打捞行业协会　　　　二〇一〇年五月二十六日印发

中国潜水打捞行业协会《空气潜水作业指导价格》

目 录

1 编制说明

进入 21 世纪后潜水行业在国内有了突飞猛进的发展，国内的潜水公司到目前为止在中国潜水打捞行业协会内注册的已有 140 多家。而各家对潜水工程的报价（人员、设备）各不相同，并且落差相当大，国内至今没有一个有效的价格参考体系。我国早期颁布的潜水作业指导价格体系有两套，一是中华人民共和国交通部、国家物价局共同颁发的《中华人民共和国交通部国内航线海上救助打捞收费办法》和《中华人民共和国交通部国际航线海上救助打捞收费办法》((91)交财字 859 号)；二是交通部水运工程定额中的潜水作业船舶及人员的台班价格。这两套体系都是 20 世纪建立的，已经不符合当前潜水市场发展的实际，其中《中华人民共和国交通部国际航线海上救助打捞收费办法》((91)交财字 859 号)已经被废止。

中国潜水打捞行业协会在充分考虑国内同行业的潜水员收入水平、潜水公司的报价，以及国际潜水员的市场价格的基础上，制定了本指导价格。本指导价格旨在为潜水公司提供有价值的参考信息，不具有强制性。在市场经济环境下，潜水作业的实际价格应遵循市场供求规律和行业发展规律。

作为中国潜水打捞行业协会的指导费率，旨在空气潜水作业范围内作出价格研究，为国内广大潜水公司，尤其是中小潜型水公司(其绝大部分是从事空气潜水作业的)提供业务参考。混合气潜水作业和饱和潜水作业仅有国内少数几家潜水公司能供服务，费率随国内、国际市场波动较大。因此，潜水打捞行业协会有必要继续制订出一套完整市场指导费率，使这一行业能够有一个有序而又有良好的发展。

2 空气潜水作业指导价格表

2.1 0~30m 空气潜水作业人员日费率表

序号	职位	单位	价格（元）			备注
			内陆	沿海	近海	
1	项目经理	名	3240	3600	4000	
2	项目副经理	名	2916	3240	3600	
3	潜水总监	名	2916	3240	3600	
4	潜水医生	名	2592	2880	3200	
5	项目工程师	名	1944	2160	2400	
6	检测工程师	名	2268	2520	2800	
7	潜水监督	名	2268	2520	2800	
8	助理潜水监督	名	1944	2160	2400	
9	潜水员	名	1944	2160	2400	
10	检测潜水员	名	2268	2520	2800	
11	生命支持监督	名	2268	2520	2800	
12	助理生命支持监督	名	1944	2160	2400	

续表

序号	职位	单位	价格（元）			备注
			内陆	沿海	近海	
13	生命支持员	名	1620	1800	2000	
14	机电监督	名	1944	2160	2400	
15	助理机电监督	名	1620	1800	2000	
16	机电员	名	1296	1440	1600	
17	照料员 / 辅助人员	名	972	1080	1200	

2.2 30~45m 空气潜水作业人员日费率表

序号	职位	单位	价格（元）			备注
			内陆	沿海	近海	
1	项目经理	名	4050	4500	5000	
2	项目副经理	名	3645	4050	4500	
3	潜水总监	名	3645	4050	4500	
4	潜水医生	名	3240	3600	4000	
5	项目工程师	名	2430	2700	3000	
6	检测工程师	名	2835	3150	3500	
7	潜水监督	名	2835	3150	3500	
8	助理潜水监督	名	2430	2700	3000	
9	潜水员	名	2430	2700	3000	
10	检测潜水员	名	2835	3150	3500	
11	生命支持监督	名	2835	3150	3500	
12	助理生命支持监督	名	2430	2700	3000	
13	生命支持员	名	2025	2250	2500	
14	机电监督	名	2430	2700	3000	
15	助理机电监督	名	2025	2250	2500	
16	机电员	名	1620	1800	2000	
17	照料员 / 辅助人员	名	1215	1350	1500	

2.3 45~60m 空气潜水作业人员日费率表

序号	职位	单位	价格（元）			备注
			内陆	沿海	近海	
1	项目经理	名	4860	5400	6000	
2	项目副经理	名	4374	4860	5400	
3	潜水总监	名	4374	4860	5400	
4	潜水医生	名	3888	4320	4800	
5	项目工程师	名	2916	3240	3600	

续表

序号	职位	单位	价格（元）			备注
			内陆	沿海	近海	
6	检测工程师	名	3402	3780	4200	
7	潜水监督	名	3402	3780	4200	
8	助理潜水监督	名	2916	3240	3600	
9	潜水员	名	2916	3240	3600	
10	检测潜水员	名	3402	3780	4200	
11	生命支持监督	名	3402	3780	4200	
12	助理生命支持监督	名	2916	3240	3600	
13	生命支持员	名	2430	2700	3000	
14	机电监督	名	2916	3240	3600	
15	助理机电监督	名	2430	2700	3000	
16	机电员	名	1944	2160	2400	
17	照料员 / 辅助人员	名	1458	1620	1800	

2.4 设备日费率表

序号	名称	单位	空气潜水单价（元）		备注
			内陆	沿海 / 近海	
1	个人装具				
1.1	干式潜水服	套	351	390	
1.2	热水服	套	351	390	
1.3	湿式服	套	117	130	
1.4	重装潜水服	套	234	260	
1.5	安全背带	套	35.1	39	
1.6	脚蹼、压重带	套	58.5	65	
2	头盔与面罩				
2.1	需供式潜水面罩	个	936	1040	
2.2	需供式潜水头盔	个	1404	1560	
2.3	通风式潜水头盔	个	351	390	
3	软管				
3.1	通风式潜水脐带	根	585	650	长度从 30~120m，此费率按 120m 计
3.2	需供式潜水脐带（含测深管、呼吸气体软管等）	根	1170	1300	
3.3	过桥管	根	58.5	65	
3.4	高压管	根	70.2	78	
4	仪表 / 计时装置				
4.1	计时钟	个	35.1	39	

续表

序号	名称	单位	空气潜水单价（元）		备注
			内陆	沿海 / 近海	
4.2	测氧仪	个	351	390	
4.3	气体纯度检测仪	个	351	390	
5	潜水通信系统				
5.1	空气潜水电话	个	585	650	
5.2	对讲机	个	93.6	104	
6	压缩机				
6.1	低压空气压缩机	台	819	910	
6.2	低压空气过滤器	个	46.8	52	
6.3	低压储气罐	座	117	130	
6.4	空气分配器	个	23.4	26	
6.5	高压空气压缩机	台	1170	1300	
6.6	应急气瓶	个	117	130	
6.7	中压空压机	台	936	1040	
6.8	中压储气罐	座	234	260	
6.9	中压空气过滤器	个	93.6	104	
6.10	中压管	根	93.6	104	
7	潜水员进出水系统				
7.1	潜水梯	个	23.4	26	
7.2	减压架	个	23.4	26	
7.3	潜水吊笼	个	58.5	65	
7.4	开式潜水钟	套	936	1040	
8	减压舱				
8.1	甲板减压舱	座	4680	5200	
8.2	氧气瓶组	组	585	650	
9	吊放系统				
9.1	A 型架	个	5850	6500	
9.2	载人绞车	台	1755	1950	
10	压缩气体设备				
10.1	储气罐 / 储气瓶	个	117	130	
10.2	储气瓶和管道	个	117	130	
10.3	SCUBA 和回家气瓶	套	936	1040	
11	发电机				
11.1	船用发电机	套	5850	6500	
11.2	陆用发电机	套	585	650	

续表

序号	名称	单位	空气潜水单价（元）		备注
			内陆	沿海／近海	
12	潜水辅助设备				
12.1	潜水作业船				按市场实际费率
12.2	大控制面板	套	1755	1950	
12.3	小控制面板	套	702	780	
12.4	电动卷扬机	台	468	520	
12.5	气动卷扬机	台	585	650	
12.6	气动打磨机	台	58.5	65	
12.7	热水锅炉	套	585	650	
12.8	大变压器	个	585	650	
12.9	小变压器	个	70.2	78	
12.10	电缆	批	585	650	
12.11	集装箱	个	351	390	
12.12	工具箱	个	35.1	39	
12.13	水下手电筒	个	58.5	65	
13	水下检测设备				
13.1	水下磁粉探伤仪	套	3510	3900	
13.2	水下超声波探伤仪	套	3510	3900	
13.3	ACFM 探伤仪	套	5850	6500	
13.4	水下电位仪	套	702	780	
13.5	水下测厚仪	套	702	780	
13.6	水下摄像机	套	1170	1300	
13.7	水下照相机	个	936	1040	
13.8	潜水表	个	93.6	104	
13.9	水下测量工具	个	93.6	104	
13.10	ROV	套			按市场实际费率
13.11	流速仪	台	58.5	65	
14	其他设备和工具				
14.1	电脑	台	234	260	
14.2	打印机	台	234	260	
14.3	水下电焊机	台	351	390	
14.4	水下割刀	把	93.6	104	
14.5	水下焊把	把	93.6	104	
14.6	电动角磨机	台	234	260	
14.7	手拉葫芦	个	46.8	52	

续表

序号	名称	单位	空气潜水单价（元）		备注
			内陆	沿海 / 近海	
14.8	手摇葫芦	个	46.8	52	
14.9	大力钳	把	46.8	52	
14.10	高压水枪	套	9360	10400	
14.11	液压动力站	台	1404	1560	
14.12	水下液压工具	套	585	650	
14.13	水下风动工具	套	351	390	
14.14	驱鲨设备	套	585	650	

3 使用说明

（1）潜水作业装具和工具，随着设备租赁市场供求关系有着不同的价格，所以无法提供统一的指导价格，也不适合提供统一的指 导价格，此部分潜水作业工具体格只是供参考。

（2）内陆价格：应用于内陆的水库大坝、湖泊、河流等水域的潜水作业。

（3）沿海价格：应用于沿海打捞作业、港口、桥梁、船舶服务等潜水作业。

（4）近海价格：应用于海上石油平台、石油设施等潜水作业。

（5）使用者应根据潜水作业环境不同，潜水所处沿海或内地不同，作业的水深不同，选择相应的人员和设备的配置。

参考文献

[1] 安关峰．城镇排水管道非开挖修复工程技术指南 [M]. 北京：中国建筑工业出版社，2016.

[2] 北京市应急管理局．地下有限空间作业安全技术规范：DB11/T 852—2019[S]. 2019.

[3] 陈水开，江兵．潜水员培训教材（空气潜水）[Z]. 交通部救助打捞局，2003.

[4] 给水排水管道工程施工及验收规范：GB 50268—2009[S]. 北京：中国建筑工业出版社，2008.

[5] 国家安全生产监督管理总局．安全带：GB 6095—2009[S]. 北京：中国标准出版社，2009.

[6] 国家安全生产监督管理总局．氢气使用安全技术规程：GB 4962—2008[S]. 北京：中国标准出版社，2008.

[7] 国家环境保护总局．污水综合排放标准：GB 8978—1996[S]. 北京：中国标准出版社，1998.

[8] 国家质检总局特种设备安全监察局．固定式压力容器安全技术监察规程：TSG 21—2016[S]. 北京：新华出版社，2016.

[9] 国家质量监督检验检疫总局．气瓶安全技术监察规程：TSG R0006—2014[S]. 北京：新华出版社，2015.

[10] 黑龙江省安全生产监督管理局．有限空间作业安全技术规范：DB23/T 1791—2016[S]. 2016.

[11] 美国潜水承包商协会（ADCI）．潜水及水下作业公认标准（第六版）[S]. 2011.

[12] 宁夏回族自治区安全生产监督管理局．有限空间作业安全技术规范：DB64/802—2012[S]. 2016.

[13] 上海市质量技术监督局．排水管道电视和声纳检测评估技术规程：DB31/T 444—2009[S].

[14] 卫生部职业卫生标准专业委员会．工业企业设计卫生标准：GBZ 1—2010[S]. 北京：人民卫生出版社，2010.

[15] 卫生部职业卫生标准专业委员会．密闭空间作业职业危害防护规范：GBZ/T 205—2007[S]. 北京：人民卫生出版社，2008.

[16] 薛勇．沉管隧道技术的进展 [J]. 特种结构，2005，22（1）：70-72.

[17] 杨文武．沉管隧道工程技术的发展 [J]. 隧道建设，2009，29（4）：397-404.

[18] 叶似虬，季世军，潜水技术基础，大连海事大学出版社，2011.

[19] 浙江省安全生产监督管理局．有限空间作业安全技术规范：DB33/707—2013[S]. 2013.

[20] 中国机械工业联合会．高压水射流清洗作业安全规范：GB 26148—2010[S]. 北京：中国标准出版社，2010.

[21] 中国石油和化学工业协会．医用及航空呼吸用氧：GB 8982—2009[S]. 北京：中国标准出版社，2010.
[22] 中华人民共和国建设部．施工现场临时用电安全技术规范：JGJ 46—2005[S]. 北京：中国建筑工业出版社，2005.
[23] 中华人民共和国建设部．氢气站设计规范：GB 50177—2005[S]. 北京：中国计划出版社，2005.
[24] 中华人民共和国交通部．减压病加压治疗技术要求：GB/T 17870—1999[S]. 北京：中国标准出版社，2000.
[25] 中华人民共和国交通部．空气潜水减压技术要求：GB/T 12521—2008[S]. 北京：中国标准出版社，2008.
[26] 中华人民共和国交通部．潜水员供气量：GB 18985—2003[S]. 北京：中国标准出版社，2003.
[27] 中华人民共和国交通部．潜水员水下用电安全规程：GB 16636—2008[S]. 北京：中国标准出版社，2009.
[28] 中华人民共和国交通部．职业潜水员体格检查要求：GB 20827—2007[S]. 北京：中国标准出版社，2007.
[29] 中华人民共和国交通部．潜水呼吸气体及检测方法：GB 18435—2007[S]. 北京：中国标准出版社，2007.
[30] 中华人民共和国交通部．潜水员高压水射流作业安全规程：GB 20826—2007[S]. 北京：中国标准出版社，2007.
[31] 中华人民共和国交通运输部．潜水员潜水后飞行要求：JT/T 909—2014[S]. 北京：人民交通出版社，2014.
[32] 中华人民共和国交通运输部．甲板减压舱：GB/T 16560—2011[S]. 北京：中国标准出版社，2011.
[33] 中华人民共和国交通运输部．空气潜水安全要求：GB 26123—2010[S]. 北京：中国标准出版社，2010.
[34] 中华人民共和国住房和城乡建设部．城镇排水管道非开挖修复更新工程技术规程：CJJ/T 210—2014[S]. 北京：中国建筑工业出版社，2014.
[35] 中华人民共和国住房和城乡建设部．城镇排水管道检测与评估技术规程：CJJ 181—2012[S]. 北京：中国建筑工业出版社，2012.
[36] 中华人民共和国住房和城乡建设部．城镇排水管道维护安全技术规程：CJJ 6—2009[S]. 北京：中国建筑工业出版社，2010.
[37] 中华人民共和国住房和城乡建设部．城镇排水管渠与泵站运行、维护及安全技术规程：CJJ 68—2016[S]. 北京：中国建筑工业出版社，2017.
[38] 中华人民共和国住房和城乡建设部．建筑机械使用安全技术规程：JGJ 33—2012[S]. 北京：中国建筑工业出版社，2012.
[39] 中华人民共和国住房和城乡建设部．建筑施工安全检查标准：JGJ 59—2011[S]. 北京：人民交通出版社，2012.